€3,-

AF855381

UB Clausthal 104
06 308 031

AUS DEN BESTÄNDEN
AUSGESCHIEDEN

AUS DEN BESTÄNDEN
AUSGESCHIEDEN

AUFGABEN ZUR ALLGEMEINEN UND ANORGANISCHEN CHEMIE

MIT LÖSUNGEN

Horst Schubert

AUFGABEN ZUR ALLGEMEINEN UND ANORGANISCHEN CHEMIE

MIT LÖSUNGEN

Otto Salle Verlag
Frankfurt am Main

Verlag Sauerländer
Aarau · Frankfurt am Main · Salzburg

Aufgaben zur Allgemeinen und Anorganischen Chemie mit Lösungen

von Dr. Horst Schubert

unter Mitarbeit von Prof. Dr. Dr. h.c. Hans Rudolf Christen
und Prof. Dr. Gerd Meyer

Chem 2

C9-502
Aufgaben

Bestellnummer: 5496

ISBN 3-7935-5496-1 (Salle)
ISBN 3-7941-3944-5 (Sauerländer)

UNIVERSITÄTS BIBLIOTHEK CLAUSTHAL
AUS DEN BESTÄNDEN AUSGESCHIEDEN
95 A 1 × 246

1. Auflage 1995

© 1995 Otto Salle Verlag GmbH & Co., Frankfurt am Main,
Verlag Sauerländer AG, Aarau

Alle Recht vorbehalten. Das Werk und seine Teile sind urheberrechtlich geschützt. Jede Verwertung in anderen als den gesetzlich zugelassenen Fällen bedarf deshalb der vorherigen schriftlichen Einwilligung eines der Verlage.

Gesamtherstellung: Brühlsche Universitätsdruckerei, Gießen.

Vorwort

Die Grundlagen der allgemeinen und anorganischen Chemie sind in zahlreichen ausgezeichneten Lehrbüchern dargestellt. Zweck dieses Buches ist es, an Hand von ausführlich besprochenen Übungen und Aufgaben zu zeigen, wie chemische Probleme gelöst werden. Es wurde geschrieben, um den künftigen Lesern den Zugang zum chemischen Rechnen zu erleichtern. Erfahrungsgemäß werden chemische Berechnungen von den Studenten in den ersten Semestern oftmals nur sehr mühsam bewältigt, bereitet das Lösen von praktischen Aufgaben, auch wenn der Wissensstoff gut verstanden wurde, große Schwierigkeiten. Der Autor vertritt die Auffassung, daß das Lösen von Aufgaben für viele Studenten nur darum so mühsam ist, weil ihnen die Übung fehlt.

Beim Aufbau des Buches stellen die ersten zwei Kapitel über die Grundlagen der Stöchiometrie und des chemischen Gleichgewichts gewissermaßen die Einführung dar. In den folgenden Kapiteln werden die wichtigsten Reaktionstypen behandelt. Der Einstieg in thermodynamische und kinetische Berechnungen in den beiden abschließenden Kapiteln sorgt dafür, daß allen wesentlichen Aspekten einer chemischen Reaktion entsprochen wird.

Jedes Kapitel enthält eine kurze Einführung in die Theorie, dies zum Teil in vereinfachter Form. Es folgt eine große Anzahl von schrittweise vorgerechneten Übungen. Den Abschluß bilden Aufgaben, deren Lösungen am Ende des Buches mitgeteilt werden. Für etwas schwierigere Aufgaben sind Zwischenschritte als Lösungshilfe angegeben.

Das Buch wendet sich an Studenten in den ersten Semestern an Universitäten und Fachhochschulen, an Schüler der gymnasialen Oberstufe und an Berufsschüler und Fachschüler. Es wird aber auch dem bildungswilligen Laboranten im Labor und dem in der Umschulung auf chemierelevanten Gebieten wie z.B. Umweltschutz und Umweltanalytik befindlichen Leser eine große Hilfe sein.

Herrn Dr. W. Finger und den weiteren Mitarbeitern des Verlags danke ich für die stets verständnisvolle und reibungslose Zusammenarbeit.

Berlin, Mai 1995 — Horst Schubert

Inhaltsverzeichnis

Vorwort V
Liste der Symbole und Abkürzungen X

1 Chemisches Rechnen – Stöchiometrie

1.1 Grundlagen 1
1.2 Auswertung chemischer Reaktionen 5
1.3 Mischen und Verdünnen von Lösungen 9
1.4 Volumetrische Analyse – Maßanalyse 10
1.5 Gasgesetze 11
Übungen 14
Aufgaben 32

2 Das chemische Gleichgewicht

2.1 Das Massenwirkungsgesetz 45
2.2 Die Gleichgewichtskonstanten K_c und K_p 47
2.3 Heterogene Gleichgewichte 48
2.4 Das Prinzip vom kleinsten Zwang 48
2.5 Gültigkeit des Massenwirkungsgesetzes 49
Übungen 50
Aufgaben 64

3 Eigenschaften von Lösungen

3.1 Grundlagen 71
Übungen 76
Aufgaben 86

4 Säure-Base-Reaktionen

4.1 Grundlagen 93
4.2 Quantitative Beschreibung von Säure-Base-Reaktionen 98
4.2.1 Protolysen-Gleichgewichte in Lösungsmitteln 98
4.2.2 Protolysen starker Säuren und Basen 99
4.2.3 Protolysen schwacher Säuren und Basen 100
4.2.4 Berechnung von Protolysen-Gleichgewichten 101
4.2.4.1 Protolysen-Gleichgewichte in Salzlösungen 102
4.2.4.2 Protolysen-Gleichgewichte in Ampholytlösungen 103
4.2.4.3 Pufferlösungen 105

4.2.4.4 Gleichgewichtslage protolytischer Reaktionen 106
Übungen 106
Aufgaben 126

5 Reduktions-Oxidations-Reaktionen

5.1 Grundlagen 136
5.2 Oxidationszahlen 137
5.3 Aufstellen von Redoxgleichungen 138
5.4 Quantitative Beschreibung von Redoxreaktionen 140
5.4.1 Redoxpotentiale 140
5.4.2 Elektrochemische Spannungsreihe 142
5.4.3 Konzentrationsabhängigkeit von Redoxpotentialen 143
5.4.4 pH-Abhängigkeit von Redoxpotentialen 145
5.5 Redoxpotentiale und thermodynamische Größen 147
Übungen 149
Aufgaben 171

6 Fällungsreaktionen

6.1 Grundlagen 180
6.2 Löslichkeitsprodukt 180
6.3 Faktoren, die das Lösungsgleichgewicht beeinflussen 183
6.3.1 Gleich- und fremdionige Zusätze 183
6.3.2 Überlagerte Fällungsgleichgewichte 185
6.3.3 Einfluß chemischer Reaktionen 187
Übungen 188
Aufgaben 214

7 Komplexreaktionen

7.1 Grundlagen 224
7.2 Stabilität von Komplexen 227
7.3 Komplexbildung in Kombination mit anderen Gleichgewichten . . 228
Übungen 229
Aufgaben 238

8 Thermodynamik chemischer Reaktionen

8.1 Grundlagen 244
8.2 Reaktionsenergie und Reaktionsenthalpie 245
8.3 Entropie und freie Enthalpie 248
8.4 Freie Enthalpie und chemisches Gleichgewicht 253
Übungen 253
Aufgaben 274

9 Kinetik chemischer Reaktionen

9.1 Grundlagen 285

9.2 Zeitabhängigkeit der Reaktionsgeschwindigkeit 287
9.3 Einstufige Reaktionen 288
9.4 Temperaturabhängigkeit der Reaktionsgeschwindigkeit 289
Übungen 290
Aufgaben 299

Anhang

Lösungen zu den Aufgaben 306
Tabellen 375

Liste der Symbole und Abkürzungen

A_r	relative Atommasse
a	Aktivitätskoeffizient
(aq)	Hydrathülle – hydratisierter Zustand
b(X)	Molalität des gelösten Stoffes X
C_o	Ausgangskonzentration, Anfangskonzentration
C	Wärmekapazität
C_m	molare Wärmekapazität (Molwärme)
c_{sp}	spezifische Wärmekapazität (spezifische Wärme)
c(X)	Stoffmengenkonzentration des gelösten Stoffes X
ρ	Dichte
E_a	Aktivierungsenergie
E_g	molale Gefrierpunktserniedrigung
E_s	molale Siedepunktserhöhung
E^o	Standardpotential (Normalpotential)
ΔE^o	Standard-Potentialdifferenz (Standard-EMK)
EMK	elektromotorische Kraft einer galvanischen Zelle
e^-	Elektron
F	Faraday-Konstante
(g)	gasförmig
i	van't Hoffscher Faktor
K_a	Autoprotolyse-Konstante
K_b	Basenkonstante
K_B	Komplexbildungskonstante (Stabilitätskonstante)
K_c	Gleichgewichtskonstante für Konzentrationen
K_D	Komplexzerfallskonstante
K_p	Gleichgewichtskonstante für Partialdrücke
K_s	Säurekonstante
K_W	Ionenprodukt des Wassers
k	Anzahl der an einem Redoxvorgang beteiligten Protonen
k	Geschwindigkeitskonstante
(l)	flüssig
L(X)	Löslichkeitsprodukt des Stoffes X
M_r	relative Molekülmasse
M(X)	molare Masse des Stoffes X
m(X)	Masse des Stoffes X
N_A	Avogadro-Konstante
N_i	Teilchenzahl einer Stoffportion i (in mol) des Stoffes X
n_i(X)	Stoffmenge (in mol) der Stoffportion i
n	Anzahl der bei einem Redoxvorgang übertragenen Elektronen
Ox	Oxidationsmittel
OZ	Oxidationszahl
p	Druck
p^*	osmotischer Druck
p_o	Normaldruck
p(A)	Partialdruck von Gas A
Δp	Dampfdruckerniedrigung

R	ideale Gaskonstante
Red	Reduktionsmittel
(s)	fest
T	thermodynamische Temperatur in Kelvin (K)
ΔT_g	Schmelzpunktserniedrigung
ΔT_s	Siedepunktserhöhung
$t_{1/2}$	Halbwertszeit
u	Atommasseneinheit
V	Volumen
V(A)	Volumenanteil von Gas A
v	Reaktionsgeschwindigkeit
w(E)	Massenanteil von Element E in einer Verbindung
W_{max}	maximale Nutzarbeit
x(A)	Stoffmengenanteil von Stoff A

Thermodynamische Symbole

ΔG^o	freie Standard-Reaktionsenthalpie
ΔG_f^o	freie Standard-Bildungsenthalpie
ΔG_H	Gitterenergie
ΔH^o	Standard-Reaktionsenthalpie
ΔH_f^o	Standard-Bildungsenthalpie
ΔH_D	mittlere Bindungsenthalpie in mehratomigen Molekülen Dissoziationsenergie zweiatomiger Moleküle
ΔL_H	Lösungsenthalpie
S^o	Standard-Entropie
ΔS^o	Standard-Reaktionsentropie
ΔS_f^o	Standard-Bildungsentropie

1 Chemisches Rechnen – Stöchiometrie

Die Stöchiometrie befaßt sich mit den Mengenverhältnissen der Elemente in Verbindungen und mit den Massen- und Stoffmengenverhältnissen bei chemischen Reaktionen. Sie ist die Grundlage für die Berechnung von chemischen Formeln und Zusammensetzungen der Stoffe, die Aufstellung chemischer Reaktionsgleichungen und die quantitative Auswertung chemischer Reaktionen. Die Stöchiometrie beruht auf der Atomtheorie der Materie.

1.1 Grundlagen

Alle stöchiometrischen Berechnungen lassen sich letztlich auf drei Gesetze zurückführen, die bereits bei der Durchsetzung der Atomtheorie der Materie von entscheidender Bedeutung gewesen sind.

Gesetz von der Erhaltung der Masse: Während einer chemischen Reaktion erfolgt keine Veränderung der Gesamtmasse. Die Masse aller miteinander reagierenden Substanzen ist gleich der Masse aller entstandenen Produkte.

Gesetz der konstanten Proportionen: In einer chemischen Verbindung sind die Elemente stets im gleichen Massenverhältnis enthalten. Sie hat darum eine konstante Zusammensetzung.

Gesetz der multiplen Proportionen: Gehen zwei Elemente A und B mehr als eine Verbindung miteinander ein, stehen die Massen von A, die sich mit einer bestimmten Masse von B verbinden, in einem ganzzahligen Verhältnis zueinander. Einzelne Atome können wegen ihrer extrem geringen Masse nicht gewogen werden, so daß man die relativen Massen der Atome untereinander bestimmen muß. Als Bezugssystem verwendet man heute das Nuclid ^{12}C des Kohlenstoffs.

Relative Atommasse A_r: A_r ist die Masse eines Atoms des Elements im Verhältnis zu 1/12 der Masse eines Atoms des Kohlenstoffnuclids ^{12}C, dessen Masse gleich 12 gesetzt wird. Relative Atommassen sind reine Zahlen ohne Angabe einer Maßeinheit. Viele Elemente sind Isotopengemische. Die Atommasse ergibt sich hier als Mittelwert aus den Massen der Isotope unter Beachtung ihrer relativen Häufigkeit (Isotopenmasse · Isotopenanteil).

Beispiel:
Chlor besteht zu 75,77 % aus ^{35}Cl-Atomen und 24,23 % aus ^{37}Cl-Atomen mit den relativen Atommassen 34,969 bzw. 36,966. Seine relative Atommasse ist:

$$^{35}Cl = 0{,}7577 \cdot 34{,}969 = 26{,}496$$
$$^{37}Cl = 0{,}2423 \cdot 36{,}966 = 8{,}957$$
$$A_r(Cl) = 35{,}453$$

Atommasseneinheit u: 1/12 der Masse eines Atoms ^{12}C wird im SI-Einheitensystem als atomare Masseneinheit u definiert.

Relative Molekülmasse M_r: M_r einer Verbindung ergibt sich aus der Summe der relativen Atommassen aller ihrer Atome. Das folgt auch zwangsläufig aus dem Gesetz von der Erhaltung der Masse.

Avogadro-Konstante N_A: Die Menge in Gramm eines Elements, die dem Zahlenwert der relativen Atommasse entspricht, enthält immer die gleiche Zahl von $6{,}022 \cdot 10^{23}$ Atomen. Diese Zahl wird Avogadrosche Zahl genannt. Da die molare Teilchenzahl für alle Stoffe gleich ist, wurde die Avogadro-Konstante N_A mit der Einheit Teilchen pro Mol eingeführt:

$$N_A = 6{,}022 \cdot 10^{23}\ \text{mol}^{-1}$$

Mol: Die Stoffmenge, die aus $6{,}022 \cdot 10^{23}$ Teilchen besteht, bezeichnet man als ein Mol (SI-Symbol: mol). Teilchen in diesem Sinne können Atome, Moleküle, Ionen, Elektronen oder auch Lichtquanten sowie funktionelle Gruppen sein.
Die Stoffmenge hat die Einheit Mol. Zwischen der Stoffmenge $n_i(X)$ und der Teilchenzahl $N_i(X)$ besteht die Beziehung

$$N_A = N_i(X)/n_i(X) \tag{1.1}$$

Beispiel:

a) *Wieviel Eisenatome enthalten 0,15 mol Eisen?*
$N_i(Fe) = N_A \cdot n_i\,(Fe) = 6{,}022 \cdot 10^{23}\ mol^{-1} \cdot 0{,}15\ mol$
$N_i(Fe) = 0{,}9 \cdot 10^{23}$

b) *Welche Stoffmenge (Mol) bilden $7 \cdot 10^{19}$ O_2-Moleküle?*
$n_i(O_2) = N_i(O_2)/N_A = 7 \cdot 10^{19}/6{,}022 \cdot 10^{23}\ mol^{-1}$
$n_i(O_2) = 1{,}16 \cdot 10^{-4}\ mol$

Molare Masse M: Die Masse eines Mols einer Verbindung oder eines Elements A in Gramm, also die Masse von $6{,}022 \cdot 10^{23}$ Teilchen, ist die molare Masse M(A) des Stoffes A. Bei Ionenverbindungen, die keine Moleküle enthalten, bezieht man sich auf die angegebene Formel und spricht von molarer Formelmasse.

Absolute Atommassen: Unter Verwendung der Avogadro-Konstanten und der molaren Masse $M(^{12}C)$ des Kohlenstoffnuclids ^{12}C läßt sich die Atommasseneinheit u in Gramm berechnen:

$$u = 1/12 \cdot M(^{12}C)/N_A = 1/12 \cdot 12\ \text{g mol}^{-1}/6{,}022 \cdot 10^{23}\ \text{mol}^{-1} \tag{1.2}$$
$$u = 1{,}66 \cdot 10^{-24}\ \text{g}$$

Beispiel:

a) *Die absolute Atommasse von natürlichem Chlor ergibt sich demnach (siehe 1. Beispiel) zu*
$^{35}Cl = 0{,}7577 \cdot 34{,}969\ u = 26{,}496\ u$
$^{37}Cl = 0{,}2423 \cdot 36{,}966\ u = 8{,}957\ u$
absolute Atommasse Cl = 35,453 u

b) *Die relative Molekülmasse von Wasser beträgt*
$M_r(H_2O) = 18$, die absolute Molekülmasse 18 u und
die molare Masse $M(H_2O) = 18\ g\ mol^{-1}$.

Die Zusammensetzung reiner Stoffe wird mit ihren chemischen Formeln angegeben. Aus der chemischen Analyse folgt nur das einfachste Zahlenverhältnis, in dem die Elemente in einer Verbindung vorliegen.

Empirische Formel: Die chemische Formel, die das einfachste ganzzahlige Verhältnis der Atome in einer Verbindung wiedergibt, nennt man die empirische Formel der Verbindung.

Molekularformel: Die chemische Formel, die Art und Zahl der Atome in einem Molekül angibt, ist die Molekularformel der Verbindung. Bei Kenntnis der molaren Masse der Verbindung folgt die Molekularformel aus der empirischen Formel.

Beispiel:
Aus der chemischen Analyse von Ethan und Glucose folgen die empirischen Formeln CH_3 und CH_2O. Wären sie mit den Molekularformeln identisch, müßte die Bestimmung der molaren Massen $M(CH_3) = 15\ g\ mol^{-1}$ und $M(CH_2O) = 30\ g\ mol^{-1}$ ergeben. Da aber die Werte $30\ g\ mol^{-1}$ und $180\ g\ mol^{-1}$ ermittelt wurden, lauten die Molekularformeln C_2H_6 = Ethan und $C_6H_{12}O_6$ = Glucose.

Für einen Stoff mit der Molekularformel X gilt:

$$n(X) = m(X)\ /\ M(X) \tag{1.3}$$

$n(X)$ = Stoffmenge, Maßeinheit: Mol (mol),
$m(X)$ = Masse des Stoffes, Maßeinheit: Gramm (g)
$M(X)$ = Molmasse des Stoffes, Maßeinheit: Gramm/Mol ($g\ mol^{-1}$)

Beispiel:
a) Welcher Stoffmenge entsprechen 4,5 g Sauerstoff mit der molaren Masse $M(O_2) = 32\ g\ mol^{-1}$?
$n(O_2) = m(O_2)/M(O_2) = 4{,}5\ g/32\ g\ mol^{-1} = 0{,}14\ mol$
b) 0,75 mol Wasser entsprechen 13,5 g. Welche molare Masse hat Wasser?
$M(H_2O) = m(H_2O)/n(H_2O) = 13{,}5\ g/0{,}75\ mol = 18\ g\ mol^{-1}$
c) Welche Masse haben 0,35 mol Traubenzucker mit der molaren Masse $M(C_6H_{12}O_6) = 180\ g\ mol^{-1}$?
$m(C_6H_{12}O_6) = n(C_6H_{12}O_6) \cdot M(C_6H_{12}O_6)$
$m(C_6H_{12}O_6) = 0{,}35\ mol \cdot 180\ g\ mol^{-1} = 63\ g$

Berechnung von Formeln und Zusammensetzungen: Chemische Formeln geben über das Verhältnis der Atome der in einer Verbindung enthaltenen Elemente und über das Stoffmengenverhältnis Element zu Verbindung Auskunft. Die Formelindizes rechts unten an den Elementsymbolen repräsentieren das Verhältnis der Atomzahlen. Das Verhältnis der Formelindizes der Elemente entspricht somit dem Verhältnis ihrer Stoffmengen. Für Rohrzucker z.B. erhält man:

$$n(C)/n(C_{12}H_{22}O_{11}) = 12$$

$$n(H)/n(C_{12}H_{22}O_{11}) = 22$$

$$n(O)/n(C_{12}H_{22}O_{11}) = 11$$

Die Masse $m(E)$ eines Elements in der Verbindung X folgt aus dem Massenverhältnis Element zu Verbindung:

$$m(E)/m(X) = n(E) \cdot M(E)/n(X) \cdot M(X) \tag{1.4}$$

Für die Berechnung von Massenanteilen werden die molaren Massen der in der Verbindung enthaltenen Elemente benötigt. Aus den Massenanteilen der Elemente wird die empirische Formel der Verbindung berechnet, indem das Verhältnis der kleinsten ganzzahligen Stoffmengen ermittelt wird. Die Zahlenwerte dieser Stoffmengen entsprechen den Formelindizes (Einheit „eins"). Aus der empirischen Formel erhält man nach Bestimmung der molaren Masse die Molekularformel (Summenformel) der Verbindung.

Beispiel:
Die Analyse einer Substanz X ergab 1,587 % Wasserstoff, 22,22 % Stickstoff und 76,19 % Sauerstoff sowie die molare Masse $M(X) = 63\ g\ mol^{-1}$. Welche empirische und welche Molekularformel hat X?
Die Formel von X sei $H_xN_yO_z$. Aus den Prozentangaben folgen für 100 g Substanz die Stoffmengen

$$n(H) = m(H)/M(H) = 1{,}587\ g/1\ g\ mol^{-1} = 1{,}587\ mol$$

$$n(N) = m(N)/M(N) = 22{,}22\ g/14\ g\ mol^{-1} = 1{,}587\ mol$$

$$n(O) = m(O)/M(O) = 76{,}19\ g/16\ g\ mol^{-1} = 4{,}762\ mol$$

Um für die Gleichung

$$x : y : z = 1{,}587\ mol : 1{,}587\ mol : 4{,}762\ mol$$

ganze Zahlen zu erhalten, wird die rechte Seite durch 1,587 dividiert. Aus dem Ergebnis der Division

$$x : y : z = 1\ mol : 1\ mol : 3\ mol$$

folgt für X die empirische Formel HNO_3. Ihr entspricht die Molmasse $63\ g\ mol^{-1}$, so daß in diesem Fall empirische Formel und Molekularformel identisch sind. (Aufgrund des Gesetzes der konstanten Proportionen gilt das für 100 g berechnete Verhältnis für beliebige Massen von X.)

Als Massenanteil des Elements $w(\mathrm{E})$ in der Verbindung X gilt:

$$w(\mathrm{E}) = m(\mathrm{E})/m(\mathrm{X}) \quad (1.5)$$

Als Massenanteil einer Komponente in einem Gemisch gilt:

$$w(\mathrm{Komponente}) = m(\mathrm{Komponente})/m(\mathrm{Mischung}) \quad (1.6)$$

Beispiel:
a) Die Formel von Natriumsulfat ist Na_2SO_4. Wieviel Gramm der Elemente sind in 10 g Na_2SO_4 enthalten und wie groß ist ihr Massenanteil in Prozent?
1 mol der Verbindung enthält 2 mol Natrium, 1 mol Schwefel und 4 mol Sauerstoff. 10 g enthalten darum:

$$m(Na) = n(Na) \cdot M(Na) \cdot m(Na_2SO_4)/n(Na_2SO_4) \cdot M(Na_2SO_4)$$

$$m(Na) = 2\ mol \cdot 22{,}99\ g\ mol^{-1} \cdot 10\ g/1\ mol \cdot 142{,}06\ g\ mol^{-1}$$

$$m(Na) = 3{,}2366\ g$$

Analog folgt für Schwefel mit n = 1 und Sauerstoff mit n = 4:

m(S) = 32,06 g mol^{-1} · 10 g/142,06 g mol^{-1} = 2,2567 g

m(O) = 64 g mol^{-1} · 10 g/142,06 g mol^{-1} = 4,5051 g

Die Summe m(Na) + m(S) + m(O) muß natürlich 10 g sein. Für die Massenanteile erhält man:

w(Na) = 3,2366 g/10 g = 0,3236 = 32,36 %

w(S) = 2,2567 g/10 g = 0,2256 = 22,56 %

w(O) = 4,5051 g/10 g = 0,4505 = 45,05 %

b) Wieviel g Natrium sind in 50 g einer Lösung von Na_2SO_4 mit 20 % Massenanteil enthalten?

$m(Na_2SO_4)$ = m(Lösung) · $w(Na_2SO_4)$ = 50 g · 20 %

$m(Na_2SO_4)$ = 50 g · 0,2 = 10 g

In 10 g Na_2SO_4 sind enthalten:

m(Na) = n(Na) · M(Na) · $m(Na_2SO_4)/n(Na_2SO_4)\ M(Na_2SO_4)$

m(Na) = 2 mol · 22,99 g mol^{-1} · 10 g/1 mol · 142,06 g mol^{-1}

m(Na) = 3,24 g

Für Stoffgemische, deren Komponenten nicht aus gleichen Teilchen bestehen, entfallen Berechnungen mit Stoffmengen und molaren Massen.

1.2 Auswertung chemischer Reaktionen

Die Verhältnisse der Reaktionskoeffizienten einer chemischen Reaktionsgleichung geben an, in welchen stöchiometrischen Mengenverhältnissen die Stoffe miteinander reagieren. Aus den Stoffmengenverhältnissen lassen sich die Massenverhältnisse der Reaktionspartner berechnen. Die Reaktionsgleichung

$$3\ Fe + 2\ O_2 \longrightarrow Fe_3O_4$$

besagt, daß 3 mol Eisen ≙ 167,55 g mit 2 mol Sauerstoff ≙ 64 g reagieren. Sollen nun die Masse Sauerstoff, die zur Oxidation von 15 g Eisen benötigt wird, und die Masse des gebildeten Oxids berechnet werden, verwendet man Gleichung (1.4). Für das stöchiometrische Massenverhältnis m_1/m_2 zweier beliebiger Reaktionspartner 1 und 2, die an einer chemischen Reaktion beteiligt sind, ergibt Gleichung (1.4):

$$m_1/m_2 = n_1 \cdot M_1/n_2 \cdot M_2 \qquad (1.7)$$

Das Stoffmengenverhältnis n_1/n_2 entnimmt man der Reaktionsgleichung, die molaren Massen sind im allgemeinen bekannt. Die rechte Seite von (1.7) wird auch analytischer oder stöchiometrischer Faktor f genannt. Für zwei durch eine Reaktionsgleichung miteinander verbundene Stoffe X und Y ist

$$f(X/Y) = n_1 \cdot M_1/n_2 \cdot M_2 \qquad (1.8)$$

Der stöchiometrische Faktor ist für viele Reaktionen tabelliert und wird bei wiederholten Massenberechnungen eingesetzt. Für den benötigten Sauerstoff erhält man aus Gleichung (1.7)

$$m(O_2) = n(O_2) \cdot M(O_2) \cdot m(Fe)/n(Fe) \cdot M(Fe)$$

$$m(O_2) = 2\ mol \cdot 32\ g\ mol^{-1} \cdot 15\ g/3\ mol \cdot 167{,}55\ g\ mol^{-1} = 1{,}91\ g$$

und für das entstandene Eisenoxid

$$m(Fe_3O_4) = n(Fe_3O_4) \cdot M(Fe_3O_4) \cdot m(Fe)/n(Fe) \cdot M(Fe)$$

$$m(Fe_3O_4) = 231{,}55\ g\ mol^{-1} \cdot 15\ g/167{,}55\ g\ mol^{-1} = 20{,}73\ g$$

Aus Gleichung (1.8) ergibt sich als stöchiometrischer Faktor

$$f(O_2/Fe) = 2\ mol \cdot 32\ g\ mol^{-1}/3\ mol \cdot 55{,}45\ g\ mol^{-1} = 0{,}3819$$

Beispiel:
Unter Verwendung des stöchiometrischen Faktors ist zu berechnen, wieviel g Sauerstoff bei der vollständigen Oxidation von 136 g Eisen zu Fe_3O_4 verbraucht werden:

$$m(O_2) = f(O_2/Fe) \cdot m(Fe) \Longleftrightarrow 0{,}3819 \cdot 136\ g = 51{,}94\ g$$

Konzentration von Lösungen: Viele chemische Reaktionen werden in Lösung durchgeführt. Zur Charakterisierung von Lösungen benötigt man neben den Eigenschaftsgrößen Masse m, Stoffmenge n und Volumen V noch die sogenannten Gehaltsgrößen. Bei den Gehaltsgrößen lassen sich drei Gruppen unterscheiden:

Anteile
Konzentrationen
Verhältnisse

Jede Gruppe besteht aus einer Massen-, einer Stoffmengen- und einer Volumengehaltsgröße. Als zehnte Gehaltsgröße wurde die Molalität eingeführt. Hier sollen nur die Gehaltsgrößen behandelt werden, die in der Stöchiometrie am häufigsten verwendet werden.

Massenanteil $w(K_1)$: Den Quotienten aus der Masse einer Komponenten K_1 und der Summe der Massen aller Komponenten K_1 .... K_n bezeichnet man als Massenanteil der Komponente:

$$w(K_1) = m(K_1)/m(K_1) + m(K_2) + m(K_n) \qquad (1.9)$$

w kann entweder als Quotient aus zwei Masseneinheiten angegeben (z.B. g g^{-1}, mg g^{-1}) oder als Zahlenwert mit einer Zehnerpotenz formuliert werden. Der Massenanteil findet auch auf feste Mischungen Anwendung.

Beispiel:
16 g Strontiumchlorid werden in 150 g Wasser gelöst. Wie groß ist der Massenanteil von $SrCl_2$ in der Lösung?

$w(SrCl_2) = m(SrCl_2)/m(SrCl_2) + m(H_2O) = 16\ g/16\ g + 150\ g$

$w(SrCl_2) = 0{,}096\ g\ g^{-1} = 0{,}096 = 9{,}6\ \%$

Stoffmengenanteil *x*: Der Stoffmengenanteil, früher „Molenbruch" genannt, ist das Verhältnis der Stoffmenge der betreffenden Komponente zur Stoffmenge aller Stoffe in der Lösung. Sind die Komponenten A und B im Lösungsmittel C gelöst und sind n(A), n(B) und n(C) die betreffenden Stoffmengen in mol, gilt für den Stoffmengenanteil der Komponenten A

$$x(\mathrm{A}) = n(\mathrm{A})/n(\mathrm{A}) + n(\mathrm{B}) + n(\mathrm{C}) \qquad (1.10)$$

Die Summe aller Stoffmengenanteile ergibt 1:

$$x(\mathrm{A}) + x(\mathrm{B}) + x(\mathrm{C}) = 1 \qquad (1.11)$$

Beispiel:
Eine Lösung enthält 0,13 mol $SrCl_2$ und 0,87 mol H_2O. Welchen Wert hat der Stoffmengenanteil von $SrCl_2$ und in welcher Form läßt er sich angeben?

$x(SrCl_2) = n(SrCl_2)/n(SrCl_2) + n(H_2O)$

$x(SrCl_2) = 0{,}13\ mol/0{,}13\ mol + 0{,}87\ mol$

$x(SrCl_2) = 0{,}13\ mol\ mol^{-1} = 0{,}13 = 13\ \%$

Volumenanteil $v(K_1)$: Mit Volumenanteilen wird vor allem die Zusammensetzung von Gasen charakterisiert. Für die Einheiten des Volumenanteils

$$v(\mathrm{K}_1) = v(\mathrm{K}_1)/v(\mathrm{K}_1) + v(\mathrm{K}_2) + v(\mathrm{K}_n) \qquad (1.12)$$

gilt entsprechendes wie für die Einheiten des Massenanteils, wenn die Einheit g durch die Einheit l ersetzt wird.

Beispiel:
Der Volumenanteil des Sauerstoffs in der Luft kann in folgender Weise angegeben werden:

$v(O_2) = 0{,}21\ l\ l^{-1} = 0{,}21 = 21\ \%$

Stoffmengenkonzentration *c*: Sie bezeichnet die Stoffmenge des gelösten Stoffes X pro Volumen der Lösung und wird in der Regel in mol l^{-1} angegeben (früher als Molarität bezeichnet):

$$c(\mathrm{X}) = n(\mathrm{X})/V(\mathrm{Lösung}) \qquad (1.13)$$

Äquivalentkonzentration *c*(eq): Die Stoffmengenkonzentration eines Stoffes entspricht nicht in jedem Fall der Stoffmengenkonzentration der Teilchen, auf die es bei der Reaktion ankommt. So enthält eine H_2SO_4-Lösung mit $c(H_2SO_4) = 0{,}05$ mol l^{-1} die doppelte Menge an H^+-Ionen, auf die es z.B. bei Säure-Base-Reaktionen allein ankommt. Dividiert man die molare Masse M(X) eines Teilchens X durch die Äquivalentzahl z, welche angibt, wie viele der für eine Reaktion maßgeblichen Teilchen von einem Molekül X zur Verfügung gestellt werden, erhält man die Äquivalentmasse eq(X):

$$eq(\mathrm{X}) = M(\mathrm{X})/z \qquad (1.14)$$

Die Äquivalentkonzentration ist die Stoffmengenkonzentration von Äquivalentteilchen (Äquivalenten), also die Molzahl von Äquivalentteilchen pro Liter Lösung:

$$c(\mathrm{eq}) = z \cdot c(\mathrm{X}) = c(\mathrm{X}/z) \quad (1.15)$$

Eine Lösung, deren Konzentration als Äquivalentkonzentration angegeben ist, nennt man Normallösung. c(eq) wurde früher als Normalität bezeichnet. Stoffe gleicher Äquivalentkonzentrationen reagieren immer im Volumenverhältnis 1:1. Aus diesem Grund werden in der analytischen Chemie Normallösungen bevorzugt.

Beispiel:

a) Bei einer Säure bezieht sich c(eq) stets auf die Zahl verfügbarer $H^+(aq)$-Ionen pro Molekül Säure. H_2SO_4 hat deshalb die Äquivalentzahl $z = 2$. Für eine H_2SO_4-Lösung mit $c(eq) = 0,5$ mol l^{-1} ist die Stoffmengenkonzentration an den Äquivalentteilchen $H^+(aq)$ somit gleich 0,5 mol l^{-1} und die Stoffmengenkonzentration an H_2SO_4 gleich 0,25 mol l^{-1}:

$$c(eq) = 2 \cdot c(H_2SO_4) = c(1/2\ H_2SO_4) = 0,5\ \mathrm{mol}\ l^{-1}$$

b) Bei Hydroxiden bezieht sich c(eq) auf die Zahl der OH^--Ionen pro Formeleinheit der Base, also $z = 1$ für NaOH, $z = 2$ für $Sr(OH)_2$ und $z = 3$ für $Al(OH)_3$. Für Natronlauge entspricht $c(eq) = 0,1$ mol l^{-1} somit

$$c(OH^-) = 0,1\ \mathrm{mol}\ l^{-1} \text{ und } c(NaOH) = 0,1\ \mathrm{mol}\ l^{-1}:$$

$$c(eq) = 1 \cdot c(NaOH) = c(1/1\ NaOH) = 0,1\ \mathrm{mol}\ l^{-1}.$$

c) Für eine $KMnO_4$-Lösung, die unter Reduktion von MnO_4^--Ionen zu Mn^{2+}-Ionen 1 mol Elektronen pro Liter Lösung aufnehmen soll, ist $z = 5$ (siehe Redoxreaktionen) und man erhält

$$c(eq) = 5 \cdot c(KMnO_4) = c(1/5\ KMnO_4) = 1\ \mathrm{mol}\ l^{-1}.$$

Molalität *b*: Sie gibt die Stoffmenge eines gelösten Stoffes in Mol pro Kilogramm Lösungsmittel an (mol kg^{-1}). Die Molalität ist von der Temperatur unabhängig:

$$b(\mathrm{X}) = n(\mathrm{X})/\mathrm{kg(Lösungsmittel)} \quad (1.16)$$

Ausbeute bei chemischen Reaktionen: Nicht immer ergibt eine chemische Reaktion die theoretisch mögliche Produktmenge. Die theoretische Ausbeute ist die entsprechend der Reaktionsgleichung und den eingesetzten Stoffmengen maximal erreichbare Ausbeute. Die erhaltene Produktmenge entspricht der tatsächlichen Ausbeute. Das Verhältnis der tatsächlichen zur theoretischen Ausbeute ist die prozentuale Ausbeute:

$$\mathrm{Ausbeute}\ (\%) = [\mathrm{Ausbeute}_{\mathrm{tatsächl.}}/\mathrm{Ausbeute}_{\mathrm{theoret.}}] \cdot 100\ \% \quad (1.17)$$

Begrenzende Reaktanten: Der Stoff, von dem die kleinste stöchiometrische Menge zur Verfügung steht, und der dadurch die theoretisch mögliche Ausbeute begrenzt, heißt begrenzender Reaktant. Man dividiert die zur Verfügung stehende Stoffmenge jedes Reaktanten durch den zugehörigen Koeffizienten in der Reaktionsgleichung. Der kleinste Wert entspricht dem begrenzenden Reaktanten.

Beispiel:
Wieviel mol H_2O können theoretisch aus 3 mol H_2 und 2 mol O_2 entstehen und wer ist begrenzender Reaktant?
Aus der Reaktionsgleichung $2\ H_2 + O_2 \longrightarrow 2\ H_2O$ folgt
$n(H_2)/2\ mol = 3\ mol/2\ mol = 1{,}5 < n(O_2)/1\ mol = 2\ mol/1\ mol = 2.$
Aus der kleineren Zahl folgt H_2 als begrenzender Reaktant. Die tatsächliche H_2O-Menge ist maximal 1,5 mal so groß wie der Koeffizient der Reaktionsgleichung:
$n(H_2O) = 1{,}5 \cdot 2\ mol = 3\ mol$

1.3 Mischen und Verdünnen von Lösungen

Soll aus zwei Lösungen mit bekannten Gehaltsgrößen eine neue Lösung mit vorgegebener Gehaltsgröße durch Mischung hergestellt werden, lassen sich die erforderlichen Angaben durch eine sogenannte Mischungsrechnung bestimmen. Für die Gehaltsgröße Stoffmengenkonzentration gelten die Gleichungen

$$V_1 + V_2 = V_M \tag{1.18}$$

$$c_1 \cdot V_1 + c_2 \cdot V_2 = c_M \cdot V_M \tag{1.19}$$

Darin sind V_1 und V_2 die Volumina der Ausgangslösungen, c_1 und c_2 ihre Konzentrationen, V_M das Volumen der Mischung und c_M ihre Konzentration. Mischungsrechnungen mit dem Massenanteil w erfolgen mit den Bestimmungsgleichungen

$$m_1 + m_2 = m_M \tag{1.20}$$

$$w_1 \cdot m_1 + w_2 \cdot m_2 = w_M \cdot m_M \tag{1.21}$$

Darin sind w_1 und w_2 die Massenanteile der gelösten Komponenten in den Ausgangslösungen, m_1 und m_2 die Massen der Lösungen und w_M und m_M die entsprechenden Werte der Mischung. Wird eine Lösung durch Zugabe des reinen Lösungsmittels verdünnt, vereinfacht sich Gleichung (1.19) wegen $c_2 = 0$ zu

$$c_1 \cdot V_1 = c_M \cdot V_M \tag{1.22}$$

und Gleichung (1.21) wegen $w_2 = 0$ zu

$$w_1 \cdot m_1 = w_M \cdot m_M \tag{1.23}$$

Beispiel:
Welches Volumen einer HCl-Lösung mit $c(HCl) = 11\ mol\ l^{-1}$ ist erforderlich, um 750 ml einer HCl-Lösung mit $c(HCl) = 4\ mol\ l^{-1}$ herzustellen?
Da die Aufgabe im Verdünnen der Lösung besteht, wird Gleichung (1.22) nach V_1 umgestellt:

$$V_1 = c_M \cdot V_M/c_1 = 4\ mol\ l^{-1} \cdot 0{,}75\ l/11\ mol\ l^{-1} = 0{,}273\ l$$

Beispiel:
Gegeben sind zwei H_2SO_4-Lösungen mit $w_1 = 25\ \%$ und $w_2 = 45\ \%$. 2 kg der Lösung 1 werden mit 3 kg der Lösung 2 gemischt. Welchen Massenanteil hat H_2SO_4 im Gemisch?

Umstellen von Gleichung (1.21) nach w_M ergibt:

$$w_M = (w_1 m_1 + w_2 m_2)/m_1 + m_2 = (0{,}25 \cdot 2\ \text{kg} + 0{,}45 \cdot 3\ \text{kg})/5\ \text{kg}$$

$$w_M = 0{,}37 = 37\ \%$$

Dichte ρ: Die Berechnung der Masse eines gelösten Stoffes X aus dem Volumen der Lösung sowie die Bestimmung des Lösungsvolumens aus der Masse des gelösten Stoffes X erfolgt über die Dichte der Lösung:

$$\rho = m(\text{X})/V(\text{Lösung}) \qquad (1.24)$$

Daraus folgt die Einheit g ml^{-1}.

1.4 Volumetrische Analyse - Maßanalyse

Die quantitative Stoffmengenbestimmung in wäßriger Lösung erfolgt mit der volumetrischen Analyse, auch Titration genannt. Der zu bestimmenden Lösung (Analysenlösung) wird eine Lösung genau bekannter Konzentration (Maßlösung) hinzugefügt, bis die Reaktion zwischen den gelösten Stoffen vollständig abgelaufen ist. Den in der Maßlösung enthaltenen Reaktionspartner nennt man Titrator, den in der Analysenlösung enthaltenen Titrand. Um den genauen Endpunkt der Reaktion (Äquivalenzpunkt) zu bestimmen, werden verschiedene Meßmethoden eingesetzt. Die einfachste besteht in der Verwendung von Indikatoren, die die Eigenschaft haben, beim Erreichen des Äquivalenzpunktes plötzlich die Farbe der Lösung umschlagen zu lassen. Aus dem bis zu diesem Punkt verbrauchten Volumen der Maßlösung kann die Menge in der Analysenlösung berechnet werden. Die wichtigsten Bestimmungen sind:

Säure – Base – Titrationen
Redoxtitrationen
Fällungstitrationen
Komplexbildungstitrationen (komplexometrische Titrationen)

Dabei werden Normallösungen mit einer definierten Äquivalentkonzentration verwendet. Für die Titration geeignete Reaktionen müssen folgende Bedingungen erfüllen:

1. Sie müssen entsprechend der zugrundeliegenden Reaktionsgleichung vollständig und stöchiometrisch ohne Nebenreaktionen ablaufen.
2. Sie müssen eine hohe Reaktionsgeschwindigkeit haben.
3. Ihr Äquivalenzpunkt muß deutlich zu erkennen sein.

Die zugrundeliegenden Reaktionen werden in den folgenden Kapiteln ausführlich behandelt. Die Auswertung von Titrationen basiert auf zwei grundsätzlichen Beobachtungen:

1. Am Äquivalenzpunkt ist das Verhältnis der Stoffmengen der Äquivalente von Titrator und Titrand gleich eins.
2. Am Äquivalenzpunkt ist das Verhältnis der Volumina von Titrator und Titrand gleich dem reziproken Wert des Verhältnisses ihrer Äquivalentkonzentrationen.

Beispiel:
Wieviel g $Sr(OH)_2$ muß man einwiegen, um 1 l einer Normallösung mit $c(OH^-)$ = 0,1 mol l^{-1} herzustellen?
Wieviel ml dieser Lösung werden verbraucht, wenn 25 ml Salzsäure mit c(HCl) = 0,35 mol l^{-1} neutralisiert werden?
Da für $Sr(OH)_2$ z = 2 ist, enthält die $Sr(OH)_2$-Lösung mit c(eq) = $c(OH^-)$ = c(1/2 $Sr(OH)_2$) = 0,1 mol l^{-1} nur 0,05 mol $Sr(OH)_2$ pro Liter. Die benötigte Masse für 1 l beträgt:

$$m(Sr(OH)_2) = n(Sr(OH)_2) \cdot M(Sr(OH)_2)$$

$$m(Sr(OH)_2) = 0{,}05\ mol \cdot 121{,}62\ g\ mol^{-1} = 6{,}081\ g$$

Für die in 25 ml HCl enthaltene Stoffmenge von $H^+(aq)$-Ionen gilt:

$$n(H^+) = V(HCl) \cdot c(H^+) = 0{,}025\ l \cdot 0{,}35\ mol\ l^{-1}\ n(H^+) = 0{,}00875\ mol\ l^{-1}$$

Bei Volumina in ml ist es zweckmäßig, auch mit ml und mmol zu rechnen. Für die Neutralisation von 8,75 mmol H^+-Ionen werden gemäß $H^+ + OH^- \longrightarrow H_2O$ auch 8,75 mmol OH^--Ionen benötigt. Diese Stoffmenge OH^--Ionen ist in einem Volumen von $V(Sr(OH)_2) = n(OH^-)/c(OH^-)$ = 8,75 mmol/0,1 mmol ml^{-1} = 87,5 ml enthalten.

1.5 Gasgesetze

Bei stöchiometrischen Berechnungen ist zu beachten, daß bei einer chemischen Reaktion auch gasförmige Substanzen entstehen können oder verbraucht werden. Ihre Berechnung erfolgt mit Hilfe der folgenden Gesetze.

Boyle-Mariottesches Gesetz: Bei einer gegebenen Temperatur ist das Produkt aus Druck und Volumen eines Gases konstant:

$$p_1 \cdot V_1 = p_2 \cdot V_2 = \text{const.} \tag{1.25}$$

Standardbedingungen: Darunter versteht man eine Temperatur von 0 °C und einen Druck von 101,31 kPa. Unter diesen Bedingungen nimmt ein Mol eines idealen Gases ein Volumen von 22,41 Liter ein. Dieses Molvolumen unter Standardbedingungen mit der Maßeinheit mol l^{-1} bezeichnet man als V_m.

Avogadrosches Gesetz: Gleiche Volumina beliebiger idealer Gase enthalten bei gleicher Temperatur und gleichem Druck die gleiche Anzahl von Atomen bzw. Molekülen. Dann gilt natürlich auch umgekehrt: Ein Mol eines beliebigen Gases nimmt unter den genannten Bedingungen das gleiche Volumen wie ein anderes Gas ein.

Allgemeines Gasgesetz: Zwischen der Stoffmenge eines Gases und seinen Zustandsgrößen Druck, Temperatur und Volumen besteht eine einfache Beziehung, die allgemeines Gasgesetz oder auch allgemeine Zustandsgleichung der Gase genannt wird:

$$p \cdot V = n \cdot R \cdot T \tag{1.26}$$

T ist die thermodynamische Temperatur und wird in Kelvin angegeben. Wegen 273,16 K = 0 °C erfolgt die Umrechnung von °C (t) in Kelvin nach

$$T = (t + 273{,}16)\ \mathrm{K} \tag{1.27}$$

R ist die ideale Gaskonstante, die sich in verschiedenen Maßeinheiten angeben läßt. Hier wird R in der Form

$$R = 8{,}314\ \mathrm{kPa \cdot l\ mol^{-1} \cdot K^{-1}}$$

eingesetzt. Soll eine Gasprobe von den Anfangsbedingungen p_1, V_1, T_1 auf andere Bedingungen p_2, V_2, T_2 umgerechnet werden, verändern sich die Stoffmengen n nicht. In diesem Fall ist

$$p_1 \cdot V_1/T_1 = p_2 \cdot V_2/T_2 \tag{1.28}$$

Hat eine Gasprobe die Masse m in Gramm und bei den Temperaturen T_1 und T_2 die Dichten d_1 und d_2, erhält man mit $V_{1(2)} = m/d_{1(2)}$:

$$p_1/d_1 \cdot T_1 = p_2/d_2 \cdot T_2 \tag{1.29}$$

Für die Dichte eines Gases X unter Standardbedingungen gilt dann:

$$d(\mathrm{X}) = M(\mathrm{X})/V_m \tag{1.30}$$

Während die Stoffmengen von festen und flüssigen Reaktionsteilnehmern leicht durch Wägung zu bestimmen sind, ist es bei Gasen bequemer, die Volumina zu messen und entsprechende stöchiometrische Probleme mit dem allgemeinen Gasgesetz und dem Avogadroschen Gesetz zu lösen.

Beispiel:
Ein gasförmiges Reaktionsprodukt nimmt bei p = 68 kPa ein Volumen von 325 ml ein. Wie groß ist das Volumen bei Normaldruck, wenn T konstant bleibt?
Mit $T_1 = T_2$ ergibt (1.28) $p_1V_1 = p_2V_2$ und darum
$V_2 = p_1 V_1/p_2$ = 68 kPa · 325 ml/101,31 kPa = 218,14 ml.

Beispiel:
Eine Gasprobe hat ein Volumen von 92 ml bei 35 °C. Welches Volumen hat die Probe bei 0 °C, wenn der Druck konstant bleibt?
Mit $p_1 = p_2$ folgt aus (1.28) $V_1/T_1 = V_2/T_2$ und darum $V_2 = V_1 T_2/T_1$
V_2 = 92 ml · 273,16 K/308,16 K = 81,55 ml.

Beispiel:
Ein Reaktionsgefäß mit V = 5 l wird bei 0 °C mit Gas gefüllt, bis der Druck 152 kPa beträgt. Beim Erhitzen der Reaktionsmischung erreicht der Druck 196,15 kPa. Welche Temperatur herrscht im Reaktionsgefäß?
Mit $V_1 = V_2$ folgt aus (1.28) $p_1/T_1 = p_2/T_2$. Man erhält $T_2 = p_2 T_1/p_1$
T_2 = 196,15 kPa · 273,16 K/152 kPa = 352,5 K.
Die Temperatur beträgt 79,4 °C.

Beispiel:
In einem Reaktionsgefäß von V = 5 l wird eine Reaktion bei 120 °C durchgeführt, bei der 0,75 mol Sauerstoff entstehen. Unter welchem Druck steht das Reaktionsgemisch?

Da die Stoffmenge gegeben ist, wird (1.26) nach p umgestellt:
$p = 0{,}75\ mol \cdot 8{,}314\ kPa\ l\ mol^{-1} K^{-1} \cdot 393\ K/5\ l$.
$p = 490{,}3\ kPa$.

Beispiel:
Welche Dichte hat Fluor unter Standardbedingungen?
Mit $M(F_2) = 38\ g\ mol^{-1}$ erhält man aus (1.30):
$d(F_2) = M(F_2)/V_m = 38\ g\ mol^{-1}/22{,}41\ l\ mol^{-1} = 1{,}696\ g\ l^{-1}$.

Daltonsches Gesetz: Liegt ein Gemisch von Gasen vor, setzt sich der Gesamtdruck p_{ges} aus den Partialdrücken der einzelnen Komponenten A, B, C, ... zusammen:

$$p_{ges} = p(A) + p(B) + p(C) \ldots\ldots \qquad (1.31)$$

Partialdruck: Der Partialdruck einer Komponente ist der Druck, den diese ausüben würde, wenn sie als einziges Gas in gleicher Menge im gleichen Volumen anwesend wäre.
In einem Gasgemisch aus n(A) mol eines Gases A und n(B) mol eines Gases B gilt für den Partialdruck des Gases A

$$p(A) = x(A) \cdot p_{ges} \qquad (1.32)$$

mit $x(A) = n(A)/n(A) + n(B)$ = Stoffmengenanteil.

Volumenanteil: Das Verhältnis des Volumens von Gas A zum Gesamtvolumen des Gemisches ist der Volumenanteil V_A von Gas A:

$$V_A = V(A)/V(A) + V(B) + V(C)\ldots. = V(A)/V_{ges} \qquad (1.33)$$

V_A kann in Prozent, Promille oder auch als Zahl angegeben werden.
Da für den Volumenanteil auch

$$V_A = p(A)/p_{ges} = V(A)/V_{ges} \qquad (1.34)$$

gilt, erhält man aus (1.32) und (1.34) die für die Berechnung von Reaktionen unter Beteiligung von Gasen wichtige Beziehung:

$$p(A)/p_{ges} = x(A) = V_A \qquad (1.35)$$

Das Verhältnis von Partialdruck einer Gaskomponente A zum Gesamtdruck einer Gasmischung ist gleich ihrem Stoffmengenanteil $x(A)$ und ihrem Volumenanteil V_A.

Beispiel:
Ein Gasgemisch mit $p_{ges} = 740\ kPa$ enthält 45 % Methan, 35 % Ethan und 20 % Kohlendioxid. Welchen Partialdruck haben die Komponenten?
Die nach (1.33) berechneten Werte für V_A werden in (1.35) eingesetzt:

$$p(CH_4) = 0{,}45 \cdot 740\ kPa = 333\ kPa$$

$$p(C_2H_6) = 0{,}35 \cdot 740\ kPa = 259\ kPa$$

$$p(CO_2) = 0{,}20 \cdot 740\ kPa = 148\ kPa$$

Als Probe gilt

$$p(A) + p(B) + p(C) = p_{ges}$$
$$(333 + 259 + 148)\ kPa = 740\ kPa$$

Beispiel:
Ein Gemisch aus 20 g Sauerstoff und 20 g Wasserstoff hat einen Druck von 136 kPa. Welchen prozentualen Anteil hat Wasserstoff am Gesamtdruck der Mischung und wie groß ist $p(H_2)$?
Um (1.32) anwenden zu können, muß zunächst der Stoffmengenanteil bestimmt werden:

$$n(O_2) = 20\ g/32\ g\ mol^{-1} = 0{,}625\ mol$$

$$n(H_2) = 20\ g/2\ g\ mol^{-1} = 10\ mol$$

$$x(H_2) = n(H_2)/n(H_2) + n(O_2) = 10\ mol/10{,}625\ mol = 0{,}94$$

$$p(H_2) = p_{ges} \cdot x(H_2) = 136\ kPa \cdot 0{,}94 = 127{,}84\ kPa$$

Der prozentuale Anteil folgt aus dem Stoffmengenanteil $x(H_2)$: 94 %.

Übungen:

Übung 1.1

Anwendung des Gesetzes von den multiplen Proportionen auf die Stickstoffoxide N_2O, NO, N_2O_3, NO_2 und N_2O_5.

Aus der prozentualen Zusammensetzung der Stickstoffoxide

N_2O = 63,7 % Stickstoff, 36,3 % Sauerstoff
NO = 46,7 % Stickstoff, 53,3 % Sauerstoff
N_2O_3 = 36,8 % Stickstoff, 63,2 % Sauerstoff
NO_2 = 30,4 % Stickstoff, 69,6 % Sauerstoff
N_2O_5 = 25,9 % Stickstoff, 74,1 % Sauerstoff

ergeben sich für jeweils 100 g Stickstoffoxid die folgenden Massenverhältnisse der Elemente (die den Molverhältnissen proportional sind):

$$m(N)/m(O) = 63{,}7\ g/36{,}3\ g = (63{,}7/63{,}7) : (36{,}3/63{,}7) = 1 : 0{,}57$$
$$m(N)/m(O) = 46{,}7\ g/53{,}3\ g = (46{,}7/46{,}7) : (53{,}3/46{,}7) = 1 : 1{,}14$$
$$m(N)/m(O) = 36{,}8\ g/63{,}2\ g = (36{,}8/36{,}8) : (63{,}2/36{,}8) = 1 : 1{,}71$$
$$m(N)/m(O) = 30{,}4\ g/69{,}6\ g = (30{,}4/30{,}4) : (69{,}6/30{,}4) = 1 : 2{,}28$$
$$m(N)/m(O) = 25{,}9\ g/74{,}1\ g = (25{,}9/25{,}9) : (74{,}1/25{,}9) = 1 : 2{,}86$$

Die Massen von Sauerstoff, die sich mit einer bestimmten Masse von Stickstoff verbinden, in diesem Fall jeweils mit der Masse von 1 mol Stickstoff, verhalten sich zueinander wie

1 : 2 : 3 : 4 : 5

In Übereinstimmung mit dem Gesetz der multiplen Proportionen stehen die Sauerstoffmassen in einem ganzzahligen Verhältnis zueinander.

Übung 1.2

Bestimmung der relativen Atommasse.
Magnesium kommt als Isotopengemisch in der Natur vor. Es besteht zu 78,99 % aus ^{24}Mg (A_r = 23,99), 10 % ^{25}Mg (A_r = 24,99) und 11,01 % ^{26}Mg (A_r = 25,99).
Welche relative und welche absolute Atommasse hat Magnesium?

Als Atommasse eines Elements wird der Mittelwert der Massen seiner Isotope unter Berücksichtigung ihrer relativen Häufigkeit angegeben. Das bedeutet, die Addition der Produkte

$$\text{Anteil}_{(\text{Isotop})} \cdot \text{Masse}_{(\text{Isotop})}$$

für jedes Isotop des Gemisches ergibt die relative Atommasse des natürlich vorkommenden Magnesiums:

$$^{24}\text{Mg} = 0{,}7899 \cdot 23{,}99 = 18{,}95$$
$$^{25}\text{Mg} = 0{,}1000 \cdot 24{,}99 = 2{,}50$$
$$^{26}\text{Mg} = 0{,}1101 \cdot 25{,}98 = 2{,}86$$
$$A_r(\text{Mg}) = 24{,}31$$

Da die absoluten Atommassen, deren Zahlenwerte mit denen der relativen Atommassen identisch sind, in Atommasseneinheiten angegeben werden, erhält man

$$M(\text{Mg}) = 24{,}31\ \text{u}$$

Übung 1.3

Berechnung von Formeln und Zusammensetzungen.
Wieviel Prozent Eisen sind im Oxid Fe_3O_4 enthalten?

Ein Mol Fe_3O_4 enthält n(Fe) = 3 mol und n(O) = 4 mol. Daraus ergibt sich für die Masse der Elemente in Gramm:

$$m(\text{Fe}) = n(\text{Fe}) \cdot M(\text{Fe}) = 3\ \text{mol} \cdot 55{,}8\ \text{g mol}^{-1} = 167{,}4\ \text{g}$$

$$m(\text{O}) = n(\text{O}) \cdot M(\text{O}) = 4\ \text{mol} \cdot 16{,}0\ \text{g mol}^{-1} = 64{,}0\ \text{g}$$

Für $m(Fe_3O_4)$ erhält man 167,4 g + 64 g = 231,4 g und somit für den Massenanteil w von Eisen in Fe_3O_4:

$$w(\text{Fe}) = m(\text{Fe})/m(\text{Fe}_3\text{O}_4) = 167{,}4\ \text{g}/231{,}4\ \text{g} = 0{,}7234$$

Daraus ergibt sich ein Prozentgehalt von

$$w(\text{Fe}) \cdot 100\ \% = 72{,}34\ \%\ \text{Fe}$$

Übung 1.4

Berechnung von Formeln und Zusammensetzungen.
Ein Element X bildet mit Phosphor die Ionenverbindung $[PX_4][PX_6]$ mit 14,87 % P und 85,13 % X. Welche relative Atommasse hat X und um welche Verbindung handelt es sich?

Aus der Analyse und dem Molverhältnis P : X = 1 : 5 folgen die Gleichungen

$$n(\mathrm{P}) = m(\mathrm{P})/M(\mathrm{P}) = 14{,}87\ \mathrm{g}/30{,}97\ \mathrm{g\ mol^{-1}} = 0{,}48\ \mathrm{mol}$$

$$n(\mathrm{X}) = m(\mathrm{X})/M(\mathrm{X}) = 85{,}13\ \mathrm{g}/M(\mathrm{X}) = 5\ n(\mathrm{P}) = 2{,}40\ \mathrm{mol}$$

Man erhält

$$M(\mathrm{X}) = 85{,}13\ \mathrm{g}/2{,}4\ \mathrm{mol} = 35{,}46\ \mathrm{g\ mol^{-1}}$$

Da die molaren Massen von Atomen und Molekülen und die relativen Atom- und Molekülmassen identische Zahlenwerte haben ist

$$A_r(\mathrm{X}) = 35{,}46$$

X = Chlor, Verbindung: $[PCl_4][PCl_6]$

Übung 1.5

Berechnung von Formeln und Zusammensetzungen.
Aliphatische Dicarbonsäuren bestehen aus Kohlenstoff, Wasserstoff und Sauerstoff. Sie entsprechen der allgemeinen Formel $HOOC\text{-}(CH_2)_n\text{-}COOH$. Beim Verbrennen von 2,7 g einer Dicarbonsäure (DCS) wurden 0,54 g Wasser, 0,84 g CO und 1,32 g CO_2 nachgewiesen. Welche prozentuale Zusammensetzung hat die Säure?

Der Kohlenstoff der Probe befindet sich im CO und CO_2, der Sauerstoff im H_2O, CO und CO_2 und der Wasserstoff im H_2O. Den Indexzahlen entnimmt man die Anzahl der Mole jedes Elements in einem Mol der Verbindung. Mit den relativen Molekülmassen $M_r(H_2O) = 18$, $M_r(CO) = 28$ und $M_r(CO_2) = 44$ erhält man für den Elementanteil w in den gebildeten Produkten:

$$w_1(\mathrm{C}) = n(\mathrm{C}) \cdot M_r(\mathrm{C})/M_r(\mathrm{CO}) = 1 \cdot 12/28 = 0{,}4285$$

$$w_2(\mathrm{C}) = n(\mathrm{C}) \cdot M_r(\mathrm{C})/M_r(\mathrm{CO_2}) = 1 \cdot 12/44 = 0{,}2727$$

Die Kohlenstoffmasse im CO und CO_2 und damit in der Probe ist

$$m(\mathrm{C}) = w_1(\mathrm{C}) \cdot m(\mathrm{CO}) + w_2(\mathrm{C}) \cdot m(\mathrm{CO_2})$$

$$m(\mathrm{C}) = 0{,}4285 \cdot 0{,}84\ \mathrm{g} + 0{,}2727 \cdot 1{,}32\ \mathrm{g} = 0{,}7199\ \mathrm{g}$$

Für den Anteil von Wasserstoff im H_2O erhält man analog

$$w(\mathrm{H}) = n(\mathrm{H}) \cdot M_r(\mathrm{H})/M_r(\mathrm{H_2O}) = 2 \cdot 1/18 = 0{,}1111$$

und somit für die Wasserstoffmasse in der Probe

$$m(\mathrm{H}) = w(\mathrm{H}) \cdot m(\mathrm{H_2O}) = 0{,}1111 \cdot 0{,}54\ \mathrm{g} = 0{,}06\ \mathrm{g}$$

Der Sauerstoffanteil in der Probe ergibt sich aus der Differenz

$$m(\mathrm{O}) = 2{,}7\ \mathrm{g(Probe)} - 0{,}7199\ \mathrm{g(C)} - 0{,}06\ \mathrm{g(H)} = 1{,}9201\ \mathrm{g}$$

Durch Division der Massenanteile der Elemente mit der ursprünglichen Probenmasse erhält man den Prozentgehalt der Elemente in der Dicarbonsäure:

$m(\mathrm{C})/m(\mathrm{DCS}) \cdot 100\,\% = 0{,}7199\ \mathrm{g}/2{,}7\ \mathrm{g} \cdot 100\,\% = 26{,}66\,\%\ \mathrm{C}$

$m(\mathrm{H})/m(\mathrm{DCS}) \cdot 100\,\% = 0{,}0600\ \mathrm{g}/2{,}7\ \mathrm{g} \cdot 100\,\% = 2{,}22\,\%\ \mathrm{H}$

$m(\mathrm{O})/m(\mathrm{DCS}) \cdot 100\,\% = 1{,}9201\ \mathrm{g}/2{,}7\ \mathrm{g} \cdot 100\,\% = 71{,}12\,\%\ \mathrm{O}$

Übung 1.6

Berechnung von Formeln und Zusammensetzungen.
Aus den Werten der chemischen Analyse in Übung 1.5 ist die empirische Formel der Dicarbonsäure und aus der experimentellen Bestimmung ihrer molaren Masse $M(DCS) = 90\ g\ mol^{-1}$ ihre Molekularformel abzuleiten.

Die chemische Analyse ergibt die relativen Massenanteile der Elemente in der Verbindung. Die Molzahlen der Elemente werden aus den vorhandenen Massen der Elemente berechnet. Das einfachste ganzzahlige Verhältnis der Molzahl der Elemente ergibt die empirische Formel. Aus den Prozentgehalten folgt, daß in 100 Gramm Dicarbonsäure 26,66 g C, 2,22 g H und 71,12 g O enthalten sind. Daraus ergeben sich die Molzahlen:

$n(\mathrm{H}) = m(\mathrm{H})/M(\mathrm{H}) = 2{,}22\ \mathrm{g}/1{,}0\ \mathrm{g\ mol^{-1}} = 2{,}22\ \mathrm{mol}$

$n(\mathrm{C}) = m(\mathrm{C})/M(\mathrm{C}) = 26{,}66\ \mathrm{g}/12\ \mathrm{g\ mol^{-1}} = 2{,}22\ \mathrm{mol}$

$n(\mathrm{O}) = m(\mathrm{O})/M(\mathrm{O}) = 71{,}12\ \mathrm{g}/16\ \mathrm{g\ mol^{-1}} = 4{,}44\ \mathrm{mol}$

Division durch die kleinste Molzahl ergibt:

H = 2,22/2,22 = 1

C = 2,22/2,22 = 1

O = 4,44/2,22 = 2

Die empirische Formel für die Dicarbonsäure lautet somit

HCO_2

(Führt die Division nicht für alle Elemente zu ganzen Zahlen, multipliziert man alle Zahlen mit einem ganzzahligen Faktor, der für alle Elemente ganze Zahlen ergibt.) Durch Addition der molaren Massen von H, C und O entsprechend der empirischen Formel erhält man $M(\mathrm{HCO_2}) = 45\ \mathrm{g\ mol^{-1}}$. Da die molare Masse experimentell zu $90\ \mathrm{g\ mol^{-1}}$ ermittelt wurde, sind alle Atomzahlen zu verdoppeln. Die Molekularformel ist somit

$H_2C_2O_4$ (Oxalsäure)

Übung 1.7

Berechnung von Formeln und Zusammensetzungen.
Die Analyse eines Salzes ergab 33,3 % Natrium, 20,29 % Stickstoff und 46,38 % Sauerstoff. Es ist die empirische Formel der Verbindung zu berechnen!

Nach dem Gesetz der konstanten Proportionen müssen sich die Stoffmengen der in einer Verbindung enthaltenen Elemente durch ganze Zahlen wiedergeben lassen. Für das Salz $Na_xN_yO_z$ mit den Stöchiometriezahlen x, y und z erhält man aus der allgemeinen Beziehung

$$n(\mathrm{Na}) : n(\mathrm{N}) : n(\mathrm{O}) = x : y : z$$

unter Berücksichtigung von $n = m/M$ die Proportion

$$m(\mathrm{Na})/M(\mathrm{Na}) : m(\mathrm{N})/M(\mathrm{N}) : m(\mathrm{O})/M(\mathrm{O}) = x : y : z$$

Bezogen auf 100 g Salz erhält man mit den Molmassen von Natrium, Stickstoff und Sauerstoff:

$$33{,}3\ \mathrm{g}/22{,}9\ \mathrm{g\ mol^{-1}} : 20{,}29\ \mathrm{g}/14\ \mathrm{g\ mol^{-1}} : 46{,}38\ \mathrm{g}/16\ \mathrm{g\ mol^{-1}} = x : y : z$$

$$1{,}4485\ \mathrm{mol} : 1{,}4485\ \mathrm{mol} : 2{,}8988\ \mathrm{mol} = x : y : z$$

Division durch die kleinste Molzahl ergibt:

$$1 : 1 : 2 = x : y : z$$

Dem entspricht die empirische Formel $NaNO_2$ (Natriumnitrit).

Übung 1.8

Berechnung von Formeln und Zusammensetzungen.
Die Analyse einer Substanz X ergab 12,06 % Natrium, 11,34 % Bor, 29,38 % Sauerstoff und 47,22 % Wasser. Aus der Molmassenbestimmung folgt M(X) = 381,22 g mol⁻¹. Welche empirische und welche Summenformel hat X?

Die Formel von X sei $Na_xB_yO_z \cdot u\ H_2O$. Da Prozentangaben vorliegen, geht man von 100 g Substanz aus und erhält für die Stoffmengen der Elemente:

$$n(\mathrm{Na}) = m(\mathrm{Na})/M(\mathrm{Na}) = 12{,}06\ \mathrm{g}/22{,}99\ \mathrm{g\ mol^{-1}} = 0{,}5245\ \mathrm{mol}$$

$$n(\mathrm{B}) = m(\mathrm{B})/M(\mathrm{B}) = 11{,}34\ \mathrm{g}/10{,}81\ \mathrm{g\ mol^{-1}} = 1{,}049\ \mathrm{mol}$$

$$n(\mathrm{O}) = m(\mathrm{O})/M(\mathrm{O}) = 29{,}38\ \mathrm{g}/16\ \mathrm{g\ mol^{-1}} = 1{,}8362\ \mathrm{mol}$$

$$n(\mathrm{H_2O}) = m(\mathrm{H_2O})/M(\mathrm{H_2O}) = 47{,}22\ \mathrm{g}/18\ \mathrm{g\ mol^{-1}} = 2{,}6233\ \mathrm{mol}$$

Die für 100 g berechneten Stoffmengen sind von der Masse der Verbindung unabhängig (Gesetz der konstanten Proportionen). Man erhält für die Substanz X:

$$x : y : z : u = 0{,}5245\ \mathrm{mol} : 1{,}049\ \mathrm{mol} : 1{,}8362\ \mathrm{mol} : 2{,}6233\ \mathrm{mol}$$

Um ganzzahlige Stoffmengen zu erhalten, dividiert man die rechte Seite der Gleichung durch den Zahlenwert der kleinsten Stoffmenge, wobei das Stoffmengenverhältnis dasselbe bleibt:

$$x : y : z : u = 1\ \mathrm{mol} : 2\ \mathrm{mol} : 3{,}5\ \mathrm{mol} : 5\ \mathrm{mol}$$

Multiplikation mit 2 ergibt für alle Elemente Ganzzahligkeit

$$x : y : z : u = 2\ \mathrm{mol} : 4\ \mathrm{mol} : 7\ \mathrm{mol} : 10\ \mathrm{mol}$$

und somit für X die empirische Formel

$$Na_2B_4O_7 \cdot 10\ H_2O.$$

Da die aus der empirischen Formel folgende Masse von 381,22 g mol^{-1} der experimentell ermittelten molaren Masse entspricht, sind in diesem Fall empirische Formel und Summenformel identisch.

Übung 1.9

Berechnung von Formeln und Zusammensetzungen.
Das als Anästhetikum verwendete Gas Cyclopropan mit der empirischen Formel CH_2 hat eine Dichte von 1,66 g l^{-1} bei 35 °C und Normaldruck. Welche Molekularformel hat Cyclopropan?

Aus der Dichte geht hervor, daß in einem Volumen von 1 Liter eine Masse von 1,66 g Cyclopropan enthalten ist. Mit $n = m/M$ folgt aus (1.26):

$$M = m \cdot R \cdot T/p \cdot V = 1{,}66\ \text{g} \cdot 8{,}31\ \text{kPa l mol}^{-1}\text{K}^{-1} \cdot 308{,}16\ \text{K}/101{,}31\ \text{kPa} \cdot 1\ \text{l}$$

$$M = 42\ \text{g mol}^{-1}$$

Der empirischen Formel entsprechen 14 g mol^{-1}. Da

$$M(\text{experimentell})/M(\text{emp. Formel}) = 3$$

ist, muß die Molmasse dreimal größer sein, als die empirische Formel angibt. Die Molekularformel ist darum

$$(CH_2)_3 = C_3H_6$$

Übung 1.10

Berechnung von Formeln und Zusammensetzungen.
Ein Glas besteht aus den Oxiden der Elemente Si, Al, Ca, Mg, Na und K. Für die Herstellung eines Glases werden folgende Rohstoffe eingesetzt: 100 kg Sand mit 96 % SiO_2, 0,3 % Al_2O_3 und 3,7 % H_2O, 20 kg Soda mit 97 % Na_2CO_3, 1 % NaCl und 2% H_2O, 15 kg Kalk mit 50 % CaO, 3% MgO, 5 % SiO_2 und 2 % Al_2O_3, 10 kg Kaliumcarbonat mit 96 % K_2CO_3 und 4 % H_2O sowie 1,5 kg Tonerde mit 70 % Al_2O_3 und 30 % H_2O. Wieviel kg Glas lassen sich maximal herstellen?
Wie ist der prozentuale Anteil der Oxide in diesem Glas?

SiO_2 ist im Sand und im Kalk enthalten. Aus der Masse der beiden Ausgangsstoffe und ihren Prozentgehalten an SiO_2 folgt:

$$m(SiO_2) = 100\ \text{kg} \cdot 0{,}96 + 15\ \text{kg} \cdot 0{,}05 = 96{,}75\ \text{kg}$$

Analog ergibt sich für Al_2O_3 als Bestandteil von Sand, Kalk und Tonerde die Masse:

$$m(Al_2O_3) = 100\ \text{kg} \cdot 0{,}03 + 15\ \text{kg} \cdot 0{,}02 + 1{,}5\ \text{kg} \cdot 0{,}7 = 1{,}65\ \text{kg}$$

Aus der Zusammensetzung von Kalk erhält man:

$$m(CaO) = 15\ \text{kg} \cdot 0{,}50 = 7{,}50\ \text{kg}$$

$$m(MgO) = 15\ \text{kg} \cdot 0{,}03 = 0{,}45\ \text{kg}$$

Bei der Umrechnung der Bestandteile von Soda auf Na_2O ist zu beachten, daß der Natrium-Gehalt von 2 mol NaCl dem Natrium-Gehalt von 1 mol Na_2O entspricht:

$n(Na_2O)/n(Na_2CO_3) = 1/1$

$n(Na_2O)/n(NaCl) \;\; = 1/2$

Einsetzen von $n = m/M$ und Umstellen nach $m(Na_2O)$ ergibt:

$m(Na_2O) = m(Na_2CO_3) \cdot M(Na_2O)/M(Na_2CO_3)$

$m(Na_2O) = m(NaCl) \cdot M(Na_2O)/2\ M(NaCl)$

Daraus folgt für den Gesamtgehalt an Na_2O:

$m(Na_2O) = 20\ \text{kg} \cdot 0{,}97 \cdot 61{,}98\ \text{g mol}^{-1}/105{,}99\ \text{g mol}^{-1} = 11{,}340\ \text{kg}$

$m(Na_2O) = 20\ \text{kg} \cdot 0{,}01 \cdot 61{,}98\ \text{g mol}^{-1}/2 \cdot 58{,}44\ \text{g mol}^{-1} = 0{,}106\ \text{kg}$

$m(Na_2O) = 11{,}446\ \text{kg}$

Für K_2O ergibt sich unter Beachtung von $n(K_2O) : n(K_2CO_3) = 1 : 1$

$m(K_2O) = m(K_2CO_3) \cdot M(K_2O)/M(K_2CO_3)$

$m(K_2O) = 10\ \text{kg} \cdot 0{,}96 \cdot 94{,}2\ \text{g mol}^{-1}/138\ \text{g mol}^{-1} = 6{,}54\ \text{kg}$

Die Masse von Glas entspricht der Summe seiner Oxide:

$m(\text{Glas}) = m(SiO_2) + m(Al_2O_3) + m(CaO) + m(MgO) + m(Na_2O) + m(K_2O)$

$m(\text{Glas}) = 124{,}33\ \text{kg}$

Aus der Beziehung

Oxid = Masse(Oxid)/Masse(Glas) · 100 %

ergibt sich die prozentuale Zusammensetzung des Glases:

77,80 % SiO_2, 1,33 % Al_2O_3, 6,03 % CaO,

0,36 % MgO, 9,2 % Na_2O, 5,26 % K_2O

Übung 1.11

Berechnung von chemischen Reaktionen.
Aus Phosphortrichlorid (PCl_3) soll durch Umsetzung mit Chlor Phosphorpentachlorid (PCl_5) hergestellt werden. Das dazu erforderliche Chlor wird durch Oxidation von HCl mittels Kaliumpermanganat ($KMnO_4$) dargestellt. Wieviel g $KMnO_4$ sind erforderlich, um 13 g PCl_3 quantitativ zu PCl_5 umzusetzen?

Für die Berechnung der Ausgangsstoffe wie auch der theoretisch möglichen Mengen an Reaktionsprodukten sind zunächst immer die Reaktionsgleichungen zu formulieren:

$$PCl_3 + Cl_2 \longrightarrow PCl_5$$

$$2\ KMnO_4 + 16\ HCl\ (aq) \longrightarrow 2\ KCl + 2\ MnCl_2 + 5\ Cl_2 + 8\ H_2O$$

Nach der ersten Gleichung kann man die erforderliche Menge Chlor und dann nach der zweiten die benötigte Menge $KMnO_4$ bestimmen. Wenn man berücksichtigt, daß die umgesetzten Mengen in äquivalenten Verhältnissen stehen müssen (die entwickelte Cl_2-Menge muß gleich der verbrauchten sein), ist es zweckmäßig, die erste Gleichung mit 5 zu multiplizieren :

$$5\ PCl_3 + 5\ Cl_2 \longrightarrow 5\ PCl_5$$

5 mol PCl_3 verbrauchen bei der Reaktion die gleiche Menge Cl_2, die sich aus 2 mol $KMnO_4$ mit HCl entwickeln läßt. Da 2 mol $KMnO_4$ 5 mol PCl_3 äquivalent sind, also

$$n(KMnO_4)/n(PCl_3) = 2/5$$

gilt, kann die Cl_2-Menge unberücksichtigt bleiben und man erhält mit $M(PCl_3)$ = 137,33 g mol^{-1} und $M(KMnO_4)$ = 158,034 g mol^{-1}:

$$m(KMnO_4) = 2\ mol \cdot M(KMnO_4) \cdot m(PCl_3)/5\ mol \cdot M(PCl_3)$$

$$m(KMnO_4) = 2\ mol \cdot 158{,}034\ g\ mol^{-1} \cdot 13\ g\ /\ 5\ mol \cdot 137{,}33\ g\ mol^{-1} = 5{,}98\ g$$

Für einen 100 %igen Umsatz werden 5,98 g $KMnO_4$ benötigt.
Dieses Vorgehen ist stets vorteilhaft, wenn mehrere Teilreaktionen zu berücksichtigen sind. Lassen sich die äquivalenten Mengen direkt bestimmen, erübrigt sich die Formulierung des gesamten Reaktionsablaufs.

Übung 1.12

Berechnung von chemischen Reaktionen.
Aus 25 g einer 1,5 %igen $BaCl_2$-Lösung ist das Barium als $BaSO_4$ zu fällen. Wieviel Gramm einer 20 %igen Schwefelsäure sind für eine quantitative Fällung erforderlich?

Der Fällung entspricht die Reaktionsgleichung

$$BaCl_2(aq) + H_2SO_4(aq) \longrightarrow BaSO_4(s) + 2\ HCl(aq)$$

Aus der Prozentangabe folgt die Stoffmenge:

$$m(BaCl_2) = 1{,}5\ g \cdot 25\ g/100\ g = 0{,}375\ g$$

Für die miteinander reagierenden Stoffe folgt aus der Reaktionsgleichung $n(H_2SO_4) : n(BaCl_2) = 1 : 1$ und darum

$$m(H_2SO_4)/m(BaCl_2) = M(H_2SO_4)/M(BaCl_2)$$

Mit $M(H_2SO_4)$ = 98,07 g mol^{-1} und $M(BaCl_2)$ = 208,24 g mol^{-1} ist

$$m(H_2SO_4) = 98{,}07\ g\ mol^{-1} \cdot 0{,}375\ g/208{,}24\ g\ mol^{-1} = 0{,}1766\ g$$

Da die verwendete Säure nur 20 % H_2SO_4 enthält, ergibt sich:

$$m(20\%ige\ H_2SO_4) = 0{,}1766\ g \cdot 100\ \%\ /\ 20\ \% = 0{,}883\ g$$

Die Berechnung läßt sich auch in einem Schritt durchführen, wenn man $m(BaCl_2)$ = 1,5 g · 25 g/100 g in das Massenverhältnis einsetzt und beachtet, daß 20%ige H_2SO_4 nur 1/5 an reiner Schwefelsäure enthält:

$$m(H_2SO_4) = M(H_2SO_4) \cdot 1{,}5\ g \cdot 25\ g \cdot 5/M(BaCl_2) \cdot 100\ g = 0{,}883\ g$$

Übung 1.13

Berechnung von chemischen Reaktionen.

Ein Gasgemisch enthält 16 g Kohlenmonoxid (CO). Läßt sich diese Menge quantitativ zu Kohlendioxid gemäß $I_2O_5 + 5\ CO \longrightarrow I_2 + 5\ CO_2$ umsetzen, wenn 14,5 g I_2O_5 zur Verfügung stehen?

Die Umrechnung der Massen auf Stoffmengen ergibt:

$$n(\mathrm{CO}) = m(\mathrm{CO})/M(\mathrm{CO}) = 16\ \mathrm{g}/28\ \mathrm{g\ mol^{-1}} = 0{,}57\ \mathrm{mol}$$

$$n(\mathrm{I_2O_5}) = m(\mathrm{I_2O_5})/M(\mathrm{I_2O_5}) = 14{,}5\ \mathrm{g}/254\ \mathrm{g\ mol^{-1}} = 0{,}088\ \mathrm{mol}$$

Zur Bestimmung des begrenzenden Reaktanten dividiert man die zur Verfügung stehende Stoffmenge jedes Reaktanten durch den zugehörigen Koeffizienten in der Reaktionsgleichung:

$$n(\mathrm{CO})/5\ \mathrm{mol} = 0{,}57\ \mathrm{mol}/5\ \mathrm{mol} = 0{,}114$$

$$n(\mathrm{I_2O_5})/1\ \mathrm{mol} = 0{,}088\ \mathrm{mol}/1\ \mathrm{mol} = 0{,}088$$

Der kleinste Wert entspricht dem begrenzenden Reaktanten. Die maximal umsetzbaren Stoffmengen entsprechen

0,088 · Koeffizienten der Reaktionsgleichung

Die maximale Menge an CO beträgt darum

$$n(\mathrm{CO}) = 0{,}088 \cdot 5\ \mathrm{mol} = 0{,}443\ \mathrm{mol}$$

$$m(\mathrm{CO}) = n(\mathrm{CO}) \cdot M(\mathrm{CO}) = 0{,}443\ \mathrm{mol} \cdot 28\ \mathrm{g\ mol^{-1}} = 12{,}40\ \mathrm{g}$$

77,5 % des CO-Gehalts werden maximal umgesetzt.

Übung 1.14

Berechnung von chemischen Reaktionen.

Chlor kann durch Zugabe von HCl zu MnO_2 (Braunstein) dargestellt werden:

$$MnO_2(s) + 4\ HCl(aq) \longrightarrow Cl_2(g) + MnCl_2(aq) + 2\ H_2O$$

Wieviel g HCl werden benötigt, wenn 12,25 g MnO_2 eingesetzt werden? Wieviel g Cl_2 entstehen?

Aus der Masse MnO_2 folgt die Stoffmenge MnO_2:

$$n(\mathrm{MnO_2}) = m(\mathrm{MnO_2})/M(\mathrm{MnO_2}) = 12{,}25\ \mathrm{g}/86{,}9\ \mathrm{g\ mol^{-1}} = 0{,}141\ \mathrm{mol}$$

Aus der Reaktionsgleichung geht hervor, daß 1 mol MnO_2 4 mol HCl und 1 mol Cl_2 äquivalent ist. Auf 0,141 mol MnO_2 kommen somit

$$n(\mathrm{HCl}) = 4 \cdot 0{,}141\ \mathrm{mol} = 0{,}564\ \mathrm{mol}$$

$$n(\mathrm{Cl_2}) = 1 \cdot 0{,}141\ \mathrm{mol} = 0{,}141\ \mathrm{mol}$$

Diese Molmengen sind in Gramm umzurechnen:

$$m(\mathrm{HCl}) = n(\mathrm{HCl}) \cdot M(\mathrm{HCl}) = 0{,}564\ \mathrm{mol} \cdot 36{,}5\ \mathrm{g\ mol^{-1}} = 20{,}58\ \mathrm{g}$$

$$m(\mathrm{Cl_2}) = n(\mathrm{Cl_2}) \cdot M(\mathrm{Cl_2}) = 0{,}141\ \mathrm{mol} \cdot 70{,}9\ \mathrm{g\ mol^{-1}} = 9{,}99\ \mathrm{g}$$

Es werden 20,58 g HCl benötigt und 9,99 g Chlor gebildet.

Übung 1.15

Gehaltsgrößen - Methode der indirekten Analyse.
Von einem Gemisch aus NaCl und KCl werden 148 mg in Wasser gelöst und mit $AgNO_3$-Lösung versetzt. Dabei bildet sich ein Niederschlag von AgCl, der nach sorgfältigem Trocknen bei erhöhter Temperatur zur Auswaage kommt. Wieviel Prozent NaCl und KCl enthält das Gemisch, wenn die Auswaage 321,2 mg AgCl beträgt?

Aus der Aufgabe folgen die beiden Beziehungen

$$m(\text{NaCl}) + m(\text{KCl}) = 0{,}148\ \text{g}$$

$$m(\text{AgCl}) = 0{,}3212\ \text{g}$$

Der Chloridanteil an 0,3212 g AgCl und damit auch an 148 mg Gemisch folgt aus der stöchiometrischen Beziehung

$$M(\text{AgCl})/M(\text{Cl}^-) = m(\text{AgCl})/m(\text{Cl}^-)$$

Mit $M(\text{AgCl}) = 143{,}32\ \text{g mol}^{-1}$ und $M(\text{Cl}^-) = 35{,}45\ \text{g mol}^{-1}$ erhält man

$$m(\text{Cl}^-) = 0{,}3212\ \text{g} \cdot 35{,}45\ \text{g mol}^{-1}/143{,}32\ \text{g mol}^{-1} = 0{,}0795\ \text{g}$$

Um den Anteil von NaCl und KCl an den 0,0795 g Cl^- zu bestimmen, betrachtet man die stöchiometrischen Verhältnisse

$$m_1(\text{Cl}^-)/m(\text{NaCl}) = M(\text{Cl}^-)/M(\text{NaCl})$$

$$m_2(\text{Cl}^-)/m(\text{KCl}) = M(\text{Cl}^-)/M(\text{KCl})$$

Durch Umstellen nach $m(\text{Cl}^-)$ folgen die Gleichungen

$$m_1(\text{Cl}^-) = [M(\text{Cl}^-)/M(\text{NaCl})] \cdot m(\text{NaCl})$$

$$m_2(\text{Cl}^-) = [M(\text{Cl}^-)/M(\text{KCl})] \cdot m(\text{KCl})$$

Da $m_1(\text{Cl}^-) + m_2(\text{Cl}^-) = 0{,}0795\ \text{g}$ ist, erhält man

$$[M(\text{Cl}^-)/M(\text{NaCl})] \cdot m(\text{NaCl}) + [M(\text{Cl}^-)/M(\text{KCl})] \cdot m(\text{KCl}) = 0{,}0795\ \text{g}$$

Nach Einsetzen der Beziehung

$$m(\text{KCl}) = 0{,}148\ \text{g} - m(\text{NaCl})$$

folgt daraus die Gleichung

$$m(\text{NaCl}) \cdot [M(\text{Cl}^-)/M(\text{NaCl}) - M(\text{Cl}^-)/M(\text{KCl})] = 0{,}0795\ \text{g} - 0{,}148\ \text{g} \cdot [M(\text{Cl}^-)/M(\text{KCl})]$$

Einsetzen der Werte ergibt

$$0{,}1305\ m(\text{NaCl}) = 9{,}126 \cdot 10^{-3}\ \text{g}$$

$$m(\text{NaCl}) = 0{,}0699\ \text{g}$$

$$m(\text{KCl}) = 0{,}148\ \text{g} - 0{,}0699\ \text{g} = 0{,}0781\ \text{g}$$

Bezogen auf die Einwaage erhält man die Prozentgehalte:

$$\text{NaCl} = 0{,}0699\ \text{g} \cdot 100\ \% / 0{,}148\ \text{g} = 46{,}6\ \%$$

$$\text{KCl} = 0{,}0781\ \text{g} \cdot 100\ \% / 0{,}148\ \text{g} = 53{,}4\ \%$$

Man nennt diese Bestimmung mehrerer Komponenten einer Substanz in einem Arbeitsgang indirekte Analyse. Voraussetzung ist, daß die Stoffgemische einen gemeinsamen Bestandteil oder zumindest chemisch ähnliche Bestandteile haben (NaCl/KBr - gemeinsame Fällung als Silberhalogenide). Mit dieser Methode lassen sich z.B. auch Carbonatgemische der Erdalkalimetalle durch gemeinsame Fällung der Kationen als Sulfat bestimmen.

Übung 1.16

Gehaltsgrößen - Konzentration von Lösungen.
Wieviel prozentig ist eine $FeSO_4$-Lösung, die aus 39,615 g $FeSO_4 \cdot 7\ H_2O$ und 245,38 g Wasser hergestellt wurde?

Da $n(FeSO_4)$ gleich $n(FeSO_4 \cdot 7\ H_2O)$ ist, gilt auch

$$n(FeSO_4) = m(FeSO_4 \cdot 7\ H_2O)/M(FeSO_4 \cdot 7\ H_2O)$$

Da nicht der Gehalt von $FeSO_4 \cdot 7\ H_2O$, sondern der von $FeSO_4$ gefragt ist, ergibt sich aus (1.7) die Beziehung

$$m(FeSO_4)/m(FeSO_4 \cdot 7\ H_2O) = M(FeSO_4)/M(FeSO_4 \cdot 7\ H_2O)$$

und man erhält für die Masse der wasserfreien Verbindung:

$$m(FeSO_4) = 39{,}615\ g \cdot 171{,}9\ g\ mol^{-1}/278\ g\ mol^{-1} = 24{,}495\ g$$

Daraus ergibt sich ein Prozentgehalt von

$$FeSO_4 = [m(FeSO_4)/m(FeSO_4 \cdot 7\ H_2O) + m(H_2O)] \cdot 100\ \%$$

$$FeSO_4 = 24{,}495\ g/(39{,}615 + 245{,}38)\ g \cdot 100\ \% = 8{,}59\ \%$$

Übung 1.17

Gehaltsgrößen - Konzentration von Lösungen.
In einem kg Seewasser mit der Dichte $\rho = 1{,}035\ g\ ml^{-1}$ sind 0,075 mg Iodidionen enthalten. Wie groß ist die Stoffmengenkonzentration der I^--Ionen?

Aus $\rho = m/V$ erhält man für das Volumen von 1 kg Seewasser:

$$V = m/\rho = 1000\ g/1{,}035\ g\ ml^{-1} = 966{,}2\ ml$$

Bezogen auf 1 Liter Lösung beträgt die Masse von Iodidionen:

$$m(I^-) = 0{,}075\ mg/966{,}2\ ml \cdot 1000\ ml = 0{,}07762\ mg$$

Diese Masse entspricht

$$n(I^-) = m(I^-)/M(I^-) = 0{,}07762\ mg/126{,}9\ mg\ mmol^{-1} = 6{,}1 \cdot 10^{-4}\ mmol$$

$$n(I^-) = 6{,}1 \cdot 10^{-7}\ mol$$

und somit der auf 1 Liter bezogenen Stoffmengenkonzentration

$$c(I^-) = n(I^-)/1\ l = 6{,}1 \cdot 10^{-7}\ mol\ l^{-1}$$

Übung 1.18

Gehaltsgrößen – Umrechnung von Konzentrationen.
Wie groß ist der Massenanteil von HCl in Prozent in einer Salzsäure mit der Stoffmengenkonzentration $c(HCl) = 6\ mol\ l^{-1}$?
[ρ(HCl-Lösung) = 1,187 g ml^{-1}]

Da sich der Massenanteil auf Masse Lösung bezieht, ist ein Liter HCl-Lösung in Gramm umzurechnen:

$$m\text{ (HCl-Lösung)} = 1{,}187\text{ g ml}^{-1} \cdot 1000\text{ ml} = 1187\text{ g}$$

Die Masse von 6 mol HCl folgt aus

$$m\text{ (HCl)} = n\text{ (HCl)} \cdot M\text{(HCl)} = 6\text{ mol} \cdot 36{,}46\text{ g mol}^{-1} = 218{,}76\text{ g}$$

Diese 218,76 g HCl befinden sich in 1 l HCl-Lösung, also in 1187 g Lösung. Auf 100 g Lösung umgerechnet erhält man

$$m\text{ (HCl)} = [218{,}76\text{ g}/1187\text{ g}] \cdot 100\text{ g} = 18{,}43\text{ g}$$

Die Lösung ist 18,43%ig.

Übung 1.19

Umrechnung von Gehaltsgrößen.

a) Für die Umrechnung des Massenanteils eines gelösten Stoffes in die Molalität der Lösung ist eine allgemeine Beziehung anzugeben!

b) Es ist die Molalität einer 15,7%igen $NaNO_3$-Lösung zu bestimmen ($M(NaNO_3) = 85\ g\ mol^{-1}$)!

a) Mit m(LM) als Masse des Lösungsmittels lautet (1.16):

$$b(X) = n(X)/m(LM)$$

Um m(LM) zu eliminieren und den Massenanteil des gelösten Stoffes w(X) einzuführen, wird (1.9)

$$w(X) = m(X)/m(X) + m(LM)$$

nach m(LM) aufgelöst. Man erhält

$$m(LM) = [1\text{-}w\ (X)] \cdot m(X)/w(X)$$

Einsetzen in den Quotienten b(X) unter Verwendung von

$$n(X)/m(X) = 1/M(X)$$

ergibt die gesuchte Beziehung:

$$b(X) = w(X)/[1 - w(X)] \cdot M(X)$$

b) Eine 15,7%ige Lösung entspricht $w(NaNO_3) = 0{,}157$. Da die Molalität in mol kg^{-1} angegeben wird, ist die molare Masse in kg mol^{-1} anzugeben.
Mit $M(NaNO_3)$ = 0,085 kg mol^{-1} erhält man:

$$b(NaNO_3) = 0{,}157/[1 - 0{,}157] \cdot 0{,}085\text{ kg mol}^{-1} = 2{,}191\text{ mol kg}^{-1}.$$

Übung 1.20

Umrechnung von Gehaltsgrößen.

a) Aus der Konzentrationsangabe $c^*(X) = m(X)/V(\text{Lös.})$, die man Massenkonzentration nennt, ist die Stoffmengenkonzentration von X zu berechnen.

b) Wie groß ist die Stoffmengenkonzentration einer Schwefelsäure mit 27 g H_2SO_4 pro Liter Lösung?

a) Die Beziehung für die Massenkonzentration wird nach V(Lösung) umgestellt und $m(X)$ durch $n(X) \cdot M(X)$ ersetzt:

$$V(\text{Lösung}) = n(X) \cdot M(X)/c^*(X)$$

Dieser Ausdruck wird in (1.13) eingesetzt. Man erhält nach elementaren Umformungen die gesuchte Beziehung:

$$c(X) = c^*(X)/M(X)$$

b) $c(H_2SO_4) = 27\ \text{g l}^{-1}/98{,}1\ \text{g mol}^{-1} = 0{,}275\ \text{mol l}^{-1}$

Übung 1.21

Umrechnung von Gehaltsgrößen.

a) Aus dem Massenanteil $w(X)$ eines gelösten Stoffes X und der Dichte ρ der Lösung ist die Stoffmengenkonzentration $c(X)$ in mol l^{-1} zu bestimmen!

b) Welche Stoffmengenkonzentration hat eine 96%ige Schwefelsäure mit der Dichte 1,83 g ml^{-1}?

a) Durch Einsetzen der aus (1.24) folgenden Beziehung

$$V(\text{Lösung}) = m(\text{Lösung})/\rho(\text{Lösung})$$

in $c(X) = n(X)/V(\text{Lösung})$ erhält man

$$c(X) = n(X) \cdot \rho(\text{Lösung})/m(\text{Lösung})$$

Um m(Lösung) durch $w(X)$ und $m(X)$ zu ersetzen, wird die aus (1.9) folgende Gleichung (LM = Lösemittel)

$$w(X) = m(X)/m(X) + m(\text{LM})$$

unter Beachtung von

$$m(X) + m(\text{LM}) = m(\text{Lösung})$$

in die Form

$$m(\text{Lösung}) = m(X)/w(X)$$

gebracht. Einsetzen in die Gleichung für $c(X)$ ergibt

$$c(X) = n(X) \cdot w(X) \cdot \rho(\text{Lösung})/m(X)$$

Da $n(X)/m(X)$ dem Reziprokwert $1/M(X)$ entspricht, erhält man

$$c(X) = w(X) \cdot \rho(\text{Lösung})/M(X)$$

b) Aus der Prozentangabe folgt $w(H_2SO_4) = 0{,}94$. Da $c(X)$ in mol l^{-1} angegeben wird, muß die Dichte in g l^{-1} eingesetzt werden:

$$c(H_2SO_4) = 0{,}96 \cdot 1830\ \text{g l}^{-1}/98\ \text{g mol}^{-1} = 17{,}93\ \text{mol l}^{-1}$$

Übung 1.22

Volumetrische Analyse – Säure-Base-Titration.
Welche Stoffmengenkonzentration hat eine $Sr(OH)_2$- Lösung, wenn 15 ml davon mit 7,25 ml einer HCl-Lösung mit $c(HCl) = 0,1\ mol\ l^{-1}$ vollständig reagieren?

Die Bestimmung von Säure- und Basenkonzentrationen erfolgt im allgemeinen volumetrisch. Der Endpunkt der Reaktion (Äquivalenzpunkt) wird durch den Farbumschlag eines Indikators angezeigt. Hier erfolgt die Neutralisation eines Hydroxids mit einer Säure:

$$Sr(OH)_2(aq) + 2\ HCl(aq) \longrightarrow SrCl_2(aq) + 2\ H_2O$$

Aus der Reaktionsgleichung folgt, daß 2 mol HCl von 1 mol $Sr(OH)_2$ verbraucht werden. Die verbrauchte Stoffmenge HCl beträgt:

$$n(HCl) = c(HCl) \cdot V(HCl) = 0,1\ mmol\ ml^{-1} \cdot 7,25\ ml = 0,725\ mmol$$

15 ml $Sr(OH)_2$-Lösung enthalten somit:

$$n(Sr(OH)_2) = n/2(HCl) = 0,3625\ mmol$$

Das entspricht einer Stoffmengenkonzentration

$$c(Sr(OH)_2) = 0,3625\ mmol/15\ ml = 0,024\ mmol\ ml^{-1} = 0,024\ mol\ l^{-1}$$

Übung 1.23

Volumetrische Analyse – Säure-Base-Titration.
75 ml Schwefelsäure mit $c(H_2SO_4) = 0,25\ mol\ l^{-1}$ sollen mit Natriumhydroxid entsprechend der Gleichung $H_2SO_4 + 2\ NaOH \longrightarrow Na_2SO_4 + 2\ H_2O$ umgesetzt werden. Wieviel ml NaOH-Lösung werden benötigt, wenn $c(NaOH) = 0,75\ mol\ l^{-1}$ beträgt?

Zunächst wird die Stoffmenge $n(H_2SO_4)$ in 75 ml H_2SO_4 bestimmt.
Dabei ist es zweckmäßig, mit $mmol\ ml^{-1}$ (= $mol\ l^{-1}$) zu rechnen:

$$n(H_2SO_4) = c(H_2SO_4) \cdot V(H_2SO_4) = 0,25\ mmol\ ml^{-1} \cdot 75\ ml = 18,75\ mmol$$

Da 1 mol H_2SO_4 mit 2 mol NaOH reagiert, erhält man

$$n(NaOH) = 2 \cdot n(H_2SO_4) = 37,50\ mmol$$

Das dieser Molzahl entsprechende Volumen erhält man aus

$$V(NaOH) = n(NaOH)/c(NaOH) = 37,5\ mmol/0,75\ mmol\ ml^{-1} = 50\ ml$$

Übung 1.24

Volumetrische Analyse - Redox-Titration.
0,6556 Gramm einer Eisenerzprobe werden in Säure unter Bildung von Fe^{2+}-Ionen gelöst. Diese Lösung wird mit einer $KMnO_4$-Lösung mit $c(KMnO_4) = 0,025\ mol\ l^{-1}$ titriert. Dabei werden 31,15 ml Permanganat-Lösung verbraucht. Wieviel Prozent Eisen enthält das Erz?

Bei der Reaktion werden die tiefvioletten MnO_4^--Ionen zu fast farblosen (fleischfarbenen) Mn^{2+}-Ionen reduziert:

$$5\,Fe^{2+} + MnO_4^- + 8\,H^+ \longrightarrow 5\,Fe^{3+} + Mn^{2+} + 4\,H_2O$$

Da diese volumetrische Methode auf einer Redox-Reaktion beruht, bezeichnet man sie als Redox-Titration.
Solange die Lösung noch Fe^{2+}-Ionen enthält, wird die hinzugefügte $KMnO_4$-Lösung sofort entfärbt. Der End- oder auch Äquivalenzpunkt ist erreicht, wenn die Entfärbung ausbleibt. Aus dem $KMnO_4$-Verbrauch erhält man

$$n(MnO_4^-) = c(MnO_4^-) \cdot V(MnO_4^-) = 0{,}025 \text{ mmol ml}^{-1} \cdot 31{,}15 \text{ ml} = 0{,}7786 \text{ mmol}$$

und aus der Stöchiometrie der Reaktion

$$n(Fe^{2+}) = 5 \cdot n(MnO_4^-) = 3{,}8937 \text{ mmol}$$

Daraus folgen für die Masse Eisen

$$m(Fe^{2+}) = n(Fe^{2+}) \cdot M(Fe^{2+}) = 3{,}8937 \text{ mmol} \cdot 55{,}85 \text{ mg mmol}^{-1} = 217{,}46 \text{ mg}$$

und für den Fe-Gehalt des Erzes in Prozent

$$[217{,}46 \text{ mg}/655{,}60 \text{ mg}] \cdot 100\,\% = 33{,}17\,\%$$

Übung 1.25

Volumetrische Analyse – Redox-Titration.
In einer Lösung von Schwefelwasserstoff soll der H_2S-Gehalt bestimmt werden. Dazu werden 50 ml entnommen und mit 25 ml einer Iodlösung der Normalität 0,1 mol l^{-1} versetzt. Der Überschuß an Iod wird mit einer $Na_2S_2O_3$-Lösung der Normalität 0,1 mol l^{-1} zurücktitriert. Dabei werden 5,75 ml $Na_2S_2O_3$-Lösung verbraucht. Wie groß ist die Stoffmengenkonzentration von H_2S und wieviel g H_2S enthält1 l Lösung?

Bei Zugabe von Iod zu Schwefelwasserstoff erfolgt gemäß

$$H_2S + I_2 \longrightarrow S + 2\,HI$$

$$(S^{2-} + I_2 \longrightarrow S + 2\,I^-)$$

die Bildung von Schwefel und Iodwasserstoff. Das nichtverbrauchte Iod reagiert mit Thiosulfat nach

$$2\,Na_2S_2O_3 + I_2 \longrightarrow Na_2S_4O_6 + 2\,NaI$$

$$(2\,S_2O_3^{2-} + I_2 \longrightarrow S_4O_6^{2-} + 2\,I^-)$$

Bei Verwendung von Normallösungen werden für jeden vollständigen Umsatz stets gleiche Volumina verbraucht. Das bedeutet, daß aus dem für die erste Reaktion verbrauchten Volumen I_2-Lösung

$$25 \text{ ml} - 5{,}75 \text{ ml} = 19{,}25 \text{ ml}$$

unter Beachtung von $c(\text{eq}) = 2\,c(I_2)$ direkt die in 50 ml Lösung enthaltene H_2S-Menge folgt:

$$n(H_2S) = n(I_2) = c(I_2) \cdot V(I_2\text{-Lösung}) = 0{,}05 \text{ mol l}^{-1} \cdot 0{,}01925 \text{ l}$$

$$n(H_2S) = 9{,}625 \cdot 10^{-4} \text{ mol}$$

Diese Menge ist in 50 ml H_2S-Lösung enthalten. Daraus folgt:

$$c(H_2S) = 1{,}925 \cdot 10^{-2}\,\text{mol l}^{-1}$$

Für die Masse H_2S in einem Liter Lösung erhält man:

$$m(H_2S) = n(H_2S) \cdot M(H_2S) = 1{,}925 \cdot 10^{-2}\,\text{mol} \cdot 34{,}66\,\text{g mol}^{-1} = 0{,}667\,\text{g}$$

Übung 1.26

Volumetrische Analyse – Fällungstitration.
35 ml einer $AgNO_3$-Lösung mit $c(AgNO_3) = 0{,}25$ mol l^{-1} reagieren vollständig mit 23,75 ml einer Natriumchromat-Lösung (Na_2CrO_4). Welche Stoffmengenkonzentration hat die Chromat-Lösung?

Bei der Reaktion entsteht ein Niederschlag von Ag_2CrO_4. Um die Bildung eines Feststoffes aus der Lösung hervorzuheben, wird der Aggregatzustand der Reaktionspartner in Klammern hinzugefügt. Dabei steht (s) für fest und (aq) für in Wasser gelöst:

$$2\,AgNO_3(aq) + Na_2CrO_4(aq) \longrightarrow Ag_2CrO_4(s) + 2\,NaNO_3(aq)$$

In der $AgNO_3$-Lösung sind

$$n(AgNO_3) = c(AgNO_3) \cdot V(AgNO_3) = 0{,}25\,\text{mmol ml}^{-1} \cdot 35\,\text{ml} = 8{,}75\,\text{mmol}$$

enthalten. Sie benötigen für einen vollständigen Umsatz

$$n(Na_2CrO_4) = 8{,}75\,\text{mmol} : 2 = 4{,}375\,\text{mmol}$$

Da 23,75 ml benötigt werden, ist

$$c(Na_2CrO_4) = 4{,}375\,\text{mmol}/23{,}75\,\text{ml} = 0{,}186\,\text{mmol ml}^{-1} = 0{,}186\,\text{mol l}^{-1}$$

Übung 1.27

Volumetrische Analyse – Fällungstitration.
2,56 Gramm einer mit NaCl verunreinigten Substanz werden in Wasser gelöst und mit $AgNO_3$-Lösung versetzt. Um alles Chlorid als AgCl zu binden, werden 14,86 ml einer $AgNO_3$-Lösung ($c = 0{,}05$ mol l^{-1}) verbraucht. Wieviel Gramm NaCl enthält die Substanz? Welchen Reinheitsgrad in Prozent hat sie?

Um den Endpunkt (Äquivalenzpunkt) der Reaktion zu erkennen, werden einige Tropfen K_2CrO_4-Lösung zugesetzt. Zunächst entsteht gemäß

$$NaCl(aq) + AgNO_3(aq) \longrightarrow AgCl(s) + NaNO_3(aq)$$

$$(Cl^-(aq) + Ag^+(aq) \longrightarrow AgCl(s))$$

nur ein weißer Niederschlag von AgCl. Nachdem Cl^- verbraucht ist, bildet sich ein braunroter Niederschlag von Silberchromat:

$$2\,Ag^+(aq) + CrO_4^{2-}(aq) \longrightarrow Ag_2CrO_4(s)$$

Das erste Auftreten von Ag_2CrO_4 ist identisch mit dem Endpunkt der Titration (Reaktion). Die bis zum ersten Auftreten von Ag_2CrO_4 verbrauchte $AgNO_3$-Lösung entspricht

$$n(Ag^+) = c(Ag^+) \cdot V(Ag^+) = 0{,}05\,\text{mmol ml}^{-1} \cdot 14{,}86\,\text{ml} = 0{,}743\,\text{mmol}$$

Da 1 mmol Ag^+ mit 1 mmol Cl^- reagiert, enthält die Lösung

$n(Cl^-) = 0{,}743$ mmol

0,473 mmol Cl^- entsprechen zugleich 0,473 mmol NaCl. Die Umrechnung in mg ergibt:

$m(NaCl) = n(NaCl) \cdot M(NaCl) = 0{,}743 \text{ mol} \cdot 55{,}5 \text{ mg mmol}^{-1} = 41{,}23 \text{ mg}$

Mit einem Gehalt von 0,04123 g NaCl (1,61 %) entspricht der Reinheitsgrad der Substanz 98,39 %.

Übung 1.28

Anwendung der Gasgesetze.
Chlor kann durch Zugabe von Salzsäure zu Kaliumdichromat hergestellt werden. Wieviel Liter Chlor werden erhalten, wenn 12,5 g $K_2Cr_2O_7$ bei einer Temperatur von 25 °C und einem Druck von 113,46 kPa vollständig zu $CrCl_3$ umgesetzt werden?

Bei Zugabe von HCl zu $K_2Cr_2O_7$ erfolgt eine Redoxreaktion gemäß

$$K_2Cr_2O_7 + 14\ HCl \longrightarrow 3\ Cl_2 + 2\ CrCl_3 + 2\ KCl + 7\ H_2O$$

$$(Cr_2O_7^{2-} + 14\ H^+ + 6\ Cl^- \longrightarrow 3\ Cl_2 + 2\ Cr^{3+} + 7\ H_2O)$$

Aus der Reaktion folgt die Stoffmengengleichung

$n(Cl_2) = 3 \cdot n(K_2Cr_2O_7)$

Die Stoffmenge von Chlor erhält man nach (1.26):

$n(Cl_2) = p\ V/R\ T$

Einsetzen in die Stoffmengengleichung ergibt

$p\ V/R\ T = 3 \cdot n(K_2Cr_2O_7) = 3 \cdot m(K_2Cr_2O_7)/M(K_2Cr_2O_7)$

Für das Chlorvolumen folgt daraus:

$V(Cl_2) = 3 \cdot R \cdot T \cdot m(K_2Cr_2O_7)/p \cdot M(K_2Cr_2O_7)$

$V(Cl_2) = 3 \cdot 8{,}31 \text{ kPa l mol}^{-1}\text{K}^{-1} \cdot 298{,}16 \text{ K } 12{,}5 \text{ g}/113{,}46 \text{ kPa} \cdot 294{,}2 \text{ g mol}^{-1}$

$V(Cl_2) = 2{,}785$ Liter

Übung 1.29

Anwendung der Gasgesetze.
Für experimentelle Arbeiten muß ein Luftstrom bei 20 °C und Normaldruck mit Tetrachlorkohlenstoff gesättigt werden. Durch anschließende Kompression der Gasmischung soll das gesundheitsschädigende CCl_4 kondensieren und so aus der Mischung entfernt werden. Auf welchen Druck ist die Mischung zu komprimieren, damit 95 % von CCl_4 kondensieren? $p(CCl_4)$ beträgt 11,35 kPa bei 20 °C, die Temperatur wird durch Kühlung konstant gehalten.

Für den Ausgangsdruck $p_1 = 101{,}31$ kPa gilt

$p_1 = p(\text{Luft}) + p(CCl_4)$

Da das Verhältnis der Partialdrücke der Komponenten dem Verhältnis ihrer Molzahlen entspricht, läßt sich die Gleichung

$$p(CCl_4)/p(\text{Luft}) = p(CCl_4)/p_1 - p(CCl_4) = n_1(CCl_4)/n(\text{Luft})$$

formulieren. Für den Druck p_2, bei dem das Gasgemisch $n_2(CCl_4)$ enthält, ergibt sich die analoge Beziehung

$$p(CCl_4)/p(\text{Luft}) = p(CCl_4)/p_2 - p(CCl_4) = n_2(CCl_4)/n(\text{Luft})$$

Da bei p_2 der Restanteil $n_2(CCl_4)$ nur noch 5 % von $n_1(CCl_4)$ betragen soll, ist das Stoffmengenverhältnis

$$n_2(CCl_4)/n_1(CCl_4) = 5/100$$

Einsetzen von

$$n_2(CCl_4) = 0{,}05 \cdot n_1(CCl_4)$$

in den Quotienten mit dem Druck p_2 ergibt

$$p(CCl_4)/p_2 - p(CCl_4) = 0{,}05 \cdot n_1(CCl_4)/n(\text{Luft})$$

Aus dem Vergleich dieses Ausdrucks mit dem Quotienten für den Druck p_1 folgt

$$p(CCl_4)/p_2 - p(CCl_4) = 0{,}05 \cdot p(CCl_4)/p_1 - p(CCl_4)$$

Umstellen nach p_2 ergibt die gesuchte Beziehung

$$p_2 = p_1 - 0{,}95 \cdot p(CCl_4)/0{,}05$$

und somit für den erforderlichen Druck (bei 20 °C!):

$$p_2 = 101{,}31 \text{ kPa} - 0{,}95 \cdot 11{,}35 \text{ kPa}/0{,}05 = 1810{,}5 \text{ kPa}$$

Die Gasmischung ist auf 1810,5 kPa zu komprimieren.

Übung 1.30

Anwendung der Gasgesetze.
30,45 g einer Mischung aus Ammoniumcarbonat und Ammoniumsulfat werden in Natronlauge unter Bildung von Ammoniak gelöst. Dabei bilden sich 6,51 Liter NH_3 bei Normaldruck und 25 °C. Daraus sind die Massenanteile beider Komponenten in Prozent zu bestimmen.

Die Bildung von NH_3 beim Lösen in NaOH erfolgt gemäß

$$(NH_4)_2CO_3 + 2\ NaOH \longrightarrow 2\ NH_3 + Na_2CO_3 + 2\ H_2O$$

$$(NH_4)_2SO_4 + 2\ NaOH \longrightarrow 2\ NH_3 + Na_2SO_4 + 2\ H_2O$$

Aus den Gleichungen geht hervor, daß beide Salze an der NH_3-Bildung den gleichen Anteil haben:

$$n[(NH_4)_2CO_3] = 1/2 \cdot n(NH_3)$$

$$n[(NH_4)_2SO_4] = 1/2 \cdot n(NH_3)$$

Unter Verwendung der daraus folgenden Stoffmengengleichung

$$n(NH_3) = n[(NH_4)_2CO_3] + n[(NH_4)_2SO_4]$$

läßt sich die aus (1.26) folgende Beziehung

$$n(NH_3) = p\,V/R\,T$$

in die Gleichung

$$n[(NH_4)_2CO_3] + n[(NH_4)_2SO_4] = p\,V/R\,T$$

umformen. Um die Schreibweise zu vereinfachen, werden $(NH_4)_2CO_3 = 1$ und $(NH_4)_2SO_4 = 2$ gesetzt sowie die folgenden Rechnungen ohne Angabe der Maßeinheiten durchgeführt. Mit

$$m_2 = 30{,}45 - m_1$$

erhält man unter Beachtung von $n = m/M$ den Ausdruck

$$[m_1/M_1] + [(30{,}45 - m_1)/M_2] = p\,V/R\,T$$

Umstellen der Gleichung nach m_1 ermöglicht die Bestimmung der Masse von $(NH_4)_2CO_3$:

$$m_1(M_2 - M_1) = [p \cdot V \cdot M_1 \cdot M_2/R \cdot T] - 30{,}45 \cdot M_1$$

Einsetzen der Molmassen und der Werte für p, V und T ergibt:

$$m_1(132{,}14 - 96{,}09) = [101{,}31 \cdot 6{,}51 \cdot 12697/8{,}31 \cdot 298] - 30{,}45 \cdot 96{,}09$$

$$m_1 = 12{,}56\text{ g}$$

$$m_2 = 30{,}45\text{ g} - 12{,}56\text{ g} = 17{,}88\text{ g}$$

Daraus ergeben sich die folgenden Massenanteile in Prozent:

$$m_1 = (NH_4)_2CO_3 = 41{,}25\ \%$$

$$m_2 = (NH_4)_2SO_4 = 58{,}75\ \%$$

Aufgaben:

Bei einigen Aufgaben sind molare Massen und Reaktionsgleichungen selbständig einzusetzen. Die Reihenfolge der Aufgaben entspricht nicht in jedem Fall der durch die Einführung vorgegebenen Gliederung.

1.1 Welche Masse in Atommasseneinheiten hat a) ein ^{12}C-Atom und b) ein H_2O-Molekül?

1.2 Viele natürliche Elemente bestehen aus Gemischen mehrerer Isotope. Wie kommt es, daß Isotopengemische eine konstante Zusammensetzung selbst über sehr lange Zeiträume zeigen, die durch keine chemische Reaktion beeinflußt wird?

1.3 Wieviel Atommasseneinheiten entsprechen der Masse 1,00 g?

1.4 Wie groß sind a) absolute Masse, b) relative Masse und c) molare Masse von H_2SO_4?

1.5 Was entnehmen Sie dem Vergleich der absoluten Atom- bzw. Molekülmassen mit den relativen Atom- bzw. Molekülmassen und den molaren Massen von Atomen bzw. Molekülen?

1.6 Obwohl es kein Chloratom der Masse 35,45 u gibt, verfährt man bei stöchiometrischen Berechnungen so, als bestünde Chlor nur aus Atomen dieser Masse. Finden Sie eine Erklärung dafür!

1.7 Bestimmen Sie aus dem Isotopenverhältnis $^{35}Cl : {}^{37}Cl$ = 75,77 % : 24,23 % und den Massen 34,969 u (^{35}Cl) und 36,969 u (^{37}Cl) die absolute Atommasse von Chlor!

1.8 In Verbindung A sind 100 g Kohlenstoff mit 133,33 g Sauerstoff verbunden, in Verbindung B sind es 100 g Kohlenstoff und 266,66 g Sauerstoff. Welches Gesetz läßt sich mit diesem Beispiel erklären?

1.9 Silber kommt als Isotopengemisch mit der absoluten Atommasse 107,868 u vor. Es enthält ^{107}Ag mit Atommasse 106,906u und ^{109}Ag mit Atommasse 108,906 u. Bestimmen Sie den prozentualen Anteil der beiden Isotope!

1.10 Wieviel Massenprozent Mangan enthält Kaliumpermanganat ($KMnO_4$)?

1.11 Wie groß ist der Mangangehalt in einem Gemisch, das zu 65 % aus $KMnO_4$ besteht?

1.12 a) Bestimmen Sie die empirische Formel der Verbindung, die zu 43,6 % aus Phosphor und 56,4 % aus Sauerstoff besteht!
b) Geben Sie ihre Molekularformel an, wenn experimentell die molare Masse 284 g mol^{-1} ermittelt wurde!

1.13 Welche empirischen Formeln haben die Verbindungen mit den Summenformeln a) $C_6H_{12}O_6$, b) Na_4SiO_4, c) C_8H_{16}, d) I_2O_5, e) $K_4P_4O_{12}$ und f) $Fe_3(CO)_{12}$?

1.14 Welche Molekularformeln haben die Verbindungen mit folgenden empirischen Formeln und relativen Molmassen?
a) CH(78), b) Mn_2O_7(221,88), c) S(256,5), d) C_2NH_2(120,15)

1.15 Wieviel Gramm Phosphor und Sauerstoff müssen eingesetzt werden, um 150 g P_4O_{10} herzustellen?

1.16 Eine Silbermünze enthält 91,4 % Silber und 8,6 % Kupfer. Wieviel Silberatome kommen auf ein Kupferatom?

1.17 Vom Element X existiert nur ein natürliches Isotop. Ein Atom X hat die Masse $9{,}787 \cdot 10^{-23}$ g. Bestimmen Sie A_r(X)! Wie heißt das Element?

1.18 a) Welche Masse in Gramm haben $9{,}95 \cdot 10^{19}$ Br_2-Moleküle?
b) Welche Masse in Gramm haben $2{,}5 \cdot 10^{-3}$ mol Br_2?

1.19 Gegeben sind jeweils 50 g der Substanzen a) O_2, b) H_2O_2, c) H_3PO_4 und d) CCl_4.
1) Bestimmen Sie die Molzahl und die Zahl der Moleküle!
2) Wieviel Atome sind in den Substanzen enthalten?

1.20 Zimtaldehyd enthält Kohlenstoff, Sauerstoff und Wasserstoff. Bei der Verbrennung von 11,375 g Substanz wurden 34,1075 g CO_2 und 6,195 g H_2O nachgewiesen. Wie lautet die empirische Formel des Aldehyds?

1.21 Der Eisengehalt im Hämoglobin beträgt 0,342 %. Ein Hämoglobin-Molekül enthält 4 Fe-Atome. Welche molare Masse hat Hämoglobin?

1.22 Ein Element X bildet mit Stickstoff die Verbindung NX_3 mit einem Stickstoffgehalt von 5,518 %. Welche relative Atommasse A_r hat X, und um welche Verbindung handelt es sich?

1.23 Bei der Elementaranalyse von 3,937 g einer organischen Verbindung wurden 11,176 g Kohlendioxid, 0,597 g Stickstoff und 2,667 g Wasser erhalten. Welche empirische Formel hat die Verbindung?

1.24 a) Eine Verbindung hat die allgemeine Formel A_xB. Wie nennt man die Verbindungen, für die x keine Konstante ist?
b) Welches chemische Grundgesetz ist nicht erfüllt?

1.25 Berechnen Sie die empirische Formel der Komplexverbindung $K_x[Fe_y(CN)_z] \cdot u\ H_2O$ aus folgenden Analysenwerten: 36,98 % Kalium, 13,23 % Eisen, 36,97 % Cyanid (CN^-) und 12,79 % Wasser.

1.26 Berechnen Sie die empirische Formel des Minerals, dessen chemische Analyse – in der für Mineralien üblichen Weise angegeben – folgende Werte ergab:
$CaO \triangleq 37{,}35\ \%$, $Al_2O_3 \triangleq 22{,}64\ \%$, $SiO_2 \triangleq 40\ \%$.

1.27 a) Berechnen Sie die empirische Formel der Verbindung, die aus Massenanteilen von 7,83 % Kalium, 10,41 % Chrom, 38,48 % Sulfat und 43,26 % Wasser besteht.
b) Wie lautet die Summenformel der Verbindung, wenn ihre Molmasse zu 998 g mol^{-1} bestimmt wurde?

1.28 Bestimmen Sie den Prozentgehalt von SiO_2 in dem Mineral $MgCa(Si_2O_6)$ (Diorit)!

1.29 Wieviel Gramm PbO sind in 75 g eines Gemisches mit den Massenanteilen 20 % PbO und 80 % Pb_3O_4 (Bleimennige) enthalten?

1.30 Wie groß ist der Massenanteil in Prozent des in den folgenden Verbindungen enthaltenen Kristallwassers?
a) $Na_3PO_4 \cdot 12\ H_2O$ (Natriumphosphat-12-Hydrat)
b) $(NH_4)_2Fe(SO_4)_2 \cdot 6\ H_2O$ (Ammoniumeisen(II)sulfat-6-Hydrat)
c) $(NH_4)_2C_2O_4 \cdot H_2O$ (Ammoniumoxalat-1-Hydrat)

1.31 Berechnen Sie die Massenanteile in Prozent der in den folgenden Verbindungen enthaltenen Elemente:
a) $Mg_2P_2O_7$ (Magnesiumdiphosphat)
b) $NaHSO_3$ (Natriumhydrogensulfit)
c) $CO(NH_2)_2$ (Harnstoff)

1.32 Berechnen Sie den Massenanteil an Elementoxiden in den folgenden Verbindungen (Mineralien):
a) $KAlSi_3O_8$ (Orthoklas)
b) $Cu_3(OH)_2(CO_3)_2$ (Azurit)
c) $Ca_2H_{20}Al_4Si_{11}O_{40}$ (Epistilbit)
Geben Sie die empirischen Formeln der Mineralien als Elementoxide entsprechend dem Beispiel für Dolomit an:
$MgCa(CO_3)_2 = 1\ MgO \cdot 1\ CaO \cdot 2\ CO_2$

1.33 Welchen Reinheitsgrad in Prozent besitzt $Na_2SO_4 \cdot 10\ H_2O$, wenn bei der Analyse von 110,25 mg des Salzes 30,36 mg SO_4^{2-}-Ionen gefunden wurden?

1.34 Wieviel g NH_3 erhält man aus der Umsetzung von 120 g Ammoniumsulfat mit Natronlauge, wenn die Ausbeute 97 % ist?

1.35 Durch Einwirkung von Chlor auf 12,5 g Eisenpulver soll $FeCl_3 \cdot 6\ H_2O$ hergestellt werden. Wieviel g erhält man, wenn die Ausbeute 94 % beträgt?

1.36 Aus dem Chromoxid Cr_2O_3 läßt sich mit Aluminiumpulver elementares Chrom herstellen (Verfahren nach Goldschmidt). Wieviel g Cr_2O_3 müssen zur Gewinnung von 20 g Chrom eingesetzt werden, wenn die Reaktion 60 % Ausbeute ergibt?

1.37 Wie groß ist die praktische Ausbeute, wenn aus 135 g Ethylalkohol (C_2H_5OH) und 150 g Essigsäure (CH_3COOH) 180 g Essigsäureethylester ($CH_3COOC_2H_5$) entstehen? Beachten Sie, welcher Stoff ausbeutebestimmend ist!

1.38 Sowohl MnO_2 als auch $KMnO_4$ oxidieren Chlorwasserstoff zu Chlor. Wieviel g $KMnO_4$ liefern die gleiche Menge Chlor wie 100 g MnO_2? Verwenden Sie die Reaktionsgleichungen:

$$2\ KMnO_4 + 16\ HCl \longrightarrow 2\ MnCl_2 + 2\ KCl + 5\ Cl_2 + 8\ H_2O$$
$$MnO_2 + 4\ HCl \longrightarrow MnCl_2 + Cl_2 + 2\ H_2O$$

1.39 Ein Betrieb stellt täglich 100 t 96%ige H_2SO_4 aus SO_3 her ($SO_3 + H_2O \longrightarrow H_2SO_4$).
Die Oxidation von SO_2 zu SO_3 gemäß $2\ SO_2 + O_2 \longrightarrow 2\ SO_3$ erfolgt mit 95 % Ausbeute.
Wieviel t FeS_2 mit 35 % Schwefel muß man stündlich für die Darstellung der Ausgangsverbindung SO_2 umsetzen, wenn der Betrieb ununterbrochen arbeitet?

1.40 Ammoniak reagiert mit Fluor zu Stickstofftrifluorid (NF_3) und Fluorwasserstoff (HF). Wieviel g NF_3 können theoretisch aus 6,65 g NH_3 und 23,25 g F_2 erhalten werden?

1.41 a) Wieviel mol H_2 lassen sich theoretisch aus 6,2 mol Fe und 7,75 mol H_2O bei der Umsetzung $3\ Fe + 4\ H_2O \longrightarrow Fe_3O_4 + 4\ H_2$ erhalten?
b) Wieviel mol Fe liegen nach Beendigung der Reaktion unverändert vor?

1.42 12 Gramm eines Gemisches von Calciumcarbonat ($CaCO_3$) und Calciumsulfat ($CaSO_4$) werden in eine HCl-Lösung gegeben.
Dabei reagiert nur das $CaCO_3$:
$CaCO_3(s) + 2\ HCl(aq) \longrightarrow CaCl_2(aq) + H_2O + CO_2(g)$
Wieviel Prozent $CaCO_3$ enthielt das Gemisch, wenn 1,36 g CO_2 entstehen?

1.43 Aus Titanoxidschlacke, die 85 % reines Titandioxid (TiO_2) enthält, wird durch Chlorierung entsprechend $TiO_2 + 2\ C + 2\ Cl_2 \longrightarrow TiCl_4 + 2\ CO$ Titantetrachlorid hergestellt. Wieviel kg $TiCl_4$ werden aus 8,25 kg Schlacke erhalten, wenn die Ausbeute der Chlorierung 90 % beträgt?

1.44 Wird in eine $FeSO_4$-Lösung Natriumphosphat (Na_3PO_4) gegeben, bildet sich ein Niederschlag von Eisenphosphat der Zusammensetzung $Fe_3(PO_4)_2 \cdot 8\ H_2O$.
Wieviel g Niederschlag entsteht, wenn die Lösung 100,05 g $FeSO_4$ enthält?

1.45 Wasserfreies $CrCl_3$ entsteht beim Glühen von Cr_2O_3 mit Kohlenstoff im Chlorstrom. Wieviel g $CrCl_3$ erhält man aus 93,75 g Cr_2O_3?

1.46 Aus Calciumphosphat kann durch Umsetzung mit Kohlenstoff und SiO_2 elementarer Phosphor (P_4) hergestellt werden:
$2\ Ca_3(PO_4)_2 + 10\ C + 6\ SiO_2 \longrightarrow P_4 + 10\ CO + 6\ CaSiO_3$
Wieviel kg Phosphor können maximal aus 10 kg Phosphat erhalten werden?

1.47 Mit 0,2749 g eines Gemisches aus NaCl und KBr ergibt die Fällung mit $AgNO_3$-Lösung 0,5583 g Silberhalogenide. Welche prozentuale Zusammensetzung hat das Ausgangsgemisch?

1.48 Aus Quarz (SiO_2) bildet sich durch Einwirkung von HF Siliciumtetrafluorid, das mit Wasser zu Hexafluorokieselsäure (H_2SiF_6) und SiO_2 umgesetzt wird (Nachweis von SiO_2 in der qualitativen Analyse):
$SiO_2 + 4\ HF \longrightarrow SiF_4 + 2\ H_2O$
$3\ SiF_4 + 2\ H_2O \longrightarrow 2\ H_2SiF_6 + SiO_2$
a) Formulieren Sie aus beiden Reaktionsschritten die Bruttoreaktionsgleichung, die eine möglichst einfache Berechnung von b) erlaubt!
b) Wieviel g Quarz enthält eine Analysenprobe, wenn die quantitative Fällung von H_2SiF_6 als $BaSiF_6$ entsprechend
$H_2SiF_6(aq) + BaCl_2(aq) \longrightarrow BaSiF_6(s) + 2\ HCl(aq)$
eine Auswaage von 2,995 g $BaSiF_6$ ergibt?

1.49 Um den Fe-Gehalt im Mohrschen Salz, $(NH_4)_2Fe(SO_4)_2 \cdot 6\ H_2O$, zu bestimmen, werden 0,75 g in Wasser gelöst und das Eisen quantitativ mit Ammoniaklösung als $Fe(OH)_3$ gefällt. Nach dem Waschen und Glühen der Fällung kommt es als Fe_2O_3 zur Auswaage. Wie groß ist die Auswaage?

1.50 375 mg wasserhaltiges $FeSO_4$ werden mit Salpetersäure oxidiert, anschließend mit NH_3-Lösung als $Fe(OH)_3$ gefällt und durch Glühen in Fe_2O_3 überführt. Wieviel Prozent H_2O enthält das Eisensulfat, wenn 102,3 mg Fe_2O_3 entstehen?

1.51 9,455 g Natriumtetraborat ($Na_2B_4O_7 \cdot 10\ H_2O$) werden mit H_2SO_4 zu Borsäure (H_3BO_3) umgesetzt. Wieviel g H_3BO_3 entsprechen der theoretischen Ausbeute?

1.52 Bei der Gärung von Rohrzucker entsteht Alkohol (Ethanol):
$C_{12}H_{22}O_{11} + H_2O \longrightarrow 4\ C_2H_5OH + 4\ CO_2$
Wieviel kg 96%iger Alkohol entstehen aus 5 kg Zucker, wenn die Ausbeute 95 % beträgt?

1.53 Die Molalität *b* ist im Unterschied zur Stoffmengenkonzentration *c* von der Temperatur unabhängig. Warum?

1.54 Wieviel Gramm KOH benötigt man, um 750 ml Kalilauge mit $c(KOH) = 0{,}125\ mol\ l^{-1}$ herzustellen?

1.55 Welchen Wert hat die Stoffmengenkonzentration einer Lösung von 15 g NaCl in 1000 ml Lösung?

1.56 a) Berechnen Sie die Molalität einer 5,25%igen Na_2SO_4-Lösung!
b) Bestimmen Sie in einer KCl-Lösung der Molalität $1{,}75\ mol\ kg^{-1}$ den Massenanteil $w(KCl)$ in Prozent!

1.57 Ein Gemisch besteht aus den Stoffen A und B mit den molaren Massen $M(A)$ und $M(B)$. Die Massenanteile betragen $w(A)$ und $w(B)$. Nach welcher Gleichung berechnen Sie den Stoffmengenanteil von A im Gemisch?

1.58 Eine Legierung enthält Blei, Zink und Zinn. Die gravimetrische Analyse von 1,5 g der Legierung ergab die Werte 0,0645 g $PbSO_4$, 0,2329 g $Zn_2P_2O_7$ und 0,0948 g SnO_2. Berechnen Sie den Prozentgehalt der Komponenten in der Legierung!

1.59 Ein kg Meerwasser enthält bei einer Dichte von $1{,}03\ g\ ml^{-1}$ 18,98 g Chloridionen. Welchen Wert hat die Stoffmengenkonzentration der Cl^--Ionen?

1.60 Berechnen Sie die Stoffmengenanteile der Komponenten in folgender Mischung: 32 mol CO_2, 50 mol H_2O, 8 mol CO, 3 mol N_2 und 7 mol NH_3!

1.61 Auf dem Etikett einer Flasche Weinbrand ist die Angabe 38 Vol.-% zu lesen. Was besagt sie?

1.62 Eine Salpetersäure enthält 104,5 g N_2O_5 in 1 l Lösung mit der Dichte 1,061 g ml^{-1}. Wie groß sind die Stoffmengenkonzentration und der Massenanteil in % von HNO_3?

1.63 Welchen Wert für $c(H_3PO_4)$ hat eine 46,5%ige Phosphorsäure mit der Dichte 1,311 g ml^{-1}?

1.64 62,5 ml verdünnte Schwefelsäure werden mit $BaCl_2$-Lösung gefällt. Dabei erhält man 1,5556 g $BaSO_4$. Welche Stoffmengenkonzentration (mol l^{-1}) hat die Schwefelsäure?

1.65 Das Mineral Dolomit besteht aus Calcium- und Magnesiumcarbonat. Beim Glühen von 0,6444 g ergibt sich ein Rückstand von 0,3307 g Oxid. Welchen Massenanteil in Prozent haben die beiden Carbonate im Dolomit?

1.66 75 ml Na_2CO_3-Lösung wurden mit $CaCl_2$-Lösung versetzt. Der dabei entstandene Niederschlag ergab beim Glühen 0,3744 g CaO. Wieviel mg Na_2CO_3 sind in den 75 ml enthalten?

1.67 Wieviel Prozent $ZnSO_4$ enthält eine Lösung, von der 4,5 g nach Fällung mit Phosphationen in ammoniakalischer Lösung und Glühen des Niederschlags 0,9642 g $Zn_2P_2O_7$ ergeben?

1.68 a) Welche Stoffmengenkonzentration hat HNO_3 in einer 19,2%igen Salpetersäure mit der Dichte 1,11 g ml^{-1}?
b) Eine Natronlauge mit $c(NaOH) = 4{,}84$ mol l^{-1} hat die Dichte 1,18 g ml^{-1}. Wie groß ist der Massenanteil von NaOH in Prozent?

1.69 a) Wie groß ist die Stoffmengenkonzentration von $K_3[Fe(CN)_6]$ in einer Lösung, die 6,5 g des Salzes in 1 Liter Lösung enthält?
b) Wieviel g $K_4[Fe(CN)_6]$ sind in 1 Liter einer Lösung ($c = 0{,}15$ mol l^{-1}) enthalten?

1.70 a) Entwickeln Sie eine allgemeine Gleichung für die Berechnung der Molalität b(X) eines Stoffes X aus seiner Stoffmengenkonzentration c(X) und der Dichte der Lösung d(L)! (LM = Lösemittel)
b) Was ist bei Berechnungen mit dieser Gleichung beim Einsetzen der Werte für d(L) und M(X) zu beachten?

1.71 Entwickeln Sie eine allgemeine Gleichung für die Umrechnung der Molalität b(X) in den Massenanteil des gelösten Stoffes w(X)!

1.72 Zu 125 ml Wasser werden 85 g Glaubersalz $Na_2SO_4 \cdot 10\ H_2O$ gegeben. Nach Sättigung der Lösung wird der Überschuß an Salz (Bodenkörper) abfiltriert und bei 125 °C getrocknet. Es werden 8,56 g getrocknetes Na_2SO_4 ausgewogen. Die Dichte der gesättigten Lösung beträgt 1,15 g ml^{-1} bei einer Temperatur von 20 °C.
a) Welchen Wert hat die Löslichkeit von Na_2SO_4 bei 20 °C?
b) Wieviel prozentig an Na_2SO_4 ist die Lösung?
c) Welche Stoffmengenkonzentration liegt vor?

1.73 Wieviel ml einer 65%igen Salpetersäure (HNO_3) mit der Dichte $\rho = 1{,}40\ g\ ml^{-1}$ werden benötigt, um 5 Liter HNO_3 mit der Stoffmengenkonzentration $c = 1\ mol\ l^{-1}$ herzustellen?

1.74 Eine 26%ige Kaliumcarbonatlösung (K_2CO_3) hat die Dichte $\rho = 1{,}239\ g\ ml^{-1}$. Wie groß ist die Konzentration in $mol\ l^{-1}$?

1.75 Bestimmen Sie die Masse von wasserfreiem Kupfersulfat ($CuSO_4$), die man in 550 ml Wasser lösen muß, um eine Lösung mit 14 % $CuSO_4$ zu erhalten!

1.76 Wieviel g Wasser werden benötigt, um 400 g einer 35%igen Lösung so zu verdünnen, daß eine 20%ige Lösung entsteht?

1.77 Welche Volumina von H_2SO_4-Lösung ($c(H_2SO_4) = 0{,}1$ und $0{,}35\ mol\ l^{-1}$) müssen für die Herstellung von 450 ml H_2SO_4-Lösung ($c(H_2SO_4) = 0{,}2\ mol\ l^{-1}$) vermischt werden?

1.78 Wieviel ml einer 28%igen NH_3-Lösung mit $\rho = 0{,}93\ g\ ml^{-1}$ werden für die Herstellung von 300 g einer 5%igen Lösung benötigt?

1.79 Aus 3 Litern H_2SO_4 ($c(H_2SO_4) = 0{,}98\ mol\ l^{-1}$) soll Schwefelsäure ($c(H_2SO_4) = 1\ mol\ l^{-1}$) hergestellt werden. Wieviel ml einer 10%igen H_2SO_4 mit der Dichte $1{,}07\ g\ ml^{-1}$ sind hinzuzusetzen?

1.80 Lösungen, deren Dampf die gleiche Zusammensetzung wie die Flüssigkeit hat, bezeichnet man als azeotrope Gemische. Sie destillieren wie reine Substanzen ohne Änderung der Zusammensetzung. Ein azeotropes Gemisch ist z.B. eine 20,2%ige HCl-Lösung. Wieviel g HCl werden bis zum Erreichen dieser azeotropen Zusammensetzung frei, wenn eine Mischung aus 700 g einer 36%igen und 250 g einer 15%igen HCl-Lösung destilliert wird? Es wird vorausgesetzt, daß bis zum Erreichen des Azeotrops nur HCl entweicht?

1.81 Wieviel g 1,2%ige NaCl-Lösung sind 800 g einer 15%igen Lösung zuzusetzen, um eine 8%ige Lösung zu erhalten?

1.82 Bei der beabsichtigten Herstellung einer 35%igen KOH-Lösung aus festem Kaliumhydroxid mit einem Gehalt von 95 % KOH entstand eine 30%ige Lösung. Wieviel festes KOH ist 100 g dieser Lösung noch zuzusetzen, damit die geforderte Konzentration erreicht wird?

1.83 8,4 g Kalium reagieren mit 180 g Wasser. Welchen KOH-Gehalt in Prozent hat die entstandene Kalilauge?

1.84 61,6 ml Schwefelsäure mit der Dichte $\rho = 1{,}84\ g\ ml^{-1}$ werden auf 1 Liter verdünnt. 1 ml dieser verdünnten Säure verbraucht zur vollständigen Neutralisation 21,34 ml Natronlauge ($c(NaOH) = 0{,}1\ mol\ l^{-1}$). Wieviel Prozent H_2SO_4 enthält die unverdünnte Säure?

1.85 Es sind 2 NaOH-Lösungen gegeben. 29 ml von Lösung 1 neutralisieren 0,1 g Oxalsäure ($H_2C_2O_4 \cdot 2\ H_2O$). 14,5 ml von Lösung 2 neutralisieren die gleiche Menge Säure. Wieviel ml von beiden Lösungen sind zur Herstellung von 1 Liter Natronlauge (c(NaOH) = 0,1 mol l^{-1}) einzusetzen?

1.86 a) 5,625 g NaOH(s) werden zu 1 Liter gelöst. 25 ml davon verbrauchen zur Neutralisation 25,94 ml Salzsäure (c(HCl) = 0,1 mol l^{-1}). Wieviel Wasser ist der verbliebenen Lauge zuzugeben, damit sie 0,1 mol NaOH pro Liter enthält?
b) Der NaOH-Gehalt im festen Hydroxid ist in Prozent anzugeben!

1.87 Aus den konzentrierten Säuren H_2SO_4 (18 mol l^{-1}), H_3PO_4 (14,5 mol l^{-1}) und HCl (12 mol l^{-1}) sind
a) 100 ml mit $c(H_2SO_4)$ = 0,75 mol l^{-1}
b) 2,00 l mit $c(H_3PO_4)$ = 2,50 mol l^{-1}
c) 0,05 l mit c(HCl) = 5,00 mol l^{-1}
herzustellen. Wieviel ml der konzentrierten Säuren müssen jeweils verdünnt werden?

1.88 Welches Volumen einer Lösung mit c(HCl) = 8 mol l^{-1} wird benötigt, um 750 ml einer Lösung mit c(HCl) = 2,5 mol l^{-1} herzustellen?

1.89 a) Wieviel g $FeSO_4$ sind in 250 ml Wasser zu lösen, um eine Lösung der Konzentration c = 0,3 mol l^{-1} zu erhalten?
b) Welche Stoffmengenkonzentration hätte die Lösung, wenn anstelle von $FeSO_4$ die gleiche Menge $FeSO_4 \cdot 7\ H_2O$ gelöst wird?

1.90 In 7,5 g einer Kochsalzlösung werden durch Fällung mit $AgNO_3$ 326,5 mg AgCl gefunden. Wieviel % NaCl enthält die Ausgangslösung?

1.91 Beim Erhitzen von gelöstem Ammoniumnitrit (NH_4NO_2) auf 85 °C erfolgt Zersetzung in Wasser und Stickstoff. Um wieviel Gramm nehmen 500 g einer 8%igen NH_4NO_2-Lösung beim Erwärmen ab, wenn keine Wasserverluste eintreten?

1.92 Wieviel g $FeSO_4 \cdot 7\ H_2O$ benötigt man für die Herstellung von 100 g einer 5,25%igen $FeSO_4$-Lösung?

1.93 20 Gramm Iod sollen aus Kaliumjodid (KI), 90%igem Braunstein (MnO_2) und 48%iger Schwefelsäure hergestellt werden. Wieviel Gramm der Ausgangsstoffe sind einzusetzen, wenn die folgende Reaktion stattfindet:
$$2\ KI + MnO_2 + 2\ H_2SO_4 \longrightarrow I_2 + MnSO_4 + K_2SO_4 + 2\ H_2O$$

1.94 Fester Schwefel läßt sich in einer heißen Natriumsulfit-Lösung (Na_2SO_3) lösen:
$$Na_2SO_3(aq) + S(s) \longrightarrow Na_2S_2O_3(aq)$$
Wieviel ml einer Sulfit-Lösung mit $c(Na_2SO_3)$ = 0,50 mol l^{-1} werden benötigt, um 1,56 g Schwefel zu lösen?

1.95 In der Maßanalyse spielt die Umsetzung von Iod mit Natriumthiosulfat ($Na_2S_2O_3$) entsprechend der Gleichung
$2\ Na_2S_2O_3(aq) + I_2(s) \longrightarrow 2\ NaI(aq) + Na_2S_4O_6(aq)$
eine wichtige Rolle (Iodometrie). Wieviel ml einer $Na_2S_2O_3$-Lösung mit $c(Na_2S_2O_3) = 0{,}125\ mol\ l^{-1}$ werden zur vollständigen Umsetzung mit 1,465 g I_2 benötigt?

1.96 50 ml Oxalsäurelösung ($H_2C_2O_4$) reagieren vollständig mit 35 ml NaOH-Lösung mit $c(NaOH) = 0{,}25\ mol\ l^{-1}$ entsprechend
$H_2C_2O_4(aq) + 2\ NaOH(aq) \longrightarrow Na_2C_2O_4(aq) + 2\ H_2O(l)$
Welche Stoffmengenkonzentration hat die Oxalsäure?

1.97 Der Calciumgehalt im Trinkwasser kann maßanalytisch bestimmt werden. Dazu werden die Ca^{2+}-Salze als CaC_2O_4 gefällt und anschließend in einem H_2SO_4-Überschuß in schwer lösliches Calciumsulfat und freie Oxalsäure überführt:
$CaC_2O_4(s) + H_2SO_4(aq) \longrightarrow CaSO_4(s) + H_2C_2O_4(aq)$
Die Oxalsäure wird mit Kaliumpermanganat entsprechend
$5\ C_2O_4^{2-}(aq) + 2\ MnO_4^-(aq) + 8\ H^+(aq) \longrightarrow 2\ Mn^{2+}(aq) + 10\ CO_2(g) + 4\ H_2O$
titriert. Es ist der Ca-Gehalt in g CaO pro Liter zu bestimmen, wenn für 250 ml Trinkwasser 10 ml $KMnO_4$-Lösung ($c(KMnO_4) = 0{,}02\ mol\ l^{-1}$) verbraucht werden!

1.98 100 mg eines Gemisches von $H_2C_2O_4$ und $H_2C_2O_4 \cdot 2\ H_2O$ verbrauchen bei der Titration 20 ml $KMnO_4$-Lösung ($c(KMnO_4) = 0{,}02\ mol\ l^{-1}$). Wieviel Prozent von beiden Komponenten enthält das Gemisch?

1.99 50 ml einer Lösung enthalten Fe^{2+}- und Fe^{3+}-Ionen. Die direkte Titration der Fe^{2+}-Ionen in schwefelsaurer Lösung mit $KMnO_4$-Lösung ($c(KMnO_4) = 0{,}02\ mol\ l^{-1}$) zeigt einen Verbrauch von 25 ml. Nach der Reduktion aller Fe^{3+}- zu Fe^{2+}-Ionen werden für den Gesamteisengehalt 75 ml $KMnO_4$-Lösung verbraucht. Es ist der Gehalt an Fe^{2+}- und Fe^{3+}-Ionen in mg pro 100 ml Lösung zu berechnen!

1.100 22 g Chlorwasser werden mit KI versetzt. Das dabei freiwerdende Iod wird mit einer $Na_2S_2O_3$-Lösung ($c(Na_2S_2O_3) = 0{,}1\ mol\ l^{-1}$) maßanalytisch bestimmt. Berechnen Sie den Massenanteil in Prozent von Cl_2 im Chlorwasser, wenn 45,16 ml Thiosulfatlösung verbraucht werden.

1.101 Bestimmen Sie den Prozentgehalt von Zinn in einer Bronze, wenn bei der Titration einer Lösung, in der 304 mg gelöst sind, 5,24 ml einer Iodlösung ($c(I_2) = 0{,}018\ mol\ l^{-1}$) verbraucht werden. (Dabei reagiert der als Sn^{2+} vorliegende Zinnanteil mit Iod zu Sn^{4+} und Iodid.)

1.102 5 g $(NH_4)_2Fe(SO_4)_2 \cdot 6\ H_2O$ wurden in verdünnter H_2SO_4-Lösung gelöst und mit $KMnO_4$ ($c = 0{,}1\ mol\ l^{-1}$) titriert. Wieviel Prozent des reinen Stoffes enthält die Probe, wenn 25 ml Maßlösung verbraucht wurden? (Bei der Titration entsteht aus Fe^{2+} und MnO_4^- Fe^{3+} und Mn^{2+}.)

1.103 Ein Gemisch besteht aus Na_2CO_3 und K_2CO_3. Eine Lösung von 0,4 g Gemisch wird mit Salzsäure neutralisiert. Dabei werden 22 ml HCl (c = 0,3 mol l^{-1}) verbraucht. Wieviel Prozent Na_2CO_3 und K_2CO_3 enthält das Gemisch?
($CO_3^{2-}(aq) + 2\ H^+(aq) \longrightarrow H_2CO_3(aq) \rightarrow H_2O + CO_2(g)$)

1.104 Zu einer sauren KI-Lösung wurden 20 ml einer $KMnO_4$-Lösung (c = 0,0227 mol l^{-1}) gegeben. Das entstandene Iod wurde mit 25,9 ml einer $Na_2S_2O_3$-Lösung titriert. Welche Stoffmengenkonzentration hat die Thiosulfatlösung?

1.105 a) 5 g eines arsenhaltigen Minerals werden chemisch aufgeschlossen, wobei Arsen zu Na_3AsO_3 reagiert. Diese Lösung wird mit einer $KBrO_3$-Lösung der Normalität 0,1 mol l^{-1} nach
$3\ Na_3AsO_3(aq) + KBrO_3(aq) \longrightarrow 3\ Na_3AsO_4(aq) + KBr(aq)$
titriert. Wie groß ist der Arsengehalt der Probe in Prozent, wenn 14,75 ml Maßlösung verbraucht werden?
b) Die Reaktion zwischen BrO_3^- und Br^- dient bei dieser Methode (Bromatometrie) als Indikator für die Endpunktsbestimmung. Wie nennt man den Reaktionstyp?

1.106 Eine Lösung enthält NaOH und Na_2CO_3. Für die Neutralisation von 20 ml dieser Lösung werden 32,16 ml einer HCl-Lösung (c = 0,1 mol l^{-1}) verbraucht. Fällt man in 20 ml Lösung zunächst das Carbonat als $CaCO_3$ aus und titriert anschließend das Filtrat mit HCl (c = 0,1 mol l^{-1}), beträgt der Verbrauch 10,92 ml.
a) In welchem Verhältnis stehen die beiden Substanzmengen zueinander?
b) Wieviel prozentig ist die Lösung an beiden Komponenten, wenn ihre Dichte in guter Näherung 1 g ml^{-1} entspricht?

1.107 Welchen Druck übt 1 mol eines idealen Gases aus, wenn es bei konstanter Temperatur von $V_1 = V_m$ auf V_2 = 1 l komprimiert wird?

1.108 Wieviel Liter CO, bezogen auf Normalbedingungen, sind erforderlich, um 1,55 kg Fe_2O_3 gemäß
$Fe_2O_3(s) + 3\ CO(g) \longrightarrow 2\ Fe(s) + 3\ CO_2(g)$
zu Eisen zu reduzieren?

1.109 In einem evakuierten Gefäß mit V = 1,5 l wird $CaCO_3$ zersetzt. Wieviel mol CO_2 haben sich gebildet, wenn der Druck 924 kPa bei 710 °C beträgt?

1.110 3,76 g $SrCO_3$ werden durch Erhitzen vollständig zersetzt. Welches Volumen nimmt das entstandene CO_2 bei Normaldruck und 25 °C ein?

1.111 Wie groß ist die Masse von 750 ml Chlor bei 35 °C und 86,7 kPa?

1.112 Welche Dichte hat Chlor bei 35 °C und 186 kPa?

1.113 Das Edelgas Helium hat bei -15 °C eine Dichte von 1 g l^{-1}. Wie groß ist sein Druck?

1.114 Die technische Synthese von NO entsprechend

$4\ NH_3(g) + 5\ O_2(g) \longrightarrow 4\ NO(g) + 6\ H_2O(g)$

mit einem Platin/Rhodium-Katalysator wird auch als katalytische Ammoniakverbrennung bezeichnet (Ostwald-Verfahren). Wieviel Liter NH_3 und O_2 werden benötigt und wieviel Liter $H_2O(g)$ entstehen, wenn 45 Liter NO hergestellt werden? (Alle Volumina werden unter gleichen *p*-*T*-Bedingungen gemessen.)

1.115 Berechnen Sie die Dichten von Methan (CH_4), Ethan (C_2H_6) und Propan (C_3H_8) bei Normalbedingungen!

1.116 Die maximal zulässige Arbeitsplatzkonzentration (MAK-Wert) für SO_2 in Luft beträgt 13 mg m^{-3}. Welchem Partialdruck bei 25 °C entspricht dieser MAK-Wert?

1.117 Die gasförmigen Reaktionsprodukte einer bei 118,6 kPa und 35 °C durchgeführten Reaktion nehmen ein Volumen von 750 ml ein. Berechnen Sie das Volumen für Normalbedingungen!

1.118 1,5 kg eines technischen Carbids (CaC_2) ergeben 495 Liter Ethin (C_2H_2) bei Normaldruck und 25 °C:

$CaC_2(s) + 2\ H_2O(l) \longrightarrow C_2H_2(g) + Ca(OH)_2(s)$

Wie groß ist der Gehalt des Carbids an reinem CaC_2?

1.119 Über Wasser als Sperrflüssigkeit befindet sich ein Gasvolumen von 168,5 ml bei 96,5 kPa und 25 °C. Welches Volumen nimmt das trockene Gas unter Normalbedingungen ein?

($p(H_2O)$ beträgt 3,166 kPa bei 25 °C.)

1.120 Wieviel kg Stickstoff enthält eine Stahlflasche von 120 Liter Inhalt bei einem Druck von $121{,}6 \cdot 10^2$ kPa und 25 °C?

1.121 Wieviel Gramm Kaliumdichromat ($K_2Cr_2O_7$) sind erforderlich, um aus 15%iger Salzsäure 15 Liter Chlor bei Normaldruck und 25 °C herzustellen?

1.122 Gichtgas besteht aus brennbarem Kohlenmonoxid und nicht brennbarem Kohlendioxid. Wieviel Massenprozent CO enthält es, wenn $p(CO_2) = 40{,}5$ kPa bei Normaldruck beträgt?

1.123 8,75 g einer Mischung aus $CaCO_3$ und $MgCO_3$ werden mit Salzsäure zersetzt. Dabei entstehen 2,26 Liter CO_2. Wieviel Massenanteile (in %) an beiden Komponenten enthält das Gemisch?

1.124 Bei der elektrischen Entladung in Sauerstoff entsteht Ozon (O_3). Wieviel Volumenanteile an Ozon in Prozent werden gebildet, wenn der Druck während einer elektrischen Entladung bei konstanter Temperatur von 102 kPa auf 100,8 kPa sinkt?

1.125 Magnesium und Aluminium reagieren mit Salzsäure unter H_2-Entwicklung zu Mg^{2+}- und Al^{3+}-Ionen. Dabei ergeben 25 g einer Magnesium-Aluminium-Legierung 31 Liter Wasserstoff bei Normaldruck und 25 °C. Wieviel Prozent Al enthält die Legierung?

1.126 Bei der Verbrennung von 141,63 ml einer gasförmigen Verbindung, die nur Kohlenstoff und Wasserstoff enthält, werden 991,4 ml CO_2 und 796,32 mg flüssiges Wasser erhalten. Für ihre vollständige Verbrennung werden 1487,13 ml Sauerstoff benötigt. Alle Werte beziehen sich auf Normalbedingungen.

a) Bestimmen Sie die Formel des unbekannten Gases!

b) Formulieren Sie die Reaktionsgleichung!

1.127 600 mg der Verbindung NaX_3 werden thermisch zersetzt:

$2\ NaX_3(s) \longrightarrow 2\ Na(s) + 3\ X_2(g)$

Dabei entstehen 345 ml des Gases X_2 bei 25 °C und 99,5 kPa.

a) Wie heißt die Ausgangsverbindung?

b) Vervollständigen Sie die Reaktionsgleichung!

1.128 Natriumhydrogencarbonat wird in einem evakuierten Gefäß mit $V = 0{,}5$ Liter auf 100 °C erwärmt, wobei Wasserdampf und Kohlendioxid entstehen. Wieviel g $NaHCO_3$ werden thermisch zersetzt, wenn ein Druck von 97,3 kPa erreicht wird?

2 Das chemische Gleichgewicht

Viele chemische Reaktionen können in beiden Reaktionsrichtungen verlaufen. Man nennt sie reversibel (umkehrbar). Alle reversiblen Reaktionen streben einen Gleichgewichtszustand an, in dem vergleichbare Mengen von Ausgangs- und Endprodukten vorliegen können. Diesen Gleichgewichtszustand bezeichnet man als chemisches Gleichgewicht. Im chemischen Gleichgewicht bleiben die Konzentrationen aller beteiligten Stoffe konstant. Das bedeutet jedoch nicht, daß keine Reaktionen mehr stattfinden. Es laufen vielmehr zwei entgegengesetzte Reaktionen gleich schnell ab. In derselben Zeit werden ebensoviel mol Reaktionsprodukte gebildet, wie wieder in die Ausgangsstoffe zerfallen. Das chemische Gleichgewicht ist ein dynamisches Gleichgewicht. Es ist der stabilste Zustand eines jeden chemischen Systems, dem alle nicht im Gleichgewicht befindlichen Zustände zustreben. Diese Tendenz bestimmt die Richtung aller chemischen Reaktionen unabhängig davon, ob sie in der Gasphase oder in Lösung ablaufen.

2.1 Das Massenwirkungsgesetz (MWG)

Für reversible Reaktionen im Gleichgewichtszustand gilt das Massenwirkungsgesetz. Für eine allgemeine chemische Reaktion

$$\mathrm{m\,A + n\,B \leftrightarrows p\,C + q\,D} \qquad (2.1)$$

ist die allgemeine Formulierung des Massenwirkungsgesetzes

$$c^{p}(\mathrm{C}) \cdot c^{q}(\mathrm{D}) / c^{m}(\mathrm{A}) \cdot c^{n}(\mathrm{B}) = K \qquad (2.2)$$

Die Größe K ist die Gleichgewichtskonstante der Reaktion.

Beispiel:
Die Anwendung des MWG auf die reversiblen Reaktionen

$$2\,HI(g) \leftrightarrows I_2(g) + H_2(g) \text{ und}$$

$$4\,HCl(g) + O_2(g) \leftrightarrows 2\,H_2O(g) + 2\,Cl_2(g)$$

ergibt für die Gleichgewichtskonstanten:

$$c(I_2) \cdot c(H_2)/c^2(HI) = K$$

$$c^2(H_2O) \cdot c^2(Cl_2)/c^4(HCl) \cdot c(O_2) = K$$

Die Gleichgewichtskonstante *K* ist allein von der Temperatur abhängig. Sie ist unabhängig von den Stoffmengen, vom Druck sowie von der An- oder Abwesenheit eines Katalysators.

Zu beachten ist, daß nicht die einzelnen Konzentrationen, sondern nur der Massenwirkungsquotient konstant ist. Es wurde festgelegt, die Konzentrationen der Stoffe auf der rechten Seite der Reaktionsgleichung in den Zähler, die der linken Seite in den Nenner zu schreiben. Demnach lautet das MWG:

Das Produkt der Konzentrationen der Stoffe auf der rechten Seite (Reaktionsprodukte), dividiert durch das Produkt der Konzentrationen auf der linken Seite (Reaktionsedukte), ist eine Konstante.

Wird die Reaktionsgleichung (2.1) in umgekehrter Reihenfolge

$$pC + qD \leftrightarrows mA + nB \quad (2.3)$$

angegeben, ist die Gleichgewichtskonstante K' der umgekehrten Reaktion

$$K' = 1/K \quad (2.4)$$

Der negative dekadische Logarithmus der Gleichgewichtskonstanten wird Gleichgewichtsexponent oder pK-Wert der Reaktion genannt:

$$pK = -\log K \quad (2.5)$$

Das MWG gilt auch für beliebige mehrstufige Reaktionen, sofern die einzelnen Reaktionsstufen ebenfalls reversibel sind. Für jede Reaktionsstufe läßt sich das MWG formulieren. Die Reaktionsgleichung der Bruttoreaktion (Gesamtreaktion) ergibt sich durch Addition der Reaktionsgleichungen der einzelnen Stufen.

Beispiel:
Die Dissoziation der Phosphorsäure erfolgt schrittweise in drei reversiblen Reaktionsstufen:
1. $H_3PO_4 \leftrightarrows H_2PO_4^- + H^+(aq)$
2. $H_2PO_4^- \leftrightarrows HPO_4^{2-} + H^+(aq)$
3. $HPO_4^{2-} \leftrightarrows PO_4^{3-} + H^+(aq)$
Für die Gleichgewichtskonstanten folgt aus dem MWG:
$c(H^+) \cdot c(H_2PO_4^-)/c(H_3PO_4) = K_1$
$c(HPO_4^{2-}) \cdot c(H^+)/c(H_2PO_4^-) = K_2$
$c(PO_4^{3-}) \cdot c(H^+)/c(HPO_4^{2-}) = K_3$
Die Addition der drei Reaktionsstufen ergibt die
Bruttoreaktion $H_3PO_4 \leftrightarrows PO_4^{3-} + 3\,H^+$. *Ihre Gleichgewichtskonstante K ergibt sich aus:*

$$\frac{c(H_2PO_4^-) \cdot c(H^+)}{c(H_3PO_4)} \cdot \frac{c(HPO_4^{2-}) \cdot c(H^+)}{c(H_2PO_4^-)} \cdot \frac{c(PO_4^{3-}) \cdot c(H^+)}{c(HPO_4^{2-})}$$

$$= c(PO_4^{3-}) \cdot c^3(H^+)/c(H_3PO_4) = K_1 \cdot K_2 \cdot K_3 = K$$

Für eine Bruttoreaktion, die die Summe von n Einzelreaktionen darstellt, ist die Gleichgewichtskonstante *K* gleich dem Produkt der Gleichgewichtskonstanten K_1, K_2... und K_n der Einzelreaktionen.

Gehen wir von einem System aus, in dem die Komponenten in beliebiger Konzentration c vorliegen, erhalten wir einen mit dem Quotienten für K formal identischen Ausdruck, der als Reaktionsquotient Q bezeichnet wird:

$$c(C) \cdot c(D)/c(A) \cdot c(B) = Q \quad (2.6)$$

Im Quotienten für K jedoch stehen die Gleichgewichtskonzentrationen, während im Quotienten für Q die verwendeten Konzentrationen eingesetzt sind. Demnach lassen sich drei Zustände eines chemischen Systems unterscheiden:

Q < K Die Ausgangsstoffe überwiegen, das System wird unter Bildung von Endprodukten in den Gleichgewichtszustand übergehen und die Reaktion von links nach rechts ablaufen.

Q > K Die Endprodukte überwiegen, das System wird unter Zerfall in die Ausgangsstoffe in den Gleichgewichtszustand übergehen und die Reaktion von rechts nach links ablaufen.

Q = K Das System ist im Gleichgewichtszustand, die Konzentrationen der beteiligten Stoffe ändern sich nicht mehr.

Beispiel:
Für die Reaktion $PCl_5(g) \leftrightarrows PCl_3(g) + Cl_2(g)$ wurde K zu 0,0307 mol l^{-1} bei 300 °C bestimmt. Es soll die Reaktionsrichtung vorausgesagt werden, wenn bei dieser Temperatur ein Gemisch von 0,17 mol $PCl_5(g)$, 0,25 mol $PCl_3(g)$ und 0,11 mol $Cl_2(g)$ in einem Reaktionsvolumen von 1 l vorliegt.
Für Q erhalten wir in mol l^{-1} 0,25 · 0,11/0,17 = 0,16 mol l^{-1}. Da Q > K ist, wird die Reaktion von rechts nach links verlaufen und die Konzentration im Nenner zunehmen. Da die Konzentrationen im Zähler gleichzeitig abnehmen, wird Q kleiner bis die Bedingung Q = K erfüllt ist.

2.2 Die Gleichgewichtskonstanten K_c und K_p

Werden in den MWG-Ausdruck Stoffmengenkonzentrationen c(mol l^{-1}) eingesetzt, wird die Gleichgewichtskonstante mit K_c bezeichnet. Das betrifft vor allem Reaktionen, die in Lösung ablaufen. Für Gasreaktionen wird das MWG oft unter Verwendung von Partialdrücken p mit der Gleichgewichtskonstanten K_p formuliert. Wenn alle beteiligten Stoffe Gase sind, erhält man für die allgemeine Reaktion

$$\mathrm{m\,A(g) + n\,B(g) \leftrightarrows p\,C(g) + q\,D(g)} \tag{2.7}$$

die Gleichgewichtskonstante K_p aus dem Quotienten

$$p^{\mathrm{p}}(\mathrm{C}) \cdot p^{\mathrm{q}}(\mathrm{D}) \,/\, p^{\mathrm{m}}(\mathrm{A}) \cdot p^{\mathrm{n}}(\mathrm{B}) = K_p \tag{2.8}$$

Zwischen den Konstanten K_p und K_c besteht die Beziehung

$$K_p = K_c(RT)^{\Delta n} \tag{2.9}$$

mit $\Delta n = (\mathrm{p} + \mathrm{q}) - (\mathrm{m} + \mathrm{n})$.

Beispiel:
Wie lautet der Zusammenhang zwischen K_p und K_c für
a) $PCl_5(g) \leftrightarrows PCl_3(g) + Cl_2(g)$,
b) $CO(g) + Cl_2(g) \leftrightarrows COCl_2(g)$,
c) $H_2(g) + I_2(g) \leftrightarrows 2\,HI(g)$?
Aus der Änderung der Molzahlen folgt:
a) $\Delta n = (1 + 1) - 1 = 1$, $K_p = K_c R T$
b) $\Delta n = 1 - (1 + 1) = -1$, $K_p = K_c/R T$
c) $\Delta n = 2 - (1 + 1) = 0$, $K_p = K_c$

2.3 Heterogene Gleichgewichte

Liegen Substanzen, die sich miteinander im chemischen Gleichgewicht befinden, in verschiedenen Phasen vor, spricht man von einem heterogenen Gleichgewicht. Da die Konzentration in einem reinen Feststoff oder in einer reinen Flüssigkeit konstant ist, wird sie in die Konstante K einbezogen und nicht explizit im MWG-Quotienten angegeben. Für die allgemeine Reaktion

$$A(s) + B(g) \leftrightarrows C(s) + D(g) \qquad (2.10)$$

ist

$$c(D)/c(B) = K_c \qquad (2.11)$$

$$p(D)/p(B) = K_p \qquad (2.12)$$

Beispiel:
Wie lautet a) K_c für die Reaktion von Eisen mit Wasserdampf und b) K_p für die Zersetzung von $CaCO_3$?
a) $3\,Fe(s) + 4\,H_2O(g) \leftrightarrows Fe_3O_4(s) + 4\,H_2(g)$
$K_c = c^4(H_2)/c^4(H_2O)$
b) $CaCO_3(s) \leftrightarrows CaO(s) + CO_2(g)$
$K_p = p(CO_2)$
Im Gleichgewicht stellt sich über dem Gemisch der Festkörper jeweils ein konstanter Partialdruck ein.

2.4 Das Prinzip vom kleinsten Zwang

Wird auf ein im Gleichgewicht befindliches System durch Änderung von Druck, Temperatur oder Konzentration ein Zwang ausgeübt, so versucht das System, diesem äußeren Zwang entgegenzuwirken. Man nennt dieses allgemeine Prinzip auch „Prinzip vom kleinsten Zwang" oder „Le Chateliersches Prinzip". Es hat zur Folge, daß sich das chemische Gleichgewicht erneut einstellen muß, wobei die Komponenten des Systems durch die Bevorzugung der Reaktionsrichtung, die dem äußeren Zwang entgegenwirkt, in veränderten Konzentrationen vorliegen:

Ein im Gleichgewicht befindliches System weicht bei konstanter Temperatur einem äußeren Zwang so aus, daß seine Gleichgewichtskonstante unverändert bleibt.

Die oft verwendete Formulierung, ein System weiche einem äußeren Zwang stets durch Verschiebung seines Gleichgewichts aus, ist demnach nicht ganz korrekt.

Druckänderungen: Reaktionen, an denen nur Flüssigkeiten oder Feststoffe beteiligt sind, werden im allgemeinen nur geringfügig von Druckänderungen beeinflußt. Kondensierte Phasen sind nur in geringem Maße kompressibel. Dagegen sind alle Gasreaktionen, in deren Verlauf sich die Molzahl ändert, stark druckabhängig. Druckerhöhung begünstigt die unter Volumenabnahme, Druckverminderung die unter Volumenzunahme verlaufenden Reaktionen.
Auf Reaktionen von Gasen mit $\Delta n = 0$ haben Druckänderungen keinen Einfluß.

Beispiel:
Wie wirkt sich ein Sauerstoffüberschuß im Ausgangsgemisch auf das Gleichgewicht

$$2\ SO_2(g) + O_2(g) \leftrightarrows 2\ SO_3(g)$$ *aus?*

Bei der Hinreaktion werden unter Verbrauch von 3 mol Gas 2 mol Gas gebildet. Erfolgt die Reaktion in einem geschlossenen Gefäß, tritt eine Druckverminderung ein. Ein O_2-Überschuß im Ausgangsgemisch bewirkt auch im Gleichgewicht einen erhöhten Partialdruck. K_p kann nur konstant sein, wenn durch Oxidation von SO_2 Sauerstoff verbraucht und somit $p(O_2)$ ab- sowie $p(SO_3)$ zunimmt. Ein Sauerstoffüberschuß begünstigt die unter Volumenabnahme verlaufende SO_3-Bildung. Bei Druckabnahme wird die unter Volumenzunahme erfolgende Zersetzung von SO_3 begünstigt.

Temperaturänderungen: Durch Temperaturänderungen wird die Gleichgewichtskonstante der Reaktion verändert. Temperaturerhöhung verschiebt das Gleichgewicht zugunsten des endothermen, Temperaturerniedrigung zugunsten des exothermen Reaktionsablaufs.

Beispiel:
Wie wirkt sich eine Temperaturerhöhung auf die Reaktion
$3\ H_2(g) + N_2(g) \leftrightarrows 2\ NH_3(g) \quad \Delta H° = -92{,}4\ kJ\ mol^{-1}$ *aus?*
Da eine exotherme Hinreaktion (NH_3-Bildung) immer mit einer endothermen Rückreaktion (NH_3-Zerfall) verbunden ist, begünstigt eine Temperaturerhöhung den NH_3-Zerfall. In $p^2(NH_3)/p^3(H_2) \cdot p(N_2) = K_p$ wird $p(NH_3)$ abnehmen und $p(H_2)$ sowie $p(N_2)$ zunehmen, K_p demnach einen kleineren Wert annehmen.

Konzentrationsänderungen: Wird die Konzentration einer Komponenten erhöht, begünstigt das System die Reaktion, die unter Verbrauch dieser Komponente verläuft und somit deren Konzentration wieder erniedrigt. Umgekehrt kann man die Ausbeute einer Gleichgewichtsreaktion erhöhen, indem man ständig ein Endprodukt aus dem Gleichgewichtsgemisch entfernt.

Beispiel:
Wie läßt sich die Ausbeute an HOCl bei der Reaktion $Cl_2 + 2\ H_2O \leftrightarrows HOCl + Cl^- + H_3O^+$ erhöhen?
Durch Zugabe einer starken Base (z.B. OH^-) wird H_3O^+ aufgrund der Reaktion $H_3O^+ + OH^- \rightarrow 2\ H_2O$ ständig aus dem Gleichgewicht entfernt. Für eine erneute Gleichgewichtseinstellung muß H_3O^+ nachgeliefert werden, die Reaktion also erneut von links nach rechts ablaufen. Die Konzentrationen auf der rechten Seite nehmen zu, die auf der linken ab, bis das Gleichgewicht erreicht ist bzw. die Ausgangsstoffe verbraucht sind.

2.5 Gültigkeit des Massenwirkungsgesetzes

Das Massenwirkungsgesetz in der hier besprochenen Form gilt uneingeschränkt nur für ideale Mischphasen (Lösungen und Gase), in denen definitionsgemäß alle Teilchen die gleichen schwachen Wechselwirkungen aufeinander ausüben. In den

realen Systemen jedoch üben die Teilchen unterschiedlicher Art stärkere Kräfte aufeinander aus als die gleiche Art jeweils untereinander. Bei höheren Konzentrationen machen sich intermolekulare und interionische Wechselwirkungen so stark bemerkbar, daß sich reale Systeme nicht exakt mit den für ideale Systeme abgeleiteten Formeln berechnen lassen.
Für reale Systeme wurden Korrekturfaktoren f eingeführt, mit denen die Konzentrationsgrößen multipliziert werden. Die korrigierten Konzentrationen werden als Aktivitäten

$$a = f_c \cdot c \qquad (2.13)$$

und die korrigierten Partialdrücke als Fugazitäten

$$p^* = f_p \cdot p \qquad (2.14)$$

bezeichnet. f_c nennt man Aktivitäts- und f_p Fugazitätskoeffizient. Da die Koeffizienten f mit abnehmender Konzentration gegen eins gehen, gilt für verdünnte Lösungen näherungsweise $a = c$ bzw. $p^* = p$. Bei Verwendung von Aktivitäten bzw. Fugazitäten erhält man die (wirklich konstante) thermodynamische Gleichgewichtskonstante K_a, bei Verwendung von Konzentrationen und Partialdrücken die (näherungsweise konstanten) stöchiometrischen Gleichgewichtskonstanten K_c und K_p. In den folgenden Kapiteln wird bis auf wenige Ausnahmen von stöchiometrischen Gleichgewichtskonstanten ausgegangen:

Für einen reagierenden Stoff wird angenommen, daß seine Aktivität *a* dem Zahlenwert seiner Stoffmengenkonzentration *c* in mol l^{-1} entspricht.

Übungen:

Übung 2.1

Für das Ammoniakgleichgewicht $N_2(g) + 3\,H_2(g) \leftrightarrows 2\,NH_3(g)$ ist für eine Druckerhöhung auf das Doppelte der Reaktionsquotient Q zu formulieren und die Auswirkung auf die Reaktion abzuleiten!

Bei einer Druckerhöhung auf das Doppelte wird der Partialdruck jeder Komponente verdoppelt, so daß aus dem Vergleich der Gleichgewichtskonstanten K_p

$$K_p = p^2(NH_3)/p(N_2) \cdot p^3(H_2)$$

mit dem Reaktionsquotienten Q bei verdoppeltem Druck

$$Q = [2p(NH_3)]^2/2p(N_2) \cdot [2p(H_2)]^3 = 4p^2(NH_3)/2p(N_2) \cdot 8p^3(H_2)$$

die Relation

$$Q = K_p/4$$

folgt. Da $Q < K_p$ ist, befindet sich das System nicht mehr im Gleichgewicht. Darum bildet sich so lange NH_3, bis durch Zunahme von $p(NH_3)$ und Abnahme von $p(H_2)$ sowie $p(N_2)$ Q den Wert K_p erreicht und die Gleichgewichtsbedingung $Q = K_p$ erfüllt ist. Durch Druckerhöhung wird das Gleichgewicht somit zugunsten der unter Volumenabnahme erfolgenden NH_3-Bildung verschoben.

Übung 2.2

Berechnung von Gleichgewichtskonstanten mit Hilfe bekannter Reaktionen.
Für das Ammoniakgleichgewicht ist K_p mit Hilfe der Gleichgewichtskonstanten der Reaktionen

a) $N_2(g) + O_2(g) \rightarrow 2\,NO(g)$ $\quad K_1$
b) $H_2(g) + 0{,}5\,O_2(g) \rightarrow H_2O(g)$ $\quad K_2$
c) $2\,NH_3(g) + 2{,}5O_2(g) \rightarrow 2\,NO(g) + 3\,H_2O(g)$ $\quad K_3$

zu berechnen.

Man betrachtet das Ammoniakgleichgewicht als Bruttoreaktion, die als Summe der Einzelreaktionen a) bis c) aufgefaßt wird. Damit die Summe der Gleichungen a) bis c) die Bruttoreaktion ergibt, muß b) mit drei multipliziert und c) in umgekehrter Reaktionsrichtung formuliert werden:

a)	$N_2(g) + O_2(g)$	$\rightarrow 2\,NO(g)$	K_1
b)	$3\,H_2(g) + 1{,}5\,O_2(g)$	$\rightarrow 3\,H_2O(g)$	K_2^3
c)	$2\,NO(g) + 3\,H_2O(g)$	$\rightarrow 2\,NH_3(g) + 2{,}5\,O_2(g)$	$1/K_3$
	$N_2(g) + 3\,H_2(g)$	$\rightarrow 2\,NH_3(g)$	K_p

Da b) mit drei multipliziert und c) in umgekehrter Reaktionsrichtung formuliert wird, ist K_2 in der dritten Potenz und K_3 als reziproker Wert anzugeben:

$$K_p = K_1 \cdot (K_2)^3 \cdot 1/K_3$$

Zur Kontrolle werden die MWG-Quotienten für $K_1 \ldots K_3$ eingesetzt:

$$K_p = \frac{p^2(NO)}{p(N_2)\,p(O_2)} \cdot \frac{p^3(H_2O)}{p^3(H_2)\,p^{1,5}(O_2)} \cdot \frac{p^2(NH_3)\,p^{2,5}(O_2)}{p^3(H_2O)\,p^2(NO)}$$

$$K_p = p^2(NH_3)/p^3(H_2) \cdot p(N_2)$$

Übung 2.3

Wie groß waren die Ausgangskonzentrationen an H_2 und N_2, wenn im Gleichgewichtszustand der Reaktion $N_2 + 3\,H_2 \leftrightarrows 2\,NH_3$ die Konzentrationen $c(N_2) = 2{,}65\ mol\ l^{-1}$, $c(H_2) = 1{,}87\ mol\ l^{-1}$, $c(NH_3) = 3{,}65\ mol\ l^{-1}$ vorliegen und $K_c = 0{,}768$ beträgt?

Aus der Reaktionsgleichung folgt, daß bei der Bildung von 2x mol NH_3, x mol N_2 und 3x mol H_2 umgesetzt werden. Da im Gleichgewicht 3,65 mol l^{-1} NH_3 vorliegen, setzen wir

$$2x = 3{,}65\ mol\ l^{-1}$$

und erhalten mit x = 1,825 mol l^{-1} für die Ausgangskonzentrationen

$$c(H_2) = (1{,}87 + 3 \cdot 1{,}825)\ mol\ l^{-1} = 7{,}345\ mol\ l^{-1}$$

$$c(N_2) = (2{,}65 + 1 \cdot 1{,}825)\ mol\ l^{-1} = 4{,}475\ mol\ l^{-1}$$

In diesem Fall lassen sich die Konzentrationen auch ohne Gleichgewichtskonstante berechnen.

Übung 2.4

Für die Ammoniakbildung aus den Elementen beträgt $K_p = 8{,}87 \cdot 10^{-16}\ Pa^{-2}$ bei 500 °C. Es soll für eine stöchiometrische Mischung von $N_2 : H_2 = 25\ \% : 75\ \%$ berechnet werden, wieviel Prozent NH_3 das Gasgemisch im Gleichgewichtszustand bei einem Druck $p = 2 \cdot 10^7$ Pa enthält und wie groß die Ausbeute an NH_3 ist.

Den gegebenen Werten entsprechen die Gleichungen

$$p(H_2) = 3p(N_2)$$

$$p(H_2) + p(N_2) + p(NH_3) = p(\text{ges}) = 2 \cdot 10^7\ \text{Pa}$$

Daraus folgen für $p(N_2)$ und $p(H_2)$ die Beziehungen

$$p(N_2) = 1/4[p(\text{ges}) - p(NH_3)]$$

$$p(H_2) = 3/4[p(\text{ges}) - p(NH_3)]$$

und für das Massenwirkungsgesetz die Gleichungen

$$K_p = p^2(NH_3)/(1/4)[p(\text{ges}) - p(NH_3)] \cdot (3/4)^3[p(\text{ges}) - p(NH_3)]^3$$

$$K_p = p^2(NH_3)/(27/256)[p(\text{ges}) - p(NH_3)]^4 = 8{,}87 \cdot 10^{-16}\ \text{Pa}^{-2}$$

Nach Umstellen der zweiten Wurzel aus der letzten Gleichung ist

$$p(NH_3)/[p(\text{ges}) - p(NH_3)]^2 = 9{,}67 \cdot 10^{-9}\ \text{Pa}^{-1}$$

Daraus folgt für $p(NH_3)$ die quadratische Gleichung

$$9{,}67 \cdot 10^{-9}\ \text{Pa}^{-1}\ p^2(NH_3) - 1{,}3868\ p(NH_3) + 3{,}868 \cdot 10^6\ \text{Pa} = 0$$

$$p^2(NH_3) - 1{,}43 \cdot 10^8\ p(NH_3)\ \text{Pa} + 4 \cdot 10^{14}\ \text{Pa}^2 = 0$$

mit $x_1 = 1{,}4 \cdot 10^8$ Pa und $x_2 = 2{,}9 \cdot 10^6$ Pa. Da $x_1 > p(\text{ges})$ ist, muß x_2 der zutreffende Wert sein. Mit

$$p(NH_3) = 2{,}9 \cdot 10^6\ \text{Pa}$$

folgen die Partialdrücke für Stickstoff und Wasserstoff:

$$p(N_2) = 1/4[20 - 2{,}9] \cdot 10^6\ \text{Pa} = 4{,}275 \cdot 10^6\ \text{Pa}$$

$$p(H_2) = 3/4[20 - 2{,}9] \cdot 10^6\ \text{Pa} = 12{,}825 \cdot 10^6\ \text{Pa}$$

Da sich in einem Gasgemisch die Partialdrücke der Komponenten wie ihre Volumina verhalten, berechnen wir NH_3 in Prozent nach

$$p_1(NH_3)/p(\text{ges}) = V_1(NH_3)/V(\text{ges})$$

und erhalten mit $V(\text{ges}) = 100\ \%$ für den NH_3-Gleichgewichtsanteil

$$V_1(NH_3) = (2{,}9 \cdot 10^6\ \text{Pa}/2 \cdot 10^7\ \text{Pa}) \cdot 100\ \% = 14{,}50\%$$

Im Gleichgewicht hat das Gasgemisch die aus den Partialdrücken folgende Zusammensetzung:

2,90 Liter NH_3
4,275 Liter N_2
12,825 Liter H_2

Bei quantitativer Reaktion würden aus den noch vorhandenen 4,275 Liter N_2 weitere 8,55 Liter NH_3 entstehen, so daß die theoretisch möglichen (8,55 + 2,9) Liter NH_3 100 % entsprechen. Bezogen auf die Gleichgewichtskonzentration von NH_3 erhalten wir eine Ausbeute von

$$NH_3 \triangleq 2{,}9\ l/(8{,}55 + 2{,}9)\ l \cdot 100\ \% = 25{,}32\ \%$$

Übung 2.5

Im Gleichgewicht $N_2(g) + 3\ H_2(g) \leftrightarrows 2\ NH_3(g)$ enthält das Gasgemisch 19,5 Prozent NH_3 bei 500° C und $2{,}53 \cdot 10^4$ kPa Gesamtdruck. Wieviel Prozent NH_3 sind bei $3{,}54 \cdot 10^4$ kPa im Gasgemisch vorhanden?

19,5 % entsprechen einem Partialdruck von

$$p(NH_3) = [v(NH_3)/v(ges.)] \cdot p(ges) = (19{,}5\ \%/100\ \%) \cdot 2{,}53 \cdot 10^4\ kPa$$

$$p(NH_3) = 4{,}93 \cdot 10^3\ kPa$$

Da p(ges) die Summe der Partialdrücke ist, gilt

$$p(H_2) + p(N_2) = p(ges) - p(NH_3) = 2{,}037 \cdot 10^4\ kPa$$

Der Druck von $2{,}037 \cdot 10^4$ kPa verteilt sich entsprechend der Stöchiometrie der Reaktion auf N_2 und H_2 im Verhältnis 1 : 3, so daß

$$p(N_2) = 1/4 \cdot 2{,}037 \cdot 10^4\ kPa = 5{,}09 \cdot 10^3\ kPa$$

$$p(H_2) = 3/4 \cdot 2{,}037 \cdot 10^4\ kPa = 1{,}53 \cdot 10^4\ kPa$$

ist. Für die Gleichgewichtskonstante Kp_1 folgt daraus

$$K_{p1} = (4{,}93 \cdot 10^3\ kPa)^2/(5{,}09 \cdot 10^3\ kPa)(1{,}53 \cdot 10^4\ kPa)^3 = 1{,}3 \cdot 10^{-9}\ kPa^{-2}$$

Bei $p = 3{,}54 \cdot 10^4$ kPa enthält das Gasgemisch x % NH_3, so daß man für die Partialdrücke (mit p(ges) = 100 %)

$$p(NH_3) = (x/100) \cdot 3{,}54 \cdot 10^4\ kPa$$

$$p(N_2) = (1/4)(100 - x/100) \cdot 3{,}54 \cdot 10^4\ kPa$$

$$p(H_2) = (3/4)(100 - x/100) \cdot 3{,}54 \cdot 10^4\ kPa$$

erhält. Einsetzen der Werte (bei Weglassen der Maßeinheiten) in die Gleichung für K_{p2} führt zu

$$x^2/(27/256)(3{,}54 \cdot 10^2)^2(100 - x)^4 = K_{p2}$$

Da die Temperatur konstant bleibt, darf sich auch K_p nicht ändern, so daß

$$K_{p1} = K_{p2}$$

ist. Wir setzen die Werte für K_{p1} und K_{p2} ein, kürzen und erhalten als 2. Wurzel eine quadratische Gleichung für x:

$$x^2/(100 - x)^4 \cdot (3{,}54 \cdot 10^2)^2 = 1{,}3 \cdot 10^{-9} \cdot (27/256) = 1{,}37 \cdot 10^{-10}$$

$$x/(100 - x)^2 \cdot 3{,}54 \cdot 10^2 = 1{,}17 \cdot 10^{-5}$$

Von den beiden Lösungen der Gleichung ist nur der Wert

$$x = 24$$

chemisch sinnvoll. Die Ausbeute an NH_3 ist von 19,5 % auf 24 % erhöht worden.

Übung 2.6

Die als Konvertierung von Wassergas bezeichnete Reaktion $CO(g) + H_2O(g) \rightarrow CO_2(g) + H_2(g)$ hat bei 525 °C einen K_c-Wert von 4.

a) Wieviel Liter Wasserstoff lassen sich aus je 100 l Kohlenmonoxid und Wasserdampf herstellen?

b) Wie groß muß der Überschuß an billigerem Wasserdampf sein, wenn eine Ausbeute von 85 l H_2 erreicht werden soll?

a) Ändert sich bei einer Reaktion die Anzahl der Mole nicht, können in den MWG-Ausdruck anstelle der Konzentration alle der Konzentration proportionalen Größen eingesetzt werden. Man setzt für *c* die Anzahl Liter ein und erhält mit

$$H_2 \triangleq CO_2 = x\ l$$

$$CO \triangleq H_2O = (100 - x)\ l$$

für den Gleichgewichtszustand

$$c(H_2) \cdot c(CO_2)/c(CO) \cdot c(H_2O) = x \cdot x/(100 - x)(100 - x) = K_c = K_p = 4$$

Von den beiden Lösungen der quadratischen Gleichung $x_1 = 199{,}99$ und $x_2 = 66{,}67$ erfüllt nur x_2 die Bedingung, daß die Summe aller Volumina auch im Gleichgewichtszustand 200 l betragen muß:

$$66{,}67\ l\ H_2 + 66{,}67\ l\ CO_2 + 33{,}33\ l\ CO + 33{,}33\ l\ H_2O = 200\ l$$

Es lassen sich 66,67 Liter H_2 herstellen.

b) Für eine Ausbeute an H_2 = 85 l ergibt sich mit

$$H_2 = 85\ l$$
$$CO_2 = 85\ l$$
$$CO = (100 - 85)\ l$$
$$H_2O = (x - 85)\ l$$

die Gleichung $85 \cdot 85/(x - 85)(100 - 85) = 4$ und somit

$$x = 205{,}41 \text{ Liter Wasserdampf}$$

Das Verhältnis $H_2O : CO$ in der Ausgangsmischung muß demnach von 1 : 1 auf ca. 2 : 1 erhöht werden.

Übung 2.7

Ein Gasgemisch der Zusammensetzung 5 % CO_2, 45 % CO, 48 % H_2 und 2 % N_2 soll für die Umsetzung $CO(g) + H_2O(g) \rightarrow CO_2(g) + H_2(g)$ verwendet werden. Zu diesem Zweck wird Wasserdampf in 500%igem Überschuß zugeführt. Welche Zusammensetzung hat das Gasgemisch im Gleichgewichtszustand, wenn $K = 6{,}5$ ist?

Da die Reaktion ohne Änderung des Volumens erfolgt und das Volumen von Gasen ihrer Molzahl proportional ist, setzen wir: Prozent = Molzahl. In 100 mol Ausgangsmischung sind demnach 45 mol CO enthalten, denen 45 mol H_2O äquivalent sind. Einem 500%igen H_2O-Überschuß entsprechen $6 \cdot 45$ mol H_2O = 270 mol H_2O. Werden x Mol umgesetzt, liegen im Gleichgewicht

$(45 - x)$ mol CO
$(270 - x)$ mol H_2O
$(5 + x)$ mol CO_2
$(48 + x)$ mol H_2

vor. Für das MWG erhalten wir die quadratische Gleichung

$$(5 + x)(48 + x)/(45 - x)(270 - x) = K = 6{,}5$$

mit den Lösungen

$$x_1 = 42{,}12\ ,\ x_2 = 339{,}8.$$

Mit der chemisch sinnvollen Lösung x_1 (x_2 würde für CO und H_2O negative Molzahlen ergeben), erhält man 370 mol Gasgemisch. Für die Konzentrationen der Komponenten in Prozent folgt:

2,88 mol CO		0,78 %
227,88 mol H_2O		61,58 %
47,12 mol CO_2		12,74 %
90,12 mol H_2		24,36 %
2,00 mol N_2		0,54 %
370 mol Gasgemisch	=	100 %

Übung 2.8

Ein großtechnisches Verfahren zur Herstellung von Wasserstoff erfolgt durch Konvertierung von Wassergas (siehe Übung 2.6). Wie ändert sich die Zusammensetzung des Ausgangsgemisches aus 65 % CO, 4 % H_2O, 27 % H_2 und 4 % CO_2, wenn zusätzlich noch 100 % Wasserdampf hinzugefügt werden? $K_c = 1{,}25$ bei 1000 °C.

Aus der Reaktionsgleichung

$$CO(g) + H_2O(g) \leftrightarrows CO_2(g) + H_2(g)$$

folgt, daß bei vollständiger Umsetzung aus je 1 mol Ausgangsstoffe auch 1 mol Endstoffe entstehen. Bezeichnet man die bis zur Einstellung des Gleichgewichtes umgesetzten Mengen mit x, ergibt sich für die Stoffmengenbilanz

vor Gleichgewichtzustand	im Gleichgewichtszustand
$n(CO) = 65$ mol	$n(CO) = (65 - x)$ mol
$n(H_2O) = (100 + 4)$ mol	$n(H_2O) = (104 - x)$ mol
$n(CO_2) = 4$ mol	$n(CO_2) = (4 + x)$ mol
$n(H_2) = 27$ mol	$n(H_2) = (27 + x)$ mol
$n(ges) = 200$ mol	$n(ges) = 200$ mol

Einsetzen der Gleichgewichtsmengen in den MWG-Quotienten ergibt

$$(4 + x)(27 + x)/(65 - x)(104 - x) = 1{,}25$$

Von den beiden Lösungen der quadratischen Gleichung

$$x^2 - 969\,x + 33368 = 0$$

x_1 = 33,75 mol und x_2 = 933,25 mol ist nur der x_1-Wert sinnvoll. Im Gleichgewicht hat das Gasgemisch somit die Zusammensetzung:

$n(CO)$	= (65 – 33,75) mol	= 31,25 mol	= 31,25 %
$n(H_2O)$	= (104 – 33,75) mol	= 70,25 mol	= 70,25 %
$n(CO_2)$	= (4 + 33,75) mol	= 37,75 mol	= 37,75 %
$n(H_2)$	= (27 + 33,75) mol	= 60,75 mol	= 60,75 %
$n(\text{ges})$	= 200 mol		= 200 %

Übung 2.9

Für die Reaktion $H_2 + I_2 \leftrightarrows 2\ HI$ ist die Gleichgewichtskonstante K_c = 50,4 bei 445 °C. Welche Stoffmengen liegen im Gleichgewichtszustand vor, wenn je ein Mol H_2 und I_2 eingesetzt wurden?

Da aus einem mol H_2 und einem mol I_2 zwei mol HI entstehen, werden bei der Umsetzung von je x mol H_2 und I_2 2x mol HI gebildet. Die im Gleichgewicht noch vorhandenen Mengen an H_2 und I_2 sind demnach jeweils (1 – x) mol. Mit diesen Werten erhalten wir für K_c:

$$c^2(HI)/c(H_2) \cdot c(I_2) = 4\,x^2/(1-x)\cdot(1-x) = 50{,}4$$

Von den beiden Lösungen der quadratischen Gleichung

$$x_1 = 1{,}36 \text{ mol}\ ,\ x_2 = 0{,}78 \text{ mol}$$

erfüllt nur x_2 die Bedingung, daß auch im Gleichgewicht die Stoffmenge nach wie vor 2 Mol betragen muß, da die Reaktion ohne Änderung der Molzahl verläuft. Wir erhalten

1,56 mol HI, 0,22 mol H_2 und 0,22 mol I_2

Übung 2.10

Es soll erreicht werden, daß 100 Liter SO_2 bei 500 °C und Normaldruck (1,013 · 10^5 Pa) mit einer Ausbeute von 84 % zu SO_3 reagieren. Wieviel Liter Sauerstoff werden dazu benötigt, wenn K_p bei 500 °C 51,5 · 10^{-5} Pa^{-1} beträgt?

Entsprechend der Reaktionsgleichung

$$2\ SO_2(g) + O_2(g) \leftrightarrows 2\ SO_3(g)$$

müssen bei einer 84%igen Ausbeute von 100 l SO_3, 84 l SO_2 mit 42 l O_2 reagieren. Enthielt das Gasgemisch vor der Gleichgewichtseinstellung x Liter O_2, enthält es im Gleichgewicht noch (x – 42) l O_2. Seine Zusammensetzung entspricht darum

(x – 42) l O_2, 16 l SO_2, 84 l SO_3

Das Gesamtvolumen beträgt dementsprechend

(x – 42 + 16 + 84) l = (x + 58) l

Da sich in einer Gasmischung die Volumina der Bestandteile zum Gesamtvolumen wie die Partialdrücke zum Gesamtdruck verhalten, gelten die Gleichungen

$p(O_2) = (x - 42)l \cdot 1{,}013 \cdot 10^5\,Pa/(x + 58)\,l$

$p(SO_2) = 16 \cdot 1{,}013 \cdot 10^5\,Pa/(x + 58)$

$p(SO_3) = 84 \cdot 1{,}013 \cdot 10^5\,Pa/(x + 58)$

Einsetzen der Werte in

$K_p = p^2(SO_3)/p(O_2) \cdot p^2(SO_2) = 51{,}5 \cdot 10^{-5}\,Pa^{-1}$

ergibt (unter Weglassen der Maßeinheiten) für das benötigte Sauerstoffvolumen die Gleichung:

$$51{,}5 \cdot 10^{-5} = [84 \cdot 1{,}013 \cdot 10^5/x + 58]^2/[x + 58/(x - 42)\,1{,}013 \cdot 10^5] \cdot [x + 58/16 \cdot 1{,}013 \cdot 10^5]^2$$

$$51{,}5 \cdot 10^{-5} = (84/16)^2 \cdot (x + 58)/(x - 42)\,1{,}013 \cdot 10^5$$

$$1{,}8927 = (x + 58)/(x - 42)$$

$$x = 154$$

Für eine 84%ige Ausbeute werden 154 Liter Sauerstoff benötigt.

Übung 2.11

Wird eine KBr-Lösung mit Chlorwasser versetzt, stellt sich das Gleichgewicht $Cl_2 + 2\,Br^- \leftrightarrows 2\,Cl^- + Br_2$ *ein. Wie groß ist die Gleichgewichtskonstante* K_c*, wenn im Gleichgewicht* $9 \cdot 10^{-5}\,mol\,l^{-1}\,Br^-$ *vorliegen und die Ausgangskonzentrationen je* $0{,}1\,mol\,l^{-1}$ *waren?*

Da im Gleichgewicht $9 \cdot 10^{-5}$ mol Br^- nicht umgesetzt vorliegen, wurden

$(0{,}1 - 9 \cdot 10^{-5})\,mol\,Br^- = 9{,}991 \cdot 10^{-2}\,mol\,Br^-$

von Cl_2 zu Br_2 oxidiert. Bei der Bildung von $4{,}9955 \cdot 10^{-2}$ mol Br_2 wird eine äquivalente Menge Cl_2 zu Cl^- reduziert, also $4{,}9955 \cdot 10^{-2}$ mol Cl_2 zu $9{,}991 \cdot 10^{-2}$ mol Cl^-. Die unumgesetzte Menge Cl_2 beträgt demnach noch

$(0{,}1 - 4{,}9955 \cdot 10^{-2})\,mol\,Cl_2 = 5{,}0045 \cdot 10^{-2}\,mol\,Cl_2$

Mit diesen Werten ergibt sich die Gleichgewichtskonstante:

$K_c = c(Br_2) \cdot c^2(Cl^-)/c(Cl_2) \cdot c^2(Br^-)$

$K_c = 4{,}9955 \cdot 10^{-2} \cdot (9{,}991 \cdot 10^{-2})^2/5{,}0045 \cdot 10^{-2} \cdot (9 \cdot 10^{-5})^2$

$K_c = 1{,}23 \cdot 10^6$

Übung 2.12

An Luft verbrennt CO in einer stark exothermen Reaktion $2\,CO(g) + O_2(g) \leftrightarrows 2\,CO_2(g)$ $\Delta H = -283\,kJ\,mol^{-1}$ *und kann deshalb als Brennstoff verwendet werden. Wie groß sind* K_p *und* K_c *der Reaktion bei 2000 °C, wenn folgende Werte ermittelt wurden:*

Gesamtdruck $p = 101{,}3\,kPa$, $CO_2 \triangleq 85{,}5\,\%$, $CO \triangleq 9{,}5\,\%$ *und* $O_2 \triangleq 5\,\%$.

Man betrachtet alle Gase als ideale Gase, so daß die Volumenanteile den Stoffmengenanteilen äquivalent sind. Da sich Prozentangaben auf 100 mol Gesamtmischung beziehen, beträgt die Stoffmengenbilanz im Gleichgewicht:

$n(CO_2) = 85{,}5$ mol

$n(CO) = 9{,}5$ mol

$n(O_2) = 5{,}0$ mol

Aus $n_1/n(\text{ges}) = p_1/p(\text{ges})$ ergibt sich für CO:

$p(CO) = n(CO) \cdot p(\text{ges})/n(\text{ges})$

$p(CO) = 9{,}5 \text{ mol} \cdot 101{,}3 \text{ kPa}/100 \text{ mol} = 9{,}62 \text{ kPa}$

Für die anderen beiden Komponenten berechnet man analog

$p(O_2) = 5{,}065$ kPa

$p(CO_2) = 86{,}81$ kPa

und erhält für

$K_p = p^2(CO_2)/p^2(CO) \cdot p(O_2) = 86{,}81^2 \text{ kPa}^2/9{,}62^2 \text{ kPa}^2 \cdot 5{,}065 \text{ kPa}$

$K_p = 16{,}077 \text{ kPa}^{-1}$

Mit $\Delta n = -1$, $R = 8{,}314 \text{ kPa} \cdot \text{l mol}^{-1} \cdot \text{K}^{-1}$ und $T = 2273$ K ist

$K_c = K_p(R\,T) = 16{,}077 \text{ kPa}^{-1} (8{,}314 \text{ kPa} \cdot \text{l} \cdot \text{mol}^{-1} \text{K}^{-1} \cdot 2273 \text{ K})$

$K_c = 3{,}04 \cdot 10^5 \text{ (mol/l)}^{-1}$

Übung 2.13

Wird HgO in einem evakuierten Gefäß auf 450 °C erhitzt, beträgt der Partialdruck des Sauerstoffs im Gleichgewicht 2 HgO(s) $\rightleftarrows$ 2 Hg(g) + O_2(g), $p(O_2) = 36{,}8$ kPa. Wie groß ist der Gesamtdruck im Gleichgewicht und welchen Wert hat K_p?

Der Druck $p(\text{ges})$ des Gasgemisches entspricht der Summe

$p(\text{ges}) = p(O_2) + p(Hg)$

Da der Partialdruck der Konzentration proportional ist und die Reaktionsprodukte im Molverhältnis Hg(g) : O_2(g) = 2 : 1 entstehen, ist

$p(Hg) = 2\,p(O_2) = 73{,}6$ kPa

und der Gesamtdruck im Gleichgewicht somit

$p(\text{ges}) = (36{,}8 + 73{,}6) \text{ kPa} = 110{,}4 \text{ kPa}$

$p(O_2)$ und $p(Hg)$ in die Gleichung für K_p eingesetzt ergibt:

$K_p = p^2(Hg) \cdot p(O_2)$

$K_p = (73{,}6 \text{ kPa})^2 \cdot 36{,}8 \text{ kPa} = 1{,}99 \cdot 10^5 \text{ kPa}^3$

Übung 2.14

$CaCO_3$ wird in einem evakuierten Reaktionsgefäß mit einem Volumen von 2 Liter auf 750 °C erhitzt. Wieviel % $CaCO_3$ liegen im Gleichgewicht unzersetzt vor, wenn 15 g $CaCO_3$ eingesetzt wurden und der Partialdruck von CO_2 25,5 kPa beträgt?

Zunächst wird die $CaCO_3$-Einwaage in mol $CaCO_3$ umgerechnet:

$$n(CaCO_3) = m(CaCO_3)/M(CaCO_3) = 15\ g/100{,}1\ g\ mol^{-1} = 0{,}15\ mol$$

Die im Dissoziationsgleichgewicht

$$CaCO_3(s) \leftrightarrows CaO(s) + CO_2(g)$$

vorliegende Menge CO_2 wird mit Hilfe der Zustandsgleichung idealer Gase berechnet:

$$n(CO_2) = p \cdot V/R \cdot T$$

$$n(CO_2) = 25\ kPa \cdot 2\ l/8{,}31\ kPa\ l\ mol^{-1} K^{-1} \cdot 1023\ K = 5{,}99 \cdot 10^{-3}\ mol$$

Da 1 mol CO_2 aus 1 mol $CaCO_3$ gebildet wird, entstehen $5{,}99 \cdot 10^{-3}$ mol CO_2 durch Zersetzung von $5{,}99 \cdot 10^{-3}$ mol $CaCO_3$. Die unzersetzte Menge an $CaCO_3$ beträgt:

$$CaCO_3(unzers.) = (0{,}15 - 5{,}99 \cdot 10^{-3})\ mol = 0{,}144\ mol\ CaCO_3 = 96\ \%.$$

Übung 2.15

Für die Reaktion $2\ Ag_2O(s) \leftrightarrows Ag(s) + O_2(g)$ ist $K_p = 15{,}2$ kPa bei 420 °C. Oxidiert bei dieser Temperatur Silber, wenn die Luft bei Normaldruck (101,30 kPa) die Zusammensetzung 21 % O_2, 78 % N_2 und 1 % Restgase hat?

Silber wird nur oxidiert, wenn der Partialdruck $p_1(O_2)$ der Luft größer ist als der Gleichgewichtsdruck

$$K_p = p(O_2) = 15{,}2\ kPa$$

für die Ag_2O-Zersetzung. Für den Fall

$$p_1(O_2) > K_p$$

reagiert das System nach dem Prinzip vom kleinsten Zwang von rechts nach links unter Oxidation von Silber. Für den Partialdruck von O_2 in Luft erhält man:

$$p_1(O_2)/p(ges) = v_1(O_2)/v(ges)$$

$$p_1(O_2) = v_1(O_2) \cdot p(ges)/v(ges) = 21\ \% \cdot 101{,}3\ kPa/100\ \% = 21{,}27\ kPa$$

Da $p_1(O_2) > K_p$ ist, wird Silber bei dieser Temperatur oxidiert.

Übung 2.16

Hydrate, Ammoniakate und Alkoholate sind nur in bestimmten Stabilitätsbereichen beständig. In Abhängigkeit von der Temperatur stehen sie im Gleichgewicht mit ihren Abbauprodukten. So wandelt sich zum Beispiel $CuSO_4 \cdot 5\ H_2O$ relativ leicht in das Trihydrat $CuSO_4 \cdot 3\ H_2O$ um. Für $CuSO_4 \cdot 5\ H_2O$ soll der unzersetzt vorliegende Anteil berechnet werden, wenn sich ein mol bei 50 °C in einem Einliter-Gefäß befindet und $K_p = 36{,}6\ kPa^2$ ist. Welchen Wert hat K_c im Gleichgewichtszustand?

Der Bildung von Trihydrat entspricht die Reaktionsgleichung

$$CuSO_4 \cdot 5\,H_2O(s) \leftrightarrows CuSO_4 \cdot 3\,H_2O(s) + 2\,H_2O(g)$$

mit $K_p = p^2(H_2O)$. Um $c(H_2O)$ zu bestimmen, muß zunächst K_c berechnet werden. Mit (2.9) erhält man:

$$K_c = K_p/(R\,T)^2 = 36{,}6\ \text{kPa}^2/(8{,}314 \cdot 323\ \text{kPa l mol}^{-1}\,\text{K}^{-1}\,\text{K})^2$$

$$K_c = 5{,}07 \cdot 10^{-6}\ \text{mol}^2\,\text{l}^{-2}$$

Da bei der Zersetzung von einem mol $CuSO_4 \cdot 5\,H_2O$ 2 mol H_2O entstehen, folgt für $c(H_2O)$

$$c^2(H_2O) = K_c = 5{,}07 \cdot 10^{-6}\ \text{mol}^2\,\text{l}^{-2}$$

$$c(H_2O) = 2{,}25 \cdot 10^{-3}\ \text{mol l}^{-1}$$

und daraus für den unzersetzten Anteil:

$CuSO_4 \cdot 5\,H_2O$(zers.) $= 1{,}125 \cdot 10^{-3}$ mol $= 0{,}11\ \%$

$CuSO_4 \cdot 5\,H_2O$(unzers.) $= 0{,}9989$ mol $= 99{,}89\ \%$

Bei diesen Bedingungen ist die Verbindung weitestgehend beständig. In gut gefüllten Pulverflaschen kann $CuSO_4 \cdot 5\,H_2O$ unzersetzt aufbewahrt werden.

Übung 2.17

Berechnung von Gleichgewichten mit Hilfe des Dissoziationsgrades.
Für das Gleichgewicht $PCl_5(g) \leftrightarrows PCl_3(g) + Cl_2(g)$ wurde bei einer Ausgangsmenge von einem mol PCl_5 die Gleichgewichtskonstante $K_p = 1{,}5 \cdot 10^5$ Pa bei 250 °C und $p = 101{,}3$ kPa bestimmt. Es sind die Gleichgewichtsdrücke der drei Komponenten zu berechnen.

Wenn nur Gleichgewichtskonstante und Ausgangsmenge gegeben sind, bietet die Ermittlung des Dissoziationsgrades A eine Möglichkeit, die Partialdrücke zu berechnen. Da

$$A = n_1(\text{Zahl dissoziierter Mole})/n(\text{Zahl eingesetzter Mole})$$

ist, und bei der Dissoziation von n_1 mol PCl_5 auch je n_1 mol PCl_3 und Cl_2 entstehen, erhält man als Stoffmengenbilanz und Gesamtmolzahl im Gleichgewicht:

$$n_1(PCl_3) = n_1(Cl_2) = A\ \text{mol}$$

$$n_2(PCl_5) = n - n_1 = (1 - A)\ \text{mol}$$

$$n(\text{ges}) = (1 + A)\ \text{mol}$$

Für die Partialdrücke der Komponenten i folgen aus

$$p_i/p(\text{ges}) = n_i/n(\text{ges})$$

und der Stöchiometrie der Dissoziation die Beziehungen:

$$p_1(Cl_2) = A \cdot p/(1 + A)$$

$$p_1(PCl_3) = A \cdot p/(1 + A)$$

$$p_2(PCl_5) = (1 - A)p/(1 + A)$$

($p = p$(ges)) Durch Einsetzen in K_p erhält man die Gleichung

$$K_p = p_1(PCl_3) \cdot p_1(Cl_2)/p_2(PCl_5) = A^2 \cdot p/1 - A^2$$

und daraus für die Berechnung von A:

$$K_p - K_p A^2 - A^2 p = 0$$

$$1{,}5 \cdot 10^5 - 1{,}5 \cdot 10^5 A^2 - 1{,}013 \cdot 10^5 A^2 = 0$$

$$A = (1{,}5 \cdot 10^5/2{,}513 \cdot 10^5)^{1/2} = 0{,}7726$$

Für die Partialdrücke der Komponenten ergeben sich die Werte:

$$p_1(PCl_3) = p_1(Cl_2) = (0{,}7726/1{,}7726) \cdot 101{,}3 \text{ kPa} = 44{,}152 \text{ kPa}$$

$$p_2(PCl_5) = (1 - 0{,}7726/1 + 0{,}7726) \cdot 101{,}3 \text{ kPa} = 12{,}995 \text{ kPa}$$

Probe: $p(PCl_5) + p(PCl_3) + p(Cl_2) = 101{,}3 \text{ kPa} = p$

Übung 2.18

Viele thermische Dissoziationsgleichgewichte entsprechen der allgemeinen Reaktion

$$B(g) \leftrightarrows m\, C(g) + n\, D(g)$$

Es ist eine Gleichung für die Abhängigkeit der Gleichgewichtskonstanten K_c und K_p vom Dissoziationsgrad A abzuleiten.

Vor der thermischen Dissoziation in C und D soll der Stoff B in der Konzentration C_o(B) vorliegen. Im thermischen Gleichgewicht sind dann A mol von B in mA mol C und nA mol D zerfallen.
Unter Berücksichtigung von

$$A = B_{dissoz.}/C_o(B)$$

$$B_{dissoz.} = c(C)/m = c(D)/n$$

folgt daraus für die Gleichgewichtskonzentrationen

$$c(C) = C_o(B) \cdot A \cdot m$$

$$c(D) = C_o(B) \cdot A \cdot n$$

$$c(B) = C_o(B) \cdot (1 - A)$$

und somit für die Gleichgewichtskonstante K_c

$$K_c = c^m(C) \cdot c^n(D) \,/\, c(B)$$

$$K_c = [C_o(B) \cdot mA]^m \cdot [C_o(B) \cdot nA]^n \,/\, C_o(B) \cdot (1 - A)$$

$$K_c = C_o(B)^{(m+n)-1} \cdot [A^m \cdot A^n/1 - A] \cdot m^m \cdot n^n$$

Da (m + n) – 1 die Änderung der Molzahl Δn ist, erhält man

$$K_c = C_o(B)^{\Delta n} \cdot [A^m \cdot A^n/1 - A] \cdot m^m \cdot n^n$$

Für K_p ergibt sich aus Gleichung (2.9)

$$K_p = C_o(B)^{\Delta n} \cdot (R\,T)^{\Delta n} \cdot [A^m \cdot A^n/1 - A] \cdot m^m \cdot n^n$$

Um die Konzentration zu eliminieren, geht man von der nach p umgestellten Gleichung für ideale Gase

$$p = n/v \cdot R\,T = c\,R\,T$$

aus und ersetzt c durch die Gleichgewichtskonzentrationen:

$$c = C_o(\mathrm{B}) \cdot \mathrm{m}A + C_o(\mathrm{B}) \cdot \mathrm{n}A + C_o(\mathrm{B}) - C_o(\mathrm{B}) \cdot A$$

$$c = A \cdot C_o(\mathrm{B})[\mathrm{m} + \mathrm{n} - 1] + C_o(\mathrm{B})$$

$$c = A \cdot C_o(\mathrm{B}) \cdot \Delta n + C_o(\mathrm{B}) = C_o(\mathrm{B})[1 + A\,\Delta n]$$

Einsetzen in die Gleichung für p ergibt

$$p = C_o(\mathrm{B})[1 + A \cdot \Delta n]\,R\,T$$

und nach Umformen in

$$C_o(\mathrm{B}) \cdot R\,T = p/[1 + A \cdot \Delta n]$$

erhält man als konzentrationsunabhängige Gleichung für K_p:

$$K_p = [p/1 + A \cdot \Delta n]^{\Delta n} \cdot [A^{\mathrm{m}}\,A^{\mathrm{n}}/1 - A] \cdot \mathrm{m}^{\mathrm{m}}\mathrm{n}^{\mathrm{n}}$$

Übung 2.19

Gleichgewichtsberechnung mit Hilfe zusammengesetzter Reaktionen.
Welchen Wert hat die Gleichgewichtskonstante K_p für
$4\,HCl(g) + O_2(g) \leftrightarrows 2\,Cl_2(g) + 2\,H_2O(g)$ (Deacon-Prozeß)
bei 800 °C und 101,3 kPa, wenn die Dissoziationsgrade von Wasser $A_1 = 8{,}68 \cdot 10^{-8}$ und von HCl $A_2 = 9{,}15 \cdot 10^{-6}$ betragen?

Zunächst werden die Gleichgewichtskonstanten für

$$2\,\mathrm{H_2O(g)} \leftrightarrows 2\,\mathrm{H_2(g)} + \mathrm{O_2(g)} \qquad (K_{p1})$$

$$2\,\mathrm{HCl(g)} \leftrightarrows \mathrm{H_2(g)} + \mathrm{Cl_2(g)} \qquad (K_{p2})$$

aus den Dissoziationsgraden berechnet. Mit n_o mol H_2O vor der Dissoziation betragen die Molzahlen im Gleichgewicht:

$$n(\mathrm{H_2O}) = n_o(1 - A_1)$$
$$n(\mathrm{H_2}) = n_o A_1$$
$$n(\mathrm{O_2}) = n_o A_1/2$$
$$\overline{}$$
$$n(\mathrm{ges}) = n_o(1 + A_1/2)$$

Einsetzen dieser Werte in die Beziehung

$$p(\mathrm{Komponente})/p(\mathrm{ges}) = n(\mathrm{Komponente})/n(\mathrm{ges})$$

und Umstellen nach p(Komponente) ergibt für die Partialdrücke:

$$p(\mathrm{H_2O}) = [(1 - A_1)/(1 + A_1/2)] \cdot p(\mathrm{ges})$$

$$p(\mathrm{H_2}) = [A_1/(1 + A_1/2)] \cdot p(\mathrm{ges})$$

$$p(\mathrm{O_2}) = [A_1/2(1 + A_1/2)] \cdot p(\mathrm{ges})$$

Einsetzen in die Gleichung für K_{p1} ergibt

$$K_{p1} = p^2(\mathrm{H_2}) \cdot p(\mathrm{O_2})/p^2(\mathrm{H_2O}) = [A_1^3/(2 + A_1)(1 - A_1)^2] \cdot p(\mathrm{ges})$$

Da A_1 sehr klein ist, ersetzt man diese Gleichung durch die Näherung

$$K_{p1} = [A_1^3/2] \cdot p(\text{ges}) = [(8{,}68 \cdot 10^{-8})^3/2] \cdot 101{,}3\ \text{kPa}$$

$$K_{p1} = 3{,}31 \cdot 10^{-20}\ \text{kPa}$$

Für K_{p2} der Dissoziation von HCl ergibt sich

$$K_{p2} = A_2^2/4(1 - A_2)^2$$

und als Näherung

$$K_{p2} = A_2^2/4 = (9{,}15 \cdot 10^{-6})^2/4 = 2{,}1 \cdot 10^{-11}$$

Die beiden Gleichgewichte werden so umgeformt, daß ihre Addition die Gleichung für den Deacon-Prozeß ergibt:

$$\begin{array}{lcll} 2\,H_2(g) + O_2(g) & \leftrightarrows & 2\,H_2O(g) & (K_{p1}^*) \\ 4\,HCl(g) & \leftrightarrows & 2\,H_2(g) + 2\,Cl_2(g) & (K_{p2}^*) \\ \hline 4\,HCl(g) + O_2(g) & \leftrightarrows & 2\,Cl_2(g) + 2\,H_2O(g) & (K_p) \end{array}$$

Mit $K_{p1}^* = 1/K_{p1}$ und $K_{p2}^* = K_{p2}^2$ erhält man für

$$K_p = K_{p2}^2/K_{p1} = (2{,}1 \cdot 10^{-11})^2/3{,}31 \cdot 10^{-20}\ \text{kPa} = 1{,}33 \cdot 10^{-2}\ \text{kPa}^{-1}$$

Übung 2.20

Dissoziationsgrad und Gleichgewichtskonstante schwacher Elektrolyte.
Für einen schwachen Elektrolyten AB ist eine Beziehung abzuleiten, die eine Berechnung seines Dissoziationsgrades A aus der Ausgangskonzentration C_o und der Gleichgewichtskonstanten K_c ermöglicht.

Beträgt die Ausgangskonzentration des Elektrolyten C_o und die Konzentration seines undissoziierten Anteils $c(\text{AB})$, ist

$$A = [C_o - c(\text{AB})]/C_o$$

Mit den im Dissoziationsgleichgewicht

$$AB \leftrightarrows A^+ + B^-$$

vorliegenden Konzentrationen

$$c(A^+) = c(B^-) = A \cdot C_o$$

$$c(\text{AB}) = C_o - A\,C_o = C_o(1 - A)$$

erhält man für den MWG-Quotienten

$$K_c = [A\,C_o \cdot A\,C_o]/C_o(1 - A) = A^2C_o^2/C_o(1 - A)$$

$$K_c = [A^2/1 - A] \cdot C_o$$

Von den beiden Lösungen der quadratischen Gleichung

$$A^2 + (K_c/C_o)A - K_c/C_o = 0$$

ist nur der positive Wert

$$A = -K_c/2C_o + [K_c^2/4K_o^2 + K_c/C_o]^{1/2}$$

chemisch sinnvoll. Umformen der Gleichung führt zu

$$A = -K_c/2C_o + [K_c^2/4C_o^2(1 + 4C_o/K_c)]^{1/2}$$

$$A = -K_c/2C_o + K_c/2C_o \cdot [1 + 4C_o/K_c]^{1/2}$$

$$A = K_c/2C_o \cdot [(1 + 4C_o/K_c)^{1/2} - 1]$$

Schwache Elektrolyte haben kleine K_c-Werte, so daß die Addition und Subtraktion der Zahl 1 gegenüber dem Wert des Bruches entfallen kann und die Näherung

$$A = K_c/2C_o \cdot (4C_o/K_c)^{1/2}$$

für schwache Elektrolyte ausreichend genaue Werte ergibt.

Aufgaben:

2.1. Was kennzeichnet ein chemisches Gleichgewicht?

2.2. Kann man eine Gleichgewichtseinstellung beschleunigen?

2.3. Was ist bei der Anwendung des MWG auf heterogene Gleichgewichte zu beachten?

2.4. Wie ändert sich die Gleichgewichtskonstante K_c, wenn bei konstanter Temperatur die Konzentration einer der Ausgangsstoffe erhöht wird?

2.5. In welchem Zusammenhang stehen die Gleichgewichtskonstanten für die Bildung (K_B) und den Zerfall (K_Z) von NH_3?

2.6. Worin unterscheiden sich Dissoziationskonstante K_c und Dissoziationsgrad A?

2.7. Worin besteht der prinzipielle Unterschied im Einfluß von Katalysatoren und Temperaturänderungen auf das chemische Gleichgewicht?

2.8. Kann man zwecks Beschleunigung der Gleichgewichtseinstellung bei Reaktionen der allgemeinen Form

$$m\,A + n\,B \leftrightarrows o\,C + p\,D$$

stets eine Temperaturerhöhung anwenden?

2.9. Warum wird bei der Ammoniaksynthese das Reaktionsgemisch vor Erreichen der Gleichgewichtszusammensetzung dem Kreisprozeß kontinuierlich entnommen und somit auf maximale Ausbeute verzichtet?

2.10. Wie wirkt sich eine Druckerhöhung auf das Gleichgewicht

$$H_2O(s) \leftrightarrows H_2O(l)$$

aus? Verläuft die Eisbildung exotherm oder endotherm?

2.11. Welchen Einfluß hat eine Druckerhöhung auf die Reaktionen
a) $H_2(g) + I_2(g) \leftrightarrows 2\,HI(g)$
b) $2\,NO(g) + O_2(g) \leftrightarrows 2\,NO_2(g)$?

2.12. Für das Gleichgewicht N_2O_4(g)(farblos) $\leftrightarrows$ 2 NO_2(g)(braun) gilt, daß bei Raumtemperatur etwa 80 % N_2O_4 und bei 140 °C fast nur NO_2 vorliegt. Ist die NO_2-Bildung ein endothermer oder exothermer Vorgang?

2.13. Welchen Einfluß haben Temperaturänderungen auf die Bildung von NO entsprechend

$N_2(g) + O_2(g) \leftrightarrows 2\ NO(g) \qquad \Delta H = +\ X\ kJ\ mol^{-1}$?

2.14. Kann die Gleichgewichtskonstante der allgemeinen Reaktion

m A + n B $\leftrightarrows$ o P + pD

auch dimensionslose Werte annehmen? Wenn ja, was ist für solche Reaktionen charakteristisch?

2.15. Worin unterscheidet sich der Gleichgewichtszustand der Reaktion

A + B $\leftrightarrows$ C + D,

wenn a) die Stoffe A und B und b) die Stoffe C und D als Ausgangsstoffe vorliegen?

2.16. Welche Folgerungen ergeben sich aus der Anwendung des Prinzips vom kleinsten Zwang auf die Reaktionen

a) $N_2(g) + O_2(g) \leftrightarrows 2\ NO(g) \qquad \Delta H = +\ X\ kJ\ mol^{-1}$
b) $2\ SO_2(g) + O_2(g) \leftrightarrows 2\ SO_3(g) \qquad \Delta H = -\ X\ kJ\ mol^{-1}$
c) $CO(g) + 2\ H_2(g) \leftrightarrows CH_3OH(g) \qquad \Delta H = -\ X\ kJ\ mol^{-1}$

für die Festlegung der günstigsten Reaktionsbedingungen? Berücksichtigen sie Temperatur, Druck und wirtschaftliche Aspekte bei Konzentrationsänderungen!

2.17. Was unternehmen Sie, damit die Umwandlung von $BaCO_3$ in BaO und CO_2 bei erhöhter Temperatur vollständig abläuft?

2.18. Formulieren Sie das Massenwirkungsgesetz mit der Gleichgewichtskonstanten K_c für folgende Reaktionen:

a) $4\ NH_3(g) + 5\ O_2(g) \leftrightarrows 4\ NO(g) + 6\ H_2O(g)$
b) $2\ H_2S(g) + CH_4(g) \leftrightarrows CS_2(g) + 4\ H_2(g)$
c) $Fe_3O_4(s) + 4\ H_2(g) \leftrightarrows 3\ Fe(s) + 4\ H_2O(g)$
d) $SrO(s) + CO_2(g) \leftrightarrows SrCO_3(s)$
e) $BaCO_3(s) \leftrightarrows BaO(s) + CO_2(g)$

2.19. Formulieren Sie die Gleichgewichtskonstanten K_p für die Reaktionen von Aufgabe 2.18 und geben Sie jeweils den Zusammenhang zwischen K_p und K_c an!

2.20. Zugunsten welcher Seite liegen die Gleichgewichte von Aufgabe 2.18 bei Verminderung des Druckes?

2.21. Wie reagiert das chemische Gleichgewicht

$3\ Fe(s) + 4\ H_2O(g) \leftrightarrows Fe_3O_4(s) + 4\ H_2(g)$

a) auf Druckerhöhung und b) auf weitere Zugabe von Eisen?

2.22. Brom reagiert mit H_2O zu unterbromiger Säure und Bromid:
$Br_2(aq) + 2\ H_2O \leftrightarrows HOBr(aq) + Br^-(aq) + H_3O^+(aq)$
Wie kann man erreichen, daß die Reaktion quantitativ von links nach rechts verläuft?

2.23. Für das sogenannte Wassergas-Gleichgewicht
$CO(g) + H_2O(g) \leftrightarrows CO_2(g) + H_2(g)$ wurde die Temperaturabhängigkeit der Gleichgewichtskonstanten K_c ermittelt:

Temperatur °C	K_c
25	8500
125	1650
325	25
525	3,5

Ist für eine maximale Ausbeute an Wasserstoff eine niedrigere oder eine höhere Temperatur günstiger?

2.24. Berylliumcarbonat $BeCO_3$ ist sehr instabil. Was unternehmen Sie, wenn die Verbindung längere Zeit unzersetzt aufbewahrt werden soll?

2.25. Der CO_2-Partialdruck im Zersetzungsgleichgewicht der Erdalkalicarbonate $MeCO_3(s) \leftrightarrows MeO(s) + CO_2(g)$ erreicht Atmosphärendruck bei 540 °C für $MgCO_3$, 908 °C für $CaCO_3$, 1268 °C für $SrCO_3$ und 1420 °C für $BaCO_3$. Welche Korrelation erkennen Sie?

2.26. Welche Stoffmengen sind bei 445 °C im Gleichgewicht vorhanden, wenn für die Bildung von HI 3 mol H_2 und 1 mol I_2 eingesetzt werden und K_c = 50,4 beträgt?

2.27. Die Gleichgewichtskonstante K_p einer Reaktion der Form
$m\ A + n\ B \leftrightarrows o\ C + p\ D$
beträgt 28,4. Mit welchen Druckänderungen ist die Einstellung des Gleichgewichts verbunden?

2.28. Die Gleichgewichtskonstante K_c der Reaktion
$Fe_3O_4(s) + 4\ H_2(g) \leftrightarrows 3\ Fe(s) + 4\ H_2O(g)$
ist $2{,}1 \cdot 10^2$ bei der Temperatur T_1 und $3{,}4 \cdot 10^3$ bei der höheren Temperatur T_2.
a) Ist die Reaktion exo- oder endotherm?
b) Was bewirkt eine Verringerung der Temperatur?
c) Was geschieht, wenn Fe_3O_4 zugesetzt wird?
d) Wie reagiert das System, wenn H_2O entfernt wird?

2.29. Im Gleichgewicht $3\ H_2 + N_2 \leftrightarrows 2\ NH_3$ mit $K_p = 7{,}18 \cdot 10^{-2}\ kPa^{-2}$ betragen die Gleichgewichtsdrücke $p(N_2)$ = 62,4 kPa und $p(NH_3)$ = 162,8 kPa. Wie groß ist der Gleichgewichtsdruck von H_2?

2.30. HgO wird in einem evakuierten Gefäß auf 425 °C erhitzt. Dabei stellt sich das Gleichgewicht
$2\ HgO(s) \leftrightarrows 2\ Hg(g) + O_2(g)$
mit einem Gesamtdruck p = 107,4 kPa ein. Wie groß ist K_p bei 425 °C?

2.31. In Ihrem Tabellenwerk ist K_c für die Reaktion
$NH_3(g) + HCl(g) \leftrightarrows NH_4Cl(g)$
nicht enthalten. Wie verfahren Sie, wenn folgende Gleichgewichtskonstanten zur Verfügung stehen?
a) $2\ H_2(g) + 0{,}5\ N_2(g) + 0{,}5\ Cl_2(g) \leftrightarrows NH_4Cl(g)$ K_1
b) $3\ H_2(g) + N_2(g) \leftrightarrows 2\ NH_3(g)$ K_2
c) $2\ HCl(g) \leftrightarrows H_2(g) + Cl_2(g)$ K_3

2.32. Welche Informationen enthält das MWG über die Geschwindigkeit der Gleichgewichtseinstellung?

2.33. Die Gleichgewichtskonstante für die Bildung von Ammoniak aus den Elementen bei 500 °C ist mit $K_p = 8{,}87 \cdot 10^{-16}\ Pa^{-2}$ angegeben. Welchen Wert hat K_c?

2.34. Für die Zersetzung von Iodwasserstoff bei der Temperatur T_1 beträgt K = 958. Wieviel Prozent HI liegen nach Einstellung des Gleichgewichts unzersetzt vor?

2.35. Im Gleichgewicht der Veresterung
$CH_3COOH + C_2H_5OH \leftrightarrows CH_3COOC_2H_5 + H_2O$
liegen je 1/3 mol Ethanol und Essigsäure sowie 2/3 mol Essigsäureethylester und Wasser vor. Wie groß ist K_c?

2.36. Wie groß ist die Ausbeute an Ester, wenn die Ausgangsmischung 1 mol Essigsäure und 4 mol Ethanol enthält und K_c dem Wert von Aufgabe 2.35 entspricht?

2.37. Für den Gleichgewichtszustand des Wassergasgleichgewichts
$CO(g) + H_2O(g) \leftrightarrows CO_2(g) + H_2O(g)$
wurden bei 580 °C folgende Volumenanteile ermittelt:
$CO \triangleq 18{,}50\ \%$, $H_2O \triangleq 18{,}50\ \%$
$H_2 \triangleq 31{,}50\ \%$, $CO_2 \triangleq 31{,}50\ \%$
Wie groß ist die Gleichgewichtskonstante K_c bei 580 °C?

2.38. Für das Gleichgewicht von Aufgabe 2.37 wird für K_c bei 950 °C der Tabellenwert 0,75 entnommen. In welchen Volumenanteilen liegen die 4 Komponenten im Gleichgewichtszustand vor? Was entnehmen Sie dem Vergleich mit den Konzentrationsverhältnissen in 2.37?

2.39. Bei der Ammoniaksynthese reagieren N_2 und H_2 im Volumenverhältnis 1 : 3 unter einem Druck von $4{,}8 \cdot 10^7$ Pa in einer Ausbeute von 44,50 % NH_3. Berechnen Sie die Partialdrücke von N_2, H_2 und NH_3 im Gleichgewichtszustand!

2.40. Berechnen Sie die Gleichgewichtskonzentrationen aller Stoffe, wenn vor Einstellung des Gleichgewichts $A(g) + B(g) \leftrightarrows C(g) + D(g)$ mit K = 1,70 mol des Stoffes A und 30 mol des Stoffes B vorhanden waren. Das Reaktionsvolumen beträgt 10 Liter.

2.41. Berechnen Sie die Gleichgewichtskonstante K_c für die Reaktion
$A_2 + 2\,B^- \leftrightarrows 2\,A^- + B_2$,
wenn die Ausgangsstoffe jeweils zu 0,1 mol l^{-1} vorlagen und im Gleichgewicht $c(B^-) = 2 \cdot 10^{-4}$ mol l^{-1} beträgt.

2.42. Die Gleichgewichtskonstante K_c der thermischen Dissoziation von Wasser $2\,H_2O(g) \longrightarrow 2\,H_2(g) + O_2(g)$ ist $2{,}58 \cdot 10^{-13}$ mol l^{-1} bei 1250 °C. Welchen Wert hat K_p?

2.43. Berechnen Sie mit dem K_p-Wert aus Aufgabe 2.42 die Gleichgewichtskonstante für die Bildung des Wassers aus seinen Elementen bei 1250 °C!

2.44. Für das Gleichgewicht $CO_2(g) + H_2(g) \leftrightarrows CO(g) + H_2O(g)$ ist eine Beziehung zwischen dem CO-Gehalt x des Gasgemisches und der Ausgangsmenge von je n_o mol CO_2 und H_2 abzuleiten, wenn die Gleichgewichtskonstante $K_c = 4$ ist!

2.45. Für das Gleichgewicht $FeO(s) + CO(g) \leftrightarrows Fe(s) + CO_2(g)$ gilt bei 1000 °C $K_c = 0{,}415$. Wieviel Gramm Eisen sind im Gleichgewicht vorhanden, wenn 0,075 mol CO und FeO im Überschuß in einem Einliter-Gefäß bei 1000 °C reagieren?

2.46. Welche Konzentration von $I_2(g)$ befindet sich im Gleichgewicht mit 0,75 mol l^{-1} HI(g), wenn für das Gleichgewicht $H_2(g) + I_2(g) \leftrightarrows 2\,HI(g)$ $K_c = 54{,}5$ beträgt? (Reaktionsvolumen = 1 Liter, $T = 425$ °C)?

2.47. Für das Gleichgewicht $2\,SO_2(g) + O_2(g) \leftrightarrows 2\,SO_3(g)$ ist $K_c = 36{,}5$ l mol^{-1} bei 850 °C. Wie groß ist der Reaktionskoeffizient Q und welchen Verlauf nimmt die Reaktion, wenn sich 0,075 mol SO_2, 0,045 mol O_2 und 0,45 mol SO_3 bei 850 °C in einem Einliter-Gefäß befinden?

2.48. Wie groß ist der Partialdruck von CO im Gleichgewicht
$C(s) + CO_2(g) \leftrightarrows 2\,CO(g)$ mit $K_p = 1{,}78 \cdot 10^4$ kPa und $p(CO_2) = 11{,}2$ kPa?

2.49. Beim Erhitzen von HgO in einem evakuierten Reaktionsgefäß stellt sich das Gleichgewicht $2\,HgO(s) \leftrightarrows 2\,Hg(g) + O_2(g)$ bei 475 °C mit einem Gesamtdruck $p = 109{,}8$ kPa ein. Wie groß ist K_p bei dieser Temperatur?

2.50. Bei 450 °C ist der Zersetzungsdruck eines Metalloxids MO im Gleichgewicht $2\,MO(s) \leftrightarrows 2\,M(s) + O_2(g)$ $K_p = 32{,}48$ kPa. Wird das Metall bei dieser Temperatur von Luft oxidiert, wenn ihr Gehalt an O_2 21 Vol.-% ist?

2.51. 50 g $CaCO_3$ werden in einem evakuierten Fünfliter-Gefäß auf 850 °C erhitzt. Wieviel Gramm $CaCO_3$ und CaO liegen im Gleichgewicht vor, wenn $p(CO_2)$ = 28,5 kPa beträgt?

2.52. Im Gleichgewicht der Dissoziation von Phosgen
$COCl_2(g) \leftrightarrows CO(g) + Cl_2(g)$
enthält das Gasgemisch bei der Temperatur T_1 6 mol l^{-1} $COCl_2$, 0,5 mol l^{-1} CO und 1,5 mol l^{-1} Cl_2. Dem Gleichgewicht wird CO mit der Stoffmengenkonzentration 2 mol l^{-1} zugeführt. Wie groß sind die Konzentrationen der Komponenten im neu eingestellten Gleichgewicht?

2.53. Wenn 50 mol H_2 und 50 mol I_2 bei 350°C miteinander reagieren, entsteht in 75%iger Ausbeute Iodwasserstoff. Wieviel mol H_2 und I_2 sind im Gleichgewicht vorhanden und wie groß ist K_c?

2.54. Unter welchem Druck muß eine stöchiometrische Mischung von Cl_2 und PCl_3 bei der Temperatur T_1 stehen, damit der Partialdruck des gebildeten PCl_5 101,3 kPa erreicht? K_p = 187,4 kPa

2.55. Wie groß sind die Partialdrücke im System $PCl_5(g) \leftrightarrows PCl_3(g) + Cl_2(g)$, wenn der Gesamtdruck 202,6 kPa ist und der Dissoziationsgrad 33 % beträgt?

2.56. Ein Gasgemisch aus 22 % CO und 78 % N_2 wird bei 900 °C und Normaldruck über FeO geleitet. Berechnen Sie die Zusammensetzung des entstandenen Gasgemisches, wenn K_c = 0,441 beträgt!

2.57. Das Trihydrat $CuSO_4 \cdot 3\,H_2O$ steht bei 50 °C im Gleichgewicht mit $CuSO_4 \cdot H_2O$, K_p = 16,96 kPa^2. Ist das Trihydrat bei dieser Temperatur in einer Atmosphäre beständig, die bei 101,3 kPa 10 Prozent H_2O enthält?

2.58. Berechnen sie K_{p1} und K_{p2} bei 1200 K für die Reaktionen
a) $3\,H_2 + SO_2 \leftrightarrows 2\,H_2O + H_2S$ (K_{p1})
b) $3\,S_2 + 4\,H_2O \leftrightarrows 4\,H_2S + 2\,SO_2$ (K_{p2})
mit Hilfe der *K*-Werte (bei 1200 K) der Reaktionen
c) $H_2O \leftrightarrows H_2 + 1/2\,O_2$ $K_{p3} = 1{,}28 \cdot 10^{-18}\,kPa^{1/2}$
d) $SO_2 \leftrightarrows 1/2\,S_2 + O_2$ $K_{p4} = 1{,}12 \cdot 10^{-12}\,kPa^{1/2}$
e) $H_2S \leftrightarrows H_2 + 1/2\,S_2$ $K_{p5} = 4{,}35 \cdot 10^{-2}\,kPa$

2.59. Welcher Zusammenhang besteht zwischen den Gleichgewichtskonstanten K_p der Reaktionen
$NiO(s) + H_2(g) \leftrightarrows Ni(s) + H_2O(g)$ K_{p1}
$NiO(s) + CO(g) \leftrightarrows Ni(s) + CO_2(g)$ K_{p2}
$CO(g) + H_2O(g) \leftrightarrows CO_2(g) + H_2(g)$ K_{p3} ?

2.60. a) Für die Dissoziation $2\,HI \leftrightarrows H_2 + I_2$ ist die Abhängigkeit des Dissoziationsgrades *A* von der Gleichgewichtskonstanten K_p zu formulieren!
b) Wie ändert sich der Dissoziationsgrad mit dem Druck, wenn ideales Gasverhalten vorausgesetzt wird?
c) Wie groß ist der Dissoziationsgrad von HI bei 415 °C, wenn K_p = 0,0198 ist?

2.61. Für die Reaktion $NH_3(g) \leftrightarrows 1/2\,N_2(g) + 3/2\,H_2(g)$ soll gezeigt werden, daß sich der Dissoziationsgrad *A* von NH_3 beim Gesamtdruck p nach
$A = (1 + k \cdot p)^{-1/2}$
ergibt. Wie groß ist *k* für 400 °C, wenn K_p bei dieser Temperatur 78,1 kPa beträgt?

2.62. Welcher Zusammenhang besteht zwischen K_p der Reaktion
$2\,SO_3(g) \leftrightarrows 2\,SO_2(g) + O_2(g)$
und dem Dissoziationsgrad *A* des SO_3? (Gesamtdruck = *p*)

2.63. In einem Gasgemisch sind bei 480 °C neben Cl_2 und PCl_3 35 Vol.-% PCl_5 enthalten. Wie groß ist K_p der thermischen Dissoziation von PCl_5?

2.64. Für die thermische Dissoziation von HI ist $K_p = 2 \cdot 10^{-2}$ bei 460 °C. Geben Sie die Zusammensetzung des Gasgemisches in Prozent an!

2.65. Ein Gasgemisch mit den Partialdrücken $p(H_2) = 375$ kPa, $p(I_2) = 65$ kPa und $p(HI) = 95$ kPa wird auf 320 °C erhitzt. Es sind die Partialdrücke der Gase im Gleichgewicht zu berechnen, wenn $K_p = 1{,}58 \cdot 10^{-2}$ beträgt!

2.66. Entwickeln Sie für die allgemeine Reaktion $X_2(g) \leftrightarrows 2\ X(g)$ einen Zusammenhang zwischen Gleichgewichtskonstante K_p und Dissoziationsgrad A!

2.67. Für das Gleichgewicht $2\ SO_3(g) \leftrightarrows 2\ SO_2(g) + O_2(g)$ ist bei einer bestimmten Temperatur und einem Druck von p(ges) = 480 kPa der Partialdruck $p(O_2) = 26$ kPa. Wie groß ist der Dissoziationsgrad?

2.68. Bei 1300 °C und 101,3 kPa Druck sind 51 % der Iodmoleküle thermisch gespalten. Berechnen Sie den Partialdruck des dissoziierten und undissoziierten Anteils!

2.69. Zeigen Sie, daß sich K_c für das Wassergas-Gleichgewicht
$H_2O(g) + CO(g) \leftrightarrows CO_2(g) + H_2(g)$
aus den Gleichgewichtskonstanten der thermischen Dissoziation des Wassers $K(H_2O)$ und des Kohlendioxids $K(CO_2)$ nach der Gleichung
$K_c = [K(H_2O)/K(CO_2)]^{1/2}$ berechnen läßt!

2.70. Beim Deacon-Prozeß werden bei einer bestimmten Temperatur und einem Gesamtdruck von 610 kPa 21,8 Vol.-% Chlor erhalten. Welchen Wert hat K_p und wie groß sind die Partialdrücke der Komponenten, wenn die Ausgangsstoffe im stöchiometrischen Verhältnis eingesetzt werden?

2.71. Berechnen Sie K_p für die Oxidation von Bromwasserstoff bei 1000 °C gemäß
$4\ HBr(g) + O_2(g) \leftrightarrows 2\ Br_2(g) + 2\ H_2O(g)$ mit Hilfe folgender Reaktionen:

$2\ HBr(g) \leftrightarrows H_2(g) + Br_2(g)$ $\qquad K_{p1} = 7{,}65 \cdot 10^{-4}$ kPa
$2\ H_2O(g) \leftrightarrows 2\ H_2(g) + O_2(g)$ $\qquad K_{p2} = 3{,}75 \cdot 10^{-8}$ kPa

2.72. Eine Lösung von Salpetriger Säure ($c(HNO_2) = 0{,}05$ mol l^{-1}) hat bei 25 °C eine Dissoziationskonstante $K_c = 7{,}2 \cdot 10^{-4}$ mol l^{-1}. Wieviel % der Säure sind dissoziiert?

2.73. Wie groß ist der Protolysengrad einer Lösung von H_2SO_3 ($c(H_2SO_3) = 0{,}01$ mol l^{-1}) mit den Säurekonstanten
$K_{s1} = 1{,}3 \cdot 10^{-2}$ und $K_{s2} = 5{,}6 \cdot 10^{-8}$ mol l^{-1}?

2.74. Aus Leitfähigkeitsmessungen folgt für Wasser ein Protolysengrad $A = 1{,}34 \cdot 10^{-9}$.

a) Mit welcher Gleichung läßt sich $K_c(H_2O)$ berechnen, wenn die aus $A \ll 1$ folgende Näherung berücksichtigt wird?
b) Welchen Wert hat $K_c(H_2O)$?

3 Eigenschaften von Lösungen

Lösungen sind homogene Gemische wenigstens zweier Komponenten, so daß auch Gasgemische wie Luft und Stadtgas und Legierungen wie Messing und Bronze als gasförmige bzw. feste Lösungen aufgefaßt werden können. In der Chemie hat man es am häufigsten mit flüssigen, insbesondere wäßrigen, Lösungen zu tun. Im folgenden Kapitel werden die flüssigen Lösungen behandelt.

3.1 Grundlagen

Wir unterscheiden ideale und nichtideale (reale) Lösungen.

Ideale Lösungen: Sind die Anziehungskräfte zwischen den Teilchen von A (Lösemittel) und B (gelöstem Stoff) annähernd gleich denen zwischen Teilchen der reinen Komponenten, sprechen wir von idealen Lösungen.

Nichtideale Lösungen: In den meisten Lösungen sind die Anziehungskräfte zwischen den Teilchen (Moleküle oder Ionen) der Komponenten A und B und denen zwischen den reinen Teilchen unterschiedlich. Sie werden als nichtideale oder auch reale Lösungen bezeichnet.

Gesättigte Lösungen: Gibt man in ein Lösemittel eine größere Menge eines Stoffes, als sich darin lösen kann, stellt sich ein Gleichgewicht zwischen der Lösung und dem ungelösten Stoff ein. Eine solche Lösung wird als gesättigte Lösung und ihre Konzentration als Gleichgewichtskonzentration bezeichnet. Den ungelösten Stoff nennt man Bodenkörper.

Löslichkeit: Die Konzentration der gesättigten Lösung eines Stoffes ist seine Löslichkeit. Ist die Konzentration einer Lösung geringer als die Gleichgewichtskonzentration, liegt eine ungesättigte Lösung vor, ist sie größer, sprechen wir von einer übersättigten Lösung. Übersättigte Lösungen sind instabil und scheiden bei Zusatz von Impfkristallen den über die Sättigungsgrenze hinaus enthaltenen Überschuß des gelösten Stoffes aus. Impfkristalle sind Kristalle des Stoffes, der gelöst ist.

Lösereaktionen von Feststoffen: Das Ausmaß der Löslichkeit kann von Verbindung zu Verbindung ganz erhebliche Unterschiede zeigen.

Grundvoraussetzung für die Bildung einer Lösung ist immer, daß die Moleküle oder Ionen eines Stoffes mit den Molekülen des Lösemittels stärkere Wechselwirkungen eingehen als untereinander.

Daraus lassen sich zwei allgemeingültige Regeln ableiten:

1. Unpolare und polare Verbindungen bilden im allgemeinen keine Lösungen miteinander, so daß die meisten organischen Substanzen in polaren Lösemitteln wie z.B. Wasser schwer löslich sind.

2. Polare Lösemittel, insbesondere Wasser, lösen gut polare Substanzen, also Ionenkristalle und Moleküle mit polaren Gruppen.

So bilden unpolarer Tetrachlorkohlenstoff (CCl_4) und polares Wasser keine Lösungen miteinander, weil die Anziehungskräfte der Wassermoleküle untereinander viel stärker sind als die Anziehungskräfte zwischen H_2O- und CCl_4-Molekülen. Die H_2O-Moleküle lagern sich aneinander und bewirken damit eine Verdrängung der CCl_4-Moleküle. Die Verbindungen bleiben getrennt und liegen als übereinandergeschichtete Phasen vor.

Im Unterschied dazu erfolgt eine partielle Aufhebung der interionischen Anziehungskräfte in einem Ionenkristall wie NaCl durch das polare Lösemittel Wasser aufgrund der Hydratation. Polare Lösemittel bestehen aus Molekülen mit einem Dipolcharakter, das bedeutet, sie besitzen „etwas" positiv und „etwas" negativ geladene Stellen im Molekül. Die an der Kristalloberfläche von NaCl gelegenen Na^+-Kationen ziehen die „etwas" negativ geladenen Stellen der Wassermoleküle, die Cl^--Anionen die „etwas" positiv geladenen Stellen an. Diese als Ion-Dipol-Wechselwirkung bekannten Anziehungskräfte können recht stark sein und Ionen aus dem Kristallverband herauslösen.

Hydratation: Es kommt zu einer Umhüllung von Molekülen und Ionen mit Molekülen des Lösemittels Wasser. Diesen Vorgang nennt man Hydratation und spricht von hydratisierten Molekülen und Ionen. Die die Moleküle bzw. Ionen umhüllenden H_2O-Moleküle bilden die Hydrathülle.

Solvatation: Für ein beliebiges Lösemittel wird die Umhüllung der gelösten Teilchen mit Molekülen des Lösemittels Solvatation genannt.

Hydratationsenthalpie: Die bei der Bildung hydratisierter Ionen freigesetzte Energie nennt man Hydratationsenthalpie ΔH_{Hydr}. Ihr Betrag charakterisiert die Stärke der Anziehungskräfte zwischen den Ionen des gelösten Stoffes und den Wassermolekülen.

Kleine Ionen mit hoher Ladung haben eine besonders große Hydratationsenthalpie und umgeben sich mit einer besonders stabilen Hydrathülle.

Da den Ionen für eine maximale Hydratation nur in verdünnten Lösungen ausreichend H_2O-Moleküle zur Verfügung stehen, ist die Hydratationsenthalpie konzentrationsabhängig.

Lösungsenthalpie: Die beim Löseprozeß freigesetzte oder aufgenommene Wärme ist die Lösungsenthalpie ΔH_L Sie setzt sich aus zwei Energiebeträgen zusammen: aus dem zur Überwindung der Gitterkräfte erforderlichen Energiebetrag, der der Gitterenergie ΔH_G mit umgekehrten Vorzeichen entspricht, und der durch Knüpfung neuer chemischer Bindungen infolge Hydratation freiwerdenden Hydratationsenthalpie:

$$\Delta H_L = -\Delta H_G + \Delta H_{Hydr}$$

Verbindungen, die einen negativen Wert für die Lösungsenthalpie ergeben, bei denen also der Lösevorgang exotherm verläuft, sind leicht löslich. Auch Verbindungen mit einer hohen Gitterenergie können sich unter exothermer Reaktion in Wasser lösen und haben oft eine hohe Löslichkeit.

Beispiel:
Das Auflösen von LiCl unter Bildung hydratisierter Ionen läßt sich symbolisch folgendermaßen beschreiben:
$(Li^+Cl^-)_s + (x + y)H_2O \longrightarrow [Li(H_2O)_x]^+ + [Cl(H_2O)_y]^-$
Mit den Werten $\Delta H_G = -839$ kJ mol^{-1} *und* $\Delta H_{Hydr} = -875$ kJ mol^{-1} *beträgt die Lösungsenthalpie:*
$\Delta H_L = -\Delta H_G + \Delta H_{Hydr} = -(-839 \text{ kJ mol}^{-1}) + (-875 \text{ kJ mol}^{-1})$
$\Delta H_L = -36 \text{ kJ mol}^{-1}$

Der Lösevorgang verläuft trotz der Gitterenergie, die überwunden werden muß, exotherm, weil bei der Hydratation ein noch größerer Energiebetrag freigesetzt wird. Für Lösungsvorgänge gilt die Regel:

Wasserfreie Salze zeigen häufig eine exotherme, ihre entsprechenden Hydrate hingegen eine endotherme Lösereaktion.

So löst sich z. B. wasserfreie Soda Na_2CO_3 in Wasser exotherm, das Hydrat $Na_2CO_3 \cdot 10\, H_2O$ jedoch endotherm. Beim Eindampfen wäßriger Lösungen bleiben häufig die hydratisierten Ionen erhalten und ergeben wasserhaltige kristalline Substanzen.

Hydratationswasser: Der Anteil der Hydrathülle am Wassergehalt einer Verbindung ist ihr Hydratationswasser.

Kristallwasser: Wird Wasser beim Kristallisationsprozeß im Kristallgitter eingebaut, ohne an ein spezifisches Ion als Hydrathülle gebunden zu sein, liegt es als Kristallwasser vor. Vielfach wird bei den Formeln zwischen Kristall- und Hydratationswasser nicht unterschieden. Für eine genaue Formulierung werden die hydratisierten Ionen in eckige Klammern gesetzt.

Beispiel:
Von den allgemein als $BaCl_2 \cdot 2\, H_2O$, $AlCl_3 \cdot 6\, H_2O$ *und* $CuSO_4 \cdot 5\, H_2O$ *formulierten Verbindungen enthält nur Bariumchlorid alles* H_2O *als Kristallwasser. Aluminiumchlorid enthält* $[Al(H_2O)_6]^{3+}$*-Kationen und liegt somit als* $[Al(H_2O)_6]Cl_3$ *vor. Im Kupfersulfat sind* $[Cu(H_2O)_4]^{2+}$*- und* $[SO_4(H_2O)]^{2-}$*-Ionen enthalten, was der Formel* $[Cu(H_2O)_4][SO_4(H_2O)]$ *entspricht.*

Dampfdruck von Lösungen: Lösungen von nichtflüchtigen Substanzen haben einen geringeren Dampfdruck als das reine Lösemittel. Den quantitativen Zusammenhang gibt das Raoultsche Gesetz

$$\Delta p = E \cdot b \qquad (3.1)$$

mit Δp = Dampfdruckerniedrigung und b = Molalität. Als Folge des niedrigeren Dampfdruckes zeigen Lösungen eine Schmelzpunktserniedrigung (ΔT_g) und eine Siedepunktserhöung (ΔT_s):

$$\Delta T_g = E_g \cdot b \qquad (3.2)$$

$$\Delta T_s = E_s \cdot b \qquad (3.3)$$

Die Proportionalitätsfaktoren E_g und E_s sind für das betreffende Lösemittel charakteristische Konstanten. Da sie sich auf 1 kg Lösemittel, das 1 mol des gelösten Stoffes enthält, beziehen, bezeichnet man sie als molale Gefrierpunktserniedrigung bzw. molale Siedepunktserhöhung. Ihre Dimension ist $K \cdot kg \cdot mol^{-1}$.
Für ein Zweistoffsystem mit Lösemittel A und nichtflüchtigem Stoff B folgen aus dem Raoultschen Gesetz bei Verwendung von Stoffmengenanteilen (Molenbrüchen) die Gleichungen

$$\Delta p = x(B) \cdot p^o(A) \qquad (3.4)$$

$$p_L = x(A) \cdot p^o(A) \qquad (3.5)$$

mit $p^o(A)$ = Dampfdruck des reinen Lösemittels, p_L = Dampfdruck der Lösung. Bei Lösungen aus flüchtigen Komponenten gilt für jede Komponente das Raoultsche Gesetz. Der Dampfdruck p_L einer Lösung aus zwei flüchtigen Komponenten A und B ist

$$p_L = p(A) + p(B) \qquad (3.6)$$

$p(A)$ und $p(B)$ erhält man aus den Stoffmengenanteilen $x(A)$ bzw. $x(B)$ und den Dampfdrücken $p^o(A)$ bzw. $p^o(B)$ der reinen Komponenten bei der gleichen Temperatur:

$$p(A) = x(A) \cdot p^o(A) \qquad (3.7)$$

$$p(B) = x(B) \cdot p^o(B) \qquad (3.8)$$

Aus (3.6) bis (3.8) folgt die Gleichung

$$p_L = x(A)\ p^o(A) + x(B) \cdot p^o(B) \qquad (3.9)$$

Das Raoultsche Gesetz gilt exakt nur für ideale Lösungen. Für reale Lösungen ergeben sich 2 Arten von Abweichungen.

1. Positive Abweichungen: Die Anziehungskräfte zwischen Molekülen von A und B sind kleiner als die zwischen den Molekülen der reinen Komponenten, die Partialdrücke von A und B und der Gesamtdruck sind höher als die berechneten Werte.

2. Negative Abweichungen: Die Anziehungskräfte zwischen Molekülen A und B sind stärker als die zwischen den Molekülen der reinen Komponenten, die Drücke sind kleiner als die berechneten Werte.

Osmose: Lösungen von verschiedener Konzentration vermischen sich durch Diffusion. Der Konzentrationsausgleich erfolgt wechselseitig: Überschichtet man eine konzentrierte Salzlösung mit Wasser, so diffundiert Salz in das Wasser und Wasser in die Salzlösung. Diese entgegengesetzte Wanderung der Teilchen wird durch ein Konzentrationsgefälle verursacht, das für Wasser in Richtung Salzlösung (geringere H_2O-Konzentration) und für Salz in Richtung Wasser (geringere Salzkonzentration) zeigt. Trennt man 2 Lösungen von verschiedener Konzentration durch eine semipermeable (halbdurchlässige) Membran, die nur für das Lösemittel durchlässig ist, so erfolgt die Diffusion von Lösemittelmolekülen von der verdünnten in die konzentriertere Lösung. Diesen Vorgang nennt man Osmose. Sie bewirkt einen hydrostatischen Überdruck, der als osmotischer Druck p^* bezeichnet wird. Für den osmotischen Druck gelten die Gleichungen

$$p^* \cdot V_M = R\,T \cdot x(\mathrm{B}) \tag{3.10}$$

$$p^* \cdot V = m/M \cdot R\,T = n\,R\,T \tag{3.11}$$

$$p^* = n/V \cdot R\,T = c\,R\,T \tag{3.12}$$

mit m = Einwaage, M = molare Masse, c = Konzentration des gelösten Stoffes und V_M = partielles molares Volumen des Lösemittels. (Wenn sich in der Lösung mehrere verschiedene Stoffe befinden, ist n die Summe der Stoffmengen. Alle gelösten Stoffe tragen additiv zum Wert des osmotischen Druckes bei.)

Elektrolytlösungen: Die angegebenen Gleichungen haben für Elektrolytlösungen keine Gültigkeit, da Elektrolyte beim Lösen Dissoziations- und Protolysereaktionen eingehen. Dabei entstehen aus einem Molekül mehrere Ionen, so daß die Anzahl der frei beweglichen Teilchen zunimmt. Darum weisen sie höhere Werte des osmotischen Drucks, der Siedepunktserhöhung und Gefrierpunktserniedrigung auf, als sie sich aus den obigen Gleichungen ergeben.

Schwache Elektrolyte: Für die Gesamtzahl der Teilchen in einer Lösung eines schwachen Elektrolyten läßt sich die Gleichung

$$N_{ges} = N \cdot A_{Ion} \cdot P\,(1 - P) = N \cdot [1 + (A_{Ion} - 1) \cdot P] \tag{3.13}$$

ableiten. Darin bedeuten N = Anzahl der Moleküle des Elektrolyten, A_{Ion} = Molzahl Ionen pro Mol der Verbindung, P = Dissoziationsgrad (Protolysengrad). Für Oxalsäure ($2\,H^+ + C_2O_4^{2-}$) und Essigsäure ($H^+ + CH_3COO^-$) z.B. ist A_{Ion} = 3 bzw. = 2. Für schwache Elektrolyte (Protolyte) lassen sich die Beziehungen

$$p^*_p = p^* \cdot [1 + (A_{Ion} - 1) \cdot P] \tag{3.14}$$

$$\Delta T_{g,p} = \Delta T_g \cdot [1 + (A_{Ion} - 1) \cdot P] \tag{3.15}$$

$$\Delta T_{s,p} = \Delta T_s \cdot [1 + (A_{ion} - 1) \cdot P] \tag{3.16}$$

für den osmotischen Druck p^*_P, die Schmelzpunktserniedrigung $\Delta T_{g,P}$ und die Siedepunktserhöhung $\Delta T_{s,P}$ ableiten.

Starke Elektrolyte: In Lösungen starker Elektrolyte beobachtet man Abweichungen von den theoretischen Werten A_{Ion}, die mit steigender Elektrolytkonzentration zunehmen. In Lösungen von NaCl, K_2SO_4 und $K_4[Fe(CN)_6]$ z.B. ist A_{Ion} < 2(NaCl), < 3(K_2SO_4) und < 5 ($K_4(Fe(CN_6))$). Entsprechend ist z.B. der osmotische Druck in diesen Lösungen nicht doppelt, dreifach bzw. fünffach so hoch wie aus der Molmasse erwartet. Hervorgerufen werden diese Abweichungen durch elektrostatische Anziehungskräfte zwischen den Ionen, wodurch die Ionenbeweglichkeit, und damit auch die Zahl der osmotisch wirksamen oder die Dampfdruckerniedrigung bewirkenden Teilchen herabgesetzt wird. Diese Werte werden darum um einen bestimmten Faktor, den sogenannten van't Hoffschen Faktor *i*, erniedrigt. *i* ist das Verhältnis des gemessenen Wertes zu dem Wert, den man für einen Nichtelektrolyten der gleichen Konzentration berechnet und experimentell auch erhalten würde. Für die Gefrierpunktserniedrigung z.B. ist

$$i = \Delta T_g(\text{gemessen})/E_g \cdot b(\text{berechnet})$$

Beispiel:
Würde NaCl als Nichtelektrolyt reagieren, wäre i = 1. Da aber ein Mol NaCl zwei mol Ionen bildet, liegen doppelt soviel Teilchen vor als für den „Nichtelektrolyten" NaCl und i hat den theoretischen Faktor 2. Aufgrund der elektrostatischen Wechselwirkungen ergeben sich aus $i = \Delta T_g(\text{gemessen})/E_g \cdot b(\text{berechnet})$ *Werte < 2.*
Lösungen starker Elektrolyte berechnet man mit den Gleichungen

$$\Delta T_g = i \cdot E_g \cdot b \tag{3.17}$$

$$\Delta T_s = i \cdot E_s \cdot b \tag{3.18}$$

$$p^* = i \cdot c \cdot R \cdot T \tag{3.19}$$

Übungen:

Übung 3.1

Zwei Kohlenwasserstoffe KW1 und KW2 bilden ideale Lösungen miteinander. Welchen Dampfdruck hat eine Lösung aus 4 mol KW1 und 6 mol KW2 bei 30 °C, wenn die Dampfdrücke der reinen Komponenten bei dieser Temperatur $p^o(\text{KW1}) = 11{,}8$ *kPa und* $p^o(\text{KW2}) = 6{,}15$ *kPa betragen?*

Für die Berechnung von Lösungen flüchtiger Komponenten verwendet man (3.9). Dazu müssen die Stoffmengenanteile $x(\text{KW1})$ und $x(\text{KW2})$ bekannt sein:

$$x(\text{KW1}) = n(\text{KW1})/n(\text{KW1}) + n(\text{KW2}) = 4\ \text{mol}/(4 + 6)\ \text{mol} = 0{,}4$$

Da die Summe der Stoffmengenanteile eines Gemisches gleich 1 ist, gilt für eine Lösung aus 2 Komponenten

$$x(\text{KW2}) = 1 - x(\text{KW1}) = 0{,}6$$

Mit diesen Werten folgt aus (3.9):

$$p_L = x(\text{KW1}) \cdot p^o(\text{KW1}) + x(\text{KW2}) \cdot p^o(\text{KW2}) = (0{,}4 \cdot 11{,}8 + 0{,}6 \cdot 6{,}15)\text{kPa}$$

$$p_L = 8{,}41\ \text{kPa}$$

Übung 3.2

In 190 g Tetrachlorkohlenstoff (CCl_4) *wurde ein fester Kohlenwasserstoff KW bei 20 °C gelöst. Die Lösung hat einen Dampfdruck von 12,28 kPa; reines* CCl_4 *von 13,33 kPa. Wieviel mol KW enthält die Lösung?*

Für die Lösung einer nichtflüchtigen Substanz ist

$$\Delta p = p^o(CCl_4) - p_L = (13{,}33 - 12{,}28)\ \text{kPa} = 1{,}05\ \text{kPa}$$

Nach Umstellung von (3.4) erhält man für

$$x(\mathrm{KW}) = \Delta p/p^o(\mathrm{CCl_4}) = 1{,}05\ \mathrm{kPa}/13{,}33\ \mathrm{kPa} = 0{,}078$$

Mit der Gleichung für den Stoffmengenanteil von KW

$$x(\mathrm{KW}) = n(\mathrm{KW})/n(\mathrm{KW}) + n(\mathrm{CCl_4}) = 0{,}078$$

und der Molzahl

$$n(\mathrm{CCl_4}) = m(\mathrm{CCl_4})/M(\mathrm{CCl_4}) = 190\ \mathrm{g}/153{,}8\ \mathrm{g\ mol^{-1}} = 1{,}235\ \mathrm{mol}$$

erhält man für $n(\mathrm{KW})$:

$$n(\mathrm{KW}) = 0{,}078 \cdot (1{,}235\ \mathrm{mol} + n(\mathrm{KW}))$$

$$n(\mathrm{KW}) = 0{,}104\ \mathrm{mol}$$

Übung 3.3

Welchen Dampfdruck haben die wäßrigen Lösungen der nichtflüchtigen Substanzen Rohrzucker und Harnstoff, wenn ihre Molalität 1,00 mol kg^{-1} bei 60 °C beträgt und für $p^o(H_2O)$ = 19,91 kPa bei 60 °C gilt?

Da die Dampfdruckerniedrigung nach dem Raoultschen Gesetz nur von der Zahl der gelösten Teilchen und nicht von ihrer Art abhängt und beide Substanzen Nichtelektrolyte darstellen, haben beide Lösungen den gleichen Dampfdruck. Wir bestimmen zunächst $x(\mathrm{B})$ und berechnen Δp nach (3.4):

$$x(\mathrm{B}) = 1\ \mathrm{mol}/(1 + 55{,}6)\ \mathrm{mol} = 0{,}01768$$

$$\Delta p = x(\mathrm{B}) \cdot p^o(\mathrm{H_2O}) = 0{,}01768 \cdot 19{,}91\ \mathrm{kPa} = 0{,}352\ \mathrm{kPa}$$

Für den Dampfdruck der Lösungen folgt:

$$p_L = p^o(\mathrm{A}) - \Delta p = (19{,}91 - 0{,}352)\ \mathrm{kPa} = 19{,}55\ \mathrm{kPa}$$

Der Dampfdruck der Lösung läßt sich auch direkt berechnen. Da $p^o(\mathrm{B})$ eines nichtflüchtigen Stoffes B Null gesetzt werden darf, folgt aus (3.9):

$$p_L = x(\mathrm{A}) \cdot p^o(\mathrm{A})$$

Für eine wäßrige Lösung der Molalität 1 mol kg^{-1} ist

$$x(\mathrm{A}) = x(\mathrm{H_2O}) = 55{,}6\ \mathrm{mol}/(55{,}6 + 1)\ \mathrm{mol} = 0{,}982$$

und somit

$$p_L = 0{,}982 \cdot 19{,}91\ \mathrm{kPa} = 19{,}55\ \mathrm{kPa}$$

Übung 3.4

Es ist eine Gleichung abzuleiten, mit der sich die molare Masse eines gelösten Stoffes aus seiner Einwaage, der Masse des Lösemittels und der Gefrierpunktserniedrigung berechnen läßt. Die Lösung von 450 mg einer nichtflüchtigen Substanz in 35 g CCl_4 hat einen um 1,245 °C niedrigeren Gefrierpunkt als reines CCl_4. Welche Molmasse hat die Substanz? $E_g(CCl_4)$ = 29,8 K · kg · mol^{-1}.

Werden m(B) Gramm eines Stoffes B mit der Molmasse M(B) in m(A) Gramm eines Lösemittels A gelöst, erhält man für die auf 1 kg Lösemittel bezogene Molalität b:

$$b(\mathrm{B}) = n(\mathrm{B}) \cdot 1000\ \mathrm{g\ kg^{-1}}/m(\mathrm{A}) = [m(\mathrm{B}) \cdot 1000\ \mathrm{g\ kg^{-1}}/M(\mathrm{B})]/m(\mathrm{A})$$

$$b(\mathrm{B}) = m(\mathrm{B}) \cdot 1000\ \mathrm{g\ kg^{-1}}/M(\mathrm{B}) \cdot m(\mathrm{A})$$

Durch Einsetzen dieses Ausdrucks in (3.2) und Umstellen nach M(B) erhält man die gesuchte Gleichung:

$$\Delta T_g = E_g \cdot b(\mathrm{B}) = E_g \cdot m(\mathrm{B}) \cdot 1000\ \mathrm{g\ kg^{-1}} / M(\mathrm{B}) \cdot m(\mathrm{A})$$

$$M(\mathrm{B}) = E_g \cdot m(\mathrm{B}) \cdot 1000\ \mathrm{g\ kg^{-1}} / m(\mathrm{A}) \cdot \Delta T_g$$

Mit dieser Gleichung erhält man für die Molmasse der Substanz:

$$M = 29{,}8\ \mathrm{K\ kg\ mol^{-1}} \cdot 0{,}45\ \mathrm{g} \cdot 1000\ \mathrm{g\ kg^{-1}} / 35\ \mathrm{g} \cdot 1{,}245\ \mathrm{K} = 268{,}8\ \mathrm{g\ mol^{-1}}$$

$$M = 269\ \mathrm{g\ mol^{-1}}$$

Übung 3.5

Eine Bariumperoxid-Lösung (BaO_2) hat bei 25 °C einen Dampfdruck von 2,2997 kPa, reines Wasser von 3,16 kPa. Wieviel Gramm BaO_2 sind in 50 g dieser Lösung enthalten?

In diesem Fall ist die Masse der Lösung, nicht die des Lösemittels gegeben. Nach Gleichung (3.4) ist

$$\Delta p = x(\mathrm{BaO_2}) \cdot p^o(\mathrm{H_2O})$$

Der Stoffmengenanteil von BaO_2 entspricht

$$x(\mathrm{BaO_2}) = n(\mathrm{BaO_2})/n(\mathrm{BaO_2}) + n(\mathrm{H_2O})$$

Da bei derartigen Messungen von verdünnten Lösungen ausgegangen wird, ist die gelöste Stoffmenge klein gegenüber der Lösemittelmenge, so daß im Nenner $n(BaO_2)$ gegenüber $n(H_2O)$ vernachlässigt werden darf:

$$n(\mathrm{BaO_2}) + n(\mathrm{H_2O}) = n(\mathrm{H_2O})$$

Mit dieser Näherung ergibt sich

$$\Delta p = [n(\mathrm{BaO_2})/n(\mathrm{H_2O})] \cdot p^o(\mathrm{H_2O})$$

$$\Delta p \cdot n(\mathrm{H_2O}) = p^o(\mathrm{H_2O}) \cdot n(\mathrm{BaO_2})$$

n ersetzen wir durch m(Einwaage)/M(Molmasse) und erhalten:

$$\Delta p \cdot [m(\mathrm{H_2O})/M(\mathrm{H_2O})] = p^o(\mathrm{H_2O}) \cdot [m(\mathrm{BaO_2})/M(\mathrm{BaO_2})]$$

$$m(\mathrm{BaO_2}) = m(\mathrm{H_2O}) \cdot M(\mathrm{BaO_2}) \cdot \Delta p/M(\mathrm{H_2O}) \cdot p^o(\mathrm{H_2O})$$

Da sich die Lösung aus $m(H_2O)$ und $m(BaO_2)$ zusammensetzt, ist

$$m(\mathrm{H_2O}) = 50\ \mathrm{g} - m(\mathrm{BaO_2})$$

und wir erhalten aus

$$m(BaO_2) = M(BaO_2) \cdot [50\text{ g} - m(BaO_2)] \cdot \Delta p / M(H_2O) \cdot p^o(H_2O)$$

$$m(BaO_2) \cdot M(H_2O) \cdot p^o(H_2O) = 50\text{ g} \cdot M(BaO_2) \cdot \Delta p - M(BaO_2) \cdot m(BaO_2) \cdot \Delta p$$

$$m(BaO_2) \cdot [M(H_2O) p^o(H_2O) + M(BaO_2)\, \Delta p] = 50\text{ g} \cdot M(BaO_2) \cdot \Delta p$$

die Gleichung für den BaO_2-Gehalt der Lösung in Gramm:

$$m(BaO_2) = 50\text{ g} \cdot M(BaO_2) \cdot \Delta p \,/\, M(H_2O)\, p^o(H_2O) + M(BaO_2)\, \Delta p$$

Mit $M(BaO_2) = 169{,}33\text{ g mol}^{-1}$ und $\Delta p = (3{,}166 - 2{,}997)\text{ k Pa} = 0{,}169\text{ k Pa}$ ist

$$m(BaO_2) = 50\text{ g} \cdot 169{,}33\text{ g mol}^{-1} \cdot 0{,}169\text{ kPa}/18\text{ g mol}^{-1} \cdot 3{,}166\text{ k Pa} +$$

$$169{,}33\text{ g mol}^{-1} \cdot 0{,}169\text{ k Pa}$$

$$m(BaO_2) = 16{,}7\text{ g}$$

(Daraus berechnet man ein Molverhältnis $n(H_2O) : n(BaO_2) = 19 : 1$, das die verwendete Näherung rechtfertigt.)

Übung 3.6

In einem Experiment zur Bestimmung der molaren Masse wird in einer Lösung von 3,45 g einer organischen Verbindung in 100 g Wasser eine Gefrierpunktserniedrigung von 0,38 °C beobachtet.
a) Wie groß ist die molare Masse des organischen Stoffes?
b) Welche Siedepunktserhöhung zeigt die Lösung?

a) Die molare Masse läßt sich auch direkt durch Einsetzen von $n(B) = m(B)/M(B)$ in die Molalität $b = n(B)/\text{kg}$ berechnen. Mit

$$b(B) = m(B)/M(B) \cdot \text{kg}(H_2O)$$

erhält man aus Gleichung (3.2)

$$\Delta T_g = E_g \cdot m(B)/M(B) \cdot \text{kg}(H_2O)$$

und somit nach Umrechnung von g in kg ($3{,}45 \cdot 10^{-3}$ kg Verbindung in 0,1 kg H_2O) für die molare Masse $M(B)$:

$$M(B) = E_g \cdot m(B)/\Delta T_g \cdot \text{kg}(H_2O)$$

$$M(B) = 1{,}86\text{ K kg mol}^{-1} \cdot 3{,}45 \cdot 10^{-3}\text{ kg}/0{,}38\text{K} \cdot 0{,}1\text{ kg} = 0{,}169\text{ kg mol}^{-1}$$

$$M(B) = 169\text{ g mol}^{-1}$$

b) Mit $n = 3{,}45\text{ g}/169\text{ g mol}^{-1} = 0{,}02041$ mol beträgt $b = 0{,}204\text{ mol kg}^{-1}$ und man erhält nach (3.3):

$$\Delta T_s = E_s \cdot b = 0{,}512\text{ K kg mol}^{-1} \cdot 0{,}2041\text{ mol kg}^{-1} = 0{,}105\text{ K}$$

Die Bestimmung der molaren Masse aus der Gefrierpunktserniedrigung ist in den meisten Fällen vorteilhaft, da allgemein $E_g > E_s$ und darum auch $\Delta T_g > \Delta T_s$ ist. Größere Meßwerte garantieren auch für verdünnte Lösungen recht genaue Werte, was für die Untersuchung von Makromolekülen (Proteine, Kohlenhydrate, Aminosäuren) besonders zweckmäßig ist.

Übung 3.7

In der ersten von zwei hintereinandergeschalteten Waschflaschen von gleicher Temperatur befindet sich eine Lösung von 3,265 g einer organischen Substanz in 80 g Diethylether ($H_5C_2OC_2H_5$), in der zweiten das reine Lösemittel. Beim Hindurchleiten eines trockenen Luftstroms durch beide Flaschen entsteht in der ersten ein Massenverlust von 2,457 g und in der zweiten einer von 62,5 mg. Wie groß ist die molare Masse der organischen Verbindung?

Der Massenverlust entsteht durch Sättigung der trockenen Luft mit Ether. Der Sättigungsgrad der Luft ist dem Dampfdruck über den beiden Flüsssigkeiten proportional. In der zweiten Waschflasche mit dem reinen Lösemittel ist der Dampfdruck natürlich höher als in der ersten, so daß sich die Luft weiter mit Ether anreichert. Daraus folgt, daß der Massenverlust der ersten Flasche dem Dampfdruck der Lösung p_L, die Massenabnahme der zweiten aber der Dampfdruckdifferenz beider Flüsssigkeiten Δp proportional ist. (3.4) wird so umgeformt, daß die Drücke durch die Massenverluste ersetzt werden können. Dazu wird (3.5) nach $p^o(\text{A})$ umgestellt, in (3.4) eingesetzt und $x(\text{A})$ sowie $x(\text{B})$ durch die betreffenden Quotienten ersetzt:

$$\Delta p = [n(\text{B})/n(\text{A}) + n(\text{B})] \cdot p_L/x(\text{A})$$

$$\Delta p = [n(\text{B})/n(\text{A}) + n(\text{B})] \cdot p_L[n(\text{A}) + n(\text{B})/n(\text{A})]$$

$$\Delta p = [n(\text{B})/n(\text{A})] \cdot p_L$$

Einsetzen von $n = m/M$ ergibt für $M(\text{B})$:

$$M(\text{B}) = m(\text{B}) \cdot M(\text{A}) \cdot p_L \,/\, m(\text{A}) \cdot \Delta p$$

Mit $M(\text{A}) = M(\text{Ether}) = 74\ \text{g mol}^{-1}$ und den Massenverlusten 2,457 g für p_L sowie 0,0625 g für Δp folgt:

$$M(\text{B}) = 3{,}265\ \text{g} \cdot 74\ \text{g mol}^{-1} \cdot 2{,}457\ \text{g}/80\ \text{g} \cdot 0{,}0625\ \text{g} = 119\ \text{g mol}^{-1}$$

Übung 3.8

Für eine Lösung aus zwei flüchtigen Komponenten A und B ist die Zusammensetzung des Dampfes zu bestimmen. Bekannt sind $x(A) = 0{,}80$ und $x(B) = 0{,}20$ sowie $p^o(A) = 115$ kPa und $p^o(B) = 46{,}5$ kPa bei einer gegebenen Temperatur.

Nach dem Raoultschen Gesetz trägt jede Komponente zum Dampfdruck der Lösung entsprechend ihrem Stoffmengenanteil und ihrem Dampfdruck bei:

$$p_L = 0{,}8 \cdot 115\ \text{kPa} + 0{,}2 \cdot 46{,}5\ \text{kPa} = 101{,}3\ \text{kPa}$$

Der Dampfdruck der Lösung entspricht dem Normal-Atmosphärendruck p^o, das bedeutet, die gegebene Temperatur entspricht dem normalen Siedepunkt der Lösung. Die Dampfzusammensetzung entspricht den Partialdrücken

$$p(\text{A}) = x(\text{A}) \cdot p^o(\text{A}) = 92{,}0\ \text{kPa}$$

$$p(\text{B}) = x(\text{B}) \cdot p^o(\text{B}) = 9{,}3\ \text{kPa}$$

und somit den Stoffmengenanteilen der Komponenten

$$x(\text{A,Dampf}) = 92\ \text{kPa}/101{,}3\ \text{kPa} = 0{,}908$$

$$x(\text{B,Dampf}) = 9{,}3\ \text{kPa}/101{,}3\ \text{kPa} = 0{,}092$$

Im Dampf hat der Anteil der flüchtigeren Komponenten zu- und der der weniger flüchtigen abgenommen. Im Kondensat des Dampfes hat sich A in der nichtverdampften Lösung B angereichert. Durch Wiederholungen dieses Vorganges können die Komponenten rein erhalten werden (Grundlage der fraktionierten Destillation bzw. Rektifikation).

Übung 3.9

Die wäßrige Lösung einer schwachen Säure HX gefriert bei –0,0479 °C. Ihre Molalität beträgt 0,025 mol kg^{-1}. Welchen Wert hat der Protolysegrad P und wieviel % von HX sind protolysiert?

P kann nach (3.2) oder (3.15) berechnet werden.
Nach (3.2) entspricht der gemessenen Gefrierpunktserniedrigung eine Molalität von

$$b = \Delta T_g / E_g = 0{,}0479\ \text{K}/1{,}86\ \text{K kg mol}^{-1} = 0{,}02575\ \text{mol kg}^{-1}$$

Die Differenz von berechneter und gegebener Molalität

$$(0{,}02575 - 0{,}025)\ \text{mol kg}^{-1} = 7{,}5 \cdot 10^{-4}\ \text{mol kg}^{-1}$$

entspricht dem protolysierten Anteil von HX. Man erhält

$$P = n(\text{HX,protolysiert})/n(\text{HX,gesamt}) = 7{,}5 \cdot 10^{-4}/0{,}025 = 3 \cdot 10^{-2}$$

$P = 0{,}03$ entsprechen 3 % protolysierte HX. Bei der Berechnung nach (3.15) wird zunächst die einer Molalität von 0,025 mol kg^{-1} entsprechende Gefrierpunktserniedrigung bestimmt:

$$\Delta T_g = 1{,}86\ \text{K kg mol}^{-1} \cdot 0{,}025\ \text{mol kg}^{-1} = 0{,}0465\ \text{K}$$

Aus dem berechneten Wert ΔT_g und dem gemessenen Wert $\Delta T_{g,p}$
folgt nach Umstellung von (3.15):

$$P = (\Delta T_{g,p}/\Delta T_g) - 1 = (0{,}0479\ \text{K}/0{,}0465\ \text{K}) - 1 = 3 \cdot 10^{-2}$$

Übung 3.10

Eine schwache Säure ist zu 5,75 % in H_3O^+ und X^- protolysiert. Welchen Gefrierpunkt hat ihre wäßrige Lösung bei einer Molalität von 0,135 mol kg^{-1}? Läßt sich der Gefrierpunkt auch mit der Gleichung für Nichtelektrolyte berechnen?

0,135 mol ist die Menge HX, die 1 kg Wasser enthält. Wäre HX ein Nichtelektrolyt, würden auch 0,135 mol Teilchen kg^{-1} vorliegen und ΔT_g entspräche direkt dem nach (3.2) berechneten Wert. Bei 5,75 % Protolyse sind jedoch 0,00776 mol HX in 0,01552 mol Ionen protolysiert. Die Lösung enthält somit

$$(0{,}135 - 0{,}00776)\ \text{mol} = 0{,}12724\ \text{mol unprotolysiert HX}$$

und darum insgesamt

$$(0{,}12724 + 0{,}01552)\ \text{mol} = 0{,}143\ \text{mol Teilchen.}$$

Da ΔT_g nur von der Zahl und nicht von der Art der Teilchen (Moleküle oder Ionen) abhängt, muß folglich der ΔT_g-Wert einer Lösung der Molalität 0,143 mol kg^{-1} entsprechen:

$$\Delta T_g = 1{,}86 \text{ K kg mol}^{-1} \cdot 0{,}143 \text{ mol kg}^{-1} = 0{,}266 \text{ K}$$

Die Lösung gefriert bei -0,266 °C.
Der Gefrierpunkt kann auch ohne Korrektur der Molalität berechnet werden. Für eine 0,135 molale Lösung erhält man:

$$\Delta T_g = 1{,}86 \text{ K kg mol}^{-1} \cdot 0{,}135 \text{ mol kg}^{-1} = 0{,}2511 \text{ K}$$

Mit $P = 0{,}0575$ (entspricht 5,75% Protolyse) ergibt sich die tatsächliche Gefrierpunktserniedrigung nach (3.15):

$$\Delta T_{g,P} = \Delta T_g[1 + (A_{Ion} - 1)P] = 0{,}2511 \text{ K}[1 + (2 - 1) \cdot 0{,}0575] = 0{,}266 \text{ K}$$

Übung 3.11

Die wäßrige Lösung von 32,5 g eines Proteins in 1,0 Liter hat bei 20 °C einen osmotischen Druck von $p^* = 1{,}76$ kPa. Ihre Dichte beträgt $\rho = 1{,}089$ g ml^{-1}.
a) Welche molare Masse hat das Protein?
b) Wieviel cm Wassersäule (Grundfläche 1 cm^2) entsprechen dem osmotischen Druck?
c) Welche Werte sind für Dampfdruck- und Gefrierpunktserniedrigung sowie Siedepunktserhöhung zu erwarten?
d) Welche Folgerungen ergeben sich aus dem Vergleich der Werte?

a) Nach (3.11) erhält man mit $R = 8{,}31$ kPa l mol^{-1} K^{-1}
$n = p^* \cdot V/R\,T = 1{,}76 \text{ kPa} \cdot 1{,}0\text{l}/8{,}31 \text{ kPa l mol}^{-1} \text{ K}^{-1} \cdot 293 \text{ K}$
$n = 7{,}23 \cdot 10^{-4}$ mol
$M(\text{Protein}) = m(\text{Protein})/n(\text{Protein}) = 32{,}5 \text{ g}/7{,}23 \cdot 10^{-4} \text{ mol}$
$M(\text{Protein}) = 4{,}5 \cdot 10^4 \text{ g mol}^{-1}$

b) Bei der Messung von p^* (Pfeffersche Zelle) wirkt der hydrostatische Überdruck einer Wassersäule dem osmotischen Druck entgegen. Im Gleichgewicht kompensieren sich beide Drücke. Für den Druck der Wassersäule in Pa ist in die Gleichung für den hydrostatischen Druck

$$p_{hydr} = \rho \cdot g \cdot h$$

ρ (Dichte) in kg m^{-3}, g (Erdbeschleunigung) in m s^{-2} und h (Höhe der Wassersäule) in m einzusetzen (Größengleichung beachten):

$$p_{hydr} = \text{kg m}^{-3} \cdot \text{m s}^{-2} \cdot \text{m} = \text{kg} \cdot \text{m}^{-1} \cdot \text{s}^{-2} = \text{Pa}$$

Die p^* entsprechende Höhe der Wassersäule ist

$$h = p^*/\rho \cdot g = 1760 \text{ kg m}^{-1}\text{s}^{-2}/10^3 \text{ kg m}^{-3} \cdot 9{,}81 \text{ m s}^{-2} = 0{,}1794 \text{ m}$$

Der osmotische Druck entspricht 17,94 cm Wassersäule.

c) Wegen der kleinen Stoffmengenkonzentration des Proteins darf

$x(\text{Protein}) = 7{,}23 \cdot 10^{-4} \text{ mol}/55{,}5 \text{ mol} = 1{,}3 \cdot 10^{-5}$ gesetzt werden.

Mit $p^o(H_2O) = 2{,}337$ kPa für 20 °C ist

$\Delta p = x(\text{Protein}) \cdot p^o(H_2O) = 1{,}3 \cdot 10^{-5} \cdot 2{,}337$ kPa

$\Delta p = 0{,}03$ Pa

Aus $\rho = 1{,}089$ g ml^{-1} erhält man die molale Konzentration

$b = 6{,}84 \cdot 10^{-4}$ mol kg^{-1}

(1000 ml = 1089 g = 1056,5 g H_2O + 32,5 g Protein, 1 kg H_2O enthält 30,76 g Protein = $6{,}84 \cdot 10^{-4}$ mol) und somit für

$\Delta T_g = 6{,}84 \cdot 10^{-4}$ mol kg^{-1} $\cdot$ 1,86 K kg mol^{-1} = $1{,}27 \cdot 10^{-3}$ K

$\Delta T_s = 6{,}84 \cdot 10^{-4}$ mol kg^{-1} $\cdot$ 0,512 K kg mol^{-1} = $3{,}50 \cdot 10^{-4}$ K

d) Wegen der hohen molaren Massen sind die Stoffmengenkonzentrationen von Proteinen und anderen lebenswichtigen Biomolekülen so gering, daß sie nur sehr kleine Effekte hervorrufen. Wie die Werte für
p^* = 17,94 cm Wassersäule
Δp = 0,03 Pa
ΔT_g = 0,00127 °C
ΔT_s = 0,00035 °C
zeigen, läßt sich die molare Masse des Proteins nur aus dem osmotischen Druck genau ermitteln.

Übung 3.12

Lösungen mit dem gleichen osmotischen Druck wie z. B. Blut bezeichnet man als isotonische (physiologische) Lösungen. Blut kann in guter Näherung als Lösung einer Molekülverbindung mit $c = 0{,}296$ mol l^{-1} aufgefaßt werden.

a) Welcher Wert folgt daraus für seinen osmotischen Druck bei einer Körpertemperatur von 36,6 °C?

b) Wieviel g NaCl sind in 100 ml einer isotonischen (physiologischen) Kochsalzlösung enthalten, wenn der van't Hoffsche Faktor 1,92 bei dieser Temperatur beträgt?

a) Wird Blut als Lösung einer Molekülverbindung aufgefaßt, darf der osmotische Druck nach (3.12) berechnet werden:

$p^* = c \cdot R \cdot T = 0{,}296$ mol l^{-1} $\cdot$ 8,31 kPa l mol^{-1} K^{-1} $\cdot$ 309,4 K

$p^* = 761{,}05$ kPa

b) Ist der osmotische Druck, wie in diesem Beispiel, gegeben, läßt sich die Masse direkt nach (3.19) berechnen:

$m(\text{NaCl}) = p^* \cdot M \cdot V / i \cdot R \cdot T$

m(NaCl) = 761,05 kPa $\cdot$ 55,5 g mol^{-1} $\cdot$ l/8,31 kPa l mol^{-1} K^{-1} $\cdot$ 309,4K $\cdot$ 1,92

m(NaCl) = 8,55 g

Das entspricht 0,855 g pro 100 ml Lösung (0,154 mol l^{-1}).

Die NaCl-Einwaage läßt sich auch aus dem Vergleich der osmotisch wirksamen Teilchen bestimmen: Für eine isotonische NaCl-Lösung ist soviel NaCl zu lösen, daß 0,296 mol osmotisch wirksame Teilchen pro Liter Lösung enthalten sind. Bei voller „osmotischer Aktivität" der Ionen Na^+ und Cl^- wären das 0,148 mol NaCl. Aus *i* folgt aber, daß in einer NaCl-Lösung (c(NaCl) = 0,148 mol l^{-1}) nur

$$0{,}148 \text{ mol l} \cdot 1{,}92 = 0{,}2842 \text{ mol l}^{-1}$$

wirksame Teilchen vorliegen. Das entspricht

$$c(\text{NaCl}) = 0{,}2842 \text{ mol l}^{-1}/2 = 0{,}1421 \text{ mol l}^{-1}$$

Der Faktor, mit dem die Konzentration der Ionen zu multiplizieren ist, um ihre Aktivität zu erhalten, ist der Aktivitätskoeffizient f_a. Nach

$$a = c \cdot f_a$$

erhält man für NaCl mit $f_a(Na^+) = f_a(Cl^-)$:

$$f_a = a/c = 0{,}1421 \text{ mol l}^{-1}/0{,}1480 \text{ mol l}^{-1} = 0{,}96$$

Für eine osmotisch wirksame Konzentration von 0,296 mol Ionen ist demnach eine Kochsalzlösung mit

$$c(\text{NaCl}) = 0{,}148 \text{ mol l}^{-1}/0{,}96 = 0{,}154 \text{ mol l}^{-1}$$

herzustellen. Mit M(NaCl) = 58,5 g mol^{-1} erhält man:

$$c(\text{NaCl}) = 0{,}901 \text{ g pro 100 ml Lösung}$$

Übung 3.13

Eine Lösung von 0,75 g phosphoriger Säure H_3PO_3 in 14,5 g Eisessig zeigt eine Gefrierpunktserniedrigung von 1,65 °C. Welche molare Masse hat H_3PO_3 in dieser Lösung und welche Folgerungen lassen sich daraus ableiten?

Nach der in Übung (3.4) abgeleiteten Gleichung

$$M(\text{B}) = E_g \cdot m(\text{B}) \cdot 1000 \text{ g kg}^{-1} / m(\text{A}) \cdot \Delta T_g$$

erhält man mit E_g = 3,9 K kg mol^{-1}

$$M(\text{H}_3\text{PO}_3) = 3{,}9 \text{ K kg mol}^{-1} \cdot 0{,}75 \text{ g} \cdot 1000 \text{ g kg}^{-1} /14{,}5 \text{ g} \cdot 1{,}65 \text{ K}$$

$$M(\text{H}_3\text{PO}_3) = 122 \text{ g mol}^{-1}$$

Würden in der Lösung ausschließlich einfache H_3PO_3-Moleküle vorliegen, müßte aus der Gefrierpunktserniedrigung, die ja nur von der Zahl der Teilchen bestimmt wird, $M(H_3PO_3)$ = 82 g mol^{-1} folgen. Bei vollständiger Assoziation zu dimeren Einheiten $(H_3PO_3)_2$ würde sich aus ΔT_g eine molare Masse von 164 g mol^{-1} ergeben. Daraus ist zu schließen, daß die als ausschließlich monomer angenommenen Moleküle in Eisessig assoziieren und im Gleichgewicht

$$2\ \text{H}_3\text{PO}_3 \leftrightarrows (\text{H}_3\text{PO}_3)_2$$

mit ihren Dimeren stehen. Den Bruchteil der H_3PO_3-Moleküle, die in der Lösung als Dimere vorliegen, bezeichnet man in Analogie zum Dissoziationsgrad als Assoziationsgrad P_{Agr}:

$$P_{Agr} = n_1(\text{assoziierende H}_3\text{PO}_3\text{-Moleküle})/n_2(\text{Gesamtzahl H}_3\text{PO}_3)$$

Für den Anteil der beiden Teilchensorten an der Molalität der Lösung nach Einstellung des Gleichgewichts folgt

$$2\,H_3PO_3 \leftrightarrows (H_3PO_3)_2$$

$$b - P_{Agr} \cdot b \qquad b \cdot P_{Agr}/2$$

und daraus für die Gesamtmolalität der Lösung

$$b(1 - P_{Agr}) + b \cdot P_{Agr}/2 = b(1 - P_{Agr}/2)$$

Einsetzen in (3.2) ergibt

$$\Delta T_g = E_g \cdot [b \cdot (1 - P_{Agr}/2)]$$

Mit $b = 0{,}63$ mol kg^{-1} (aus den Angaben der Aufgabenstellung) und $\Delta T_g = 1{,}65$ K ergibt die Gleichung

$$1{,}65\text{ K} = 3{,}9\text{ K kg mol}^{-1}\,[0{,}63\text{ mol kg}^{-1}\,(1 - P_{Agr}/2)]$$

und daraus

$$P_{Agr} = 0{,}657$$

Von der theoretisch möglichen Maximalzahl H_3PO_3-Moleküle sind 65,7 % assoziiert. Das entspricht einem Teilchenverhältnis von

$$n[H_3PO_3] : n[(H_3PO_3)_2] = 1 : 1$$

Übung 3.14

Die Elementaranalyse einer organischen Substanz ergab C =17,91 %, O = 47,76 % und Na = 34,33 %. 100 ml Lösung mit 1,34 g dieser Substanz ergeben einen osmotischen Druck von 742,9 kPa bei 25 °C. Es ist die Summenformel der Substanz zu bestimmen und ihr Verhalten in Lösung zu charakterisieren.

Aus der Elementaranalyse ergibt sich für die Zahl der Mole der Elemente in der Substanz:

$$C = 17{,}91\text{ g}/12\text{ g mol}^{-1} = 1{,}4925\text{ mol}$$

$$O = 47{,}76\text{ g}/16\text{ g mol}^{-1} = 2{,}9850\text{ mol}$$

$$Na = 34{,}33\text{ g}/23\text{ g mol}^{-1} = 1{,}4925\text{ mol}$$

Mit C : O : Na = 1 : 2 : 1 lautet die empirische Formel (Verhältnisformel) $(CO_2Na)_n$. Für die kleinstmögliche Einheit ($n = 1$) ist

$$M(CO_2Na) = 67\text{ g mol}^{-1}$$

Aus dem osmotischen Druck folgt nach (3.12) die molare Masse

$$M = 1{,}34\text{ g} \cdot 8{,}31\text{ kPa l mol}^{-1}\text{ K}^{-1} \cdot 298\text{ K}/742{,}9\text{ kPa} \cdot 0{,}1\text{ l}$$

$$M = 44{,}67\text{ g mol}^{-1}$$

Da die aus der osmotisch wirksamen Teilchenzahl berechnete molare Masse nur 2/3 der kleinstmöglichen beträgt, also weder ihr gleich noch ein ganzzahliges

Vielfaches ist, muß die tatsächliche molare Masse doppelt so groß sein und die Verbindung beim Lösen in drei Ionen dissoziieren:

$$(CO_2Na)_2 = Na_2C_2O_4 \longrightarrow 2\,Na^+ + C_2O_4^{2-}$$

Natriumoxalat gehört zu den starken Elektrolyten. Da aus 2 molaren Massen der kleinstmöglichen Einheit 3 mol osmotisch wirksame Teilchen entstehen, ist der Wert 2/3 verständlich.

Übung 3.15

Der Salzgehalt des Meerwassers von 3,5 % setzt sich aus 82 % NaCl, 10 % $MgCl_2$, 5 % $CaCl_2$ und 3 % $CaSO_4$ zusammen. Bei welcher Temperatur gefriert Meerwasser, wenn für alle gelösten Salze vollständige Lösung und maximale i-Werte zutreffen?

Die Massenanteile in 100 g Meerwasser betragen:

$$m(\text{NaCl}) = 3{,}5 \cdot 0{,}82\ \text{g} = 2{,}870\ \text{g}$$

$$m(\text{MgCl}_2) = 3{,}5 \cdot 0{,}10\ \text{g} = 0{,}350\ \text{g}$$

$$m(\text{CaCl}_2) = 3{,}5 \cdot 0{,}05\ \text{g} = 0{,}175\ \text{g}$$

$$m(\text{CaSO}_4) = 3{,}5 \cdot 0{,}03\ \text{g} = 0{,}105\ \text{g}$$

100 g Meerwasser entsprechen 96,5 g H_2O + 3,5 g Salze. Für die Anzahl der Mole auf 1 kg Wasser (Molalität!) erhält man nach

$$c(\text{Salz}) = m(\text{Salz})\ \text{g} \cdot 1000\ \text{g kg}^{-1}/M(\text{Salz})\ \text{g mol}^{-1} \cdot 96{,}5\ \text{g}$$

mit den molare Massen $M(\text{NaCl}) = 58{,}5\ \text{g mol}^{-1}$, $M(\text{MgCl}_2) = 95{,}3\ \text{g mol}^{-1}$, $M(\text{MgSO}_4) = 120{,}4\ \text{g mol}^{-1}$ und $M(\text{CaSO}_4) = 136{,}1\ \text{g mol}^{-1}$ die Werte:

$$c(\text{NaCl}) = 0{,}508\ \text{mol kg}^{-1},\quad c(\text{CaCl}_2) = 0{,}015\ \text{mol kg}^{-1}$$

$$c(\text{MgCl}_2) = 0{,}038\ \text{mol kg}^{-1},\quad c(\text{CaSO}_4) = 0{,}008\ \text{mol kg}^{-1}$$

Unter Berücksichtigung der *i*-Werte folgt

$$b = (2 \cdot 0{,}508 + 3 \cdot 0{,}038 + 3 \cdot 0{,}015 + 2 \cdot 0{,}008)\ \text{mol kg}^{-1} = 1{,}191\ \text{mol kg}^{-1}$$

und nach (3.2):

$$\Delta T_g = E_g \cdot b = 1{,}86\ \text{K kg mol}^{-1} \cdot 1{,}191\ \text{mol kg}^{-1} = 2{,}21\ \text{K}$$

Meerwasser gefriert bei −2,21 °C.

Aufgaben:

3.1. Welchen Einfluß haben die chemischen Eigenschaften eines gelösten Stoffes auf die Dampfdruckerniedrigung und den osmotischen Druck in einer Lösung?

3.2. Eine wäßrige Lösung von Traubenzucker ($C_6H_{12}O_6$) in 250 g Wasser zeigt einen Gefrierpunkt von –2,15 °C. Wieviel g Traubenzucker enthält die Lösung? (E_g = 1,86 K kg mol^{-1})

3.3. Ethylenglykol [$C_2H_4(OH)_2$] ist ein bekanntes Frostschutzmittel für Kühlwasser. Wieviel Gramm $C_2H_4(OH)_2$ sind 1,5 kg Wasser zuzusetzen, damit die Lösung bei −12 °C gefriert?

3.4. Der Dampfdruck einer Lösung von 2 mol Aceton und 3 mol Chloroform wurde bei 40 °C zu 41,3 kPa bestimmt. Bei dieser Temperatur wurden für Aceton 57,8 kPa und für Chloroform 49,8 kPa gemessen.
a) Bilden beide Komponenten ideale Lösungen miteinander?
b) Welcher Schluß ergibt sich aus a) bezüglich der intermolekularen Kräfte in der Lösung?

3.5. Eine Lösung von Phenol (C_6H_5OH) in Benzol (C_6H_6) mit der Dichte $\rho = 0{,}965$ g ml^{-1} hat einen Schmelzpunkt von −1,15 °C. Reines Benzol schmilzt bei 5,45 °C. Berechnen Sie die Konzentration von Phenol in mol l^{-1} und in % ! [$E_g = 5{,}12$ K kg mol^{-1}]

3.6. Eine konzentrierte Essigsäure hat einen Schmelzpunkt von 14,5°C. Wieviel % H_2O enthält die Säure, wenn wasserfreie Essigsäure (Eisessig) bei 16,6 °C erstarrt? ($E_g = 3{,}9$ K kg mol^{-1})

3.7. Wieviel Atome enthält ein Iodmolekül, wenn beim Lösen von 3,053 g Iod in 63,8 g CCl_4 (Tetrachlorkohlenstoff) eine Siedepunktserhöhung von 0,95 °C eintritt? [$E_s = 5{,}02$ K kg mol^{-1}]

3.8. Aus 5 mol Heptan (C_7H_{16}) mit $p^o = 4{,}73$ kPa und 3 mol von einer der Verbindungen Benzol (99,64 kPa), Tetrachlorkohlenstoff (13,33 kPa), Octan (1,42 kPa), Pentan (56 kPa) und Aceton (26 kPa) wurde eine Lösung mit dem Dampfdruck 23,95 kPa hergestellt. Welche Verbindung wurde eingesetzt? [Alle Angaben für 20 °C]

3.9. In 1 kg eines Lösemittels X mit $M = 78$ g mol^{-1} sind 1,5 mol eines nichtflüchtigen Stoffes Y gelöst. Welchen Dampfdruck hat die Lösung und wie groß ist die Dampfdruckerniedrigung? [$p^o(X) = 14{,}3$ kPa, $T = 35$ °C]

3.10. Die Kohlenwasserstoffe Heptan und Pentan bilden ideale Lösungen miteinander. Welchen Dampfdruck hat eine Lösung aus 2 mol Pentan und 7 mol Heptan bei 20 °C?
[p^o(Pentan) = 56,4 kPa, p^o(Heptan) = 4,73 kPa]

3.11. Berechnen Sie den Gefrier- und Siedepunkt einer Lösung von 2,55 g Diphenyl ($C_{12}H_{10}$) in 65 g Benzol! Reines Benzol siedet bei 80,1 °C und schmilzt bei 5,5 °C.
[$E_g = 5{,}12$ K kg mol^{-1}, $E_s = 2{,}53$ K kg mol^{-1}]

3.12. Bei einer gegebenen Temperatur sind die Dampfdrücke von Methanol (CH_3OH) 52,4 kPa und von Ethanol (C_2H_5OH) 29,2 kPa.
a) Welchen Dampfdruck hat eine Lösung aus 26,5 g CH_3OH und 8,75 g C_2H_5OH bei dieser Temperatur?
b) Welchen Stoffmengenanteil hat CH_3OH in einer Lösung, die bei dieser Temperatur einen Dampfdruck von 37,6 kPa hat?

3.13. Der Gefrierpunkt einer Zuckerlösung, die in 250 g Wasser 58,9 g Zucker enthält, beträgt –1,28 °C. Enthält die Lösung Rohrzucker ($C_{12}H_{22}O_{11}$) oder Traubenzucker ($C_6H_{12}O_6$)?

3.14. Eine Lösung enthält 18,5 g Vitamin C (Ascorbinsäure) in 75 g Wasser. Ihr Gefrierpunkt beträgt –2,61 °C. Läßt sich die molare Masse von Vitamin C mit diesen Angaben auch nach Gleichung (3.2) berechnen und welchen Wert hat sie?

3.15. In 225 g Schwefelkohlenstoff (CS_2) werden 3,315 g Schwefel gelöst. Die Lösung hat einen um 0,137 °C höheren Siedepunkt als das reine Lösemittel. Wieviel Atome enthält ein Schwefelmolekül?
[E_s = 2,4 K kg mol^{-1}]

3.16. 12 g eines festen Kohlenwasserstoffs werden in 130 g CCl_4 bei 20 °C gelöst. Die Lösung hat einen Dampfdruck von 12,68 kPa. Welche molare Masse hat der Kohlenwasserstoff, wenn $p^o(CCl_4)$ 13,33 kPa bei 20 °C beträgt?

3.17. Die Lösung von 350 mg einer unbekannten Substanz in 25 g Chloroform ($CHCl_3$) hat einen um 0,565 °C höheren Siedepunkt als das Lösemittel (61,2 °C). Wie groß ist die molare Masse der unbekannten Substanz?
[E_s = 3,63 K kg mol^{-1}]

3.18. Lösungen starker Elektrolyte zeigen einen abnehmenden osmotischen Druck mit steigender Elektrolytkonzentration. Wird dieses Verhalten durch eine Abnahme des Dissoziationsgrades oder durch eine herabgesetzte Ionenbeweglichkeit in der Lösung verursacht?

3.19. Wie groß ist der theoretisch mögliche Maximalwert des van't Hoffschen Faktors für die starken Elektrolyte
a) $Na_2C_2O_4$, b) $Na_2S_2O_3$, c) $K_3[Fe(CN)_6]$ und d) $KMnO_4$?

3.20. Welchen Wert hat *i* für verdünnte Lösungen von Nichtelektrolyten wie z.B. Harnstoff ($CO(NH_2)_2$), Ethylenglykol ($C_2H_4(OH)_2$) oder Rohrzucker ($C_{12}H_{22}O_{11}$)?

3.21. Weichen die *i*-Werte von starken oder schwachen Elektrolyten stärker vom theoretisch möglichen Maximalwert ab?

3.22. Für eine NaCl- und eine $MgSO_4$-Lösung der Molalität 0,01 mol kg^{-1} sollte man, da in beiden Fällen 2 mol Ionen pro Mol Verbindung vorliegen, dieselbe Abweichung vom theoretischen *i*-Wert erwarten. Ermittelt wurden *i*(NaCl) = 1,94 und *i*($MgSO_4$) = 1,53. Erklären Sie diesen Befund!

3.23. Für eine Rohrzuckerlösung mit der Molalität 0,01 mol kg^{-1} wurde ΔT_g = 0,0184 °C gemessen. Welche ΔT_g-Werte sollte man für die Lösungen von a) KCl, b) Na_2SO_4 und c) $K_4[Fe(CN)_6]$ der gleichen Molalität erwarten?

3.24. Eine wäßrige Lösung einer schwachen Säure HX mit $b = 0{,}022$ mol kg^{-1} gefriert bei –0,0421 °C. Wie groß ist der Protolysegrad *P* und zu wieviel % ist HX protolysiert?

3.25. Eine schwache Base BOH ist zu 5,5 % in B^+ und OH^- dissoziiert. Welchen Gefrierpunkt hat ihre wäßrige Lösung bei einer vorgegebenen Molalität von 0,1 mol kg^{-1}?

3.26. Für die wäßrige Lösung einer organischen Substanz mit der Molalität 0,075 mol kg^{-1} wurde ein Gefrierpunkt von –0,1395 °C bestimmt. Handelt es sich bei dieser Substanz um einen Nichtelektrolyten oder um einen schwachen Elektrolyten?

3.27. Eine Lösung aus 4,75 g NaCl und 75 g Wasser hat einen *i*-Wert von 1,64. Bei welcher Temperatur gefriert die Lösung?

3.28. 150 g Wasser enthalten 4,937 g eines starken Elektrolyten. Der berechnete Gefrierpunkt beträgt –0,186 °C, der gemessene –0,699 °C.
a) Welche von den Verbindungen KCl, $K_3[Fe(CN)_6]$ und Na_2SO_4 enthält die Lösung?
b) Welchen van't Hoffschen Faktor hat die Lösung?
c) Läßt sich bei einer der drei Substanzen auch ohne Berechnung feststellen, ob sie in der Lösung enthalten ist?

3.29. Eine Lösung von 6,756 g $SrCl_2$ in 150 g Wasser gefriert bei – 0,415 °C. Welchen van't Hoff-Faktor hat die Lösung?

3.30. Welchen Siedepunkt haben die wäßrigen Lösungen von
a) 0,920 g Glycerin in 100 g Wasser (i = ?) und
b) 1,1098 g $CaCl_2$ in 100 g Wasser ($i = 2{,}61$)?
Die molale Siedepunktserhöhung von H_2O ist 0,512 K kg mol^{-1}.

3.31. Berechnen Sie den osmotischen Druck folgender Lösungen:
a) 0,45 g KCl in 250 ml Wasser bei 25 °C,
b) 1,75 g Na_2SO_4 in 500 ml Wasser bei 30 °C und
c) 7,25 g $K_3[Fe(CN)_6]$ in 750 ml Wasser bei 10 °C.
Für *i* wird der theoretisch mögliche Maximalwert angenommen und das Volumen von Wasser nach Auflösen der Salze als unverändert betrachtet.

3.32. Welchen osmotischen Druck hat eine wäßrige Traubenzuckerlösung mit 1,86 g $C_6H_{12}O_6$ in 250 ml H_2O bei 25 °C?

3.33. Für Makromoleküle wie Kohlenhydrate und Proteine ist die Berechnung ihrer molaren Masse aus dem osmotischen Druck ihrer Lösungen besonders vorteilhaft. Warum wird für den wahren Wert der molaren Masse die Messung von p^* bei verschiedenen Konzentrationen durchgeführt und auf die Konzentration Null extrapoliert?

3.34. Menschliches Blut gefriert bei –0,55 °C. Wie groß ist der osmotische Druck von Blut bei 37 °C Körpertemperatur, wenn als gute Näherung gilt, daß 1 ml Blutserum 1 g H_2O enthält? Wieviel Meter Wassersäule entspechen diesem Druck?

3.35. a) Bezieht sich die Löslichkeit eines Stoffes auf das Lösemittel oder die Lösung?

b) In einer gesättigten wäßrigen Lösung eines Proteins mit einer molaren Masse von 3600 g mol^{-1} wurde ein osmotischer Druck von 26,9 kPa bei 25 °C festgestellt. Wieviel Gramm Protein sind in einem Liter Wasser enthalten und welche Stoffmengenkonzentration hat die Lösung? (Volumenänderungen werden ausgeschlossen.)

3.36. Die Membran der roten Blutzellen ist für Wasser, nicht aber für die meisten der im Innern der Zelle gelösten Stoffe (vor allem Eiweiße und Kationen) durchlässig.

a) Wie bezeichnet man diese Eigenschaft der Zellmembran?

b) Was geschieht, wenn man rote Blutkörperchen 1.) in reines Wasser und 2.) in eine konzentrierte Zuckerlösung bringt?

3.37. Berechnen Sie mit den Ergebnissen von Übung (3.12) die Massenkonzentration in g l^{-1} und die Stoffmengenkonzentration in mol l^{-1} für eine mit dem Blutserum isotonische Traubenzuckerlösung! (Bereitung der Lösung soll das Volumen nicht verändern.)

3.38. Die Lösung eines starken Elektrolyten B mit der Konzentration c_2 erweist sich als isotonisch mit einer Lösung eines Nichtelektrolyten A mit der Konzentration c_1. Welche einfache Beziehung ergibt sich daraus zwischen dem Wert i und den Konzentrationen c_1 und c_2?

3.39. Eine Lösung von $K_4[Fe(CN)_6]$ mit $c = 0{,}1$ mol l^{-1} erweist sich als isotonisch mit einer Lösung von 99,47 g Rohrzucker ($C_{12}H_{22}O_{11}$) in 750 ml Zuckerlösung.

a) Welchen van't Hoff-Faktor hat die Salzlösung?

b) Wieviel Mol osmotisch wirksame K^+- und $[Fe(CN)_6]^4$-Ionen enthält die Lösung?

c) Warum ist es in diesem Fall ausreichend, gleiche Temperatur vorauszusetzen, ohne Werte für T anzugeben?

3.40. Die Gefrierpunktserniedrigung von menschlichem Harn kann Werte bis zu 2,7 °C erreichen. Wie groß ist der diesem Maximalwert entsprechende osmotische Druck bei 20 °C, wenn 1 ml Harn 1 g Wasser enthält?

3.41. Starke Elektrolyte werden nach Debye und Hückel als vollständig dissoziiert angenommen. Der osmotische Druck sollte daher $p^* = z \cdot c \cdot R \cdot T$ (z = Anzahl der Ionen) entsprechen. Gefunden werden stets kleinere Werte. Erklären Sie diese Beobachtung!

3.42. Bei welcher Temperatur siedet eine Phosphorsäure (H_3PO_4) mit $c = 2{,}25$ mol l^{-1} und einer Dichte von 1,075 g ml^{-1}, wenn der Protolysengrad 8 % beträgt und nur die 1. Protolysenstufe zu berücksichtigen ist?

3.43. Bei der Bestimmung des osmotischen Drucks einer gesättigten Silberchloridlösung (AgCl) wurde eine Wassersäule von 0,63 cm bei 25 °C festgestellt. Berechnen Sie die Löslichkeit von AgCl in mol pro Liter Lösung und das Löslichkeitsprodukt $L(AgCl) = c(Ag^+) \cdot c(Cl^-)$. AgCl soll vollständig dissoziieren und *i* dem theoretisch möglichen Maximalwert entsprechen.

3.44. Für das Löslichkeitsprodukt von AgBr folgt aus thermodynamischen Berechnungen der Wert $5 \cdot 10^{-13}$ mol^2 l^{-2} bei 25 °C. Ist die Bestimmung des osmotischen Drucks einer gesättigten AgBr-Lösung geeignet, diesen Wert experimentell zu überprüfen? (Voraussetzungen wie unter 3.43.)

3.45. Die Messung des osmotischen Drucks ist für die Bestimmung der molaren Masse von Makromolekülen und biologisch aktiven Biopolymeren von Bedeutung. Worin sehen Sie dabei den „neuralgischen Punkt" dieser Methode?

3.46. a) Berechnen Sie die Anzahl der Grundbausteine („$NaPO_3$") eines Natriumphosphats, dessen wäßrige Lösung mit c(Phosphat) = 4,08 g pro 100 ml Lösung einen osmotischen Druck von 1217,4 kPa bei 20 °C ergibt.

b) Wieviel Mol osmotisch wirksame Teilchen sind in einem Liter Lösung enthalten?

3.47. Eine Phosphorsäure ($c(H_3PO_4) = 0{,}1$ mol l^{-1}) mit einem Protolysengrad von 12 % ergibt einen osmotischen Druck von 277,35 kPa bei 25 °C.

a) Berechnen Sie, welche von den Reaktionen

$$H_3PO_4 + H_2O \longrightarrow H_3O^+ + H_2PO_4^-$$

$$H_2PO_4^- + H_2O \longrightarrow H_3O^+ + HPO_4^{2-}$$

$$HPO_4^{2-} + H_2O \longrightarrow H_3O^+ + PO_4^{3-}$$

in den Protolysengrad eingehen?

b) Welchen osmotischen Druck würde eine Lösung ergeben, in der alle 3 Protolysenstufen vollständig ablaufen?

3.48. Makromoleküle sind aus kleineren Molekülen, den Monomeren, aufgebaut. In Lösung bilden sie in der Regel Moleküle unterschiedlicher Größe, so daß die molare Masse nicht einheitlich ist. Es soll die durchschnittliche Anzahl der Monomere pro gelöstes Makromolekül in einer Lösung berechnet werden, die bei 6,25 g Substanz in 100 ml Lösung einen osmotischen Druck von 0,88 kPa bei 25 °C erzeugt.

3.49. Welche Voraussetzung muß eine Substanz erfüllen, damit ihre molare Masse mit der Methode der Siedepunktserhöhung bestimmt werden kann?

3.50. Die Elementaranalyse eines organischen Nichtelektrolyten ergab 40% Kohlenstoff, 6,66 % Wasserstoff und 53,33 % Sauerstoff. 100 ml einer wäßrigen Lösung, die 1,8 g dieser Substanz enthalten, weisen einen osmotischen Druck von 247,64 kPa bei 25 °C auf. Wie lautet die Summenformel der unbekannten Substanz?

3.51. Bestimmen Sie die Siedetemperatur einer 8%igen $SrCl_2$-Lösung, wenn für den van't Hoff-Faktor der theoretisch mögliche Maximalwert gilt!

3.52. In 100 g Lösung sind 1,75 g KCl und 2,58 g $SrCl_2$ enthalten. Berechnen Sie den osmotischen Druck der Lösung bei 25 °C! Vollständige Dissoziation und maximaler i-Wert werden vorausgesetzt.

3.53. Eine Lösung enthält 4,25 % Salze. Davon sind 75 % Na_2SO_4 und 25 % $K_3[Fe(CN)_6]$. Berechnen Sie den Gefrierpunkt der Lösung! (Voraussetzungen wie bei 3.52.)

3.54. 9,5 g $K_4[Fe(CN)_6]$ sind isotonisch mit einer Lösung von 18 g des Nichtelektrolyten $C_6H_{12}O_6$ im gleichen Volumen gelöst. Welchen Wert hat der van't Hoff-Faktor des Elektrolyten bei dieser Konzentration?

3.55. Zwei Lösungen von je 106 g werden nebeneinander langsam abgekühlt. Die eine enthält 6 g Harnstoff ($CO(NH_2)_2$) und die andere 6 g Rohrzucker ($C_{12}H_{22}O_{11}$).

a) Bei welchen Temperaturen wird das Gefrieren der Lösungen beobachtet?

b) Wieviel Gramm Eis hat sich in der Lösung mit dem höheren Gefrierpunkt abgeschieden, wenn in der anderen Lösung das Gefrieren einsetzt?

3.56. Eine wäßrige Harnstoff-Lösung enthält 0,5 mol, eine $H_2C_2O_4$-Lösung (Oxalsäure) 0,25 mol gelösten Stoff. Beide Lösungen wurden mit der jeweils gleichen Masse Lösungsmittel hergestellt. Berechnen Sie den Protolysengrad von Oxalsäure, wenn beide Lösungen bei der gleichen Temperatur sieden!

4 Säure-Base-Reaktionen

Reaktionen in wäßriger Lösung und in nichtwäßrigen Systemen werden auf vielfältige Weise von Säuren und Basen beeinflußt. Das betrifft die Kondensations- und Hydrolyse-Reaktionen anorganischer Verbindungen wie Silikate, Aluminate und Phosphate ebenso wie die Wirksamkeit katalytisch aktiver Verbindungen bei biochemischen Vorgängen. Als Puffer bezeichnete Säure-Base-Kombinationen garantieren einen konstanten pH-Wert, der für die Aktivität von Enzymen, Antikörpern und anderen Eiweißstoffen in biologischen Systemen eine lebenswichtige Bedeutung hat. In der analytischen Chemie sind eine Reihe von Bestimmungen und Nachweisen mit Säure-Base-Reaktionen verbunden.

4.1 Grundlagen

Nach der Definition von Arrhenius sind Säuren Stoffe, die in Wasser unter Bildung von Wasserstoff-Ionen und Anionen dissoziieren:

$$HX \longrightarrow H^+ + X^-$$

$$(HCl \longrightarrow H^+ + Cl^-)$$

Mit $H^+(aq)$ wird zum Ausdruck gebracht, daß Ionen in wäßriger Lösung stets hydratisiert vorliegen und deshalb zum Beispiel die Dissoziation von HCl in Wasser mit

$$HCl \longrightarrow H^+(aq) + Cl^-(aq)$$

zu beschreiben ist. Basen sind Verbindungen, die in wäßriger Lösung hydratisierte Hydroxidionen $OH^-(aq)$ bilden:

$$MeOH + H_2O \longrightarrow Me^+(aq) + OH^-(aq)$$

$$(NaOH + H_2O \longrightarrow Na^+(aq) + OH^-(aq))$$

Zu den Basen gehören die Metallhydroxide, die bereits im festen Zustand aus Metall- und OH^--Ionen aufgebaut sind. Oxide lassen sich in das Arrhenius-Konzept einfügen. Nichtmetalloxide sind saure Oxide, weil sie mit Wasser unter Bildung von $H^+(aq)$ reagieren:

$$N_2O_5 + H_2O \longrightarrow 2\ H^+(aq) + 2\ NO_3^-(aq)$$

Die ionisch aufgebauten Metalloxide sind basische Oxide, weil ihre Oxidionen O^{2-} beim Lösen in Wasser Hydroxidionen bilden:

$$O^{2-} + H_2O \longrightarrow 2\ OH^-(aq)$$

Die Reaktion einer Säure mit einer Base

$$H^+(aq) + Cl^-(aq) + Na^+(aq) + OH^-(aq) \longrightarrow H_2O + Na^+(aq) + Cl^-(aq)$$

wird als Neutralisation bezeichnet und vereinfacht als Netto-Ionengleichung formuliert:

$$H^+ + OH^- \longrightarrow H_2O \quad \text{bzw.} \quad H_3O^+ + OH^- \longrightarrow 2\ H_2O$$

Das Arrhenius-Konzept ist auf wäßrige Lösungen beschränkt und erfaßt keine anderen protonenhaltigen Lösemittel. Später entwickelte Konzepte sind allgemeiner anwendbar.

Lewis-Konzept: Von Lewis wurde eine Theorie entwickelt, die die Knüpfung einer Atombindung zwischen zwei Teilchen (Molekülen oder Ionen) als Säure-Base-Reaktion formuliert. Basen sind nach Lewis Teilchen, die über ein einsames Elektronenpaar verfügen, mit dem eine kovalente Bindung zu einem anderen Atom, Ion oder Molekül geknüpft werden kann. Säuren sind dann alle Teilchen, die sich an das freie Elektronenpaar einer Base durch Ausbildung einer echten kovalenten Bindung anlagern können.

Basen sind Elektronenpaar-Donatoren und Säuren sind Elektronenpaar-Akzeptoren.

Säuren sind elektrophil („elektronenliebend") und Basen, da sie dem Atomkern ein Elektronenpaar geben, nucleophil („kernliebend"). Nach Lewis ist z.B. die Reaktion von Bortrifluorid mit Ammoniak

$$F_3B + :NH_3 \longrightarrow F_3B:NH_3$$

eine Säure-Base-Reaktion, in der die Säure BF_3 mit dem freien Elektronenpaar (:) der Base NH_3 eine kovalente Bindung ausbildet. Ein Säuremolekül nach Lewis muß demnach eine „Elektronenlücke" haben, die mit dem Elektronenpaar der Base besetzt werden kann. Das Proton ist nur eine unter vielen Lewis-Säuren. Auch die Bildung vieler Komplexverbindungen wird als Säure-Base-Reaktion aufgefaßt:

Säure	+ Base	→	Komplex
Cu^{2+}	+ 4 $(:NH_3)$	→	$[Cu(NH_3)_4]^{2+}$
SiF_4	+ 2 F^-	→	SiF_6^{2-}
$SnCl_4$	+ 2 Cl^-	→	$SnCl_6^{2-}$
Ni	+ 4 (:CO)	→	$Ni(CO)_4$

Nach dem Lewis-Konzept ist die Reaktion

$$HCl + H_2O \longrightarrow H_3O^+ + Cl^-$$

eine Verdrängungsreaktion, bei der die an das Proton gebundene schwache Base Cl^- von der stärkeren Base H_2O verdrängt wird. Eine Basenverdrängung wird nucleophile Verdrängungsreaktion genannt. Betrachtet man NOCl aus NO^+ und Cl^- aufgebaut, läßt sich

$$NOCl + AlCl_3 \longrightarrow NO^+ + AlCl_4^-$$

als Verdrängung der schwachen Säure NO^+ durch die stärkere Säure $AlCl_3$ formulieren. Eine Säureverdrängung bezeichnet man als elektrophile Verdrängungsreaktion. Nach Lewis können Säure-Base-Reaktionen unabhängig von Lösemitteln auch im Gasraum oder zwischen festen Phasen ablaufen.

Brönsted-Konzept: Für die quantitative Behandlung von Säure-Base-Reaktionen hat sich das Konzept von Brönsted als besonders zweckmäßig erwiesen. Säuren (*s*) sind Verbindungen, die Protonen abgeben und dabei in ihre konjugierte

Base (b) übergehen:

$$s \longrightarrow b + H^+$$

$$(HCl \longrightarrow Cl^- + H^+)$$

Basen (b) sind Verbindungen, die Protonen aufnehmen und dabei in ihre konjugierte Säure (s) übergehen:

$$b + H^+ \longrightarrow s$$

$$(NH_3 + H^+ \longrightarrow NH_4^+)$$

Ein durch Abgabe und Aufnahme eines Protons verbundenes Paar nennt man konjugiertes (korrespondierendes) Säure-Base-Paar. Erst die Kopplung zweier konjugierter Säure-Base-Paare ergibt eine Säure-Base-Reaktion. In Wirklichkeit enthalten Säuren keine H^+-Ionen, sondern die durch „Dissoziation" entstandenen H^+-Ionen werden von einem freien Elektronenpaar eines H_2O-Moleküls gebunden, so daß H_3O^+-Ionen (Oxoniumionen) entstehen.

$$\begin{array}{lcl} HCl & \longrightarrow & Cl^- + H^+ \\ H^+ + H_2O & \longrightarrow & H_3O^+ \\ \hline HCl + H_2O & \longrightarrow & H_3O^+ + Cl^- \end{array} \qquad \begin{array}{rcl} s_1 & \longrightarrow & b_1 + H^+ \\ H^+ + b_2 & \longrightarrow & s_2 \\ \hline s_1 + b_2 & \longrightarrow & s_2 + b_1 \end{array}$$

Wasser kann in Säure-Base-Reaktionen auch als Säure wirken:

$$\begin{array}{lcl} H_2O & \longrightarrow & OH^- + H^+ \\ H^+ + NH_3 & \longrightarrow & NH_4^+ \\ \hline H_2O + NH_3 & \longrightarrow & NH_4^+ + OH^- \end{array} \qquad \begin{array}{rcl} s_1 & \longrightarrow & b_1 + H^+ \\ H^+ + b_2 & \longrightarrow & s_2 \\ \hline s_1 + b_2 & \longrightarrow & s_2 + b_1 \end{array}$$

Säure-Base-Reaktionen sind Protonenübertragungsreaktionen. Dabei wirken Säuren als Protonendonatoren und Basen als Protonenakzeptoren.

Protolysen: Säure-Base-Reaktionen werden auch als Protolysen bezeichnet. Protolysen sind Gleichgewichtsreaktionen:

$$s_1 + b_2 \rightleftarrows s_2 + b_1 \tag{4.1}$$

(4.1) ist die allgemeine Protolysen-Gleichung. Säuren und Basen werden auch Protolyte genannt.

Ampholyte: Verbindungen, die wie Wasser sowohl als Säuren als auch als Basen reagieren können, nennt man Ampholyte und bezeichnet ihr Verhalten als amphoter:

$$\begin{array}{lcl} H_2O & \rightleftarrows & OH^- + H^+ \\ H^+ + H_2O & \rightleftarrows & H_3O^+ \\ \hline H_2O + H_2O & \rightleftarrows & H_3O^+ + OH^- \end{array} \qquad \begin{array}{rcl} s_1 & \rightleftarrows & b_1 + H^+ \\ H^+ + b_2 & \rightleftarrows & s_2 \\ \hline s_1 + b_2 & \rightleftarrows & s_2 + b_1 \end{array}$$

Autoprotolyse: Erfolgt der Protonenübergang zwischen zwei Molekülen derselben Verbindung, sprechen wir von Autoprotolyse. Bei der Autoprotolyse des Ampholyten Wasser ist H_2O die konjugierte Säure zu OH^- und die konjugierte Base zu H_3O^+.

Das Brönsted-Konzept erfaßt auch nichtwäßrige protonenhaltige Lösemittel. Für alle derartigen Systeme gilt: Säuren sind Verbindungen, die beim Lösen das Kation, Basen sind Verbindungen, die beim Lösen das Anion des Lösemittels ergeben. Kation und Anion eines nichtwäßrigen Lösemittels entstehen in Analogie zum Lösemittel Wasser durch Autoprotolyse.

Tab.4.1 Autoprotolyse einiger Verbindungen

Ampholyt		Autoprotolyse		
		Säure	+	Base
$2\ CH_3COOH$	$\rightleftarrows$	$CH_3COOH_2^+$	+	CH_3COO^-
$2\ C_2H_5OH$	$\rightleftarrows$	$C_2H_5OH_2^+$	+	$C_2H_5O^-$
$3\ HF$	$\rightleftarrows$	H_2F^+	+	HF_2^-
$2\ NH_3$	$\rightleftarrows$	NH_4^+	+	NH_2^-
$2\ H_2O$	$\rightleftarrows$	H_3O^+	+	OH^-
$2\ H_2SO_4$	$\rightleftarrows$	$H_3SO_4^+$	+	HSO_4^-

Das Kation des Autoprotolysen-Gleichgewichts ist die stärkste existenzfähige Säure, das Anion die stärkste existenzfähige Base des betreffenden Systems.

Beispiel:
In flüssigem Ammoniak löst sich Ammoniumchlorid als NH_4^+-Kationen und Cl^--Anionen. Die solvatisierten NH_4^+-Kationen bilden eine Säure. In flüssigem Ammoniak gelöstes Natriumamid zerfällt in Na^+-Kationen und NH_2^--Anionen. Die solvatisierten NH_2^--Anionen sind in diesem Fall eine Base.

Neutralisation: Die konjugierte Säure und die konjugierte Base des Lösemittels reagieren miteinander zu Molekülen des Lösemittels:

$$H_3O^+ + OH^- \rightleftarrows H_2O + H_2O$$
$$s_1 \quad b_2 \quad \rightleftarrows \quad s_2 \quad b_1$$
$$NH_4^+ + NH_2^- \rightleftarrows NH_3 + NH_3$$
$$s_1 \quad b_2 \quad \rightleftarrows \quad s_2 \quad b_1$$

Nach Brönsted können Moleküle und Ionen als Säure bzw. Base reagieren.

Tab.4.2 Säuren und Basen nach dem Brönsted-Konzept

	Säure $\rightleftarrows$		Base	+	Proton
Neutralsäure	HCl	Anionbase	Cl^-	+	H^+
	HNO_3		NO_3^-	+	H^+
	H_2SO_4		HSO_4^-	+	H^+
	H_3PO_4		$H_2PO_4^-$	+	H^+
Anionensäure	HSO_4^-		SO_4^{2-}	+	H^+
	$H_2PO_4^-$		HPO_4^{2-}	+	H^+
	HPO_4^{2-}		PO_4^{3-}	+	H^+
Kationensäure	NH_4^+	Neutralbase	NH_3	+	H^+
	$[Al(H_2O)_6]^{3+}$	Kationbase	$[Al(H_2O)_5OH]^{2+}$	+	H^+

Wie die Beispiele H_2SO_4 und H_3PO_4 zeigen, sind die Produkte der stufenweisen Reaktion mehrprotoniger Säuren (HSO_4^-, $H_2PO_4^-$, HPO_4^{2-}) Ampholyte. Ein amphoteres Teilchen reagiert als Säure, wenn der Reaktionspartner eine starke Base ist, es reagiert als Base, wenn er eine starke Säure ist.

Beispiel:
Reaktion von HPO_4^{2-} bei Zugabe einer starken Säure und einer starken Base.

Säurezugabe $HPO_4^{2-}(b) + H^+ \rightleftarrows H_2PO_4^-(s)$

Basenzugabe $HPO_4^{2-}(s) + OH^- \rightleftarrows PO_4^{3-}(b) + H_2O$

Stärke von Säuren und Basen: Die Tendenz, Protonen abzugeben bzw. aufzunehmen, bestimmt die Säure- bzw. Basenstärke einer Substanz. Für konjugierte Säure-Base-Paare gilt, daß stets eine starke Säure mit einer schwachen Base korrespondiert und umgekehrt. Die Lage des Gleichgewichts einer Säure-Base-Reaktion begünstigt immer die Bildung der schwächeren Säure und der schwächeren Base.

Beispiel:

zunehmende Säurestärke $\longrightarrow$

H_2O, NH_4^+, H_2S, CH_3COOH, H_3PO_4, H_3O^+, HCl, $HClO_4$

OH^-, NH_3, HS^-, CH_3COO^-, $H_2PO_4^-$, H_2O, Cl^-, ClO_4^-

$\longleftarrow$ *zunehmende Basenstärke*

HCl ist eine stärkere Säure als H_3O^+, denn sie zeigt die stärkere Tendenz zur Protonenabgabe. H_2O ist eine stärkere Base als Cl^-, da es im Wettstreit mit Cl^- die Protonen bindet. Das Gleichgewicht der Reaktion $HCl + H_2O \rightleftarrows H_3O^+ + Cl^-$ liegt somit zugunsten der rechten Seite.

Beispiel:
Auf welcher Seite liegt das Gleichgewicht

$$CH_3COOH(s_1) + H_2O(b_2) \rightleftarrows CH_3COO^-(b_1) + H_3O^+(s_2)?$$

CH_3COOH ist eine schwächere Säure als H_3O^+ und zeigt die geringere Tendenz zur H^+-Abgabe. Im Gleichgewicht liegt mehr CH_3COOH als H_3O^+ vor. H_2O ist eine schwächere Base als CH_3COO^- und bildet darum weniger H_3O^+-Ionen als CH_3COO^- Essigsäuremoleküle. Das Gleichgewicht ist weitgehend auf der Seite der schwächeren Säure CH_3COOH und schwächeren Base H_2O.

Die Säure- bzw. Basenstärke einer Verbindung wird auch vom Lösemittel beeinflußt. Je stärker basisch das Lösemittel ist, desto stärker sauer ist der gelöste Stoff. Je stärker sauer das Lösemittel, desto stärker basisch ist der gelöste Stoff.

Beispiel:
Fluorwasserstoff HF ist im Vergleich zum amphoteren H_2O ein saures Lösemittel und hat eine viel stärkere Neigung, Protonen an andere Stoffe abzugeben. HNO_3, in H_2O eine starke Säure, reagiert in flüssigem HF als Base:

	HNO_3	$\rightleftarrows$	NO_3^-	+ H^+				$2\,HF$	$\rightleftarrows$	HF_2^-	+	H^+
H^+	+ H_2O	$\rightleftarrows$	H_3O^+			H^+	+	HNO_3	$\rightleftarrows$	$H_2NO_3^+$		
HNO_3	+ H_2O	$\rightleftarrows$	H_3O^+	+	NO_3^-	HNO_3	+	$2\,HF$	$\rightleftarrows$	$H_2NO_3^+$	+	HF_2^-
s_1	b_2		b_1		s_2	**b_2**		s_1		s_2		b_1

Die Säuren $HClO_4$, HCl und HNO_3 sind stärker sauer als H_3O^+, ihre Lösungen zeigen bei gleicher Konzentration die gleiche Säurestärke. Man sagt, Wasser hat auf Säuren, die stärker als H_3O^+ sind, einen nivellierenden Effekt.

Nivellierender Effekt des Lösemittels: Eine Säure kann nicht stärker sauer sein als die konjugierte Säure (Kation) und eine Base nicht stärker basisch als die konjugierte Base(Anion) des Lösemittels. Wasser wirkt auf Basen nivellierend, indem stärker basische Teilchen als OH^- Protonen unter OH^--Bildung aufnehmen. Ein Beispiel ist die sehr starke Base NH_2^-, deren Basizität durch

$$NH_2^- + H_2O \longrightarrow NH_3 + OH^-$$

auf das Niveau von OH^- herabgesetzt wird.

4.2 Quantitative Beschreibung von Säure-Base-Reaktionen

Bei der quantitativen Behandlung von Säure-Base-Reaktionen ist zwischen starken und schwachen Säuren und Basen zu unterscheiden. Starke Säuren und Basen reagieren mit Wasser praktisch vollständig, so daß sich Gleichgewichtskonstanten erübrigen. Die Reaktionen schwacher Säuren und Basen mit Wasser hingegen sind echte Gleichgewichtsreaktionen. Man bezeichnet sie als Protolysen-Gleichgewichte.

4.2.1 Protolysen-Gleichgewichte in Lösemitteln

Da die Autoprotolyse von Lösemitteln eine Gleichgewichtsreaktion ist, läßt sich das MWG anwenden. Für Wasser erhält man

$$c(H_3O^+) \cdot c(OH^-) / c^2(H_2O) = K$$

Da $c(H_2O) = 55{,}5\ mol\ l^{-1}$ für verdünnte Lösungen als konstant betrachtet wird, folgt daraus die Gleichung

$$c(H_3O^+) \cdot c(OH^-) = K \cdot c^2(H_2O) = K_w = 10^{-14}\ mol^2\ l^{-2} \qquad (4.2)$$

K_w ist das Ionenprodukt des Wassers. In reinem Wasser beträgt $c(H_3O^+) = 10^{-7}\ mol\ l^{-1}$. Wird eine Säure in Wasser gelöst, ist $c(H_3O^+) > 10^{-7}\ mol\ l^{-1}$ und $c(OH^-) < 10^{-7}\ mol\ l^{-1}$. Bei Basenzugabe wird $c(H_3O^+) < 10^{-7}\ mol\ l^{-1}$ und $c(OH^-) > 10^{-7}\ mol\ l^{-1}$. Wir erhalten eine saure bzw. basische Lösung. Mit den Definitionen

$$pH = -\log c(H_3O^+)$$
$$pOH = -\log c(OH^-)$$
$$pK_w = -\log K_w$$

erhält man für das Ionenprodukt des Wassers

$$pH + pOH = pK_w = 14 \qquad (4.3)$$

Zur Charakterisierung von Säuren und Basen hat man sich auf den pH-Wert geeinigt:

pH = 7 neutrale Lösungen
pH < 7 saure Lösungen
pH > 7 basische Lösungen

Eine pH-Erniedrigung um eine Einheit entspricht einer Verzehnfachung von $c(H_3O^+)$, eine analoge Erhöhung bedeutet Abnahme von $c(H_3O^+)$ auf 1/10 des ursprünglichen Wertes. In den Lösungen kann $c(H_3O^+)$ und $c(OH^-)$ durch Säure- bzw. Laugenzusatz in weiten Grenzen geändert werden, das Ionenprodukt K_w bleibt jedoch konstant.
Die Autoprotolyse von nichtwäßrigen Lösemitteln wird in Analogie zum Ionenprodukt K_w mit der Autoprotolyse-Konstante K_a bzw. ihrem Exponenten angegeben:

$$pK_a = -\log K_a$$

Tab.4.3. pK_a-Werte für verschiedene Lösemittel

Lösemittel	Autoprotolyse					pK_a
H_2O	$2\,H_2O$	$\rightleftarrows$	H_3O^+	+	OH^-	14,0
NH_3	$2\,NH_3$	$\rightleftarrows$	NH_4^+	+	NH_2^-	29,8
C_2H_5OH	$2\,C_2H_5OH$	$\rightleftarrows$	$C_2H_5OH_2^+$	+	$C_2H_5O^-$	18,9
CH_3COOH	$2\,CH_3COOH$	$\rightleftarrows$	$CH_3COOH_2^+$	+	CH_3COO^-	12,6
HF	3 HF	$\rightleftarrows$	H_2F^+	+	HF_2^-	9,7
H_2SO_4	$2\,H_2SO_4$	$\rightleftarrows$	$H_3SO_4^+$	+	HSO_4^-	3,6
H_3PO_4	$2\,H_3PO_4$	$\rightleftarrows$	$H_4PO_4^+$	+	$H_2PO_4^-$	2,0

Für jedes Lösemittel kann nur innerhalb eines bestimmtem pK_s-Bereiches zwischen verschiedenen Säurestärken unterschieden werden. Der Bereich der Säurestärken ist um so größer, je geringer die Autoprotolyse des Lösemittels ist. So sind zum Beispiel die K_s-Werte von Säuren in flüssigem NH_3 mit $pK_a = 29{,}8$ im allgemeinen um den Faktor 10^{10} größer als in H_2O mit $pK_w = 14$.

Beispiel:

$pK_s(NH_4^+)$ in Wasser $= 9{,}3$

$pK_s(NH_4^+)$ in flüssigem NH_3 $= -1{,}62$

4.2.2 Protolysen starker Säuren und Basen

Bei der Berechnung von $c(H_3O^+)$ starker Säuren und Basen sind keine Gleichgewichtskonzentrationen zu berücksichtigen. Für einprotonige starke Säuren ist

$$c(H_3O^+) = C_o(s) \qquad (4.4)$$

Gleichung (4.4) gilt auch für mehrprotonige starke Säuren, wenn die erste Protolysenstufe um mehrere Zehnerpotenzen größer ist als die anderen Stufen. Sind bei einer zweiprotonigen starken Säure beide Protolysestufen annähernd gleich groß, setzt man

$$c(H_3O^+) = 2 \cdot C_o(s) \qquad (4.5)$$

Für einprotonige starke Basen mit $c(OH^-) = C_o(b)$ ist

$$c(H_3O^+) = K_w/C_o(b) \qquad (4.6)$$

Für zweiprotonige starke Basen, für die näherungsweise $c(OH^-) = 2\ C_o(b)$ gilt, ist

$$c(H_3O^+) = K_w/2 \cdot C_o(b) \qquad (4.7)$$

Beispiel:
Wie groß sind $c(H^+)$, $c(OH^-)$ und pH-Wert für eine HCl ($c(HCl) = 0{,}048$ mol l^-1)?
Der Anteil H^+-Ionen, der aus der Dissoziation des Wassers stammt, kann vernachlässigt werden:

$$c(H_3O^+) = 0{,}048 \text{ mol } l^{-1},\ pH = -\log c(H^+) = -\lg 0{,}048$$

$$pH = 1{,}32$$

$$c(OH^-) = K_w/c(H^+) = 10^{-14}/0{,}048 = 2{,}08 \cdot 10^{-13} \text{ mol } l^{-1}$$

Beispiel:
Welchen pH-Wert hat eine NaOH ($c(NaOH) = 0{,}0028$ mol l^-1)?

$$c(OH^-) = C_o(NaOH),\ c(OH^-) = 0{,}0028 \text{ mol } l^{-1}$$

$$pOH = -\log c(OH^-) = 2{,}55$$

$$pH = pK_w - pOH = 14 - 2{,}55 = 11{,}45$$

Beispiel:
Wie groß sind $c(H^+)$ und $c(OH^-)$ in einer Lösung mit pH = 9,64?

$$c(H^+) = 10^{-pH} = 10^{-9{,}64}$$

$$c(H^+) = 2{,}29 \cdot 10^{-10} \text{ mol } l^{-1}$$

$$c(OH^-) = 10^{-14}/2{,}29 \cdot 10^{-10} = 4{,}36 \cdot 10^{-5} \text{ mol } l^{-1}$$

4.2.3 Protolysen schwacher Säuren und Basen

Für die Protolyse einer schwachen Säure HA

$$HA + H_2O \rightleftarrows H_3O^+ + A^- \qquad (4.8)$$

$$(HCN + H_2O \rightleftarrows H_3O^+ + CN^-)$$

ergibt das MWG mit $c(H_2O)$ = konstant die Gleichung

$$c(H_3O^+) \cdot c(A^-)/c(HA) = K_s \qquad (4.9)$$

Für die Protolyse einer schwachen Base B

$$B + H_2O \rightleftarrows BH^+ + OH^- \qquad (4.10)$$

$$(NH_3 + H_2O \rightleftarrows NH_4^+ + OH^-)$$

erhält man

$$c(BH^+) \cdot c(OH^-)/c(B) = K_b \qquad (4.11)$$

K_s und K_b werden als Säure- bzw. Basekonstante und ihre negativen dekadischen Logarithmen als Gleichgewichtsexponenten

$$-\log K_s = pK_s$$

$$-\log K_b = pK_b$$

bezeichnet. Das Produkt aus Säure- und Basekonstante eines konjugierten Säure-Base-Paares ist gleich dem Ionenprodukt des Wassers:

$$K_w = K_s \cdot K_b \qquad (4.12)$$

$$pK_w = pK_s + pK_b$$

Bei der stufenweisen Protolyse mehrprotoniger Säuren besitzt jede Protolysenstufe ihren eigenen charakteristischen pK_s-Wert. Die Protolysenprodukte relativ starker mehrprotoniger Säuren sind relativ schwache Säuren bzw. schwache Basen. Da ganz allgemein die Säurekonstanten mehrprotoniger Säuren

$$H_2A + H_2O \rightleftarrows H_3O^+ + HA^-$$

$$HA^- + H_2O \rightleftarrows H_3O^+ + A^{2-}$$

um mehrere Zehnerpotenzen auseinanderliegen, wird die Konzentration $c(HA^-)$ durch die Bildung von A^{2-} aus HA^- in der zweiten Protolysestufe kaum beeinflußt. In guter Näherung kann deshalb die 1. Protolysenstufe als unabhängig von der zweiten angenommen und H_2A als einprotonige Säure behandelt werden. Für die Konzentration von A^{2-} schwacher Säuren H_2A ist

$$c(A^{2-}) = K_{s2} \qquad (4.13)$$

4.2.4 Berechnung von Protolysen-Gleichgewichten

Für jede Protolyse lassen sich die Gleichgewichtskonzentrationen exakt berechnen. Für eine exakte Lösung benötigt man so viele Gleichungen wie unbekannte Konzentrationen am Gleichgewicht beteiligt sind. Für schwache Säuren sind das 4 Gleichungen:

1. MWG	$K_s = [c(H_3O^+) \cdot c(A^-)]/c(HA)$
2. K_w	$K_w = c(H_3O^+) \cdot c(OH^-) = 10^{-14}$
3. Elektroneutralitätsbedingung	$c(H_3O^+) = c(A^-) + c(OH^-)$
4. Massenerhaltungssatz	$C_o(HA) = c(HA) + c(A^-)$

Mit diesen Gleichungen läßt sich ein etwas komplizierter Ausdruck für $c(H_3O^+)$ und die pH-Berechnung ableiten. Weniger aufwendig ist eine Näherungsrechnung, die in den meisten Fällen ausreichend genaue Werte ergibt. Für schwache Säure erhält man

$$c(H_3O^+) = [K_s \cdot C_o(s)]^{1/2}$$

$$pH = 1/2\ pK_s - 1/2 \log C_o(s) \qquad (4.14)$$

und bei gegebenem K_b-Wert der konjugierten Base:

$$c(H_3O^+) = [K_w/K_b \cdot C_o(s)]^{1/2}$$

$$pH = 7 - 1/2\ pK_b - 1/2 \log C_o(s) \qquad (4.15)$$

Ist die Säurekonstante K_s sehr klein und die Konzentration so gering, daß $C_o(s) \cdot K_s < 10^{-12}$ ist, muß die Autoprotolyse von Wassers berücksichtigt werden:

$$c(H_3O^+) = (K_s\,C_o(s) + K_w)^{1/2}$$

$$pH = -1/2 \cdot \log[K_s\,C_o(s) + K_w] \qquad (4.16)$$

Für die Lösung einer schwachen Base ergibt sich

$$c(H_3O^+) = K_w \cdot [1 / K_b\,C_o(b)]^{1/2}$$

$$pH = 14 - 1/2\; pK_b + 1/2 \log C_o(b) \qquad (4.17)$$

$$c(H_3O^+) = [K_w\,K_s / C_o(b)]^{1/2}$$

$$pH = 7 + 1/2\; pK_s + 1/2 \log C_o(b) \qquad (4.18)$$

4.2.4.1 Protolysen-Gleichgewichte in Salzlösungen

Wäßrige Lösungen einer Reihe von Salzen wie NaCl, KNO_3 oder Na_2SO_4 sind neutral. Lösungen von Salzen wie NH_4Cl, $Al_2(SO_4)_3$ oder CH_3COONa reagieren jedoch sauer oder basisch. Nach Brönsted ist das unterschiedliche Verhalten von Salzlösungen eine Folge der beim Auflösen der Salze eintretenden protolytischen Reaktionen. Protolytische Reaktionen zeigen demnach Salze, deren Kation oder Anion verhältnismäßig starke Protolyte sind, das saure bzw. basische Verhalten ist auf die Protolyse von Kationensäure bzw. Anionenbase zurückzuführen.

Beispiel:
Wie reagiert eine Natriumacetat-Lösung?
Die Lösung enthält entsprechend der Reaktion

$$CH_3COONa + H_2O \longrightarrow CH_3COO^-(aq) + Na^+(aq)$$

die sehr schwache Brönsted-Säure $Na^+(aq)$ und die weniger schwache Brönsted-Base $CH_3COO^-(aq)$. $Na^+(aq)$ als sehr schwache Säure reagiert nicht mit H_2O und ist auf den pH-Wert ohne Einfluß. CH_3COO^- als relativ starke Base protolysiert

$$CH_3COO^-(b_2) + H_2O(s_1) \rightleftarrows CH_3COOH(s_2) + OH^-(b_1)$$

und bewirkt durch die gebildeten OH^--Ionen eine alkalische Reaktion der Lösung.

Beispiel:
Wie reagiert eine Ammoniumchlorid-Lösung?
Von den in Lösung vorliegenden Ionen $NH_4^+(aq)$ und $Cl^-(aq)$ ist nur die Kationsäure NH_4^+ ein verhältnismäßig starker Protolyt. Die bei ihrer Protolyse

$$NH_4^+(s_1) + H_2O(b_2) \rightleftarrows NH_3(b_1) + H_3O^+(s_2)$$

entstehenden H_3O^+-Ionen ergeben eine saure Lösung.

Für Salzlösungen ergeben sich folgende drei Möglichkeiten:

1. Von den Ionen eines Salzes hat die Kationensäure einen kleineren p*K*-Wert als die Anionenbase

$pK_s < pK_b$ $\quad K_s > K_b$ $\quad$ pH < 7 = saure Lösung,

2. der p*K*-Wert der Säure ist größer als der p*K*-Wert der Base,

$pK_s > pK_b$ $\quad K_s < K_b$ $\quad$ pH > 7 = basische Lösung,

3. die pK-Werte für Anionenbase und Kationensäure sind gleich,

pK_s = pK_b $K_s = K_b$ pH = 7 = neutrale Lösung

Protolysengrad: Das Ausmaß der Protolyse ist dem Protolysengrad P zu entnehmen. P ist der Bruchteil der Gesamtkonzentration C_o, der einer Protolyse unterliegt. Aus der allgemeinen Protolysengleichung folgt für P

$$P = c(s_2)/C_o = c(b_1)/C_o \quad (4.19)$$

$$P = [C_o - c(s_1)]/C_o = [C_o - c(b_2)]/C_o \quad (4.20)$$

und als Näherungen mit ausreichender Genauigkeit

$$P = (K_s/C_o)^{1/2} \quad (4.21)$$

$$P = (K_b/C_o)^{1/2} \quad (4.22)$$

Beispiel:
In 400 ml Lösung befinden sich 1,30 g KCN. Welchen Wert hat P, wenn der pK_b-Wert 4,6 beträgt?

Protolyse: $CN^- + H_2O \rightleftarrows HCN + OH^-; (K_b)$

$M(KCN) = 65$ g mol^{-1} ; 1,30 g KCN ≙ 0,02 mol KCN. Diese Stoffmenge in 400 ml Lösung entspricht einer Konzentration $C_o(b) = 0{,}05$ mol l^{-1} CN^-. Daraus folgt

$$P = (K_b/C_o)^{1/2} = (2{,}51 \cdot 10^{-5}/0{,}05)^{1/2} = 0{,}022.$$

2,2 % des gelösten KCN unterliegen der Protolyse.

Mitunter werden diese Reaktionen noch als Hydrolyse bezeichnet und als Umkehrung der Neutralisation aufgefaßt. Hydrolyse als Reaktionstyp ist im Brönsted-Konzept überflüssig und sollte nur noch Reaktionen bezeichnen, bei denen es zur Spaltung von Atombindungen durch Wasser kommt. Ein Beispiel dafür ist die Umsetzung von Siliciumtetrachlorid mit Wasser zu Kieselsäure und HCl:

$$SiCl_4 + 4\ H_2O \longrightarrow H_4SiO_4 + 4\ HCl$$

4.2.4.2 Protolysen-Gleichgewichte in Ampholytlösungen

Hydrogensalze wie zum Beispiel $NaHCO_3$, NaHS, $NaHSO_3$ und Na_2HPO_4 enthalten Anionen, die amphoter sind. Als Ampholyte bilden sie in Lösungen die Gleichgewichte

$$HA^- + H_2O \rightleftarrows H_3O^+ + A^{2-}$$

$$HA^- + H_2O \rightleftarrows H_2A + OH^-$$

und können außerdem eine Säure-Base-Disproportionierung eingehen, die der Autoprotolyse von Lösemitteln entspricht:

$HA^-(s_1)$	$\rightleftarrows H^+ + A^{2-}(b_1)$	Säureverhalten (K_s)
$HA^-(b_2) + H^+$	$\rightleftarrows H_2A(s_2)$	Basenverhalten (K_b)
$2\ HA^-(s_1, b_2)$	$\rightleftarrows H_2A(s_2) + A^{2-}(b_1)$	Autoprotolyse (K_a)

Die Lage der Gleichgewichte ist vom pH der Lösung abhängig.

Isoelektrischer Punkt: Entstehen Säure und Base in gleicher Menge, spricht man vom isoelektrischen Punkt der Lösung. Voraussetzung dafür ist, daß das Ausmaß der Autoprotolyse weitaus größer ist als das der protolytischen Reaktion mit Wasser. Für den pH-Bereich, in dem ein Ampholyt am beständigsten ist, wird diese Bedingung in guter Näherung erfüllt, so daß am isoelektrischen Punkt

$$c(A^{2-}) + c(H_2A)/c(HA^-) = \text{Minimum}$$

gilt. Wird der K_s-Wert für das Säureverhalten des Ampholyten als K_{s1} bezeichnet und der K_b-Wert für sein Basenverhalten durch K_{s2} der konjugierten Säure ersetzt ($K_w/K_b = K_{s2}$), ist am isoelektrischen Punkt näherungsweise:

$$c(H_3O^+) = (K_{s1} \cdot K_{s2})^{1/2} \qquad (4.23)$$

$$pH = 1/2 \cdot (pK_{s1} + pK_{s2}) \qquad (4.24)$$

Der pH-Wert einer Ampholytlösung ist von der Konzentration des Ampholyten näherungsweise unabhängig.

Mit (4.23) und (4.24) werden auch Lösungen berechnet, in denen sowohl Kation als auch Anion protolysieren. Dazu gehören z.B. Lösungen von $NH_4(CH_3COO)$ und $(NH_4)_2CO_3$. Bestehen Salze wie z.B. NH_4HCO_3 und $(NH_4)_2HPO_4$ aus Kationensäure und amphoterem Anion, entscheiden ihre Gleichgewichtskonstanten, ob eine Teilchenart allein oder aber die Kombination von Kation und Anion als Ampholyt näherungsweise pH-bestimmend ist. Ob Ampholytlösungen sauer oder alkalisch reagieren, hängt davon ab, ob K_s für die Säure- oder K_b für die Basenreaktion größer ist.

Beispiel:
Wie reagieren NaH_2PO_4 und Na_2HPO_4-Lösungen?
NaH_2PO_4: Für das Säureverhalten des Ampholyten

$$H_2PO_4^- + H_2O \rightleftarrows H_3O^+ + HPO_4^{2-}$$

ist $K_s = K_{s2}(H_3PO_4) = 6{,}2 \cdot 10^{-8}$ mol l^{-1}.

Für die Reaktion als Base

$$H_2PO_4^- + H_2O \rightleftarrows H_3PO_4 + OH^-$$

ist $K_b = K_w/K_{s1}(H_3PO_4) = 10^{-14}/7{,}5 \cdot 10^{-3} = 1{,}3 \cdot 10^{-12}$ mol l^{-1}.
Da $K_s > K_b$ ist, werden mehr H_3O^+– als OH^--Ionen gebildet, die Lösung reagiert sauer.

Na_2HPO_4: Für das Säureverhalten des Ampholyten

$$HPO_4^{2-} + H_2O \rightleftarrows H_3O^+ + PO_4^{3-}$$

ist $K_s = K_{s3}(H_3PO_4) = 10^{-12}$ mol l^{-1}.

Für die Reaktion als Base

$$HPO_4^{2-} + H_2O \rightleftarrows H_2PO_4^- + OH^-$$

ist $K_b = K_w/K_{s2}(H_3PO_4) = 10^{-14}/6{,}2 \cdot 10^{-8} = 1{,}6 \cdot 10^{-7}$ mol l^{-1}.
Hier ist $K_b > K_s$ die Lösung reagiert basisch.

4.2.4.3 Pufferlösungen

Pufferlösungen sind Mischungen von schwachen Säuren mit ihren konjugierten Basen, wobei die Basenkonzentration wesentlich größer ist als im Säure-Base-Gleichgewichtszustand. Sie besitzen einen stabilen pH-Wert, der sich auch bei Zugabe von Säuren oder Basen nicht wesentlich ändert. Sie wirken im sauren und im basischen Bereich:

Puffersäure (PS)	Pufferbase (PB)	pH-Wert
CH_3COOH	CH_3COO^-	4,75
$H_2PO_4^-$	HPO_4^{2-}	7,12
NH_4^+	NH_3	9,25
HCO_3^-	CO_3^{2-}	10,40

In einer Acetatpuffer-Lösung z.B. bewirkt Zugabe von HCl die Reaktion

$$CH_3COO^- + H_3O^+ \longrightarrow CH_3COOH + H_2O$$

und es wird soviel Pufferbase CH_3COO^- unter Verbrauch von H_3O^+ zu Puffersäure CH_3COOH umgesetzt, wie HCl zugesetzt wurde. Ein Basenzusatz bewirkt die Reaktion

$$CH_3COOH + OH^- \longrightarrow CH_3COO^- + H_2O$$

und es wird soviel Puffersäure unter Verbrauch von OH^- zu Pufferbase umgesetzt, wie OH^- zugesetzt wurde. Die pH-Berechnung von Pufferlösungen erfolgt bei Verwendung von Konzentrationen nach

$$\mathrm{pH} = \mathrm{p}K_s + \log\,[c(\mathrm{PB})/c(\mathrm{PS})] \qquad (4.25)$$

$$c(\mathrm{H}^+) = K_s \cdot c(\mathrm{PS})/c(\mathrm{PB}) \qquad (4.26)$$

und bei Verwendung von Molzahlen nach

$$\mathrm{pH} = \mathrm{p}K_s + \log\,[n(\mathrm{PB})/n(\mathrm{PS})] \qquad (4.27)$$

$$c(\mathrm{H+}) = K_s \cdot n(\mathrm{PS})/n(\mathrm{PB}) \qquad (4.28)$$

Die größte Wirkung nach beiden Richtungen, also geringe pH-Änderung sowohl bei Base- als auch Säurezugabe, haben Pufferlösungen mit äquimolaren Mengen an Puffersäure und Pufferbase. **Pufferschwerpunkt** einer Pufferlösung bedeutet, daß das Konzentrationsverhältnis $c(\mathrm{PS}) : c(\mathrm{PB}) = 1 : 1$ beträgt und somit

$$c(\mathrm{H}^+) = K_s \qquad (4.29)$$

$$\mathrm{pH} = \mathrm{p}K_s \qquad (4.30)$$

ist. Je stärker sich $c(\mathrm{PS})$ und $c(\mathrm{PB})$ voneinander unterscheiden, desto mehr verlagert sich die Wirkung nach einer Richtung:

Bessere Säureabpufferung bei höherem PB-Anteil und bessere Basenabpufferung bei höherem PS-Anteil.

Das eingesetzte Stoffmengenverhältnis *c*(PS) : *c*(PB) sollte im Bereich zwischen 1/10 und 10/1 liegen. Durch Variation von *c*(PS) : *c*(PB) ist der pH-Wert eines Puffersystems in einem bestimmten Ausmaß veränderbar.

Die beste Pufferwirkung wird erreicht, wenn der pK_s-Wert der Puffersäure dem zu stabilisierenden pH-Wert der Lösung möglichst nahe kommt.

Sind $c(H_3O^+)$ und $c(OH^-)$ die Konzentrationen zugefügter starker Säure bzw. starker Base, dann werden die pH-Änderungen von Pufferlösungen durch die folgenden Gleichungen erfaßt:

$$pH = pK_s + \log [c(PB) - c(H_3O^+)/c(PS) + c(H_3O^+)] \quad (4.31)$$

$$pH = pK_s + \log [c(PB) + c(OH^-)/c(PS) - c(OH^-)] \quad (4.32)$$

Voraussetzung für eine gute Pufferwirkung ist immer, daß die Konzentrationen an Puffersäure und Pufferbase hinreichend groß und die zugesetzten oder bei Reaktionen entstehenden Mengen an Säure oder Base gegenüber den vorhandenen Mengen an Puffersäure und Pufferbase klein sind.

4.2.4.4 Gleichgewichtslage protolytischer Reaktionen

Für die Gleichgewichtskonstante einer beliebigen Säure-Base-Reaktion $s_1 + b_2 \rightleftarrows s_2 + b_1$ mit den Ausgangsstoffen s_1 und b_2 und den Endstoffen s_2 und b_1 gilt:

$$K = K_{s1}/K_{s2} = K_{b2}/K_{b1} \quad (4.33)$$

$$pK = pK_{s1} - pK_{s2} = pK_{b2} - pK_{b1} \quad (4.34)$$

Ist s_2 die schwächere Säure und somit $pK_{s1} < pK_{s2}$, folgt aus $pK = pK_{s1} - pK_{s2}$ ein negativer p*K*-Wert und für die betreffende Säure-Base-Reaktion $K > 1$. Das Protolysen-Gleichgewicht liegt demnach auf der Seite der Endstoffe, also zugunsten der schwächeren Säure s_2. Ist s_1 die schwächere Säure und somit $pK_{s1} > pK_{s2}$, ist $K < 1$. Das Protolysen-Gleichgewicht liegt auf der linken Seite zugunsten der Ausgangsstoffe, also ebenfalls auf der Seite der schwächeren Säure, in diesem Fall s_2. Da mit pK_s auch stets pK_b gegeben ist, läßt sich die Stärke einer Base gleichfalls mit dem pK_s-Wert angeben. Allgemein gilt:

$pK = pK_{s1} - pK_{s2} < 1$ Gleichgewicht zu mehr als 50 % auf der rechten Seite zugunsten der Endstoffe.

$pK = pK_{s1} - pK_{s2} > 1$ Gleichgewicht zu mehr als 50 % auf der linken Seite zugunsten der Ausgangsstoffe.

Übungen:

Übung 4.1

Besteht die Möglichkeit, zwischen der Säurestärke von in wäßriger Lösung sehr starken Säuren wie HCl und $HClO_4$ zu unterscheiden?

In Wasser protolysieren beide Säuren vollständig und werden durch den nivellierenden Effekt von H_2O auf das Niveau von H_3O^+ als der in Wasser stärksten möglichen Säure eingestellt. Eine Unterscheidung ihrer Säurestärke ist somit nicht möglich. Nur in einem schwächer basischen Lösemittel als Wasser ergeben beide Säuren echte Protolysen-Gleichgewichte. Aus dem Vergleich der Protolysen beider Verbindungen z.B. in Essigsäure

$$HCl + CH_3COOH \rightleftarrows CH_3COOH_2^+ + Cl^-$$

$$HClO_4 + CH_3COOH \rightleftarrows CH_3COOH_2^+ + ClO_4^-$$

folgt, daß $K_s(HClO_4) > K_s(HCl)$ ist, $HClO_4$ in Essigsäure also eine stärkere Säure darstellt als HCl. In Essigsäure erhält man für die folgenden in Wasser annähernd gleichstarken Säuren eine deutliche Abstufung in ihrer Säurestärke:

$$HClO_4 > HI > HBr > HCl > H_2SO_4 > HNO_3$$

Übung 4.2
Wie läßt sich die unterschiedliche Säurestärke von Essigsäure in Wasser und flüssigem Ammoniak mit dem Brönsted-Konzept erklären?

Nach Brönsted wird, entsprechend der allgemeinen Protolysen-Gleichung $s_1 + b_2 \rightleftarrows s_2 + b_1$, die Stärke der Säure s_1 nicht allein von ihrer Tendenz zur Protonenabgabe, sondern auch von der Tendenz der als Base b_2 wirkenden Lösemittel zur Protonenaufnahme bestimmt. Vergleicht man in den Protolysen

$$CH_3COOH + H_2O \rightleftarrows CH_3COO^- + H_3O^+$$

$$CH_3COOH + NH_3 \rightleftarrows CH_3COO^- + NH_4^+$$

die Basen b_2 miteinander, ist H_2O eine sehr schwache und NH_3 eine relativ starke Base. Darum protolysiert Essigsäure in NH_3 stärker als in Wasser.

Übung 4.3
Welchen Einfluß hat der nivellierende Effekt des Lösemittels auf das unterschiedliche Verhalten von CH_3COOH in Wasser und in flüssigem Ammoniak?

In Wasser ist H_3O^+ und in flüssigem Ammoniak NH_4^+ als die jeweils konjugierte Säure des Lösemittels die stärkste existierende Säure. Eine Verbindung, die stärker sauer ist als H_3O^+ bzw. NH_4^+, wird durch den nivellierenden Effekt auf ihr Niveau herabgesetzt. Das geschieht durch vollständige Protolyse. Für das Gleichgewicht

$$CH_3COOH + H_2O \rightleftarrows CH_3COO^- + H_3O^+$$

ist eine Nivellierung nicht erforderlich, da CH_3COOH eine viel schwächere Säure ist als H_3O^+. In Ammoniak ist CH_3COOH hingegen eine stärkere Säure als NH_4^+ und muß darum nivelliert werden. Das Gleichgewicht der Protolyse

$$CH_3COOH + NH_3 \rightleftarrows NH_4^+ + CH_3COO^-$$

liegt, da CH_3COOH in NH_3 nicht existieren kann, praktisch vollständig auf der rechten Seite. Beide Reaktionen entsprechen der allgemeinen Regel, daß sich das Protolysen-Gleichgewicht stets zugunsten der schwächeren Säure und der schwächeren Base einstellt.

Übung 4.4

Wie reagiert Aluminiumhydroxid $Al(OH)_3$ bei Zugabe einer starken Säure sowie einer starken Base und wie läßt sich die stark saure Reaktion einer $Al_2(SO_4)_3$-Lösung erklären?

Das schwerlösliche $Al(OH)_3$ liegt als $[Al(OH)_3(H_2O)_3]$ vor und zeigt amphoteres Verhalten. Als Ampholyt kann es in wäßriger Lösung an zwei protolytischen Systemen teilnehmen:

$$\underset{b_2}{[Al(OH)_3(H_2O)_3]} + \underset{s_1}{H_2O} \rightleftarrows \underset{s_2}{[Al(OH)_2(H_2O)_4]^+} + \underset{b_1}{OH^-} \quad (A)$$

$$\underset{s_1}{[Al(OH)_3(H_2O)_3]} + \underset{b_2}{H_2O} \rightleftarrows \underset{b_1}{[Al(OH)_4(H_2O)_2]^-} + \underset{s_2}{H_3O^+} \quad (B)$$

Bei Zugabe einer starken Säure reagiert es nach Gleichung (A) als Base. Die Reaktion erfolgt vollständig, da OH^- mit H_3O^+ zu H_2O reagiert und so ständig aus dem Gleichgewicht entfernt wird. Die Reaktion kann unter Abgabe aller drei OH-Ionen zur Bildung des $[Al(H_2O)_6]^{3+}$-Kations führen. Bei Zugabe von Lauge reagiert $Al(OH)_3$ nach Gleichung (B) als Säure, wobei auch hier durch die Bildung von H_2O aus OH^- und H_3O^+ eine vollständige Reaktion erfolgt. Sie führt in stark alkalischer Lösung bis zur Bildung des Aluminat-Anions $[Al(OH)_6]^{3-}$.
Eine wäßrige Lösung von $Al_2(SO_4)_3$ enthält die hydratisierten Ionen $[Al(H_2O)_6]^{3+}$, die als relativ starke Kationensäure nach

$$[Al(H_2O)_6]^{3+} + H_2O \rightleftarrows [Al(H_2O)_5OH]^{2+} + H_3O^+$$

protolysieren und die saure Reaktion der Lösung bewirken. Analog reagieren auch andere Metallsalze, deren Kationen eine hohe Ladung und kleinen Ionenradius haben.

Übung 4.5

Wie groß ist der pK_s-Wert der Säuren H_3O^+ und H_2O und welche Folgerungen lassen sich daraus ableiten?

Setzt man in die Protolysen-Gleichung (siehe 4.2.3.)

$$HA + H_2O \rightleftarrows H_3O^+ + A^-$$

für HA die Säure H_3O^+ und für A^- ihre konjugierte Base H_2O ein, erhält man aus der Anwendung des MWG auf

$$H_3O^+ + H_2O \rightleftarrows H_3O^+ + H_2O$$

unter Beachtung der Näherung $c(H_2O) = 55{,}5\ mol\ l^{-1}$ = konst.

$$K_s(H_3O^+) = c(H_3O^+) \cdot c(H_2O)/c(H_3O^+) = 55{,}5\ mol\ l^{-1}$$

und darum für den pK_s-Wert

$$pK_s(H_3O^+) = -\log K_s = -1{,}74$$

Für pK_s der Säure H_2O ergibt sich mit HA = H_2O und $OH^- = A^-$:

$$K_s(H_2O) = c(H_3O^+) \cdot c(OH^-) / c(H_2O) = K_w/c(H_2O)$$

$$K_s(H_2O) = 10^{-14}\ mol^2\ l^{-2}/55{,}5\ mol\ l^{-1} = 1{,}8 \cdot 10^{-16}\ mol\ l^{-1}$$

$$pK_s(H_2O) = 15{,}74$$

Daraus folgt, daß in wäßriger Lösung nur innerhalb des pK_s-Bereichs von –1,74 bis 15,74 zwischen verschiedenen Säurestärken unterschieden werden kann. Soll zwischen der Säurestärke sehr starker Säuren mit $pK_s < -1{,}74$ differenziert werden, muß ein anderes Lösemittel als Wasser verwendet werden (Übung 4.1).

Übung 4.6

In einer wäßrigen NH_3-Lösung beträgt die OH^--Konzentration $2{,}4 \cdot 10^{-4}$ mol l^{-1} Wie groß ist die NH_3-Konzentration in der Lösung? ($K_b = 1{,}8 \cdot 10^{-5}$ mol l^{-1})

In einer NH_3-Lösung stellt sich das Protolysen-Gleichgewicht

$$NH_3 + H_2O \rightleftarrows NH_4^+ + OH^-$$

ein. Die Anwendung des MWG ergibt die Gleichung

$$[c(NH_4^+) \cdot c(OH^-)]/c(NH_3) = K_b = 1{,}8 \cdot 10^{-5}$$

Da $c(NH_4^+) = c(OH^-)$ ist, erhalten wir für

$$c(NH_3) = [(2{,}4 \cdot 10^{-4})^2/1{,}8 \cdot 10^{-5}] \text{ mol l}^{-1} = 0{,}0032 \text{ mol l}^{-1}$$

Übung 4.7

Gleichgewichtskonzentrationen mehrprotoniger Säuren. Es sind $c(H^+)$, $c(H_2PO_4^-)$, $c(HPO_4^{2-})$, $c(PO_4^{3-})$ und $c(H_3PO_4)$ in einer H_3PO_4-Lösung ($c(H_3PO_4) = 0{,}1$ mol l^{-1}) unter Verwendung geeigneter Näherungen zu berechnen!

Die Näherungen folgen aus den K_s-Werten für die Protolysen

$$H_3PO_4 + H_2O \rightleftarrows H_3O^+ + H_2PO_4^- \qquad K_{s1} = 7{,}5 \cdot 10^{-3} \text{ mol l}^{-1}$$

$$H_2PO_4^- + H_2O \rightleftarrows H_3O^+ + HPO_4^{2-} \qquad K_{s2} = 6{,}2 \cdot 10^{-8} \text{ mol l}^{-1}$$

$$HPO_4^{2-} + H_2O \rightleftarrows H_3O^+ + PO_4^{3-} \qquad K_{s3} = 1{,}0 \cdot 10^{-12} \text{ mol l}^{-1}$$

1. Näherung: $c(H_3O^+)$ wird überwiegend vom 1. Protolysenschritt bestimmt, so daß die Anteile $c(H_3O^+)$ aus den anderen Stufen und der Autoprotolyse von H_2O nicht berücksichtigt werden.
2. Näherung: Der Anteil an $c(H_2PO_4^-)$, der in der 2. Stufe weiter reagiert, wird vernachlässigt.

Aus den Näherungen ergeben sich die beiden Gleichungen

$$c(H_3O^+) = c(H_2PO_4^-) \qquad \text{(A)}$$

$$c(H_3PO_4) = C_o(H_3PO_4) - c(H_3O^+) \qquad \text{(B)}$$

$c(H_3O^+)$ berechnen wir aus K_{s1} und erhalten

$$[c(H_3O^+) \cdot c(H_2PO_4^-)]/c(H_3PO_4) = K_{s1}$$

$$c^2(H_3O^+) + K_{s1}\, c(H_3O^+) - K_{s1}\, C_o = 0$$

$$c(H_3O^+) = 2{,}4 \cdot 10^{-2} \text{ mol l}^{-1}$$

Aus (A) und (B) folgt somit für

$$c(H_2PO_4^-) = 2{,}4 \cdot 10^{-2} \text{ mol l}^{-1}$$

$$c(H_3PO_4) = 7{,}6 \cdot 10^{-2} \text{ mol l}^{-1}$$

Die Konzentration an HPO_4^{2-} ergibt sich aus K_{s2} unter Beachtung von (A):

$$K_{s2} = [c(H_3O^+) \cdot c(HPO_4^{2-})]/c(H_2PO_4^-)$$

$$c(HPO_4^{2-}) = [c(H_2PO_4^-) \cdot K_{s2}]/c(H_3O^+)$$

$$c(HPO_4^{2-}) = K_{s2} = 6{,}2 \cdot 10^{-8}\ \text{mol l}^{-1}$$

Die PO_4^{3-}-Konzentration wird nach Umstellung der Gleichung für die 3. Protolysenstufe ermittelt:

$$c(PO_4^{3-}) = [K_{s3} \cdot c(HPO_4^{2-})]/c(H_3O^+)$$

$$c(PO_4^{3-}) = [10^{-12} \cdot 6{,}2 \cdot 10^{-8}]\ \text{mol}^2\,\text{l}^{-2}/2{,}4 \cdot 10^{-2}\ \text{mol l}^{-1}$$

$$c(PO_4^{3-}) = 2{,}6 \cdot 10^{-18}\ \text{mol l}^{-1}$$

Übung 4.8

Wieviel Borat-Ionen (BO_3^{3-}) enthalten 1000 ml einer H_3BO_3-Lösung ($c(H_3BO_3) = 0{,}1$ mol l^{-1}), die durch die Protolysen-Gleichgewichte

$$H_3BO_3 + H_2O \rightleftarrows H_2BO_3^- + H_3O^+ \quad K_{s1} = 10^{-9{,}24}\ \text{mol l}^{-1}$$

$$H_2BO_3^- + H_2O \rightleftarrows HBO_3^{2-} + H_3O^+ \quad K_{s2} = 10^{-12{,}74}\ \text{mol l}^{-1}$$

$$HBO_3^{2-} + H_2O \rightleftarrows BO_3^{3-} + H_3O^+ \quad K_{s3} = 10^{-13{,}7}\ \text{mol l}^{-1}$$

$$H_3BO_3 + 3\,H_2O \rightleftarrows BO_3^{3-} + 3\,H_3O^+ \quad K_s = 10^{-35{,}69}\ \text{mol}^3\,\text{l}^{-3}$$

charakterisiert wird?

Den K_s-Werten ist zu entnehmen, daß Borsäure eine sehr schwache Säure ist. Wir gehen vom MWG-Quotienten für die Bruttoreaktion

$$K_s = [c(BO_3^{3-}) \cdot c^3(H_3O^+)]/c(H_3BO_3) = 10^{-35{,}69}\ \text{mol}^3\,\text{l}^{-3}$$

aus und berücksichtigen für $c(H_3O^+)$ nur die erste Protolysenstufe. Für $c(H_3O^+)$ setzen wir die Näherung für schwache Säuren

$$c(H_3O^+) = [K_{s1} \cdot C_o(H_3BO_3)]^{1/2}$$

ein und erhalten

$$K_s = [(K_{s1} \cdot C_o(H_3BO_3))^{1/2} \cdot K_{s1} \cdot C_o(H_3BO_3) \cdot c\,(BO_3^{3-})]/c(H_3BO_3)$$

Da für H_3BO_3 als sehr schwache Säure

$$c(H_3BO_3) = C_o(H_3BO_3)$$

gesetzt werden darf, erhalten wir

$$K_s = [K_{s1} \cdot C_o(H_3BO_3)]^{1/2} \cdot K_{s1} \cdot c(BO_3^{3-})$$

und daraus für die Konzentration der BO_3^{3-}-Ionen:

$$c(BO_3^{3-}) = 10^{-35{,}69}\ \text{mol}^3\,\text{l}^{-3}/10^{-14{,}36}\ \text{mol}^2\,\text{l}^{-2} = 10^{-21{,}33}\ \text{mol l}^{-1}$$

$$c(BO_3^{3-}) = 4{,}7 \cdot 10^{-22}\ \text{mol l}^{-1}$$

Die Anzahl der BO_3^{3-}-Ionen folgt aus

$6{,}023 \cdot 10^{23}$ Teilchen $\cdot$ $mol^{-1} \cdot 4{,}7 \cdot 10^{-22}$ mol l^{-1} =

$2{,}83 \cdot 10^2$ BO_3^{3-}-Ionen $\cdot$ l^{-1}

1000 ml Lösung enthalten $2{,}83 \cdot 10^2$ Borat-Ionen.

Übung 4.9

Welcher Zusammenhang besteht zwischen der Sulfid-Ionenkonzentration einer gesättigten H_2S-Lösung und ihrer H_3O^+-Konzentration (pH-Wert)?

Das Produkt von K_{s1} und K_{s2} für die beiden Protolysenstufen

$H_2S + H_2O \rightleftarrows H_3O^+ + HS^-$ $\quad K_{s1} = 1{,}1 \cdot 10^{-7}$ mol l^{-1}

$HS^- + H_2O \rightleftarrows H_3O^+ + S^{2-}$ $\quad K_{s2} = 1{,}0 \cdot 10^{-14}$ mol l^{-1}

ergibt die Gleichgewichtskonstante K_s für die Bruttoreaktion

$H_2S + 2\,H_2O \rightleftarrows 2\,H_3O^+ + S^{2-}$

Da die Sättigungskonzentration von H_2S in H_2O bei 25 °C 0,1 mol l^{-1} beträgt, erhalten wir für die Sulfid-Ionen:

$[c^2(H_3O^+) \cdot c(S^{2-})]/c(H_2S) = K_s = 1{,}1 \cdot 1{,}0 \cdot 10^{-7} \cdot 10^{-14}$ mol^2 l^{-2}

$c^2(H_3O^+) \cdot c(S^{2-}) = 1{,}1 \cdot 10^{-22}$ mol^3 l^{-3}

$c(S^{2-}) = 1{,}1 \cdot 10^{-22}$ mol^3 l$^{-3}/c^2(H_3O^+)$

Die Abhängigkeit der S^{2-}-Konzentration vom pH-Wert spielt vor allem im H_2S-Trennungsgang eine wichtige Rolle (siehe Kap.6).

Übung 4.10

Verdünnte Lösungen schwacher Säuren. Eine wäßrige Lösung enthält 10^{-7} mol l^{-1} Säure HA mit einem pK_s-Wert = 8. Wie berechnet man den pH-Wert dieser sehr verdünnten Lösung?

Mit Gleichung (4.14) erhält man pH = 7,50. Da eine Säure bei Verdünnung keine basisch reagierende Lösung ergeben kann, sind die Voraussetzungen für die Anwendung von (4.14)

1.) K_s/C_o muß $< 10^{-4}$ sein, damit die Näherung für schwache Säuren $C_o - c(H_3O^+) = C_o$ zulässig ist;

2.) $C_o \cdot K_s$ muß $> 10^{-12}$ sein, damit die Autoprotolyse von H_2O vernachlässigt werden darf,

offensichtlich nicht erfüllt.
In diesem Beispiel ist $K_s/C_o = 10^{-1} > 10^{-4}$ und $K_s \cdot C_o = 10^{-15} < 10^{-12}$ Darum ist die Autoprotolyse des Wassers zu berücksichtigen:

$HA + H_2O \rightleftarrows H_3O^+ + A^-$ (A)

$2\,H_2O \rightleftarrows H_3O^+ + OH^-$ (B)

Aus der Elektroneutralitäts-Bedingung der Lösung (Summe der positiven Ladungen = Summe der negativen Ladungen) folgt

$$c(H_3O^+) = c(OH^-) + c(A^-)$$

$$c(A^-) \quad = c(H_3O^+) - c(OH^-)$$

und nach Einsetzen von $c(A^-)$ in den MWG-Quotienten für (A)

$$K_s = c(H_3O^+) \cdot [c(H_3O^+) - c(OH^-)]/c(HA)$$

Aus K_s erhält man durch Einsetzen von

$c(OH^-) = K_w/c(H_3O^+)$ (Reduzierung der Unbekannten)

$C_o(HA) = c(HA)$ (Näherung für schwache Säuren)

unter gleichzeitiger Berücksichtigung der aus der Autoprotolyse von H_2O stammenden H_3O^+-Ionen für $c(H_3O^+)$:

$$K_s \quad = [c^2(H_3O^+) - K_w]/C_o(HA)$$

$$c(H_3O^+) = (K_s \cdot C_o + K_w)^{1/2}$$

Daraus ergibt sich für das pH der Lösung:

$$c(H_3O^+) = [(10^{-8} \cdot 10^{-7} + 10^{-14}) \text{ mol}^2 \text{ l}^{-2}]^{1/2}$$

$$\text{pH} \quad = 6{,}97$$

Ob das pH einer schwachen Säure mit (4.14) oder (4.16) berechnet wird, ist vom pK_s-Wert der Säure und ihrer Konzentration abhängig.

Übung 4.11

Berechnung von pK_s und pH schwacher Säuren. Eine wäßrige Lösung von Essigsäure mit C_o = 0,01 mol l^{-1} ist zu 4,18 % protolysiert. Wie groß ist der pK_s-Wert der Säure und welches pH hat die Lösung?

Das MWG ergibt für das Protolysen-Gleichgewicht

$$CH_3COOH + H_2O \rightleftarrows CH_3COO^- + H_3O^+$$

mit $c(H_2O) = 55{,}5$ mol l^{-1} = konstant

$$K_s = [c(CH_3COO^-) \cdot c(H_3O^+)]/c(CH_3COOH)$$

Die Konzentrationen der Teilchen zur Berechnung von K_s ergeben sich aus folgenden Überlegungen. Die Summe des protolysierten und nichtprotolysierten Anteils der Essigsäure entspricht ihrer Ausgangskonzentration C_o:

$$C_o(CH_3COOH) = c(CH_3COO^-) + c(CH_3COOH)$$

Mit dem Protolysengrad P berechnet man zunächst $c(CH_3COO^-)$

$$P = c(CH_3COO^-)/C_o(CH_3COOH)$$

$$c(CH_3COO^-) = P \cdot C_o(CH_3COOH)$$

$$c(CH_3COO^-) = (0{,}0418 \cdot 0{,}01) \text{ mol l}^{-1} = 4{,}18 \cdot 10^{-4} \text{ mol l}^{-1}$$

und danach den nichtprotolysierten Anteil

$$c(CH_3COOH) = C_o(CH_3COOH) - c(CH_3COO^-)$$

$$c(CH_3COOH) = (0{,}01 - 4{,}18 \cdot 10^{-4})\ \text{mol l}^{-1} = 9{,}58 \cdot 10^{-3}\ \text{mol l}^{-1}$$

Da H_3O^+ und CH_3COO^- im Verhältnis 1 : 1 entstehen, ergibt sich mit

$$c(CH_3COO^-) = c(H_3O^+)$$

für den pK_s-Wert:

$$K_s = c^2(CH_3COO^-)/c(CH_3COOH) = (4{,}18 \cdot 10^{-4})^2/9{,}58 \cdot 10^{-3}$$

$$K_s = 1{,}82 \cdot 10^{-5}\ \text{mol l}^{-1}$$

$$\text{p}K_s = 4{,}73$$

Wird die Gleichung für $c(CH_3COOH)$ in K_s eingesetzt, erhält man mit $c(CH_3COO^-) = c(H_3O^+)$ die quadratische Gleichung

$$c^2(H_3O^+)/C_o - c(H_3O^+) = K_s$$

$$c^2(H_3O^+) + K_s\, c(H_3O^+) - K_s\, C_o = 0$$

Da nur ein positiver Wert chemisch sinnvoll ist (negative Konzentrationen kann es nicht geben), folgt

$$c(H_3O^+) = -K_s/2 + (K_s^2/4 + K_s C_o)^{1/2}$$

Da K_s für schwache Säuren klein ist, darf dafür näherungsweise

$$c(H_3O^+) = (K_s \cdot C_o)^{1/2}$$

$$\text{pH} = 1/2(\text{p}K_s - \log C_o)$$

gesetzt werden. Für den pH-Wert der Lösung folgt daraus

$$\text{pH} = 1/2\ (4{,}73 - \log 0{,}01) = 3{,}36$$

Übung 4.12

Eine Säure HA ist bei $C_o(HA) = 0{,}20\ \text{mol l}^{-1}$ zu 0,15 % protolysiert. Welche Konzentration $C_o(HA)$ hat eine Lösung, in der 1,75 % protolysiert sind?

Für die Berechnung von C_o(HA) benötigt man den K_s-Wert von HA.
Nach Einstellung des Protolysen-Gleichgewichtes

$$HA + H_2O \rightleftarrows H_3O^+ + A^-$$

entspricht die Ausgangskonzentration C_o(HA) der Summe aus nichtprotolysiertem und protolysiertem Anteil:

$$C_o(HA) = c(HA) + c(A^-) = 0{,}20\ \text{mol l}^{-1}$$

Aus dem Protolysegrad *P* folgt für den protolysierten Anteil

$$c(A^-) = P \cdot C_o(HA) = 0{,}0015 \cdot 0{,}20\ \text{mol l}^{-1} = 0{,}0003\ \text{mol l}^{-1}$$

und somit für

$$c(HA) = C_o(HA) - c(A^-) = 0{,}1997\ \text{mol l}^{-1}$$

Mit $c(H^+) : c(A^-) = 1 : 1$ ergibt sich

$$K_s = [c(H_3O^+) \cdot c(A^-)]/c(HA) = (0{,}0003)^2/0{,}1997 = 4{,}5 \cdot 10^{-7}\ \text{mol l}^{-1}$$

Mit K_s läßt sich der Wert $C_o(HA)$ für 1,75 % Protolyse berechnen:

$$c(A^-) = P \cdot C_o(HA) = 0{,}0175 \cdot C_o(HA)$$

$$c(HA) = C_o(HA) - c(A^-) = C_o(HA) - 0{,}0175\ C_o(HA)$$

$$K_s = [0{,}0175\ C_o(HA)]^2/[C_o(HA) - 0{,}0175\ C_o(HA)] = 4{,}5 \cdot 10^{-7}\ \text{mol l}^{-1}$$

$$K_s = 3{,}06 \cdot 10^{-4} \cdot C_o^{\,2}(HA)/0{,}9825\ C_o(HA) = 4{,}5 \cdot 10^{-7}\ \text{mol l}^{-1}$$

$$C_o(HA) = 1{,}44 \cdot 10^{-3}\ \text{mol l}^{-1}$$

Übung 4.13

Warum reagiert eine wäßrige Lösung von Na_2CO_3 (Soda) basisch?

Von den in Lösung vorliegenden Ionen sind die Na^+(aq)-Ionen so schwach sauer, daß sie H_2O gegenüber nicht als Säure wirken und darum den pH-Wert nicht beeinflussen. CO_3^{2-}-Ionen hingegen sind so stark basisch, daß sie mit Wasser reagieren. Da die Protolyse

$$\underset{b_2}{CO_3^{2-}} + \underset{s_1}{H_2O} \rightleftarrows \underset{s_2}{HCO_3^-} + \underset{b_1}{OH^-}$$

unter Bildung von OH^- erfolgt, reagiert die Lösung alkalisch.

Übung 4.14

Eine Lösung des Salzes KX ($c(KX) = 0{,}15$ mol l^{-1}) hat einen pH-Wert von 9,20. Wie groß ist K_s der schwachen Säure HX?

Beim Lösen von KX protolysieren die basischen X^--Ionen

$$X^- + H_2O \rightleftarrows HX + OH^-$$

und ergeben das Protolysen-Gleichgewicht

$$K_b = c(HX) \cdot c(OH^-)/c(X^-)$$

Die für die Berechnung von K_b erforderlichen Werte erhält man unter Beachtung von $c(OH^-) = c(HX)$ und $C_o(KX) = 0{,}15$ mol l^{-1}

$$\text{pOH} = \text{p}K_w - \text{pH} = 14 - 9{,}20 = 4{,}80$$

$$c(OH^-) = 1{,}6 \cdot 10^{-5}\ \text{mol l}^{-1}$$

$$c(HX) = 1{,}6 \cdot 10^{-5}\ \text{mol l}^{-1}$$

$$c(X^-) = C_o(KX) - c(OH^-) = (0{,}15 - 1{,}6 \cdot 10^{-5})\ \text{mol l}^{-1} = 0{,}1499\ \text{mol l}^{-1}$$

$$K_b = [(1{,}6 \cdot 10^{-5})^2/0{,}1499]\ \text{mol l}^{-1} = 1{,}7 \cdot 10^{-9}\ \text{mol l}^{-1}$$

Mit K_b berechnet man den Wert für K_s:

$$\text{p}K_s = 14 - \text{p}K_b = 14 - 8{,}76 = 5{,}23$$

$$K_s = 5{,}85 \cdot 10^{-6}\ \text{mol l}^{-1}$$

Übung 4.15

Wieviel Milliliter einer Phosphat-Lösung mit pH = 12,8 lassen sich aus 7,49 g $Na_3PO_4 \cdot 2\,H_2O$ herstellen, wenn nur die 1. Protolysestufe von PO_4^{3-} berücksichtigt wird und $K_{s3}(HPO_4^{2-}) = 10^{-12,32}$ ist?

In einer Na_3PO_4-Lösung stellt sich das Protolysen-Gleichgewicht

$$PO_4^{3-} + H_2O \rightleftarrows HPO_4^{2-} + OH^-$$

ein, das die alkalische Reaktion der Lösung bewirkt. Da die 2. Protolysenstufe $HPO_4^{2-} + H_2O \rightleftarrows HPO_4^- + OH^-$ vernachlässigt wird, läßt sich $c(OH^-)$ mit

$$c(OH^-) = [K_b \cdot C_o(PO_4^{3-})]^{1/2}$$

berechnen (4.2.4.). Aus $K_s \cdot K_b = K_w$ folgt

$$K_b(PO_4^{3-}) = K_w / K_{s3}(HPO_4^{2-})$$

und daraus unter Berücksichtigung von $c(OH^-) = K_w / c(H_3O^+)$

$$C_o(PO_4^{3-}) = K_w \cdot K_s(HPO_4^{2-}) / c^2(H_3O^+)$$

Für c mit der Einheit mol l^{-1} ist

$$C_o(PO_4^{3-}) = [m(\text{Einwaage}) : M(\text{molare Masse})] / V(\text{Volumen})$$

und man erhält mit $M(Na_3PO_4 \cdot 2\,H_2O) = 200$ g mol^{-1} und

$$c^2(H_3O^+) = 2{,}51 \cdot 10^{-26}\ mol^2\ l^{-2}$$

(aus pH = 12,8) für das Lösungsvolumen:

$$V = m \cdot c^2(H_3O^+) \ / \ K_w \cdot K_s(HPO_4^{2-}) \cdot M$$

$$V = (7{,}49\ g \cdot 2{,}51 \cdot 10^{-26}\ mol^2\ l^{-2}) / \ 10^{-14}\ mol^2\ l^{-2} \cdot 4{,}78 \cdot 10^{-13}\ mol\ l^{-1} \cdot 200\ g\ mol^{-1}$$

$$V = 0{,}1966\ l$$

Es lassen sich 196,6 ml Lösung herstellen.

Übung 4.16

Wieviel Gramm Na_2CO_3 werden benötigt, um 1 l Lösung mit pH = 11,5 herzustellen? Wieviel Prozent der Gesamtmenge Carbonat liegen nach Einstellung des Protolysen-Gleichgewichts noch als CO_3^{2-}-Ionen vor?
[$M(Na_2CO_3) = 105{,}9$ g mol^{-1}, $pK_{s2}(HCO_3^-) = 10{,}4$ und $pK_{s1}(CO_2 + H_2O) = 6{,}37$]

Für die Einwaage m ergibt sich nach Umstellung der Gleichung in Übung 4.15 :

$$m = V \cdot K_w \cdot K_s(HCO_3^-) \cdot M(Na_2CO_3) / c^2(H_3O^+)$$

$$m = 1\ l \cdot 10^{-14}\ mol^2\ l^{-2} \cdot 3{,}98 \cdot 10^{-11}\ mol\ l^{-1} \cdot 105{,}9\ g\ mol^{-1} / 10^{-23}\ mol^2\ l^{-2}$$

$$m = 4{,}21\ g\ Na_2CO_3$$

4,21 g Na_2CO_3 pro Liter entsprechen $c(Na_2CO_3) = 3{,}97 \cdot 10^{-2}$ mol l^{-1}. Der nicht-protolysierte Anteil von Carbonat entspricht

$$c(CO_3^{2-}) = C_o(Na_2CO_3) - c(HCO_3^-)$$

Die Konzentration von HCO_3^- wird durch die Protolysen

$$CO_3^{2-} + H_2O \rightleftarrows HCO_3^- + OH^-$$

$$HCO_3^- + H_2O \rightleftarrows H_2CO_3 + OH^- \ (\text{"}H_2CO_3\text{"} = CO_2 + H_2O)$$

bestimmt. Aus ihren Gleichgewichtskonstanten

$$K_{b1}(CO_3^{2-}) = K_w/K_{s2}((HCO_3^-) = 2,51 \cdot 10^{-4} \text{ mol l}^{-1}$$

$$K_{b2}(HCO_3^-) = K_w/K_{s1}(H_2CO_3) = 2,38 \cdot 10^{-8} \text{ mol l}^{-1}$$

folgt, daß $c(HCO_3^-)$ durch die 2. Protolysestufe kaum vermindert wird und darum der zu H_2CO_3 reagierende Anteil von HCO_3^- vernachlässigt werden darf. Mit $c(HCO_3^-) = c(OH^-)$ erhält man

$$K_{b1} = c^2(HCO_3^-)/[C_o(Na_2CO_3) - c(HCO_3^-)]$$

und daraus für $c(HCO_3^-)$ die quadratische Gleichung

$$c^2(HCO_3^-) + K_{b1}\,c(HCO_3^-) - K_{b1}\,C_o(Na_2CO_3) = 0$$

mit der chemisch sinnvollen Lösung

$$c(HCO_3^-) = [-1,25 \cdot 10^{-4} + 3,16 \cdot 10^{-3}] \text{ mol l}^{-1}$$

$$c(HCO_3^-) = 3,03 \cdot 10^{-3} \text{ mol l}^{-1}$$

Für $c(CO_3^{2-})$ folgt

$$c(CO_3^{2-}) = 3,97 \cdot 10^{-2} - 3,03 \cdot 10^{-3} = 3,66 \cdot 10^{-2} \text{ mol l}^{-1}$$

Bezogen auf $C_o(Na_2CO_3) = 100\ \%$ liegen 92,2 % unverändert als CO_3^{2-}-Ionen vor.

Übung 4.17

Der pH-Wert einer Na_2S-Lösung beträgt 12,48. In welchen Konzentrationen liegen S^{2-}, HS^- und H_2S in der Lösung vor? Wieviel mol Na_2S wurden für die Herstellung von 1000 ml Lösung eingesetzt?

[$K_{b1}(S^{2-}) = 1,0 \text{ mol l}^{-1}$, $Kb_2(HS^-) = 9,1 \cdot 10^{-8} \text{ mol 1}^{-1}$]

Die Anionenbase S^{2-} protolysiert in zwei Schritten

$$S^{2-} + H_2O \rightleftarrows HS^- + OH^-$$

$$HS^- + H_2O \rightleftarrows H_2S + OH^-$$

Da K_{b2} sehr viel kleiner ist als K_{b1}, darf der Anteil der OH^--Ionen aus der zweiten Protolysenstufe vernachlässigt werden, so daß näherungsweise $c(OH^-) = c(HS^-)$ gilt. Da pH = 12,48 der Konzentration $c(OH^-) = 3,02 \cdot 10^{-2} \text{ mol l}^{-1}$ entspricht, ist

$$c(HS^-) = 3,02 \cdot 10^{-2} \text{ mol l}^{-1}$$

Aus der Protolysenkonstante K_{b1} folgt

$$c(S^{2-}) = c^2(HS^-)/K_{b1} = 9,12 \cdot 10^{-4} \text{ mol l}^{-1}$$

und aus K_{b2}

$$c(H_2S) = c(HS^-) \cdot K_{b2}/c(OH^-) = 9,1 \cdot 10^{-8} \text{ mol l}^{-1}$$

Für die eingesetzte Menge $C_o(Na_2S)$ erhalten wir

$$C_o(Na_2S) = c(S^{2-}) + c(HS^-) = 0,031 \text{ mol}$$

Übung 4.18

Bestimmung der Basenkonstanten von S^{2-} und HS^- aus den K_s-Werten von H_2S.

Man geht von den Protolysen in Übung 4.17 aus:

$$S^{2-} + H_2O \rightleftarrows HS^- + OH^-$$

$$HS^- + H_2O \rightleftarrows H_2S + OH^-$$

Um die Basenkonstante für S^{2-}

$$K_{b1} = c(HS^-) \cdot c(OH^-)/c(S^{2-})$$

aus dem K_s-Wert der konjugierten Säure HS^- zu berechnen, wird der Quotient für K_{s2} von H_2S umgeformt in

$$c(H_3O^+)/K_{s2} = c(HS^-)/c(S^{2-})$$

und in die Gleichung für K_{b1} eingesetzt:

$$K_{b1} = c(H_3O^+) \cdot c(OH^-)/K_{s2} = K_w/K_{s2}$$

Mit dem umgeformten Quotienten für K_{s1} von H_2S

$$c(H_3O^+)/K_{s1} = c(H_2S)/c(HS^-)$$

erhält man für die Basenkonstante

$$K_{b2} = c(H_2S) \cdot c(OH^-)/c(H_2S)$$

von HS^- die Gleichung

$$K_{b2} = c(H_3O^+) \cdot c(OH^-)/K_{s1} = K_w/K_{s1}$$

Übung 4.19

Zu 250 ml NH_4Cl-Lösung ($c(NH_4Cl) = 0{,}25$ mol l^{-1}) werden 500 ml NaOH-Lösung ($c(NaOH) = 0{,}15$ mol l^{-1})gegeben. Es sind die Konzentrationen $c(NH_3)$, $c(NH_4^+)$ und $c(OH^-)$ zu bestimmen.
[$K_b(NH_3) = 1{,}8 \cdot 10^{-5}$ mol 1^{-1}]

Durch die Zugabe von NaOH wird das Protolysen-Gleichgewicht

$$NH_4^+ + OH^- \rightleftarrows NH_3 + H_2O$$

in der Lösung beeinflußt. Mit den in den Ausgangslösungen enthaltenen Mengen von 0,0625 mol NH_4Cl und 0,075 mol NaOH ergeben sich für die 750 ml Lösung die molaren Konzentrationen

$$c(NH_4Cl) = 0{,}0833 \text{ mol } l^{-1}$$

$$c(NaOH) = 0{,}10 \text{ mol } l^{-1}$$

OH^--Ionen als in wäßriger Lösung stärkste existierende Base reagieren praktisch vollständig mit der Säure NH_4^+, so daß

$$c(OH^-) = C_o(NaOH) - C_o(NH_4Cl) = 0{,}0167 \text{ mol } l^{-1}$$

in guter Näherung erfüllt ist. Da NH_4^+ praktisch vollständig zu NH_3 reagiert, darf

$$c(NH_3) = C_o(NH_4Cl)$$

gesetzt werden. Daraus folgt für $c(NH_4^+)$:

$$c(NH_4^+) \cdot c(OH^-)/c(NH_3) = [c(NH_4^+) \cdot 0{,}0167/0{,}0833] \text{ mol } l^{-1} = 1{,}8 \cdot 10^{-5} \text{ mol } l^{-1}$$

$$c(NH_4^+) = 8{,}97 \cdot 10^{-5} \text{ mol } l^{-1}$$

Übung 4.20

Wie reagiert eine wäßrige Lösung von Aluminiumacetat, wenn $pK_s = 4{,}85$ und $pK_b = 9{,}85$ betragen?

Den p*K*-Werten ist zu entnehmen, daß $Al(CH_3COO)_3$ saure und basische Ionen enthält. Da Al^{3+}-Kationen in Lösung hydratisiert als $[Al(H_2O)_6]^{3+}$ vorliegen, sind die Protolysen-Gleichgewichte

$$[Al(H_2O)_6]^{3+} + H_2O \rightleftarrows [Al(H_2O)_5OH]^{2+} + H_3O^+ \quad pK_s = 4{,}85$$

$$CH_3COO^- + H_2O \rightleftarrows CH_3COOH + OH^- \quad pK_b = 9{,}85$$

zu formulieren. Aus $pK_s << pK_b$ folgt $K_s >> K_b$. Das Säuregleichgewicht bestimmt somit das pH, die Lösung reagiert sauer. Eine Reihe von Metallkationen mit hoher Ladung und kleinem Ionenradius ergeben saure Lösungen. Als Säure wirkt dabei immer das hydratisierte Metallkation, da seine koordinierten H_2O-Moleküle Protonen abspalten können.

Übung 4.21

Zu 60 ml Wasser werden 10 ml einer KNO_2-Lösung der Konzentration c = 3 mol l^{-1}gegeben. Wie groß ist der Protolysegrad P in Prozent, wenn $pK_s = 3{,}35$ beträgt?

In wäßriger Lösung protolysiert das basische NO_2^--Ion nach

$$NO_2^- + H_2O \rightleftarrows HNO_2 + OH^-$$

Für die Bestimmung des Protolysengrades $P = (K_b/C_o)^{1/2}$ müssen C_o und K_b bekannt sein. 10 ml einer Lösung mit der Konzentration c = 3 mol l^{-1} entsprechen $3 \cdot 10^{-2}$ mol KNO_2 in 70 ml Gesamtlösung. Somit ist

$$C_o(KNO_2) = 0{,}428 \text{ mol } l^{-1}$$

Aus $pK_b = 14 - pK_s = 10{,}65$ folgt

$$K_b = 2{,}23 \cdot 10^{-11} \text{ mol } l^{-1}$$

und für den Protolysengrad

$$P = (2{,}23 \cdot 10^{-11} \text{ mol } l^{-1}/0{,}428 \text{ mol } l^{-1})^{1/2} = 7{,}2 \cdot 10^{-6}$$

Durch Multiplikation von P mit 100 erhält man den prozentualen Anteil der protolysierten Moleküle zu $7{,}2 \cdot 10^{-4}$ %.

Übung 4.22

Wie groß sind pH, Protolysenkonstante und Protolysengrad einer Kaliumcyanid-Lösung ($c(KCN) = 0{,}35$ mol l^{-1})? Wieviel Prozent CN^--Ionen sind protolysiert?
[$K_s = 4 \cdot 10^{-10}$ mol l^{-1}]

Für das Protolysen-Gleichgewicht

$$CN^- + H_2O \rightleftarrows HCN + OH^-$$

wird das pH mit Gleichung (4.18) für schwache Basen bestimmt:

$$pH = 7 + 1/2\ pK_s + 1/2 \log C_o(b) = 7 + 4{,}69 - 0{,}23 = 11{,}46$$

Aus dem Quotienten für die Protolysenkonstante

$$K_b = c(HCN) \cdot c(OH^-)/c(CN^-)$$

erhält man unter Berücksichtigung von

$c(HCN) = c(OH^-)$

$c(CN^-) = C_o(KCN) - c(OH^-) \approx C_o(KCN)$

$c(OH^-) = 2{,}89 \cdot 10^{-3}$ mol l^{-1}

für K_b den Wert

$K_b = c^2(OH^-)/C_o(KCN) = ([2{,}89 \cdot 10^{-3})^2/0{,}35]$ mol l^{-1} = $2{,}40 \cdot 10^{-5}$ mol l^{-1}

Da $c(OH^-)$ dem protolysierten Anteil von KCN entspricht, ist

$P = 2{,}89 \cdot 10^{-3}$ mol l^{-1}/0,35 mol l^{-1} = $8{,}26 \cdot 10^{-3}$

0,83 % der CN^--Ionen protolysieren.

Übung 4.23

Eine Lösung enthält je 0,25 mol l^{-1} Ameisensäure HCOOH mit $K_{s1} = 1{,}8 \cdot 10^{-4}$ und Essigsäure CH_3COOH mit $K_{s2} = 1{,}8 \cdot 10^{-5}$. Zu bestimmen ist der Protolysengrad beider Säuren in der Säuremischung und in den getrennten Lösungen. Zwischen Protolysengrad P und Gleichgewichtskonstante K besteht die Beziehung: $[P^2/1 - P] \cdot C_o = K$.

In der Lösung erfolgt eine gegenseitige Beeinflussung der beiden Gleichgewichte, da sie unterschiedlichen Mengen an H_3O^+ entsprechen, die in beide Gleichgewichte eingreifen. Es ist deshalb zweckmäßig, zuerst die Protolysengrade P_1^* von HCOOH und P_2^* von CH_3COOH in den getrennten Lösungen zu berechnen.

Für Ameisensäure:

$(P_1^*)^2/1 - P_1^* = K_{s1}/C_o = 1{,}8 \cdot 10^{-4}/0{,}25 = 7{,}2 \cdot 10^{-4}$

$(P_1^*)^2 + 7{,}2 \cdot 10^{-4} P_1^* - 7{,}2 \cdot 10^{-4} = 0$

$P_1^* = -3{,}6 \cdot 10^{-4} + 2{,}68 \cdot 10^{-2}$

$P_1^* = 2{,}65 \cdot 10^{-2}$

Für Essigsäure:

$(P_2^*)^2/1 - P_2^* = 1{,}8 \cdot 10^{-5}/0{,}25 = 7{,}2 \cdot 10^{-5}$

$P_2^* = -3{,}6 \cdot 10^{-5} + 8{,}48 \cdot 10^{-3}$

$P_2^* = 8{,}44 \cdot 10^{-3}$

In der Mischung beider Säuren mit den Protolysen

$HCOOH + H_2O \rightleftarrows HCOO^- + H_3O^+$

$CH_3COOH + H_2O \rightleftarrows CH_3COO^- + H_3O^+$

und den Protolysengraden P_1 und P_2 liegen folgende Gleichgewichtskonzentrationen vor:

$c(H_3O^+) = 0{,}25\, P_1 + 0{,}25\, P_2$

$c(HCOO^-) = 0{,}25\, P_1$

$c(HCOOH) = 0{,}25\,(1 - P_1)$

$c(CH_3COO^-) = 0{,}25\, P_2$

$c(CH_3COOH) = 0{,}25(1 - P_2)$

Daraus folgt für die beiden Protolysen-Gleichgewichte

$$K_{s1} = [0{,}25\ P_1(0{,}25\ P_1 + 0{,}25\ P_2)]/0{,}25(1 - P_1)$$

$$K_{s2} = [0{,}25\ P_2(0{,}25\ P_1 + 0{,}25\ P_2)]/0{,}25(1 - P_2)$$

und für den Quotienten beider Gleichungen

$$K_{s1}/K_{s2} = P_1(1 - P_2)/P_2(1 - P_1)$$

P_1 und P_2 sind gegenüber 1 klein und dürfen in den Klammern vernachlässigt werden, so daß

$$P_1 = K_{s1} \cdot P_2/K_{s2} = 1{,}8 \cdot 10^{-4}\ \text{mol l}^{-1} \cdot P_2/1{,}8 \cdot 10^{-5}\ \text{mol l}^{-1} = 10\ P_2$$

folgt. Eingesetzt in die Gleichung für K_{s1} erhält man

$$K_{s1} = [10\ P_2(2{,}5\ P_2 + 0{,}25\ P_2)]/[1 - 10\ P_2]$$

$$P_2^2 + 6{,}54 \cdot 10^{-5}\ P_2 - 6{,}55 \cdot 10^{-6} = 0$$

mit der chemisch sinnvollen Lösung

$$P_2 = 2{,}53 \cdot 10^{-3}$$

und somit für

$$P_1 = 2{,}53 \cdot 10^{-2}$$

Beide Säuren protolysieren in den getrennten Lösungen stärker als in der Säuremischung:

$$P_1^* = 2{,}65 \cdot 10^{-2}, \quad P_1 = 2{,}53 \cdot 10^{-2}$$

$$P_2^* = 8{,}44 \cdot 10^{-3}, \quad P_2 = 2{,}53 \cdot 10^{-3}$$

In einer Säuremischung wird immer die Protolyse der schwächsten Säure am stärksten zurückgedrängt.

Übung 4.24

In 175 ml Arsensäure ($c(H_3AsO_4) = 0{,}8$ mol l^{-1}) werden 11,2 g NaOH gelöst. Welche Reaktionen laufen dabei ab und welchen pH-Wert hat die Lösung?
[$K_{s1} = 2{,}5 \cdot 10^{-4}$, $K_{s2} = 5{,}6 \cdot 10^{-8}$, $K_{s3} = 3{,}0 \cdot 10^{-13}$]

Arsensäure kann in Abhängigkeit vom molaren Verhältnis $H_3AsO_4 : OH^-$ in der Lösung schrittweise entsprechend

$$H_3AsO_4 + OH^- \rightleftarrows H_2AsO_4^- + H_2O$$

$$H_2AsO_4^- + OH^- \rightleftarrows HAsO_4^{2-} + H_2O$$

$$HAsO_4^{2-} + OH^- \rightleftarrows AsO_4^{3-} + H_2O$$

reagieren. Für H_3AsO_4 und NaOH erhält man

$$(175\ \text{ml} \cdot 0{,}8\ \text{mol l}^{-1})\ H_3AsO_4 = 140\ \text{mmol}\ H_3AsO_4$$

$$(11200\ \text{mg}/40\ \text{g mol}^{-1})\ \text{NaOH} = 280\ \text{mmol NaOH}$$

Da das molare Verhältnis $H_3AsO_4 : OH^- = 1 : 2$ beträgt, kommt es nach

$$H_3AsO_4 + 2\ OH^- \rightleftarrows HAsO_4^{2-} + 2\ H_2O$$

zur Bildung der amphoteren Anionen $HAsO_4^{2-}$. Da für ihr Säureverhalten

$$HAsO_4^{2-} \rightleftarrows H^+ + AsO_4^{3-}$$

pK_{s1} = 12,52 beträgt und für ihr Basenverhalten

$$HAsO_4^{2-} + H^+ \rightleftarrows H_2AsO_4^-$$

der pK-Wert der konjugierten Säure pK_{s2} = 7,25 eingesetzt wird, erhält man für den pH-Wert der Ampholytlösung

$$pH = 1/2(pK_{s1} + pK_{s2}) = 9,9$$

Übung 4.25

Welche Reaktionen sind in einer Ammoniumhydrogensulfit-Lösung zu beachten und welche von ihnen stellt den pH-bestimmenden Vorgang dar? Welchen pH-Wert hat die Lösung?

Die Lösung enthält die Kationensäure NH_4^+ und den Ampholyten HSO_3^-, so daß zunächst der Einfluß von drei protolytischen Reaktionen auf ihren pH-Wert zu untersuchen ist. Welche von den drei Reaktionen den pH-Wert der Lösung am stärksten beeinflußt, ergibt sich aus ihrer Gleichgewichtskonstanten (siehe im Tabellenanhang):

1. Einfluß von NH_4^+ auf den pH-Wert:

$$NH_4^+ + H_2O \rightleftarrows NH_3 + H_3O^+ \qquad K_s = 5,55 \cdot 10^{-10}\ mol\ l^{-1}$$

2. Einfluß von HSO_3^- auf den pH-Wert: (Säure-Base-Disproportionierung des Ampholyten)

$$HSO_3^- \rightleftarrows SO_3^{2-} + H^+ \qquad K_1 = 5,60 \cdot 10^{-8}\ mol\ l^{-1}$$

$$HSO_3^- + H^+ \rightleftarrows SO_2 + H_2O \qquad K_2 = 76,92\ (mol\ l^{-1})^{-1}$$

$$2\ HSO_3^- \rightleftarrows SO_2 + H_2O + SO_3^{2-} \qquad K = K_1 \cdot K_2 = 4,3 \cdot 10^{-6}$$

[$K_2 = 1/K_{s1}$ ($SO_2 + H_2O$), Umkehr der Reaktionsrichtung entspricht dem reziproken Wert für die ursprüngliche Richtung]

3. Einfluß von NH_4^+ und HSO_3^- auf den pH-Wert:

$$NH_4^+ \rightleftarrows NH_3 + H^+ \qquad K_1 = 5,55 \cdot 10^{-10}\ mol\ l^{-1}$$

$$HSO_3^- + H^+ \rightleftarrows H_2O + SO_2 \qquad K_2 = 76,92\ (mol\ l^{-1})^{-1}$$

$$NH_4^+ + HSO_3^- \rightleftarrows NH_3 + SO_2 + H_2O \qquad K = K_1 \cdot K_2 = 4,27 \cdot 10^{-8}$$

Für die Reaktion von HSO_3^- als Ampholyt hat K den größten Wert. Man berechnet darum das pH der Lösung mit Gleichung (4.24):

$$pH = 1/2(pK_{s1} + pK_{s2}) = 1/2(7,25 + 1,88) = 4,5$$

Übung 4.26

200 Milliliter NH_4Cl-Lösung ($c(NH_4Cl) = 0,2\ mol\ l^{-1}$) werden mit a) 150 ml NaOH-Lösung ($c(NaOH) = 0,1\ mol\ l^{-1}$) und b) 800 ml NH_3-Lösung ($c(NH_3) = 0,05\ mol\ l^{-1}$) versetzt. Welche pH-Werte haben die entstandenen Lösungen? [$pK_s(NH_4^+) = 9,25$]

a) Nach Zugabe von NaOH ergibt sich für das Gleichgewicht

$NH_4^+ + OH^- \rightleftarrows NH_3 + H_2O$

folgende Bilanz: Für die Ausgangsmenge von

$(200\ ml \cdot 0{,}2\ mmol\ ml^{-1}) = 40\ mmol\ NH_4^+$ stehen
$(150\ ml \cdot 0{,}1\ mmol\ ml^{-1}) = 15\ mmol\ OH^-$ für die Bildung von 15 mmol NH_3 zur Verfügung. Somit verbleiben (40–15) mmol NH_4^+ nicht umgesetzt.
Mit 25 mmol NH_4^+ Puffersäure und 15 mmol NH_3 Pufferbase folgt

$pH = pK_s + \log [n(PB)/n(PS)]$

$pH = 9{,}25 + 1{,}17 - 1{,}40 = 9{,}02$

b) Nach Zugabe von NH_3 enthalten die 1000 ml Lösung 40 mmol NH_4^+ und $(800\ ml \cdot 0{,}05\ mmol\ ml^{-1}) = 40\ mmol\ NH_3$, so daß eine Pufferlösung mit $c(PS) : c(PB) = 1 : 1$ entstanden ist:

$pH = pK_s = 9{,}25$ (Pufferschwerpunkt)

Übung 4.27

In 125 ml Essigsäure ($c(CH_3COOH) = 2\ mol\ l^{-1}$) werden 5 g NaOH gelöst.
a) Welchen pH-Wert hat die Lösung?
b) Wie wirkt sich die Zugabe von 5 ml Salzsäure ($c(HCl) = 1\ mol\ l^{-1}$) auf das pH der entstandenen Lösung aus?
[$M(NaOH) = 40\ g\ mol^{-1}$; $K_s(CH_3COOH) = 10^{-4,75}\ mol\ l^{-1}$]

a) Nach Zugabe von $(5000\ mg : 40\ mg\ mmol^{-1}) = 125\ mmol$ NaOH zu $(125\ ml \cdot 2\ mol\ l^{-1}) = 250\ mmol\ CH_3COOH$ sind im Gleichgewicht

$CH_3COOH + OH^- \rightleftarrows CH_3COO^- + H_2O$

(250 – 125) mmol CH_3COOH und, da die Abnahme von CH_3COOH der Zunahme von CH_3COO^- entspricht, 125 mmol CH_3COO^- vorhanden. Da $n(PS) : n(PB) = 1 : 1$ beträgt, entspricht die Pufferlösung dem Pufferschwerpunkt mit

$pH = pK_s(CH_3COOH) = 4{,}75$

b) Bei Zugabe von HCl(ag) reagiert ein der HCl-Menge äquivalenter Anteil von CH_3COO^- entsprechend dem Protolysen-Gleichgewicht

$CH_3COO^- + H_3O^+ \rightleftarrows CH_3COOH + H_2O$

zu CH_3COOH. Der Verringerung der Konzentration der Acetat-Ionen entspricht eine Zunahme der CH_3COOH -Konzentration um denselben Betrag:

vor der Reaktion	nach der Reaktion
$CH_3COOH = 125\ mmol$	$CH_3COOH = 130\ mmol$
$CH_3COO^- = 125\ mmol$	$CH_3COO^- = 120\ mmol$
$HCl = 5\ mmol$	$HCl = 0\ mmol$

Mit $n(PS) = 130$ mmol und $n(PB) = 120$ mmol erhält man

$c(H^+) = 10^{-4,75}\ mol\ l^{-1} \cdot (130\ mmol\ PS/120\ mmol\ PB)$

$pH = 4{,}72$

Obwohl die zugesetzte Säuremenge ($5 \cdot 10^{-3}$ mol H^+) das 260-fache der aktuellen H_3O^+-Konzentration des Puffersystems beträgt, hat sich der pH-Wert nur um 0,03 Einheiten verringert.

Übung 4.28

Mit einer Ammoniak-Lösung ($c(NH_3) = 0{,}1$ mol l^{-1}) soll eine Pufferlösung mit pH = 9,5 hergestellt werden. Wieviel Gramm NH_4Cl müssen eingesetzt werden, wenn die Pufferlösung 3 Liter ergeben soll?
[$K_b(NH_3) = 1{,}8 \cdot 10^{-5}$ mol l^{-1}, $M(NH_4Cl) = 53{,}5$ g mol^{-1}]

Um die Menge der Säure NH_4^+ für das Puffersystem

$$NH_3 + H_2O \rightleftarrows NH_4^+ + OH^-$$

zu erhalten, wird die Puffergleichung mit Hilfe von $pK_s = 14 - pK_b$ umgeformt:

$$pH = 14 - pK_b - \log c(PS) + \log c(PB)$$

Einsetzen der Werte ergibt

$$9{,}5 \quad = 14 - 4{,}74 - \log c(PS) + \log 0{,}1$$

$$c(PS) = c(NH_4^+) = 5{,}75 \cdot 10^{-2} \text{ mol l}^{-1}$$

Aus der Konzentration von NH_4^+ in mol l^{-1} folgt

$$NH_4^+(\text{g l}^{-1}) = 5{,}75 \cdot 10^{-2} \text{ mol l}^{-1} \cdot 53{,}5 \text{ g mol}^{-1} = 3{,}08 \text{ g } NH_4Cl \text{ pro Liter.}$$

Es werden 9,24 g NH_4Cl für 3 Liter Pufferlösung benötigt.

Übung 4.29

0,05 mol einer schwachen Säure HX werden in 250 ml Wasser gelöst. Die Lösung hat pH = 2,75. Welchen pH-Wert hat die Lösung nach Zugabe von 0,025 mol NaX?

Durch die Zugabe von NaX entsteht eine Pufferlösung mit der Puffersäure HX und der Pufferbase X^-. Für die Berechnung ihres pH-Wertes nach

$$pH = pK_s + \log [c(PB)/c(PS)]$$

muß der K_s-Wert der Puffersäure

$$K_s = c(H_3O^+) \cdot c(X^-)/c(HX)$$

bestimmt werden. Für die Gleichgewichtskonzentrationen folgt:

$$c(HX) = 0{,}05 \text{ mol/250 ml} = C_o(HX) = 0{,}20 \text{ mol l}^{-1}$$

Aus pH = 2,75 folgt $c(H_3O^+) = 1{,}78 \cdot 10^{-3}$ mol l^{-1}. Der nichtprotolysierte Anteil von HX beträgt

$$c(HX) = C_o(HX) - c(H_3O^+) = (0{,}20 - 1{,}78 \cdot 10^{-3}) \text{ mol l}^{-1} = 0{,}198 \text{ mol l}^{-1}$$

Da $c(H_3O^+) = c(X^-)$ ist, erhält man für K_s den Wert

$$K_s = (1{,}78 \cdot 10^{-3} \text{ mol l}^{-1})^2/0{,}198 \text{ mol l}^{-1} = 1{,}6 \cdot 10^{-5} \text{ mol l}^{-1}$$

Mit 0,025 mol NaX in 250 ml = 0,10 mol l^{-1} = $c(PB)$ ist

$$pH = 4{,}79 + \log [0{,}10/0{,}20] = 4{,}49$$

Übung 4.30

150 ml einer Na_3AsO_4-Lösung ($c(Na_3AsO_4) = 0{,}4\ mol\ l^{-1}$) werden mit Salzsäure ($c(HCl) = 0{,}2\ mol\ l^{-1}$) versetzt. Zu berechnen sind:

a) der pH-Wert der Ausgangslösung und

b) die pH-Werte nach Zusatz von 300 ml, 500 ml, 600 ml, 750 ml und 900 ml 0,2-M HCl-Lösung zu jeweils 150 ml Ausgangslösung. [Die pK_s-Werte von H_3AsO_4 betragen 3,6 , 7,25 und 12,52]

a) Das Arsenat-Ion AsO_4^{3-} ist eine relativ starke Base, die schrittweise protolysieren kann:

$$AsO_4^{3-} + H_2O \rightleftarrows HAsO_4^{2-} + OH^-$$

$$HAsO_4^{2-} + H_2O \rightleftarrows H_2AsO_4^- + OH^-$$

$$H_2AsO_4^- + H_2O \rightleftarrows H_3AsO_4 + OH^-$$

Die aus den pK_s-Werten über die Beziehung $pK_b = 14 - pK_s$ folgenden pK_b-Werte unterscheiden sich um mehrere Zehnerpotenzen voneinander:

$$pK_{b1} = 1{,}48$$

$$pK_{b2} = 6{,}75$$

$$pK_{b3} = 10{,}40$$

Der pH-Wert wird somit in guter Näherung von der ersten Protolysenstufe der AsO_4^{3-}-Ionen bestimmt. Für die Ausgangslösung erhält man mit $pK_s(HAsO_4^{2-}) = 12{,}52$:

$$pH = 1/2\ (pK_s + pK_w + \log C_o(b)) = 1/2(12{,}52 + 14 + \log 0{,}4)$$

$$pH = 13{,}06$$

b) 300 ml-Zusatz: Vor der Reaktion enthält die Lösung

$150\ ml \cdot 0{,}4\ mmol\ ml^{-1} = 60\ mmol\ AsO_4^{3-}$ und

$300\ ml \cdot 0{,}2\ mmol\ ml^{-1} = 60\ mmol\ HCl = 60\ mmol\ H_3O^+$

Bei einem molaren Verhältnis $AsO_4^{3-} : H_3O^+ = 1 : 1$ protolysieren die AsO_4^{3-}-Ionen quantitativ zu $HAsO_4^{2-}$-Ionen:

$$AsO_4^{3-} + H_3O^+ \rightleftarrows HAsO_4^{2-} + H_2O$$

$HAsO_4^{2-}$-Ionen reagieren amphoter, der pH-Wert der entstandenen Ampholytlösung beträgt

$$pH = 1/2\ (pK_{s1} + pK_{s2}) = 1/2(12{,}52 + 7{,}25)$$

$$pH = 9{,}90$$

500 ml-Zusatz: Vor der Reaktion kommen auf 60 mmol AsO_4^{3-} nun ($500\ ml \cdot 0{,}2\ mmol\ H_3O^+\ ml^{-1}) = 100\ mmol\ H_3O^+$. Da 60 mmol AsO_4^{3-} mit 60 mmol H_3O^+ quantitativ zu 60 mmol $HAsO_4^{2-}$ reagieren, verbleiben 40 mmol H_3O^+ für die Protolyse

$$HAsO_4^{2-} + H_3O^+ \rightleftarrows H_2AsO_4^- + H_2O$$

Da die Reaktion quantitativ erfolgt, werden aus den 60 mmol $HAsO_4^{2-}$ 40 mmol $H_2AsO_4^-$ gebildet. Die Lösung mit 40 mmol $H_2AsO_4^-$ und 20 mmol $HAsO_4^{2-}$ entspricht einer Pufferlösung mit

$$c(PS) : c(PB) = (H_2AsO_4^-) : (HAsO_4^{2-}) = 2 : 1$$

und dem pH-Wert

$c(H_3O^+) = K_s \cdot c(PS)/c(PB) = 5{,}6 \cdot 10^{-8} \cdot 2 = 11{,}2 \cdot 10^{-8}$ mol l^{-1}

pH = 6,95

600 ml-Zusatz: 60 mmol AsO_4^{3-} können mit (600 ml · 0,2 mmol ml^{-1}) = 120 mmol H_3O^+ reagieren. Bei einem Molverhältnis von $AsO_4^{3-} : H_3O^+ = 1 : 2$ ist die Protolyse

$$AsO_4^{3-} + 2\ H_3O^+ \rightleftarrows H_2AsO_4^- + 2\ H_2O$$

quantitativ, so daß die amphoteren $H_2AsO_4^-$-Ionen den pH-Wert der Ampholytlösung bestimmen:

$pH = 1/2\ (pK_{s1} + pK_{s2}) = 1/2\ (7{,}25 + 3{,}60)$

pH = 5,425

750 ml-Zusatz: Von den (750 ml · 0,2 mmol ml^{-1}) = 150 mmol H_3O^+ reagieren 120 mmol mit 60 mmol AsO_4^{3-} quantitativ zu 60 mmol $H_2AsO_4^-$. Die verbleibenden 30 mmol H_3O^+ reagieren mit 30 mmol $H_2AsO_4^-$-Ionen weiter zu 30 mmol H_3AsO_4:

$$H_2AsO_4^- + H_3O^+ \rightleftarrows H_3AsO_4 + H_2O$$

Mit 30 mmol H_3AsO_4 und 30 mmol $H_2AsO_4^-$ ist eine Pufferlösung am Pufferschwerpunkt entstanden, deren pH-Wert

$pH = pK_s(H_3AsO_4) = 3{,}60$

beträgt.

900 ml-Zusatz: Mit (900 ml · 0,2 mmol ml^{-1}) = 180 mmol H_3O^+ und dem daraus folgenden Verhältnis $AsO_4^{3-} : H_3O^+ = 1 : 3$ protolysiert AsO_4^{3-} vollständig zu Arsensäure:

$$AsO_4^{3-} + 3\ H_3O^+ \rightleftarrows H_3AsO_4 + 3\ H_2O$$

Der pH-Wert der Lösung wird von der Arsensäure-Konzentration bestimmt. Mit

$C_o(H_3AsO_4) = 60$ mmol/1050 ml = 0,06 mol/1,05 l = $5{,}71 \cdot 10^{-2}$ mol l^{-1}

erhalten wir

$pH = 1/2\ pK_s - 1/2 \log C_o(H_3AsO_4) = 1/2(3{,}60 + 1{,}24)$

pH = 2,42

Übung 4.31

Erfolgt vollständige Protolyse zu PO_4^{3-}, wenn eine H_3PO_4-Lösung mit Ammoniak im Überschuß versetzt wird?

Eine vollständige Protolyse entspricht der Bruttogleichung

$$H_3PO_4 + 3\ NH_3 \rightleftarrows 3\ NH_4^+ + PO_4^{3-}$$

Mit den Werten im Anhang 2 erhält man für die Gleichgewichtslage der Protolysenstufen:

$$\begin{array}{lllllll}
 & H_3PO_4 & \rightleftarrows & H_2PO_4^- & + H^+ & pK_{s1} = & 2{,}12 \\
H^+ & + NH_3 & \rightleftarrows & NH_4^+ & & pK_{s2} = & 9{,}26 \\
\hline
H_3PO_4 & + NH_3 & \rightleftarrows & H_2PO_4^- & + NH_4^+ & pK = & -7{,}14
\end{array}$$

Da $pK \ll 1$, liegt das Gleichgewicht der 1. Protolysenstufe praktisch vollständig auf der rechten Seite. Für die 2. Protolysenstufe

$$\begin{array}{lllllll}
 & H_2PO_4^- & \rightleftarrows & HPO_4^{2-} & + H^+ & pK_{s1} = & 7{,}20 \\
H^+ & + NH_3 & \rightleftarrows & NH_4^+ & & pK_{s2} = & 9{,}26 \\
\hline
H_2PO_4^- & + NH_3 & \rightleftarrows & HPO_4^{2-} & + NH_4^+ & pK = & -2{,}06
\end{array}$$

mit $pK < 1$ liegt das Gleichgewicht ebenfalls weitgehend auf der rechten Seite. Für die 3. Protolysenstufe

$$\begin{array}{lllllll}
 & HPO_4^{2-} & \rightleftarrows & PO_4^{3-} & + H^+ & pK_{s1} = & 12{,}00 \\
H^+ & + NH_3 & \rightleftarrows & NH_4^+ & & pK_{s2} = & 9{,}26 \\
\hline
HPO_4^{2-} & + NH_3 & \rightleftarrows & PO_4^{3-} & + NH_4^+ & pK = & +2{,}74
\end{array}$$

ist $pK > 1$, das Gleichgewicht liegt zugunsten der linken Seite. Daraus folgt, daß mit NH_3 keine vollständige Reaktion zu PO_4^{3-} möglich ist. Im Gleichgewicht liegen entsprechend

$$H_3PO_4 + 2\ NH_3 \rightleftarrows 2\ NH_4^+ + HPO_4^{2-}$$

neben NH_4^+-Kationen hauptsächlich HPO_4^{2-}-Ionen und ein nur sehr geringer Anteil PO_4^{3-}-Ionen vor.

Aufgaben:

4.1 Wieviel Protolyte sind an einer Protolyse beteiligt und welcher Partner eines konjugierten Säure-Base-Paares stellt die beständigere Form dar?

4.2 Was ist für die Gleichgewichtslage von Protolysen entscheidend?

4.3 Nennen Sie die konjugierten Basen von H_3O^+, NH_3, HCO_3^-, H_2O, H_2, $N_2H_5^+$ und NH_4^+!

4.4 Welche Teilchen sind nach Brönsted in den folgenden Reaktionen s_1, s_2, b_1 und b_2?

a) $HSO_4^- + CN^- \rightleftarrows HCN + SO_4^{2-}$
b) $H_3O^+ + HS^- \rightleftarrows H_2S + H_2O$
c) $H_2PO_4^- + CO_3^{2-} \rightleftarrows HPO_4^{2-} + HCO_3^-$
d) $2\ HPO_4^{2-} \rightleftarrows PO_4^{3-} + H_2PO_4^-$
e) $2\ C_2H_5OH \rightleftarrows C_2H_5OH_2^+ + C_2H_5O^-$
f) $HF + C_2H_5OH \rightleftarrows C_2H_5OH_2^+ + F^-$
g) $H^- + H_2O \rightleftarrows H_2 + OH^-$

4.5 Formulieren Sie die Gleichungen für die protolytischen Reaktionen von
a) $HF + NH_3$ d) $O^{2-} + H_2O$
b) $N^{3-} + H_2O$ e) $HSO_3^- + NH_3$
c) $HCO_3^- + H_3O$ f) $HOCl + OH^-$!

4.6 Nennen Sie die stärkste mögliche Säure, die in flüssigem Ammoniak existieren kann!

4.7 NH_4Cl und $NaNH_2$ reagieren in flüssigem Ammoniak miteinander. Welche Reaktionsprodukte entstehen und wie läßt sich die Reaktion charakterisieren?

4.8 Geben Sie für die beiden Gleichgewichts-Reaktionen
$H_3O^+ \rightleftarrows H^+ + H_2O$
$H_2O \rightleftarrows H^+ + OH^-$
die Säure- und Basenstärke der Reaktanten verbal an und schätzen Sie ihre Beständigkeit ein!

4.9 Ist die Stärke von Brönsted-Säuren und Brönsted-Basen eine relative oder absolute Eigenschaft?

4.10 Nennen Sie die stärkste Base, die in flüssigem Fluorwasserstoff HF existieren kann!

4.11 In flüssigem NH_3 erfolgt mit dem Hydrid-Ion H^- eine vollständige Umsetzung zu H_2 und dem Amid-Ion NH_2^-. Formulieren Sie die Reaktion und vergleichen Sie die Basizität von H^- und NH_2^-!

4.12 Zeigen alle Lösemittel einen nivellierenden Effekt?

4.13 Läßt sich in wäßriger Lösung zwischen der Basenstärke von H^- und NH_2^- unterscheiden? Begründen Sie die Antwort!

4.14 Wie werten Sie den Versuch, die Reaktionen
a) $SO_3 + H_2O \longrightarrow H_2SO_4$
b) $P_2O_5 + 3\,H_2O \longrightarrow 2\,H_3PO_4$
c) $Na_2O + H_2O \longrightarrow 2\,NaOH$
d) $CaO + H_2O \longrightarrow Ca(OH)_2$
in das Brönsted-Konzept einzuordnen?

4.15 Ordnen Sie die Teilchen HCO_3^-, CN^-, $[Fe(H_2O)_6]^{3+}$, PO_4^{3-}, HPO_4^{2-}, H_2S, P^{3-}, $[Al(H_2O)_4(OH)_2]^+$, Br^-, N_2H_4, NH_2^-, $N_2H_5^+$, NH_3 und OH^- in folgende Aufstellung ein:
Neutralsäure: Neutralbase:
Kationensäure: Kationenbase:
Anionensäure: Anionenbase:
Werden mit dieser Aufstellung alle Teilchen entsprechend ihrer Funktion und Eigenschaften eindeutig erfaßt? Wenn nicht, vervollständigen Sie die Angaben!

4.16 Läßt sich das Brönsted-Konzept auf die folgenden Lösemittel-Gleichgewichte anwenden?

a) $2\ SO_2 \rightleftharpoons SO^{2+} + SO_3^{2-}$

b) $N_2O_4 \rightleftharpoons NO^+ + NO_3^-$

c) $2\ NH_2OH \rightleftharpoons NH_3OH^+ + NHOH^-$

d) $3\ HA \rightleftharpoons H_2A^+ + HA_2$

4.17 Welcher Unterschied besteht zwischen pK_a und pK_w?

4.18 Welches Teilchen entsteht immer, wenn starke Basen wie z.B. O^{2-}, N^{3-} oder H^- mit Wasser reagieren?

4.19 Können OH^- und H_2 in protolytischen Reaktionen auch als Säuren fungieren? Wenn ja, welche Teilchen reagieren dann als Basen?

4.20 Welches von den Teilchen SO_3, Ni^{2+}, HNO_3, H_3O^+, H^+, NH_4^+, HPO_4^{2-} und S ist im Lewis-Konzept eine Säure?

4.21 In reinem Aluminiumchlorid sind zwei Moleküle $AlCl_3$ zu Al_2Cl_6 assoziiert. Zeigen Sie, daß die Bildung des Dimers nach Lewis als Säure-Base-Reaktion aufzufassen ist!

4.22 Wie ist die Reaktion $HBr + H_2O \rightleftharpoons H_3O^+ + Br^-$ nach Arrhenius, Lewis und Brönsted zu interpretieren?

4.23 In welchem der Säure-Base-Konzepte ist das Proton eine Säure?

4.24 Läßt sich die Komplexreaktion
$[Cu(H_2O)_4]^{2+} + 4\ NH_3 \rightleftharpoons [Cu(NH_3)_4]^{2+} + 4\ H_2O$
auch als Säure-Base-Reaktion interpretieren?

4.25 Warum ist bei einer exakten Formulierung der Protolyse von Essigsäure in Wasser auch H_2O als Reaktionspartner anzugeben?

4.26 Wie lassen sich die Abstufungen der pK_s-Werte mehrprotoniger Säuren etwa um den Faktor 10^5 pro Protolysenstufe erklären?

4.27 Stellen Sie die Gleichungen für die Säurekonstante K_s und die Basenkonstante K_b des korrespondierenden Säure-Base-Paares $NH_4^+ \rightleftharpoons NH_3 + H^+$ auf!

4.28 Kann man der Bruttoreaktion $H_2S \rightleftharpoons 2\ H^+ + S^{2-}$ entnehmen, daß das Verhältnis $H^+ : S^{2-}$ in einer H_2S-Lösung 2 : 1 ist?

4.29 Für Essigsäure ist der pK_s-Wert gegeben. Wie berechnen Sie dann den pK_b-Wert der korrespondierenden Base?

4.30 Welche Teilchen der Bruttoreaktion $O^{2-} + H_2O \longrightarrow 2\ OH^-$ sind s_1, b_1, s_2 und b_2 und welchem Teilchen ist der Wert $pK_b = -10$ zuzuordnen?

4.31 Eine NH_3-Lösung hat einen pH-Wert von 11,37. Berechnen Sie ihre Konzentration in mol l^{-1}, wenn $K_s = 10^{-9,25}$ mol l^{-1} beträgt!

4.32 Wie groß ist die Zahl der OH^--Ionen in 250 ml einer $HClO_4$-Lösung [$c(HClO_4) = 1$ mol l^{-1}]?

4.33 Berechnen Sie die pK_b-Werte für die Basen OH^- und H_2O!

4.34 Eine schwache Säure HX hat einen pK_s-Wert = 8. Berechnen Sie den pH-Wert einer wäßrigen Lösung, die HX in einer Konzentration = 10^{-8} mol l^{-1} enthält! Begründen Sie eventuell benutzte Näherungen!

4.35 Berechnen Sie mit Hilfe vertretbarer Näherungen den pH-Wert einer Borsäure-Lösung ($c(H_3BO_3) = 0,01$ mol l^{-1})!
[$K_{s1} = 10^{-9,24}$ mol l^{-1}, $K_{s2} = 10^{-12,75}$ mol l^{-1} und $K_{s3} = 10^{-13,70}$ mol l^{-1}]

4.36 Zeigen Sie, daß in jeder H_2S-Lösung, die keine Ionen eines anderen Elektrolyten enthält, für die Konzentration der Sulfid-Ionen die Näherung $c(S^{2-}) = K_{s2}$ gilt!

4.37 Eine Säure HX ist bei $C_o(HX) = 0,10$ mol l^{-1} zu 0,5 % protolysiert. Berechnen Sie $C_o(HX)$ für den Protolysegrad $P = 5$ %, 50 %, 99 % und 99,9 %.
a) Welcher Schluß ergibt sich für den Zusammenhang zwischen P und Konzentration c schwacher Säuren?
b) Welche Bedingungen müssen für $P = 1$ erfüllt sein?
c) Welchen Wert hat K_s für $C_o = 0,1$ mol l^{-1} und $P = 0,5$ %?

4.38 Die Lösung einer schwachen Base B mit $C_o(B) = 0,52$ mol l^{-1} hat einen pH-Wert = 11,96. Wie groß ist die Basenkonstante K_b?

4.39 Eine schwache Säure HA mit $C_o = 0,34$ mol l^{-1} hat einen pH-Wert von 2,73, eine schwache Säure HB mit $C_o = 0,56$ mol l^{-1} einen pH-Wert von 2,28. Welche Säure ist stärker?

4.40 Die Säure HX ist bei $C_o(HX) = 0,23$ mol l^{-1} zu 1,48 % protolysiert. Wieviel Prozent sind bei $C_o(HX) = 5,73 \cdot 10^{-5}$ mol l^{-1} protolysiert?

4.41 In eine Salzsäure ($c(HCl) = 0,05$ mol l^{-1}) wird H_2S bis zur Sättigung von 0,1 mol l^{-1} H_2S eingeleitet. Wie groß sind $c(S^{2-})$ und $c(HS^-)$?
[$K_{s1} = 1,1 \cdot 10^{-7}$ mol l^{-1}, $K_{s2} = 1,0 \cdot 10^{-14}$ mol l^{-1}]

4.42 Wie groß ist $c(OH^-)$ in einer Lösung mit pH = 0?

4.43 Welche Bedeutung hat die Hydrolyse im Brönsted-Konzept?

4.44 Charakterisieren Sie die Reaktion

$PF_3 + 3\,H_2O \longrightarrow H_3PO_3 + 3\,HF$!

4.45 Eine Reihe von Salzen ergibt beim Auflösen in Wasser saure oder basische Lösungen. Welche Voraussetzungen müssen solche Salze erfüllen?

4.46 Kann der Protolysegrad $P = c(\text{Protolyseprodukt})/C_o(\text{Protolyt})$ sowie K_s und K_b zum Vergleich der Säure- bzw. Basenstärke verwendet werden?

4.47 Worin sehen Sie den Unterschied zwischen Protolysengrad und Protolysenkonstante?

4.48 Welchen tabellierten Wert benötigt man zur Beantwortung der Frage, ob mit $Na_3PO_4 \cdot 2\,H_2O$ die Herstellung einer Lösung mit pH = 14 möglich ist?

4.49 Wie ändert sich die S^{2-}-Konzentration einer gesättigten H_2S-Lösung (c = 0,1 mol l^{-1}), wenn ihr pH-Wert auf 2, 5, 7, 9 und 10 eingestellt wird? Erklären Sie, warum die Gleichung $c(S^{2-}) = K_{s2}$ nicht mehr erfüllt ist!

4.50 Zeigen die Verbindungen NH_4Cl, KCN, $Ba(CH_3COO)_2$, $NaNO_3$, NH_4NO_3, Na_2CO_3, $FeBr_2$ und $NaNO_2$ in wäßriger Lösung neutrale, basische oder saure Reaktion? Begründen Sie Ihre Feststellungen mit Hilfe geeigneter Tabellenwerte!

4.51 Wovon hängt der Säuregrad einer wäßrigen Salzlösung ab und welche Relation besteht zwischen Säuregrad und den Konstanten K_s und K_b?

4.52 Ordnen Sie die folgenden pK-Werte in pK_s- und pK_b-Werte ein und formulieren Sie die entsprechenden Protolysen:

a) p$K(H_3P_2O_7^-)$ = 1,49	g) p$K(HCO_3^-)$ = 10,25
b) p$K(H_3P_2O_7^-)$ = 13,38	h) p$K(H_2O)$ = 15,74
c) p$K(H_2PO_4^-)$ = 11,88	i) p$K(PO_4^{3-})$ = 1,68
d) p$K(H_2PO_4^-)$ = 7,21	j) p$K(CN^-)$ = 4,60
e) p$K(HSO_4^-)$ = 1,92	k) p$K(NH_2OH)$ = 7,97
f) p$K[Fe(H_2O)_6]^{3+}$ = 2,22	l) p$K(NH_3OH^+)$ = 6,21

4.53 Begründen Sie mit Hilfe von p$K(PO_4^{3-})$ = 1,68 und p$K(CN^-)$ = 4,60, ob eine Na_3PO_4- oder NaCN-Lösung gleicher Konzentration stärker basisch reagiert!

4.54 Welchen Wert für die Protolysen-Konstante von HCN erhält man, wenn eine Kaliumcyanid-Lösung (c(KCN) = 0,06 mol l^{-1}) einen pH-Wert von 11,6 hat?

4.55 Eine Natriumacetat-Lösung hat einen pH-Wert von 8,38. Welche Konzentration in mol l^{-1} hat die Lösung? [$K_s = 10^{-4,75}$ mol l^{-1}]

4.56 Das Ion HCO_3^- hat einen pK_s-Wert von 12,32. Welches Ion ist die korrespondierende Base und welchen pK_b-Wert hat es?

4.57 Die Säurekonstanten der Oxalsäure $H_2C_2O_4$ haben die Werte

$K_{s1} = 5{,}9 \cdot 10^{-2}$ mol l^{-1} und $K_{s2} = 6{,}4 \cdot 10^{-5}$ mol l^{-1}.

Bestimmen Sie die Basenkonstanten K_{b1} und K_{b2} der früher als Hydrolyse bezeichneten Reaktionen

$C_2O_4^{2-} + H_2O \rightleftarrows HC_2O_4^- + OH^-$ (K_{b1})

$HC_2O_4^- + H_2O \rightleftarrows H_2C_2O_4 + OH^-$ (K_{b2})

Wie reagiert eine Natriumoxalat-Lösung ($c(Na_2C_2O_4) = 0{,}1$ mol l^{-1})?

4.58 Ist eine wäßrige Lösung von Na_3PO_4 stärker basisch als eine Lösung von $Na(CH_3COO)$ gleicher Konzentration? Begründen Sie die Antwort!

4.59 Wie wirkt sich die Zugabe einer starken Base auf den Protolysengrad einer schwachen Base aus?

4.60 Aus 750 mg $Na(CH_3COO)$ soll eine Lösung mit pH = 8 hergestellt werden. Wieviel Liter Lösung müssen hergestellt werden? ($K_s = 10^{-4{,}75}$ mol l^{-1})

4.61 3,96 g NH_4NO_3 werden in soviel Wasser gelöst, daß 200 ml Lösung entstehen. Welchen pH-Wert hat die Lösung? ($K_s = 5{,}62 \cdot 10^{-10}$ mol l^{-1})

4.62 Berechnen Sie den pH-Wert einer Kaliumcyanid-Lösung ($c(KCN) = 0{,}03$ mol l^{-1})!

[$K_s(HCN) = 10^{-9{,}24}$ mol l^{-1}]

4.63 Für eine Eichkurve sollen jeweils 100 ml Lösung mit

a) pH = 11,0
b) pH = 11,5
c) pH = 12,0
d) pH = 12,5

aus $Na_3PO_4 \cdot 2\ H_2O$ hergestellt werden. Wie groß sind die Einwaagen in Gramm? Näherung: Es ist nur die 1. Protolysenstufe zu berücksichtigen. Besteht eine lineare Abhängigkeit zwischen dem pH-Wert der Lösung und der benötigten Phosphatmenge?

4.64 Von welchen Faktoren hängt der pH-Wert von Salzlösungen ab, wenn die Kationen und Anionen der Salze schwache Protolyte sind?

4.65 Was entnimmt man der Beobachtung, daß eine NH_4CN-Lösung basisch reagiert?

4.66 Welchen pH-Wert hat eine Lösung, die man durch Zusammengeben gleicher Mengen Essigsäure-Lösung ($c(CH_3COOH) = 0{,}01$ mol l^{-1}) und KOH-Lösung ($c(KOH) = 0{,}01$ mol l^{-1}) erhält?

4.67 In 250 ml einer Lösung befinden sich 2,05 g $NaCH_3COO$. Wie groß ist der Protolysengrad der Lösung, wenn der pK_s-Wert 4,75 beträgt?

4.68 Zu 500 ml HCOOH-Lösung ($c(HCOOH) = 0{,}2$ mol l^{-1}) werden 500 ml KOH-Lösung ($c(KOH) = 0{,}2$ mol l^{-1}) gegeben. Wie groß sind $pK_s(HCOOH)$ und Protolysengrad P, wenn der pH-Wert der Lösung 8,45 beträgt?

4.69 Wieviel Prozent Acetationen einer $NaCH_3COO$-Lösung ($c(NaCH_3COO) = 0{,}1$ mol l^{-1}) mit $K_s = 1{,}7 \cdot 10^{-5}$ mol l^{-1} haben mit Wasser gemäß

$CH_3COO^- + H_2O \rightleftarrows CH_3COO^- + OH^-$

reagiert?

4.70 Der pH-Wert einer $NaNH_2$-Lösung ($c(NaNH_2) = 10^{-3}$ mol l^{-1}) wird in guter Näherung mit 11,00 angegeben. Der Einfluß welcher Reaktion auf den pH-Wert wird dabei als unwesentlich eingeschätzt und nicht berücksichtigt?

4.71 Wie groß ist der pH-Wert einer Ammoniumcyanid-Lösung ($c(NH_4CN) = 0{,}1$ mol l^{-1}) ?

[$pK_s(NH_4^+) = 9{,}25$, $pK_b(CN^-) = 4{,}60$]

4.72 Zu 600 ml Schwefelwasserstoff-Lösung ($c(H_2S) = 0{,}05$ mol l^{-1}) werden 150 ml Natronlauge ($c(NaOH) = 0{,}2$ mol l^{-1}) gegeben. Formulieren Sie die Protolyse und berechnen Sie den pH-Wert der entstandenen Lösung!

[$K_{s1}(H_2S) = 1{,}1 \cdot 10^{-7}$ mol l^{-1}, $K_{s2}(H_2S) = 10^{-14}$ mol l^{-1}]

4.73 Eine Na_2CO_3-Lösung hat einen pH-Wert von 11,7. Wieviel Gramm Na_2CO_3 befinden sich in 100 ml Lösung, wenn der pK_s-Wert von HCO_3^- 10,4 beträgt?

4.74 Eine Lösung von $[Fe(H_2O)_6]Cl_3$ mit der Konzentration $c = 0{,}1$ mol l^{-1} hat einen pH-Wert von 1,6. Welchen pK_s-Wert haben $[Fe(H_2O)_6]^{3+}$-Ionen?

4.75 Eine Natriumacetat-Lösung hat einen pH-Wert von 9,15. Welchen Wert hat die Konzentration der Lösung?

4.76 Berechnen Sie für eine Ameisensäure ($c(HCOOH) = 0{,}45$ mol l^{-1}) den pH-Wert und den prozentualen Anteil der protolysierten Moleküle!

4.77 Eine Ammoniaklösung ($c(NH_3) = 0{,}15$ mol l^{-1}) ist zu 1,05 % protolysiert. Welches Volumen dieser Lösung enthält die gleiche Menge OH^--Ionen wie 100 ml 0,15-M NaOH-Lösung mit $P = 0{,}98$?

4.78 Reagiert eine Lösung von $NaHCO_3$ ($c = 0{,}1$ mol l^{-1}) sauer oder alkalisch? Welche Reaktion bestimmt das pH der Lösung?

4.79 Bestimmen Sie für eine $Na_2C_2O_4$-Lösung ($c(Na_2C_2O_4) = 0{,}1$ mol l^{-1}) den isoelektrischen Punkt und formulieren Sie die Protolyse!

[$K_{s1} = 5{,}9 \cdot 10^{-2}$, $K_{s2} = 6{,}4 \cdot 10^{-5}$]

4.80 500 ml einer Lösung enthalten 14,56 g K_2CO_3. Wieviel Gramm $KHCO_3$ müssen hinzugefügt werden, damit eine Lösung von pH = 9,5 entsteht?

4.81 Ein Liter Lösung mit $c(NaH_2PO_4) = 0{,}2$ mol l^{-1} und $c(Na_2HPO_4) = 0{,}25$ mol l^{-1} soll durch Zugabe von Salzsäure ($c(HCl) = 8$ mol l^{-1}) auf pH = 7 eingestellt werden. Wieviel ml HCl sind erforderlich, wenn die Volumenänderung vernachlässigt wird?

4.82 0,25 mol Ethylamin $C_2H_5NH_2$ werden in 750 ml Salzsäure ($c(HCl) = 0{,}03$ mol l^{-1}) gelöst.
a) Formulieren Sie die Protolysen-Gleichung!
b) Was für eine Lösung liegt vor und welches pH hat sie, wenn

$K_b = 3{,}28 \cdot 10^{-4}$ ist?

4.83 Eine Lösung mit pH = 6,5 enthält die Ionen $H_2PO_4^-$ und HPO_4^{2-}. Welchen Wert hat $c(HPO_4^{2-})$, wenn $c(H_2PO_4^-) = 0{,}35$ mol l^{-1} beträgt?

4.84 p-Aminobenzoesäure enthält die saure Gruppe –COOH und die basische Gruppe $-NH_2$.
a) Nach welcher Gleichung berechnet man das pH ihrer wäßrigen Lösung?
b) Läßt sich für die Verbindung ein Löslichkeitsminimum angeben?

4.85 Berechnen Sie den pH-Wert in einem Liter Carbonatpuffer-Lösung, die je 0,1 mol HCO_3^- und CO_3^{2-} enthält, nach Zugabe von a) 0,01 mol H_3O^+, b) 0,1 mol H_3O^+, c) 0,01 mol OH^- und d) 0,1 mol OH^-. Vergleichen Sie die Werte mit den entsprechenden pH-Änderungen in einem Liter Wasser!

4.86 Wieviel Ampholyte können bei der schrittweisen Umsetzung von H_3PO_4 mit NaOH als Zwischenstufen auftreten?

4.87 Worin besteht der wesentliche Unterschied in den Formeln zur pH-Berechnung von Ampholytlösungen und schwachen Säuren sowie Basen?

4.88 Unter welcher Voraussetzung ist am isoelektrischen Punkt die Konzentration der von einem Ampholyten gebildeten Ionen annähernd gleich?

4.89 Worin besteht das Ampholytverhalten von NH_4CH_3COO? Formulieren Sie die entsprechenden Gleichungen und ordnen Sie ihnen die entsprechenden Werte $K_{s1} = 10^{-9{,}25}$ und $K_{s2} = 10^{-4{,}75}$ zu. Welches pH hat eine Lösung der Konzentration $c = 0{,}1$ mol l^{-1})?

4.90 Der pH-Wert einer $NaHCO_3$-Lösung beträgt 8,35. Welchen Wert hat K_{s2} ($CO_2 + H_2O$), wenn $K_{s1} = 4{,}2 \cdot 10^{-7}$ mol l^{-1} ist?

4.91 Für den Ampholyt HXO_4^- betragen $K_{s1} = 3{,}16 \cdot 10^{-7}$ mol l^{-1} und $K_{s2} = 8{,}40 \cdot 10^{-11}$ mol l^{-1}. Welchen pH-Wert hat eine Lösung der Konzentration $c = 0{,}1$ mol l^{-1}?

4.92 Formulieren Sie alle möglichen Protolyse-Gleichgewichte, die sich in einer wäßrigen Lösung von $NaHCO_3$ einstellen können. Schätzen Sie das Ausmaß der Reaktionen am Isoelektrischen Punkt ein!

4.93 In 100 ml Phosphorsäure ($c(H_3PO_4) = 1$ mol l^{-1}) wurden 8 g NaOH gelöst. Formulieren Sie die Reaktionsgleichung und berechnen Sie den pH-Wert der entstandenen Lösung! [pK_s-Werte von H_3PO_4 : 2,12 ; 7,20 und 12,00]

4.94 Zu jeweils 100 ml Phosphorsäure ($c(H_3PO_4) = 1$ mol l^{-1}) wird NaOH-Lösung (c(NaOH) = 1 mol l^{-1}) gegeben. Welchen pH-Wert haben die nach Zugabe von a) 50 ml, b) 120 ml, c) 200 ml und d) 300 ml entstandenen Lösungen?
a) Formulieren Sie die jeweils pH-bestimmende Reaktion!
b) Charakterisieren Sie die entstandenen Lösungen!
c) Wie ist der Einfluß der bei NaOH-Zugabe eintretenden Volumenzunahme auf den pH-Wert?

4.95 Warum zeigt eine reine NH_4Cl-Lösung keine Pufferwirkung, obwohl mit $NH_4^+ + H_2O \rightleftarrows NH_3 + H_3O^+$ ein Protolysen-Gleichgewicht zwischen einer schwachen Säure und ihrer konjugierten Base vorliegt?

4.96 Könnte man eine Lösung, die HCl und NaCl in ausreichenden Mengen enthält, als Pufferlösung verwenden?

4.97 Unter welchen Bedingungen ist die Pufferwirkung für H_3O^+- und OH^--Ionen gleich groß?

4.98 Wann ist die Pufferkapazität eines NH_4Cl/NH_3-Puffers gegenüber H_3O^+ und OH^- erschöpft?

4.99 Welche Bedingungen muß der pK_s-Wert einer Puffersäure erfüllen, wenn die Pufferlösung im basischen Bereich eine gute Pufferwirkung zeigen soll?

4.100 Warum erfolgt bei Verdünnung einer Pufferlösung keine wesentliche Änderung ihres pH-Wertes?

4.101 Welche Eigenschaften zeigen äquimolare Lösungen aus schwachen Säuren und ihren konjugierten Basen?

4.102 Formulieren Sie die Reaktionen des Phosphatpuffers $H_2PO_4^-/HPO_4^{2-}$ bei Zusatz von Natriumhydroxid!

4.103 Wieviel Gramm NaOH muß man in 500 ml Essigsäure ($c(CH_3COOH)$ = 2 mol l^{-1}) lösen, um eine Pufferlösung mit pH = 5 herzustellen?

4.104 Zu 80 ml Ameisensäure (c(HCOOH) = 1 mol l^{-1}) werden 50 ml HCOONa-Lösung gegeben. Welchen pH-Wert hat die Pufferlösung?
[$K_s = 10^{-3,7}$ mol l^{-1}]

4.105 Berechnen Sie die Konzentrationsverhältnisse c(PB) : c(PS) für Acetatpuffer mit den pH-Werten 1,75, 4,75 und 7,75. Schätzen Sie ihre Wirksamkeit bei Säure- und Basezugabe ein!

4.106 Ein Puffersystem besteht aus gleichen Volumina 0,4 molarer Ameisensäure und Natriumformiat-Lösung (c = 0,2 mol l^{-1}).
a) Welchen pH-Wert hat die Pufferlösung?
b) Welchen pH-Wert erhält man nach Zugabe von 2 ml Natronlauge (c(NaOH) = 3 mol l^{-1}) zu 250 ml Pufferlösung?

4.107 Aus 0,025 mol einer schwachen Säure HX und 0,005 mol NaX wurden 200 ml Pufferlösung mit pH = 3,5 hergestellt. Wie groß ist die Protolysenkonstante der Puffersäure?

4.108 Welches Konzentrationsverhältnis c(PB) : c(PS) wird benötigt, um einen NH_4Cl/NH_3-Puffer mit pH = 9,5 herzustellen? ($K_b = 1{,}8 \cdot 10^{-5}$ mol l^{-1})

4.109 Aus einem Liter NaH_2PO_4-Lösung (c = 1 mol l^{-1}) soll ein Phosphat-Puffer mit pH = 7 hergestellt werden. Wieviel Gramm $Na_2HPO_4 \cdot 12\ H_2O$ sind erforderlich?

[$K_s = 6{,}2 \cdot 10^{-8}$ mol l^{-1}; $M(Na_2HPO_4 \cdot 12\ H_2O)$ = 358,2 g mol^{-1}]

4.110 Die pK-Werte eines der konjugierten Säure-Base-Paare in der Reaktion $H_2S + H_2O \rightleftarrows HS^- + H_3O^+$ betragen $pK_s = 6{,}92$ und $pK_b = 7{,}08$. Was entnehmen Sie daraus für die Lage des Protolysen-Gleichgewichts?

4.111 Charakterisieren Sie die Reaktion zwischen H_2S und NH_3! Sind im Gleichgewicht mehr S^{2-} oder HS^--Ionen vorhanden? Formulieren Sie die entsprechende Reaktionsgleichung!

4.112 Ermitteln Sie die Werte pK_{s1} und pK_{s2} der Reaktion $H_3O^+ + OH^- \rightleftarrows 2\ H_2O$ und berechnen Sie ihre Gleichgewichtskonstante K_g. Wie schätzen Sie die Vollständigkeit der Reaktion ein?

4.113 Berechnen Sie die Gleichgewichtskonstante der Reaktion

$CH_3COOH + HPO_4^{2-} \rightleftarrows CH_3COO^- + H_2PO_4^-$

mit den Werten $pK_b(CH_3COO^-) = 9{,}24$ und $pK_b(HPO_4^{2-}) = 6{,}88$

Welches Teilchen ist die stärkere Säure?

4.114 Auf welcher Seite liegt das Gleichgewicht für die Reaktion von Kohlensäure ($CO_2 + H_2O$) und Ammoniak in wäßriger Lösung? Formulieren Sie die Reaktionsgleichungen!

[pK_s-Werte für ($CO_2 + H_2O$) = 6,52 und 10,4; $K_s(NH_4^+) = 9{,}26$]

5 Reduktions-Oxidations-Reaktionen

Reduktions- und Oxidationsvorgänge bestimmen den Reaktionsablauf in galvanischen Zellen und die Elektrodenprozesse bei der Elektrolyse. In galvanischen Zellen wird mit Hilfe von chemischen Reaktionen elektrische Energie gewonnen. Der umgekehrte Vorgang erfolgt bei der Elektrolyse, wo mit Hilfe von elektrischer Energie chemische Reaktionen ermöglicht werden. Dabei sind die Zusammenhänge zwischen Reaktionsablauf und der in Form von elektrischer Energie ausgetauschten Reaktionsenergie von besonderem Interesse.

5.1 Grundlagen

Jeder Vorgang, bei dem ein Stoff Elektronen abgibt und seine Oxidationszahl erhöht, wird als Oxidation bezeichnet:

$$\overset{0}{Na} \rightleftarrows \overset{+1}{Na^+} + 1\,e^-$$

Nimmt ein Stoff Elektronen auf und verringert seine Oxidationszahl, erfolgt eine Reduktion:

$$\overset{0}{Cl_2} + 2\,e^- \rightleftarrows 2\,\overset{-1}{Cl^-}$$

Als Reaktionspartner agieren Oxidations- und Reduktionsmittel.
Oxidationsmittel (Ox) sind Moleküle oder Ionen, die im Reaktionsverlauf Elektronen aufnehmen und dabei in ihre reduzierte Form (Red) übergehen:

$$Ox + ne^- \rightleftarrows Red$$

$$(Cl_2 + 2e^- \rightleftarrows 2\,Cl^-)$$

Reduktionsmittel (Red) sind Moleküle oder Ionen, die Elektronen abgeben und in ihre oxidierte Form (Ox) übergehen:

$$Red \rightleftarrows Ox + n\,e^-$$

$$(Na \rightleftarrows Na^+ + 1\,e^-)$$

Ein durch Abgabe und Aufnahme von Elektronen verbundenes Paar nennt man konjugiertes (korrespondierendes) Redoxpaar. Für Redoxpaare gilt:

Je größer die Tendenz des Reduktionsmittels zur Elektronenabgabe, desto geringer die Tendenz des konjugierten Oxidationsmittels zur Elektronenaufnahme. Einem starken Reduktionsmittel entspricht ein schwaches Oxidationsmittel und umgekehrt.

Die Kombination von zwei Redoxpaaren ergibt die Redoxreaktion:

$$Na \rightleftarrows Na^+ + 1\,e^- /2$$

$$Cl_2 + 2\,e^- \rightleftarrows 2\,Cl^- \quad /1$$

$$Cl_2 + 2\,Na \rightleftarrows 2\,NaCl$$

Oxidiert wird das Reduktionsmittel (Na) zum Oxidationsmittel (Na^+) und reduziert wird das Oxidationsmittel (Cl_2) zum Reduktionsmittel (Cl^-). Jede Redoxreaktion (Redoxsystem) läßt sich als Summe von zwei Teilreaktionen darstellen:

$$\begin{array}{llll} \mathrm{Red}_1 & \rightleftarrows \mathrm{Ox}_1 & + n_1 e^- & / n_2 \\ \mathrm{Ox}_2 + n_2 e^- & \rightleftarrows \mathrm{Red}_2 & & / n_1 \\ \hline n_2 \mathrm{Red}_1 + n_1 \mathrm{Ox}_2 & \rightleftarrows n_2 \mathrm{Ox}_1 + n_1 \mathrm{Red}_2 & & \end{array} \qquad (5.1)$$

Für die Gleichgewichtskonstante K folgt daraus die Gleichung

$$K = (\mathrm{Red}_2)^{n_1} \cdot (\mathrm{Ox}_1)^{n_2} / (\mathrm{Ox}_2)^{n_1} \cdot (\mathrm{Red}_1)^{n_2} \qquad (5.2)$$

Die Lage des Gleichgewichts wird von der Tendenz der Redoxpaare bestimmt, Elektronen abzugeben bzw. aufzunehmen. Da ein starkes Reduktionsmittel stets mit einem schwachen Oxidationsmittel verbunden ist und umgekehrt, wird die Reaktion (5.1) von links nach rechts verlaufen und $K > 1$ sein, wenn Red_1 ein stärkeres Reduktionsmittel ist als Red_2 und somit Ox_1 ein schwächeres Oxidationsmittel als Ox_2.

Das Gleichgewicht von Redoxreaktionen liegt immer auf der Seite des schwächeren Reduktionsmittels und des schwächeren Oxidationsmittels.

Redoxamphoterie: Enthalten Verbindungen (Moleküle oder Ionen) ein Element in mittlerer Oxidationsstufe, können sie in Abhängigkeit vom Reaktionspartner entweder als Oxidationsmittel oder als Reduktionsmittel wirken. Man bezeichnet diese Eigenschaft als Redoxamphoterie. Ein redoxamphoterer Stoff wirkt als Oxidationsmittel, wenn der Reaktionspartner ein stärkeres Reduktionsmittel ist und umgekehrt.

5.2 Oxidationszahlen

Die Formulierung von Redoxgleichungen erfolgt am zweckmäßigsten mit Hilfe von Oxidationszahlen (OZ). Sie geben die Ladungen an, die einem Atom in einer Verbindung zukommen, die aus Atomionen zusammengesetzt wird. Oxidationszahlen sind formale Zahlenwerte, welche die wirklichen Bindungsverhältnisse nicht erfassen. Bei der Bestimmung der Oxidationszahl eines Elements in einer Verbindung wird seine Stellung in der Elektronegativitätsskala zugrunde gelegt. Für kovalent gebundene Atome in einem Molekül erhält der elektronegativere Partner die Elektronen von jeder Bindung zugewiesen.

Beispiel:
Im H_2O-Molekül werden beide Elektronen jeder (O-H)-Bindung dem Sauerstoff-Atom als dem elektronegativeren Partner zugesprochen. Man baut so H_2O aus den Atomionen H^+ und O^{2-} auf und bezeichnet diese fiktiven Ionenladungen als Oxidationszahlen der beiden Atome in dieser Verbindung (H = + 1= , O = – 2).

Oxidationszahlen werden über die Elementsymbole geschrieben und ihre Vorzeichen vor die Ziffer gesetzt (Unterschied zur reinen Ionenladung). Sie werden nach folgenden Regeln bestimmt:

1. Atome in elementar vorliegenden Stoffen und in freien Elementen bekommen die Oxidationszahl Null:

   O_2, N_2, Cl_2, H_2,   Ag, Fe, Na, P, S

2. Metalle haben in ihren Verbindungen positive Oxidationszahlen:

   MgO (Mg +2), K_2O (K +1), Fe_2O_3 (Fe +3), Cu_2O (Cu +1)

3. Fluor als elektronegativstes Element hat immer die Oxidationszahl –1, Sauerstoff –2 und Wasserstoff +1. Ausnahmen sind Peroxoverbindungen mit O = –1 und Sauerstoff-Fluor-Verbindungen mit O = +2 sowie Metallhydride mit H = –1.

   H_2O_2 (O –1), OF_2 (O +2), LiH (H –1), MgH_2 (H –1)

4. In einatomigen Ionen ist die Oxidationszahl gleich der Ionenladung:

   Mn^{2+}-Ion (Mn +2), Fe^{3+}-Ion (Fe +3), Ce^{4+}-Ion (Ce +4)

5. In Molekülen ist die Summe der Oxidationszahlen gleich Null, in Komplexionen gleich der Gesamtladung des komplexen Teilchens:

   H_2SO_4 (2 H + 2, 1 S + 6, 4 O -8, Ladungssumme = 0)

   $Cr_2O_7^{2-}$ (2 Cr + 12, 7 O –14, Ladungssumme = Ionenladung = –2).

6. Ein Element kann in verschiedenen Verbindungen unterschiedliche Oxidationszahlen haben. Die höchstmögliche Oxidationszahl ist gleich seiner Gruppennummer im Periodensystem. (Ausnahmen bilden einige Elemente der 1. und 8. Nebengruppe):

   NH_3 (N –3), HNO_2 (N +3), HNO_3 (N +5)

   $MnCl_2$ (Mn + 2), MnO_2 (Mn +4), $KMnO_4$ (Mn +7).

Für die Benennung von Komplexverbindungen muß die Oxidationszahl des Zentralatoms in den komplexen Kationen und Anionen bekannt sein. Bei Komplexionen ist die Summe der Ligandenladungen gleich ihrer Gesamtladung. Dabei ist zu beachten, daß das gleiche Zentralatom im Kation und Anion in verschiedenen Oxidationszahlen vorliegen kann.

5.3 Aufstellen von Redoxgleichungen

Redoxgleichungen sollten anfangs schrittweise formuliert werden, vor allem dann, wenn die stöchiometrischen Koeffizienten von „komplizierteren" Reaktionen zu ermitteln sind. Ein Beispiel ist die Reaktion von Nitrit- mit Permanganat-Ionen in saurer Lösung zu Nitrat- und Mangan(II)-Ionen.

1. Zunächst werden die Redoxpaare mit den Oxidationszahlen der am Elektronenübergang beteiligten Atome formuliert (reduzierte und oxidierte Stufen müssen bekannt sein):

   $\overset{+3}{N}O_2^- \rightleftarrows \overset{+5}{N}O_3^- + 2\,e^-$ (reduzierendes Redoxpaar mit NO_2^- als Reduktionsmittel)

   $\overset{+7}{Mn}O_4^- + 5\,e^- \rightleftarrows \overset{+2}{Mn^{2+}}$ (oxidierendes Redoxpaar mit MnO_4^- als Oxidationsmittel)

2. Dann wird das stöchiometrische Verhältnis bestimmt. Es reagieren dann äquivalente Mengen miteinander, wenn beide Redoxpaare die gleiche Anzahl von Elektronen aufnehmen bzw. abgeben. Die erste Gleichung wird mit Faktor 5 und die zweite mit Faktor 2 multipliziert:

$$5\ \overset{+3}{N}O_2^- \rightleftarrows 5\ \overset{+5}{N}O_3^- + 10\ e^-$$

$$2\ \overset{+7}{Mn}O_4^- + 10\ e^- \rightleftarrows 2\ \overset{+2}{Mn}^{2+}$$

3. Die Summe der Ionenladungen und die Anzahl anderer Atome auf beiden Seiten der Reaktionsgleichung werden in Übereinstimmung gebracht. Der Ausgleich der Ionenladungen erfolgt in Abhängigkeit von den Reaktionsbedingungen (saure oder basische Lösungen) mit H^+- oder OH^--Ionen, Sauerstoffdefizite werden mit H_2O korrigiert und die dadurch verursachte Ungleichheit an Protonen mit H^+ beseitigt:

$$5\ NO_2^- + 5\ H_2O \rightleftarrows 5\ NO_3^- + 10\ H^+ + 10\ e^-$$

$$2\ MnO_4^- + 16\ H^+ + 10\ e^- \rightleftarrows 2\ Mn^{2+} + 8\ H_2O$$

4. Addition beider Teilgleichungen ergibt die Gesamtreaktionsgleichung:

$$5\ NO_2^- + 2\ MnO_4^- + 6\ H^+ \rightleftarrows 5\ NO_3^- + 2\ Mn^{2+} + 3\ H_2O$$

(Der Ausgleich der Ionenladungen mit OH^- und H_2O würde

$$5\ NO_2^- + 2\ MnO_4^- + 3\ H_2O \rightleftarrows 5\ NO_3^- + 2\ Mn^{2+} + 6\ OH^-$$

ergeben, was der geforderten Reaktion in saurer Lösung widerspricht.)

5. Die Anzahl der Atome und Ionenladungen muß auf beiden Seiten gleich sein (Atomzahl: 31 = 31, Ionenladungen: 1– = 1–).

Als spezielle Redoxreaktionen gelten Disproportionierungen und Synproportionierungen.

Disproportionierung: Bei diesem Redoxtyp entstehen aus einer Verbindung, die ein Element mittlerer Oxidationszahl enthält, zwei neue Verbindungen, in denen das betrachtete Element in einer höheren und in einer niedrigeren Oxidationszahl vorliegt als in der Ausgangsverbindung. Das betrachtete Element wird gleichzeitig oxidiert und reduziert, Red_1 und Ox_2 sind identisch. Eine Disproportionierung erfolgt z.B. in einer Manganat-Lösung (MnO_4^{2-}), in der beim Ansäuern Permanganat (MnO_4^-) und Mangandioxid (MnO_2) entstehen:

1. $\overset{+6}{Mn}O_4^{2-} \rightleftarrows \overset{+7}{Mn}O_4^- + 1\ e^-$ (reduzierendes Paar mit MnO_4^{2-} als Reduktionsmittel)

   $\overset{+6}{Mn}O_4^{2-} + 2\ e^- \rightleftarrows \overset{+4}{Mn}O_2$ (oxidierendes Paar mit MnO_4^{2-} als Oxidationsmittel)

2. $2\ MnO_4^{2-} \rightleftarrows 2\ MnO_4^- + 2\ e^-$

   $MnO_4^{2-} + 2\ e^- \rightleftarrows MnO_2$

3. $2\ MnO_4^{2-} \rightleftarrows 2\ MnO_4^- + 2\ e^-$

   $MnO_4^{2-} + 4\ H^+ + 2\ e^- \rightleftarrows MnO_2 + 2\ H_2O$

4. $3\ MnO_4^{2-} + 4\ H^+ \rightleftarrows 2\ MnO_4^- + MnO_2 + 2\ H_2O$
   (Red_1, Ox_2) (Ox_1) (Red_2)
5. Massenbilanz und Ionenladungen sind ausgeglichen.

Synproportionierung: Bei diesem Redoxtyp reagieren zwei Verbindungen, die dasselbe Element in einer höheren und einer niedrigeren Oxidationszahl enthalten, zu einem Produkt, in dem das betrachtete Element in einer mittleren Oxidationszahl vorliegt. Die Synproportionierung stellt die Umkehrung der Disproportionierung dar. Auch hier erfolgt eine gleichzeitige Reduktion und Oxidation des gleichen Elements. Das Reaktionsprodukt ist gleichzeitig Ox_1 und Red_2. Eine Synproportionierung ist zum Beispiel die Bildung von MnO_2 aus Permanganat- und Mangan(II)-Ionen in basischer Lösung:

1. $\overset{+2}{Mn}{}^{2+} \rightleftarrows \overset{+4}{Mn}O_2 + 2\ e^-$ (reduzierendes Paar mit Mn^{2+} als Reduktionsmittel)
   $\overset{+7}{Mn}O_4^- + 3\ e^- \rightleftarrows \overset{+4}{Mn}O_2$ (oxidierendes Paar mit MnO_4^- als Oxidationsmittel)
2. $3\ Mn^{2+} \rightleftarrows 3\ MnO_2 + 6\ e^-$
   $2\ MnO_4^- + 6\ e^- \rightleftarrows 2\ MnO_2$
3. $3\ Mn^{2+} + 12\ OH^- \rightleftarrows 3\ MnO_2 + 6\ H_2O + 6\ e^-$
   $2\ MnO_4^- + 6\ e^- + 4\ H_2O \rightleftarrows 2\ MnO_2 + 8\ OH^-$
4. $2\ MnO_4^- + 3\ Mn^{2+} + 4\ OH^- \rightleftarrows 5\ MnO_2 + 2\ H_2O$
   (Ox_2) (Red_1) (Ox_1, Red_2)
5. Massenbilanz und Ionenladung sind ausgeglichen.

Da diese Reaktion in alkalischer Lösung abläuft, erfolgt der Ausgleich der Ionenladungen entsprechend den tatsächlichen Reaktionsbedingungen mit OH^--Ionen (die Disproportionierung des MnO_4^{2-}-Ions erfolgte in saurer Lösung, den Ausgleich der Ionenladungen besorgten dementsprechend H^+-Ionen).

5.4 Quantitative Beschreibung von Redoxreaktionen

Absolute Reduktions- und Oxidationsmittel gibt es nicht. Ob eine Verbindung als Oxidations- oder Reduktionsmittel wirkt, ist vom Reaktionspartner abhängig. Daher läßt sich die Richtung des freiwilligen Ablaufs einer Redoxreaktion auch nicht ohne weiteres vorhersagen. Die Tendenz eines oxidierenden Stoffes zur Elektronenaufnahme bzw. eines reduzierenden Stoffes zur Elektronenabgabe muß in einer meßbaren Größe zum Ausdruck kommen. Diese meßbare Größe ist das Redoxpotential.

5.4.1 Redoxpotentiale

Metalle haben das Bestreben, Ionen in Lösung zu schicken. Taucht ein Zinkstab in eine $ZnSO_4$-Lösung ein, gehen Zn^{2+}-Ionen in Lösung und die zugehörigen Valenzelektronen verbleiben im Zinkstab. Zwischen den positiv geladenen Ionen in der Lösung und dem negativ gewordenen Zinkstab baut sich ein elektrisches Potential auf. Der Überschuß an Elektronen im Zinkstab bewirkt einen „Elektronendruck", durch einen angeschlossenen äußeren Draht würden die Elektronen abfließen.

Elektrodenpotential: Das Potential zwischen Metallstab und Lösung ist ein Maß für den „Elektronendruck" im Metallstab; es wird als Elektrodenpotential oder Einzelpotential bezeichnet. Die Absolutwerte bleiben unbekannt (in atomaren Bereichen ist eine Potentialdifferenz nicht meßbar); es lassen sich prinzipiell nur Potentialdifferenzen messen. Ihre Bestimmung erfolgt mit einer Kombination sogenannter **Halbzellen:** Damit bezeichnet man die Kombinationen

a) Metall und Lösung seiner Ionen (z.B. $Zn/ZnSO_4$-Lösung),
b) Elementsubstanz und Lösung ihrer Ionen (z.B. mit Chlor umspülte Graphitelektrode in einer Chloridlösung) sowie
c) inerte Metallelektroden und Redoxpaare (z.B. Platindraht in einer Lösung mit Fe^{2+} und Fe^{3+}-Ionen).

galvanische Zellen: Die Kombination zweier Halbzellen nennt man galvanische Zelle (galvanisches Element). Galvanische Zellen stellen Redoxsysteme dar, deren konjugierte Redoxpaare räumlich getrennt reagieren. Die Elektronenübertragung erfolgt über eine äußere elektrische Verbindung.

elektromotorische Kraft (EMK): Die Potentialdifferenz zwischen beiden Halbelementen (Elektroden) ist das elektrische Potential einer galvanischen Zelle. Es wird als elektromotorische Kraft (EMK) der Zelle bezeichnet und in Volt angegeben.

Standard-EMK $\Delta E°$: Befinden sich beide Halbzellen im Standardzustand (definierter Zustand mit der Aktivität von 1 für Gase und gelöste Stoffe, 25 °C), wird ihre Potentialdifferenz als Standard-EMK bezeichnet. Die Halbzellen nennt man Standard-Elektroden und das galvanische Element Standard-Zelle. Eine bekannte galvanische Zelle ist das Daniell-Element, eine Kombination der beiden Halbelemente $Cu/CuSO_4$-Lösung und $Zn/ZnSO_4$-Lösung, in der die Reaktion

$$Zn \rightleftarrows Zn^{2+} + 2\,e^-$$

$$Cu^{2+} + 2\,e^- \rightleftarrows Cu$$

$$\overline{Zn + Cu^{2+} \rightleftarrows Zn^{2+} + Cu}$$

den stromliefernden Vorgang darstellt.

Kurzschreibweise galvanischer Zellen: Man setzt einen Schrägstrich für jede Phasengrenze, einen Doppelstrich zwischen den Halbelementen, bezeichnet mit (s) den festen Aggregatzustand der Elektroden, gibt die Konzentration der Lösungen in mol l^{-1} an, beginnt mit der Anode und endet mit der Kathode. Für das Daniell-Element (Lösungen mit der Stoffmengen-Konzentration 0,1 mol l^{-1} angenommen) erhält man:

$$Zn(s) / Zn^{2+}\ (0{,}1\ mol\ l^{-1})\ //\ Cu^{2+}\ (0{,}1\ mol\ l^{-1}) / Cu(s)$$

Normalwasserstoffelektrode: Um die EMK-Werte vergleichen zu können, wurde die Normalwasserstoffelektrode mit dem potentialbildenden Vorgang

$H_2(g) \rightleftarrows 2\ H^+(aq) + 2\ e^-$

als Bezugselektrode eingeführt und ihr Elektrodenpotential willkührlich als $E° = 0$ Volt festgelegt. Sie wird mit den verschiedenen Halbzellen kombiniert, wobei sich das Gleichgewicht $H_2(g)/2\ H^+(aq)$ in Abhängigkeit vom jeweiligen Halbelement zugunsten der rechten oder linken Seite einstellt.

Standardpotential *E°*: Erfolgen die Messungen bei Standardbedingungen, erhält man die EMK einer Standardelektrode gegen die Normalwasserstoffelektrode, die als Standardpotential, Standardelektrodenpotential oder Normalpotential *E°* bezeichnet wird. Die Standardpotentiale *E°* von Halbzellen, die in der Kombination mit der Normalwasserstoffelektrode den Pluspol (Kathode!) bilden, erhalten ein positives, die den Minuspol (Anode!) bilden, ein negatives Vorzeichen:

+*E°* bedeutet Stromfluß von der Wasserstoffelektrode zur Meßelektrode (z. B. Halbelement Cu/Cu^{2+}) und Reaktion $H_2(g) \longrightarrow 2\ H^+(aq) + 2\ e^-$

–*E°* heißt Stromfluß von der Meßelektrode (z.B. Halbzelle Zn/Zn^{2+}) zur Wasserstoffelektrode und Reaktion $2\ H^+(aq) + 2\ e^- \longrightarrow H_2(g)$

elektrochemische Spannungsreihe: Die Anordnung der Standardpotentiale *E°* nach zunehmenden positiven Werten wird als elektrochemische Spannungsreihe bezeichnet.

Elektroden 1. Art: Bezeichnung für eine Halbzelle aus fester Phase und der Lösung ihrer Ionen.

Elektroden 2. Art: Ist an der Elektrodenreaktion eine zweite feste Phase beteiligt, spricht man von Elektroden 2. Art. Die zweite Phase ist ein schwerlösliches Salz, dessen Ionenkonzentration durch sein Löslichkeitsprodukt festgelegt ist. Die Konzentration der Kationen des Elektrodenmetalls ist über das Löslichkeitsprodukt von der Anionenkonzentration abhängig, das Potential somit durch die Anionenkonzentration der zweiten festen Phase festgelegt. Elektroden 2. Art sind die Silber/Silberchlorid-Elektrode und die gesättigte Kalomelelektrode (Hg_2Cl_2):

$Ag/AgCl(s)/KCl$(z.B. 0,1 mol l^{-1})

$Hg/Hg_2Cl_2(s)/KCl$(gesättigte Lösung)

5.4.2 Elektrochemische Spannungsreihe

Die Reaktionsrichtung von Redoxreaktionen und ihre Gleichgewichtskonstanten lassen sich aus der elektrochemischen Spannungsreihe ableiten. Einen Auszug enthält Anhang B. Das Vorzeichen der Standardpotentiale bezieht sich auf den Reduktionsvorgang

$n\ e^- + Ox \rightleftarrows Red$

(umgekehrte Richtung = umgekehrtes Vorzeichen für *E°*).
Ob zwischen zwei Redoxpaaren eine Reaktion eintritt oder nicht, entscheidet ihre Stellung in der Spannungsreihe:

1. Je höher ein Redoxpaar (Halbreaktion) steht, desto stärker ist seine reduzierende, je tiefer es steht, seine oxidierende Wirkung. Darum können Redoxpaare

nur gegenüber tieferstehenden als Reduktionsmittel und **nur** gegenüber höherstehenden als Oxidationsmittel auftreten.

2. Die Standard-EMK $\Delta E°$ einer Reaktion berechnet man nach

   $\Delta E° = E°(\text{Kathode}) - E°(\text{Anode})$

   $E°$(Kathode) ist die Halbreaktion mit dem positiveren und $E°$(Anode) die mit dem negativeren $E°$-Wert. An der Kathode reagiert das Oxidationsmittel, das reduziert wird, an der Anode das Reduktionsmittel, das oxidiert wird:

   Kathode (Pluspol) = Reduktion von Ox = e^--Aufnahme

   Anode (Minuspol) = Oxidation von Red = e^--Abgabe

3. Über die freie Reaktionsenthalpie $\Delta G°$ kann aus zwei $E°$-Werten ein dritter berechnet werden. Das ist dann zweckmäßig, wenn eine direkte Bestimmung Schwierigkeiten macht. Das Standardpotential für das Redoxpaar

   $3\ e^- + Fe^{3+} \rightleftarrows Fe$

   läßt sich z.B. nicht aus der Summe der $E°$-Werte von

   $$\begin{array}{ll} 2\ e^- + Fe^{2+} \rightleftarrows Fe & E° = -0{,}44 \text{ Volt} \\ e^- + Fe^{3+} \rightleftarrows Fe^{2+} & E° = +0{,}77 \text{ Volt} \\ \hline 3\ e^- + Fe^{3+} \rightleftarrows Fe & E° = ? \end{array}$$

bestimmen. Additive Größen sind nicht die Standardpotentiale, sondern nur die freien Reaktionsenthalpien $\Delta G°$ (dazu 5.5.). Darum wird $E°$ für die Halbreaktion $3\ e^- + Fe^{3+} \longleftrightarrow Fe$ mit Gleichung (5.8) berechnet (für Halbreaktionen steht dann natürlich $E°$ anstelle $\Delta E°$):

$$\begin{array}{llll} 2\ e^- + Fe^{2+} \rightleftarrows Fe & E° = -0{,}44\ V & \Delta G° = -n\,F\,E° = & 2 \cdot 0{,}44 \cdot F \cdot V \\ e^- + Fe^{3+} \rightleftarrows Fe^{2+} & E° = +0{,}77\ V & \Delta G° = -n\,F\,E° = & -1 \cdot 0{,}77 \cdot F \cdot V \\ \hline 3\ e^- + Fe^{3+} \rightleftarrows Fe & & & +0{,}11 \cdot F \cdot V \end{array}$$

$E°(Fe^{3+}/Fe) = -\Delta G°/n\,F = -0{,}11\ F\,V/3\ F = -0{,}036\ V$

5.4.3 Konzentrationsabhängigkeit von Redoxpotentialen

Für die Berechnung beliebiger Redoxreaktionen, in denen die Reaktanten nicht in ihren Standardzuständen vorliegen, verwendet man die Nernstsche Gleichung:

$$\Delta E = \Delta E° - 0{,}059/n \cdot [\log Q] \qquad (5.3)$$

Für den Reaktionsquotienten Q erhält man mit der allgemeinen Gleichung für Redoxreaktionen (5.1) den Ausdruck

$$Q = (Red_2)^{n_1} \cdot (Ox_1)^{n_2} / (Ox_2)^{n_1} \cdot (Red_1)^{n_2}$$

[Q ist formal identisch mit der Gleichgewichtskonstanten K. (Kap.2)]. Für den Standardzustand ist $\log Q = 0$ und man erhält $\Delta E = \Delta E°$.

Beispiel:
Für beliebige Konzentrationen der Reaktanden in

$$5\ Fe^{2+} + MnO_4^- + 8\ H^+ \rightleftarrows Mn^{2+} + 5\ Fe^{3+} + 4\ H_2O$$

folgt aus der Nernstschen Formel für die Berechnung der EMK der Reaktion die Gleichung

$$\Delta E = \Delta E° - 0{,}059/5 \cdot \log [c^5(Fe^{3+}) \cdot c(Mn^{2+})/c^5(Fe^{2+}) \cdot c(MnO_4^-) \cdot c^8(H^+)]$$

Mit der Nernstschen Gleichung lassen sich auch Redoxpotentiale von Halbreaktionen berechnen, wenn E an Stelle von ΔE und $E°$ anstelle von $\Delta E°$ eingesetzt wird. Dabei ist auf die Vorzeichensetzung vor dem logarithmischen Glied zu achten:

Es gilt das negative Vorzeichen, wenn in der Gleichung für die Halbreaktion die Red-Form auf der rechten und das Produkt der Konzentrationen der Stoffe auf dieser Seite der Gleichung somit im Zähler von *Q* steht.

Häufig wird die Nernstsche Gleichung mit einem positiven Vorzeichen vor dem logarithmischen Glied und dem reziproken Wert für Q formuliert.

Beispiel:
Wird die Gleichung für das Redoxpaar MnO_4^-/Mn^{2+} in der Form

$$MnO_4^- + 8\,H^+ + 5\,e^- \rightleftarrows Mn^{2+} + 4\,H_2O$$

angegeben, ist

$$E = E° - 0{,}059/5 \cdot \log [c(Mn^{2+}/c(MnO_4^-) \cdot c^8(H^+)],$$

wird sie in der Form

$$Mn^{2+} + 4\,H_2O \rightleftarrows MnO_4^- + 8\,H^+ + 5\,e^-$$

angegeben, ist

$$E = E° + 0{,}059/5 \cdot \log [c(MnO_4^-) \cdot c^8(H^+)/c(Mn^{2+})]$$

H_2O als kondensierte Phase ist in Q nicht enthalten.

Wird der potentialbildende Vorgang in der Form

$$H_2(g) \rightleftarrows 2\,H^+(aq) + 2\,e^-$$

angegeben, berechnet man das Potential einer beliebigen Wasserstoffelektrode aus

$$E = E° + 0{,}059/2 \cdot \log [c^2(H^+)/c(H_2)] \qquad (5.4)$$

Sind Gase an der Reaktion beteiligt (Gaselektroden), ergibt sich ihre Konzentration c aus ihrem Partialdruck p:

$$c(\text{Gas}) = \text{Partialdruck } p \,/\, \text{Standarddruck } p_o$$

$$c(\text{Gas}) = p(\text{Gas}) \,/\, 101{,}3\ \text{kPa}$$

Für die Wasserstoffelektrode folgt daraus

$$E = E° + 0{,}059/2 \cdot \log [c^2(H^+)/(p(H_2) : p_o)] \qquad (5.5)$$

Konzentrationsketten: Haben beide Halbzellen die gleiche Zusammensetzung, aber in unterschiedlichen Konzentrationen, bezeichnet man die galvanischen Zellen als Konzentrationsketten. Die Standardpotentiale $E°$ beider Halbzellen sind natürlich gleich und die Standard-EMK $\Delta E°$ somit gleich Null. Da sich bei Abnahme der Konzentration $E°$ verringert,(bei Herabsetzung auf 1/10 z.B. um $0{,}059 \cdot n$ Volt), besitzt die Halbzelle mit der verdünnteren Lösung das negativere Potential und bildet die Anode. Wegen

$$\Delta E° = E°(\text{Kathode}) - E°(\text{Anode}) = 0$$

ergibt sich für das Potential von Konzentrationsketten

$$\Delta E = -0{,}059/n \cdot \log\,[c_1(\text{Anode}) / c_2(\text{Kathode})] \qquad (5.6)$$

ΔE ist nur noch von der Elektrolytkonzentration in den beiden Halbzellen abhängig. Die EMK der Konzentrationskette

$$Cu/Cu^{2+}(0{,}05\ mol\ l^{-1})\ //\ Cu^{2+}(0{,}1\ mol\ l^{-1})/Cu$$

z.B. entsteht durch Oxidation von Cu zu Cu^{2+}-Ionen in der Halbzelle geringerer Cu^{2+}-Konzentration und der Reduktion von Cu^{2+}-Ionen zu Cu in der Halbzelle höherer Cu^{2+}-Konzentration. Ihr Potential ist

$$\Delta E = -0{,}059/2 \cdot [\log\,(0{,}05/0{,}1)]$$

Die Halbzelle mit der geringeren Konzentration ist immer die Anode, die mit der höheren Konzentration ist immer die Kathode von Konzentrationsketten.

Die Reaktion kommt zum Stillstand und ΔE wird gleich Null, wenn die Cu^{2+}-Konzentration durch die Zunahme im Anodenbereich und die Abnahme im Kathodenbereich gleich groß geworden ist. Der Elektronenfluß über einen äußeren Stromkreis erfolgt bei Konzentrationsketten stets von der Halbzelle niederer zur Halbzelle höherer Konzentration. Konzentrationsketten können auch mit Halbzellen gebildet werden, die unterschiedliche Zusammensetzung, aber das gleiche Redoxpaar haben:

$$Ag/AgBr(\text{gesättigt in KBr-Lösung})\ //\ AgNO_3(0{,}1\ mol\ l^{-1})/Ag$$

Beide Halbzellen enthalten das Redoxpaar

$$Ag^+ + e^- \rightleftarrows Ag$$

Die Ag^+-Konzentration in der Ag/AgBr-Halbzelle ist durch das Löslichkeitsprodukt L(AgBr) von Silberbromid festgelegt, so daß sich für das Zellenpotential ΔE die Gleichung

$$\Delta E = 0{,}059 \cdot \log c(AgNO_3) - 0{,}059 \cdot \log\,[L(AgBr)/c(Br^-)]$$

ergibt. Der Stromfluß erfolgt von der Ag/AgBr- zur $Ag/AgNO_3$-Halbzelle, weil die gleiche Elektrodenreaktion in der Zelle geringerer Ag^+-Konzentration (Ag/AgBr-Elektrode) von rechts nach links und in der höherer Ag^+-Konzentration ($Ag/AgNO_3$-Elektrode) von links nach rechts abläuft.
Da ΔE gemessen und $c(AgNO_3)$ sowie $c(Br^-)$ vorgegeben werden, läßt sich L(AgBr) bestimmen.

Durch Messung der EMK entsprechender Konzentrationsketten können Löslichkeitsprodukte und molare Löslichkeiten schwerlöslicher Verbindungen bestimmt werden.

5.4.4 pH-Abhängigkeit von Redoxpotentialen

An vielen Redoxreaktionen sind H_3O^+-Ionen beteiligt, deren Konzentration in die Nernstsche Gleichung eingeht und somit ΔE und E beeinflußt. Da $c(H_3O^+)$ das pH der Lösung bestimmt, ist die oxidierende und reduzierende Wirkung aller mit Protonenübertragung verknüpften Redoxpaare pH-abhängig. Das Ausmaß der pH-Abhängigkeit wird von der Anzahl k der am Redoxvorgang beteiligten Protonen bestimmt. Für c(Red) = c(Ox) = 1 mol l^{-1} ist

$$E = E° - (0{,}059 \cdot k/n) \cdot \text{pH} \qquad (5.7)$$

Mit steigendem pH-Wert nimmt die Oxidationskraft ab, mit sinkendem pH-Wert nimmt sie zu.

Beispiel:
Für das Redoxpaar $MnO_4^- + 8\,H^+ + 5\,e^- \rightleftarrows Mn^{2+} + 4\,H_2O$ mit $c(Mn^{2+}) = c(MnO_4^-) =$ 1 mol l^{-1} ergibt sich

$$E(MnO_4^-/Mn^{2+}) = E° - 0{,}059/5 \cdot [\log [c(Mn^{2+})/c(MnO_4^-) \cdot c^8(H^+)]]$$

$$E(MnO_4^-/Mn^{2+}) = 1{,}52 + 0{,}012 \cdot 8 \cdot \log c(H^+)$$

$$E(MnO_4^-/Mn^{2+}) = 1{,}52 - 0{,}096 \cdot pH$$

Beispiel:
Aus dem Vergleich der Redoxpotentiale der Halogene

$$E°\,(Cl_2/2\,Cl^-) = +\,1{,}36\ V$$

$$E°\,(Br_2/2\,Br^-) = +\,1{,}07\ V$$

$$E°\,(I_2/2\,I^-) = +\,0{,}53\ V$$

mit den Werten für Permanganat bei steigendem pH

pH	*$E(MnO_4^-/Mn^{2+})$*	*„Oxidationskraft" von MnO_4^-*
0	*1,52 V*	*Oxidation von Cl^-, Br^-, I^-*
3	*1,22 V*	*Oxidation von Br^-, I^-*
6	*0,92 V*	*Oxidation von I^-*

folgt, daß sich Chlorid, Bromid und Iodid in stark saurer Lösung mit Permanganat oxidieren lassen, während die „Oxidationskraft" der MnO_4^--Ionen bei pH = 6 nur noch für Iodid ausreicht.

Um den Verlauf einer Reaktion mit Hilfe von Standardpotentialen exakt vorauszusagen, sind folgende Faktoren zu beachten:

1. Aufgrund der Konzentrationsabhängigkeit der Potentiale können auch nicht begünstigte Reaktionen durch Änderung der Konzentration möglich werden.
2. Es müssen alle in Frage kommenden Halbreaktionen beachtet werden.
3. Bei Reaktionen, an denen gegen Disproportionierung instabile Ionen teilnehmen oder im Reaktionsverlauf entstehen, ist zu beachten, das diese Teilchen ein höheres Standardpotential für den Reduktions- als für den Oxidationsschritt haben.
4. Reaktionen, die aufgrund ihres Standardpotentials theoretisch möglich sind, können so langsam ablaufen, daß sie ohne praktische Bedeutung bleiben.

Beispiel:
Bei der Reaktion von Fe mit HCl(aq) entstehen nur Fe^{2+}-Ionen, obwohl die Spannungsreihe eine Fe^{3+}-Bildung „erlaubt":

$$3\,e^- + Fe^{3+} \rightleftarrows Fe \qquad E° = -\,0{,}036\ V$$

$$2\,e^- + 2\,H^+ \rightleftarrows H_2 \qquad E° = \ 0\ V$$

Die Weiteroxidation der Fe^{2+}- zu Fe^{3+}-Ionen ist aber aufgrund der Standardpotentiale für

$2\,e^- + Fe^{2+} \rightleftarrows Fe \qquad E° = -0{,}44\ V$

$e^- + Fe^{3+} \rightleftarrows Fe^{2+} \qquad E° = +0{,}77\ V$

nicht möglich.

Beispiel:
Cu^+-Ionen disproportionieren zu Cu und Cu^{2+}-Ionen. Für $Cu^+ + e^- \rightleftarrows Cu$ ist E° positiver als für $Cu^{2+} + e^- \rightleftarrows Cu^+$. Wird Cu^+ zu Cu reduziert, wirkt es stärker oxidierend, als wenn Cu^{2+} zu Cu^+ reduziert wird. Das bedeutet, Cu^+-Ionen, die zu Cu reduziert werden, können gleichzeitig Cu^+- zu Cu^{2+}-Ionen oxidieren:

$Cu^+ \rightleftarrows Cu^{2+} + e^-$

$Cu^+ + e^- \rightleftarrows Cu$

$2\,Cu^+ \rightleftarrows Cu^{2+} + Cu$

5.5 Redoxpotentiale und thermodynamische Größen

Aus EMK-Messungen lassen sich grundlegende thermodynamische Größen bestimmen. Die elektrische Energie, die galvanische Zellen liefern, entspricht der maximalen Arbeit, die von ihrer chemischen Reaktion geleistet werden kann. Sie ist identisch mit der Abnahme der freien Enthalpie $\Delta G°$ des Systems:

$$\Delta G° = -n \cdot F \cdot \Delta E° \qquad (5.8)$$

(T, p = const., n = Anzahl der übertragenen Elektronen, F = Faraday-Konstante.)
Für Zellen ohne Standardbedingungen gilt dementsprechend:

$$\Delta G = -n \cdot F \cdot \Delta E \qquad (5.9)$$

Reaktionen mit $\Delta G° < 0$ verlaufen freiwillig (Kap. 8). Für eine Redoxreaktion erhält man nach Gleichung (5.8) nur dann negative Werte für $\Delta G°$, wenn $\Delta E° > 0$ ist. Somit läßt sich aus $\Delta E°$ die Richtung des freiwilligen Verlaufs von Redoxreaktionen ableiten:

Redoxreaktionen verlaufen freiwillig, wenn $\Delta E° > 0$ ist.

Die Beziehungen zwischen freier Enthalpie ΔG, Enthalpie ΔH und Entropie ΔS sind mit den Gleichungen

$$\Delta G° = -n \cdot F \cdot \Delta E° \qquad (5.10)$$

$$\Delta G° = \Delta H° - T\Delta S° \qquad (5.11)$$

gegeben. Für die Gleichgewichtskonstante erhält man aus

$$\Delta G° = -R \cdot T \cdot \ln K = -n \cdot F \cdot \Delta E°$$

durch Einsetzen der Werte für die konstanten Größen R, T und F und Umwandlung von ln in log die Gleichung

$$\log K = (n \cdot \Delta E°)/0{,}059 \qquad (5.12)$$

Die so berechneten Werte für K gelten für Reaktionen bei Standardbedingungen.

Beispiel:
Berechnung von $\Delta G°$ und $\Delta H°$ für die Reaktion

$$2\,Ag(s) + Br_2(l) \longrightarrow 2\,AgBr(s) \qquad \Delta H° = -199\ kJ\ mol^{-1}$$

Mit den $E°$-Werten berechnet man $\Delta E°$

$$2\,Ag(s) + 2\,Br^- \longrightarrow 2\,Ag\,Br(s) + 2\,e^- \qquad E°(A) = 0{,}0943\ V$$

$$2\,e^- + Br_2(l) \longrightarrow 2\,Br^- \qquad E°(K) = 1{,}0652\ V$$

$$2\,Ag(s) + Br_2(l) \longrightarrow 2\,AgBr(s) \qquad \Delta E° = 0{,}9709\ V$$

und erhält mit $n = 2$ aus (5.10):

$$\Delta G° = -2 \cdot 96485\ C\ mol^{-1} \cdot 0{,}9709\ V$$

$$\Delta G° = -187350\ C\ V\ mol^{-1} = -187{,}35\ kJ\ mol^{-1}$$

Daraus folgt für die Änderung der Entropie

$$\Delta S° = (\Delta H° - \Delta G°)/T = (-199 + 187{,}35)\ kJ\ mol^{-1}/298{,}1\ K$$

$$\Delta S° = -0{,}03908\ kJ\ mol^{-1}\ K^{-1}$$

und darum für den als Wärme abgegebene Energieanteil

$$T\Delta S° = -11{,}64\ kJ\ mol^{-1}$$

$\Delta S° < 0$ zeigt an, daß durch die Bildung der festen Phase AgBr unter Verbrauch der flüssigen Phase Br_2 die Ordnung im System zunimmt. Das Beispiel kann verallgemeinert werden:

Verläuft eine Reaktion außerhalb einer galvanischen Zelle, wird die gesamte Reaktionsenthalpie $\Delta H°$ in Form von Wärme frei. In einer idealen, reversibel arbeitenden galvanischen Zelle wird nur noch der Betrag $T\Delta S°$ in Form von Wärme abgegeben, während ein Maximum an verwertbarer Arbeit in Form von elektrischer Energie gewonnen wird, deren Betrag gleich der Abnahme der freien Standard-Bildungsenthalpie $\Delta G°$ des Systems ist.

Es sei daran erinnert, daß bei der Messung von $\Delta E°$ eine äußere Gegenspannung angelegt wird, so daß kein Strom fließt. Die so berechneten Werte können nicht in vollem Umfang nutzbar gemacht werden, da in einer arbeitenden Zelle Strom fließen und den inneren Widerstand der Zelle überwinden muß. Dabei wird ein Teil der elektrischen Energie in Wärme umgewandelt, so daß die tatsächlich nutzbare elektrische Energie kleiner als maximal möglich ist und eine größere Wärmemenge als die berechnete abgegeben wird.
$\Delta H°$ läßt sich aus der Temperaturabhängigkeit der EMK nach

$$\Delta H° = -n \cdot F \cdot (\Delta E° - T \cdot dE/dT) \tag{5.13}$$

berechnen. Für kleine Temperaturintervalle kann dE/dT durch $\Delta E/\Delta T$ ersetzt werden:

$$\Delta H° = -n\,F \cdot (\Delta E° - T \cdot \Delta E/\Delta T) \tag{5.14}$$

Die Bestimmung von ΔH-Werten aus der Temperaturabhängigkeit der EMK nach Gleichung (5.14) ist eine sehr genaue Methode und weniger aufwendig als entsprechende kalorimetrische Messungen. Für beliebige Konzentrationen erhält man ΔH an Stelle von ΔH^{o}.

Beispiel:
Für das Daniell-Element $Cu/CuSO_4$(gesättigte Lösung)//$ZnSO_4$(gesättigte Lösung)/Zn wurde bei 18 °C die EMK = 1,06 V gemessen und für $\Delta E/\Delta T$ der Wert $-3{,}72 \cdot 10^{-4}$ V K^{-1} ermittelt. Welchen Wert hat die Reaktionsenthalpie ΔH für die Zellenreaktion $Cu^{2+}(aq) + Zn(s) \longrightarrow Cu(s) + Zn^{2+}(aq)$?

$$\Delta H = -2 \cdot 96485\ (1{,}06 + 291{,}1 \cdot 3{,}72 \cdot 10^{-4})\ C\ V\ mol^{-1}$$

$$\Delta H = -255400\ C\ V\ mol^{-1} = -255{,}4\ kJ\ mol^{-1}$$

Übungen:

Übung 5.1

Es sind die OZ der unterstrichenen Elemente in a) $Na_2\underline{C}_2O_4$; b) $\underline{Sc}_2Si_2O_7$; c) $\underline{Cu}(ClO_4)_2$; d) $Na_6\underline{V}_{10}O_{28}$ und e) $Ca_3(\underline{P}O_4)_2$ zu bestimmen.

Die Summe der OZ von neutralen Teilchen muß Null ergeben:

a) 2 Na + 2 C + 4 O = 0	+ 2 + 2 C − 8 = 0	C = +3
b) 2 Sc + 2 Si + 7 O = 0	2 Sc + 8 − 14 = 0	Sc = +3
c) 1 Cu + 2 Cl + 8 O = 0	Cu + 14 − 16 = 0	Cu = +2
d) 6 Na + 10 V + 28 O = 0	+ 6 + 10 V − 56 = 0	V = +4
e) 3 Ca + 2 P + 8 O = 0	+ 6 + 2 P − 16 = 0	P = +5

Übung 5.2

Es sind die OZ der unterstrichenen Elemente in den Ionen a) $\underline{P}_3O_9^{3-}$; b) $\underline{P}_3O_{10}^{5-}$; c) $\underline{S}_2O_3^{2-}$; d) $\underline{Cl}O_4^{-}$ und e) $[\underline{Pt}(NH_3)_4]^{2+}$ anzugeben.

Die Summe der OZ ist gleich der Gesamtladung der Ionen:

a) 9 O + 3 P = −3	−18 + 3 P	= −3	P = +5
b) 10 O + 3 P = −5	−20 + 3 P	= −5	P = +5
c) 3 O + 2 S = −2	−6 + 2 S	= −2	S = +2
d) 4 O + 1 Cl = −1	−8 + Cl	= −1	Cl = +7
e) 4 N + 12 H + Pt = +2	−12 + 12 + Pt	= +2	Pt = +2

Übung 5.3

Bestimmung der OZ der Zentralatome in den Komplexionen
a) $[Ni(CN)_4]^{2-}$; b) $[Cr(C_2O_4)_3]^{3-}$;
c) $[Co(NH_3)_2(H_2O)_2Cl_2]^{+}$ und d) $[Co(NH_3)_4Cl(NO_2)]^{+}$

Die Summe der Ligandenladungen entspricht der Ladung der komplexen Ionen:

a) Ni + 4 (CN^-) = −2	Ni − 4 = −2	Ni = +2
b) Cr + 3 ($C_2O_4^{2-}$) = −3	Cr − 6 = −3	Cr = +3
c) Co + 2 NH_3 + 2 H_2O + 2 Cl^- = +1	Co + 0 + 0 − 2 = +1	Co = +3
d) Co + 4 NH_3 + Cl^- + NO_2^- = +1	Co + 0 − 1 − 1 = +1	Co = +3

Übung 5.4

Bestimmung der OZ der Zentralatome und der Ionenladungen in den Komplexverbindungen:

a) $[Pt(NH_3)_4][Pt(NH_3)Cl_3]_2$
b) $[Co(NH_3)_6]_4[Co(NO_2)_6]_3$
c) $K_2[Pt(NH_3)Cl_5]$ *und d)* $[Pt(NH_3)_4][PtCl_6]$

Bestehen Verbindungen aus komplexen Kationen und komplexen Anionen, hilft im Zweifelsfall die stöchiometrische Beziehung

a Kationen : b Anionen = b Kationenladungen : a Anionenladungen

a) 1 Kation : 2 Anionen = 2 Kationenladungen : 1 Anionenladung
Pt(Kation); $Pt + 4\ NH_3 = +2$; $Pt + 0 = +2$; Pt(Kation) = +2
Pt(Anion); $Pt + NH_3 + 3\ Cl^- = -1$; $Pt - 3 = -1$; Pt(Anion) = +2
$[Pt(NH_3)_4]^{2+}([Pt(NH_3)Cl_3]^-)_2$

b) 4 Kationen : 3 Anionen = 3 Kationenladungen : 4 Anionenladungen
Co(Kation); $Co + 6\ NH_3 = +3$; $Co + 0 = +3$; Co(Kation) = +3
Co(Anion); $Co + 6\ NO_2^- = -4$; $Co - 6 = -4$; Co(Anion) = +2
$([Co(NH_3)_6]^{3+})_4([Co(NO_2)_6]^{4-})_3$

c) $2\ K^+ = +2$; Anion = –2; $Pt + NH_3 + 5\ Cl^- = -2$; $Pt - 5 = -2$; Pt = +3 $[K_2]^{2+}[Pt(NH_3)Cl_5]^{2-}$

d) In diesem Fall ist auch der Name der Verbindung erforderlich, denn aus der Formel allein folgt noch keine eindeutige Zuordnung der Oxidationszahlen. So widerspricht z.B. keine von den Zuordnungen
Pt(Kation) = +1, +2, +3, +4
Pt(Anion) = +5, +4, +3, +2
der Substanzformel. Wie in Kap. 7 gezeigt wird, enthält die Verbindung zweiwertige Ionen und entspricht darum $[Pt(NH_3)_4]^{2+}[PtCl_6]^{2-}$ mit Pt(Kation) = +2 und Pt(Anion) = +4

Übung 5.5

Wirken Sn^{2+}-Ionen reduzierend oder oxidierend?

In Sn^{2+}-Ionen liegt Sn in einer mittleren OZ vor. Sie können darum in Abhängigkeit vom Reaktionspartner sowohl als Reduktions- als auch als Oxidationsmittel wirken:

$Sn^{2+} \rightleftarrows Sn^{4+} + 2\ e^-$ (Sn^{2+} als Reduktionsmittel)
$Sn^{2+} + 2\ e^- \rightleftarrows Sn$ (Sn^{2+} als Oxidationsmittel)

Sn^{2+}-Ionen sind redoxamphoter.

Übung 5.6

Eine saure Lösung enthält Mn^{2+}-Ionen. Bei Zugabe von $NaBiO_3$ entsteht eine violett gefärbte Lösung, in der sich mit H_2S ein Niederschlag von Bi_2S_3 bildet. Es ist die Redoxgleichung zu formulieren.

Die violette Farbe wird durch MnO_4^--Ionen verursacht, die durch Oxidation von Mn^{2+} mit BiO_3^- entstehen. Wie die Reaktion mit H_2S zeigt, wird BiO_3^- dabei selbst zu Bi^{3+} reduziert:

1. $\overset{+2}{Mn}{}^{2+} \rightleftarrows \overset{+7}{Mn}O_4^- + 5\ e^-$

   $\overset{+5}{Bi}O_3^- + 2\ e^- \rightleftarrows \overset{+3}{Bi}{}^{3+}$

2. $2\ Mn^{2+} \rightleftarrows 2\ MnO_4^- + 10\ e^-$
   $5\ BiO_3^- + 10\ e^- \rightleftarrows 5\ Bi^{3+}$

3. $2\,Mn^{2+} + 8\,H_2O \rightleftarrows 2\,MnO_4^- + 16\,H^+ + 10\,e^-$
   $5\,BiO_3^- + 30\,H^+ + 10\,e^- \rightleftarrows 5\,Bi^{3+} + 15\,H_2O$
4. $2\,Mn^{2+} + 5\,BiO_3^- + 14\,H^+ \rightleftarrows 2\,MnO_4^- + 5\,Bi^{3+} + 7\,H_2O$
5. Massenbilanz und Ionenladungen sind ausgeglichen.

Übung 5.7

Weißer Phosphor besteht aus P_4-Molekülen, die bei Anwesenheit von hypohalogeniger Säure HOCl zu H_3PO_4 reagieren. In Alkalihydroxid-Lösungen hingegen entsteht unterphosphorige Säure H_3PO_2 und das stark giftige Gas Phosphan PH_3. Wie lauten die Redoxgleichungen und worin besteht ihr wesentlicher Unterschied?

In saurer Lösung:

1. $\overset{0}{P_4} \rightleftarrows 4\,H_3\overset{+5}{P}O_4 + 20\,e^-$
   $H\overset{+1}{O}Cl + 2\,e^- \rightleftarrows \overset{-1}{Cl^-}$
2. $P_4 \rightleftarrows 4\,H_3PO_4 + 20\,e^-$
   $10\,HOCl + 20\,e^- \rightleftarrows 10\,Cl^-$
3. $P_4 + 16\,H_2O \rightleftarrows 4\,H_3PO_4 + 20\,H^+ + 20\,e^-$
   $10\,HOCl + 10\,H^+ + 20\,e^- \rightleftarrows 10\,Cl^- + 10\,H_2O$
4. $P_4 + 10\,HOCl + 6\,H_2O \rightleftarrows 4\,H_3PO_4 + 10\,Cl^- + 10\,H^+$
5. Massenbilanz und Ionenladungen sind ausgeglichen.

In alkalischer Lösung:

1. $\overset{0}{P_4} \rightleftarrows 4\,H_2\overset{+1}{P}O_2^- + 4\,e^-$
   $\overset{0}{P_4} + 12\,e^- \rightleftarrows 4\,\overset{-3}{P}H_3$
2. $3\,P_4 \rightleftarrows 12\,H_2PO_2^- + 12\,e^-$
   $P_4 + 12\,e^- \rightleftarrows 4\,PH_3$
3. $3\,P_4 + 24\,OH^- \rightleftarrows 12\,H_2PO_2^- + 12\,e^-$
   $P_4 + 12\,H_2O + 12\,e^- \rightleftarrows 4\,PH_3 + 12\,OH^-$
4. $4\,P_4 + 12\,OH^- + 12\,H_2O \rightleftarrows 12\,H_2PO_2^- + 4\,PH_3$ /:4
   $P_4 + 3\,OH^- + 3\,H_2O \rightleftarrows 3\,H_2PO_2^- + PH_3$
5. Massenbilanz und Ionenladungen sind ausgeglichen.

Im Unterschied zur Reaktion mit HOCl ist P_4 in alkalischer Lösung Reduktions- und Oxidationsmittel zugleich, es erfolgt Disproportionierung.

Übung 5.8

Mit Hilfe der Redoxfragmente

Red	*Ox*	*Red*	*Ox*
a) Br^-	BrO_3^-	d) Cr^{3+}	$Cr_2O_7^{2-}$
b) H_2O_2	O_2	e) S^{2-}	SO_4^{2-}
c) H_2O	H_2O_2	f) OH^-	O_2

sind die vollständigen Gleichungen für die konjugierten Redoxpaare (Halbreaktionsgleichungen) anzugeben.

Der erste Schritt ist die Bestimmung des Oxidationszahlwechsels, der zweite der stöchiometrische Ausgleich.

a) $\overset{-1}{Br^-} \rightleftarrows \overset{+5}{BrO_3^-} + 6\,e^-$

$Br^- + 3\,H_2O \rightleftarrows BrO_3^- + 6\,H^+ + 6\,e^-$

b) $\overset{-1}{H_2O_2} \rightleftarrows \overset{0}{O_2} + 2\,e^-$

$H_2O_2 \rightleftarrows O_2 + 2\,H^+ + 2\,e^-$

c) $\overset{-2}{H_2O} \rightleftarrows \overset{-1}{H_2O_2} + 1\,e^-$

$2\,H_2O \rightleftarrows H_2O_2 + 2\,H^+ + 2\,e^-$

d) $2\,\overset{+3}{Cr^{3+}} \rightleftarrows \overset{+6}{Cr_2O_7^{2-}} + 6\,e^-$

$2\,Cr^{3+} + 7\,H_2O \rightleftarrows Cr_2O_7^{2-} + 14\,H^+ + 6\,e^-$

e) $\overset{-2}{S^{2-}} \rightleftarrows \overset{+6}{SO_4^{2-}} + 8\,e^-$

$S^{2-} + 8\,OH^- \rightleftarrows SO_4^{2-} + 4\,H_2O + 8\,e^-$

f) $2\,\overset{-2}{OH^-} \rightleftarrows \overset{0}{O_2} + 4\,e^-$

$4\,OH^- \rightleftarrows O_2 + 2\,H_2O + 4\,e^-$

Übung 5.9

Die folgenden Reaktionen verlaufen weitestgehend von links nach rechts:

a) $Cl_2 + Br^- \longrightarrow 2\,Cl^- + Br_2$

b) $OF_2 + H_2O \longrightarrow O_2 + 2\,HF$

c) $4\,Br_2 + S^{2-} + 8\,OH^- \longrightarrow 8\,Br^- + SO_4^{2-} + 4\,H_2O$

d) $Cl_2 + H_2SO_3 + H_2O \longrightarrow H_2SO_4 + 2\,Cl^- + 2\,H^+$

Es sind die Oxidations- und Reduktionsmittel sowie die Teilchen anzugeben, die reduziert bzw. oxidiert werden.

Für jedes Redoxsystem gilt, daß das Oxidationsmittel reduziert und das Reduktionsmittel oxidiert wird. Somit stehen auf der rechten Seite der Gleichungen das reduzierte Oxidationsmittel und das oxidierte Reduktionsmittel:

	OM	RM	reduziert wird	oxidiert wird
a)	Cl_2	Br^-	Cl	Br^-
b)	OF_2	H_2O	O (+2)	O (–2)
c)	Br_2	S^{2-}	Br	S^{2-}
d)	Cl_2	H_2SO_3	Cl	S

Übung 5.10

Aluminium reagiert im alkalischen Medium mit Kaliumnitrat KNO_3 *zu Aluminat* AlO_2^-*, wobei gleichzeitig der stechende Geruch von* NH_3 *auftritt. Es ist die Reaktionsgleichung aufzustellen und für beide Redoxpaare die Kurzform anzugeben?*

NO_3^- ist Oxidationsmittel und wird zu NH_3 reduziert, Al ist Reduktionsmittel und wird zu Aluminat AlO_2^- oxidiert:

1. $\overset{0}{Al} + 2\,OH^- \rightleftarrows \overset{+3}{AlO_2^-} + 3\,e^-$

   $\overset{+5}{NO_3^-} + 8\,e^- \rightleftarrows \overset{-3}{NH_3}$

2. $8\,Al + 16\,OH^- \rightleftarrows 8\,AlO_2^- + 24\,e^-$

   $3\,NO_3^- + 24\,e^- \rightleftarrows 3\,NH_3$

3. $8\,Al + 32\,OH^- \rightleftarrows 8\,AlO_2^- + 16\,H_2O + 24\,e^-$

   $3\,NO_3^- + 18\,H_2O + 24\,e^- \rightleftarrows 3\,NH_3 + 27\,OH^-$

4. $8\ Al + 3\ NO_3^- + 5\ OH^- + 2\ H_2O \rightleftarrows 8\ AlO_2^- + 3\ NH_3$
5. Massenbilanz und Ionenladungen sind ausgeglichen.

Die Kurzschreibweise erfolgt in der Form Ox/Red: AlO_2^-/Al und NO_3^-/NH_3

Übung 5.11

Eine alkalische $KMnO_4$-Lösung oxidiert H_2O_2 zu molekularem Sauerstoff unter Bildung von MnO_2 (Braunstein). Bei der Aufstellung der Reaktionsgleichung ist die Bildung von HO_2^- aus H_2O_2 bei pH > 7 zu berücksichtigen.

In alkalischer Lösung liegt das Säure-Base-Gleichgewicht

$$H_2O_2 + OH^- \rightleftarrows HO_2^- + H_2O$$

weitestgehend zugunsten der rechten Seite. HO_2^--Ionen stellen das Reduktionsmittel dar und werden dabei zu O_2 oxidiert:

$$HO_2^- + OH^- \rightleftarrows O_2 + H_2O + 2\ e^-$$

Für das Oxidationsmittel MnO_4^- gilt:

$$MnO_4^- + 2\ H_2O + 3\ e^- \rightleftarrows MnO_2 + 4\ OH^-$$

Nach stöchiometrischem Ausgleich und Addition beider Teilgleichungen erhält man für das Redoxsystem:

$$2\ MnO_4^- + 3\ HO_2^- + H_2O \rightleftarrows 2\ MnO_2 + 5\ OH^- + 3\ O_2$$

Übung 5.12

Beim Erhitzen einer Lösung von NH_4NO_2 wird eine kräftige Gasentwicklung beobachtet. Nach der Reaktion lassen sich weder stickstoffhaltige Kationen noch Anionen nachweisen. Es ist die Reaktionsgleichung aufzustellen und die Reaktion genauer zu charakterisieren.

In wäßriger Lösung liegt NH_4NO_2 in NH_4^+ – und NO_2^- – Ionen vor. Stickstoff hat im NH_4^+ die Oxidationszahl –3, im NO_2^- die Oxidationszahl +3. Verbindungen, die ein Element in einer höheren und einer niedrigeren Oxidationszahl enthalten, können synproportionieren, wobei das Element in der entstandenen Verbindung eine mittlere Oxidationszahl einnimmt. Die Gasentwicklung ist ein Hinweis auf molekularen Stickstoff als Reaktionsprodukt:

$$\overset{-3}{N}H_4^+ \rightleftarrows 1/2\ \overset{0}{N}_2 + 4\ H^+ + 3\ e^-$$

$$\overset{+3}{N}O_2^- + 4\ H^+ + 3\ e^- \rightleftarrows 1/2\ \overset{0}{N}_2 + 2\ H_2O$$

$$\underset{(Red_1)}{\overset{-3}{N}H_4}\ \underset{(Ox_2)}{\overset{+3}{N}O_2} \rightleftarrows \underset{(Ox_1)\ (Red_2)}{\overset{0}{N}_2 + 2\ H_2O}$$

Wie für Synproportionierungen gefordert, sind Ox_1 und Red_2 im Reaktionsprodukt identisch.

Übung 5.13

Welche Reaktionen erfolgen bei Zugabe einer Lösung von Eisen(II)-sulfat zu a) einer $HgSO_4$-Lösung und b) einer $HgCl_2$-Lösung? In welcher Lösung wird die Restkonzentration an Fe^{2+}-Ionen geringer sein?

a) Aus dem Vergleich der Standardpotentiale $E°(Fe^{3+}/Fe^{2+}) = +\,0{,}77$ V und $E°(Hg^{2+}/Hg_2^{2+}) = +0{,}92$ V folgt, daß Hg^{2+}/Hg_2^{2+} das oxidierende Redoxpaar ist. Darum werden die Fe^{2+}-Ionen oxidiert und die Hg^{2+}-Ionen reduziert:

$$2\,Fe^{2+} + 2\,Hg^{2+} \rightleftarrows 2\,Fe^{3+} + Hg_2^{2+}$$

b) In der $HgCl_2$-Lösung erfolgt die gleiche Redoxreaktion. Da aber Hg_2^{2+}-Ionen mit Cl^--Ionen schwerlösliches Hg_2Cl_2 bilden, werden sie ständig aus dem Gleichgewicht entfernt und müssen nachgeliefert werden. Das geschieht durch weitere Reduktion von Hg^{2+} mit Fe^{2+}, so daß die Reaktion in der $HgCl_2$-Lösung praktisch quantitativ erfolgt und damit die Restkonzentration von Fe^{2+}-Ionen wesentlich geringer ist als in der $HgSO_4$-Lösung.

Übung 5.14

Es soll $K_4[Fe(CN)_6]$ zu $K_3[Fe(CN)_6]$ umgesetzt werden. Zur Verfügung stehen eine Fe(III)-Salzlösung und eine Sn(IV)-Salzlösung.

a) Welche Lösung wird eingesetzt?

b) Wie ist die Bildung des leuchtend blauen Niederschlags bei Zugabe der Fe(III)-Salzlösung zu erklären?

a) Die Umsetzung besteht in der Oxidation des Eisens mit der OZ + 2 im $K_4[Fe(CN)_6]$ zum Eisen mit der OZ + 3 im $K_3[Fe(CN)_6]$. Das Ausmaß der Reaktion ist um so größer, je stärker das Oxidationsmittel ist. Aus dem Vergleich der Standardpotentiale

$$E°([Fe(CN)_6]^{3-}/([Fe(CN)_6]^{4-}) = +\,0{,}36\ \text{V}$$

$$E°(Sn^{4+}/Sn^{2+}) = +\,0{,}15\ \text{V}$$

$$E°(Fe^{3+}/Fe^{2+}) = +\,0{,}77\ \text{V}$$

folgt, daß nur Fe^{3+}-Ionen als Oxidationsmittel wirken können. Eine Sn(IV)-Salzlösung kann nicht verwendet werden, da das Potential der Sn^{4+}-Ionen kleiner ist als das Potential des zu oxidierenden Komplexes.

b) Bei Zugabe von Fe^{3+}-Ionen erfolgt die Reaktion

$$[Fe(CN)_6]^{4-} + Fe^{3+} \rightleftarrows [Fe(CN)_6]^{3-} + Fe^{2+}$$

und der anschließende Einbau von Fe^{2+} in das entstandene $[Fe(CN)_6]^{3-}$-Anion unter Bildung von $[Fe^{2+}Fe^{3+}(CN)_6]^-$. Der Komplex bildet in Gegenwart von K^+-Ionen gemäß

$$K^+(aq) + [Fe^{2+}Fe^{3+}(CN)_6]^-(aq) \longrightarrow K[Fe^{2+}Fe^{3+}(CN)_6] \cdot H_2O(s)$$

einen blauen Niederschlag, der als Turnbulls Blau bezeichnet wird. (Den bei Zugabe von Fe^{2+}-Ionen zu einer Lösung eines Hexacyanoferrats(III) entstehenden blauen Niederschlag gleicher Zusammensetzung bezeichnet man als Berlinerblau, oft auch als Preußischblau.)

Übung 5.15

Bei Zugabe von Iodidionen zu einer Kupfer(II)-Salzlösung entstehen Kupfer(I)-iodid und Iod. Dabei liegt das Gleichgewicht der Reaktion weitestgehend auf der Seite der Reaktionsprodukte. Wie läßt sich das Verhalten der Redoxpaare mit ihrer Stellung in der elektrochemischen Spannungsreihe vereinbaren?

Bei dieser Umsetzung wird die Redoxreaktion

$$2\,Cu^{2+} + 2\,I^- \rightleftarrows 2\,Cu^+ + I_2$$

durch die Fällungsreaktion

$$Cu^{+} + I^{-} \longrightarrow CuI(s)$$

beeinflußt. In der resultierenden Bruttoreaktion

$$2\ Cu^{2+}(aq) + 4\ I^{-}(aq) \rightleftarrows 2\ CuI(s) + I_2(s)$$

ist Cu^{2+}/Cu das oxidierende und $I_2/2\ I^{-}$ das reduzierende Paar, obwohl aus den Standardpotentialen $E°(Cu^{2+}/Cu^{+}) = +0{,}17$ V und $E°(I_2/2I^{-}) = +0{,}535$ V ein genau umgekehrtes Verhalten folgt.
Da CuI aber schwer löslich ist ($L = 10^{-12}$ mol^2 l^{-2}), werden ständig Cu^{+}-Ionen aus dem Gleichgewicht entfernt. Eine erneute Gleichgewichtseinstellung kann nur durch Reaktion von links nach rechts unter Bildung von Cu^{+} und Verbrauch von I^{-} erfolgen, sodaß bei höheren Iodidkonzentrationen eine praktisch vollständige Umsetzung eintritt.

Übung 5.16

Berechnung der Standard-EMK $\Delta E°$ für die Zelle Ni/Ni^{2+} // Cu^{2+}/Cu
a) Es sind Kathode und Anode zu bestimmen und die Zellenreaktion zu formulieren!
b) Warum erfolgt die Kurzschreibweise der Zelle ohne Konzentrationsangabe?

a) In jeder galvanischen Zelle bildet das Redoxpaar mit dem positiveren Standardpotential die Kathode, an der die Reduktion erfolgt. Die Zellenreaktion ergibt sich aus der Summe der beiden Elektrodenreaktionen:

$Ni \rightleftarrows Ni^{2+} + 2\ e^{-}$	Anode	$E°(A) = -0{,}25$ V
$Cu^{2+} + 2\ e^{-} \rightleftarrows Cu$	Kathode	$E°(K) = +0{,}337$ V
$Cu^{2+} + Ni \rightleftarrows Ni^{2+} + Cu,$	$\Delta E° = E°(K) - E°(A) = 0{,}587$ V	

b) Da $E°$ sich stets auf Standardbedingungen bezieht, ist eine Konzentrationsangabe für Standardzellen und Standardelektroden (Halbzellen!) überflüssig.

Übung 5.17

Eine Zelle entspricht der Kurzschreibweise: A/A^{3+} // B^{+}/B
Gegeben sind $E°(B^{+}/B) = 0{,}60$ V und $\Delta E° = 2{,}42$ V.
Welchen Wert hat das Standardpotential $E°(A^{3+}/A)$?

Da in der Kurzschreibweise für Zellen mit der Anode begonnen wird, ist A/A^{3+} Anode und man erhält:

$$\Delta E° = E°(K) - E°(A);\quad 2{,}42 = E°(B^{+}/B) - E°(A^{3+}/A)$$

$$E°(A^{3+}/A) = -1{,}82\ V$$

Übung 5.18

Eine Fällung enthält PbO_2 und MnO_2. Durch Reduktion von PbO_2 zu Pb^{2+} soll der Rückstand nur noch MnO_2 enthalten. Welche Reduktionsmittel können verwendet werden?

Die geeigneten Reduktionsmittel werden mit Hilfe der Spannungsreihe bestimmt. Es kommen nur die Redoxpaare in Frage, die in der Spannungsreihe über dem Paar PbO_2/Pb^{2+} stehen, da ja in jedem Redoxsystem der Partner mit dem negativeren Potential reduzierend wirkt. Darum eignen sich für die Reduktion von PbO_2:

Au^+, Cl^-, Cr^{3+}, Tl^+

Reduktionsmittel mit negativerem Potential als $E°(Tl^{3+}/Tl^+) = 1{,}25$ V würden auch MnO_2 reduzieren und dadurch eine saubere Blei-Mangan-Trennung verhindern.

Übung 5.19

Es ist anhand der Spannungsreihe vorauszusagen, ob in saurer Lösung und bei Standardkonzentrationen
a) H_2O_2 mit Cu^{2+}-Ionen unter Sauerstoffabgabe reagiert,
b) Mn^{2+}-Ionen zu MnO_2 und Mn disproportionieren und
c) metallisches Quecksilber mit Hg^{2+}-Kationen zu Hg_2^{2+} synproportioniert.

a) Sauerstoffabgabe würde bedeuten, daß H_2O_2 von Cu^{2+} oxidiert wird und selbst als Reduktionsmittel wirkt, das Cu^{2+} zu Kupfer reduziert. Diesem Reaktionsablauf entspricht:

$$H_2O_2 \rightleftarrows O_2 + 2\,H^+ + 2\,e^- \quad \text{(Anode)} \quad E°(A) = 0{,}68\ V$$
$$Cu^{2+} + 2\,e^- \rightleftarrows Cu \quad \text{(Kathode)} \quad E°(K) = 0{,}337\ V$$

$$Cu^{2+} + H_2O_2 \rightleftarrows Cu + O_2 + 2\,H^+ \quad \Delta E° = E°(K) - E°(A) < 0$$

$\Delta E° < 0$ besagt, daß die Reaktion nicht freiwillig abläuft.

b) $\Delta E°$ für die Disproportionierung ($Red_1 = Ox_2$) erhält man aus

$$2\,H_2O + Mn^{2+}(Red_1) \rightleftarrows MnO_2 + 2\,e^- + 4\,H^+ \quad E°(A) = 1{,}23\ V$$
$$2\,e^- + Mn^{2+}(Ox_2) \rightleftarrows Mn \quad E°(K) = -1{,}18\ V$$

$$Mn^{2+} + Mn^{2+} + 2\,H_2O \rightleftarrows MnO_2 + Mn + 4\,H^+ \quad \Delta E° = -2{,}41\ V$$

Da $\Delta E° < 0$ ist, erfolgt keine Disproportionierung.

c) Für die Synproportionierung ($Ox_1 = Red_2$) folgt $\Delta E°$ aus:

$$2\,Hg \rightleftarrows Hg_2^{2+}(Ox_1) + 2\,e^- \quad E°(A) = 0{,}78\ V$$
$$2\,Hg^{2+} + 2\,e^- \rightleftarrows Hg_2^{2+}(Red_2) \quad E°(K) = 0{,}92\ V$$

$$2\,Hg + 2\,Hg^{2+} \rightleftarrows 2\,Hg_2^{2+} \quad \Delta E° = 0{,}14\ V$$

Mit $\Delta E° > 0$ verläuft die Synproportionierung freiwillig.

Übung 5.20

Ionen in mittlerer Oxidationsstufe zeigen die Tendenz zur Disproportionierung und weichen dadurch vom Reaktionsverhalten vergleichbarer Ionen ab.
Es ist mit Hilfe der Spannungsreihe
a) die Tendenz von Tl^+- und Au^+-Kationen zur Disproportionierung zu vergleichen und
b) vorauszusagen, welche Kationen bei der Reaktion Metall + Säure entstehen!

a) Ionen sind gegen Disproportionierung instabil, wenn $E°$ für den Schritt, der zu ihrer Reduktion führt, positiver ist als für den, der ihre Oxidation ergibt. Darum sind die Standardpotentiale von folgenden Redoxpaaren zu vergleichen:

$E°(Tl^{3+}/Tl) = 0{,}72$ V $\quad E°(Au^{3+}/Au) = 1{,}495$ V

$E°(Tl^{3+}/Tl^{+}) = 1{,}25$ V $\quad E°(Au^{3+}/Au^{+}) = 1{,}397$ V

$E°(Tl^{+}/Tl) = -0{,}34$V $\quad E°(Au^{+}/Au) = 1{,}69$ V

Für Thallium ist $E°(Tl^{+}/Tl) < E°(Tl^{3+}/Tl^{+})$, was bedeutet, daß $E°$ für den Reduktionsschritt negativer ist als $E°$ für die Oxidation zu Tl^{3+}:

Tl^{+}-Kationen sind gegen Disproportionierung stabil.

Für Au^{+}-Ionen ergibt der Vergleich $E°(Au^{+}/Au) > E°(Au^{3+}/Au^{+})$:

Au^{+}-Kationen sind gegen Disproportionierung instabil.

b) Reaktion der Metalle mit Säure bedeutet Oxidation zu Metallkationen und Reduktion der H^{+}-Ionen der Säure zu Wasserstoff:

$$2\,Tl \rightleftharpoons 2\,Tl^{+} + 2\,e^{-} \qquad E°(A) = -0{,}34 \text{ V}$$

$$2\,H^{+} + 2\,e^{-} \rightleftharpoons H_2 \qquad E°(K) = 0{,}00 \text{ V}$$

$$2\,Tl + 2\,H^{+} \rightleftharpoons 2\,Tl^{+} + H_2 \qquad \Delta E° > 0$$

Bei der Auflösung von Thallium entstehen Tl^{+}-Kationen, für Tl^{3+} wäre $\Delta E°$ negativ. Für die Bildung von Au^{+}- und Au^{3+}-Kationen folgen aus den entsprechenden $E°$-Werten negative Werte für $\Delta E°$. Gold wird von Säuren nicht angegriffen.

Übung 5.21

Kupfer wird entsprechend seiner Standardpotentiale $E°(Cu^{2+}/Cu) = 0{,}337$ V und $E°(Cu^{+}/Cu) = 0{,}52$ V bei Ausschluß von Sauerstoff von HCl nicht angegriffen. Leitet man Luftsauerstoff durch eine HCl-Lösung, in der sich Kupferdraht befindet, wird Cu relativ leicht aufgelöst. Wie läßt sich dieses Verhalten erklären?

Sauerstoff bildet in Gegenwart von H^{+}-Ionen das Redoxgleichgewicht

$$O_2 + 4\,H^{+} + 4\,e^{-} \rightleftharpoons 2\,H_2O$$

mit $E°(O_2/H_2O) = 1{,}23$ V. Mit diesem Standardpotential kann O_2 Kupfer oxidieren. Die Oxidation erfolgt zum Cu^{+}-Ion, da Cu^{+} mit Cl^{-} den stabilen Komplex $[CuCl_2]^{-}$ bildet:

$$4\,Cu \rightleftharpoons 4\,Cu^{+} + 4\,e^{-}$$

$$O_2 + 4\,H^{+} + 4\,e^{-} \rightleftharpoons 2\,H_2O$$

$$4\,Cu + O_2 + 4\,H^{+} \rightleftharpoons 4\,Cu^{+} + 2\,H_2O$$

$$4\,Cu^{+} + 8\,Cl^{-} \rightleftharpoons 4\,[CuCl_2]^{-}$$

Durch die Komplexbildung wird Cu^{+} aus dem Redoxgleichgewicht entfernt und muß nachgeliefert werden, was den Reaktionsverlauf von links nach rechts begünstigt und die relativ gute Löslichkeit von Cu in der „nichtoxidierenden Säure" HCl erklärt.

Übung 5.22

Das Reaktionsverhalten von Kupferverbindungen wird in vielen Fällen von der Disproportionierung der Cu^{+}-Ionen bestimmt.
Warum disproportioniert Cu^{+} so relativ leicht?

Der Disproportionierung von Cu^+ entspricht die Gleichung

$$Cu^+ + Cu^+ \rightleftarrows Cu + Cu^{2+}$$

Von den Standardpotentialen ist $E°(Cu^+/Cu) = 0{,}52$ V positiver als $E°(Cu^{2+}/Cu^+) =$ 0,15 V, was bedeutet, daß Cu^+, das zu Cu reduziert wird, Cu^+ zu Cu^{2+} oxidieren kann:

$$Cu^+ \rightleftarrows Cu^{2+} + e^- \quad E° = 0{,}15\ V$$

$$Cu^+ + e^- \rightleftarrows Cu \quad E° = 0{,}52\ V$$

Anders formuliert; wenn Cu^+ zu Cu reduziert wird, wirkt es stärker oxidierend als wenn Cu^{2+} zu Cu^+ reduziert wird. Allgemein gilt, daß gegen Disproportionierung instabile Teilchen ein positiveres Standardpotential für den Reduktionsschritt als für den Oxidationsschritt besitzen.

Übung 5.23

Zu einer Lösung, die Iodid- und Chloridionen enthält, wird Brom gegeben. Welche Reaktionen werden eintreten?

Denkbar sind die Reaktionen

$$2\ Cl^- + Br_2 \rightleftarrows 2\ Br^- + Cl_2 \quad \text{und}$$

$$2\ I^- + Br_2 \rightleftarrows 2\ Br^- + I_2$$

Aus den Standardpotentialen

$$E°(Br_2/2\ Br^-) = 1{,}06\ V$$

$$E°(Cl_2/2\ Cl^-) = 1{,}36\ V$$

$$E°(I_2/2\ I^-) = 0{,}53\ V$$

ergibt sich jedoch, daß das Oxidationsvermögen von Br_2 nur für die Oxidation von Iodid ausreicht, Cl^--Ionen aber nicht oxidiert werden. Da

$$E°(Cl_2/2\ Cl^-) > E°(Br_2/2\ Br^-)$$

ist, kann man umgekehrt mit Cl_2 Bromid zu Brom oxidieren.

Übung 5.24

Mit Wasserstoff lassen sich in Abhängigkeit von seinem Partialdruck auch Metalle mit negativem Standardpotential aus ihren Salzlösungen fällen. Es soll Nickel aus einer Nickel(II)-Salzlösung durch Einleiten von Wasserstoff unter Druck gefällt werden. Zur Auswahl stehen

a) eine Lösung ($c = 2\ mol^{-1}$) mit pH = 4 und

b) eine Lösung ($c = 0{,}1\ mol^{-1}$) mit pH = 1.

Damit das Gleichgewicht zugunsten der Nickelbildung liegt, soll die Potentialdifferenz zwischen beiden Redoxpaaren 0,1 Volt betragen. Aus welcher Lösung wird man Nickel ausfällen?

Da die Bildung von Nickel eine Reduktion darstellt, muß $E(2\ H^+/H_2)$ als das Potential des Reduktionsmittels negativer sein als $E(Ni^{2+}/Ni)$.

a) Für eine zweimolare Ni^{2+}-Lösung ist das Einzelpotential

$$E(Ni^{2+}/Ni) = E°(Ni^{2+}/Ni)\ V + (0{,}059/2)\ V \cdot \log c(Ni^{2+}) = -\,0{,}241\ V$$

Da eine Potentialdifferenz = 0,1 V zugunsten einer möglichst vollständigen Fällung gefordert ist, muß $E(2\ H^+/H_2) = -\,0{,}341$ V sein. Den für dieses Potential erforderlichen H_2-Partialdruck berechnet man nach Umstellung der Nernstschen Gleichung aus

$$\log p(H_2) = \log p_o - (E/0{,}059 + \text{pH})$$

$$\log p(H_2) = \log 101{,}32 - (-0{,}341/0{,}059 + 4) = 3{,}58$$

$$p(H_2) = 6025 \text{ kPa}$$

b) Analog erhält man für eine Lösung (c = 0,1 mol l^{-1}) und pH = 1, $E(Ni^{2+}/Ni)$ = –0,379 V. Daraus folgt mit $E(2\,H^+/H_2)$ = –0,479 für den Partialdruck von Wasserstoff:

$$\log p(H_2) = \log 101{,}32 - (-0{,}479/0{,}059 + 1) = 9{,}12$$

$$p(H_2) = 1{,}3 \cdot 10^9 \text{ kPa !}$$

Die Nickelfällung erfolgt aus der Lösung (c (Ni(II)-Salz) = 2 mol l^{-1}).

Übung 5.25

Es ist die EMK der galvanischen Zelle Cu/$CuSO_4$(1 mol l^{-1})//$CdSO_4$(1 mol l^{-1})/Cd zu berechnen. Wie ändert sich die EMK, wenn die Konzentration der Elektrolytlösungen
a) in beiden Halbzellen auf 10^{-3} mol l^{-1}
b) nur bei $CuSO_4$ und
c) nur bei $CdSO_4$ auf 10^{-3} mol l^{-1} verändert wird?
d) Wie sind die berechneten EMK-Werte im Hinblick auf die maximale Arbeit, die von der Zelle geleistet werden kann, zu werten?

Da die Zelle Standardbedingungen entspricht, wird zunächst $\Delta E°$ berechnet. Aus $E°(Cu^{2+}/Cu)$ = +0,337 V und $E°(Cd^{2+}/Cd)$ = –0,403 V folgt, daß Cu^{2+}-Ionen als Oxidations- und Cadmium als Reduktionsmittel wirken:

$$Cd \rightleftarrows Cd^{2+} + 2\,e^- \quad \text{(Anode)} \quad E°(A) = -0{,}403 \text{ V}$$

$$Cu^{2+} + 2\,e^- \rightleftarrows Cu \quad \text{(Kathode)} \quad E°(K) = +0{,}337 \text{ V}$$

$$Cu^{2+} + Cd \rightleftarrows Cd^{2+} + Cu \quad \Delta E° = 0{,}74 \text{ V}$$

Die EMK-Änderungen erhält man aus der Nernstschen Gleichung:

a) $\Delta E = 0{,}74 \text{ V} - 0{,}0295 \text{ V} \cdot \log 10^{-3}/10^{-3} = 0{,}74 \text{ V}$

b) $\Delta E = 0{,}74 \text{ V} - 0{,}0295 \text{ V} \cdot \log 1/10^{-3} = 0{,}64 \text{ V}$

c) $\Delta E = 0{,}74 \text{ V} - 0{,}0295 \text{ V} \cdot \log 10^{-3} = 0{,}84 \text{ V}$

Die Potentialdifferenz ist von Konzentrationsänderungen unabhängig, wenn diese in beiden Halbzellen gleich ist (a). Eine Verringerung der Konzentration in nur einer Halbzelle bewirkt eine EMK-Zunahme, wenn sie im Anodenraum (c) und eine Abnahme, wenn sie im Kathodenraum erfolgt (b).

d) Die maximale Arbeit A_{Max}, die von der Zelle geleistet werden kann, entspricht der Abnahme ihrer freien Enthalpie:

$$A_{Max} = \Delta G = -n \cdot F \cdot \Delta E$$

Für die Standardzelle mit Lösungen (c = 1 mol l^{-1}) erhält man:

$$A_{Max} = \Delta G° = -n \cdot F \cdot \Delta E° = -2 \cdot 96485 \text{ C mol } l^{-1} \cdot 0{,}74 \text{ V} = 143 \cdot 10^3 \text{ C V mol } l^{-1}$$

$$A_{Max} = 143 \text{ kJ mol } l^{-1}$$

Da A_{max} für molaren Umsatz gilt, können die Zellen a) bis c) nur 1/1000 der berechneten ΔG-Werte als maximale Arbeit leisten:

a) = 0,143 kJ, b) = 0,12 kJ, c) = 0,16 kJ

Übung 5.26

Eine galvanische Zelle mit einer EMK = 0,65 V besteht aus den beiden Halbzellen $Ni/NiSO_4$ und $Cu/CuSO_4$. Die Konzentration der $CuSO_4$-Lösung ist 1,0 mol l^{-1}. Wie groß ist die Konzentration der $NiSO_4$-Lösung!

Aus dem Vergleich der Normalpotentiale $E°(Cu^{2+}/Cu) = +0{,}337$ V und $E°(Ni^{2+}/Ni) = -0{,}25$ V folgt, daß das Redoxpaar Cu^{2+}/Cu Kathode und das Redoxpaar Ni^{2+}/Ni Anode der Zelle ist:

$Ni/NiSO_4(x\ mol\ l^{-1})//CuSO_4(1{,}0\ mol\ l^{-1})/Cu$

Da $c(CuSO_4)$ dem Standardzustand entspricht, wird für E(Kathode) $E°(Cu^{2+}/Cu)$ eingesetzt:

$$\Delta E = +\ 0{,}337\ V - E(Ni^{2+}/Ni) = 0{,}65\ V$$

$$E(Ni^{2+}/Ni) = -\ 0{,}313\ V$$

Mit diesem Wert erhält man für $c(NiSO_4)$:

$$E = E° + 0{,}059/2 \cdot \log c(Ni^{2+})$$

$$\log c(Ni^{2+}) = (E - E°)/0{,}0295 = [-\ 0{,}313 - (-0{,}25)]/0{,}0295 = -2{,}03$$

$$c(Ni^{2+}) = 0{,}925 \cdot 10^{-2}\ mol\ l^{-1}$$

Die Konzentration der $NiSO_4$-Lösung ist $0{,}92 \cdot 10^{-2}$ mol l^{-1}.

Übung 5.27

Gold wird unter Standardbedingungen selbst von Chlor nicht angegriffen. Es soll ermittelt werden, wie sich ein erhöhter Cl_2-Partialdruck auf die Beständigkeit von Gold gegen Chlor auswirkt? Zu diesem Zweck ist die EMK eines galvanischen Elements aus den beiden Halbzellen $Au/Au^{3+}(1\ mol\ l^{-1})$ und $Cl_2(506{,}8\ kPa)/Cl^-(10^{-2}\ mol\ l^{-1})$ zu bestimmen.

Bei Standardbedingungen folgt für die Reaktion von Au mit Cl_2

$$2\ Cl^- \rightleftarrows Cl_2 + 2\ e^-\ /3 \qquad E°(A) = 1{,}36\ V$$

$$Au^{3+} + 3\ e^- \rightleftarrows Au\ /2 \qquad E°(K) = 1{,}49\ V$$

$$2\ Au^{3+} + 6\ Cl^- \rightleftarrows 2\ Au + 3\ Cl_2 \qquad \Delta E° = 0{,}13\ V$$

Da $\Delta E° > 0$ ist, verläuft die Reaktion von links nach rechts, in einer chloridhaltigen Au^{3+}-Lösung muß demnach metallisches Gold ausfallen. Mit $\Delta E°$ wird die EMK der Zelle für die gegebenen Versuchsbedingungen bestimmt:

$$\Delta E = 0{,}13\ V - (0{,}059/6)\ V \cdot \log [[p(Cl_2)/101{,}36]^3/c^2(Au^{3+}) \cdot c^6(Cl^-)]$$

$$\Delta E = (0{,}13 - 0{,}1386)\ V = -0{,}0086\ V$$

Aus $\Delta E < 0$ folgt, daß bei diesen Reaktionsbedingungen der umgekehrte Vorgang abläuft; Gold ist gegen Chlor nicht mehr beständig und wird zu Au^{3+} oxidiert. Die

Polung der Zelle ist gegenüber der Zelle unter Standardbedingungen umzukehren:

Standardbed.: $Pt/Cl_2/Cl^-$ // Au^{3+}/Au

Versuchsbed.: Au/Au^{3+} // $Cl^-(10^{-2}$ mol $l^{-1})/Cl_2(506{,}8$ kPa$)/Pt$

Übung 5.28

Wie groß ist die Konzentration von Hg^{2+}-Ionen in dem galvanischen Element $Hg/Hg_2^{2+}(0{,}025$ mol $l^{-1})//Hg^{2+}(x$ mol $l^{-1)}/Hg$, wenn die EMK 0,12 V beträgt?

Die in der Zelle ablaufende Bruttoreaktion

$$2\,Hg^{2+} \longrightarrow Hg_2^{2+} + 2\,e^- \qquad E^\circ(A) = 0{,}788\ V$$
$$Hg^{2+} + 2\,e^- \longrightarrow Hg \qquad E^\circ(K) = 0{,}854\ V$$
$$Hg^{2+} + Hg \longrightarrow Hg_2^{2+} \qquad \Delta E^\circ = 0{,}066\ V$$

stellt eine Synproportionierugung dar. Aus $\Delta E^\circ = 0{,}066$ V folgt

$$0{,}12\ V = 0{,}066\ V - (0{,}059/2)\ V \cdot \log\,[c(Hg_2^{2+})/c(Hg^{2+})]$$

Mit $c(Hg_2^{2+}) = 0{,}025$ mol l^{-1} erhält man die Hg^{2+}-Konzentration:

$$\log c(Hg^{2+}) = 1{,}83 - 1{,}60$$
$$c(Hg^{2+}) = 1{,}69\ mol\ l^{-1}$$

Übung 5.29

Bestimmung des Assoziationsgrades von Quecksilber(I)-Ionen. Für die galvanische Zelle aus den beiden Halbzellen
$Hg/HgNO_3\,(c = 0{,}05$ mol $l^{-1})$, $HNO_3\,(c = 0{,}1$ mol $l^{-1})$
$Hg/HgNO_3\,(c = 0{,}50$ mol $l^{-1})$, $HNO_3\,(c = 0{,}1$ mol $l^{-1})$
wurde eine EMK = 0,0296 V gemessen. In welcher Form liegen die Hg(I)-Ionen in der Lösung vor?

Die Zelle stellt eine Konzentrationskette dar, in der die Halbzelle mit der höheren Hg(I)-Konzentration die Kathode (Pluspol) bildet. Um den Assoziationsgrad zu bestimmen, formulieren wir die Elektrodenreaktionen in der Form

$$\text{Anode:} \quad x\,Hg(A) \longrightarrow Hg_x^{x+}(A) + x\,e^-$$
$$\text{Kathode:} \quad Hg_x^{x+}(K) + x\,e^- \longrightarrow x\,Hg(K)$$
$$\text{Zellenreaktion:} \quad x\,Hg(A) + Hg_x^{x+}(K) \longrightarrow Hg_x^{x+}(A) + x\,Hg(K)$$

Die Anwendung der Nernstschen Gleichung ergibt

$$\Delta E = \Delta E^\circ - 0{,}05916/n \cdot \log\,[c(Hg_x^{x+}(A)/c(Hg_x^{x+}(K)]$$

und mit $n = x$ und $\Delta E^\circ = 0$ erhalten wir:

$$0{,}0296 = -0{,}05916/x \cdot \log\,[0{,}05/0{,}5]$$
$$x = 2$$

Aus $x = 2$ folgt, daß Hg(I)-Ionen in Lösung als dimere Hg_2^{2+}-Kationen vorliegen.

Übung 5.30

Eine Chloridlösung mit $c(Cl^-) = 1$ mol l^{-1} enthält MnO_4^- und Mn^{2+}-Ionen im Verhältnis 100 : 1. Wie läßt sich eine Oxidation der Chloridionen zu Chlor mit Sicherheit verhindern?

Es soll verhindert werden, daß MnO_4^--Ionen gegenüber Chlorid als Oxidationsmittel wirken. Da $E°(Cl_2/2\ Cl^-) = 1{,}36$ V beträgt, muß $c(H^+)$ so eingestellt werden, daß $E(MnO_4^-/Mn^{2+})$ kleiner wird als 1,36 Volt. Es soll der pH-Wert berechnet werden, bei dem das Potential des Redoxpaares

$$MnO_4^- + 8\ H^+ + 5\ e^- \rightleftarrows Mn^{2+} + 4\ H_2O$$

nur noch 1,20 V beträgt und somit deutlich kleiner ist als der Wert für $E°(Cl_2/2Cl^-)$:

$$E(MnO_4^-/Mn^{2+}) = E° - 0{,}059/5 \cdot \log\ [c(Mn^{2+})/c(MnO_4^-)c^8(H^+)]$$

$$1{,}20\ V = 1{,}51\ V - (0{,}059/5)V \cdot \log\ [1/10^2 \cdot c^8(H^+)]$$

$$\lg c(H^+) = -3{,}53$$

$$pH = 3{,}53\ \ [c(H^+) = 2{,}92 \cdot 10^{-4}\ mol\ l^{-1}]$$

Übung 5.31

Welche H^+-Konzentration hat eine Lösung, in der das Redoxpaar

$$PbO_2 + 4\ H^+ + 2\ e^- \rightleftarrows Pb^{2+} + 2\ H_2O$$

das Einzelpotential 1,36 V hat?

Aus der Spannungsreihe entnimmt man das Standardpotential $E°(PbO_2/Pb^{2+}) = 1{,}45$ V und erhält mit der Nernstschen Gleichung

$$1{,}36 = 1{,}45 - 0{,}059/2 \cdot \log\ [c(Pb^{2+})/c^4(H^+)]$$

$$\lg c(H^+) = -0{,}4095$$

$$c(H^+) = 0{,}396\ mol\ l^{-1}$$

Das Potential des Redoxpaares ist stark pH-abhängig (4. Potenz!)

Übung 5.32

Eine Zelle besteht aus den beiden Halbzellen $Pt/H_2/HCl(0{,}01\ mol\ l^{-1})$ und $Pt/H_2/NaOH\ (0{,}01\ mol\ l^{-1})$.

a) Wie erfolgt der Stromfluß durch einen äußeren Leiter?
b) Kann die EMK nach mehreren Ansätzen berechnet werden?
c) Welchem Vorgang entspricht die Zellenreaktion und wie groß ist ihre maximale Nutzarbeit?

a) In der Zelle erfolgen die Elektrodenreaktionen:

Kathode:	$2\ H^+ + 2\ e^-$	$\rightleftarrows H_2$	(Reduktion)	$E°(K) = 0{,}00$ V
Anode:	$2\ OH^- + H_2$	$\rightleftarrows 2\ H_2O + 2\ e^-$	(Oxidation)	$E°(A) = 0{,}828$ V
	$2\ H^+ + 2\ OH^-$	$\rightleftarrows 2\ H_2O$		$\Delta E° = E°(K) - E°(A) = 0{,}828$ V
	$H^+ + OH^-$	$\rightleftarrows H_2O$		

Der Stromfluß durch einen äußeren Leiter erfolgt von der alkalischen zur sauren Halbzelle.

b) ΔE läßt sich nach mehreren Ansätzen berechnen:

1. $\Delta E = \Delta E° - (0{,}059/2)\ V \cdot \log\ [1/[c^2(H^+) \cdot c^2(OH^-)]] = 0{,}592$ V

2. Da auch eine NaOH (c(NaOH) = 0,01 mol l^{-1}) H^+-Ionen enthält, deren Konzentration im Anodenraum aus $c(H^+) = K_W/c(OH^-)$ folgt, kann die Zelle als Konzentrationskette aufgefaßt werden:

$$\Delta E = 0 - (0{,}059/2)\ V \cdot \log [c^2(H^+, \text{Anode})/c^2(H^+, \text{Kathode})]$$

$$\Delta E = -0{,}0295\ V \cdot \log[K_W^2/c^2(OH^-)/c^2(H^+)] = 0{,}590\ V$$

3. Mit der Gleichung für die pH-Abhängigkeit des Potentials der Wasserstoffelektrode $E = -0{,}059 \cdot pH$ erhält man:

$$\Delta E = E(-0{,}059 \cdot \text{pH-Kathode}) - E(-0{,}059 \cdot \text{pH-Anode}) = 0{,}590\ V$$

(pH der Lösung von HCl (c(HCl) = 0,01 mol l^{-1}) = 2; pH der Lösungen NaOH (c(NaOH) = 0,01 mol l^{-1}) = 12)

c) Die Zellenreaktion besteht in der Neutralisation einer starken Säure mit einer starken Base. Die maximale Nutzarbeit der Neutralisationsreaktion beträgt:

$$\Delta G = -1 \cdot 96485\ C\ mol^{-1} \cdot 0{,}828\ V = -79889\ C\ V\ mol^{-1} = -79{,}89\ kJ\ mol^{-1}$$

Übung 5.33

Chlor läßt sich durch Zugabe von HCl zu Braunstein (MnO_2) herstellen. Es soll berechnet werden,

a) ob eine Cl_2-Bildung bereits bei Zugabe einer HCl (c(HCl) = 1 mol l^{-1}) zu Braunstein, der sich in Mn^{2+}-Salzlösung (c(Mn^{2+}) = 1 mol l^{-1}) befindet, erfolgt und

b) ab welcher HCl-Konzentration Chlor entsteht!

a) Da die gelösten Stoffe in Standardkonzentrationen vorliegen, folgt bereits aus $\Delta E°$, ob Chlor gebildet wird:

$2\ Cl^-$	$\rightleftarrows Cl_2 + 2\ e^-$	$E°(A) = 1{,}3596\ V$
$MnO_2 + 4\ H^+ + 2\ e^-$	$\rightleftarrows Mn^{2+} + 2\ H_2O$	$E°(K) = 1{,}2300\ V$
$MnO_2 + 2\ Cl^- + 4\ H^+$	$\rightleftarrows Cl_2 + Mn^{2+} + 2\ H_2O$	$\Delta E° = -0{,}1296\ V$

Da $\Delta E° < 0$ ist, erfolgt bei Zugabe von HCl (c(HCl) = 1 mol l^{-1}) keine Cl_2-Bildung.

b) Für die Berechnung von c(HCl) setzen wir in die Nernstsche Gleichung

$$\Delta E = \Delta E° - 0{,}059/2 \cdot \log [c(Mn^{2+}) \cdot c(Cl_2)/c^2(Cl^-) \cdot c^4(H^+)]$$

der Einfachheit halber für $c(Cl_2)$ = 1 mol l^{-1} ein und ersetzen, da durch Zugabe von HCl $c(Cl^-) = c(H^+)$ ist, $c(Cl^-)$ durch $c(H^+)$. Wird $\Delta E = 0$ gesetzt und nach $c(H^+)$ umgestellt, erhält man die HCl-Konzentration, oberhalb derer ΔE positiv wird, das Gleichgewicht der Reaktion also zugunsten der Cl_2-Bildung liegt:

$$0 = -0{,}1296\ V - 0{,}0295\ V \cdot \log [1/c^6(H^+)]$$

$$\log c(H^+) = 0{,}7322$$

$$c(HCl) = c(H^+) = 5{,}39\ mol\ l^{-1}$$

Die Herstellung von Chlor aus Braunstein gelingt erst bei HCl-Konzentrationen > 5,39 mol l^{-1}.

Übung 5.34

Es ist die EMK der galvanischen Zelle

Ag/AgBr (gesättigt in KBr(c(KBr) = 0,1 mol l^{-1}*))//*$AgNO_3$ *(0,1 mol* l^{-1}*)/Ag*

zu bestimmen, in der die Stoffmengenkonzentration der gesättigten Silberbromidlösung 7,07 $\cdot 10^{-7}$ *mol* l^{-1} *beträgt.*

Zunächst wird die Ag^+-Konzentration im Ag/AgBr-Halbelement aus dem Löslichkeitsprodukt bestimmt:

$$c(Ag^+) = L(AgBr)/c(Br^-)$$

$c(Br^-)$ ist mit der Konzentration der KBr-Lösung gegeben und L(AgBr) erhalten wir aus c(AgBr)(dazu Kap.6):

$$L(AgBr) = c^2(AgBr) = (7{,}07 \cdot 10^{-7})^2 \text{ mol}^2 \text{ l}^{-2} = 5 \cdot 10^{-13} \text{ mol}^2 \text{ l}^{-2}$$

Daraus folgt für

$$c(Ag^+) = 5 \cdot 10^{-13} \text{ mol}^2 \text{ l}^{-2}/0{,}1 \text{ mol l}^{-1} = 5 \cdot 10^{-12} \text{ mol l}^{-1}$$

Die Zelle

$$Ag/Ag^+(5 \cdot 10^{-12} \text{ mol l}^{-1})//Ag^+(0{,}1 \text{ mol l}^{-1})/Ag$$

stellt eine Konzentrationskette dar, für die $\Delta E° = 0$ gilt. Kathode ist die Halbzelle mit der höheren, Anode die mit der niedrigeren Ag^+-Konzentration:

$$Ag \rightleftarrows Ag^+ + e^- \quad \text{(Ag/AgBr-Anode)}$$

$$Ag^+ + e^- \rightleftarrows Ag \quad \text{(Ag/AgNO}_3\text{-Kathode)}$$

Mit $\Delta E = E(K) - E(A)$ erhält man:

$$\Delta E = 0{,}059 \text{ V} \cdot \log (0{,}1/5 \cdot 10^{-12}) = 0{,}69 \text{ V}$$

Die EMK der Konzentrationskette beträgt 0,69 V.

Übung 5.35

Eine galvanische Zelle besteht aus den beiden Halbelementen Hg/Hg_2Cl_2 *(gesättigt in KCl (c(KCl) = 1 mol* l^{-1}*)) und Ag/AgCl (gesättigt in KCl (c(KCl) = 1 mol* l^{-1}*)). Es sind die Elektrodenreaktionen zu formulieren und die EMK zu berechnen.*

Um die EMK berechnen zu können, müssen zunächst Kathode und Anode der Zelle bestimmt und ihre Potentiale berechnet werden. Da beide Halbzellen Elektroden 2. Art sind, ist für die Potentialberechnung das Löslichkeitsprodukt erforderlich.

Mit $L(AgCl) = 1{,}7 \cdot 10^{-10} \text{ mol}^2 \text{ l}^{-2}$ und $c(Cl^-) = 1 \text{ mol l}^{-1}$ erhält man

$$E(Ag^+/Ag) = E°(Ag^+/Ag) \text{ V} + 0{,}059 \text{ V} \cdot \log c(Ag^+)$$

$$E(Ag^+/Ag) = E°(Ag^+/Ag) \text{ V} + 0{,}059 \text{ V} \cdot \log [L(AgCl)/c(Cl^-)]$$

$$E(Ag^+/Ag) = 0{,}799 \text{ V} + 0{,}059 \text{ V} \cdot \log 1{,}7 \cdot 10^{-10} = +\,0{,}2225 \text{ V}$$

Mit $L(Hg_2Cl_2) = 3{,}98 \cdot 10^{-18} \text{ mol}^3 \text{ l}^{-3}$ und $c(Cl^-) = 1 \text{ mol l}^{-1}$ folgt

$$E(Hg_2^{2+}/2\,Hg) = E°(Hg_2^{2+}/2\,Hg) \text{ V} + 0{,}0295 \text{ V} \cdot \log [L(Hg_2Cl_2)/c^2(Cl^-)]$$

$$E(Hg_2^{2+}/2\,Hg) = 0{,}788 \text{ V} + 0{,}0295 \text{ V} \cdot \log 3{,}98 \cdot 10^{-18} = +0{,}2747 \text{ V}$$

Oxidationsmittel ist das Redoxpaar $Hg_2^{2+}/2\ Hg$, das die Kathode darstellt. Die Anodenreaktion besteht in der Oxidation von Ag:

$$2\ Ag \rightleftarrows 2\ Ag^+ + 2\ e^- \qquad E(A) = +0{,}2225\ V$$

$$Hg_2^{2+} + 2\ e^- \rightleftarrows 2\ Hg \qquad E(K) = +0{,}2747\ V$$

$$2\ Ag + Hg_2^{2+} \rightleftarrows 2\ Hg + 2\ Ag^+ \qquad \Delta E = 0{,}052\ V$$

Die EMK der Zelle beträgt 0,052 V.

Übung 5.36

Ein galvanisches Element besteht aus 2 Wasserstoffelektroden, eine mit $c(H^+) = 0{,}012\ mol\ l^{-1}$, die andere mit $c(H^+) = 7{,}5\ mol\ l^{-1}$. Für beide Halbzellen ist
a) der Partialdruck $p(H_2) = 101{,}36$ kPa und
b) an der Anode $p(H_2) = 443$ kPa und an der Kathode $p(H_2) = 5{,}065$ kPa.
Welche Vorgänge finden an den Elektroden statt und was bewirkt die Zellenreaktion? Wie groß ist die EMK der Zelle? Wie erfolgt der Stromfluß durch einen äußeren Leiter?

a) Das Element stellt eine Konzentrationskette dar. Somit ist die Elektrode mit $c(H^+) = 7{,}5\ mol\ l^{-1}$ Kathode, die mit $c(H^+) = 0{,}012\ mol\ l^{-1}$ Anode:

$$2\ H^+(7{,}5\ mol\ l^{-1}) + 2\ e^- \rightleftarrows H_2 \qquad \text{Reduktion} \mathrel{\hat{=}} \text{Kathode}$$

$$H_2 \rightleftarrows 2\ H^+(0{,}012\ mol\ l^{-1}) + 2\ e^- \qquad \text{Oxidation} \mathrel{\hat{=}} \text{Anode}$$

$$\underset{(7{,}5\ mol\ l^{-1})}{2\ H^+} + \underset{(0{,}012\ mol\ l^{-1})}{H_2} \rightleftarrows \underset{(0{,}012\ mol\ l^{-1})}{2\ H^+} + \underset{(7{,}5\ mol\ l^{-1})}{H_2}$$

Mit $\Delta E° = 0$ für Konzentrationsketten erhält man für

$$\Delta E = 0 - 0{,}059\ V/2 \cdot \log\ [(0{,}012)^2 \cdot 1/(7{,}5)^2 \cdot 1] = 0{,}1649\ V$$

An der Kathode erfolgt Abnahme, an der Anode Zunahme der H^+-Konzentration, die Zellenreaktion besteht im Konzentrationsausgleich der H^+-Ionen. Der Stromfluß erfolgt von der Halbzelle geringerer zur Halbzelle höherer H^+-Konzentration.

b) Für die Berechnung von ΔE ersetzen wir in der Gleichung

$$\Delta E = -\ 0{,}059\ V/2 \cdot \log\ [c^2(H^+) \cdot c(H_2)]/[c^2(H^+) \cdot c(H_2)]$$

$c(H_2)$ durch $p(H_2)/101{,}3$ kPa. Dabei ist auf die richtige Zuordnung der Konzentrationen und Partialdrücke im logarithmischen Glied zu achten:

$2\ H^+$	+ H_2	$\rightleftarrows$	$2\ H^+$	+ H_2
$(7{,}5\ mol\ l^{-1})$	(Anode)		$(0{,}012\ mol\ l^{-1})$	(Kathode)
	443 kPa			5,065 kPa

$\Delta E = -0{,}059\ V/2 \cdot \log\ [(0{,}012)^2 \cdot 5{,}065/101{,}36]/[(7{,}5)^2 \cdot 443/101{,}36]$
$\Delta E = 0{,}2222\ V$

Übung 5.37

Welchen Wert hat die Gleichgewichtskonstante K für die Reaktion von Cu^{2+}-Ionen mit Eisen?

Der Vergleich $E°(Fe^{2+}/Fe) = -0{,}44$ V und $E°(Cu^{2+}/Cu) = 0{,}337$ V zeigt, daß Cu^{2+}-Ionen Eisen oxidieren können:

$$\begin{array}{lll} Fe & \rightleftarrows Fe^{2+} + 2\,e^- & E°(A) = -0{,}440 \text{ V} \\ Cu^{2+} + 2\,e^- & \rightleftarrows Cu & E°(K) = +0{,}337 \text{ V} \\ \hline Cu^{2+} + Fe & \rightleftarrows Cu + Fe^{2+} & \Delta E° = 0{,}777 \text{ V} \end{array}$$

Nach Gleichung (5.12) erhält man für Standardbedingungen:

$$\log K = (\Delta E° \cdot n)/0{,}059 = (0{,}777 \cdot 2)/0{,}059$$

$$K = c(Fe^{2+})/c(Cu^{2+}) = 2{,}18 \cdot 10^{26}$$

(Der Zahlenwert gilt strenggenommen für Aktivitäten, vereinfachend wird $c = a$ angenommen, siehe auch Übung 5.39). Wie aus K hervorgeht, liegt das Gleichgewicht vollständig auf der rechten Seite. Diese Reaktion findet Anwendung bei der Kupfergewinnung aus Cu(II)-Salzlösungen mit Eisen (Zementation).

Übung 5.38

H_2O_2 ist eine redoxamphotere Verbindung, deren Reaktionsverhalten vom pH-Wert der Lösung abhängig ist. Am Beispiel pH = 1 und pH = 9 soll der Einfluß des pH-Wertes auf das Reduktions- und Oxidationsvermögen von H_2O_2 gezeigt werden (für H_2O_2 und O_2 gelten Standardbedingungen).

In Abhängigkeit vom Reaktionspartner kann H_2O_2 nach

$$O_2 + 2\,H^+ + 2\,e^- \rightleftarrows H_2O_2 \quad E° = 0{,}68 \text{ V} \quad (H_2O_2 \text{ ist Red-Mittel})$$

$$H_2O_2 + 2\,H^+ + 2\,e^- \rightleftarrows 2\,H_2O \quad E° = 1{,}78 \text{ V} \quad (H_2O_2 \text{ ist Ox-Mittel})$$

als Reduktions- oder Oxidationsmittel reagieren. Die Nernstsche Gleichung ergibt

$$E(O_2/H_2O_2) = 0{,}68 \text{ V} + 0{,}0295 \text{ V} \cdot \log c^2(H^+)$$

$$E(H_2O_2/H_2O) = 1{,}78 \text{ V} + 0{,}0295 \text{ V} \cdot \log c^2(H^+)$$

und man erhält daraus für die beiden pH-Werte:

$E(O_2/H_2O_2)$: 0,62 V für pH = 1 ; 0,149 V für pH = 9

$E(H_2O_2/H_2O)$: 1,62 V für pH = 1 ; 1,150 V für pH = 9

Mit steigendem pH-Wert nimmt die Reduktionswirkung von H_2O_2 zu und seine Oxidationswirkung ab. H_2O_2 ist in saurer Lösung ein stärkeres Oxidations- und in alkalischer Lösung ein stärkeres Reduktionsmittel.

Übung 5.39

a) Für die Bestimmung der freien Standard-Reaktionsenthalpie $\Delta G°$ der Neutralisationsreaktion ist eine geeignete galvanische Zelle anzugeben (Kurzschreibweise) und $\Delta G°$ zu berechnen sowie
b) die Gleichgewichtskonstante K_N der Reaktion und
c) das Ionenprodukt des Wassers K_W zu bestimmen.

a) Da die Neutralisation das Ergebnis der beiden Elektrodenreaktionen

$$\begin{array}{lll} H_2 + 2\,OH^- & \rightleftarrows 2\,H_2O + 2\,e^- & E°(A) = -0{,}828 \text{ V} \\ 2\,H^+ + 2\,e^- & \rightleftarrows H_2 & E°(K) = 0{,}0 \text{ V} \\ \hline 2\,H^+ + 2\,OH^- & \rightleftarrows 2\,H_2O & \Delta E° = 0{,}828 \text{ V} \end{array}$$

darstellt, ergibt sich mit Platin als indifferenten Elektroden (um Nebenreaktionen auszuschließen):

$Pt(s)/H_2(g)/OH^-//H^+/H_2(g)/Pt(s)$

Konzentrationsangaben sind in diesem Fall nicht erforderlich, da von Standardgrößen ausgegangen wird. Bezogen auf 1 mol H_2O erhält man:

$\Delta G° = -n \cdot F \cdot \Delta E° = -1 \cdot 96485 \text{ C mol}^{-1} \cdot 0{,}828 \text{ V} = -79889 \text{ C V mol}^{-1}$

$\Delta G° = -79{,}8 \text{ kJ mol}^{-1}$

b) K_N – bezogen auf 1 mol H_2O – ergibt sich aus (5.12):

$\log K_N = n \cdot \Delta E°/0{,}059 = 1 \cdot 0{,}828/0{,}059 = 14{,}03$

$K_N = 1{,}08 \cdot 10^{14}$

Der Zahlenwert für die so berechnete Gleichgewichtskonstante gilt für Aktivitäten. Da $a(H_2O) = 1$ ist, wird

$K_N = 1/a(H^+) \cdot a(OH^-) = 1{,}08 \cdot 10^{14}$

c) Setzt man für $a(H^+) \cdot a(OH^-)$ K_W ein, erhält man

$K_W = 1/K_N = 0{,}92 \cdot 10^{-14}$

Mit der Näherung $a = c$ folgen daraus die auf Konzentrationen bezogenen Angaben für K_N und K_W (siehe Kap. 4).

Übung 5.40

Lassen sich aus der EMK eines galvanischen Elements freie Reaktionsenthalpie und Gleichgewichtskonstante für die Bildung von $ZnCl_2$ aus den Elementen berechnen?

Die Umsetzng von Zn(s) mit $Cl_2(g)$ erfolgt in einer Zelle mit den Elektrodenreaktionen (Halbreaktionen):

$$Zn(s) \rightleftarrows Zn^{2+}(aq) + 2\,e^- \qquad E°(A) = -\,0{,}763 \text{ V}$$

$$Cl_2(g) + 2\,e^- \rightleftarrows 2\,Cl^-(aq) \qquad E°(K) = +1{,}36 \text{ V}$$

$$Zn(s) + Cl_2(g) \rightleftarrows Zn^{2+}(aq) + 2\,Cl^-(aq) \qquad \Delta E° = 2{,}123 \text{ V}$$

Die Zellenreaktion besteht in der Bildung einer $ZnCl_2$-Lösung aus den Elementen. Darum beziehen sich die aus der EMK berechneten Werte für $\Delta G°$ und K nicht auf $ZnCl_2(s)$, sondern auf die Bildung seiner wäßrigen Lösung. Wir erhalten für

$\Delta G° = -n\,F\,\Delta E° = -2 \cdot 96485 \text{ C mol}^{-1} \cdot 2{,}123 \text{ V} = -409{,}67 \text{ kJ mol}^{-1}$

und für die Gleichgewichtskonstante der Reaktion

$\log K = (\Delta E° \cdot n)/0{,}059 = 71{,}96$

$K = 9{,}24 \cdot 10^{71}$

Es erfolgt quantitative Umsetzung zu $ZnCl_2$-Lösung.

Übung 5.41

Für das galvanische Element mit der Zellenreaktion $Hg^{2+} + Hg \rightleftarrows Hg_2^{2+}$ sind die Konzentrationen der Reaktanten zu berechnen, wenn die EMK den Wert Null erreicht (in beiden Halbzellen wird gleiches Volumen vorausgesetzt).

Die Zellenreaktion ist die Summe der Elektrodenreaktionen

$$2\,Hg \rightleftarrows Hg_2^{2+} + 2\,e^- \qquad E°(A) = 0{,}788\ V$$
$$Hg^{2+} + 2\,e^- \rightleftarrows Hg \qquad E°(K) = 0{,}854\ V$$
$$Hg^{2+} + Hg \rightleftarrows Hg_2^{2+} \qquad \Delta E° = 0{,}066\ V$$

Solange $\Delta E > 0$ ist, nimmt die Konzentration $c(Hg_2^{2+})$ in der Zelle zu und $c(Hg^{2+})$ ab. Dadurch wird die Potentialdifferenz zwischen den Reaktanten immer kleiner, die Potentiale gleichen sich im Reaktionsverlauf aus. $\Delta E = 0$ bedeutet demnach, daß die Reaktion ihren Gleichgewichtszustand

$$c(Hg_2^{2+})/c(Hg^{2+}) = K$$

erreicht hat. Für K erhält man

$$\log K = (\,\Delta E° \cdot n)/0{,}059 = 2{,}23$$
$$K = 172{,}69$$

Mit den Anfangskonzentrationen 1 mol l^{-1} ergibt sich für die Gleichgewichtskonzentrationen

$$c(Hg_2^{2+}) = 1 + x$$
$$c(Hg^{2+}) = 1 - x$$

und somit für x die Gleichung:

$$1 + x / 1 - x = K = 172{,}69$$

Daraus berechnet man

$$c(Hg_2^{2+}) = 1{,}998\ mol\ l^{-1},\ c(Hg^{2+}) = 0{,}00115\ mol\ l^{-1}$$

Übung 5.42

Eine Zellenreaktion entspricht der Bruttogleichung

$$2\,FeCl_3 + H_3AsO_3 + H_2O \rightleftarrows 2\,FeCl_2 + H_3AsO_4 + 2\,HCl$$

Die Konzentrationen der Reaktanten betragen:

$$c(Fe^{2+}) = 2 \cdot 10^{-2}\ mol\ l^{-1},\ c(AsO_4^{3-}) = 6 \cdot 10^{-1}\ mol\ l^{-1}$$
$$c(Fe^{3+}) = 5 \cdot 10^{-1}\ mol\ l^{-1},\ c(AsO_3^{3-}) = 10^{-2}\ mol\ l^{-1}$$

$c(H^+) = 8 \cdot 10^{-3}\ mol\ l^{-1}$. *Es sind*

a) die Elektrodenreaktionen und die Stromrichtung anzugeben,
b) die Zelle in Kurzschreibweise mit indifferenten Elektroden und
c) ihre pH-Abhängigkeit zu formulieren sowie
d) die EMK der Zelle,
e) die Gleichgewichtskonstante K und die maximale Nutzarbeit der Reaktion zu berechnen!

a) Die Reaktion erfolgt durch Kombination der beiden Redoxpaare Fe^{3+}/Fe^{2+} und AsO_4^{3-}/AsO_3^{3-} mit den Standardpotentialen $E° = 0{,}77$ V und $E° = 0{,}56$ V. Kathode ist das Redoxpaar mit dem positiveren, Anode das mit dem negativeren Standardpotential:

$$2\,Fe^{3+} + 2\,e^- \rightleftarrows 2\,Fe^{2+} \qquad E°(K) = 0{,}77\ V$$
$$AsO_3^{3-} + H_2O \rightleftarrows AsO_4^{3-} + 2\,H^+ + 2\,e^- \qquad E°(A) = 0{,}56\ V$$
$$2\,Fe^{3+} + AsO_3^{3-} + 2\,H_2O \rightleftarrows 2\,Fe^{2+} + AsO_4^{3-} + 2\,H^+ \qquad \Delta E° = 0{,}21\ V$$

Durch einen äußeren Draht fließt der Strom von der AsO_4^{3-}/AsO_3^{3-}-Anode zur Fe^{3+}/Fe^{2+}-Kathode.

b) Nach Festlegung von Kathode und Anode kann die Zelle in Kurzschreibweise formuliert werden:

$Pt/AsO_4^{3-}(0{,}6\ mol\ l^{-1}),\ AsO_3^{3-}(0{,}01\ mol\ l^{-1})H^+(0{,}008\ mol\ l^{-1})//$

$Fe^{3+}(0{,}5\ mol\ l^{-1}),\ Fe^{2+}(0{,}02\ mol\ l^{-1})/Pt$

c) Die Anodenreaktion ist pH-abhängig. Das Anodenpotential wird mit steigendem pH (abnehmender H^+-Konzentration) negativer, die Reduktionswirkung von AsO_3^{3-} somit stärker. Das Kathodenpotential ist pH-unabhängig.

d) Aus der Anwendung der Nernstschen Gleichung folgt

$\Delta E = \Delta E° - 0{,}059/n \cdot \log\ [c(AsO_4^{3-})\ c^2(Fe^{2+})\ c^2(H^+)/c(AsO_3^{3-})\ c^2(Fe^{3+})]$

und daraus mit den gegebenen Konzentrationen

$\Delta E = 0{,}3637\ V$

e) Bei Standardbedingungen (!) erhält man für K

$\log K = (\Delta E° \cdot n)/0{,}059 = 7{,}12$

$K = 1{,}31 \cdot 10^7$

und für die maximale Nutzarbeit der Reaktion bei den gegebenen Konzentrationen (!)

$\Delta G = -n\ F\ \Delta E = -2 \cdot 96485\ C\ mol^{-1} \cdot 0{,}3637\ V$

$\Delta G = -70{,}18\ kJ\ mol^{-1}$

Übung 5.43

Es ist für die sogenannte Chlorknallgaskette
a) die Gleichung für die Druckabhängigkeit ihrer EMK abzuleiten,
b) die Reaktionsenthalpie ΔH sowie die maximale Nutzarbeit zu berechnen und
c) die Gleichgewichtskonstante der Reaktion zu bestimmen.
Die EMK wurde bei 15° C zu 1,33 V und $\Delta E/\Delta T$ zu $4{,}55 \cdot 10^{-3}\ V\ K^{-1}$ ermittelt.

a) Die Chlorknallgaskette ist eine Zelle, in der die Reaktion

$H_2(g)$	$\rightleftarrows 2\ H^+(aq) + 2e^-$	$E°(A) = 0{,}0\ V$
$Cl_2(g) + 2\ e^-$	$\rightleftarrows 2\ Cl^-(aq)$	$E°(K) = 1{,}36\ V$
$Cl_2(g) + H_2(g)$	$\rightleftarrows 2\ H^+(aq) + Cl^-(aq)$	$\Delta E° = 1{,}36\ V$

erfolgt. Für Standardbedingungen ist sie als

$Pt\ /\ H_2(g)/\ H^+(aq)\ //\ Cl^-(aq)/\ Cl_2(g)\ /Pt$

zu formulieren. Die Nernstsche Gleichung ergibt

$E°(K) = 1{,}36\ V - 0{,}0295\ V \cdot \log\ [c^2(Cl^-)/c(Cl_2)]$

$E°(A) = -0{,}0295\ V \cdot \log\ [c(H_2)/c^2(H^+)]$

Um die Abhängigkeit der EMK vom Partialdruck zu erhalten, verwendet man die Näherung

$a(Gas) = p(Gas)/101{,}3\ kPa = c(Gas)$

Mit 101,3 kPa = p_o und $\Delta E = E(K) - E(A)$ folgt

$$\Delta E = 1{,}36 - 0{,}0295 \log [c^2(Cl^-)p_o/p(Cl_2)]-[-0{,}0295 \log [p(H_2)/p_o \cdot c^2(H^+)]]$$

$$\Delta E = 1{,}36 - 0{,}0295 \log [c^2(H^+)\, c^2(Cl^-)] + 0{,}0295 \log [p_o^2/p(Cl_2)\, p(H_2)]$$

Bei konstanter Konzentration der Elektrolytlösungen läßt sich die EMK der Zelle durch den Partialdruck der beiden Gase H_2 und Cl_2 regulieren (dabei wird ideales Gasverhalten angenommen).

b) Die maximal nutzbare Arbeit beträgt

$$\Delta G° = -n \cdot F \cdot \Delta E° = -2 \cdot 96485 \text{ C mol}^{-1} \cdot 1{,}36 \text{ V} = -262440 \text{ C V mol}^{-1}$$

$$\Delta G° = -262{,}44 \text{ kJ mol}^{-1}$$

$\Delta G°$ gilt nur für HCl(aq), also nur für die Bildung der wäßrigen Lösung. ΔH folgt aus Gleichung (5.12):

$$\Delta H \quad = -2 \cdot 96485(1{,}33 - 298{,}1 \cdot 4{,}55 \cdot 10^{-3}) \text{ C V mol}^{-1}$$

$$\Delta H \quad = -256650 \text{ C V mol l}^{-1}$$

$$\Delta H(l) = -256{,}65 \text{ kJ mol l}^{-1}$$

c) Aus der Gleichgewichtskonstanten

$$\log K = (\Delta E° \cdot n)/0{,}059 = 46{,}1$$

$$K = 1{,}26 \cdot 10^{46}$$

geht hervor, daß die Reaktion quantitativ abläuft.

Übung 5.44

Läßt sich das Standardpotential E° der Halbreaktion

$$AgI + e^- \rightleftarrows Ag + I^- \text{ aus } \Delta G°[AgI(s)] = -66{,}32 \text{ kJ mol}^{-1}$$

und der Zellenreaktion 2 Ag + $I_2 \longrightarrow$ *2 AgI* bestimmen?

Die beiden Elektrodenreaktionen

2 Ag(s) + 2 I^-(aq)	$\rightleftarrows$ 2 AgI(s) + 2 e^-	$E°(A) = x$ V
2 e^- + I_2(s)	$\rightleftarrows$ 2 I^-(aq)	$E°(K) = 0{,}5355$ V
2 Ag(s) + I_2(s)	$\rightleftarrows$ 2 AgI(s)	$\Delta E° = 0{,}5355 \text{ V} - x \text{ V}$

führen zur Bildung von festem AgI aus den in ihren Standardzuständen vorliegenden Elementen. In diesem Fall darf $\Delta E°$ aus $\Delta G°$ nach Umstellung von $\Delta G° = - n F \Delta E°$ berechnet werden. Für die Bildung von 1 mol AgI(s) erhält man

$$\Delta E° = - \Delta G°/ n F = +66{,}32 \text{ kJ mol}^{-1}/96485 \text{ C mol}^{-1} = 6{,}873 \cdot 10^{-4} \text{ kJ C}^{-1}$$

$$\Delta E° = 0{,}6873 \text{ V}$$

(da 1 J = 1 VC ist, erhält man $6{,}873 \cdot 10^{-4}$ kV = 0,6873 V)

$$E°(A) = x = -0{,}6873 \text{ V} + 0{,}5355 \text{ V} = -0{,}1518 \text{ V}$$

Aufgaben:

5.1 Warum wirken Li, Na und K nur als Reduktionsmittel?

5.2 Worin sehen Sie den Unterschied zwischen konjugierten Redoxpaaren und konjugierten Säure-Base-Paaren?

5.3 Was versteht man unter einem Redoxsystem?

5.4 Warum reagiert Fluor nicht als Reduktionsmittel?

5.5 Warum sind für eine Redoxreaktion immer zwei Redoxpaare erforderlich?

5.6 Können Perchlorat-Ionen (ClO_4^-) disproportionieren?

5.7 Ein Ion wirkt als Reduktionsmittel und gibt dabei zwei Elektronen ab. Wie ändert sich seine Oxidationszahl?

5.8 Ist H_2O_2 ein Oxidationsmittel oder ein Reduktionsmittel?

5.9 Formulieren Sie die Bildung von $MgCl_2$ aus den Elementen als Redoxreaktion!

5.10 Welche Rolle übernehmen die folgenden Teilchen in einem Redoxsystem?

Cl_2, Fe^{3+}, MnO_4^-, C, MnO_4^{2-}, Fe^{2+}, Cu^+, $S_2O_8^{2-}$, I_2, NO_3^-, NO_2^-, Sn.

5.11 Es ist die Oxidationszahl des Kohlenstoffs in $H_2C_2O_4$, C_2H_5OH, C, C_2H_2, CO und HCO_3^- zu bestimmen!

5.12 Bestimmen Sie die Oxidationszahl der unterstrichenen Elemente in den Verbindungen

$\underline{Bi}OCl$, $\underline{Sb}OCl$, $\underline{N}_2H_4$, $NaCa[\underline{B}_5O_6(OH)_6]$, $Be_3Al_2[\underline{Si}_6O_{18}]$, $Li\underline{Al}Si_2O_6$ und $Na_2\underline{Mn}O_4$!

5.13 Ein Komplexkation enthält als Zentralatom Co und als Liganden 1 Cl^-, 4 NH_3 und 1 H_2O und bindet 2 Cl^--Anionen. Welche Oxidationszahl hat Co?

5.14 Welche Oxidationszahl haben die Zentralatome in den folgenden Komplexverbindungen? Bestimmen Sie die Ladung der Komplexkationen und Komplexanionen!

$[Pt(NH_3)_4Br_2]Cl_2$, $Na_3[Ag(S_2O_3)_2]$, $[Co(NH_3)_4SO_4]NO_3$,

$[Cr(NH_3)_4(SCN)_2]$ $[Cr(NH_3)_2(SCN)_4]$, $[Cu(NH_3)_4]_3[CrCl_6]_2$

5.15 Wie ändert sich die Oxidatioszahl eines Teilchens, wenn es a) als Oxidationsmittel und b) als Reduktionsmittel wirkt?

5.16 Ergänzen Sie zu einem (oder mehreren?) konjugierten Redoxpaar: a) Wasserstoffionen, b) Oxidionen, c) Eisen und d) Cr^{2+}-Kationen!

5.17 Bestimmen Sie die Oxidationszahlen von Cl und O im Cl_2O!

5.18 Enthält eine der Verbindungen Stickstoff in der höchstmöglichen Oxidationszahl: NH_2OH, HNO_2, NH_4NO_2, N_2O_3 und NH_4NO_3?

5.19 Schwefel als Element der 6. Hauptgruppe darf die maximale Oxidationszahl +6 haben. Wie verhält es sich damit in der Verbindung $(NH_4)_2S_2O_8$?

5.20 Sind Sie mit der allgemeinen Formulierung einverstanden: Oxidationsmittel plus Elektronen gleich Reduktionsmittel?

5.21 Was entnehmen Sie der Formulierung, das Oxidationsmittel A habe in einem Redoxsystem die Oxidationszahl +5?

5.22 Kann ein Reduktionsmittel die seiner Gruppennummer im Periodensystem entsprechende Oxdationszahl haben?

5.23 Kann ein Redoxsystem auch aus Redoxpaaren gebildet werden, die das gleiche Element in verschiedenen Oxidationszahlen enthalten?

5.24 In einer H_2O_2-Lösung wurde nach Zugabe eines Redoxpaares eine O_2-Entwicklung beobachtet. Begründen Sie, ob ein reduzierendes oder oxidierendes Redoxpaar zugegeben wurde!

5.25 In einer Quecksilbersalzlösung erfolgte nach Zugabe eines Redoxpaares die Bildung von Quecksilber.
a) Wurde ein reduzierendes Redoxpaar hinzugefügt?
b) Ist für eine eindeutige Antwort zwischen einer Hg(I)– und einer Hg(II)-Salzlösung zu unterscheiden?

5.26 Welche Oxidationszahl geben Sie Sauerstoff im Hyperoxid-Ion O_2^-?

5.27 Kennen Sie ein Oxidationsmittel, mit dem die Herstellung einer Manganverbindung gelingt, in der Mangan die Oxidationszahl +8 hat?

5.28 Kennen Sie ein Redoxsystem, in dem als besonders starkes Oxidationsmittel Sn^{5+}-Ionen auftreten?

5.29 Ein komplexes Cu-Ion ist von 4 Chlorid- und einem H_2O-Liganden umgeben und bindet zwei K^+-Ionen. Formulieren Sie das Ion!

5.30 In einer Komplexverbindung enthält das Anion Cr mit der Oxidationszahl +3, 2 Moleküle NH_3 und $C_2O_4^{2-}$-Liganden. Das Anion kann ein Kaliumion binden. Wieviele $C_2O_4^{2-}$-Liganden enthält das Anion?

5.31 Bei der Zuordnung von Formalladungen in einem Molekül werden die Bindungselektronen bekanntlich zu gleichen Teilen zwischen den beteiligten

Atomen aufgeteilt. Würden Sie Formalladung mit Oxidationszahl gleichsetzen? Wenn nicht, begründen Sie den Unterschied!

5.32 Für die Redoxsysteme a) bis d) sind Reduktions- und Oxidationsmittel gegeben.
1. Wie lauten die Redoxgleichungen, wenn der Klammerausdruck die betreffende Ox- bzw. Red-Form der Ausgangsstoffe darstellt?
2. Welche Beispiele gehören zu den speziellen Redoxreaktionen?

	Reduktionsmittel		*Oxidationsmittel*	
a)	$SnCl_2$	($SnCl_4$)	$BiCl_3$	(Bi)
b)	H_2S	(S)	H_2SO_3	(S)
c)	I^-	(I_2)	H_3AsO_4	(H_3AsO_3)
d)	Br^-	(Br_2)	BrO_3^-	(Br_2)

5.33 Vervollständigen Sie die folgende Tabelle mit der jeweils eingesetzten Ausgangsverbindung, formulieren Sie die Reaktionsgleichungen und charakterisieren Sie den Redoxtyp:

	Reaktionsprodukte		*Ausgangsverbindungen*
a)	ClO^-	Cl^-	
b)	MnO_4^-	MnO_2	
c)	O_2	H_2O	
d)	ClO_3^-	Cl^-	

5.34 Geben Sie für die folgenden Gleichungen Oxidations- und Reduktionsmittel sowie oxidiertes und reduziertes Teilchen an:
a) $3\ Cu_2S + 16\ HNO_3 \rightleftarrows 3\ Cu(NO_3)_3 + 3\ CuSO_4 + 10\ NO + 8\ H_2O$
b) $Co^{2+} + 7\ NO_2^- + 2\ H^+ + 3\ K^+ \rightleftarrows K_3[Co(NO_2)_6] + NO + H_2O$
c) $K_2Cr_2O_7 + 3\ H_2S + 4\ H_2SO_4 \rightleftarrows K_2SO_4 + 3\ S + Cr_2(SO_4)_3 + 7\ H_2O$

5.35 Vervollständigen Sie die folgenden Redoxgleichungen:
a) $Si + OH^- \rightleftarrows SiO_3^{2-} + H_2$,
b) $H_2O_2 + Cr(OH)_3 \rightleftarrows CrO_4^{2-}$,
c) $As_2O_3 + HClO_3 \rightleftarrows H_3AsO_4 + S + Cl^-$
d) $F_2 + H_2O \rightleftarrows F^- + O_2$

5.36 Welche Spezies würden Sie für die Bildung von Hg_2^{2+}-Ionen einsetzen? Formulieren Sie das Redoxsystem und charakterisieren Sie den Redoxtyp!

5.37 Läßt sich die Reaktion von H_2O_2 in alkalischem Milieu:
$H_2O_2 + OH^- \rightleftarrows HO_2^- + H_2O$ als Redoxreaktion auffassen? Wenn ja, welcher Typ von Redoxreaktion liegt vor?

5.38 Für das starke Oxidationsmittel Ozon (O_3) gilt $O_3 + 2\,H^+ + 2\,e^- \rightleftarrows O_2 + H_2O$.
a) Welche Oxidationszahl für Ozon folgt daraus?
b) Geben Sie die reduzierte und die oxidierte Form des konjugierten Redoxpaares an.

5.39 H_2O_2 reagiert mit einem Redoxpartner zu a) molekularem Sauerstoff und b) zu H_2O. Welche Eigenschaften haben die Reaktionspartner?

5.40 Für die Herstellung von Kaliumpermanganat ($KMnO_4$) aus Kaliummanganat (K_2MnO_4) stehen die Halogene Cl_2 und I_2 zur Verfügung. Welches Halogen würden Sie einsetzen?

5.41 Wie erhalten Sie das Standardpotential $E°(Cu^{2+}/Cu^+)$, wenn nur die Werte $E°(Cu^+/Cu) = 0{,}521$ V und $E°(Cu^{2+}/Cu) = 0{,}337$ V tabelliert sind. Welchen Wert hat $E°(Cu^{2+}/Cu^+)$?

5.42 Welche Oxidationsmittel können Sie für die Oxidation von Braunstein (MnO_2) zu MnO_4^- verwenden?

5.43 Was versteht man unter elektromotorischer Kraft einer galvanischen Zelle?

5.44 Welche Stromrichtung zeigen die galvanischen Elemente (Zellen) aus
a) Fe/Fe^{2+} und Normalwasserstoffelektrode,
b) Cu/Cu^{2+} und $2\,H^+/H_2$ (Standardbedingungen!) sowie
c) Ag/Ag^+ und Normalwasserstoffelektrode
bei Konzentrationen ($c = 1$ mol l^{-1}) und welche Reaktion erfolgt jeweils an der Normalwasserstoffelektrode?

5.45 Mangan besitzt einen höheren Lösungsdruck als Eisen. Was entnehmen Sie daraus?

5.46 Läßt sich das Potential zwischen Metall und seinen Ionen in Lösung in einer Halbzelle messen?

5.47 Zeigen Sie, daß sich alle Metalle der Spannungsreihe von Lithium bis Blei in HCl ($c = 1$ mol l^{-1}) unter H_2-Entwicklung lösen können und diese Reaktion bei allen Metallen von Kupfer bis Gold nicht eintreten wird!

5.48 Die galvanische Zelle

$$Ni(s)/Ni^{2+}(1\ mol\ l^{-1})//Cu^{2+}(1\ mol\ l^{-1})/Cu(s)$$

hat eine Potentialdifferenz von 0,59 V. Wie lautet die exakte Bezeichnung für diese Potentialdifferenz? Wie groß ist $E°(Ni^{2+}/Ni)$, wenn $E°(Cu^{2+}/Cu) = 0{,}337$ V gegeben ist?

5.49 Was ist die Voraussetzung, daß sich Metalle mit negativem Standardpotential ähnlich den Alkalimetallen in Wasser unter Wasserstoffentwicklung lösen?

5.50 Warum lassen sich nicht alle Metalle in Wasser lösen, die aufgrund ihrer Standardpotentiale unedler als Wasserstoff sind und somit H^+-Ionen zu H_2 reduzieren können?

5.51 Zeigen Sie, daß die unter NH_3-Entwicklung erfolgende Bildung der Komplexverbindung Kaliumtetrahydroxozinkat(II) aus Zink, Kaliumnitrit und Kaliumhydroxid eine Redoxreaktion ist!

5.52 Warum muß für die elektrochemische Spannungsreihe ein willkürlicher Nullpunkt festgelegt werden?

5.53 Welche Elektrode verwenden Sie am zweckmäßigsten für die Messung des Standardpotentials $E°(MnO_4^-/Mn^{2+})$?

5.54 Ist eine Elektrode denkbar, deren absolutes Potential Null ist?

5.55 Wie ermitteln Sie mit geringstem Aufwand die Stromrichtung in einem galvanischen Element bekannter Zusammensetzung?

5.56 Worin besteht der Unterschied zwischen $E°(2\ H^+/H_2)$ und $E(2\ H^+/H_2)$?

5.57 Läßt sich $E(2\ H^+/H_2)$ durch Messung gegen die Normalwasserstoffelektrode bestimmen?

5.58 Ergänzen Sie die folgenden Gleichungen und sagen Sie voraus, ob die Reaktionen freiwillig ablaufen:

a) $H_2O_2 + Ag^+ \longrightarrow Ag + O_2$

b) $H_2SO_3 + H_2S \longrightarrow S$

c) $H_2O_2 + Cu^{2+} \longrightarrow Cu + O_2$

5.59 Berechnen Sie die Standard-EMK der Zellen und geben Sie den Stromfluß durch einen äußeren Leiter an:

a) Fe/Fe^{2+} // Sn^{2+}/Sn

b) Daniell-Element

c) Cr/Cr^{3+} // Mg^{2+}/Mg

5.60 Für die Zelle U/U^{3+}// Cu^{2+}/Cu wurde $\Delta E° = 2{,}08$ V gemessen. Wie groß ist das Standardpotential $E°(U^{3+}/U)$?

5.61 Wie groß ist das Einzelpotential (Fe^{2+}/Fe), wenn eine Eisenelektrode in eine Lösung von

a) 0,0114 g,

b) 0,114 g,

c) 1,140 g

d) 11,40 g Eisen(II)-chlorid in 0,75 l H_2O

eintaucht? Welche allgemeine Tendenz leiten Sie aus den errechneten Werten ab?

5.62 Wie groß ist das Einzelpotential einer Wasserstoffelektrode, deren Platinblech in eine Lösung mit
a) pH = 0,079
b) pH = 1,92
c) pH = 3,92
eintaucht und deren Wasserstoffdruck 101,32 kPa beträgt? Welche Korrelation zwischen Wirkungsweise einer Wasserstoffelektrode und pH-Wert der Lösung wird bestätigt?

5.63 Das Einzelpotential einer Kalomelelektrode mit in KCl-Lösung (c(KCl) = 0,1 mol l^{-1}) gesättigtem Quecksilber(I)-chlorid (Hg_2Cl_2) beträgt 0,3336 V. Wie groß ist das Löslichkeitsprodukt $L(Hg_2Cl_2)$?

5.64 In einer Mangan(II)-Salzlösung ($c(Mn^{2+})$ = 1 mol l^{-1}), die Chlorid, Bromid und Iodid enthält, soll mit Braunstein nur Iodid oxidiert werden. Um eine Oxidation von Bromid auszuschließen, soll das Einzelpotential $E(MnO_2/Mn^{2+})$ = 0,90 V betragen. Welcher pH-Wert muß eingestellt werden?

5.65 Welchen pH-Wert hat eine Lösung mit $c(Cr_2O_7^{2-})$ = 0,1 mol l^{-1} und $c(Cr^{3+})$ = 10^{-4} mol l^{-1}, wenn das Einzelpotential für

$Cr_2O_7^{2-} + 14\ H^+ + 6\ e^- \rightleftarrows 2\ Cr^{3+} + 7\ H_2O$ 1,56 V beträgt?

5.66 Bromid reagiert mit MnO_4^--Ionen in saurer Lösung zu Br_2. Wie groß ist die Gleichgewichtskonstante der Reaktion für Standardbedingungen?

5.67 Bei der Kalomelelektrode verwendet man gesättigte KCl-Lösung bzw. Lösungen mit c(KCl) = 1 bzw. 0,1 mol l^{-1}. Bei Verwendung welcher KCl-Lösung ist das Potential der Kalomelelektrode gegenüber Temperaturerhöhung besonders empfindlich?

5.68 Was ist ausschlaggebend für die hohe Konstanz des Potentials der Elektroden 2. Art?

5.69 Wenden Sie auf die folgenden Redoxsysteme nach Vervollständigung ihrer Gleichungen die Nernstsche Formel an:
a) $C_2O_4^{2-} + MnO_4^- \rightleftarrows CO_2 + Mn^{2+}$
b) $H_2O_2 + Cr(OH)_3 \rightleftarrows CrO_4^{2-}$
c) $As_2S_3 + HClO_3 \rightleftarrows H_3AsO_4 + S + Cl^-$
d) $NO_2^- + MnO_4^- \rightleftarrows NO_3^- + Mn^{2+}$
e) $H_2O_2 + H^+ \rightleftarrows H_2O$
(Beachten Sie die Konvention zur Aktivität reiner kondensierter Phasen)

5.70 Berechnen Sie die elektromotrische Kraft des aus den Halbzellen Mg/Mg^{2+}(0,05 mol l^{-1}) und Ni/Ni^{2+}(1,5 mol l^{-1}) bestehenden galvanischen Elements! Welche Elektrode ist der Pluspol?

5.71 Wie groß ist die Potentialdifferenz zwischen zwei konjugierten Redoxpaaren im Gleichgewichtszustand?

5.72 Worin besteht die Triebkraft von Redoxreaktionen und unter welchen Voraussetzungen laufen sie vollständig ab?

5.73 In einer Pb^{2+}-haltigen Lösung sollen Mn^{2+}- und Cr^{3+}-Ionen durch Oxidation von Mn^{2+} zu Mn^{4+}, das als unlösliches MnO_2 ausfällt, getrennt werden. Dabei ist eine Mitoxidation von Cr^{3+} zu CrO_4^{2-} zu vermeiden, da sonst auch $PbCrO_4$ ausfallen würde.
a) Welche der im Anhang angegebenen Oxidationsmittel können Sie verwenden?
b) Berechnen Sie die Gleichgewichtskonstanten der in Frage kommenden Reaktionen!

5.74 Zeigen Sie, welche Reaktionen bei Standardbedingungen in saurer Lösung freiwillig ablaufen:
a) Umsetzung von Mn^{2+}- mit $Cr_2O_7^{2-}$-Ionen zu MnO_4^--Anionen und Cr^{3+}-Kationen,
b) Bildung von Mangandioxid aus Mn^{2+}- und MnO_4^--Ionen,
c) Herstellung von feinteiligem Schwefel durch Einleiten von SO_2 in eine H_2S-Lösung und
d) Sauerstoffentwicklung bei Zugabe von $AgNO_3$ zu einer 18%igen H_2O_2-Lösung.

5.75 Gegeben sind $E°(Eu^{3+}/Eu) = -2{,}40$ V und $E°(Eu^{3+}/Eu^{+}) = -0{,}43$ V. Entscheiden Sie, ob Eu^{2+}-Kationen in wäßriger Lösung disproportionieren oder beständig sind.
a) Berechnen Sie das dafür erforderliche Standardpotential $E°(Eu^{2+}/Eu)$!
b) Welches Kation entsteht beim Lösen von Europium in Salzsäure (c = 1 mol l^{-1})?

5.76 Mit einem geeigneten galvanischen Element soll die Standard-Reaktionsenthalpie $\Delta G°$ der Reaktion $2\ H_2 + O_2 \rightleftarrows 2\ H_2O$ bestimmt werden.
a) Formulieren Sie die Elektrodenreaktionen!
b) Geben Sie die Zelle in Kurzschreibweise an!
c) Wie groß ist $\Delta G°$?

5.77 Welchen EMK-Wert haben die galvanischen Elemente
a) Cd/Cd^{2+}(2,50 mol l^{-1}) // Co^{2+}(10^{-4} mol l^{-1})/Co
b) Ga/Ga^{3+}(2,25 mol l^{-1}) // Fe^{2+}(10^{-3} mol l^{-1})/Fe
und worin unterscheidet sich ihre Kurzschreibweise von der für die beiden Zellen bei Standardbedingungen? Beachten Sie sorgfältig die Festlegungen für die Symbolisierung galvanischer Zellen!

5.78 Berechnen Sie die Gleichgewichtskonzentrationen für

$$Ba(s) + Sr^{2+}(aq) \rightleftarrows Ba^{2+}(aq) + Sr(s)$$

mit den Standardpotentialen $E°(Sr^{2+}/Sr) = -2{,}88$ V und $E°(Ba^{2+}/Ba) = -2{,}906$ V (das Volumen in beiden Halbzellen ist gleich).

5.79 Ergänzen Sie in der folgenden Tabelle die Werte für die Gleichgewichtskonstanten und Konzentrationen der Reaktanten im Gleichgewichtszustand (A und B stellen reine kondensierte Phasen dar):

$\Delta E°$	$A^{3+} + B \rightleftarrows A + B^{3+}$			$A^{2+} + B \rightleftarrows A + B^{2+}$			$A^{+} + B \rightleftarrows A + B^{+}$		
(Volt)	(mol l^{-1})			(mol l^{-1})			(mol l^{-1})		
	K	$c(A^{3+})$	$c(B^{3+})$	K	$c(A^{2+})$	$c(B^{2+})$	K	$c(A^{+})$	$c(B^{+})$
0,01	3,22	0,474	1,526						
0,10									
0,15									
0,20									

a) Welche Schlußfolgerungen ergeben sich aus dem Vergleich der Potentialdifferenzen der Redoxpaare und dem Ausmaß der Reaktionen?
b) Was zeigt der Vergleich der Reaktionen untereinander?

5.80 Würden Sie die Aufgabe übernehmen, ein galvanisches Element: Hg/Hg_2^{2+}(0,05 mol l^{-1}) // Hg^{2+}(x mol l^{-1})/Hg herzustellen, dessen EMK 0,33 Volt beträgt?

5.81 Berechnen Sie die EMK für die galvanischen Elemente aus folgenden Elektroden
a) Cd/Cd^{2+}(0,01 mol l^{-1}), Cl^-(1 mol l^{-1})/Cl_2(101,36 kPa)
b) Cd/Cd^{2+}(0,001 mol l^{-1}), Cl^-(1 mol l^{-1})/Cl_2(101,36 kPa)
c) Cd/Cd^{2+}(1 mol l^{-1}), Cl^-(0,01 mol l^{-1})/Cl_2(101,36 kPa)
d) Cd/Cd^{2+}(1 mol l^{-1}), Cl^-(0,001 mol l^{-1})/Cl_2(101,36 kPa)
und stellen Sie fest, welcher Zusammenhang zwischen der Konzentration der Redoxpaare und der EMK der Zellen besteht. Verallgemeinern Sie Ihre Feststellung im Hinblick auf die Oxidations- und Reduktionskraft der Redoxpaare.

5.82 Eine Zelle besteht aus den beiden Elektroden
Cl_2(101,36 kPa)/Cl^-(0,0125 mol l^{-1}) und Cl_2(101,36 kPa)/Cl^-(9,250 mol l^{-1})
a) Welchen Wert hat die EMK der Zelle?
b) Wie erfolgt der Stromfluß durch einen äußeren Leiter?
c) Entwickeln Sie eine Gleichung, aus der für gegebenes c_1(verdünntere Cl^--Lösung) der Wert c_2(konzentriertere Cl^--Lösung) folgt, der eine 10 % höhere EMK ergibt.

5.83 Wie ändert sich das Reduktionsvermögen eines Redoxpaares Metallion/Metall mit abnehmender Metallionenkonzentration und bestehen dabei Unterschiede zwischen Kationen mit den Ladungen 1+, 2+ und 3+?

5.84 Die EMK der galvanischen Zelle $A/A^{2+}//B^{2+}/B$ beträgt bei 10 °C 1,19 V und bei 15 °C 1,21 V. Wie groß ist die Reaktionsenthalpie ΔH?

5.85 Berechnen Sie für Standardbedingungen die reversibel ausgetauschte Wärmemenge Q sowie $\Delta G°$ der Zellenreaktion $Mg + Cl_2 \longrightarrow MgCl_2$, wenn

$\Delta H° = -768$ kJ mol^{-1} beträgt. Vergleichen Sie die Werte mit den Daten im Anhang 3 für $MgCl_2$ und erklären Sie auftretende Differenzen!

5.86 Bestimmen Sie mit den entsprechenden Werten aus Übung 5.44. die reversibel ausgetauschte Wärme *Q*, wenn $\Delta H°(AgI(s)) = -62{,}38$ kJ mol^{-1} beträgt. Wie ist das Ergebnis zu interpretieren?

5.87 Konstruieren Sie eine Zelle für die Zersetzung von H_2O_2 in Sauerstoff und Wasser. Berechnen Sie den theoretischen Wert der maximalen Nutzarbeit und die Gleichgewichtskonzentration von H_2O_2 ($p(O_2) = 101{,}36$ kPa)!

5.88 Besteht die Möglichkeit, die Polarität der Zelle $Mg^{2+}/Mg//Cu^{2+}/Cu$ durch Konzentrationsänderung umzukehren (Umpolung)? Bei welchen Halbzellen-Kombinationen ist die Möglichkeit einer Umkehrung der Polarität zu beachten?

5.89 Das Potential einer Wasserstoffelektrode beträgt bei einem Partialdruck $p(H_2) = 202{,}72$ kPa $-0{,}128$ V. Welchen pH-Wert hat die Lösung?

6 Fällungsreaktionen

Fällungsreaktionen bilden die Grundlage aller gravimetrischen Bestimmungen, von denen die Fällung anorganischer Kationen und Anionen mit organischen Verbindungen als Chelat-Komplexe die größte Rolle spielt. In der qualitativen Analyse werden die meisten Ionen durch Fällungsreaktionen nachgewiesen. Für ihre Bedeutung in der präparativen Chemie ist die Trennung und Aufarbeitung der seltenen Erden ein bekanntes Beispiel. Auch in der Industrie sind eine Reihe von Verfahren mit Fällungsreaktionen verbunden. So wird z.B. Magnesium aus $Mg(OH)_2$ hergestellt, das aus Mg^{2+}-Ionen des Meerwassers durch Fällung mit $Ca(OH)_2$ gewonnen wird.

6.1 Grundlagen

Für die Löslichkeitseigenschaften der Stoffe gibt es keine allgemeingültigen Gesetzmäßigkeiten. Es lassen sich jedoch einige Regeln angeben (dazu auch Kap. 3):

1. Verbindungen, deren Gitterenergie kleiner als die Hydratationsenthalpie der Ionen ist, sind im allgemeinen sehr gut löslich.
2. Bei endothermen Lösevorgängen, die für die meisten Ionenverbindungen zutreffen, nimmt entsprechend dem Prinzip des kleinsten Zwanges die Löslichkeit mit steigender Temperatur zu. Entsprechend nimmt die Löslichkeit bei exothermen Lösevorgängen mit steigender Temperatur ab.
3. Die Löslichkeit ist bis zu einem gewissen Grade auch von der Teilchengröße des Bodenkörpers abhängig. Sehr kleine Teilchen stehen mit konzentrierteren Lösungen im Gleichgewicht als relativ große Partikel. Dieser Effekt ist nur für Teilchendurchmesser $< 10^{-3}$ cm von Bedeutung.
4. Für die Löslichkeit der gebräuchlichsten Substanzen gilt:
   - Nitrate, Acetate sowie Alkali- und Ammoniumsalze sind im allgemeinen gut löslich,
   - Chloride, Bromide und Iodide mit Ausnahme derjenigen von Silber, Quecksilber(I) und Blei sind löslich,
   - Erdalkali- und Schwermetallsalze sind als Oxide, Hydroxide, Carbonate und Phosphate schwerlöslich,
   - von Sulfaten sind vorwiegend Erdalkalisalze und von Sulfiden Schwermetallsulfide schwerlöslich.

6.2 Löslichkeitsprodukt

Bei einer Fällungsreaktion tauschen Kationen und Anionen ihre Partner aus und bilden eine schwerlösliche Verbindung, die man Niederschlag bzw. Bodenkörper nennt. In Umkehrung der Energiebilanz des Lösevorgangs erfolgt eine Fällungsreaktion nur mit Ionen, deren Gitterenergie im Kristallgitter des zu bildenden Niederschlags wesentlich größer ist als die Summe ihrer Hydratationsenthalpien. Bei

Zugabe einer $AgNO_3$-Lösung zu einer NaCl-Lösung entsteht ein Niederschlag von AgCl. Dieser Vorgang wird durch die Bruttogleichung

$$AgNO_3(aq) + NaCl(aq) \longrightarrow AgCl(s) + NaNO_3(aq)$$

beschrieben. Genauer wird der Vorgang durch die Ionengleichung

$$Ag^+(aq) + NO_3^-(aq) + Na^+(aq) + Cl^-(aq) \longrightarrow AgCl(s) + Na^+(aq) + NO_3^-(aq)$$

wiedergegeben, die zum Ausdruck bringt, daß Na^+- und NO_3^--Ionen an der Reaktion nicht beteiligt sind und unverändert als hydratisierte Ionen vorliegen. Daher kann man sie auch weglassen und die eigentliche Reaktion als Netto-Ionen-Gleichung

$$Ag^+(aq) + Cl^-(aq) \longrightarrow AgCl(s)$$

formulieren. Da Ionen in wäßriger Lösung generell hydratisiert vorliegen, wird (aq) der Einfachheit halber oft nicht angegeben.

Fällungsreaktionen werden als Netto-Ionen-Gleichung beschrieben.

Für unser Beispiel bringt sie zum Ausdruck, daß beim Zusammengeben einer beliebigen Silbersalz-Lösung und einer beliebigen Lösung eines chloridhaltigen Salzes stets festes AgCl ausfällt. Solange ein Überschuß an ungelöster Substanz vorhanden ist, ändert sich bei konstanter Temperatur die Konzentration des gelösten Stoffes nicht mehr. Das Gleichgewicht zwischen fester und flüssiger Phase ist ein dynamisches Gleichgewicht, denn es erfolgt ein ständiger Austausch von Ionen des Kristallgitters mit den Ionen der Lösung. Aus dem MWG folgt

$$c(Ag^+) \cdot c(Cl^-)/c(AgCl(s)) = K$$

Da die Konzentration in einem Feststoff konstant ist, wird $c(AgCl)$ in K einbezogen

$$c(Ag^+) \cdot c(Cl^-) = K \cdot c(AgCl(s)) = L(AgCl) \qquad (6.1)$$

Die Konstante L wird Löslichkeitsprodukt genannt und oft als Löslichkeitsexponent pK_L angegeben:

$$-\log L = pK_L \qquad (6.2)$$

Das Löslichkeitsprodukt *L* ist die Gleichgewichtskonstante für das System „Bodenkörper/gesättigte Lösung" von schwer löslichen Verbindungen.

Die Stöchiometriefaktoren werden entsprechend dem MWG berücksichtigt.

Beispiel:
Es sind die Lösungsgleichgewichte und die Löslichkeitsprodukte für die Verbindungen $PbCl_2$, $Al(OH)_3$ und As_2S_3 anzugeben:

$$PbCl_2(s) \leftrightarrows Pb^{2+}(aq) + 2\,Cl^-(aq)$$

$$L(PbCl_2) = c(Pb^{2+}) \cdot c^2(Cl^-)$$

$$Al(OH)_3(s) \leftrightarrows Al^{3+}(aq) + 3\,OH^-(aq)$$

$$L[Al(OH)_3] = c(Al^{3+}) \cdot c^3(OH^-)$$

$$As_2S_3(s) \leftrightarrows 2\,As^{3+}(aq) + 3\,S^{2-}(aq)$$

$$L(As_2S_3) = c^2(As^{3+}) \cdot c^3(S^{2-})$$

Es sei noch einmal betont, daß nur für gesättigte Lösungen das Ionenprodukt gleich dem Löslichkeitsprodukt ist. Befindet sich eine Lösung nicht im Gleichgewicht mit ihrem Bodenkörper, kann es auch größer oder kleiner sein. Wir unterscheiden:

Ionenprodukt < *L* In der ungesättigten Lösung läßt sich weitere Substanz lösen bis *L* erreicht ist.

Ionenprodukt = *L* In der gesättigten Lösung, die mit ihrem Bodenkörper im Gleichgewicht steht, läßt sich keine weitere Substanz lösen.

Ionenprodukt > *L* In der übersättigten Lösung ist das Löslichkeitsprodukt überschritten und der Gleichgewichtszustand „verletzt". Es erfolgt solange Fällung, bis der Wert von *L* erreicht ist.

Aus dem Löslichkeitsprodukt eines Salzes kann seine molare Löslichkeit und die Konzentration seiner Ionen in der gesättigten Lösung berechnet werden. Die Löslichkeit von Salzen des gleichen Typs läßt sich anhand der Löslichkeitsprodukte direkt vergleichen, da sie um so geringer ist, je kleiner *L* ist:

Salz	$AgIO_3$	AgCl	AgSCN	AgBr	AgI	$KClO_4$
L(AB)	$10^{-7,7}$	10^{-10}	10^{-12}	$10^{-12,4}$	10^{-16}	$10^{-2,05}$
c(AB)	$10^{-3,85}$	10^{-5}	10^{-6}	$10^{-6,2}$	10^{-8}	$10^{-1,025}$

Für eine Verbindung des Typs AB ist

$$AB(s) \leftrightarrows A^+(aq) + B^-(aq)$$

$$L(AB) = c(A^+) \cdot c(B^-)$$

Da bei Salzen der gelöste Anteil als vollständig dissoziiert vorausgesetzt werden darf und

$$c(A^+) = c(B^-) = c(AB)$$

ist, ergibt sich für die molare Löslichkeit die Beziehung

$$L(AB) = c(AB) \cdot c(AB) = c^2(AB)$$

$$c(AB) = [L(AB)]^{1/2}$$

Für einen Elektrolyten des Typs AB_2 bzw. A_2B erhalten wir

$$AB_2(s) \leftrightarrows A^{2+}(aq) + 2\ B^-(aq)$$

$$L(AB_2) = c(A^{2+}) \cdot c^2(B^-)$$

Unter Verwendung von

$$c(A^{2+}) = c(AB_2)$$

$$c(B^-) = 2 \cdot c(AB_2)$$

folgt für die molare Löslichkeit von AB_2

$$L(AB_2) = c(AB_2) \cdot [2 \cdot c(AB_2)]^2 = 4\ c^3(AB_2)$$

$$c(AB_2) = [L(AB_2)/4]^{1/3}$$

Beispiel:
Das Löslichkeitsprodukt von AgCl ist $1{,}7 \cdot 10^{-10}$ mol^2 l^{-2}. Wieviel Gramm Silber können maximal in einem Liter Lösung enthalten sein? [A_r(Ag) = 107,8]

$$c(\text{AgCl}) = (1{,}7 \cdot 10^{-10}\ \text{mol}^2\ \text{l}^{-2})^{1/2} = 1{,}31 \cdot 10^{-5}\ \text{mol l}^{-1}$$

Da $c(\text{Ag}^+) = c(\text{AgCl})$ ist, enthält die gesättigte Lösung

$$m(\text{Ag}^+) = M(\text{Ag}^+) \cdot n(\text{Ag}^+) = 107{,}8\ \text{g mol}^{-1} \cdot 1{,}31 \cdot 10^{-5}\ \text{mol l}^{-1}$$

Ein Liter Lösung enthält maximal $1{,}4 \cdot 10^{-3}$ g Silber.

Beispiel:
Ein Liter gesättigte Silberchromat-Lösung enthält $7{,}8 \cdot 10^{-5}$ mol Ag_2CrO_4. Wie groß ist $L(Ag_2CrO_4)$? Entsprechend dem Löslichkeitsgleichgewicht

$$Ag_2CrO_4(s) \rightleftarrows 2\ Ag^+(aq) + CrO_4^{2-}(aq)$$

entstehen aus jedem mol Ag_2CrO_4, das in Lösung geht, 2 mol Ag^+ und 1 mol CrO_4^{2-}. Mit $c(Ag^+) = 2c(CrO_4^{2-}) = 2 \cdot 7{,}8 \cdot 10^{-5}$ mol l^{-1} erhält man:

$$L(Ag_2CrO_4) = c^2(Ag^+) \cdot c(CrO_4^{2-}) =$$

$$[(2 \cdot 7{,}8 \cdot 10^{-5})^2 \cdot 7{,}8 \cdot 10^{-5}]\ \text{mol}^3\ \text{l}^{-3} = 1{,}9 \cdot 10^{-12}\ \text{mol}^3\ \text{l}^{-3}$$

6.3 Faktoren, die das Lösungsgleichgewicht beeinflussen

Bei der Bestimmung der Löslichkeit schwerlöslicher Verbindungen ist eine Reihe von Faktoren zu berücksichtigen. Lösungsgleichgewichte werden von gleich- und fremdionigen Zusätzen sowie von überlagerten chemischen Reaktionen wie Säure-Base-Vorgängen oder Redox-Umsetzungen beeinflußt. Oftmals enthält die Lösung mehrere Ionenarten, die mit einem gemeinsamen Fällungsmittel Niederschläge ergeben und überlagerte Fällungsgleichgewichte bilden.

6.3.1 Gleich- und fremdionige Zusätze

Wird dem System Bodenkörper/gesättigte Lösung eine Verbindung hinzugefügt, die ein gemeinsames Ion mit dem Niederschlag besitzt (gleichioniger Zusatz), wird die Löslichkeit nach dem Le-Chatelierschen Prinzip zurückgedrängt. Der Effekt ist dabei um so größer, je geringer die Löslichkeit des Bodenkörpers ist. Da bei Elektrolytzusatz gleichzeitig die Ionenstärke der Lösung zunimmt, die eine Erhöhung der Löslichkeit zur Folge hat, wirken bei gleichionigen Zusätzen zwei entgegengerichtete Effekte:

Bei gleichionigen Zusätzen nimmt die Löslichkeit der Niederschläge im Vergleich zur Löslichkeit in reinem Wasser ab. Dieser Effekt wird mit zunehmender Konzentration an gleichionigem Zusatz immer geringer.

Abweichend von dieser Regel erhöht sich die Löslichkeit bei gleichionigen Zusätzen, sobald eine Komplexbildung mit dem Bodenkörper eintritt.

Beispiel:
Ein Niederschlag von $Al(OH)_3$ ist in NaOH relativ gut löslich, weil nach $Al(OH)_3 + OH^- \longrightarrow [Al(OH)_4]^-$ Komplexbildung erfolgt.
Auch AgCl ist in überschüssiger HCl besser als in reinem Wasser löslich, da gemäß $AgCl + Cl^- \longrightarrow [AgCl_2]^-$ Komplexbildung eintritt.

Beispiel:
Wievielmal geringer als in reinem Wasser ist die Löslichkeit von $CaCO_3$ in einer Lösung, die 0,1 mol l^{-1} Na_2CO_3 als fremdionigen Zusatz enthält?
$[L(CaCO_3) = 4{,}7 \cdot 10^{-9}\ mol^2\ l^{-2}]$

Für reines Wasser gilt:

$$c(Ca^{2+}) = c(CO_3^{2-}) = c(CaCO_3) = (4{,}7 \cdot 10^{-9}\ mol\ l^{-1})^{1/2}$$

$$c(CaCO_3) = 6{,}85 \cdot 10^{-5}\ mol\ l^{-1}$$

Für Na_2CO_3-Lösung ($c = 0{,}1\ mol\ l^{-1}$) ist

$$c(Ca^{2+}) \cdot 0{,}1 = 4{,}7 \cdot 10^{-9}, \quad c(Ca^{2+}) = 4{,}7 \cdot 10^{-8}\ mol\ l^{-1}$$

Da $c(Ca^{2+})$ der Stoffmenge $CaCO_3$ entspricht, die pro Liter in Lösung geht, ist auch $c(CaCO_3) = 4{,}7 \cdot 10^{-8}\ mol\ l^{-1}$. Im Vergleich zu reinem Wasser ist die Löslichkeit 1450mal geringer.

Die CO_3^{2-}-Menge aus dem $CaCO_3$ wurde dabei gegenüber dem CO_3^{2-}-Gehalt der Na_2CO_3-Lösung vernachlässigt. Im allgemeinen wird der Anteil an Ionen aus dem Bodenkörper nur dann berücksichtigt, wenn er sich von der Konzentration der Ionen aus dem Lösemittel nur um eine Zehnerpotenz unterscheidet. In unserem Beispiel ist $c(CO_3^{2-})$ aus dem gleichionigen Zusatz 10^{-1} mol l^{-1} und $c(CO_3^{2-})$ aus dem Bodenkörper $6{,}85 \cdot 10^{-5}$ mol l^{-1}. Das sind nur 0,065 % des Betrages, den die CO_3^{2-}-Ionen aus Na_2CO_3 liefern.

Fremdionige Zusätze erhöhen die Löslichkeit schwerlöslicher Verbindungen. Zum Verständnis dieses Effektes sei daran erinnert, daß die Näherung

Konzentration *c* der Ionen = Aktivität *a* der Ionen

nur für verdünnte Lösungen gilt. Für schwerlösliche Stoffe ist diese Näherung sehr gut erfüllt, da selbst ihre gesättigten Lösungen nur sehr verdünnte Lösungen darstellen. Fremdionige Zusätze (auch als Fremdelektrolyte bezeichnet) liegen im allgemeinen in höheren Konzentrationen vor, so daß an Stelle der stöchiometrischen die wirksamen Ionenkonzentrationen, also die Aktivitäten, in die Berechnungen eingehen. Die erforderlichen Aktivitätskoeffizienten f_a erhält man aus der Ionenstärke I:

Die Ionenstärke der Lösungen schwerlöslicher Salze wird durch die Konzentration des Fremdelektrolyten bestimmt. Der Betrag des schwerlöslichen Salzes ist zu vernachlässigen.

Für das Löslichkeitsprodukt eines Salzes AB in Gegenwart von Fremdelektrolyt erhält man durch Einsetzen von

$$a = f_a \cdot c$$

in den Ausdruck für L in Lösungen höherer Ionenstärken:

$$L(AB) = a(A^+) \cdot a(B^-)$$

$$L(AB) = c(A^+) \cdot f_a(A^+) \cdot c(B^-) \cdot f_a(B^-)$$

Für die molare Löslichkeit folgt daraus

$$c(AB) = [L(AB)/f_a(A^+) \cdot f_a(B^-)]^{1/2}$$

Bei Zusatz von Fremdelektrolyt erhöht sich die Ionenstärke der Lösung und damit erniedrigen sich alle Aktivitätskoeffizienten (s. Kap. 2). Da $L(AB)$ eine Konstante ist, müssen sich die Konzentrationen von A^+ und B^- solange vergrößern, bis das Produkt aller Faktoren wieder den Wert $L(AB)$ erreicht.

Beispiel:
Wie groß ist die Löslichkeit von $SrSO_4$ in einer NaCl-Lösung ($c = 0{,}1\ mol\ l^{-1}$)? [$L(SrSO_4) = 7{,}6 \cdot 10^{-7}\ mol\ l^{-1}$].
In einer NaCl-Lösung ($c = 0{,}1\ mol\ l^{-1}$) ist die Ionenstärke

$$I = 1/2 \cdot z_i^2 \cdot c_i = 1/2 \cdot (1^2 \cdot 0{,}1 + 1^2 \cdot 0{,}1) = 0{,}1\ mol\ l^{-1}.$$

Für Ionenstärken bis $0{,}1\ mol\ l^{-1}$ gilt bekanntlich

$$log\ f_i = -0{,}5\ z_i^2 \cdot ((I)^{1/2} / 1 + (I)^{1/2})$$

Man erhält:

$$log\ f_i(Sr^{2+}) = log\ f_i(SO_4^{2-}) = -0{,}5 \cdot 2^2\ ((0{,}1)^{1/2} / 1 + (0{,}1)^{1/2})$$

$$f_i(Sr^{2+}) = f_i(SO_4^{2-}) = 0{,}33$$

$$c(SrSO_4) = (7{,}6 \cdot 10^{-7}/0{,}33 \cdot 0{,}33)^{1/2} = 2{,}64 \cdot 10^{-3}\ mol\ l^{-1}$$

Da die Löslichkeit in reinem Wasser $c(SrSO_4) = (L(SrSO_4))^{1/2} = 8{,}71 \cdot 10^{-4}\ mol\ l^{-1}$ beträgt, hat sie sich um das 3fache erhöht.

Der Einfluß eines Fremdelektrolyten hängt von seiner Konzentration, aber auch von der chemischen Beschaffenheit des Niederschlages ab:

1. Die Löslichkeit nimmt mit steigendem Gehalt an Fremdelektrolyt zu.

2. Die Löslichkeitserhöhung ist bei Niederschlägen mit höherwertigen Ionen größer als bei solchen mit niederwertigen Ionen.

6.3.2 Überlagerte Fällungsgleichgewichte

Enthält eine Lösung mehrere Ionenarten, die mit einer weiteren Ionenart Fällungsreaktionen eingehen, scheidet sich zuerst nur die am schwersten lösliche Verbindung ab. Ab einem bestimmten Punkt beginnt die löslichere Verbindung zusammen mit der weniger löslichen in einem konstanten Verhältnis auszufallen.

Beispiel:
Enthält eine Lösung Cl^-- und I^--Ionen, so fällt bei langsamem Zusatz von $AgNO_3$ nur solange das schwerer lösliche AgI aus, bis der Quotient aus $c(Cl^-)$ und $c(I^-)$ gleich dem Quotienten aus den Löslichkeitsprodukten von AgCl und AgI ist:

$$c(Cl^-)/c(I^-) = L(AgCl)/L(AgI) = 1{,}7 \cdot 10^{-10}/8{,}5 \cdot 10^{-17}$$

$$c(Cl^-) = 2000000\ c(I^-).$$

Erst wenn durch Fällung von AgI die Cl^--Konzentration 2000000mal größer als die I^--Konzentration geworden ist, beginnt die Fällung von AgCl.

Fraktionierte Fällung: Eine weitgehende Trennung der zu fällenden Stoffe ist nur möglich, wenn sich die Löslichkeitsprodukte um mehrere Zehnerpotenzen unterscheiden. Man spricht auch von fraktionierter Fällung. Sie findet Anwendung bei der Herstellung und Reinigung von Verbindungen. Eine vollständige Trennung der zu fällenden Stoffe wird nur erreicht, wenn die Niederschläge keine festen Lösungen miteinander bilden. So erfolgt z.B. die Trennung von Cl^-, Br^- und I^- mittels fraktionierter Fällung nur unvollkommen, obwohl ihre *L*-Werte sich um Größenordnungen unterscheiden.

Überlagerte Fällungsgleichgewichte: Wird dem System Bodenkörper/gesättigte Lösung eine Ionenart zugesetzt, die mit einer Ionenart des Niederschlages ein kleineres Löslichkeitsprodukt besitzt als der Niederschlag selbst, spricht man von überlagerten Fällungsgleichgewichten. Wird die betreffende Ionenart im Überschuß zugesetzt, wandelt sich der Niederschlag vollständig in den Bodenkörper mit dem kleineren Löslichkeitsprodukt um.

Beispiel:
Durch Zugabe von KI im Überschuß zu einer gesättigten AgCl-Lösung entsteht aus dem AgCl-Bodenkörper vollständig schwerer lösliches AgI. Der Reaktion entspricht die Bruttoreaktionsgleichung

$$AgCl(s) + KI(aq) \longrightarrow AgI(s) + KCl(aq)$$

War die Menge des zugesetzten KI unzureichend, überlagern sich die beiden Fällungsgleichgewichte

$$AgCl(s) \leftrightarrows Ag^+(aq) + Cl^-(aq) \qquad (A)$$

$$AgI(s) \leftrightarrows Ag^+(aq) + I^-(aq) \qquad (B)$$

Selbst mit der geringen Ag^+-Konzentration aus Gleichgewicht (A) wird das Löslichkeitsprodukt von AgI immer noch überschritten. AgI muß ausfallen und verringert dadurcht $c(Ag^+)$ im Gleichgewicht (A). AgCl wird in Lösung gehen, was die Cl^--Konzentration der Lösung allmählich erhöht. Die Ag^+-Ionen hingegen werden durch ausfallendes AgI der Lösung ständig wieder entzogen, wobei sich gleichzeitig $c(I^-)$ verringern muß.
Im Fällungsgleichgewicht (A) genügen aufgrund der Zunahme von $c(Cl^-)$ immer kleinere Ag^+-Konzentrationen zur Erfüllung der Bedingung

$$c(Ag^+) \cdot c(Cl^-) = L(AgCl) = 1{,}7 \cdot 10^{-10}\ mol^2\ l^{-2}$$

Im Fällungsgleichgewicht (B) verringert sich $c(I^-)$ immer mehr, so daß für die Einhaltung von

$$c(Ag^+) \cdot c(I^-) = L(AgI) = 8{,}5 \cdot 10^{-17}\ mol^2\ l^{-2}$$

ständig höhere Ag^+-Konzentrationen erforderlich werden. Die Gleichgewichtsverschiebung von (A) nach rechts und von (B) nach links kommt erst zum Stillstand, wenn schließlich $c(Ag^+)$ für beide Reaktionen gleich geworden ist:

$$c(Ag^+) = L(AgCl)/c(Cl^-) = L(AgI)/c(I^-)$$

Dieser Reaktionsverlauf ist vom Prinzip her für alle überlagerten Fällungsgleichgewichte charakteristisch.

6.3.3 Einfluß chemischer Reaktionen

Viele Löse- und Fällungsreaktionen lassen sich nicht mit Hilfe eines einzigen Gleichgewichtes quantitativ erfassen. Sie werden vielmehr erst durch das Zusammenwirken mehrerer Vorgänge ermöglicht. Die Gleichgewichtskonstante der daraus resultierenden Bruttoreaktion setzt sich aus den Gleichgewichtskonstanten der betreffenden Teilvorgänge zusammen. So sind Löse- und Fällungsvorgänge häufig mit Säure-Base-Reaktionen und Redox-Übergängen gekoppelt. Ist eine Ionensorte des Niederschlages eine Säure oder Base, wird die Löslichkeit durch Zusatz von H^+- oder OH^--Ionen beeinflußt. So enthalten viele schwerlösliche Salze zweiwertiger Säuren Anionen, die relativ starke Basen sind und in wäßriger Lösung protolysieren. Beispiele dafür sind Carbonate, Oxalate und Sulfide einer Reihe Metallkationen der Ladung 2+. Die Löslichkeit von Metallhydroxiden wird ganz wesentlich vom pH-Wert der Lösung bestimmt. In der Praxis ist im besonderen Maße bei Hydroxid- und Sulfidfällungen mit Nebenreaktionen zu rechnen:

1. Viele Fällungen zeigen die Erscheinung der Alterung, durch die die Löslichkeit herabgesetzt wird. So sind z.B. NiS und CoS infolge Alterung auch in stark saurer Lösung nur wenig löslich.
2. Fällungen bilden in stärker alkalischem Bereich basische Salze und weichen dadurch von berechneten Löslichkeitswerten ab.
3. Bei Sulfidfällungen findet neben Alterungserscheinungen oft Übersättigung der Lösung statt, so daß eine vollständige Fällung erst bei höherem als dem berechneten pH-Wert erfolgt. So fallen NiS und CoS erst bei wesentlich höheren pH-Werten als CdS aus, obwohl alle drei Sulfide ein vergleichbares Löslichkeitsprodukt haben.

Beispiel:
Wie erklärt sich die gute Löslichkeit des sehr schwer löslichen FeS in verdünnten Säuren?
Im Lösegleichgewicht $FeS(s) \leftrightarrows Fe^{2+}(aq) + S^{2-}(aq)$ *reagiert das Sulfid-Ion als relativ starke Base bevorzugt mit* H^+*-Ionen zum Hydrogensulfid-Ion und wird dadurch aus dem Lösegleichgewicht entfernt:*

$$S^{2-} + H_3O^+ \leftrightarrows HS^- + H_2O$$

$$HS^- + H_3O^+ \leftrightarrows H_2S + H_2O$$

Zur Aufrechterhaltung der Gleichgewichtsbedingung muß S^{2-} *aus dem Niederschlag ständig nachgeliefert werden, was zu seiner Auflösung führt. Wird stärker angesäuert, wird die Bildung von* H_2S *bevorzugt.*

Wird die Oxidationsstufe einer Ionenart, die an der Bildung einer schwerlöslichen Verbindung beteiligt ist, durch eine überlagerte Redox-Reaktion verändert, kann sich die Löslichkeit merklich erhöhen oder erniedrigen.

Beispiel:
Erhöhung der Löslichkeit.
Cobalt(III)-sulfid Co_2S_3 *ist in Gegenwart von* H_2O_2 *relativ gut löslich, da die im Lösungsgleichgewicht*

$$Co_2S_3(s) \leftrightarrows 2\ Co^{3+}(aq) + 3\ S^{2-}(aq)$$

enthaltenen Co^{3+}-Ionen mit H_2O_2 in einer Redox-Reaktion unter SO_4^{2-}-Bildung zu Co^{2+}-Ionen reduziert werden: $Co_2S_3(s) + 11\ H_2O_2 \leftrightarrows 2\ CoSO_4 + 10\ H_2O + H_2SO_4$

Beispiel:
Verringerung der Löslichkeit.
Bleiben in HCl lösliche Sulfid-Fällungen einiger Metallkationen der Ladung 2+ eine zeitlang an der Luft stehen, werden sie in Salzsäure unlöslich, da durch Luftsauerstoff eine Oxidation zu Kationen mit der Ladung 3+ erfogt, die in HCl unlösliche Sulfide bilden:

$$2\ CoS(s) + 0{,}5\ O_2 + H_2O \leftrightarrows 2\ [Co(OH)S](s)$$

$$2\ [Co(OH)S](s) + H_2S \leftrightarrows Co_2S_3(s) + 2\ H_2O$$

Im Interesse einer besseren Überschaubarkeit werden die Werte für Konzentrationen und Löslichkeitsprodukte ohne Maßeinheiten in die Zwischenrechnungen eingesetzt.

Übungen:

Übung 6.1

Für einen Elektrolyten A_mB_n ist die Beziehung zwischen molarer Löslichkeit und Löslichkeitsprodukt herzuleiten und ihr Geltungsbereich einzuschätzen.

Aus dem Dissoziationsgleichgewicht des Elektrolyten

$$A_mB_n(s) \leftrightarrows mA^{n+}(aq) + nB^{m-}(aq)$$

folgt für das Löslichkeitsprodukt die Gleichung

$$L(A_mB_n) = c^m(A^{n+}) \cdot c^n(B^{m-})$$

Für die Konzentrationen von A^{n+} und B^{m-} erhalten wir aus dem Löslichkeitsgleichgewicht die Beziehungen

$$c(A^{n+}) = m \cdot c(A_mB_n)$$

$$c(B^{m-}) = n \cdot c(A_mB_n)$$

Einsetzen der beiden Werte in das Löslichkeitsprodukt ergibt

$$L(A_mB_n) = [m \cdot c(A_mB_n)]^m \cdot [n \cdot c(A_mB_n)]^n$$

$$L(A_mB_n) = m^m \cdot n^n \cdot [c(A_mB_n)]^{m+n}$$

Für die molare Löslichkeit folgt daraus

$$c(A_mB_n) = [L(A_mB_n)/m^m \cdot n^n]^{1/m+n}$$

Zu beachten ist, daß bei Verbindungen mit mehr als drei Komponenten wie etwa As_2S_3 oder $Al(OH)_3$ die Voraussetzung einer vollständigen Lösung oft nicht erfüllt ist. Derartige Verbindungen dissoziieren stufenweise, so daß die berechneten Werte als Näherungen aufzufassen sind.

Übung 6.2

Für SrF_2 ist $L = 7{,}9 \cdot 10^{-10}$ $mol^3\ l^{-3}$ bei 25 °C. Es sind die Konzentrationen der Sr^{2+}- und F^--Ionen der gesättigten Lösung zu berechnen und der Calciumfluorid-Gehalt in Gramm von 500 ml Lösung zu bestimmen [$M(SrF_2) = 125{,}62$ g mol^{-1}].

Aus dem Dissoziationsgleichgewicht von SrF_2

$$SrF_2(s) \leftrightarrows Sr^{2+}(aq) + 2\ F^-(aq)$$

folgt die Konzentrationsbeziehung

$$c(F^-) = 2 \cdot c(Sr^{2+})$$

Durch Einsetzen in den Ausdruck für das Löslichkeitsprodukt

$$L(SrF_2) = c(Sr^{2+}) \cdot c^2(F^-) = c(Sr^{2+}) \cdot [2 \cdot c(Sr^{2+})]^2$$

$$L(SrF_2) = 4\ c^3(Sr^{2+})$$

erhalten wir für die Konzentration der Sr^{2+}-Ionen

$$c(Sr^{2+}) = [L(SrF_2)/4\ ]^{1/3} = 5{,}82 \cdot 10^{-4}\ \text{mol l}^{-1}$$

und somit für die F^--Ionen

$$c(F^-)\ = 2 \cdot 5{,}82 \cdot 10^{-4} = 1{,}16 \cdot 10^{-3}\ \text{mol l}^{-1}$$

Da $c(SrF_2)$ gleich $c(Sr^{2+})$ ist, folgt

$$c(SrF_2) = 5{,}82 \cdot 10^{-4}\ \text{mol l}^{-1}$$

und für den SrF_2-Gehalt in 500 ml Lösung:

$$m(SrF_2) = M(SrF_2) \cdot n(SrF_2) = 125{,}62\ \text{g mol}^{-1} \cdot 5{,}82 \cdot 10^{-4}\ \text{mol l}^{-1}$$

$$m(SrF_2) = 7{,}31 \cdot 10^{-2}\ \text{g l}^{-1} = 3{,}65 \cdot 10^{-2}\ \text{g } SrF_2/500\ \text{ml.}$$

Übung 6.3

Aus Laborrückständen sind Ag^+-Ionen für die weitere Aufarbeitung durch Fällung abzutrennen.

a) Sollte man die Ag^+-Ionen als Phosphat, Carbonat oder Chlorid ausfällen?

b) Welcher Zusammenhang besteht zwischen der Restkonzentration an Ag^+ in den Fällungslösungen und dem Löslichkeitsprodukt der Fällungen?

[$L(Ag_3PO_4) = 1{,}8 \cdot 10^{-18}\ mol^4\ l^{-4}$,

$L(Ag_2CO_3) = 8{,}2 \cdot 10^{-12}\ mol^3\ l^{-3}$,

$L(AgCl) = 1{,}7 \cdot 10^{-10}\ mol\ l^{-1}$]

a) Man wird der Fällung den Vorzug geben, bei der die Restkonzentration an Ag^+ am geringsten ist. Darum bestimmen wir zunächst die Löslichkeit der Niederschläge mit der in Übung 6.1 abgeleiteten Gleichung:

$$c(Ag_3PO_4) = [L/27]^{1/4} = 1{,}61 \cdot 10^{-5}\ \text{mol l}^{-1}$$

$$c(Ag_2CO_3) = [L/4]^{1/3} = 1{,}27 \cdot 10^{-4}\ \text{mol l}^{-1}$$

$$c(AgCl) = [L]^{1/2} = 1{,}31 \cdot 10^{-5}\ \text{mol l}^{-1}$$

Der Vergleich der Werte bestätigt, daß sich die Löslichkeit von Salzen unterschiedlichen Typs nicht direkt an Hand ihrer Löslichkeitsprodukte vergleichen läßt. So ist Ag_2CO_3 z.B. zehnmal besser löslich als AgCl, obwohl sein Löslichkeitsprodukt um fast zwei Zehnerpotenzen kleiner ist. $c(Ag^+)$ erhalten wir unter Beachtung der Stöchiometrie der Fällungsgleichgewichte

$$Ag_3PO_4(s) \leftrightarrows 3\ Ag^+(aq) + PO_4^{3-}(aq)$$

$$Ag_2CO_3(s) \leftrightarrows 2\ Ag^+(aq) + CO_3^{2-}(aq)$$

$$AgCl(s) \leftrightarrows Ag^+(aq) + Cl^-(aq)$$

aus den molaren Löslichkeiten:

$$Ag_3PO_4: c(Ag^+) = 3 \cdot c(Ag_3PO_4) = 4{,}83 \cdot 10^{-5}\ mol\ l^{-1}$$

$$Ag_2CO_3: c(Ag^+) = 2 \cdot c(Ag_2CO_3) = 25{,}40 \cdot 10^{-5}\ mol\ l^{-1}$$

$$AgCl: \quad c(Ag^+) = c(AgCl) = 1{,}31 \cdot 10^{-5}\ mol\ l^{-1}$$

Da $c(Ag^+)$ für die Chloridfällung den kleinsten Wert hat, ist ihr der Vorzug zu geben.

b) Werden die Konzentrationsbeziehungen

$$c(PO_4^{3-}) = 1/3 \cdot c(Ag^+)$$

$$c(CO_3^{2-}) = 1/2 \cdot c(Ag^+)$$

$$c(Cl^-) \quad = c(Ag^+)$$

aus den Fällungsgleichgewichten in die Löslichkeitsprodukte

$$L(Ag_3PO_4) = c^3(Ag^+) \cdot c(PO_4^{3-})$$

$$L(Ag_2CO_3) = c^2(Ag^+) \cdot c(CO_3^{2-})$$

$$L(AgCl) \quad = c(Ag^+) \cdot c(Cl^-)$$

eingesetzt und nach $c(Ag^+)$ umgestellt, ergibt sich der gesuchte Zusammenhang:

$$L(Ag_3PO_4) = c^3(Ag^+) \cdot 1/3\ c(Ag^+) = 1/3 \cdot c^4(Ag^+)$$

$$c(Ag^+) \quad = [3 \cdot L(Ag_3PO_4)]^{1/4}$$

$$L(Ag_2CO_3) = c^2(Ag^+) \cdot 1/2\ c(Ag^+) = 1/2 \cdot c^3(Ag^+)$$

$$c(Ag^+) \quad = [2 \cdot L(Ag_2CO_3)\ ]^{1/3}$$

$$L(AgCl) \quad = c(Ag^+) \cdot c(Ag^+) = c^2(Ag^+)$$

$$c(Ag^+) \quad = [L(AgCl)]^{1/2}$$

Übung 6.4

Aus Salzlösungen sollen die umweltschädigenden Cadmium-, Arsen- und Quecksilber(I)-Ionen durch Fällung möglichst vollständig entfernt werden. Zu diesem Zweck ist die Restkonzentration der Ionen in g l^{-1} nach ihrer Fällung als CdS, As_2S_3 und Hg_2S zu berechnen.

Ist die Fällung vollständiger, wenn die Hg_2^{2+}-Ionen zunächst oxidiert und anschließend als HgS mit $L(HgS) = 1{,}6 \cdot 10^{-54}\ mol^2\ l^{-2}$ gefällt werden?
[$L(CdS) = 10^{-28}\ mol^2\ l^{-2}$, $L(As_2S_3) = 5 \cdot 10^{-26}\ mol^5\ l^{-5}$ und $L(Hg_2S) = 10^{-47}\ mol^2\ l^{-2}$]

CdS: Für CdS als Salz vom Typ AB gilt die Beziehung

$c(Cd^{2+}) = c(CdS) = [L(CdS)]^{1/2} = 10^{-14}\ mol\ l^{-1}$

Dem entspricht eine Restkonzentration an Cd^{2+} in g l^{-1} von

$m(Cd^{2+}) = 112{,}41\ g\ mol^{-1} \cdot 10^{-14}\ mol\ l^{-1} = 1{,}12 \cdot 10^{-12}\ g\ l^{-1}$

Die Fällung ist als vollständig zu bezeichnen.

As_2S_3: Aus dem Fällungsgleichgewicht

$As_2S_3(s) \leftrightarrows 2\ As^{3+}(aq) + 3\ S^{2-}(aq)$

folgt die Konzentrationsbeziehung

$c(S^{2-}) = 3/2\ c(As^{3+})$

Eingesetzt in

$L(As_2S_3) = c^2(As^{3+}) \cdot c^3(S^{2-})$

erhält man

$L(As_2S_3) = c^2(As^{3+}) \cdot [3/2\ c(As^{3+})]^3 = 27/8\ c^5(As^{3+})$

und daraus

$c(As^{3+}) = [8\ L/27]^{1/5} = 6{,}8 \cdot 10^{-6}\ mol\ l^{-1}$

Der Wert entspricht einer Restkonzentration an As^{3+} in g l^{-1}

$m(As^{3+}) = 74{,}9\ g\ mol^{-1} \cdot 6{,}8 \cdot 10^{-6}\ mol\ l^{-1} = 5{,}1 \cdot 10^{-4}\ g\ l^{-1}$

Mit immerhin 0,5 mg l^{-1} Arsen ist die Fällung weit unvollständiger als die von CdS.

Hg_2S: Das Fällungsgleichgewicht

$Hg_2S(s) \leftrightarrows Hg_2^{2+}(aq) + S^{2-}(aq)$

entspricht dem für Salze vom AB-Typ. Wir erhalten

$c(Hg_2^{2+}) = [L(Hg_2S)]^{1/2} = 3{,}1 \cdot 10^{-24}\ mol\ l^{-1}$

und daraus für $c(Hg_2^{2+})$ in g l^{-1}:

$m(Hg_2^{2+}) = (2 \cdot 200{,}6)\ g\ mol^{-1} \cdot 3{,}1 \cdot 10^{-24}\ mol\ l^{-1} = 1{,}24 \cdot 10^{-21}\ g\ l^{-1}$

Bei diesem Wert erübrigt sich eine Oxidation zu Hg^{2+} und Fällung als HgS, auch wenn $c(Hg^{2+}) = 1{,}3 \cdot 10^{-27}\ mol\ l^{-1}$ einen um den Faktor 1000 geringeren Wert als $c(Hg_2^{2+})$ hat.

Übung 6.5

Bei Zugabe von 10 ml $HClO_4$-Lösung ($c = 2\ mol\ l^{-1}$) zu 10 ml einer K^+-haltigen Probenlösung wurde keine Fällung von $KClO_4$ beobachtet. Welche Schlußfolgerung ergibt sich daraus für ihren Kaliumgehalt? [$L(KClO_4) = 8{,}9 \cdot 10^{-3}\ mol^2 l^{-2}$]

Das Zusammengeben der Lösungen führt zu einer Volumenverdoppelung, so daß $c(ClO_4^-) = 1\ mol\ l^{-1}$ wird. Mit diesem Wert folgt für die K^+-Konzentration, bei der gerade noch keine Fällung erfolgt

$$c(K^+) = L(KClO_4)/c(ClO_4^-) = 8{,}9 \cdot 10^{-3}\ mol\ l^{-1}$$

Bei 20 ml Gesamtvolumen entspricht das einem K^+-Gehalt in Gramm

$$m = M(K^+) \cdot c(K^+) \cdot V_{ges} = 39{,}1\ g\ mol^{-1} \cdot 8{,}9 \cdot 10^{-3}\ mol\ l^{-1} \cdot 0{,}02\ l$$

$$m = 6{,}9 \cdot 10^{-3}\ g = 6{,}9\ mg\ Kalium.$$

In der Probenlösung sind a) weniger als 6,9 mg oder b) genau 6,9 mg enthalten. Wenn b) zutrifft, erfolgt schon bei geringster Konzentrationserhöhung durch Einengen der Lösung (Erwärmen-Abkühlen) Fällung von $KClO_4$ (Konzentrationsniederschläge werden ausgeschlossen).
Das Löslichkeitsprodukt besagt lediglich, daß das Produkt der Ionenkonzentrationen L nicht überschreiten darf, es besagt nicht, daß dabei die Ionen immer im betreffenden stöchiometrischen Verhältnis ihres Bodenkörpers vorliegen müssen. So können zum Beispiel die Ionen A^{2+} und B^- in der gesättigten Lösung eines Salzes vom Typ AB_2 in jedem von ihrem stöchiometrischen Verhältnis 1 : 2 abweichendem Konzentrationsverhältnis vorliegen, solange nur das Produkt ihrer Konzentrationen den Wert $L(AB_2)$ nicht überschreitet.

Übung 6.6

Das Löslichkeitsprodukt von $Mg(OH)_2$ beträgt bei 25 °C $8{,}9 \cdot 10^{-12}\ mol^3\ l^{-3}$

a) Welchen pH-Wert hat eine gesättigte $Mg(OH)_2$-Lösung?

b) Wie lassen sich eventuelle Abweichungen des berechneten vom experimentell bestimmten pH-Wert erklären?

a) Aus dem Löslichkeitsprodukt erhalten wir

$$c(Mg(OH)_2) = (8{,}9 \cdot 10^{-12}/4)^{1/3} = 1{,}3 \cdot 10^{-4}\ mol\ l^{-1}$$

Aus dem Fällungsgleichgewicht

$$Mg(OH)_2 \leftrightarrows Mg^{2+} + 2\ OH^-$$

erhalten wir für die Hydroxidionen

$$c(OH)^- = 2\ c(Mg(OH)_2) = 2 \cdot 1{,}3 \cdot 10^{-4}\ mol\ l^{-1}$$

und daraus unter Beachtung von $c(H^+) \cdot c(OH^-) = 10^{-14}\ mol^2\ l^{-2}$ für die H^+-Ionen

$$c(H^+) = 10^{-14}\ mol^2\ l^{-2}/2{,}6 \cdot 10^{-4}\ mol\ l^{-1} = 3{,}82 \cdot 10^{-11}\ mol\ l^{-1}$$

$$pH = 10{,}41$$

b) Bei der Berechnung wurde der Einfachheit halber vorausgesetzt, daß die stufenweise Reaktion

$$Mg(OH)_2 \leftrightarrows [Mg(OH)]^+ + OH^-$$

$$[Mg(OH)]^+ \leftrightarrows Mg^{2+} + OH^-$$

vernachlässigt werden kann. Da ganz allgemein die Gleichgewichtskonstante für die 2. Stufe deutlich kleiner als für die 1. Stufe ist, können weniger als $2\ OH^-/\ Mg(OH)_{2(gelöst)}$ vorliegen, so daß der gemessene pH-Wert kleiner als der berechnete sein kann.

Übung 6.7

In der quantitativen Analyse gilt eine Fällung allgemein als vollständig, wenn die Konzentration des zu fällenden Ions auf 10^{-6} mol l^{-1} gesunken ist.

a) Bei welchem pH-Wert wäre dann die Fällung von $Pb(OH)_2$ mit $L = 4{,}2 \cdot 10^{-15}$ mol^3 l^{-3} abgeschlossen?

b) Bei welchem pH-Wert beginnt aus einer $PbCl_2$-Lösung ($c = 0{,}1$ mol l^{-1}) die Ausfällung von $Pb(OH)_2$?

a) In die Gleichung für das Löslichkeitsprodukt

$$L(Pb(OH)_2) = c(Pb^{2+}) \cdot c^2(OH^-) = 4{,}2 \cdot 10^{-15} \text{ mol}^3 \text{ l}^{-3}$$

wird für $c(Pb^{2+})$ die Endkonzentration 10^{-6} mol l^{-1} eingesetzt

$$L(Pb(OH)_2) = 10^{-6} \text{ mol l}^{-1} \cdot c^2(OH^-) = 4{,}2 \cdot 10^{-15} \text{ mol}^3 \text{ l}^{-3}$$

und $c(OH^-)$ berechnet:

$$c(OH^-) = (4{,}2 \cdot 10^{-15}/10^{-6})^{1/2} \text{ mol l}^{-1} = 6{,}5 \cdot 10^{-5} \text{ mol l}^{-1}.$$

Das entspricht einer H^+-Konzentration von

$$c(H^+) = K_W/c(OH^-) = [10^{-14}/6{,}5 \cdot 10^{-5}] \text{ mol l}^{-1} = 1{,}54 \cdot 10^{-10} \text{ mol l}^{-1}$$

$$pH = -\log c(H^+) = 9{,}8$$

Bei pH = 9,8 erfolgt vollständige Fällung von $Pb(OH)_2$.

b) Die Fällung beginnt nach Erreichen des Löslichkeitsproduktes von $Pb(OH)_2$. Wird $c(Pb^{2+})$ der $PbCl_2$-Lösung eingesetzt und $c(H^+)$ nach a) berechnet, erhält man:

$$0{,}1 \text{ mol l}^{-1} \cdot c^2(OH^-) = 4{,}2 \cdot 10^{-15} \text{ mol}^3 \text{ l}^{-3}$$

$$c(OH^-) = (4{,}2 \cdot 10^{-14})^{1/2} \text{ mol l}^{-1} = 2{,}04 \cdot 10^{-7} \text{ mol l}^{-1}$$

$$c(H^+) = [10^{-14}/2{,}04 \cdot 10^{-7}] \text{ mol l}^{-1} = 4{,}90 \cdot 10^{-8} \text{ mol l}^{-1}$$

$$pH = 7{,}3$$

Sobald pH = 7,3 überschritten wird, beginnt die Fällung. $Pb(OH)_2$ fällt bereits in einer fast neutralen Lösung.

Übung 6.8

Experimentell wurde festgestellt, daß in einer Fe^{2+}-haltigen Lösung die Fällung von $Fe(OH)_2$ erst bei pH = 8,1 beginnt.

a) Wie groß ist die Fe^{2+}-Konzentration der Lösung?

b) Entsteht ein Fällungsgemisch aus $Fe(OH)_2$ und $Fe(OH)_3$, wenn die Lösung noch Fe^{3+}-Ionen der gleichen Konzentration enthält?
[$L(Fe(OH)_2 = 1{,}8 \cdot 10^{-15}$ mol^3 l^{-3}, $L(Fe(OH)_3) = 6 \cdot 10^{-38}$ mol^4 l^{-4}]

a) Dem pH-Wert entspricht eine OH^--Konzentration von $1{,}26 \cdot 10^{-6}$ mol l^{-1}. Einsetzen von $c(OH^-)$ in $L(Fe(OH)_2)$ und Umstellen nach $c(Fe^{2+})$ ergibt:

$$L[Fe(OH)_2] = 1{,}8 \cdot 10^{-15} \text{ mol}^3 \text{ l}^{-3} = c(Fe^{2+}) \cdot (1{,}26 \cdot 10^{-6})^2 \text{ mol}^3 \text{ l}^{-3}$$

$$c(Fe^{2+}) = 1{,}2 \cdot 10^{-3} \text{ mol l}^{-1}$$

b) Für $c(Fe^{3+}) = 1,2 \cdot 10^{-3}$ mol l^{-1} darf die maximale Konzentration an OH^- in der Lösung den Wert

$$c(OH^-) = (L(Fe(OH)_3)/c(Fe^{3+}))^{1/3} = (6 \cdot 10^{-38}/1,2 \cdot 10^{-3})^{1/3} \text{ mol l}^{-1}$$

$$c(OH^-) = 3,8 \cdot 10^{-12} \text{ mol l}^{-1}$$

nicht überschreiten. Dieser OH^--Konzentration entspricht pH = 2,6

Die Fällung von $Fe(OH)_3$ erfolgt bereits in relativ stark saurer Lösung, so daß alles $Fe(OH)_3$ gefällt ist, bevor die $Fe(OH)_2$-Fällung beginnt. Man könnte aus einer Lösung, die Fe^{2+}- und Fe^{3+}-Ionen enthält, $Fe(OH)_2$ und $Fe(OH)_3$ quantitativ nacheinander fällen. Für eine quantitative Bestimmung ist diese Methode aufgrund der leichten Oxidierbarkeit der Fe^{2+}-Ionen allerdings zu aufwendig. Außerdem ist der berechnete Wert als Näherung aufzufassen, da die $Fe(OH)_3$-Fällung über Zwischenstufen erfolgt, die von der Bruttogleichung nicht erfaßt werden.

Übung 6.9

Die Bestimmung des Bleigehaltes einer gesättigten $PbCl_2$-Lösung ergab 164,45 mg Pb/50 ml Lösung. Wie groß ist das Löslichkeitsprodukt von $PbCl_2$?
[$M(PbCl_2) = 278,12$ g mol^{-1}]

Die Analyse wird in die Konzentration mol l^{-1} umgerechnet:

$$n(Pb^{2+}) = 0,16445 \text{ g}/207,2 \text{ g mol}^{-1} = 7,94 \cdot 10^{-4} \text{ mol}$$

$$c(Pb^{2+}) = 7,94 \cdot 10^{-4} \text{ mol}/50 \text{ ml} = 1,59 \cdot 10^{-2} \text{ mol l}^{-1}$$

Aus der Reaktion $PbCl_2 \longrightarrow Pb^{2+} + 2\ Cl^-$ folgt, daß $1,59 \cdot 10^{-2}$ mol Pb^{2+} aus $1,59 \cdot 10^{-2}$ mol $PbCl_2$ entstehen und Pb^{2+}- und Cl^--Ionen im Verhältnis 1 : 2 gebildet werden. Mit

$$c(Cl^-) = 2\ c(Pb^{2+})$$

ergibt sich für das Löslichkeitsprodukt:

$$L(PbCl_2) = c(Pb^{2+}) \cdot c^2(Cl^-) = 1,59 \cdot 10^{-2} \cdot (2 \cdot 1,59 \cdot 10^{-2})^2 \text{ mol}^3 \text{ l}^{-3}$$

$$L(PbCl_2) = 1,6 \cdot 10^{-5} \text{ mol}^3 \text{ l}^{-3}.$$

Übung 6.10

a) Welche Konzentrationen an Na^+, $C_2O_4^{2-}$, Sr^{2+} und Cl^- hat eine Lösung, die durch Vermischen von 200 ml einer $Na_2C_2O_4$-Lösung ($c = 0,15$ mol l^{-1}) und 250 ml einer $SrCl_2$-Lösung ($c = 0,2$ mol l^{-1}) entstanden ist? [$L(SrC_2O_4) = 5,6 \cdot 10^{-8}$ mol^2 l^{-2}]

b) Kann die $C_2O_4^{2-}$-Konzentration durch Zugabe von 10 ml 0,1-M $PbCl_2$-Lösung weiter verringert werden? [$L(PbC_2O_4) = 8,3 \cdot 10^{-12}$ mol^2 l^{-2}]

a) Die Ausgangslösungen enthalten 0,06 mol Na^+ und 0,03 mol $C_2O_4^{2-}$ sowie 0,05 mol Sr^{2+} und 0,1 mol Cl^-. Sie ergeben 450 ml Gesamtlösung mit den Konzentrationen

$$c(Na^+) \quad = 0,133 \text{ mol l}^{-1}$$

$$c(C_2O_4^{2-}) = 0,066 \text{ mol l}^{-1}$$

$c(Sr^{2+})$ = 0,111 mol l^{-1}

$c(Cl^-)$ = 0,222 mol l^{-1}

Für $c(Sr^{2+})$ und $c(C_2O_4^{2-})$ nach der Fällung als SrC_2O_4 erhalten wir:

$c(Sr^{2+})$ = (0,111 – 0,066) mol l^{-1} = 0,045 mol l^{-1}

$c(C_2O_4^{2-})$ = (5,6 · 10^{-8}/0,045) mol l^{-1}= 1,24 · 10^{-6} mol l^{-1}

Bei der Berechnung von $c(Sr^{2+})$ wurde angenommen, daß alles $C_2O_4^{2-}$ als SrC_2O_4 ausfällt. Der Anteil $C_2O_4^{2-}$, der in Lösung bleibt, also auch kein Sr^{2+} für die Fällung verbraucht, ist so gering, daß er vernachlässigt werden darf. Da Na^+ und Cl^- nicht reagieren, enthält die Lösung nach der Fällung:

$c(Na^+)$ = 0,113 mol l^{-1} $c(Sr^{2+})$ = 0,045 mol l^{-1}

$c(Cl^-)$ = 0,222 mol l^{-1} $c(C_2O_4^{2-})$ = 1,24 ·10^{-6} mol l^{-1}.

b) Die Konzentration von $C_2O_4^{2-}$ wird nur verringert, wenn durch Zugabe der 10 ml $PbCl_2$-Lösung das Löslichkeitsprodukt von PbC_2O_4 überschritten wird. Mit

$L(PbC_2O_4) = c(Pb^{2+}) \cdot c(C_2O_4^{2-}) = c(Pb^{2+}) \cdot 1{,}24 \cdot 10^{-6}$ mol^2 l^{-2}

erhält man als maximale „erlaubte" Pb^{2+}-Konzentration:

$c(Pb^{2+})$ = [8,3 ·10^{-12}/1,24 ·10^{-6}] mol l^{-1} = 6,69 ·10^{-6} mol l^{-1}.

10 ml $PbCl_2$-Lösung (c = 1 mol l^{-1}) enthalten 0,001 mol Pb^{2+}, die für nun 460 ml Gesamtlösung $c(Pb^{2+})$ = 2,17 · 10^{-3} mol l^{-1} ergeben. Damit wird der maximal zulässige Wert von 6,69 · 10^{-6} um etwa drei Zehnerpotenzen überschritten, so daß PbC_2O_4 ausfällt und $c(C_2O_4^{2-})$ weiter verringert wird.

Übung 6.11

Beim Waschen von 318 mg eines PbF_2-Niederschlages mit 200 ml Wasser gingen 33,15 % in Lösung. Wie groß ist das Löslichkeitsprodukt von PbF_2?
[$M(PbF_2)$ = 245,2 g mol^{-1}]

Die Berechnung kann auf unterschiedliche Weise erfolgen:

1. 33,15 % entsprechen 105,6 mg PbF_2, die sich in 200 ml Wasser lösen. Daraus folgt für

   $c(PbF_2)$ = 0,528 g l^{-1} = (0,528 g : 245,2 g mol^{-1})/l = 2,15 · 10^{-3} mol l^{-1}

   Aus der allgemeinen Beziehung $c(AB_2) = [L(AB_2)/4]^{1/3}$ folgt

   $L(AB_2) = 4\ c^3(AB_2)$

   und mit $c(PbF_2)$ = 2,15 · 10^{-3} mol l^{-1}

   $L(PbF_2) = 4 \cdot (2{,}15 \cdot 10^{-3})^3$ mol^3/l^3 = 3,99 · 10^{-8} mol^3/l^3

2. $L(PbF_2)$ läßt sich auch ohne vorherige Berechnung von $c(PbF_2)$ bestimmen. Durch Gleichsetzen der beiden Beziehungen für molare Konzentrationen

   $c(PbF_2) = (L(PbF_2)/4)^{1/3}$

   $c(PbF_2) = (m/M) : V = m/(M \cdot V)$

mit m = Masse des in Lösung gegangenen Anteils in Gramm und V = Volumen des Waschwassers erhält man:

$L(PbF_2) = 4 \cdot (m/M \cdot V)^3 = 4 \cdot (0{,}1056\ g/245{,}2\ g\ mol^{-1} \cdot 0{,}2\ l)^3$

$L(PbF_2) = 3{,}99 \cdot 10^{-8}\ mol^3\ l^{-3}$

Übung 6.12

Der pH-Wert, bei dem eine Hydroxid-Fällung gerade beginnt, wird von der Konzentration der Lösung an zu fällenden Metallionen bestimmt.

a) Wie läßt sich der Zusammenhang zwischen pH und $c(M^{2+})$ für Hydroxidfällungen vom Typ $M(OH)_2$ in einer Gleichung zum Ausdruck bringen? (M^{2+} = Metall-Ion mit der Ladung 2+)

b) Es sind die pH-Werte für den Beginn der $Mn(OH)_2$-Fällung aus folgenden $MnCl_2$-Lösungen zu berechnen: $c(MnCl_2)$ = 1,0-, 0,1-, 0,01-, 0,001 mol l^{-1}

[$L(Mn(OH)_2) = 2 \cdot 10^{-13}\ mol\ l^{-1}$]

a) In der Gleichung für das Löslichkeitsprodukt von $Me(OH)_2$ wird $c(OH^-)$ durch $K_w/c(H^+)$ ersetzt, nach $c(H^+)$ umgestellt und –log gebildet:

$L(M(OH)_2) = c(M^{2+}) \cdot c^2(OH^-)$

$L(M(OH)_2) = c(M^{2+}) \cdot K_W^2/c^2(H^+)$

$c(H^+) \quad = K_W \cdot (c(M^{2+})/L(M(OH)_2))$

$pH \quad = 14 + \log (L(M(OH)_2/c(M^{2+}))$

b) Mit dieser Gleichung erhalten wir für die pH-Werte der $MnCl_2$-Lösungen, deren Überschreitung zur Fällung führt:

$c(Mn^{2+})$ mol l^{-1}	1,0	0,1	0,01	0,001
pH	7,65	8,15	8,65	9,15

Die berechneten Werte bestätigen, daß Hydroxid-Fällungen aus verdünnten Metallsalz-Lösungen nur bei einem hohen Überschuß an OH^--Ionen quantitativ erfolgen.

Übung 6.13

Wievielmal geringer als in reinem Wasser ist die Löslichkeit von $NiCO_3$, $SrCO_3$ und $PbCO_3$ in Na_2CO_3-Lösung (c = 0,01 mol l^{-1})?
[$L(NiCO_3) = 1{,}4 \cdot 10^{-7}\ mol^2\ l^{-2}$;
$L(SrCO_3) = 7 \cdot 10^{-10}\ mol^2\ l^{-2}$;
$L(PbCO_3) = 1{,}5 \cdot 10^{-15}\ mol^2\ l^{-2}$]

Für alle drei Verbindungen vom Typ AB ergibt sich ihre Löslichkeit in reinem Wasser aus:

$c(\mathrm{AB}) = c(\mathrm{Kation}) = c(\mathrm{Anion}) = (L(\mathrm{AB}))^{1/2}$

$c(\mathrm{NiCO_3}) = (1{,}4 \cdot 10^{-7})^{1/2} = 3{,}75 \cdot 10^{-4}\ \mathrm{mol\ l^{-1}}$

$c(\mathrm{SrCO_3}) = (7 \cdot 10^{-10})^{1/2} = 2{,}65 \cdot 10^{-5}\ \mathrm{mol\ l^{-1}}$

$c(\mathrm{PbCO_3}) = (1{,}5 \cdot 10^{-15})^{1/2} = 3{,}87 \cdot 10^{-8}\ \mathrm{mol\ l^{-1}}$

Für Na_2CO_3-Lösung ($c = 0{,}01\ \mathrm{mol\ l^{-1}}$) erhält man durch Einsetzen von $c(CO_3^{2-}) = 0{,}01\ \mathrm{mol\ l^{-1}}$ in den Ausdruck für das betreffende Löslichkeitsprodukt die Werte:

$c(\mathrm{AB}) = L(\mathrm{AB})/c(\mathrm{CO_3^{2-}}) = c(\mathrm{B^+})$

$c(\mathrm{NiCO_3}) = 1{,}4 \cdot 10^{-7}/0{,}01 = 1{,}4 \cdot 10^{-5}\ \mathrm{mol\ l^{-1}}$

$c(\mathrm{SrCO_3}) = 7 \cdot 10^{-10}/0{,}01 = 7{,}0 \cdot 10^{-8}\ \mathrm{mol\ l^{-1}}$

$c(\mathrm{PbCO_3}) = 1{,}5 \cdot 10^{-15}/0{,}01 = 1{,}5 \cdot 10^{-13}\ \mathrm{mol\ l^{-1}}$

Bei derselben Menge an gleichionigem Zusatz ist die Löslichkeit von $NiCO_3$ 26,8 mal, von $SrCO_3$ 378 mal und von $PbCO_3$ 258 000 mal geringer als in reinem Wasser. Das bestätigt die Korrelation zwischen Wirkungsweise von gleichionigen Zusätzen und Löslichkeit der Niederschläge.

Übung 6.14

Ein Niederschlag von $Ni(OH)_2$ wird abfiltriert und mit NaOH gewaschen. Wieviel % $Ni(OH)_2$ gehen dabei in Lösung, wenn 120 mg mit 100 ml NaOH ($c = 10^{-5}\ \mathrm{mol\ l^{-1}}$) behandelt werden? [$M(\mathrm{Ni(OH)_2}) = 92{,}7\ \mathrm{g\ mol^{-1}}$; $L(\mathrm{Ni(OH)_2}) = 1{,}6 \cdot 10^{-16}\ \mathrm{mol^3\ l^{-3}}$]

Bei der Behandlung mit NaOH stellt sich das Gleichgewicht

$$\mathrm{Ni(OH)_2(s)} \leftrightarrows \mathrm{Ni^{2+}(aq)} + 2\ \mathrm{OH^-(aq)}$$

erneut ein. Den in Lösung gehenden Teil $Ni(OH)_2$ erhält man aus:

$c(\mathrm{Ni(OH)_2}) = c(\mathrm{Ni^{2+}}) = L(\mathrm{Ni(OH)_2})/c^2(\mathrm{OH^-})_{\mathrm{gesamt}}$

Der Gesamtgehalt an OH^--Ionen setzt sich aus den Anteilen

$c(\mathrm{OH^-})_{\mathrm{gesamt}} = c(\mathrm{OH^-})_{\mathrm{NaOH}} + c(\mathrm{OH^-})_{\mathrm{Bodenkörper}}$

zusammen. Mit den Konzentrationen

$c(\mathrm{OH^-})_{\mathrm{NaOH}} = 10^{-5}\ \mathrm{mol\ l^{-1}}$

$c(\mathrm{OH^-})_{\mathrm{Bodenkörper}} = 2\ c(\mathrm{Ni(OH)_2}) = 2 \cdot (L(\mathrm{Ni(OH)_2})/4)^{1/3}$

$c(\mathrm{OH^-})_{\mathrm{Bodenkörper}} = 6{,}84 \cdot 10^{-6}\ \mathrm{mol\ l^{-1}}$

erhält man für

$c(\mathrm{OH^-})_{\mathrm{gesamt}} = 1{,}68 \cdot 10^{-5}\ \mathrm{mol\ l^{-1}}$

Für den in NaOH ($c = 10^{-5}\ \mathrm{mol\ l^{-1}}$) gelösten Anteil folgt

$c(\mathrm{Ni(OH)_2}) = L(\mathrm{Ni(OH)_2})/c^2(\mathrm{OH^-})_{\mathrm{gesamt}} = 5{,}67 \cdot 10^{-7}\ \mathrm{mol\ l^{-1}}$

Die in 100 ml gesättigter Lösung enthaltene Menge in Gramm erhält man mit der Gleichung

m [g] = c [mol l^{-1}] · M [g mol^{-1}] · V [l]

m = 5,67 · 10^{-7} · 92,7 · 0,1 = 5,26 · 10^{-6} g $Ni(OH)_2$/100 ml

Es gehen 5,26 · 10^{-6} · 100/120 = 4,4 · 10^{-6} % des Niederschlages in Lösung. $Ni(OH)_2$ kann unbedenklich mit 10^{-5} molarer NaOH behandelt werden.

Übung 6.15

Eine $SrCl_2$-Lösung (c = 0,1 mol l^{-1}) wird mit Strontiumchromat ($SrCrO_4$) gesättigt.

a) Wie groß sind die Endkonzentrationen der Ionen in der Lösung, wenn $L(SrCrO_4)$ = 3,6 · 10^{-5} mol^2 l^{-2} beträgt?

b) Um welchen Faktor ändert sich die Löslichkeit von $SrCrO_4$ im Vergleich zu einer Lösung von $SrCrO_4$ in reinem Wasser?

a) Die anfänglichen Ionenkonzentrationen betragen:

$c(Sr^{2+})$ = 0,1 mol l^{-1}

$c(Cl^-)$ = 0,2 mol l^{-1}

Nach Sättigung mit $SrCrO_4$ enthält die Lösung x Mol $SrCrO_4$ pro Liter. Die Endkonzentrationen der Ionen betragen dann:

$c(Sr^{2+})$ = (0,1 + x) mol l^{-1}

$c(CrO_4^{2-})$ = x mol l^{-1}

$c(Cl^-)$ = unverändert 0,2 mol l^{-1}

Mit dem Löslichkeitsprodukt von $SrCrO_4$ erhalten wir

$3{,}6 \cdot 10^{-5} = c(Sr^{2+}) \cdot c(CrO_4^{2-}) = (0{,}1 + x) \cdot (x)$

$x^2 + 0{,}1x - 3{,}6 \cdot 10^{-5} = 0$

$x = 3{,}58 \cdot 10^{-4}$ mol l^{-1}

Mit x berechnen wir die Konzentrationen:

$c(Sr^{2+})$ = (0,1 + 3,58 · 10^{-4}) mol l^{-1} = 0,10036 mol l^{-1}

$c(CrO_4^{2-})$ = 3,58 · 10^{-4} mol l^{-1}

Der Wert für $c(CrO_4^{2-})$ entspricht aber zugleich der Löslichkeit von $SrCrO_4$ in einer $SrCl_2$-Lösung (c = 0,1 mol l^{-1}):

$c(SrCrO_4)$ = 3,58 · 10^{-4} mol l^{-1}

Die berechneten Werte entsprechen dem geforderten Wert:

0,10036 mol l^{-1} · 3,58 · 10^{-4} mol l^{-1} = 3,6 · 10^{-5} mol^2 l^{-2} = $L(SrCrO_4)$

b) Für eine reine $SrCrO_4$-Lösung erhält man

$c(SrCrO_4) = (L(SrSO4))^{1/2} = (3{,}6 \cdot 10^{-5})^{1/2} = 6 \cdot 10^{-3}$ mol l^{-1}

Die $SrCrO_4$-Löslichkeit ist in $SrCl_2$-Lösung (c = 0,1 mol l^{-1}) mit

3,58 · 10^{-4} mol l^{-1}/6 · 10^{-3} mol l^{-1} = 1/17

siebzehnmal geringer als in Wasser.

Übung 6.16

Nach Fällung von AgCl wird die gesättigte Lösung abfiltriert und zu 1000 ml 1 mg KI gegeben. Kommt es zur Fällung von AgI? [L(AgI) = $8{,}5 \cdot 10^{-17}$ $mol^2\ l^{-2}$; L(AgCl) = $1{,}7 \cdot 10^{-10}$ $mol^2\ l^{-2}$; M(KI) = 166,1 g mol l^{-1}]

In der abfiltrierten AgCl-Lösung ist

$c(Ag^+) = (L(AgCl))^{1/2} = 1{,}3 \cdot 10^{-5}$ mol l^{-1}

1 mg KI entspricht einer Konzentration $c(KI) = c(I^-) = 6{,}02 \cdot 10^{-6}$ mol l^{-1}. Für das Produkt aus $c(Ag^+)$ und $c(I^-)$ erhält man

$c(Ag^+) \cdot c(I^-) = 1{,}3 \cdot 10^{-5} \cdot 6{,}02 \cdot 10^{-6} = 7{,}82 \cdot 10^{-11} >> L(AgI)$

Das Löslichkeitsprodukt von AgI wird bei weitem überschritten. Es erfolgt Fällung von AgI, bis der Wert $L(AgI)$ erreicht ist.

Übung 6.17

Wieviel Milligramm AgOH lösen sich in 100 ml KOH (c = 0,01 mol l^{-1})? [L(AgOH) = $2 \cdot 10^{-8}$ $mol^2\ l^{-2}$; M(AgOH) = 124,9 g mol^{-1}]

In einer KOH-Lösung liegen die Ionen Ag^+ und OH^- nicht mehr im stöchiometrischen Verhältnis 1:1 einer reinen AgOH-Lösung vor. Die Konzentration der OH^--Ionen ist mit genügender Genauigkeit

$c(OH^-) = c(KOH) = 10^{-2}$ mol l^{-1}

Der Anteil der OH^--Ionen, den das gelöste AgOH liefert, ist so gering, daß er vernachlässigt werden darf:

$c(AgOH) = c(Ag^+) = L(AgOH)/c(OH^-) = 2 \cdot 10^{-8}/10^{-2} = 2 \cdot 10^{-6}$ mol l^{-1}

Daraus folgt für AgOH in Gramm:

$m = c\,[\text{mol } l^{-1}] \cdot M\,[\text{g mol}^{-1}] \cdot V\,[l]$

$m = 2 \cdot 10^{-6} \cdot 124{,}9 \cdot 0{,}1 = 2{,}49 \cdot 10^{-5}$ g

In 100 ml 10^{-2} molarer KOH lösen sich maximal 0,025 mg AgOH.

Daß der aus AgOH stammende OH^--Anteil das Ergebnis kaum beeinflußt, zeigt folgende Überlegung: In KOH ($c = 10^{-2}$ mol l^{-1}) lösen sich x mol AgOH, die auch x mol OH^- zur Endkonzentration an OH^- beisteuern. Folglich gilt:

$c(OH^-) = (10^{-2} + x)$ mol l^{-1}

$c(Ag^+) = x$ mol l^{-1}

$L(AgOH) = (10^{-2} + x) \cdot x = 2 \cdot 10^{-8}$ $mol^2\ l^{-2}$

Von den Lösungen der quadratischen Gleichung

$x^2 + 0{,}01x - 2 \cdot 10^{-8} = 0$

ist nur $x = 1{,}9996 \cdot 10^{-6}$ chemisch sinnvoll. Man erhält:

$c(OH^-) = (10^{-2} + x)$ mol $l^{-1} = 1{,}00019 \cdot 10^{-2}$ mol l^{-1}

$c(Ag^+) = 1{,}99960 \cdot 10^{-6}$ mol l^{-1}

Der Vergleich mit den ohne AgOH-Anteil berechneten Werten $c(OH^-)$ und $c(Ag^+)$ zeigt weitestgehende Übereinstimmung.

Übung 6.18

a) Wieviel mg Ag_2CrO_4 können maximal in 250 ml einer K_2CrO_4-Lösung ($c = 10^{-3}$ mol l^{-1}) gelöst werden?

b) Kommt es beim Einleiten von H_2S zur Fällung von Ag^+-Ionen als schwarzes Ag_2S? [$L(Ag_2CrO_4) = 1{,}9 \cdot 10^{-12}$ mol^3 l^{-3}; $L(Ag_2S) = 5{,}5 \cdot 10^{-51}$ mol^3 l^{-3}]

a) Es kann nur soviel Ag_2CrO_4 gelöst werden, bis das Löslichkeitsprodukt

$$L(Ag_2CrO_4) = c^2(Ag^+) \cdot c(CrO_4^{2-})$$

erreicht ist. Für $c(CrO_4^{2-})$ darf die Konzentration der K_2CrO_4-Lösung eingesetzt werden, da der Anteil, den das gelöste Ag_2CrO_4 liefert, zu vernachlässigen ist:

$$c(CrO_4^{2-}) = c(K_2CrO_4) = 10^{-3} \text{ mol l}^{-1}$$

Die Konzentration an gelöstem Ag_2CrO_4 ist entsprechend

$$Ag_2CrO_4 \longrightarrow 2\ Ag^+ + CrO_4^{2-}$$

halb so groß wie die Konzentration an Ag^+-Ionen:

$$c(Ag_2CrO_4) = 1/2\ c(Ag^+)$$

$$L(Ag_2CrO_4) = c^2(2\ Ag_2CrO_4) \cdot c(CrO_4^{2-})$$

$$c(Ag_2CrO_4) = (L(Ag_2CrO_4)/4\ c(CrO_4^{2-}))^{1/2} = (1{,}9 \cdot 10^{-12}/4 \cdot 10^{-3})^{1/2}$$

$$c(Ag_2CrO_4) = 2{,}18 \cdot 10^{-5} \text{ mol l}^{-1} = 5{,}44 \cdot 10^{-6} \text{ mol/250 ml}$$

Mit $M(Ag_2CrO_4) = 331{,}8$ g mol^{-1} folgt $1{,}81 \cdot 10^{-3}$ g Ag_2CrO_4/250 ml. Es lassen sich maximal 1,81 mg Ag_2CrO_4 lösen.

b) Beim Einleiten von H_2S fällt Ag_2S aus, sobald

$$L(Ag_2S) = c^2(Ag^+) \cdot c\,(S^{2-}) = 5{,}5 \cdot 10^{-51} \text{ mol}^3 \text{ l}^{-3}$$

überschritten wird. Mit $c(Ag^+) = 2 \cdot 2{,}18 \cdot 10^{-5}$ mol l^{-1} ist das bereits bei einer S^{2-}-Konzentration größer als

$$c(S^{2-}) = L(Ag_2S)/c^2(Ag^+) = 5{,}5 \cdot 10^{-51}/(4{,}36 \cdot 10^{-5})^2 = 2{,}89 \cdot 10^{-42} \text{ mol l}^{-1}$$

der Fall. Alle Ag^+-Ionen werden quantitativ als Ag_2S gefällt.

Übung 6.19

Abhängigkeit der Löslichkeitserhöhung von der chemischen Beschaffenheit der Niederschläge.

Wie ändert sich die Löslichkeit der Verbindungen AgCl, $BaSO_4$ und $FePO_4$ in $NaNO_3$-Lösung ($c = 0{,}1$ mol l^{-1}) gegenüber derjenigen in reinem Wasser?

[$L(AgCl) = 1{,}7 \cdot 10^{-7}$ mol l^{-1}; $L(BaSO_4) = 1{,}5 \cdot 10^{-9}$ mol l^{-1};
$L(FePO_4) = 1 \cdot 10^{-10}$ mol l^{-1}]

Die Löslichkeitsprodukte sind annähernd gleich und die Ionenstärke beträgt für alle 3 Verbindungen 0,1 mol l^{-1}. Unterschiede in der Löslichkeitserhöhung werden somit nur durch die Zusammensetzung der Niederschläge verursacht.

AgCl:

$\log f_a(Ag^+) = \log f_a(Cl^-) = -0{,}5 \cdot 1^2 \cdot ((0{,}1)^{1/2}/1 + (0{,}1)^{1/2}) = -0{,}12$

$f_a(Ag^+) \quad = f_a(Cl^-) = 0{,}76$

$c(AgCl) \quad = (1{,}7 \cdot 10^{-10}/0{,}76^2)^{1/2} = 1{,}71 \cdot 10^{-5}$ mol l^{-1}

Im Vergleich zu $c(AgCl) = (L(AgCl))^{1/2} = 1{,}3 \cdot 10^{-5}$ mol l^{-1} in reinem Wasser hat sich die Löslichkeit um das

$1{,}71 \cdot 10^{-5}/1{,}3 \cdot 10^{-5} = 1{,}31$-fache erhöht.

$BaSO_4$:

$\log f_a(Ba^{2+}) = \log f_a(SO_4^{2-}) = -0{,}5 \cdot 2^2 \cdot ((0{,}1)^{1/2}/1 + (0{,}1)^{1/2}) = -0{,}48$

$f_a(Ba^{2+}) \quad = f_a(SO_4^{2-}) = 0{,}33$

$c(BaSO_4) \quad = (1{,}5 \cdot 10^{-9}/0{,}33^2)^{1/2} = 1{,}17 \cdot 10^{-4}$ mol l^{-1}

Im Vergleich zu $c(BaSO_4) = 3{,}87 \cdot 10^{-5}$ mol l^{-1} in reinem Wasser hat sich die Löslichkeit um das

$1{,}17 \cdot 10^{-4}/3{,}87 \cdot 10^{-5} = 3$-fache erhöht.

$FePO_4$:

$\log f_a(Fe^{3+}) = \log f_a(PO_4^{3-}) = -0{,}5 \cdot 3^2 \cdot ((0{,}1)^{1/2}/1 + (0{,}1)^{1/2}) = -1{,}08$

$f_a(Fe^{3+}) \quad = f_a(PO_4^{3-}) = 0{,}083$

$c(FePO_4) \quad = (1 \cdot 10^{-10}/0{,}083^2)^{1/2} = 1{,}2 \cdot 10^{-4}$ mol l^{-1}

Im Vergleich zu $c(FePO_4) = 10^{-5}$ mol l^{-1} in reinem Wasser hat sich die Löslichkeit um das

$1{,}2 \cdot 10^{-4}/10^{-5} = 12$-fache erhöht.

Die Löslichkeitserhöhung bei Fremdionenzusatz nimmt mit der Ionenladung in den Verbindungen zu.

Übung 6.20

Eine Lösung enthält je 10^{-2} mol l^{-1} der Ionensorten B_1 und B_2. Bei Zugabe der Ionensorte A entstehen die schwerlöslichen Verbindungen AB_1 und AB_2 mit $L(AB_1) = 10^{-12}$ mol^2 l^{-2} und $L(AB_2) = 10^{-10}$ mol^2 l^{-2}.
a) Wie groß ist c(A) an dem Punkt, bei dem AB_2 auszufallen beginnt?
b) Wie groß ist $c(B_1)$ an diesem Punkt?

a) Bei langsamer Zugabe von A fällt solange nur AB_1 aus, wie die Bedingung

$$c(B_1)/c(B_2) > L(AB_1)/L(AB_2) \qquad (A)$$

erfüllt ist. Mit $c(B_2) = 10^{-2}$ mol l^{-1} beginnt AB_2 auszufallen, sobald die Konzentration

$$c(A) = L(AB_2)/c(B_2) = 10^{-10}/10^{-2} = 10^{-8} \text{ mol l}^{-1} \qquad (B)$$

überschritten wird.

b) An diesem Punkt beträgt die Konzentration von B_1

$c(B_1) = L(AB_1)/c(A)$ (C)

Einsetzen von (B) in (C) ergibt

$c(B_1) = L(AB_1) \cdot c(B_2)/L(AB_2)$ (D)

An dem Punkt, bei dem AB_1 auszufallen beginnt, ist

$c(B_2) = 10^{-12} \cdot 10^{-2}/10^{-10} = 10^{-4}$ mol l^{-1} (E)

Erst wenn die B_1-Konzentration nur noch 1 % der Ausgangskonzentration beträgt, beginnt die Fällung von AB_2. Von diesem Punkt ab ändert sich die Konzentration von B_1 nur noch minimal. Von zwei Niederschlägen AB_1 und AB_2 beginnt der löslichere Niederschlag AB_2 erst auszufallen, wenn die Konzentration B_1 des schwerer löslichen auf

$c(B_1) = c(B_2) \cdot L(AB_1)/L(AB_2)$

abgesunken ist.

Übung 6.21

Gelingt in einer Lösung mit je 0,1 mol l^{-1} Sr^{2+}- und Ba^{2+}-Ionen die Trennung als Chromat so vollständig, daß das schwerer lösliche $BaCrO_4$ weniger als 0,1% löslicheres $SrCrO_4$ enthält?
Wie groß ist $c(Ba^{2+})$ der Lösung, wenn der $BaCrO_4$-Niederschlag bereits 1 % $SrCrO_4$ enthält?

Mit $L(BaCrO_4) = 8{,}5 \cdot 10^{-11}$ mol^2 l^{-2} und $L(SrCrO_4) = 3{,}6 \cdot 10^{-5}$ mol^2 l^{-2} ergibt Gleichung (E) in Übung 6.20 für die bei Beginn der $SrCrO_4$-Ausfällung noch vorhandene Ba^{2+}-Konzentration:

$c(Ba^{2+}) = c(Sr^{2+}) \cdot L(BaCrO_4)/L(SrCrO_4)$

$c(Ba^{2+}) = 10^{-1} \cdot 8{,}5 \cdot 10^{-11}/3{,}6 \cdot 10^{-5}$ [mol l^{-1}]

$c(Ba^{2+}) = 2{,}36 \cdot 10^{-7}$ mol l^{-1}

Dieser Wert entspricht nur noch $2{,}36 \cdot 10^{-4}$ % der Ba^{2+}-Ausgangskonzentration. Das bedeutet, daß die Ba^{2+}/Sr^{2+}-Trennung über die Chromatfällung fast vollständig erfolgt. In der qualitativen Analyse wird sie praktiziert.
Sind 1 % $SrCrO_4$ bereits ausgefallen, das entspricht 10^{-3} mol l^{-1} Sr^{2+}, enthält die Lösung noch

$c(Sr^{2+}) = (10^{-1} - 10^{-3})$ mol l^{-1} = 0,099 mol l^{-1}

Diesem Wert entspricht eine Chromat-Konzentration

$c(CrO_4^{2-}) = L(SrCrO_4)/c(Sr^{2+})$

$c(CrO_4^{2-}) = 3{,}6 \cdot 10^{-5}/0{,}099 = 3{,}636 \cdot 10^{-4}$ mol l^{-1}

Bei dieser Konzentration beträgt

$c(Ba^{2+}) = 8{,}5 \cdot 10^{-11}/3{,}636 \cdot 10^{-4} = 2{,}34 \cdot 10^{-7}$ mol l^{-1}

Mit Beginn der $SrCrO_4$-Fällung ändert sich die Ba^{2+}-Konzentration der Lösung nur noch minimal.

Übung 6.22

Eine Lösung enthält je 0,02 mol l^{-1} Fe^{2+}- und Mg^{2+}-Ionen. Es soll berechnet werden, ob die Ausfällung einer Ionensorte als Hydroxid zu einer quantitativen Trennung von Fe^{2+} und Mg^{2+} führt.
[$L(Fe(OH)_2 = 1{,}8 \cdot 10^{-15}$ mol³ l⁻³; $L(Mg(OH)_2 = 8{,}9 \cdot 10^{-12}$ mol³ l⁻³]

Da beide Hydroxide vom 1 : 2-Typ sind, kann ihre molare Löslichkeit an Hand ihrer *L*-Werte direkt verglichen werden. $Fe(OH)_2$ ist schwerer löslich als $Mg(OH)_2$ und fällt in Gegenwart von OH^--Ionen zuerst aus. Den pH-Wert, bei dem die $Fe(OH)_2$-Fällung beginnt, berechnet man wie folgt:

$$L(Fe(OH)_2) = c(Fe^{2+}) \cdot c^2(OH^-) = 0{,}02 \cdot c^2(OH^-)$$

$$c(OH^-) = (1{,}8 \cdot 10^{-15}/0{,}02)^{1/2} \text{ mol l}^{-1} = 3 \cdot 10^{-7} \text{ mol l}^{-1}$$

$$c(H^+) = K_W/c(OH^-) = 10^{-14}/3 \cdot 10^{-7} = 3{,}33 \cdot 10^{-8} \text{ mol l}^{-1}$$

$$pH = 7{,}47$$

Die Fällung gilt als quantitativ, wenn die Restkonzentration von $Fe^{2+} = 10^{-6}$ mol l^{-1} beträgt. Den erforderlichen pH-Wert erhält man aus:

$$c(OH^-) = [1{,}8 \cdot 10^{-15}/10^{-6}]^{1/2} = 4{,}24 \cdot 10^{-5} \text{ mol l}^{-1}$$

$$c(H^+) = 10^{-14}/4{,}24 \cdot 10^{-5} = 2{,}35 \cdot 10^{-10} \text{ mol l}^{-1}$$

$$pH = 9{,}62$$

Bei diesem pH-Wert beträgt der maximale Mg^{2+}-Gehalt der Lösung

$$c(Mg^{2+}) = L(Mg(OH)_2)/c^2(OH^-) = 8{,}9 \cdot 10^{-12}/(4{,}24 \cdot 10^{-5})^2$$

$$c(Mg^{2+}) = 0{,}49 \cdot 10^{-2} \text{ mol l}^{-1}$$

Da $c(Mg^{2+}) = 0{,}02$ mol $l^{-1} > 0{,}49 \cdot 10^{-2}$ mol l^{-1} ist, beginnt $Mg(OH)_2$ auszufallen, bevor die Fällung von $Fe(OH)_2$ beendet ist. Da bei $c(Fe^{2+}) = 0{,}02$ mol l^{-1} der Mg^{2+}-Gehalt höchstens $0{,}049 \cdot 10^{-2}$ mol l^{-1} sein darf, müßten sich für eine quantitative Trennung beide Konzentrationen wenigstens um den Faktor 200 unterscheiden.

Übung 6.23

Eine Lösung, die je 0,1 mol l^{-1} Iodid- und CrO_4^{2-}-Ionen enthält, wird allmählich mit $AgNO_3$-Lösung (c = 0,1 mol l^{-1}) versetzt.

a) Welcher Niederschlag fällt zuerst aus?
b) Welche Konzentration hat das erste Anion, wenn das zweite auszufallen beginnt?
c) Läßt sich unter Verwendung dieser Ergebnisse eine Methode zur quantitativen Bestimmung von Iodid vorschlagen?
d) Wenn ja, wie wäre sie im Hinblick auf eine quantitative Bestimmung von Bromid und Chlorid einzuschätzen?

L(AgCl)	$= 1{,}7 \cdot 10^{-10}$ mol² l⁻²	*weiß*
L(AgBr)	$= 5 \cdot 10^{-13}$ mol² l⁻²	*hellgelb*
L(AgI)	$= 8{,}5 \cdot 10^{-17}$ mol² l⁻²	*gelb*
L(Ag_2CrO_4)	$= 1{,}9 \cdot 10^{-12}$ mol³ l⁻³	*braunrot*

a) Es fällt zunächst die Verbindung aus, deren Ionenprodukt zuerst das Löslichkeitsprodukt überschreitet. Die dafür erforderlichen Ag^+-Konzentrationen erhalten wir aus

$$L(AgI) = c(Ag^+) \cdot c(I^-) = 8{,}5 \cdot 10^{-17}\ mol^2\ l^{-2}$$

$$c(I^-) \quad = 0{,}1\ mol\ l^{-1}$$

$$c(Ag^+) = L(AgI)/c(Cl^-) = 8{,}5 \cdot 10^{-17}/0{,}1 = 8{,}5 \cdot 10^{-16}\ mol\ l^{-1}$$

$$L(Ag_2CrO_4) = c^2(Ag^+) \cdot c(CrO_4^{2-}) = 1{,}9 \cdot 10^{-12}\ mol^3\ l^{-3}$$

$$c(CrO_4^{2-}) \quad = 0{,}1\ mol\ l^{-1}$$

$$c^2(Ag^+) \quad = L(Ag_2CrO_4)/c(CrO_4^{2-}) = 1{,}9 \cdot 10^{-12}/0{,}1 = 1{,}9 \cdot 10^{-11}\ mol^2\ l^{-2}$$

$$c(Ag^+) \quad = 4{,}4 \cdot 10^{-6}\ mol\ l^{-1}$$

Da für die Fällung von AgI eine um zehn Zehnerpotenzen geringere Ag^+-Konzentration ausreicht, fällt es zuerst aus.

b) Die Ag_2CrO_4-Fällung beginnt ab $c(Ag^+) = 4{,}4 \cdot 10^{-6}\ mol\ l^{-1}$. Wenn die Ag^+-Konzentration diesen Wert erreicht hat, enthält die Lösung noch

$$c(Ag^+) \cdot c(I^-) = 4{,}4 \cdot 10^{-6} \cdot c(I^-) \quad = 8{,}5 \cdot 10^{-17}\ mol^2\ l^{-2}$$

$$c(I^-) \quad = 8{,}5 \cdot 10^{-17}/4{,}4 \cdot 10^{-6} = 1{,}93 \cdot 10^{-11}\ mol\ l^{-1}$$

Die Fällung von Ag_2CrO_4 beginnt also erst, wenn die Iodid-Konzentration von $0{,}1\ mol\ l^{-1}$ auf $1{,}93 \cdot 10^{-11}\ mol\ l^{-1}$ abgesunken ist. Dieser Wert wird bereits erreicht, wenn $c(Ag^+)$ noch um einige Zehnerpotenzen höher liegt als am Äquivalenzpunkt von AgI, an dem $c(Ag^+) = 2{,}9 \cdot 10^{-8}\ mol\ l^{-1}$ beträgt.

c) Der Iodidgehalt einer Lösung läßt sich durch Titration mit $AgNO_3$-Lösung bestimmen, wenn der Lösung eine kleine Menge K_2CrO_4 zugesetzt wird. Da der braunrote Niederschlag von Ag_2CrO_4 erst auftritt, wenn die AgI-Fällung abgeschlossen ist, wirkt Ag_2CrO_4 als Indikator, der nach Erreichen des Äquivalenzpunktes „umschlägt". Etwas problematisch dabei sind:

1. Die Überlagerung der braunroten Farbe von Ag_2CrO_4 und der gelben Farbe von AgI erschwert die genaue Erkennung des Äquivalenzpunktes.
2. Der Ag^+-Überschuß, der für das erste Auftreten von Ag_2CrO_4 erforderlich ist, liegt – bezogen auf die dem Äquivalenzpunkt von AgI entsprechende Ag^+-Konzentration – relativ hoch.

d) Eine analoge Berechnung für AgCl ergibt, daß die Cl^--Konzentration der Lösung auf $3{,}9 \cdot 10^{-5}\ mol\ l^{-1}$ abnehmen muß, bevor die Fällung von Ag_2CrO_4 beginnt. Dieser Wert entspricht weitgehend $c(Cl^-) = 1{,}3 \cdot 10^{-5}\ mol\ l^{-1}$ für den Äquivalenzpunkt von AgCl, so daß sich Chlorid problemloser als Iodid bestimmen läßt. Hinzu kommt, daß keine Farbüberlagerung erfolgt. Für Bromid liegt der Überschuß an Ag^+-Ionen, der für die Ausfällung von Ag_2CrO_4 erforderlich ist, entsprechend der Löslichkeitsprodukte zwischen Chlorid und Iodid.

Übung 6.24

Die Wirkung gleichioniger Zusätze auf die Löslichkeit schwer löslicher Verbindungen ist am Einfluß des gleichionigen Zusatzes B auf die Löslichkeit des Elektrolyten A_mB_n in einer Gleichung zu verallgemeinern.

In Übung 6.1 wird gezeigt, daß sich aus dem Dissoziationsgleichgewicht von A_mB_n die Konzentrationsbeziehung

$$c(A_mB_n) = 1/m \cdot c(A^{n+})$$

ableiten läßt. Für $c(A^{n+})$ erhält man aus $L(A_mB_n) = c^m(A^{n+}) \cdot c^n(B^{m-})$ die Gleichung

$$c(A^{n+}) = [L(A_mB_n)/c^n(B^{m-})]^{1/m}$$

Division durch m ergibt unter Berücksichtigung der ersten Gleichung:

$$c(A_mB_n) = 1/m \cdot c(A^{n+}) = 1/m \cdot [L(A_mB_n)/c^n(B^{m-})]^{1/m}$$

Übung 6.25

Eine Lösung mit $Al(OH)_3$ als Bodenkörper soll für die weitere Aufarbeitung mit Pufferlösung versetzt werden. Darf man zu 100 ml Lösung mit 500 mg $Al(OH)_3$-Bodenkörper 100 ml einer Pufferlösung mit $c(CH_3COOH) = 0{,}3$ mol l^{-1} und $c(CH_3COONa) = 0{,}1$ mol l^{-1} geben, wenn maximal 15 mg $Al(OH)_3$ in Lösung gehen dürfen? Wie groß ist die Löslichkeitserhöhung durch den Pufferzusatz?

Zu berechnen ist, in welchem Ausmaß $CH_3COOH(aq)$ und $Al(OH)_3(s)$ durch Pufferzugabe miteinander reagieren können. Wir formulieren die Reaktion als Bruttogleichung

$$Al(OH)_3(s) + 3\,CH_3COOH(aq) \leftrightarrows Al^{3+}(aq) + 3\,CH_3COO^-(aq) + 3\,H_2O$$

und berechnen ihre Gleichgewichtskonstante aus den in Frage kommenden Teilreaktionen in der üblichen Weise (Kap.2):

$[Al(OH)_3]$ (s)	$\leftrightarrows Al^{3+}(aq) + 3\,OH^-(aq)$	$\vert \cdot 1$	$1\,pK_L$	$= 32{,}40$
$CH_3COOH + H_2O$	$\leftrightarrows CH_3COO^- + H_3O^+$	$\vert \cdot 3$	$3\,pK_s$	$= 14{,}13$
$H_3O^+ + OH^-$	$\leftrightarrows 2\,H_2O$	$\vert \cdot 3$	$-3\,pK_w$	$= -42{,}00$
$Al(OH)_3 + 3\,CH_3COOH$	$\leftrightarrows Al^{3+} + 3\,CH_3COO^- + 3\,H_2O$		pK_{ges}	$= 4{,}53$

Die Anwendung des MWG auf die Gesamtreaktion, die eine Säure-Base-Reaktion (Neutralisation) darstellt, ergibt:

$$c(Al^{3+}) \cdot c^3(CH_3COO^-)/c^3(CH_3COOH) = K_{ges} = 2{,}95 \cdot 10^{-5}\ \text{mol l}^{-1}$$

Auflösen des MWG-Ausdrucks nach $c(Al^{3+})$ und Einsetzen der gegebenen Werte unter Beachtung der eingetretenen Verdünnung (doppeltes Lösungsvolumen) führt zu:

$$c(Al^{3+}) = K_{ges} \cdot c^3(CH_3COOH)/c^3(CH_3COO^-) = 2{,}95 \cdot 10^{-5} \cdot 0{,}15^3/0{,}05^3$$

$$c(Al(OH)_3) = c(Al^{3+}) = 7{,}96 \cdot 10^{-4}\ \text{mol l}^{-1}$$

Mit $M(Al(OH)_3) = 78$ g mol^{-1} erhält man für den in Lösung gehenden Anteil $Al(OH)_3$ in Milligramm:

$$6{,}2 \cdot 10^{-2}\ \text{g}\ Al(OH)_3/\text{l} = 12{,}4\ \text{mg}\ Al(OH)_3/200\ \text{ml}$$

Da weniger als 15 mg in Lösung gehen, darf der Puffer verwendet werden. Ohne Pufferzusatz beträgt die Löslichkeit:

$$c(Al(OH)_3) = (L(Al(OH)_3/27)^{1/4} = 3{,}7 \cdot 10^{-9}\ \text{mol l}^{-1}$$

Die Konzentration an $Al(OH)_3$ ist in Gegenwart von Pufferlösung 215 000 mal höher.

Übung 6.26

Bei schwer löslichen Hydroxiden, wie z. B. $Zn(OH)_2$, $Al(OH)_3$, $Cr(OH)_3$ und $Sn(OH)_4$, ist zu beachten, daß sie Ampholyte sind und sich daher bei zu hoher OH^--Konzentration wieder merklich lösen können. Um dies zu vermeiden, werden Hydroxidfällungen in Pufferlösungen vorgenommen.

a) Für die Löslichkeit der Metallhydroxide $M(OH)_3$ in NH_3/NH_4^+-Pufferlösungen ist eine Beziehung zwischen $c(M(OH)_3)$ und $c(NH_3)$ sowie $c(NH_4^+)$ herzuleiten.

b) Die Gleichung ist so umzuformen, daß $c(M(OH)_3)$ direkt aus dem pH-Wert der Pufferlösung folgt.

a) In diesem Beispiel ist der Einfluß des Protolysengleichgewichtes der Pufferlösung

$$NH_3 + H_2O \leftrightarrows NH_4^+ + OH^-$$

auf das Lösungsgleichgewicht der Hydroxidfällungen

$$M(OH)_3(s) \leftrightarrows M^{3+}(aq) + 3\ OH^-(aq)$$

zu bestimmen. In den Ausdruck für das Löslichkeitsprodukt

$$L(M(OH)_3) = c(M^{3+}) \cdot c^3(OH^-)$$

wird die OH^--Konzentration eingesetzt, die aus der Anwendung des MWG auf das Protolysen-Gleichgewicht folgt:

$$c(OH^-) \quad = K_b(NH_3) \cdot c(NH_3)/c(NH_4^+)$$

$$L(M(OH)_3) = c(M^{3+}) \cdot [K_b(NH_3) \cdot c(NH_3)/c(NH_4^+)]^3$$

Da $c(M^{3+})$ der Konzentration von gelöstem $M(OH)_3$ entspricht, erhalten wir:

$$c(M(OH)_3) = L(M(OH)_3)/K_b^3(NH_3) \cdot (c(NH_4^+)/c(NH_3))^3 \qquad \text{(A)}$$

Aus Gleichung (A) folgt, daß die Löslichkeit der Hydroxide mit zunehmendem NH_4^+-Gehalt größer und mit zunehmendem NH_3-Gehalt kleiner wird. Da L und K_b Konstanten sind, ist der Quotient L/K_b^3 für jede Hydroxidfällung ebenfalls eine Konstante, die wir mit B bezeichnen wollen. Damit wird aus (A)

$$c(M(OH)_3) = B \cdot [c(NH_4^+)/c(NH_3)]^3$$

Wird diese Gleichung als

$$c(NH_4^+)/c(NH_3) = (c(M(OH)_3)/B)^{1/3}$$

formuliert, läßt sich für vorgegebene Werte von $c(Me(OH)_3)$ die günstigste Zusammensetzung des Puffers berechnen.

b) Für $c^3(NH_4^+)/c^3(NH_3)$ in Gleichung (A) kann nach der umgeformten Puffergleichung (Kap. 4)

$$c(H^+)/K_s = c(PS)/c(PB)$$

der Quotient $c^3(H^+)/K_s^3$ eingesetzt werden:

$c(M(OH)_3) = L(M(OH)_3) \cdot c^3(H^+)/K_b^3(NH_3) \cdot K_s^3(NH_4^+)$

(NH_4^+ = PS, NH_3 = PB). Mit den bekannten Beziehungen

$K_s \cdot K_b \quad = K_w = 10^{-14}\ mol^2\ l^{-2}$

$-\log c(H^+) = pH$

$-\log L \quad = pK_L$

$-\log K_w \quad = pK_w$

erhält man für die gesuchte Gleichung:

$c(M(OH)_3) \quad = L(M(OH)_3) \cdot c^3(H^+)/K_w^3$

$\log [c(M(OH)_3] = \log L(M(OH)_3) + 3 \log c(H^+) - 3 \log K_w$

$\log [c(M(OH)_3] = 42 - 3\ pH - pK_L$

Übung 6.27

Einschätzung der natürlichen Bedingungen für die Kalkstein-Ablagerungen ($CaCO_3$) aus Meerwasser. Der Ca^{2+}-Gehalt von Meerwasser wird mit 10^{-2} mol l^{-1}, sein pH-Wert mit 7,8 und der Gesamtgehalt an anorganischen Kohlenstoff-Verbindungen mit $2{,}35 \cdot 10^{-3}$ mol l^{-1} angegeben. Ergeben sich aus diesen natürlichen Bedingungen günstige Voraussetzungen für die Bildung von Kalkstein-Ablagerungen?

Zu $CaCO_3$-Ablagerungen kann es nur kommen, wenn

$L(CaCO_3) = c(Ca^{2+}) \cdot c(CO_3^{2-}) = 4{,}7 \cdot 10^{-9}\ mol^2\ l^{-2}$ (A)

überschritten wird. Da die Ca^{2+}-Konzentration im Meer konstant ist, kann $L(CaCO_3)$ nur durch die Konzentration der CO_3^{2-}-Ionen überschritten werden. CO_3^{2-}-Ionen sind über Gleichgewichtsreaktionen mit den anderen kohlenstoffhaltigen Teilchen HCO_3^-, CO_2 und H_2CO_3 verbunden. Die Lage der in Frage kommenden Gleichgewichte

$CO_3^{2-} + H_2O \leftrightharpoons HCO_3^- + OH^- \qquad K_b(CO_3^{2-}) = 2 \cdot 10^{-4}\ mol\ l^{-1}$ (B)

$HCO_3^- + H_2O \leftrightharpoons H_2CO_3 + OH^- \qquad K_b(HCO_3^-) = 2 \cdot 10^{-10}\ mol\ l^{-1}$ (C)

$H_2CO_3 \leftrightharpoons H_2O + CO_2 \qquad K = 10^2$ (D)

wird vom pH-Wert des Meerwassers und seinem Gehalt an gelösten und ständig entstehenden CO_2 geregelt (so entsteht CO_2 u.a. bei der Atmung von Muscheln). Da

$c(Ca^{2+}) = 10^{-2}\ mol\ l^{-1}$

beträgt, beginnt die Ausfällung von $CaCO_3$, wenn die CO_3^{2-}-Konzentration den Wert

$c(CO_3^{2-}) = L(CaCO_3)/c(Ca^{2+}) = 4{,}7 \cdot 10^{-9}/10^{-2} = 4{,}7 \cdot 10^{-7}\ mol\ l^{-1}$

überschreitet. Da die Summe der Konzentrationen

$c(CO_3^{2-}) + c(HCO_3^-) + c(CO_2) + c(H_2CO_3) = 2{,}35 \cdot 10^{-3}\ mol\ l^{-1}$

im Gegensatz zu den Summanden eine gegebene Konstante ist, erhält man mit den Werten $4{,}7 \cdot 10^{-7}$ mol l^{-1} und $2{,}35 \cdot 10^{-3}$ mol l^{-1} für das Gleichgewicht „$CaCO_3$-Bildung/$CaCO_3$-Zerfall" die Bedingung

$$c(CO_3^{2-})/[c(CO_3^{2-}) + c(HCO_3^-) + c(CO_2) + c(H_2CO_3)] = 2{,}0 \cdot 10^{-4} \qquad (E)$$

Nach Gleichung (B) ist $c(CO_3^{2-})$ von der OH^--Konzentration, also vom pH-Wert, abhängig. Aus der Gleichgewichtskonstanten für Reaktion (B)

$$K_b(CO_3^{2-}) = c(HCO_3^-) \cdot c(OH^-)/c(CO_3^{2-}) = c(HCO_3^-) \cdot c(OH^-)/4{,}7 \cdot 10^{-7}$$

folgt für $c(OH^-)$ die Beziehung

$$c(OH^-) = 2 \cdot 10^{-4} \cdot 4{,}7 \cdot 10^{-7}/c(HCO_3^-)$$

$$c(OH^-) = 9{,}4 \cdot 10^{-11}/c(HCO_3^-) \qquad (F)$$

Für die Berechnung von $c(OH^-)$ muß $c(HCO_3^-)$ bestimmt werden. $c(HCO_3^-)$ erhält man aus Gleichung (E), indem $c(CO_2)$ und $c(H_2CO_3)$ durch $c(HCO_3^-)$ ersetzt werden. Zu diesem Zweck wird in die Gleichgewichtskonstante der Reaktion (C)

$$c(H_2CO_3) \cdot c(OH^-)/c(HCO_3^-) = 2 \cdot 10^{-10} \text{ mol } l^{-1}$$

für $c(OH^-)$ Gleichung (F) eingesetzt:

$$c(H_2CO_3) \cdot 9{,}4 \cdot 10^{-11}/c^2(HCO_3^-) = 2 \cdot 10^{-10}$$

$$c(H_2CO_3) = 2{,}1 \cdot c^2(HCO_3^-) \qquad (G)$$

Analog erhält man durch Einsetzen von (G) in die Gleichgewichtskonstante der Reaktion (D):

$$c(CO_2)/c(H_2CO_3) = c(CO_2)/2{,}1\, c^2(HCO_3^-) = 10^2$$

$$c(CO_2) = 2{,}1 \cdot 10^2 \cdot c^2(HCO_3^-) \qquad (H)$$

Durch Einsetzen von (G) und (H) für $c(H_2CO_3)$ bzw. $c(CO_2)$ in Gleichung (E) folgt der Ausdruck

$$4{,}7 \cdot 10^{-7}/[4{,}7 \cdot 10^{-7} + c(HCO_3^-) + 2{,}1\, c^2(HCO_3^-) + 210\, c^2(HCO_3^-)] = 2{,}0 \cdot 10^{-4}$$

$$1/(212{,}1\, c^2(HCO_3^-) + c(HCO_3^-) + 4{,}7 \cdot 10^{-7}) = 434 \qquad (J)$$

Um die Verwendung von Näherungen zu üben, soll Gleichung (J) nach zwei Methoden behandelt werden:

1. Da $c(HCO_3^-)$ kleiner sein muß als die Gesamtkonzentration an kohlenstoffhaltigen Teilchen, gilt

   $$c(HCO_3^-) < 2{,}35 \cdot 10^{-3} \text{ mol } l^{-1}$$

   und für die potenzierten Werte von $c(HCO_3^-)$ in Gleichung (J)

   $$c^2(HCO_3^-) \sim 10^{-6} \text{ mol}^2\, l^{-2}$$

   Mit dieser Größenordnung kann $c^2(HCO_3^-)$ vernachlässigt und die Konzentration an HCO_3^- näherungsweise aus

   $$1/[c(HCO_3^-) + 4{,}7 \cdot 10^{-7}] = 434$$

   bestimmt werden. Man erhält

   $$c(HCO_3^-) = 2{,}30 \cdot 10^{-3} \text{ mol } l^{-1}$$

2. Ohne Näherung folgt aus (J) die quadratische Gleichung

$$212{,}1\ c^2(HCO_3^-) + c(HCO_3^-) - 2{,}3 \cdot 10^{-3} = 0$$

mit der chemisch sinnvollen Lösung (positive Werte für *c*)

$$c(HCO_3^-) = 1{,}69 \cdot 10^{-3}\ mol\ l^{-1}$$

Mit $c(HCO_3^-) = 2{,}3 \cdot 10^{-3}\ mol\ l^{-1}$ erhält man aus Gleichung (F)

$$c(OH^-) = 9{,}4 \cdot 10^{-11}/2{,}3 \cdot 10^{-3} = 4{,}08 \cdot 10^{-8}\ mol\ l^{-1}$$

und damit für die H^+-Konzentration

$$c(H^+) = K_w/c(OH^-) = 10^{-14}/4{,}08 \cdot 10^{-8} = 2{,}44 \cdot 10^{-7}\ mol\ l^{-1}$$

$$pH = 6{,}61$$

Analog berechnet man mit $c(HCO_3^-) = 1{,}69 \cdot 10^{-3}\ mol\ l^{-1}$ den Wert

$$pH = 6{,}74$$

Gemessen an der Problemstellung ist der Unterschied zwischen beiden pH-Werten gering. Damit es zur Fällung von $CaCO_3$ und somit zur Bildung von Kalkstein-Ablagerungen kommt, darf der pH-Wert somit nicht kleiner als 6,74 sein.
Mit einem pH-Wert von etwa 7,8 bietet Meerwasser günstige Bedingungen für die Abscheidung von $CaCO_3$.

Übung 6.28
Es soll verhindert werden, daß aus einer Lösung mit 0,025 mol l^{-1} Fe^{2+} *und 0,03 mol* l^{-1} NH_3 *Eisen als* $Fe(OH)_2$ *ausfällt. Bei welcher Mindestkonzentration an* NH_4^+*-Ionen wird die Fällung von* $Fe(OH)_2$ *unterbunden?*
[$L(Fe(OH)_2 = 1{,}8 \cdot 10^{-15}\ mol^3\ l^{-3}$*;* $Kb(NH_3) = 1{,}8 \cdot 10^{-5}\ mol\ l^{-1}$*]*

Mit dem Löslichkeitsprodukt von $Fe(OH)_2$ wird die OH^--Konzentration berechnet, bei der 0,025 mol Fe^{2+}-Ionen noch in Lösung bleiben:

$$L(Fe(OH)_2) = c(Fe^{2+}) \cdot c^2(OH^-) = 0{,}025 \cdot c^2(OH^-) = 1{,}8 \cdot 10^{-15}\ mol^3\ l^{-3}$$

$$c(OH^-) = (1{,}8 \cdot 10^{-15}/0{,}025)^{1/2} = 2{,}68 \cdot 10^{-7}\ mol\ l^{-1}$$

Solange $c(OH^-)$ diesen Wert nicht überschreitet, erfolgt auch keine Fällung von $Fe(OH)_2$. Die OH^--Konzentration läßt sich durch Zugabe eines NH_4^+-Salzes aufgrund der Protolysen-Reaktion

$$NH_3 + H_2O \leftrightarrows NH_4^+ + OH^-$$

so einstellen, daß der Wert $c(OH^-) = 2{,}68 \cdot 10^{-7}\ mol\ l^{-1}$ nicht überschritten wird. Die erforderliche NH_4^+-Konzentration erhält man aus:

$$c(NH_4^+) \cdot c(OH^-)/c(NH_3) = 1{,}8 \cdot 10^{-5}\ mol\ l^{-1}$$

$$c(NH_4^+) = (1{,}8 \cdot 10^{-5}) \cdot 0{,}03/2{,}68 \cdot 10^{-7} = 2{,}01\ mol\ l^{-1}$$

Übung 6.29
Eine Lösung mit 0,35 mol l^{-1} Bi^{3+}*-Ionen und pH = 0,6 wird mit* H_2S *gesättigt.*
a) Welche Restkonzentration an Bi^{3+}*-Ionen verbleibt in der Lösung, wenn die bei der Fällung aus* H_2S *freigesetzten* H^+*-Ionen berücksichtigt werden?*

b) Wie groß ist $c(Bi^{3+})$, wenn der aus H_2S stammende H^+-Anteil vernachlässigt wird?

c) Unter welcher Voraussetzung darf diese Näherung verwendet werden?
[$L(Bi_2S_3) = 1{,}6 \cdot 10^{-72}$ mol^5 l^{-5}; $K_s(H_2S) = 1{,}1 \cdot 10^{-21}$ mol l^{-1}]

a) Der Sulfidfällung entspricht die Reaktionsgleichung

$$2\ Bi^{3+}(aq) + 3\ H_2S(aq) \leftrightarrows Bi_2S_3(s) + 6\ H^+(aq)$$

Aus der Gleichung folgt, daß bei Fällung von 2 mol Bi^{3+} 6 mol H^+ entstehen. Bezogen auf 0,35 mol Bi^{3+} werden darum 1,05 mol l^{-1} H^+-Ionen freigesetzt. Da das pH dem Wert $c(H^+) = 0{,}25$ mol l^{-1} entspricht, enthält die Lösung nach der Fällung

$$c(H^+) = (0{,}25 + 1{,}05)\ \text{mol l}^{-1} = 1{,}30\ \text{mol l}^{-1}$$

Für diese H^+-Konzentration fordert das Protolysen-Gleichgewicht von H_2S eine S^{2-}-Konzentration von:

$$c^2(H^+) \cdot c(S^{2-})/c(H_2S) = K_s(H_2S) = 1{,}1 \cdot 10^{-21}\ \text{mol l}^{-1}$$

$$c(S^{2-}) = 1{,}1 \cdot 10^{-22}/1{,}30^2 = 6{,}5 \cdot 10^{-23}\ \text{mol l}^{-1}$$

Man erhält mit diesem Wert für $c(Bi^{3+})$:

$$L(Bi_2S_3) = c^2(Bi^{3+}) \cdot c^3(S^{2-}) = 1{,}6 \cdot 10^{-72}\ \text{mol}^5\ \text{l}^{-5}$$

$$c(Bi^{3+}) = (L(Bi_2S_3)/c^3(S^{2-}))^{1/2} = 2{,}41 \cdot 10^{-3}\ \text{mol l}^{-1}$$

b) Ohne Berücksichtigung der aus H_2S freigesetzen H^+-Ionen beträgt die Konzentration an Bi^{3+}-Ionen:

$$c(S^{2-}) = 1{,}1 \cdot 10^{-22}/0{,}25^2 = 1{,}76 \cdot 10^{-21}\ \text{mol l}^{-1}$$

$$c(Bi^{3+}) = (1{,}6 \cdot 10^{-72}/(1{,}76 \cdot 10^{-21})^3)^{1/2} = 1{,}71 \cdot 10^{-5}\ \text{mol l}^{-1}$$

Eine Vernachlässigung des aus H_2S freigesetzten H^+-Anteils ist in diesem Falle nicht zulässig, da die Abweichung vom tatsächlichen Wert ganz erheblich ist. Nur für sehr verdünnte Metallsalz-Lösungen kann näherungsweise nach b) gerechnet werden. Für Fällungen aus konzentrierteren Lösungen ist stets der aus H_2S freigesetzte Anteil zu berücksichtigen

Übung 6.30

Durch welche Mindestkonzentration an H^+-Ionen wird eine Fällung von MnS aus einer Lösung mit $c(Mn^{2+}) = 0{,}30$ mol l^{-1} verhindert, selbst wenn die Lösung mit H_2S gesättigt wird? [$L(MnS) = 7 \cdot 10^{-16}$ mol^2 l^{-2}; $c(H_2S) = 0{,}1$ mol l^{-1}]

Da $c(Mn^{2+})$ gegeben ist, wird zunächst die Konzentration von S^{2-} berechnet, die nicht überschritten werden darf. Aus

$$c(Mn^{2+}) \cdot c(S^{2-}) = L(MnS) = 7 \cdot 10^{-16}\ \text{mol}^2\ \text{l}^{-2}$$

folgt mit dem gegebenen Wert $c(Mn^{2+}) = 0{,}30$ mol l^{-1}

$$c(S^{2-}) = 7 \cdot 10^{-16}/0{,}30 = 2{,}33 \cdot 10^{-15}\ \text{mol l}^{-1}$$

Im Protolysen-Gleichgewicht von H_2S entspricht diesem Wert eine H^+-Konzentration von

$$c(H^+) = [K_s(H_2S) \cdot c(H_2S)/c(S^{2-})]^{1/2} = [1{,}1 \cdot 10^{-7}/2{,}33]^{1/2}$$

$$c(H^+) = 2{,}17 \cdot 10^{-4} \text{ mol l}^{-1}$$

Ist der pH-Wert < 3,66, erfolgt keine Ausfällung von MnS.

Übung 6.31

In 200 ml einer gesättigten H_2S-Lösung befindet sich ein Bodenkörper von 3 g NiS. Welchen pH-Wert muß man der Lösung geben, damit NiS vollständig in Lösung geht?
[$L(NiS) = 3 \cdot 10^{-21}$ mol^2 l^{-2}; $M(NiS) = 90{,}8$ g mol^{-1}; $K_s(H_2S) = 1{,}1 \cdot 10^{-21}$ mol l^{-1}]

3 g NiS sind $3{,}3 \cdot 10^{-2}$ mol NiS. Gelöst in 200 ml entspricht das einer Stoffmengenkonzentration von

$$c(Ni^{2+}) = 3{,}3 \cdot 10^{-2} \cdot 5 = 0{,}1652 \text{ mol l}^{-1}$$

$$c(S^{2-}) = 3{,}3 \cdot 10^{-2} \cdot 5 = 0{,}1652 \text{ mol l}^{-1}$$

Es muß soviel Säure hinzugefügt werden, bis $c(S^{2-})$ der Gleichgewichtsbedingung

$$c(Ni^{2+}) \cdot c(S^{2-}) = 0{,}1652 \cdot c(S^{2-}) = 3 \cdot 10^{-21} \text{ mol}^2 \text{ l}^{-2} = L(\text{NiS})$$

$$c(S^{2-}) = 3 \cdot 10^{-21}/0{,}1652 = 1{,}82 \cdot 10^{-20} \text{ mol l}^{-1}$$

entspricht. Säurezugabe bewirkt gemäß

$$S^{2-} + H^+ \longrightarrow HS^- + H^+ \longrightarrow H_2S$$

eine Verringerung der S^{2-}-Konzentration aufgrund der Bildung von flüchtigem H_2S. Die benötigte Menge an H^+-Ionen ergibt sich aus der H^+-Abhängigkeit der S^{2-}-Konzentration:

$$c(S^{2-}) = K_s(H_2S) \cdot c(H_2S)/c^2(H^+)$$

Mit $c(H_2S) = 0{,}1$ mol l^{-1} für eine gesättigte H_2S-Lösung und
$c(S^{2-}) = 1{,}82 \cdot 10^{-20}$ mol l^{-1} erhält man:

$$c(H^+) = (1{,}1 \cdot 10^{-22}/1{,}82 \cdot 10^{-20})^{1/2} = 7{,}77 \cdot 10^{-2} \text{ mol l}^{-1}$$

$$\text{pH} = 1{,}11$$

Übung 6.32

Aus einer Lösung mit je 0,20 mol l^{-1} Zn^{2+}- und Cd^{2+}-Ionen soll das giftige Cadmium durch Sättigung der Lösung mit H_2S als CdS entfernt werden. Bei welchem pH-Wert erfolgt eine quantitative Trennung?
[$L(CdS) = 10^{-28}$ mol^2 l^{-2}; $L(ZnS) = 2{,}5 \cdot 10^{-22}$ mol^2 l^{-2}]

Beide Ionensorten ergeben mit H_2S schwer lösliches Sulfid. Aus dem Vergleich der *L*-Werte folgt, daß CdS um mehrere Größenordnungen schwerer löslich als ZnS ist. Bei einer Konzentration von 0,2 mol l^{-1} Metallionen erfolgt Fällung, wenn S^{2-} folgende Werte überschreitet:

CdS: $c(Cd^{2+}) \cdot c(S^{2-}) = 0{,}2 \cdot c(S^{2-}) = 10^{-28}\ mol^2\ l^{-2}$

$c(S^{2-}) = 10^{-28}/0{,}2 = 5 \cdot 10^{-28}\ mol\ l^{-1}$

ZnS: $c(Zn^{2+}) \cdot c(S^{2-}) = 0{,}2 \cdot c(S^{2-}) = 2{,}5 \cdot 10^{-22}\ mol^2\ l^{-2}$

$c(S^{2-}) = 2{,}5 \cdot 10^{-22}/0{,}2 = 1{,}25 \cdot 10^{-21}\ mol\ l^{-1}$

Bei einem pH-Wert, dem $c(S^{2-}) = 1{,}25 \cdot 10^{-21}\ mol\ l^{-1}$ entspricht, fällt noch kein ZnS aus, während CdS quantitativ gefällt wird und $c(Cd^{2+})$ nur noch

$c(Cd^{2+}) = L(CdS)/c(S^{2-}) = 10^{-28}/1{,}25 \cdot 10^{-21} = 8 \cdot 10^{-8}\ mol\ l^{-1}$

beträgt. Das entspricht einer Restkonzentration an Cd^{2+} von $9 \cdot 10^{-3}\ mg\ l^{-1}$. Um $c(S^{2-}) = 1{,}25 \cdot 10^{-21}\ mol\ l^{-1}$ zu erhalten, muß die Lösung so angesäuert werden, daß

$c(H^+) = (K_s(H_2S) \cdot c(H_2S)/c(S^{2-}))^{1/2} = (1{,}1 \cdot 10^{-22}/1{,}25 \cdot 10^{-21})^{1/2}$

$c(H^+) = 0{,}296\ mol\ l^{-1}$

pH $= 0{,}52$

wird. Bei pH = 0,52 erfolgt eine quantitative Cd/Zn-Trennung.

Übung 6.33

CuS wird mit einer H_2O_2-Lösung ($c = 0{,}01\ mol\ l^{-1}$), deren pH-Wert = 2 beträgt, versetzt. Man stellt fest, daß dabei CuS in Lösung geht und gleichzeitig elementarer Schwefel entsteht. Die Löslichkeit von CuS in H_2O_2-Lösung ($c = 0{,}01\ mol\ l^{-1}$) soll berechnet werden.

Aus der Beobachtung folgt, daß die CuS-Auflösung mit einer Redoxreaktion verbunden ist, bei der S^{2-}-Ionen zu Schwefel oxidiert und H_2O_2 zu H_2O reduziert werden. Die Bruttoreaktion läßt sich als Summe der beiden Gleichgewichtsreaktionen

CuS(s)	$\leftrightarrows Cu^{2+}(aq) + S^{2-}(aq)$	$pK_L(CuS) = 36{,}1$
$S^{2-} + H_2O_2 + 2\ H^+$	$\leftrightarrows 2\ H_2O + S(s)$	$pK_{Redox} = x$
$CuS(s) + H_2O_2 + 2H^+$	$\leftrightarrows Cu^{2+}(aq) + 2\ H_2O + S(s)$	$pK_{ges.} = ?$

auffassen. Für ihren Gleichgewichtsexponenten gilt

$pK_{ges} = pK_L(CuS) + pK_{Redox}$

Die Berechnung von pK_{Redox} erfolgt nach (s. Kap. 5)

$\log K_{Redox} = \Delta E° \cdot n/0{,}059 = (E°(K) - E°(A)) \cdot n/0{,}059$

Mit $E°(H_2O_2/2\ H_2O) = 1{,}776$ V für $E°(K)$ und $E°(S/S^{2-}) = 0{,}142$ V für $E°(A)$ erhält man

$\log K_{Redox} = (1{,}776 - 0{,}142) \cdot 2/0{,}059 = 55{,}38$

und aufgrund von $pK_{Redox} = -\log K_{Redox}$ für

$pK_{Redox} = -55{,}38$

Damit ergibt sich für die Bruttoreaktion

$pK_{ges.} = 36{,}1 - 55{,}38 = -19{,}29$

Wendet man das MWG auf die Bruttoreaktion an und berücksichtigt dabei, daß $c(Cu^{2+})$ gleich der Löslichkeit des Kupfersulfids sein muß, erhält man:

$$c(Cu^{2+})/[c(H_2O_2) \cdot c^2(H^+)] = K_{ges.} = 1{,}95 \cdot 10^{19}\ (mol^2\ l^{-2})^{-1}$$

$$c(Cu^{2+}) = 1{,}95 \cdot 10^{19} \cdot 0{,}01 \cdot (10^{-2})^2\ mol\ l^{-1}$$

$$c(Cu^{2+}) = 1{,}95 \cdot 10^{13}\ mol\ l^{-1}$$

Das Ergebnis ist praktisch nicht realisierbar (10^{13} mol l^{-1}!), es ist vielmehr so zu interpretieren, daß CuS von einer verdünnten H_2O_2-Lösung vollständig gelöst wird.

Übung 6.34

Im Trennungsgang müssen Sulfidfällungen oft wieder gelöst werden. Das geschieht vorwiegend in einem oxidierenden Medium, in dem der Schwefel mitunter in kolloider Form entsteht. Es sollen 20 mg HgS in 200 ml einer oxidierenden Lösung vollständig gelöst werden. Wie groß muß das Redoxpotential im Reaktionssystem mindestens sein?
[$L(HgS) = 1{,}6 \cdot 10^{-54}\ mol^2\ l^{-2}$; $M(HgS) = 232{,}7\ g\ mol^{-1}$]

Die Auflösung von HgS erfolgt, indem die S^{2-}-Ionen ständig aus dem Lösegleichgewicht

$$HgS(s) \leftrightarrows Hg^{2+}(aq) + S^{2-}(aq) \qquad (A)$$

aufgrund ihrer Oxidation zu elementarem Schwefel gemäß

$$S^{2-} \leftrightarrows S(s) + 2e^- \qquad (B)$$

entfernt werden. Die erneute Gleichgewichtseinstellung durch Abgabe von S^{2-}-Ionen aus dem Niederschlag führt zu seiner Auflösung. Zu berechnen ist das Redoxpotential, das die vollständige Oxidation der in 20 mg HgS enthaltenen S^{2-}-Ionen garantiert. Die Nernstsche Gleichung ergibt für Reaktion (B):

$$E = E° + 0{,}059/2 \cdot [\log 1/c(S^{2-})] \qquad (C)$$

Die Konzentration an S^{2-}-Ionen folgt aus dem Löslichkeitsprodukt der Reaktion (A):

$$c(S^{2-}) = L(HgS)/c(Hg^{2+}) \qquad (D)$$

Da HgS quantitativ gelöst werden soll, beträgt $c(Hg^{2+})$ nach vollständiger Auflösung von 20 mg HgS :

$$c(Hg^{2+}) = m(HgS)/[M(HgS) \cdot V] = 2 \cdot 10^{-2} g/[232{,}7\ g\ mol^{-1} \cdot 0{,}2\ l] \qquad (E)$$

$$c(Hg^{2+}) = 4{,}3 \cdot 10^{-4}\ mol\ l^{-1}$$

Diesen Wert in Gleichung (D) eingesetzt, ergibt für

$$c(S^{2-}) = 1{,}6 \cdot 10^{-54}/4{,}3 \cdot 10^{-4} = 3{,}72 \cdot 10^{-51}\ mol\ l^{-1}$$

und somit für das Redoxpotential

$$E = E° + 0{,}0295 \log (1/3{,}72 \cdot 10^{-51})$$

$$E = E° + 1{,}49\ V$$

Die Reaktion kann in saurer oder basischer Lösung erfolgen. Mit $E°(S/H_2S)$ = 0,142 V für saure und $E°(S/S^{2-})$ = –0,45 V für basische Lösungen erhält man schließlich

E = 1,632 V (in sauren Lösungen)

E = 1,040 V (in basischen Lösungen)

In alkalischer Lösung erfolgt dabei allerdings häufig Fällung der aus den Sulfiden freigesetzten Metallkationen als schwerlösliche Hydroxide. Das für die vollständige Auflösung erforderliche Redoxpotential ist von der Menge des zu lösenden Sulfidniederschlages und vom Volumen der Lösung abhängig. Die entsprechende Gleichung ergibt sich aus (C) unter Berücksichtigung von (D) und (E):

$$E = E° + 0{,}059/n \cdot \log\,(m(\mathrm{HgS})/[M(\mathrm{HgS}) \cdot V \cdot L(\mathrm{HgS})])$$

Aufgaben:

Bei einigen Aufgaben werden keine tabellierten Werte angegeben, sie sind dem Anhang zu entnehmen.

6.1 Welches von den Salzen $CaCl_2$, $CaCl_2 \cdot 6\,H_2O$, $CuSO_4$ und $CuSO_4 \cdot 5\,H_2O$ ergibt eine exotherme und welches eine endotherme Lösereaktion?

6.2 Beim Zusammengeben von $PbCl_2$- und Na_2CrO_4-Lösung entsteht schwer lösliches Bleichromat. Formulieren Sie die Bruttogleichung (allgemeine Gleichung), Ionengleichung und Netto-Ionen-Gleichung der Reaktion!

6.3 Wie läßt sich eine übersättigte Lösung am einfachsten in ihren thermodynamisch stabilen Zustand bringen?

6.4 Für viele Berechnungen verwendet man als Näherung an Stelle der Aktivitäten die Konzentrationen der Ionen. Läßt sich diese Näherung auch auf die Berechnung von schwer löslichen Verbindungen anwenden?

6.5 Worauf beziehen sich Löslichkeitsangaben von Salzen?

6.6 Formulieren Sie das Löslichkeitsprodukt für
a) Bi_2S_3, b) $Ca_3(PO_4)_2$, c) $Mg(NH_4)PO_4$, d) CaC_2O_4,
e) $Ag_2C_2O_4$, f) $K_2[PtCl_6]$ und g) $BaCrO_4$!

6.7 Formulieren Sie Fällungsgleichgewicht und Löslichkeitsprodukt für Hg_2Cl_2, Hg_2CO_3 und HgS!
a) Was ist bei der Dissoziation von Quecksilbersalzen zu beachten?
b) Welche Verbindungen würden Sie bezüglich ihrer Löslichkeit ohne Berechnung direkt vergleichen?
c) Berechnen Sie die molare Löslichkeit der Substanzen!

6.8 Lassen sich alle folgenden Verbindungen allein an Hand ihrer pK_L-Werte nach abnehmender molarer Löslichkeit ordnen? Für welche Verbindungen ist eine Berechnung erforderlich? Ordnen Sie die Verbindungen nach abnehmender molarer Löslichkeit:

Verbindung	pK_L	Verbindung	pK_L
$BaCO_3$	8,80	AgSCN	12,00
$BaCrO_4$	10,10	$AgIO_3$	7,70
$KClO_4$	2,05	$SrSO_4$	6,20

6.9 Ordnen Sie folgende Verbindungen nach zunehmender molarer Löslichkeit:

Verbindung	L	Verbindung	L
$Al(OH)_3$	$5{,}0 \cdot 10^{-33}$	HgS	$1{,}6 \cdot 10^{-54}$
$PbCO_3$	$1{,}5 \cdot 10^{-15}$	Bi_2S_3	$1{,}6 \cdot 10^{-72}$
$Pb_3(PO_4)_2$	$1{,}0 \cdot 10^{-54}$	$Co(OH)_3$	$2{,}5 \cdot 10^{-43}$
Ag_2S	$5{,}5 \cdot 10^{-51}$	$Sn(OH)_2$	$3{,}0 \cdot 10^{-27}$

a) Welche Verbindungen lassen sich direkt vergleichen?
b) Bei welchen Verbindungen ist die Voraussetzung einer vollständigen Dissoziation nicht mehr in vollem Umfang gegeben?

6.10 Das Löslichkeitsprodukt von $Sr_3(PO_4)_2$ beträgt bei 25 °C 10^{-31} mol^5 l^{-5}. Wie groß sind die Konzentrationen von Sr^{2+}- und PO_4^{3-}-Ionen in gesättigter Lösung?

6.11 Eine bei 25 °C gesättigte Lösung von Ag_2SO_4 enthält in einem Liter 3,10 g Silber. Wie groß ist $L(Ag_2SO_4)$?

6.12 Die molare Löslichkeit eines Salzes $A_3(BO_4)_2$ beträgt $8{,}9 \cdot 10^{-9}$ mol l^{-1}. Wie groß ist sein Löslichkeitsprodukt?

6.13 Läßt sich aus einer Lösung, die ein einziges Hg^{2+}-Ion pro Liter enthält, noch HgS fällen?

6.14 Welches Hydroxid besitzt die geringste Löslichkeit?

Hydroxid	pK_L	Hydroxid	pK_L
$Cu(OH)_2$	18,8	AgOH	7,7
$Cr(OH)_3$	30,2	$Sn(OH)_2$	26,5

6.15 Wieviel Milligramm Silber befinden sich in einer Lösung, die durch Zusammengeben von 300 ml $AgNO_3$-Lösung (c = 0,1 mol l^{-1}) und 400 ml NaCl-Lösung (c = 0,2 mol l^{-1}) entsteht?

6.16 Zu 100 ml einer KBr-Lösung wird 1 ml $AgNO_3$-Lösung ($c = 10^{-3}$ mol l^{-1}) gegeben, ohne daß AgBr ausfällt. Welchen Wert unterschreitet die Br^--Konzentration der Lösung? [$L(AgBr) = 5 \cdot 10^{-13}$ mol^2 l^{-2}]

6.17 Wieviel mol Mn^{2+}-Ionen lösen sich in 1 l einer Lösung mit pH = 12?
[$L(Mn(OH)_2) = 2 \cdot 10^{-13}$ mol^2 l^{-2}]

6.18 Wieviel Gramm NaOH würden ausreichen, um in einem Liter $FeCl_3$-Lösung ($c = 0{,}005$ mol l^{-1}) eine $Fe(OH)_3$-Fällung auszulösen? [$L(Fe(OH)_3) = 6 \cdot 10^{-38}$ $mol^4\ l^{-4}$]

6.19 Wieviel Liter einer $SrCl_2$-Lösung ($c = 0{,}1$ mol l^{-1}) würde man benötigen, um ebensoviel $SrSO_4$ aufzulösen wie sich in einem Liter reinem Wasser lösen läßt?

6.20 Das pH einer gesättigten Lösung von $Mn(OH)_2$ beträgt 9,86.
a) Wie groß ist das Löslichkeitsprodukt von $Mn(OH)_2$?
b) Kann der berechnete Wert auch kleiner als der über die molare Löslichkeit von $Mn(OH)_2$ bestimmte Wert sein?
c) Wenn ja, was schließen Sie daraus?

6.21 Bei Zugabe von NaOH zu einer $Mg(OH)_2$-Lösung ($c = 0{,}1$ mol l^{-1}) beginnt $Mg(OH)_2$ auszufallen. Welchen pH-Wert hat die Lösung in diesem Moment erreicht? [$L(Mg(OH)_2) = 8{,}9 \cdot 10^{-12}$ $mol^3\ l^{-3}$]

6.22 Eine Fällung gilt als vollständig, wenn die Restkonzentration des zu bestimmenden Ions 10^{-6} mol l^{-1} beträgt. Bei welchem pH-Wert ist die Fällung von $Mg(OH)_2$ abgeschlossen?

6.23 Sie stellen fest, daß die Fällung von $Ni(OH)_2$ aus einer $NiCl_2$-Lösung erst bei einem pH-Wert von 8,1 beginnt. Wie groß ist der Nickel-Gehalt der Lösung? [$L(Ni(OH)_2) = 1{,}6 \cdot 10^{-16}$ $mol^3\ l^{-3}$]

6.24 Entwickeln Sie für Hydroxid-Fällungen des Typs $Me(OH)_3$ eine Gleichung für den Zusammenhang zwischen dem pH-Wert des Fällungsbeginns und der Konzentration der zu fällenden Metallionen!

6.25 Wieviel Wasser ist erforderlich, um aus 10 g $Ba_3(PO_4)_2$ bei 25 °C eine gesättigte Lösung (ohne Bodenkörper) herzustellen? [$L(Ba_3(PO_4)_2) = 6 \cdot 10^{-39}$ $mol^5\ l^{-5}$]

6.26 Die Löslichkeit der Erdalkali-Sulfate verringert sich vom löslichen $BeSO_4$ zum schwerlöslichen $BaSO_4$ um mehrere Zehnerpotenzen bei nur geringer Änderung ihrer Gitterenergie. Welchen Schluß ziehen Sie daraus in Bezug auf die Hydratationsenthalpien der betreffenden Kationen?

6.27 Gewässer enthalten CO_3^{2-}-Ionen, so daß ihr Ca^{2+}-Gehalt aufgrund von $CaCO_3$-Fällung sehr gering sein sollte. Läßt sich die relativ hohe Ca^{2+}-Konzentration vieler Gewässer mit Hilfe von gelöstem „Luft-CO_2" erklären?

6.28 Formulieren Sie die Bildung von Fe(III)-hydroxid, Calciumoxalat und Quecksilber(I)-chromat in der für Fällungsreaktionen üblichen Weise.

6.29 Gelingt es, eine Ionenart eines schwer löslichen Salzes vollständig aus der Lösung zu entfernen, indem man kontinuierlich die Konzentration der anderen erhöht?

6.30 Wie lautet das Löslichkeitsprodukt von Ag_3PO_4, wenn die Löslichkeit in $a \cdot g\ l^{-1}$ angegeben ist?

6.31 Eine gesättigte Lösung von $PbSO_4$ enthält 5,9 mg Blei in 250 ml Wasser. Wie groß ist das Löslichkeitsprodukt von $PbSO_4$? [$M(PbSO_4) = 303\ g\ mol^{-1}$]

6.32 Die colorimetrische Phosphat-Bestimmung einer gesättigten $Sr_3(PO_4)_2$-Lösung ergab $2{,}35 \cdot 10^{-2}$ mg PO_4^{3-} pro 1000 ml.
a) Wieviel mg Sr sind in 1000 ml Lösung enthalten?
b) Welchen Wert hat das Löslichkeitsprodukt von $Sr_3(PO_4)_2$?
[$M(Sr_3(PO_4)_2) = 452{,}8\ g\ mol^{-1}$]

6.33 Lassen sich aus einer gesättigten Bleiphosphat-Lösung noch Pb^{2+}-Ionen durch Zugabe von H_2SO_4 fällen?

6.34 Geben Sie für das Salz AB das Konzentrationsverhältnis seiner Ionen $c(A^+) : c(B^-)$ an, bei der es seine größte Löslichkeit hat!

6.35 Zu 120 ml einer NaCl-Lösung ($c = 10^{-3}\ mol\ l^{-1}$) werden 240 ml $AgNO_3$-Lösung ($c = 10^{-5}\ mol\ l^{-1}$) gegeben. Berechnen Sie, ob AgCl ausfällt!

6.36 Berechnen Sie die Ionenkonzentrationen nach Sättigung von
a) $MgCl_2$-Lösung ($c = 0{,}1\ mol\ l^{-1}$) mit $MgCO_3$,
b) $NiCl_2$-Lösung ($c = 0{,}1\ mol\ l^{-1}$) mit $NiCO_3$,
c) $CdCl_2$-Lösung ($c = 0{,}1\ mol\ l^{-1}$) mit $CdCO_3$.
d) Vergleichen Sie die Löslichkeit der Fällungen in den Chloridlösungen mit der in reinem Wasser. Geben Sie Faktoren an!
$pK_L(MgCO_3) = 5$; $pK_L(NiCO_3) = 6{,}85$; $pK_L(CdCO_3) = 11{,}3$
e) Welchen Zusammenhang zwischen Löslichkeit von schwer löslichen Verbindungen und Löslichkeitsbeeinflussung durch Zusätze erkennen Sie?

6.37 Ab welcher Fluorid-Konzentration beginnt CaF_2 aus einer gesättigten $CaSO_4$-Lösung auszufallen?
[$L(CaSO_4) = 2{,}4 \cdot 10^{-5}\ mol^2\ l^{-2}$; $L(CaF_2) = 3{,}9 \cdot 10^{-11}\ mol^3\ l^{-3}$]

6.38 Aus einer Lösung mit $0{,}11\ mol\ l^{-1}\ Mg^{2+}$- und $0{,}45\ mol\ l^{-1}\ NH_4^+$-Ionen soll $Mg(OH)_2$ gefällt werden. Welche Mindestkonzentration an NH_3 ist erforderlich?

6.39 Eine Lösung enthält die Ionen Na^+, Sr^{2+} und $C_2O_4^{2-}$. Ermittelt wurden die Konzentrationen $c(Na^{2+}) = 3 \cdot 10^{-2}\ mol\ l^{-1}$ und $c(C_2O_4^{2-}) = 1{,}5 \cdot 10^{-2}\ mol\ l^{-1}$. Welchen Wert hat $c(Sr^{2+})$?

6.40 Nach Fällung von AgCl wird die gesättigte Lösung abfiltriert und mit NaBr versetzt. Wieviel mg NaBr lassen sich maximal lösen, ohne daß eine Fällung von AgBr eintritt?
[$L(AgCl) = 1{,}7 \cdot 10^{-10}\ mol^2\ l^{-2}$; $L(AgBr) = 5 \cdot 10^{-13}\ mol^2\ l^{-2}$]

6.41 Berechnen Sie die Konzentrationen von Na^+, $C_2O_4^{2-}$, Ba^{2+} und Cl^- in einer Lösung, die durch Vermischen von 100 ml $Na_2C_2O_4$-Lösung (c = 0,25 mol l^{-1}) und 150 ml $BaCl_2$-Lösung (c = 0,15 mol l^{-1}) entsteht!
[$L(BaC_2O_4) = 1{,}5 \cdot 10^{-8}$ mol^2 l^{-2}]

6.42 Welchen pH-Wert muß eine Lösung mit je 0,15 mol l^{-1} Cu^{2+} und Mg^{2+} haben, damit eine Ionensorte quantitativ als Hydroxid ausfällt und die andere vollständig in Lösung bleibt?
[$L(Mg(OH)_2) = 8{,}9 \cdot 10^{-12}$ mol^3 l^{-3}; $L(Cu(OH)_2) = 1{,}6 \cdot 10^{-19}$ mol^3 l^{-3}]

6.43 Kommt es zur Fällung von BaF_2, wenn 50 ml mit
$c(Ba(NO_3)_2) = 0{,}05$ mol l^{-1} und 50 ml mit
$c(NaF) = 0{,}025$ mol l^{-1} vermischt werden?
[$L(BaF_2) = 2{,}4 \cdot 10^{-5}$ mol^3 l^{-3}]

6.44 Erfolgt beim Zusammengeben von 20 ml Strontiumnitrat-Lösung (c = 10^{-2} mol l^{-1}) und 500 ml H_3PO_4 ($c = 10^{-4}$ mol l^{-1}) eine Fällung von $Sr_3(PO_4)_2$?
[$L(Sr_3(PO_4)_2) = 10^{-31}$ mol^5 l^{-5}]

6.45 Läßt sich durch Zugabe von NH_4^+-Salzen die Fällung von $Cu(OH)_2$ aus einer Lösung verhindern, die 0,02 mol l^{-1} Cu^{2+}-Ionen und 0,01 mol l^{-1} NH_3 enthält? Wenn ja, welche Mindestkonzentration an NH_4^+ ist erforderlich?
[$L(Cu(OH)_2) = 1{,}6 \cdot 10^{-19}$ mol^3 l^{-3}; pKb = 4,74]

6.46 Zu einer Lösung werden 100 % der ihrem Ag^+-Gehalt äquivalenten NaCl-Menge hinzugegeben. Wie groß ist dann noch $c(Ag^+)$?

6.47 Die Löslichkeit eines schwerlöslichen Niederschlages läßt sich durch einen Überschuß an Fällungsmittel weiter vermindern. Kennen Sie Ausnahmen von dieser Regel?

6.48 Zu 100 ml Lösung mit 0,1 mol l^{-1} NaBr werden 2 ml einer Lösung mit $5{,}15 \cdot 10^{-3}$ mol l^{-1} K_2CrO_4 gegeben. Wie groß ist $c(Br^-)$, wenn Ag_2CrO_4 auszufallen beginnt? (Volumenzunahme ist zu vernachlässigen)
[$L(AgBr) = 5 \cdot 10^{-13}$ mol^2 l^{-2}; $L(Ag_2CrO_4) = 1{,}9 \cdot 10^{-12}$ mol^3 l^{-3}]

6.49 Eine Lösung mit je 0,01 mol l^{-1} PO_4^{3-}- und I^--Ionen wird tropfenweise mit $AgNO_3$-Lösung versetzt. Wievielmal größer als die Konzentration der weniger löslichen Verbindung kann die Konzentration der löslicheren Verbindung sein, bevor ihre Ausfällung beginnt?
[$L(AgI) = 8{,}5 \cdot 10^{-17}$ mol^2 l^{-2}; $L(Ag_3PO_4) = 1{,}8 \cdot 10^{-18}$ mol^4 l^{-4}]

6.50 Kann ein AgBr-Niederschlag durch Zugabe von NaCl im Überschuß vollständig in einen AgCl-Bodenkörper umgewandelt werden?

6.51 In welche der folgenden Verbindungen läßt sich ein Bodenkörper aus $Ag_2C_2O_4$ vollständig umwandeln?
Ag_2CrO_4, Ag_2SO_4, Ag_3PO_4, AgBr, Ag_2CO_3

6.52 Eine Lösung enthält je 0,01 mol l^{-1} der Ionen CrO_4^{2-}, SO_4^{2-}, $C_2O_4^{2-}$, CO_3^{2-} und PO_4^{3-}. Geben Sie die Reihenfolge an, in der die in Frage kommenden Verbindungen bei Zugabe von $AgNO_3$-Lösung ausfallen!

6.53 240 mg eines CaC_2O_4-Niederschlages werden mit Wasser gewaschen. Wieviel ml darf man maximal verwenden, wenn nicht mehr als 0,25 % des Niederschlages gelöst werden dürfen?
[$L(CaC_2O_4) = 1{,}3 \cdot 10^{-9}$ mol^2 l^{-2}; $M(CaC_2O_4) = 128$ g mol^{-1}]

6.54 Wieviel % eines $CaSO_4$-Niederschlages gehen verloren, wenn 150 mg a) mit 25 ml Wasser und b) mit 25 ml Na_2SO_4-Lösung (c = 0,01 mol l^{-1}) behandelt werden? Entscheiden Sie, ob bei b) auch die SO_4^{2-}-Konzentration, die aus dem gelösten $CaSO_4$ stammt, zu berücksichtigen ist.
[$L(CaSO_4) = 2{,}4 \cdot 10^{-5}$ mol^2 l^{-2}; $M(CaSO_4) = 136$ g mol^{-1}]

6.55 Beim Waschen von 135 mg CuCl mit 25 ml Wasser gehen 1,65 % des Niederschlages in Lösung. Wie groß ist das Löslichkeitsprodukt von CuCl?
[M(CuCl) = 99 g mol^{-1}]

6.56 Aus welchem Grund löst sich $SrCl_2$ in Wasser besser als in verdünnter HCl-Lösung?

6.57 Welche Beobachtung macht man, wenn eine gesättigte Lösung des leichtlöslichen Na_2SO_4 mit Schwefelsäure angesäuert wird?

6.58 Ein schwerlösliches Phosphat der Zusammensetzung $A_3(PO_4)_2$ wird mit 200 ml Wasser gewaschen. Wie groß ist das Löslichkeitsprodukt, wenn dabei von 300 mg Niederschlag $7{,}5 \cdot 10^{-3}$ % in Lösung gehen?
[$M(A_3(PO_4)_2) = 452{,}9$ g mol^{-1}]

6.59 Wieviel Prozent des Niederschlages gehen verloren, wenn 270 mg $PbSO_4$ mit 100 ml Wasser gewaschen werden und sich das Waschwasser mit $PbSO_4$ sättigt? [$M(PbSO_4) = 303{,}3$ g mol^{-1}; $L(PbSO_4) = 1{,}3 \cdot 10^{-8}$ mol l^{-1}]

6.60 Wieviel % des Niederschlages aus Aufgabe 6.59. gehen verloren, wenn mit 100 ml

a) $Pb(NO_3)_2$-Lösung mit $c(Pb(NO_3)_2) = 0{,}01$ mol l^{-1} und

b) Na_2SO_4-Lösung mit $c(Na_2SO_4) = 0{,}001$ mol l^{-1} gewaschen wird?

6.61 Es werden m_0 Gramm Niederschlag einer schwerlöslichen Verbindung AB mit V Liter Waschwasser behandelt. Dabei gehen m Gramm in Lösung. Entwickeln Sie eine Gleichung für die Beziehung gelöstes AB in Prozent = $f(L(AB), V_{Waschwasser})$! M = molare Masse in g mol^{-1}

6.62 Wie groß ist die molare Löslichkeit einer Verbindung AB_2 in Gegenwart von Fremdelektrolyt?

6.63 Wie ändert sich die Löslichkeit von Ag_2CrO_4 in $NaNO_3$-Lösung ($c(NaNO_3)$ = 0,1 mol l^{-1}) gegenüber der in reinem Wasser?
[$L(Ag_2CrO_4) = 1{,}9 \cdot 10^{-12}$ mol^3 l^{-3}]

6.64 Wie unterscheidet sich der Aktivitätskoeffizient der Ag^+-Ionen bei der Berechnung der Löslichkeit von AgBr und Ag_3PO_4, wenn der Anteil des schwerlöslichen Stoffes an der Ionenstärke vernachlässigt wird?

6.65 Berechnen Sie die Löslichkeit von $Ag_2C_2O_4$ bei einem Zusatz von a) 0,001 mol l^{-1}, b) 0,01 mol l^{-1}, c) 0,1 mol l^{-1} des Fremdelektrolyten $NaNO_3$! Welchen Zusammenhang erkennen Sie?

6.66 Beeinflußt ein Fremdelektrolyt stärker die Löslichkeit von $FeCO_3$ oder $BaCrO_4$? Beide Verbindungen haben ein annähernd gleiches Löslichkeitsprodukt.

6.67 Begründen Sie, welches der Lösemittel die größere Menge der folgenden Substanzen lösen kann:

Substanz	Lösemittel	
a) $SrSO_4$	HCl (c = 0,1 mol l^{-1})	$NaNO_3$ (c = 0,1 mol l^{-1})
b) CaC_2O_4	Wasser	$Na_2C_2O_4$ (c = 0,01 mol l^{-1})
c) AgBr	$NaNO_3$ (c = 0,01 mol l^{-1})	KNO_3 (c = 0,1 mol l^{-1})
d) $Pb_3(PO_4)_2$	$Pb(NO_3)_2$ (c = 0,1 mol l^{-1})	NaCl (c = 0,1 mol l^{-1})
e) $BaSO_4$	HNO_3 (c = 0,01 mol l^{-1})	Wasser

6.68 Nennen Sie zwei Voraussetzungen, damit eine möglichst vollständige Trennung mittels fraktionierter Fällung gelingt (annähernd gleiche Konzentration der zu fällenden Ionensorten wird vorausgesetzt)!

6.69 Eine Lösung enthält Sr^{2+}- und Ba^{2+}-Ionen. Würden Sie ihre Trennung mittels Oxalatfällung vorschlagen?

6.70 Gelingt eine Ca^{2+}/Sr^{2+}-Trennung über die Fluoridfällung so vollständig, daß die schwerer lösliche Verbindung weniger als 0,1 % der löslicheren Verbindung enthält? Wieviel Prozent der zuerst ausfallenden Kationen sind noch in Lösung, wenn die Fällung der löslicheren Verbindung beginnt?

6.71 Eine Lösung enthält die Ionensorten A_1^{2+} und A_2^{+}, die mit B^{3-}-Ionen als $(A_1)_3(B)_2$ und $(A_2)_3B$ ausfallen. $(A_2)_3B$ soll die löslichere Verbindung sein. Entwickeln Sie eine Gleichung, mit der Sie den Wert von $c(A_1^{2+})$ für den Punkt berechnen können, bei dem $(A_2)_3B$ auszufallen beginnt!

6.72 Zu dem System $MgC_2O_4(s) \leftrightarrows Mg^{2+}(aq) + C_2O_4^{2-}(aq)$ wird $Pb(NO_3)_2$ im Überschuß gegeben. Formulieren Sie die Bruttoreaktionsgleichung!

6.73 Prüfen Sie, welche von beiden den Bruttoreaktionsgleichungen

$Ag_2C_2O_4(s) + Ba(NO_3)_2 \longrightarrow BaC_2O_4(s) + 2\ AgNO_3$

$BaC_2O_4(s) + 2\ AgNO_3 \longrightarrow Ag_2C_2O_4(s) + Ba(NO_3)_2$

die entsprechenden Umsetzungen eintreten wird, wenn die jeweils erforderliche Komponente im Überschuß hinzugefügt wird.

6.74 Entwickeln Sie eine Gleichung für die Berechnung der molaren Löslichkeit des Elektrolyten A_mB_n aus seinem Löslichkeitsprodukt für Lösungen, die als gleichionigen Zusatz A^{n+} enthalten!

6.75 Wie erklärt sich die gute Löslichkeit schwer löslicher Carbonate in verdünnten Säuren?
a) Formulieren Sie am Beispiel $CaCO_3$ die Reaktionen, die bei Säurezugabe ablaufen und die völlige Auflösung erklären!
b) Wie wirkt sich eine Verschiebung des pH-Wertes in den alkalischen Bereich auf die Löslichkeit aus?

6.76 Frisch gefälltes NiS wird in sehr verdünnter HCl gelöst und eine zeitlang an der Luft stehen gelassen. Welche Beobachtung machen Sie und was ist daraus zu schließen?

6.77 500 mg $Fe(OH)_3$ werden mit 200 ml einer Pufferlösung aus Essigsäure (c = 0,45 mol l^{-1}) und Natriumacetat (c = 0,15 mol l^{-1}) behandelt. Wieviel Prozent des $Fe(OH)_3$ gehen dabei in Lösung?

6.78 Zinkhydroxid wird mit 250 ml Pufferlösung, deren pH = 4,85 beträgt, gewaschen. Wieviel mol $Zn(OH)_2$ gehen dabei in Lösung?

6.79 Bei der qualitativen Analyse einer Eisenlegierung soll aus frisch gefälltem $Fe(OH)_3$ mitgefälltes $Mn(OH)_2$ durch Behandlung mit Pufferlösung entfernt werden. Erfolgt eine vollständige Abtrennung des $Mn(OH)_2$, wenn 120 mg Niederschlag, die 10 % $Mn(OH)_2$ enthalten, mit 3,5 ml Pufferlösung mit pH = 6,5 gewaschen werden?

6.80 Wieviel Gramm FeS können sich maximal in 100 ml HCl (c = 0,1 mol l^{-1}) lösen? [M(FeS) = 87,9 g mol^{-1}]

6.81 Welchen Mindestwert muß die Mg^{2+}-Konzentration überschreiten, damit bei pH = 8,5 $Mg(OH)_2$ ausfällt?

6.82 Wieviel mg K_2CrO_4 müssen sich als Indikator in 100 ml Chlorid-Lösung befinden, damit bei der Titration mit $AgNO_3$ genau am Äquivalenzpunkt von AgCl die Ag_2CrO_4 Fällung beginnt? [$M(Ag_2CrO_4)$ = 194,2 g mol^{-1}]

6.83 Aus welchem Grunde läßt sich $Mg(OH)_2$ mit Ammoniak selbst bei NH_3-Überschuß nicht vollständig ausfällen?

6.84 Metallhydroxide mit einem relativ großen *L*-Wert lassen sich mit NH_3 nicht quantitativ fällen, wenn die Lösung NH_4^+-Salze enthält. Erklären Sie diese Beobachtung!

6.85 Entwickeln Sie für die Löslichkeit von Metallhydroxide $M(OH)_2$ in NH_3/NH_4^+-Pufferlösungen eine mathematische Beziehung zwischen $c(M(OH)_2)$ und dem Konzentrationsverhältnis $c(PS)/c(PB)$ des Puffers!

6.86 Die Fällung von $Ni(OH)_2$ aus einer Lösung mit 0,01 mol l^{-1} Ni^{2+} und 0,01 mol l^{-1} NH_3 soll verhindert werden.
a) Welche Mindestkonzentration an NH_4^+-Ionen ist dazu erforderlich?
b) Welchen pH-Wert hat die Lösung nach Zugabe der berechneten NH_4^+-Menge?

6.87 Zu einer $FeCl_3$-Lösung ($c(FeCl_3)$ = 0,004 mol l^{-1}) wird KOH gegeben. Wie groß muß c(KOH) sein, damit $Fe(OH)_3$ ausfällt?

6.88 Ist es denkbar, daß bei gleicher Konzentration der Metallionen beim Einleiten von H_2S auch einmal das löslichere Sulfid zuerst auszufallen beginnt?

6.89 Eine Lösung enthält je 0,1 mol l^{-1} Bi^{3+}- und Pb^{2+}-Ionen.
a) Ist Bi_2S_3 oder PbS das besser lösliche Sulfid?
b) Welches Ion fällt beim Einleiten von H_2S zuerst aus?
c) Was stellen Sie beim Vergleich von a) und b) fest?

6.90 In eine Lösung mit 0,75 mol l^{-1} Pb^{2+}-Ionen und pH = 0,4 wird H_2S bis zu einer Konzentration von 0,1 mol l^{-1} eingeleitet.
a) Berechnen Sie die Restkonzentration $c(Pb^{2+})$ ohne Verwendung von Näherungen!
b) Wie groß ist $c(Pb^{2+})$, wenn nur die aus dem pH-Wert folgende H^+-Konzentration berücksichtigt wird?

6.91 In 100 ml einer gesättigten H_2S-Lösung befinden sich 4 g ZnS. Wieviel Prozent ZnS gehen in Lösung, wenn durch Säurezugabe der pH-Wert = 0,4 eingestellt wird?

6.92 In 250 ml einer gesättigten H_2S-Lösung befinden sich 3 g MnS. Bis zu welchem pH muß die Lösung angesäuert werden, damit MnS vollständig in Lösung geht?

6.93 5,14 g Bi_2S_3 befinden sich als Bodenkörper in 100 ml Lösung. Bei welchem pH-Wert erfolgt vollständige Auflösung des Bodenkörpers?
[$M(Bi_2S_3)$ = 514,18 g mol^{-1}]

6.94 Formulieren Sie die Bruttogleichung der Reaktion, die bei Zugabe von KBr im Überschuß zu dem System $AgCl(s) \leftrightarrows Ag^+(aq) + Cl^-(aq)$ abläuft!

6.95 Welche Beobachtung machen Sie, wenn ein Eisennagel in eine gesättigte AgCl-Lösung gelegt wird, in der sich AgCl(s) befindet? Erklären Sie die Reaktion!

6.96 Eine Lösung enthält Cu^{2+}-, Fe^{2+}- und Pb^{2+}-Ionen jeweils in der Konzentration $c = 0{,}1$ mol l^{-1}.

a) Ist es möglich, durch Einleiten von H_2S bei unterschiedlichem pH-Wert der Lösung die Metalle quantitativ zu trennen?

b) Wenn ja, welche pH-Werte müssen eingestellt werden?

7 Komplexbildungs- und Zerfallsreaktionen

Eine Reihe von Metallionen und Metallatomen ist in der Lage, mehrere Ionen oder Moleküle anzulagern. Dabei entstehen Teilchen, die man Komplexverbindungen oder auch Verbindungen höherer Ordnung nennt. Die Untersuchung von Komplexverbindungen hat unser Verständnis über die chemische Bindung, die physikalischen Eigenschaften von Verbindungen wie Farbigkeit und magnetisches Verhalten bis hin zu den Stoffwechselvorgängen im Organismus wesentlich erweitert. Komplexbildungs- und Zerfallsreaktionen spielen in der analytischen Chemie, Elektrochemie und vor allem in der Biochemie eine wichtige Rolle.

7.1 Grundlagen

Komplexverbindungen können Moleküle oder Ionen sein. Sie werden auch einfach Komplexe genannt. Ein Komplex besteht aus einem Zentralatom (Metallion oder Metallatom) und mehreren Liganden (Ionen und/oder Molekülen). Liganden besitzen wenigstens ein Elektronenpaar, das sie dem Zentralatom bei der Knüpfung der Bindung zur Verfügung stellen. Liganden, die mit dem Zentralatom nur eine Bindung eingehen können, bezeichnet man als einzähnig (NH_3, H_2O, CN^-). Liganden, die sich mit verschiedenen Atomen ihres Moleküls oder Ions an das Zentralatom binden, nennt man mehrzähnig (CO_3^{2-}, $C_2O_4^{2-}$). Die gebundenen Liganden bilden die erste Koordinationssphäre um das Zentralatom. Ihre Anzahl ist die Koordinationszahl des Zentralatoms. Es sind Komplexe mit den Koordinationszahlen zwei bis zwölf bekannt. Am häufigsten sind zwei, vier und sechs.

Chelat-Komplexe: Mehrzähnige Liganden bilden mit dem Zentralatom ringförmige Strukturen, die man Chelat-Komplexe nennt. Bevorzugt werden fünf- und sechsgliedrige Ringe gebildet. Im allgemeinen sind sie stabiler als Komplexe von einzähnigen Liganden. In der analytischen Chemie spielt der sechszähnige Ligand Ethylendiammintetraacetat (EDTA) eine wichtige Rolle, da er selbst mit Erdalkaliionen stabile Komplexe bildet.

18-Elektronen-Regel: Zentralatome bilden bevorzugt Komplexe mit so vielen Liganden, daß ihre Valenzschale 18 Elektronen enthält (einschließlich der d-Elektronen). Im allgemeinen sind solche Komplexe besonders stabil, bei denen das Zentralatom mittels seiner Valenzelektronen und den koordinativen Bindungselektronen der Liganden genau die Elektronenkonfiguration des im Periodensystem folgenden Edelgases erreicht.

Beispiel:
Stabilität von $[Fe(CN)_6]^{4-}$. Aus dem Periodensystem folgt für Eisen:

$$Fe = [Ar]3d^6 4s^2 = 8 \text{ Valenzelektronen}$$

Um die Konfiguration des nächsten Edelgases

$$Kr = [Ar]3d^{10}4s^2p^6 = 18 \text{ Valenzelektronen}$$

zu erreichen, fehlen dem Eisen 10 Valenzelektronen.
Durch Abgabe von zwei s-Elektronen entsteht

$$Fe^{2+} = [Ar]3d^6$$

mit einem Elektronendefizit bezüglich Kr von 12 e^-.
Durch Bindung von 6 CN^-*-Liganden, die jeweils 2* e^- *einbringen, erreicht* Fe^{2+} *die Konfiguration von Kr:*

$$Fe^{2+} + 6\,CN^- \longrightarrow [Fe(CN)_6]^{4-}$$

$$6\,e^- \quad 6 \cdot 2\,e^- \quad 18\,e^-$$

Bei der Beurteilung der Beständigkeit von Komplexen ist auch die Ladung des Zentralions und sein Ionenradius zu berücksichtigen. Im allgemeinen entstehen aus Metallionen hoher positiver Ladung und kleinem Ionenradius auch dann stabile Komplexe, wenn die Edelgaskonfiguration nicht ganz erreicht wird.

Beispiel:
Fe^{3+} *als Zentralion erreicht durch Komplexbildung*

$$Fe^{3+} + 6\,CN^- \longrightarrow [Fe(CN)_6]^{3-}$$

$$5\,e^- \quad 6 \cdot 2\,e^- \quad 17\,e^-$$

nicht ganz die Krypton-Konfiguration. Der Fe^{3+}*-Komplex ist zwar weniger stabil als der* Fe^{2+}*-Komplex, aber trotzdem auch in Lösung kurzzeitig beständig.* $[Fe(CN)_6]^{3-}$ *ist thermodynamisch recht stabil, jedoch tauscht er rasch Liganden aus.*

Koordinationspolyeder: Wenn man sich die Mittelpunkte der direkt an das Zentralatom gebundenen Atome durch Linien direkt miteinander verbunden denkt, entsteht ein Raumkörper, den man Koordinationspolyeder nennt. Für die drei am häufigsten vorkommenden Koordinationszahlen gilt:

Koordinationszahl	Koordinationspolyeder	Beispiele
2	linear	$[Ag(NH_3)_2]^+$ $[Hg(CN)_2]$ $[CuCl_2]^-$
4	a) quadratisch-planar	$[PdCl_4]^{2-}$ $[AuCl_4]^-$ $[Ni(CN)_4]^{2-}$
	b) tetraedrisch	$[BeF_4]^{2-}$ $[AlCl_4]^-$ $[Ni(CO)_4]$
6	oktaedrisch	$[Fe(CN)_6]^{4-}$ $[Co(NH_3)_3Cl_3]$

Bei Koordinationszahl vier wird die tetraedrische Struktur insbesondere dann bei Komplexen von Haupt- und Nebengruppenelementen ausgebildet, wenn dem Zentralatom genau acht Elektronen bis zur Konfiguration des nächsten Edelgases fehlen.

Beispiel:
Be^{2+}, Al^{3+}, Ga^{3+}, Ni, Cu^{+}, Ag^{+}, Au^{+}, Zn^{2+}, Cd^{2+}, Hg^{2+}.
Bei Komplexen mit diesen Zentralionen ist die quadratisch-planare Struktur relativ selten.

Nomenklatur: Wegen der großen Anzahl und Mannigfaltigkeit von Komplexverbindungen ist eine systematische Nomenklatur notwendig. Die wichtigsten Regeln sind:

1. Das Kation wird zuerst genannt, unabhängig davon, ob es ein Komplexion ist oder nicht.
2. In einem Komplex werden zuerst die Liganden und dann das Zentralatom genannt. Die Liganden werden in alphabetischer Reihenfolge angegeben. Ihre Anzahl wird durch ein vorangestelltes griechisches Zahlwort (di, tri, tetra, penta, hexa usw.) bezeichnet, das bei der alphabetischen Einordnung nicht berücksichtigt wird. Der Ligand *dichloro* z.B. wird unter *c* eingeordnet. Sind die Zahlworte Bestandteil des Ligandennamens, werden sie bei der alphabetischen Einordnung berücksichtigt. Der Ligand *Dimethylamin* z.B. wird unter *d* eingeordnet.
3. Namen für komplizierte Liganden werden in Klammern gesetzt und ihre Anzahl durch vorgesetzte Multiplikativzahlen (bis, tris, tetrakis, pentakis, hexakis usw.) angegeben.
4. Anionische Liganden erhalten die Endung -o wie z.B.

CN^-	Cyano	OH^-	Hydroxo	O^{2-}	Oxo
NCO^-	Cyanato	H^-	Hydrido	S^{2-}	Thio
NCS^-	Thiocyanato	Br^-	Bromo	NO_2^-	Nitro

5. Namen neutraler Liganden werden nicht geändert und erhalten keine Endung mit Ausnahme von

H_2O	Aqua	CO	Carbonyl
NH_3	Ammin	NO	Nitrosyl.

6. Ist der Komplex ein Anion, erhält er die Endung -at und das Zentralatom wird mit seinem lateinischen Namen bezeichnet. Ist der Komplex neutral oder kationisch, wird der deutsche Name des Zentralatoms angeführt.
7. Die Oxidationszahl des Zentralatoms wird als römische Zahl in Klammern nach dem Komplexnamen angegeben.

Eine der Ursachen für die große Mannigfaltigkeit der Komplexverbindungen ist ihre Tendenz zur Bildung von Isomeren.

Isomerie: Verbindungen mit gleicher Summenformel, aber unterschiedlichem Aufbau, nennt man Isomere. Isomere unterscheiden sich in ihren chemischen und physikalischen Eigenschaften. Es gibt mehrere Arten von Isomerie. Im folgenden wird nur die bei Komplexen besonders häufig auftretende Konstitutionsisomerie behandelt.

Konstitutionsisomerie: Hier haben die Atome nicht alle die gleichen Bindungspartner. Bei Komplexverbindungen unterscheidet man mehrere Arten von Konstitutionsisomerie.

Ionisationsisomere: a) $[Co(NH_3)_5SO_4]Br$ rot
b) $[Co(NH_3)_5Br]SO_4$ violett

Die Isomere unterscheiden sich darin, ob sich ein Ion außerhalb oder als Ligand innerhalb der Koordinationssphäre des Komplexes befindet. Bei Zugabe von $AgNO_3$ fällt nur bei a) AgBr und bei Zugabe von $BaCl_2$ nur bei b) $BaSO_4$ aus.

Hydratisomere: a) $[Cr(H_2O)_6]Cl_3$ *violett*
b) $[Cr(H_2O)_5Cl]Cl_2 \cdot H_2O$ *grün*
c) $[Cr(H_2O)_4Cl_2]Cl \cdot H_2O$ *grün*

Diese Isomere unterscheiden sich darin, ob Wassermoleküle als Liganden im Komplexion oder als Moleküle im Kristall vorliegen. Sie zeigen Unterschiede in der Leitfähigkeit (vier, drei bzw. zwei Ionen pro Formeleinheit), in der bei $AgNO_3$-Zugabe ausfallenden Menge AgCl (drei, zwei bzw. ein Chloridanion pro Formeleinheit) und in der über einem Trockenmittel abgegeben Wassermenge (sechs, fünf bzw. vier Mol koordinativ gebundenes H_2O, das nicht abgegeben wird).

Koordinationsisomerie: a) $[Cu(NH_3)_4][PtCl_4]$
b) $[Pt(NH_3)_4][CuCl_4]$
a) $[Pt(NH_3)_4][PtCl_6]$
b) $[Pt(NH_3)_4Cl_2][PtCl_4]$

Die Isomere unterscheiden sich in ihren Koordinationszentren. Diese Art von Isomerie kann nur auftreten, wenn jedes Isomer zwei verschiedene Koordinationszentren enthält, also sowohl Kation wie auch Anion Komplexe sind. Dabei können Kation und Anion durchaus das gleiche Zentralion, allerdings in unterschiedlicher Oxidationsstufe, enthalten (2. Beispiel).

Bindungsisomere: a) $[Co(NH_3)_5(NO_2)]Cl_2$ *gelb*
b) $[Co(NH_3)_5(ONO)]Cl_2$ *rot*

Bindungsisomere unterscheiden sich dadurch, daß ein bestimmter Ligand auf unterschiedliche Weise an das Zentralion gebunden ist. NO_2^- (Nitrit-Ion) kann über ein N-Atom (Ligand: Nitro) oder über ein O-Atom (Ligand: Nitrito) an das Zentralion gebunden sein. Auch die Liganden CN^- (Bindung über C- oder N-Atom) und SCN^- (Bindung über N- oder S-Atom) können zu Bindungsisomeren führen.

7.2 Stabilität von Komplexen

Bildung und Zerfall von Komplexen in Lösung gehorchen dem Massenwirkungsgesetz (MWG). Entspechend lassen sich Gleichgewichtskonstanten für ihre Bildung und ihren Zerfall angeben. Beide Reaktionen verlaufen stufenweise, wobei für jede Stufe eine Gleichgewichtskonstante existiert. Für den Zerfall

$$[Ag(NH_3)_2]^+ \leftrightarrows [Ag(NH_3)]^+ + NH_3$$

$$[Ag(NH_3)]^+ \leftrightarrows Ag^+ + NH_3$$

lassen sich die Zerfallskonstanten

$$K_{D1} = c[Ag(NH_3)]^+ \cdot c(NH_3)/c[Ag(NH_3)_2]^+ \quad = 1{,}4 \cdot 10^{-4}\ \text{mol l}^{-1}$$

$$K_{D2} = c(Ag^+) \cdot c(NH_3)/c[Ag(NH_3)]^+ \quad = 4{,}3 \cdot 10^{-4}\ \text{mol l}^{-1}$$

angeben. Das Produkt der einzelnen Zerfallskonstanten entspricht der Gleichgewichtskonstanten K_D der Bruttoreaktion:

$$K_D = K_{D1} \cdot K_{D2} = c(Ag^+) \cdot c^2(NH_3)/c[Ag(NH_3)_2]^+ = 6{,}02 \cdot 10^{-8}\ \text{mol}^2\ \text{l}^{-2}$$

K_D nennt man Komplexzerfallskonstante. Formuliert man die Reaktionen in umgekehrter Richtung, sind die Reziprokwerte der Zerfallskonstanten zu bilden. Sie werden Komplexbildungskonstanten K_B (Stabilitätskonstanten) genannt:

$$K_B = 1/K_D$$

Bei Komplexen ist zwischen thermodynamischer und kinetischer Stabilität zu unterscheiden. Die thermodynamische Stabilität kommt in der Zerfallskonstanten K_D zum Ausdruck. Für

$$[Co(NH_3)_6]^{3+} + 6\ H_2O \leftrightarrows [Co(H_2O)_6]^{3+} + 6\ NH_3 \qquad K_D = 10^{-34}$$

ist K_D sehr klein, der Komplex darum thermodynamisch sehr stabil. In saurer Lösung ist dieser Komplex wegen

$$[Co(NH_3)_6]^{3+} + 6\ H_3O^+ \leftrightarrows [Co(H_2O)_6]^{3+} + 6\ NH_4^+ \qquad K_D = 10^{22}$$

thermodynamisch sehr instabil, trotzdem aber auch in saurer Lösung lange Zeit beständig, weil der Ligandenaustausch extrem langsam erfolgt. Darum ist dieser Komplex kinetisch stabil. Man nennt derartige Komplexe auch metastabil.

7.3 Komplexbildung in Kombination mit anderen Gleichgewichten

Häufig reagieren Komplexe oder ihre Bestandteile mit anderen Komponenten des Systems. Konkurrenzreaktionen zur Komplexbildung sind vor allem Fällungsreaktionen, Säure-Base-Reaktionen (Protolysen) und Redoxreaktionen. Konkurrieren Komplexbildung und Fällung miteinander, läßt sich durch Kombination von Löslichkeitsprodukt und Komplexbildungskonstante voraussagen, ob ein Niederschlag unter Komplexbildung aufgelöst oder seine Ausfällung durch Maskierung verhindert werden kann.

Beispiel:
Schwerlösliches Cu_2S geht in Gegenwart von CN^- in Lösung, weil die Cu^+-Ionen aus dem Lösegleichgewicht

$$Cu_2S(s) \leftrightarrows 2\ Cu^+(aq) + S^{2-}(aq)$$

durch Komplexbildung entsprechend

$$2\ Cu^+(aq) + 8\ CN^-(aq) \leftrightarrows 2[Cu(CN)_4]^{3-}(aq)$$

entfernt werden. Die Addition beider Gleichungen ergibt die Bruttoreaktion für die Auflösung von Cu_2S:

$$Cu_2S(s) + 8\ CN^-(aq) \leftrightarrows 2[Cu(CN)_4]^{3-}(aq) + S^{2-}(aq)$$

Viele Komplexgleichgewichte sind mit Protolysegleichgewichten gekoppelt, weil die meisten Komplexliganden Brönsted-Basen darstellen, die in wäßriger Lösung protoniert werden können. Dazu gehören Liganden wie z.B. CN^-, NH_3 und OH^-. In solchen Fällen ist die Komplexbildung und -stabilität immer pH-abhängig.

Beispiel:
Die im Komplexgleichgewicht vorliegenden CN^--Ionen

$$[Zn(CN)_4]^{2-} \leftrightarrows Zn^{2+} + 4\ CN^-$$

können als Brönsted-Base mit Wasser gemäß

$$4\ CN^- + 4\ H_2O \leftrightarrows 4\ HCN + 4\ OH^-$$

reagieren (protolysieren), so daß sich aufgrund der Bildung von OH^--Ionen ein pH-abhängiges Komplexgleichgewicht einstellt:

$$[Zn(CN)_4]^{2-} + 4\ H_2O \leftrightarrows Zn^{2+} + 4\ HCN + 4\ OH^-$$

Das Zusammenspiel von Komplex- und Protolysegleichgewichten spielt vor allem bei schwerlöslichen amphoteren Hydroxiden, die sich sowohl unter Aufnahme wie auch Abgabe von Protonen auflösen können, eine wichtige Rolle.

Beispiel:

$$Cr(H_2O)_3(OH)_3(s) + 3\ H_2O \leftrightarrows [Cr(H_2O)_6]^{3+}(aq) + 3\ OH^-(aq)$$

$$Cr(H_2O)_3(OH)_3(s) + 3\ H_2O \leftrightarrows [Cr(OH)_6]^{3-}(aq) + 3\ H_3O^+(aq)$$

Die erste Reaktion erfolgt in stark saurer, die zweite in stark alkalischer Lösung. (Koordiniertes Wasser ist eine stärkere Säure als nichtkoordiniertes.)

In Gegenwart von Komplexbildnern kommt es aufgrund der verringerten Konzentration der potentialbestimmenden Ionen zu signifikanten Änderungen der Redoxpotentiale, so daß auch ungewöhnliche Oxidationsstufen (Ag^{2+},Cu^{3+}) stabilisiert werden und edle Metalle (Ag, Au) bereits durch Luftsauerstoff oxidiert werden können.

Beispiel:
Einfache Co^{3+}-Salze sind wegen des hohen Standardpotentials $E^\circ(Co^{3+}/Co^{2+}) = 1{,}84$ V so stark oxidierend, daß sie in wäßriger Lösung nicht existieren, weil sie Wasser sofort zu Sauerstoff oxidieren und dabei in Co^{2+}-Verbindungen übergehen. Durch Komplexbildung mit CN^- kann das Standardpotential so weit herabgesetzt werden, daß eine Bildung von Co^{2+} aufgrund von $E^\circ[Co(CN)_6^{3-}/Co(CN)_6^{4-}] = -0{,}83$ V nur in Gegenwart von starken Reduktionsmittel mit $E^\circ < -0{,}83$ V eintritt.

Übungen:

Übung 7.1

Berechnung der Zentralionen-Konzentration bei Liganden-Überschuß.
Welche Konzentration an Ag^+-Ionen enthält eine Silbernitrat-Lösung mit $c(AgNO_3) = 0{,}015\ mol\ l^{-1}$, wenn sie durch Zugabe von Ammoniak auf $c(NH_3) = 0{,}5\ mol\ l^{-1}$ gebracht wird? Wieviel Prozent des Silbers liegen noch als Ag^+-Ionen vor?

Ag^+-Ionen bilden mit NH_3 den Komplex $[Ag(NH_3)_2]^+$, der stufenweise zerfällt:

$$[Ag(NH_3)_2]^+ \leftrightarrows [Ag(NH_3)]^+ + NH_3 \qquad K_{D1} = 1{,}4 \cdot 10^{-4}\,\text{mol l}^{-1}$$

$$[Ag(NH_3)]^+ \leftrightarrows Ag^+ + NH_3 \qquad K_{D2} = 4{,}3 \cdot 10^{-4}\,\text{mol l}^{-1}$$

Die Zerfallskonstante der Bruttoreaktion K_D

$$[Ag(NH_3)_2]^+ \leftrightarrows Ag^+ + 2\,NH_3$$

entspricht dem Produkt der einzelnen Zerfallskonstanten:

$$K_D = K_{D1} \cdot K_{D2} = 6{,}02 \cdot 10^{-8}\,\text{mol}^2\,\text{l}^{-2}$$

Aus dem großen Wert der Komplexbildungskonstanten

$$K_B = 1/K_D = 1{,}66 \cdot 10^7\,\text{l}^2\,\text{mol}^{-2}$$

und der Verwendung eines großen Überschusses an NH_3 folgt, daß $c(Ag^+)$ sehr klein sein muß. Fast die gesamte Ag^+-Menge wird in den Komplex überführt und man kann in guter Näherung

$$c[Ag(NH_3)_2]^+ = C_o = 0{,}015\,\text{mol l}^{-1}$$

setzen. Da 0,030 mol l^{-1} NH_3 für die Komplexbildung verbraucht werden, ist

$$c(NH_3) = 0{,}50\,\text{mol l}^{-1} - 0{,}03\,\text{mol l}^{-1} = 0{,}47\,\text{mol l}^{-1}$$

Aus dem MWG-Quotienten der Bruttoreaktion folgt die Konzentration von Ag^+-Ionen:

$$c(Ag^+) = 6{,}02 \cdot 10^{-8}\,\text{mol}^2\,\text{l}^{-2} \cdot 0{,}015\,\text{mol l}^{-1}/(0{,}47\,\text{mol l}^{-1})^2$$

$$c(Ag^+) = 4{,}08 \cdot 10^{-9}\,\text{mol l}^{-1}$$

Bei einer Ausgangskonzentration von 0,015 mol l^{-1} = 100 % beträgt der Gehalt an freien Ag^+-Ionen nur noch

$$(100 \cdot 4{,}08 \cdot 10^{-9}/0{,}015)\% = 2{,}72 \cdot 10^{-5}\,\%$$

Übung 7.2

Berechnung der Zentralionen-Konzentration in reinen Komplexsalz-Lösungen ohne Berücksichtigung des stufenweisen Komplexzerfalls.
Wie groß ist die Ag^+-Konzentration in einer Natriumdithiosulfatoargentat-Lösung ($c = 0{,}01\,\text{mol l}^{-1}$), wenn die Zerfallskonstanten $K_{D1} = 2{,}3 \cdot 10^{-5}$ und $K_{D2} = 1{,}5 \cdot 10^{-9}\,\text{mol l}^{-1}$ betragen?

Da sich die Konstanten für den stufenweisen Zerfall

$$[Ag(S_2O_3)_2]^{3-} \leftrightarrows [Ag(S_2O_3)]^- + S_2O_3^{2-}$$

$$[Ag(S_2O_3)]^- \leftrightarrows Ag^+ + S_2O_3^{2-}$$

um mehr als zwei Größenordnungen unterscheiden, wird der aus der zweiten Stufe stammende Anteil an der Ligandenkonzentration vernachlässigt. Aus der Bruttoreaktion folgt

$$K_D = c(Ag^+) \cdot c^2(S_2O_3^{2-})/c[Ag(S_2O_3)_2]^{3-} = K_{D1} \cdot K_{D2}$$

und mit der Näherung

$c[Ag(S_2O_3)_2]^{3-} = C_o = 0{,}01$ mol l^{-1}

sowie der aus der ersten Stufe folgenden Beziehung

$c^2(S_2O_3^{2-}) = K_{D1} \cdot C_o$

erhält man die Gleichung

$K_D = K_{D1} \cdot K_{D2} = c(Ag^+) \cdot (K_{D1} \cdot C_o)/C_o$

Daraus folgt für $c(Ag^+)$ die einfache Beziehung

$c(Ag^+) = K_{D2} = 1{,}5 \cdot 10^{-9}$ mol l^{-1}

Ist bei einem stufenweisen Zerfall die Zerfallskonstante der 1. Stufe mehr als zwei Zehnerpotenzen größer als die der anderen Stufen, wird nur der Anteil der 1. Stufe an der Ligandenkonzentration berücksichtigt.

Übung 7.3

Berechnung der Zentralionen-Konzentration in reinen Komplexsalz-Lösungen unter Berücksichtigung des stufenweisen Komplexzerfalls.
Es ist die Konzentration von Fe^{3+}-Ionen in einer Lösung ($c = 0{,}1$ mol l^{-1}) von FeF_3 mit den Werten $pK_{D1} = 2{,}76$, $pK_{D2} = 4{,}02$ und $pK_{D3} = 5{,}28$ für den stufenweisen Zerfall zu berechnen. Der Wert ist mit der Näherung $c(Fe^{3+})$ zu vergleichen, die man erhält, wenn nur der aus der ersten Stufe stammende Anteil $c(F^-)$ berücksichtigt wird.

In diesem Fall sind die Beiträge der drei Zerfallsstufen

$FeF_3 \leftrightarrows FeF_2^+ + F^- \quad K_{D1} = 1{,}74 \cdot 10^{-3}$ mol l^{-1}

$FeF_2^+ \leftrightarrows FeF^{2+} + F^- \quad K_{D2} = 9{,}55 \cdot 10^{-5}$ mol l^{-1}

$FeF^{2+} \leftrightarrows Fe^{3+} + F^- \quad K_{D3} = 5{,}25 \cdot 10^{-6}$ mol l^{-1}

für $c(F^-)$ zu berücksichtigen. Für die Bruttoreaktion ist

$K_D = K_{D1} \cdot K_{D2} \cdot K_{D3} = c(Fe^{3+}) \cdot c^3(F^-)/c(FeF_3) = 8{,}724 \cdot 10^{-13}$ mol^3 l^{-3}

Da auch K_{D1} relativ klein ist, kann die Gleichgewichtskonzentration $c(FeF_3)$ durch die Ausgangskonzentration $C_o(FeF_3)$ ersetzt werden. Aus dem MWG-Ausdruck für die 1. Stufe folgt mit

$c(FeF_3) = C_o(FeF_3)$

für den Anteil $c_1(F^-)$ aus dieser Stufe:

$c_1^2(F^-) = K_{D1} \cdot C_o(FeF_3)$

$c_1(F^-) = 1{,}32 \cdot 10^{-2}$ mol l^{-1}

Den aus der 2. Stufe stammenden Anteil erhält man durch Einsetzen von

$c(FeF_2^+) = c_1(F^-) = [K_{D1} \cdot C_o(FeF_3]^{1/2}$

in den MWG-Ausdruck für die 2. Stufe:

$c_2^2(F^-)/[K_{D1} \cdot C_o(FeF_3)]^{1/2} = K_{D2}$

Daraus folgt

$$c_2^2(F^-) = K_{D2} \cdot [K_{D1} \cdot C_o(FeF_3)]^{1/2}$$

$$c_2(F^-) = 1{,}12 \cdot 10^{-3} \text{ mol l}^{-1}$$

Für $c_3(F^-)$ aus der 3. Stufe erhält man mit

$$c(FeF^{2+}) = c_2(F^-) = K_{D2} \cdot [K_{D1} \cdot C_o(FeF_3]^{1/2}$$

und der daraus folgenden Gleichung für den MWG-Ausdruck

$$c_3^2(F^-)/K_{D2} \cdot [K_{D1} \cdot C_o(FeF_3)]^{1/2} = K_{D3}$$

den Anteil:

$$c_3^2(F^-) = K_{D3} \cdot K_{D2} \cdot [K_{D1} \cdot C_o(FeF_3)]^{1/2}$$

$$c_3(F^-) = 2{,}57 \cdot 10^{-6} \text{ mol l}^{-1}$$

Mit der Gleichgewichtskonzentration

$$c(F^-) = c_1(F^-) + c_2(F^-) + c_3(F^-) = 1{,}43 \cdot 10^{-2} \text{ mol l}^{-1}$$

erhält man für die Konzentration von Fe^{3+}:

$$c(Fe^{3+}) = K_D \cdot C_o(FeF_3)/c^3(F^-)$$

$$c(Fe^{3+}) = 8{,}724 \cdot 10^{-13} \text{ mol}^3 \text{ l}^{-3} \cdot 0{,}1 \text{ mol l}^{-1}/[1{,}43 \cdot 10^{-2} \text{ mol l}^{-1}]^3$$

$$c(Fe^{3+}) = 2{,}98 \cdot 10^{-8} \text{ mol l}^{-1}$$

Wird als Gleichgewichtskonzentration $c(F^-)$ nur der aus der 1. Zerfallsstufe stammende Anteil eingesetzt, erhält man

$$c(Fe^{3+}) = 8{,}724 \cdot 10^{-13} \text{ mol}^3 \text{ l}^{-3} \cdot 0{,}1 \text{ mol l}^{-1}/(1{,}32 \cdot 10^{-2} \text{ mol l}^{-1})^3$$

$$c(Fe^{3+}) = 3{,}79 \cdot 10^{-8} \text{ mol l}^{-1}$$

Dieser Näherungswert weicht zwar um ca. 30% vom exakten Wert ab, für viele Aussagen sind derartige Näherungen jedoch völlig ausreichend. Unterscheiden sich die Konstanten für den stufenweisen Zerfall um weniger als eine Größenordnung, sind stets die exakten Werte zu berechnen.

Übung 7.4

Berechnung der Liganden-Konzentration in einer reinen Komplexsalz-Lösung. Wie groß ist die Konzentration an Cyanid-Ionen in einer Lösung ($c = 0{,}5$ mol l^{-1}) von $K_2[Zn(CN)_4]$, wenn $K_{D1} = 10^{-4}$ und $K_D = 1{,}26 \cdot 10^{-19}$ mol l^{-1} betragen?

Da das Komplexanion vier Liganden enthält, wären vier Zerfallsstufen zu berücksichtigen. Aus den gegebenen Werten lassen sich jedoch zwei Näherungen ableiten:

1. Da die erste Stufe um mehrere Zehnerpotenzen größer als die folgenden ist, werden nur die aus dieser Stufe stammenden CN^--Ionen berücksichtigt.
2. Da das Ausmaß des Zerfalls auch in der ersten Stufe mit $K = 10^{-4}$ mol l^{-1} relativ gering ist, wird c(Komplex) = C_o (Ausgangskonzentration) gesetzt. Aus dem MWG-Ausdruck für die erste Stufe

$$K_{D1} = c[Zn(CN)_3]^- \cdot c(CN^-)/c[Zn(CN)_4]^{2-} = 10^{-4} \text{ mol l}^{-1}$$

folgt unter Beachtung von

$c(CN^-) = c[Zn(CN)_3]^-$

für die Konzentration an Cyanid-Ionen:

$c^2(CN^-) = K_{D1} \cdot C_o(\text{Komplex})$

$c(CN^-) = (10^{-4}\ \text{mol l}^{-1} \cdot 0{,}5\ \text{mol l}^{-1})^{1/2}$

$c(CN^-) = 7{,}07 \cdot 10^{-3}\ \text{mol l}^{-1}$

Unterscheiden sich die Zerfallskonstanten um mehrere Größenordnungen, erhält man mit diesen Näherungen ausreichend genaue Werte.

Beispiel 7.5
Löslichkeitserhöhung durch Komplexbildung.
Wie groß sind die Löslichkeiten von AgCl und AgI in einer Ammoniaklösung mit $c(NH_3) = 0{,}15\ mol\ l^{-1}$? Was folgt daraus für die Trennung eines Niederschlags aus beiden Halogeniden?

In einer ammoniakalischen Lösung sind die beiden Gleichgewichte

$AgCl(s) \leftrightarrows Ag^+(aq) + Cl^-(aq)$

$Ag^+(aq) + 2\ NH_3(aq) \leftrightarrows [Ag(NH_3)_2]^+(aq)$

zu berücksichtigen, deren Addition die Bruttoreaktion

$AgCl(s) + 2\ NH_3(aq) \leftrightarrows [Ag(NH_3)_2]^+(aq) + Cl^-(aq)$

mit der Gleichgewichtskonstanten K ergibt:

$K = L(AgCl) \cdot K_B[Ag(NH_3)_2]^+$

$K = c(Cl^-) \cdot c[Ag(NH_3)_2]^+/c^2(NH_3)$

Aus der Stöchiometrie der Bruttoreaktion folgen

$c(Cl^-) = c[Ag(NH_3)_2]^+$

und, da pro mol gelöstes Cl^- 2 mol NH_3 verbraucht werden,

$c(NH_3) = 0{,}15\ \text{mol l}^{-1} - 2\ c(Cl^-)$

Mit diesen beiden Beziehungen und $L(AgCl) = 1{,}7 \cdot 10^{-10}\ \text{mol}^2\ \text{l}^{-2}$ sowie $K_B(Ag(NH_3)_2]^+ = 1{,}66 \cdot 10^7\ \text{l}^2\ \text{mol}^{-2}$ erhält man:

$c^2(Cl^-)/(0{,}15\ \text{mol l}^{-1} - 2\ c(Cl^-))^2 = 1{,}7 \cdot 10^{-10} \cdot 1{,}66 \cdot 10^7$

$c(Cl^-) = 7{,}2 \cdot 10^{-3}\ \text{mol l}^{-1}$

Es gehen $7{,}2 \cdot 10^{-3}$ mol l^{-1} AgCl in Lösung.
Für AgI erhält man mit $L(AgI) = 8{,}5 \cdot 10^{-17}\ \text{mol}^2\ \text{l}^{-2}$:

$c^2(I^-)/(0{,}15\ \text{mol l}^{-1} - 2c(I^-))^2 = 8{,}5 \cdot 10^{-17} \cdot 1{,}66 \cdot 10^7$

$c(I^-) = 5{,}63 \cdot 10^{-6}\ \text{mol l}^{-1}$

Es gehen $5{,}63 \cdot 10^{-6}$ mol l^{-1} in Lösung.

Da die Löslichkeit von AgCl durch Komplexbildung ca. 1000 mal größer ist als die von AgI, lassen sich beide Halogenide durch NH_3-Zugabe trennen. In der qualitativen Analyse spielt diese Trennung über den Diamminkomplex beim Nachweis von Chlorid, Bromid und Iodid eine Rolle.

Übung 7.6

Beeinflußung von Komplexbildungsreaktionen.

Die Reaktion von Fe^{3+}-Ionen mit Thiocyanat (SCN^-) ergibt wegen der Bildung des Komplexes $[Fe(H_2O)_4(SCN)_2]^+$ eine intensive Rotfärbung der Lösung mit einer Nachweisgrenze von 0,25 mg Fe^{3+}/l. Die Reaktion dient als qualitativer Eisennachweis. Fluoridionen stören die Nachweisreaktion durch Bildung von farblosem FeF_3. Es soll berechnet werden, ob die Komplexbildung verhindert wird, wenn jeweils 0,01 mol l^{-1} Fe^{3+}- und F^--Ionen vorhanden sind und der pK_D-Wert von FeF_3 = 12,06 beträgt.

Man berechnet die für die Bildung von FeF_3 notwendige Fluoridkonzentration. Ist sie kleiner als der gegebene Wert 0,01 mol l^{-1}, entsteht FeF_3 und die Bildung des Thiocyanatokomplexes wird verhindert. Aus der Anwendung des MWG auf

$$FeF_3 \leftrightarrows Fe^{3+} + 3\,F^-$$

folgt die Gleichung

$$K = c(Fe^{3+}) \cdot c^3(F^-)/c(FeF_3) = 8{,}71 \cdot 10^{-13}\ mol^3\ l^{-3}$$

Aus dem Wert von K folgt, daß der Komplex sehr stabil ist und

$$c(FeF_3) = C_o = 0{,}01\ mol\ l^{-1}$$

gesetzt werden kann. Als $c(Fe^{3+})$ wird die aus der Nachweisgrenze von 0,25 mg Fe^{3+}/l folgende Konzentration

$$c(Fe^{3+}) = m(Fe^{3+})/M(Fe^{3+}) \cdot V = 0{,}25\ mg/55{,}8\ mg\ mmol^{-1} \cdot 10^3\ ml$$

$$c(Fe^{3+}) = 4{,}48 \cdot 10^{-6}\ mol\ l^{-1}$$

eingesetzt. Dieser Wert muß durch Bildung von FeF_3 unterboten werden, wenn die Bildung des Thiocyanatokomplexes ausbleiben soll. Man erhält

$$c^3(F^-) = 8{,}71 \cdot 10^{-13}\ mol^3\ l^{-3} \cdot 0{,}01\ mol\ l^{-1}/4{,}48 \cdot 10^{-6}\ mol\ l^{-1}$$

$$c(F^-) = 1{,}25 \cdot 10^{-3}\ mol\ l^{-1}$$

Bei dieser Fluoridkonzentration entspricht $c(Fe^{3+})$ genau der Nachweisgrenze. Mit

$$c(F^-) = 0{,}01\ mol\ l^{-1} > 1{,}25 \cdot 10^{-3}\ mol\ l^{-1}$$

reicht die gegebene Fluoridkonzentration für eine praktisch vollständige Bindung der Fe^{3+}-Ionen als FeF_3 aus. Der Nachweis auf Fe^{3+} wird verhindert.

Übung 7.7

Komplexbildung und Redoxpotentiale.

Wie ändert sich das Redoxpotential einer Lösung mit $c(Fe^{3+})$ = 0,1 mol l^{-1} und $c(Fe^{2+}) = 10^{-3}$ mol l^{-1}, wenn eine den Fe^{3+}-Ionen äquivalente Menge an H_3PO_4 zugesetzt wird (pK_D = 9,4)?

Vor Zugabe von H_3PO_4 beträgt das Redoxpotential von

$$Fe^{3+} + e^- \leftrightarrows Fe^{2+}$$

entsprechend der Nernstschen Gleichung

$$E = 0{,}771\ \text{V} - 0{,}059\ \text{V} \cdot \log\ [10^{-3}/10^{-1}] = 0{,}889\ \text{V}$$

Bei Zugabe von H_3PO_4 entsteht der Komplex $[Fe(HPO_4)]^+$, so daß die Konzentration an Fe^{3+}-Ionen durch das Gleichgewicht

$$[Fe(HPO_4)]^+ \leftrightarrows Fe^{3+} + HPO_4^{2-}$$

gegeben ist. Die Komplexzerfallskonstante beträgt

$$K_D = c(Fe^{3+}) \cdot c(HPO_4^{2-})/c[Fe(HPO_4)]^+ = 3{,}98 \cdot 10^{-10}\ \text{mol l}^{-1}$$

und man erhält mit der Näherung

$$c[Fe(HPO_4)]^+ = C_o(Fe^{3+})$$

(C_o = Konzentration vor H_3PO_4-Zugabe) für die neue Konzentration

$$c^2(Fe^{3+}) = 3{,}98 \cdot 10^{-10}\ \text{mol l}^{-1} \cdot 10^{-1}\ \text{mol l}^{-1}$$

$$c(Fe^{3+}) = 6{,}31 \cdot 10^{-6}\ \text{mol l}^{-1}$$

Daraus ergibt sich ein verändertes Redoxpotential von

$$E = 0{,}771\ \text{V} - 0{,}059\ \text{V} \cdot \log\ [10^{-3}/6{,}31 \cdot 10^{-6}] = 0{,}641\ \text{V}$$

Das Redoxpotential nimmt durch die Komplexbildung ab, d.h. die Oxidationskraft der Lösung sinkt und ihre Reduktionskraft steigt.

Übung 7.8

Berechnung von Komplexzerfallskonstanten mit Hilfe von Standardpotentialen. Es ist die Komplexzerfallskonstante für

$$[Zn(NH_3)_4]^{2+} \leftrightarrows Zn^{2+} + 4\ NH_3$$

mit Hilfe der Standardpotentiale $E^o(Zn^{2+}/Zn) = -0{,}76$ V *und* $E^o([Zn(NH_3)_4]^{2+}/Zn]) = -1{,}04$ V *zu berechnen.*

Die beiden Redoxpaare werden so kombiniert, daß die Summe der beiden Halbreaktionsgleichungen dem Komplexzerfall entspricht:

$$Zn(s) \leftrightarrows Zn^{2+} + 2\ e^- \qquad E^o(A) = -0{,}76\ \text{V}$$

$$[Zn(NH_3)_4]^{2+} + 2\ e^- \leftrightarrows Zn(s) + 4\ NH_3 \qquad E^o(K) = -1{,}04\ \text{V}$$

$$[Zn(NH_3)_4]^{2+} \leftrightarrows Zn^{2+} + 4NH_3 \qquad \Delta E^o = -1{,}04\ \text{V} - (-0{,}76\ \text{V})$$

Einsetzen von ΔE^o in (siehe Kap.6)

$$\log K = \Delta E^o \cdot n/0{,}05916\ \text{V}$$

ergibt mit $n = 2$ für den Komplexzerfall:

$$\log K = -0{,}28\ \text{V} \cdot 2/0{,}05916\ \text{V} = -9{,}4658$$

$$K = 3{,}42 \cdot 10^{-10}$$

Die so berechnete Konstante entspricht dem MWG-Quotienten bei Verwendung von Aktivitäten *a:*

$$K = a(Zn^{2+}) \cdot a^4(NH_3)/a[Zn(NH_3)_4]^{2+} = 3{,}42 \cdot 10^{-10}$$

Übung 7.9

Stabilisierung unbeständiger Oxidationsstufen durch Komplexbildung.
Es ist die Stabilität des Co^{3+}-Kations in wäßriger Lösung mit der des komplexen Kations $[Co(NH_3)_6]^{3+}$ mit Hilfe der Standardpotentiale $E^o(Co^{3+}/Co^{2+}) = 1{,}81$ V und $E^o([Co(NH_3)_6]^{3+}/[Co(NH_3)_6]^{2+}) = 0{,}11$ V zu vergleichen!

Co^{3+}-Salze sind in wäßriger Lösung nicht beständig. Wegen des hohen Standardpotentials ist Co^{3+} ein so starkes Oxidationsmittel, daß Wasser zu Sauerstoff oxidiert wird und dabei Co^{3+} in Co^{2+} übergeht. Da Co-Ionen mit 6 H_2O hydratisieren, erhält man:

$2\,H_2O$	$\leftrightarrows$	$O_2 + 4\,H^+ + 4\,e^-$	$E^o(A) = 1{,}23$ V
$4\,[Co(H_2O)_6]^{3+} + 4\,e^-$	$\leftrightarrows$	$4\,[Co(H_2O)_6]^{2+}$	$E^o(K) = 1{,}81$ V
$4\,[Co(H_2O)_6]^{3+} + 2\,H_2O$	$\leftrightarrows$	$4\,[Co(H_2O)_6]^{2+} + O_2 + 4\,H^+$	$\Delta E^o = 0{,}58$ V

Aus der auf die Oxidation von 1 mol H_2O bezogenen Konstanten K_1

$$\log K_1 = \Delta E^o \cdot n/0{,}059\ \text{V} = 0{,}58\ \text{V} \cdot 2/0{,}059\ \text{V} = 19{,}66$$

$$K_1 = 4{,}58 \cdot 10^{19}$$

geht hervor, daß das Gleichgewicht praktisch vollständig zugunsten von Co^{2+} liegt und Lösungen von Co^{3+}-Salzen darum nur kurze Zeit beständig sind. Für das Komplexkation erhält man:

$2\,H_2O$	$\leftrightarrows$	$O_2 + 4\,H^+ + 4\,e^-$	$E^o(A) = 1{,}23$ V
$4\,[Co(NH_3)_6]^{3+} + 4\,e^-$	$\leftrightarrows$	$4\,[Co(NH_3)_6]^{2+}$	$E^o(K) = 0{,}11$ V
$4\,[Co(NH_3)_6]^{3+} + 2\,H_2O$	$\leftrightarrows$	$4\,[Co(NH_3)_6]^{2+} + O_2 + 4\,H^+$	$\Delta E^o = -1{,}12$ V

Daraus folgt für die auf 1 mol H_2O bezogenen Konstante K_2:

$$\log K_2 = -1{,}12\ \text{V} \cdot 2/0{,}059\ \text{V} = -37{,}96$$

$$K_2 = 1{,}08 \cdot 10^{-38}$$

Das Gleichgewicht liegt hier praktisch vollständig auf der Seite des Co^{3+}-Komplexes. Da $[Co(NH_3)_6]^{3+}$ Wasser nicht zu O_2 oxidieren kann, ist es auch in wäßriger Lösung unbegrenzt beständig und kann im Gegenteil sogar aus Co^{2+} gebildet werden. Daraus leitet sich eine Methode zur Darstellung von Co^{3+}-Verbindungen mittels Durchleiten von Luft durch ammoniakalische Co^{2+}-Salzlösungen ab.

Übung 7.10

Verhinderung von Disproportionierungen durch Komplexbildung.
Am Beispiel einer Lösung mit $c[Cu(NH_3)_2]^+ = 0{,}5$ mol l^{-1} wird nachgewiesen, daß die leicht disproportionierenden und darum instabilen Cu^+-Ionen durch Komplexbildung so stabilisiert werden, daß sie in Lösung beständig sind und ihre Stabilität in Gegenwart von Cu^{2+}-Ionen erhöht wird.

Gegeben sind: $K_{D1} = 1{,}4 \cdot 10^{-4}\ mol\ l^{-1}$, $K_{D2} = 10^{-7}\ mol\ l^{-1}$,
$E^{o}(Cu^{+}/Cu) = 0{,}521\ V$, $E^{o}(Cu^{2+}/Cu^{+}) = 0{,}153\ V$

Aus den Standardpotentialen folgt für Standardkonzentrationen: Wird Cu^{+} zu Cu reduziert, wirkt es stärker oxidierend, als wenn Cu^{2+} zu Cu^{+} reduziert wird. Darum kann ein Cu^{+}-Ion, das zu Cu reduziert wird, ein anderes Cu^{+}-Ion zu einem Cu^{2+}-Ion oxidieren:

$Cu^{+}(aq) + e^{-}$	$\leftrightarrows Cu(s)$	$E^{o}(K) = 0{,}521\ V$
$Cu^{+}(aq)$	$\leftrightarrows Cu^{2+}(aq) + e^{-}$	$E^{o}(A) = 0{,}153\ V$
$Cu^{+}(aq) + Cu^{+}(aq)$	$\leftrightarrows Cu(s) + Cu^{2+}(aq)$	$\Delta E^{o} = 0{,}368\ V$

Für die Konzentrationsabhängigkeit des ersten Redoxpaares ist

$$E(Cu^{+}/Cu) = E^{o}(Cu^{+}/Cu) - 0{,}059\ V \cdot \log\ [1/c(Cu^{+})]$$

$$E(Cu^{+}/Cu) = 0{,}521\ V + 0{,}059\ V \cdot \log\ c(Cu^{+})$$

Die Cu^{+}-Konzentration erhält man aus dem Komplexgleichgewicht

$$c(Cu^{+}) \cdot c^{2}(NH_3)/c[Cu(NH_3)_2]^{+} = 1{,}4 \cdot 10^{-11}\ mol^{2}\ l^{-2}$$

nach Berechnung von $c(NH_3)$. Den Wert $c(NH_3)$ erhält man in Analogie zu der in Übung 7.3. durchgeführten Berechnung von $c(F^{-})$:

$$c(NH_3) = c_1(NH_3) + c_2(NH_3) = (8{,}36 \cdot 10^{-3} + 2{,}9 \cdot 10^{-5})\ mol\ l^{-1}$$

$$c(NH_3) = 8{,}38 \cdot 10^{-3}\ mol\ l^{-1}$$

Mit der Konzentration an freien Cu^{+}-Ionen

$$c(Cu^{+}) = 1{,}4 \cdot 10^{-11}\ mol^{2}\ l^{-2} \cdot 0{,}5\ mol\ l^{-1}/(8{,}38 \cdot 10^{-3}\ mol\ l^{-1})^{2}$$

$$c(Cu^{+}) = 9{,}95 \cdot 10^{-8}\ mol\ l^{-1}$$

erhält man eine Abnahme des Redoxpotentials auf

$$E(Cu^{+}/Cu) = 0{,}521\ V + 0{,}059\ V \cdot \log\ (9{,}95 \cdot 10^{-8}) = 0{,}108\ V$$

Aus dem Potentialvergleich folgt, daß wegen

$$E(Cu^{+}/Cu) = 0{,}108\ V < E^{o}(Cu^{2+}/Cu^{+}) = 0{,}153\ V$$

das Gleichgewicht der Disproportionierung zugunsten der linken Seite liegt, $[Cu(NH_3)_2]^{+}$ gegen Disproportionierung somit weitgehend beständig ist.
In Gegenwart von z.B. 1 mol l^{-1} Cu^{2+}-Ionen ist

$$E(Cu^{2+}/Cu^{+}) = 0{,}153\ V - 0{,}059\ V \cdot \log\ (9{,}95 \cdot 10^{-8}) = 0{,}566\ V$$

Das bedeutet, daß die Differenz

$$E(Cu^{+}/Cu) - E(Cu^{2+}/Cu^{+})$$

in Abhängigkeit von der Cu^{2+}-Konzentration negativer wird, das Gleichgewicht der Disproportionierung weiter zugunsten der linken Seite verschoben und die Beständigkeit von Cu^{+} somit weiter erhöht wird.

Übung 7.11

Gold als ein sehr edles Metall wird bereits von einer sauerstoffhaltigen Cyanidlösung aufgelöst (Cyanidlaugerei). Es soll gezeigt werden, daß die Ursache dafür in der enormen Verschiebung des Standardpotentials $E^o(Au^+/Au)$ als Folge der Komplexbildung der Au^+-Ionen liegt.

Der Lösevorgang erfolgt durch Oxidation von Gold zu Au^+ mittels Sauerstoff und Bildung des Komplexes $[Au(CN)_2]^-$, was den folgenden Teilreaktionen entspricht:

$$4\,Au(s) \leftrightarrows 4\,Au^+ + 4\,e^-$$

$$2\,H_2O + O_2 + 4\,e^- \leftrightarrows 4\,OH^-$$

$$4\,Au^+ + 8\,CN^- \leftrightarrows 4\,[Au(CN)_2]^-$$

$$4\,Au + 8\,CN^- + 2\,H_2O + O_2 \leftrightarrows 4\,[Au(CN)_2]^- + 4\,OH^-$$

Aus den Standardpotentialen der beiden Redoxpaare $E^o(Au^+/Au) = 1{,}69$ V und $E^o(O_2/4\,OH^-) = 0{,}40$ V folgt, daß Gold unter Standardbedingungen nicht oxidiert wird. Durch Komplexbildung wird die Konzentration an freien Au^+-Ionen verringert. Für eine Lösung mit $c(CN^-) = 1$ mol l^{-1} und $c[Au(CN)_2]^- = 10^{-2}$ mol l^{-1} z.B. erhält man mit der Bildungskonstanten

$$K_B = c[Au(CN)_2]^-/c(Au^+) \cdot c^2(CN^-) = 10^{28}\ l^2\ mol^{-2}$$

eine Konzentration an freien Au^+-Ionen von

$$c(Au^+) = 10^{-2}\ mol\ l^{-1}/10^{28}\ l^2\ mol^{-2} \cdot (1\ mol\ l^{-1})^2 = 10^{-30}\ mol\ l^{-1}$$

Aus der Nernstschen Gleichung folgt daraus ein Potential von

$$E = E^o + 0{,}059\ V \cdot \log c(Au^+) = 1{,}69\ V - 0{,}059\ V \cdot 30 = -0{,}08\ V$$

Erst durch diese enorme Verschiebung des Potentials $E(Au^+/Au)$ als Folge der verringerten Au^+-Konzentration wird die oben angegebene Redoxreaktion möglich.

Aufgaben:

7.1 Welche Oxidationszahl hat das Zentralatom(-ion) in den folgenden Komplexverbindungen?

a) $[Co(NO)(CO)_3]$ b) $[Co(en)_2(SCN)Cl]^+$
c) $[Fe(H_2O)Cl_5]^{2-}$ d) $[Co(NH_3)_6]_4[Co(NO_2)_6]_3$
e) $[NiCl(NH_3)_4(H_2O)]^{2+}$ f) $K_4[Ni(CN)_4]$
g) $K_2[Ni(CN)_4]$

7.2 Geben Sie die Namen für folgende Komplexverbindungen an!

a) $[Ni(CO)_4]$ b) $[Co(NH_3)_6]_4[Co(NO_2)_6]_3$
c) $[Co(en)_2(SCN)Cl]Cl$ d) $[Ni(NH_3)_5(NO_2)]Cl_2$
e) $[Ni(NH_3)_5(ONO)]Cl_2$ f) $[Pt(NH_3)_4][PtCl_6]$
g) $[Pt(NH_3)_4Cl_2][PtCl_4]$

7.3 Geben Sie die Formeln für folgende Verbindungen an!
a) Diaquobis(ethylendiamin)cobalt(III)-bromid
b) Kalium-tetracyanoniccolat(0)
c) Kalium-tetracyanoniccolat(II)
d) Triammintrichloroplatin(IV)-ammintrichloroplatinat(II)
e) Tricarbonylnitrosylcobalt(0)
f) Tetramminaquochlorocobalt(III)-chlorid

7.4 Eine Komplexverbindung enthält pro Formeleinheit
a) 2 NH_4^+-Kationen und ein Anion, das aus einem Fe-Ion sowie 5 Chloro- und einem Aquo-Liganden aufgebaut ist,
b) 4 Komplexkationen aus Ni-Ion und 6 Aquo-Liganden und 3 Komplexanionen aus Ni-Ion und 6 Nitrito-Liganden,
c) ein Komplexkation aus Cr-Ion, 4 Ammin- und 2 Thiocyanato-Liganden und ein Komplexanion aus Cr-Ion, 2 Ammin und 4 Thiocyanato-Liganden. Geben Sie Namen und Formeln der Komplexverbindungen an!

7.5 Bei der Untersuchung von 5 Komplexverbindungen wurden folgende Ergebnisse erhalten:

Verbindung	Ionen pro Formeleinheit	Cl^--Anionen pro Formeleinheit	Verhältnis Cl : Pt
A	2	1	4 : 1
B	5	4	4 : 1
C	0	0	4 : 1
D	3	2	4 : 1
E	4	3	4 : 1

Außerdem wurde festgestellt, daß alle 5 Verbindungen Ammoniak enthalten und die gleiche Koordinationszahl haben. Geben Sie die Formeln der Verbindungen an!

7.6 Für zwei Verbindungen ergab die Analyse die gleiche Summenformel $Co(en)_2(H_2O)_2Cl_3$. Über einem Trockenmittel verliert nur Verbindung A leicht 1 mol H_2O. Aus der Leitfähigkeit folgt, daß Verbindung A aus 3 Ionen und Verbindung B aus 4 Ionen pro Formeleinheit besteht. Bei Zugabe von $AgNO_3$-Lösung zu einer Lösung von 1 mol A fallen 2 mol AgCl, zu einer Lösung von 1 mol B 3 mol AgCl aus.
a) Welche Formeln haben die Verbindungen A und B?
b) Geben Sie ihre Namen an!
c) Welche Art von Isomerie liegt vor?

7.7 Zwei Verbindungen haben die gleiche Summenformel $Ni(NH_3)_5(NO_3)SO_4$. Bei Zugabe von $BaCl_2$ zu einer Lösung der Verbindung A fällt $BaSO_4$ aus, in einer Lösung der Verbindung B erfolgt keine Fällung. Aus der Leitfähigkeit folgen für beide Verbindungen zwei Ionen pro Formeleinheit.
a) Geben Sie die Formeln von A und B an!
b) Welche Art von Isomerie liegt vor?

7.8 Geben Sie die Formeln der Bindungsisomere an:
a) $[Ir(NH_3)_5(ONO)]Cl_2$
b) $[Co(en)_2(SCN)Cl]Cl$
c) $K_2[Ni(CN)_4]$

7.9 Läßt sich die Komplexbildung auch als Säure-Base-Reaktion auffassen? Wenn ja, welches Teilchen wäre dann Säure bzw. Base?

7.10 Die Beständigkeit von Cu^+-Komplexen ist im allgemeinen sehr viel größer als die von Cu^{2+}-Komplexen. So ist z.B. $[Cu(CN)_4]^{3-}$ beständiger als $[Cu(CN)_4]^{2-}$. Finden Sie eine Erklärung dafür!

7.11 Welches von den beiden Komplex-Ionen $[Co(NH_3)_6]^{2+}$ und $[Co(NH_3)_6]^{3+}$ sollte in wäßriger Lösung beständiger sein?

7.12 Zum qualitativen Nachweis von Chlorid neben Bromid und Iodid fällt man mit $AgNO_3$ und versetzt den aus AgCl, AgBr und AgI bestehenden Niederschlag mit einer gesättigten Lösung von $(NH_4)_2CO_3$. Dabei geht nur AgCl in Lösung und läßt sich so von AgBr und AgI trennen. Erklären Sie das unterschiedliche Verhalten der Silberhalogenide!

7.13 Be^{2+} und Al^{3+} gehören zu den Ionen, die bevorzugt Komplexe mit der Koordinationszahl vier bilden. Wie läßt sich das erklären?

7.14 Entscheiden Sie, welche von den Verbindungen
a) $[Cr(H_2O)_6]Cl_3$
b) $[Cr(H_2O)_5Cl]Cl_2 \cdot H_2O$
c) $[Cr(H_2O)_4Cl_2]Cl \cdot 2\,H_2O$
mit der empirischen Formel $Cr(H_2O)_6Cl_3$ Ihnen überlassen wurde! Welche Untersuchungen führen Sie dazu durch? Wie nennt man diese Verbindungen?

7.15 Die Analyse einer Substanz ergab 1 Co : 5 NH_3 : 1 SO_4 : 1 Br. Sie enthält zwei Ionen pro Formeleinheit.
a) Welche Konstitutionsformeln lassen sich ableiten?
b) Wie prüfen Sie, welche der möglichen Verbindungen vorliegt?
c) Wie nennt man die unter a) zu ermittelnden Verbindungen und was ist charakteristisch für Sie?

7.16 Wie groß ist $c(Ag^+)$ in einer $AgNO_3$-Lösung (c = 0,05 mol l^{-1}), zu der soviel KCN gegeben wird, bis ihre Gleichgewichtskonzentration $c(CN^-)$ = 0,1 mol l^{-1} beträgt? Für den entstehenden Komplex ist $pK_D = 21$.

7.17 Ag^+-Ionen bilden mit SO_3^{2-}-Ionen einen Disulfito- und einen Sulfitoargentat(I)-Komplex mit den Komplexzerfallskonstanten $pK_{D1} = 2{,}07$ und $pK_{D2} = 5{,}34$. Berechnen Sie die Konzentration an Sulfitoargentat(I) in einer Lösung, die 0,06 mol l^{-1} Disulfitoargentat(I)-Ionen enthält!

7.18 a) Wie groß ist die Konzentration von Ag^+-Ionen in einer Lösung mit $c[Ag(SO_3)_2]^{3-}$ = 0,05 mol l^{-1}?
b) Auf welche Werte ändert sich $c(Ag^+)$, wenn die Konzentration der Disulfitoargentat-Lösung auf 0,01 mol l^{-1} verringert bzw. auf 0,1 mol l^{-1} erhöht wird? [$pK_{D1} = 2{,}07$, $pK_{D2} = 5{,}34$]

7.19 Eine Diamminsilber(I)-nitrat-Lösung (c = 0,1 mol l^{-1}) enthält in Gegenwart von 1 mol l^{-1} NH_4^+-Ionen noch $c(Ag^+) = 10^{-7}$ mol l^{-1}

a) Welchen Wert hat das pH der Lösung?

b) Wie groß ist die NH_3-Konzentration?

Benötigte Konstanten sind dem Anhang zu entnehmen!

7.20 Berechnen Sie die Konzentration von Ag^+-Ionen in einer Lösung von Diamminsilber(I)-nitrat (c = 0,1 mol l^{-1}).

a) Berücksichtigen Sie die aus beiden Zerfallsstufen stammenden Anteile an der Ligandenkonzentration!

b) Berechnen Sie $c(Ag^+)$ näherungsweise unter Vernachlässigung des aus der 2. Stufe stammenden Anteils!

c) Was läßt sich aus dem Vergleich der beiden Werte verallgemeinernd ableiten?

[$K_{D1} = 1{,}07 \cdot 10^{-4}$ mol l^{-1}, $K_{D2} = 6{,}31 \cdot 10^{-4}$ mol l^{-1}]

7.21 Welchen Wert hat $c(Fe^{3+})$ in einer Lösung, die 0,01 mol l^{-1} Hydrogenphosphatoeisen(III)-Ionen enthält? $pK_D = 9{,}42$

7.22 Wieviel mg Silberiodid lösen sich in 150 ml einer Kaliumcyanid-Lösung, wenn nach dem Lösen $c(CN^-) = 10^{-3}$ mol l^{-1} beträgt? [$pK_D[Ag(CN)_2]^- = 21$]

7.23 Wieviel g KCN sind in 750 ml einer Lösung (c = 0,025 mol l^{-1}) von Kaliumtetracyanocadmat(II) zu lösen, damit die Konzentration von Cd^{2+}-Ionen kleiner als 10^{-15} mol l^{-1} wird? $pK_D = 16{,}85$

7.24 Zu 200 ml $HgNO_3$-Lösung (c = 0,02 mol l^{-1}) werden 200 ml KI-Lösung gegeben, die 7,1 g KI enthalten. Wie groß ist die Konzentration an freien Hg^{2+}-Ionen, wenn für den Komplexzerfall des dabei entstehenden Tetraiodomerkurat(II)-Ions $K_D = 5{,}3 \cdot 10^{-31}$ mol^4 l^{-4} beträgt?

7.25 a) Berechnen Sie $c(Ag^+)$, wenn man 0,15 mol $K[Ag(CN)_2]$ und 0,15 mol KCN in einem Liter Wasser löst!

b) Berechnen Sie $c(Ag^+)$, wenn nur 0,15 mol $K[Ag(CN)_2]$ gelöst werden!
[$K_B = 5{,}55 \cdot 10^{18}$ l^2 mol^{-2}]

7.26 Schwerlösliches Ag_2CrO_4 wird in eine Lösung gegeben, die einen großen Überschuß an Cyanid-Ionen enthält. Formulieren Sie die Bruttoreaktion und berechnen Sie ihre Gleichgewichtskonstante!

7.27 Fällt ein Niederschlag von AgCl aus, wenn 1 ml $AgNO_3$-Lösung (c = 1 mol l^{-1}) zu 100 ml einer Lösung gegeben wird, die jeweils die Konzentration 1 mol l^{-1} an CN^- und Cl^- haben?

7.28 Berechnen Sie die Komplexzerfallskonstante für

$[Zn(CN)_6]^{2-}(aq) \leftrightarrows Zn^{2+}(aq) + 4\,CN^-(aq)$

mit Hilfe der Standardpotentiale der Redoxpaare

$E^o(Zn^{2+}/Zn) = -0{,}76$ V und $E^o([Zn(CN)_6]^{2-}/Zn) = -1{,}26$ V!

7.29 Berechnen Sie das Standardpotential E^o für das Redoxpaar

$[Al(OH)_4]^- + 3\,e^- \leftrightarrows Al + 4\,OH^-$

aus der Komplexzerfallskonstante $K_D = 1{,}38 \cdot 10^{-34}\,mol^4\,l^{-4}$ für

$[Al(OH)_4]^- \leftrightarrows Al^{3+} + 4\,OH^-$

und dem Standardpotential $E^o(Al^{3+}/Al) = -1{,}662$ V!

7.30 Wegen der starken Tendenz zur Komplexbildung liegen in CdX_2-Lösungen (X kann z.B. Cl^-, Br^- oder I^- sein) im allgemeinen nicht nur Cd^{2+}- und X^--Ionen vor. So existieren z.B. in $CdCl_2$-Lösungen die Komplexgleichgewichte:

$Cd^{2+} + Cl^- \leftrightarrows CdCl^+ \quad K_1 = 21$

$CdCl^+ + Cl^- \leftrightarrows CdCl_2 \quad K_2 = 7{,}90$

$CdCl_2 + Cl^- \leftrightarrows CdCl_3^- \quad K_3 = 1{,}23$

$CdCl_3^- + Cl^- \leftrightarrows CdCl_4^{2-} \quad K_4 = 0{,}35$

Berechnen Sie die Konzentrationen aller Ionenarten in einer Lösung mit $c(CdCl_2) = 0{,}01$ mol l^{-1} und $c(HCl) = 1$ mol l^{-1}. Berücksichtigen Sie die aus den Konzentrationen folgenden Näherungen.

7.31 Co^{3+}-Ionen lassen sich durch Komplexbildung so stabilisieren, daß sie in wäßriger Lösung beständig sind. Darauf beruht eine Methode zur Darstellung von Co^{3+}-Salzen, die im Durchleiten von Luft durch eine ammoniakalische Co^{2+}-Salzlösung besteht. Berechnen Sie mit Hilfe von

$E^o[Co(NH_3)_6^{3+}/Co(NH_3)_6^{2+}] = 0{,}11$ V und $E^o(O_2/2\,H_2O) = 1{,}23$ V

die Gleichgewichtskonstante für diese Reaktion!

7.32 a) Berechnen Sie die Konzentration der Teilchen Hg^{2+}, $Hg(OH)^+$ und $Hg(OH)_2$ in einer Lösung von $Hg(NO_3)_2$ ($c = 10^{-4}$ mol l^{-1}), die auf einen pH-Wert = 3 eingestellt wurde.

b) Geben Sie ihren prozentualen Anteil an der Gesamtkonzentration von Quecksilber an. Bekannt sind:

$Hg^{2+} + OH^- \leftrightarrows Hg(OH)^+ \quad K_{B1} = 2 \cdot 10^{10}\,(mol\,l^{-1})^{-1}$

$Hg(OH)^+ + OH^- \leftrightarrows Hg(OH)_2 \quad K_{B2} = 2{,}5 \cdot 10^{11}\,(mol\,l^{-1})^{-1}$

7.33 Eine neutrale $AgNO_3$-Lösung wird zunächst mit wenig und anschließend mit einem Überschuß an Na_2SO_3-Lösung versetzt. Beim folgenden Erwärmen und längerem Stehen wird ein Silberspiegel am Reagenzglas beobachtet und ein SO_2-Geruch wahrgenommen. Welche Reaktionstypen bestimmen den Reaktionsablauf? Formulieren Sie die Gleichungen!

7.34 Worin besteht die Grundvoraussetzung für die Auflösung eines schwerlöslichen Niederschlags durch Komplexbildung?

7.35 Formulieren Sie die Reaktion, die bei Zugabe von $AgNO_3$ zu einer $[Ni(CN)_4]^{2-}$-haltigen Lösung eintritt und berechnen Sie ihre Gleichgewichtskonstante mit Hilfe entsprechender Tabellenwerte.

7.36 Woran liegt es, daß bei Zugabe von Ammoniak zu einer Fe^{3+}-Salzlösung im Unterschied zu den anderen Metallen der achten Nebengruppe kein Amminkomplex gemäß

$$[Fe(H_2O)_6]^{3+} + 6\ NH_3 \leftrightarrows [Fe(NH_3)_6]^{3+} + 6\ H_2O$$

gebildet wird?

7.37 Die Metalle der dritten Hauptgruppe bilden im Gegensatz zu vielen Nebengruppenmetallen keine Komplexe mit Ammoniak, die in Wasser stabil sind. Worin sehen Sie die Ursache?

7.38 Von den Metallen der zweiten Hauptgruppe hat nur Beryllium eine ausgeprägte Tendenz zur Bildung von Komplexionen wie z. B. $[Be(NH_3)_4]^{2+}$, $[BeF_4]^{2-}$ und $[Be(OH)_4]^{2-}$. Wie läßt sich dieser deutliche Unterschied zwischen Elementen derselben Hauptgruppe erklären?

7.39 Kohlenstoff bildet im Gegensatz zu den anderen Elementen der vierten Hauptgruppe, die stabile Ionen wie z.B. $[SiF_6]^{2-}$, $[GeCl_6]^{2-}$, $[SnBr_6]^{2-}$ und $[Sn(OH)_6]^{2-}$ bilden, keine Komplexionen mit der Koordinationszahl sechs. Erklären Sie diesen Befund!

7.40 Was entnehmen Sie den Werten $L(Cu_2S) = 5 \cdot 10^{-48}$ mol^3 l^{-3} und $K_D[Cu(CN)_4]^{3-} = 1{,}6 \cdot 10^{-21}$ mol^4 l^{-4} bezüglich der Löslichkeit von Cu_2S in KCN-Lösungen? Berechnen Sie dazu die entsprechende Gleichgewichtskonstante!

7.41 In einer Cyanid-Lösung wird Silber, obwohl es zu den edlen Metallen zählt, bereits von Luftsauerstoff zu Ag^+ oxidiert (Cyanidlaugerei!). Formulieren Sie die Reaktionsgleichung aus den einzelnen Reaktionsschritten und erklären Sie, wodurch der edle Charakter von Silber aufgehoben wird!

8 Thermodynamik chemischer Reaktionen

Bei jeder chemischen Reaktion wird Energie freigesetzt oder verbraucht, jede Stoffumwandlung ist mit einer Energieumsetzung verbunden. Mit Energieänderungen im Verlauf von chemischen und physikalischen Vorgängen befaßt sich die Thermodynamik. Ihre Ergebnisse sind für das Verständnis chemischer Prozesse von grundsätzlicher Bedeutung. Erst aufgrund thermodynamischer Überlegungen kann entschieden werden, ob eine Reaktion überhaupt möglich ist oder nicht und in welchem Ausmaß sie eintritt. Die umgesetzte Energie kann in verschiedenen Formen in Erscheinung treten: als elektrische und als mechanische Energie sowie als Licht und vor allem als Wärme. Mit den Wärmemengen, die bei einer chemischen Reaktion umgesetzt werden, beschäftigt sich die Thermochemie.

8.1 Grundlagen

Die Thermodynamik befaßt sich immer nur mit Zusammenhängen zwischen makroskopischen Größen, ihre Ergebnisse sind unabhängig von allen Modellvorstellungen über den atomaren und molekularen Aufbau der Stoffe und darum ganz allgemein gültig.

System: In der Thermodynamik betrachtet man Vorgänge, die sich in einem abgegrenzten Bereich abspielen. Alles, was sich innerhalb dieses Bereiches befindet, ist ein System. Ein Stoffgemisch in einem Becherglas kann zum Beispiel ein System und das Becherglas seine Umgebung sein. Man unterscheidet

offene Systeme	Stoff- und Energieaustausch mit der Umgebung sind möglich,
geschlossene Systeme	Energieaustausch mit der Umgebung ist möglich,
abgeschlossene Systeme	Stoff- und Energieaustausch mit der Umgebung sind nicht möglich.

Zustandsfunktion: Systeme werden mit Variablen wie Druck, Temperatur, Volumen, Konzentration und chemische Zusammensetzung beschrieben. Sie werden als Zustandsfunktionen (Zustandsgrößen) bezeichnet. Sie sind nur vom augenblicklichen Zustand des Systems abhängig, also auch unabhängig davon, auf welchem Weg dieser Zustand erreicht wurde.

Wärme Q: Die Energieform, die spontan von einem System höherer Temperatur zu einem System niedrigerer Temperatur übergeht, bezeichnet man als Wärme. Sie entspricht der gesamten thermischen Energie, die als Translations-, Schwingungs- und Rotationsenergie in den kleinsten Teilchen des Systems gespeichert ist.

Wärmekapazität *C*: Die Wärmemenge, die die Temperatur eines Körpers mit der Masse *m* um 1 °C erhöht, wird als Wärmekapazität bezeichnet:

$$C = c_{sp} \cdot m \qquad (8.1)$$

c_{sp} nennt man spezifische Wärme (spezifische Wärmekapazität). Sie entspricht der Wärmemenge, die die Temperatur von 1 g Substanz um 1 °C erhöht. Ihre Maßeinheit ist darum J g^{-1} K^{-1}. Für *C* folgt aus (8.1) J K^{-1}. *C* beschreibt das Verhältnis zwischen dem Wärmeaustausch ΔQ eines Systems mit seiner Umgebung und der dabei auftretenden Temperaturänderung ΔT:

$$C = \Delta Q/\Delta T \qquad (8.2)$$

Bezieht man den Wärmeaustausch auf die Stoffmenge 1 mol, erhält man die Molwärme (molare Wärmekapazität) C_m. Man unterscheidet

$$C_m = C/n \quad (\mathrm{J\,K^{-1}\,mol^{-1}}) \qquad (8.3)$$

$$c_{sp} = C/m \quad (\mathrm{J\,K^{-1}\,g^{-1}}) \qquad (8.4)$$

Die Wärmekapazität in (idealen) Mischungen setzt sich additiv aus den Anteilen der Wärmekapazitäten $C_{m,i}$ der Mischungskomponenten *i* zusammen, die durch den Stoffmengenanteil x_i der Komponenten gegeben sind:

$$C_m = x_i \cdot C_{m,i} \qquad (8.5)$$

Da die Wärme keine Zustandsfunktion ist, hat man zwischen Molwärme bei konstantem Druck (C_p) und bei konstantem Volumen (C_v) zu unterscheiden:

$$C_p = \Delta Q_p/\Delta \mathrm{T} \qquad (8.6)$$

$$C_v = \Delta Q_v/\Delta \mathrm{T} \qquad (8.7)$$

Für feste und flüssige Verbindungen sind C_p und C_v annähernd gleich. Für ideales Gasverhalten gilt

$$C_p - C_v = R \qquad (8.8)$$

Für die Berechnung von *C* verwendet man häufig Näherungen.

Regel von Dulong-Petit: Für schwerere Elemente (Atommassen > 35) ist das Produkt aus spezifischer Wärme und Molmasse bei 25 °C annähernd konstant und beträgt

$$c_{sp} \cdot M \sim 3\,R \quad \text{oder} \quad C_m \sim 3\,R \qquad (8.9)$$

Regel von Kopp-Neumann: Die molare Wärme fester Substanzen entspricht der Summe der Molwärmen der Elemente, aus denen sie bestehen.

8.2 Reaktionsenergie und Reaktionsenthalpie

Jedes System hat in sich Energie in irgendeiner Form gespeichert; man bezeichnet sie als innere Energie *U*. Beträgt die Summe der inneren Energien der Reaktanten einer Reaktion U_1 und die der Produkte U_2, so entspricht die Differenz der Reaktionsenergie ΔU:

$$\Delta U = U_2 - U_1 \qquad (8.10)$$

ΔU ist eine Zustandsfunktion, deren Änderung Inhalt des 1. Hauptsatzes der Thermodynamik ist:

$$\Delta U = Q + W \quad (8.11)$$

Die Änderung der inneren Energie eines Systems ist gleich der Summe der mit der Umgebung ausgetauschten Wärme *Q* und Arbeit *W*.

Reaktionen bei konstantem Volumen (geschlossene Gefäße) leisten keine Arbeit und die gesamte Reaktionsenergie ΔU kann als Wärme Q ausgetauscht werden. Die meisten Reaktionen werden aber bei konstantem Druck (offene Gefäße) durchgeführt. Wenn das Volumen dabei zunimmt (gasförmige Reaktionsprodukte), muß das System gegen den äußeren Druck Volumenarbeit $p\,\Delta V$ leisten. Die Reaktionsenergie wird als Wärme und Volumenarbeit ausgetauscht:

$$\Delta U = Q + p\,\Delta V \quad (8.12)$$

Den bei konstantem Druck als Wärme freiwerdenden Anteil der Reaktionsenergie ΔU bezeichnet man als Reaktionsenthalpie ΔH (Reaktionswärme, Wärmetönung). Für die Zustandsfunktion H gilt die Definitionsgleichung $H = U + p\,V$. Daraus folgt:

$$\Delta H = H_2 - H_1 = \Delta U + p\,\Delta V \quad (8.13)$$

Standard-Reaktionsenthalpie ΔH^0: Da die Enthalpie von Temperatur, Druck und Aggregatzustand abhängig ist, wird sie für chemische Reaktionen vereinbarungsgemäß auf 25 °C und 101,3 kPa (Standarddruck) bezogen und als Standard-Reaktionsenthalpie ΔH^0 bezeichnet.

Thermochemische Gleichungen: Bei der Formulierung thermochemischer Gleichungen sind folgende Punkte zu beachten:

1. ΔH^0 bezieht sich stets auf die in der Gleichung angegebenen Stoffmengen in mol (mol Formelumsatz!).
2. Für exotherme Reaktionen bekommt ΔH^0 ein negatives, für endotherme ein positives Vorzeichen.
3. Der Aggregatzustand aller Substanzen ist anzugeben.
4. Werden die Koeffizienten der Reaktionsgleichung mit einem Faktor multipliziert, wird auch ΔH^0 mit diesem Faktor multipliziert.
5. Wird die Richtung der Reaktionsgleichung umgekehrt, erhält ΔH^0 ein umgekehrtes Vorzeichen.
6. Die gleichen Regeln gelten für ΔU^0 der Reaktionen bei konstantem Volumen.

Satz von Hess: Läßt sich eine Reaktion als Summe von Einzelreaktionen ausdrücken, ist die Reaktionsenthalpie die Summe der Enthalpien dieser Einzelreaktionen. Der Satz von Hess ist eine andere Formulierung für die Eigenschaft von ΔH, die Änderung einer Zustandsfunktion und damit unabhängig vom Weg zu sein. Der Satz von Hess ist die Grundlage für die Berechnung von Reaktionsenthalpien, deren experimentelle Bestimmung sehr aufwendig oder nicht möglich ist.

Standard-Bildungsenthalpie ΔH^0_f: Die Wärmeenergie, die bei der Bildung von einem mol reiner Substanz aus den reinen Elementen bei Standard-Bedingungen frei wird, bezeichnet man als Standard-Bildungsenthalpie ΔH^0_f. Dabei liegen sowohl die Reaktanten wie auch die Produkte bei 101,3 kPa und 25 °C vor. Die Elemente werden in ihrer bei Standard-Bedingungen stabilsten Form eingesetzt. Mit ΔH^0_f-Werten lassen sich Standard-Reaktionsenthalpien ΔH^0 berechnen:

$$\Delta H^0 = \Delta H^0_f(\text{Produkte}) - \Delta H^0_f(\text{Reaktanten}) \tag{8.14}$$

Für Elemente in ihrer bei Standard-Bedingungen stabilen (normalen) Form ist ΔH^0_f gleich Null.

Beispiel:
Wie groß ist ΔH^0 der Reaktion 2 $NH_3(g)$ + 3 $Br_2(l) \longrightarrow N_2(g)$ + 6 $HBr(g)$, wenn $\Delta H^0_f(NH_3(g)) = -46{,}19$ kJ mol^{-1} und $\Delta H^0_f(HBr(g)) = -30{,}2$ kJ mol^{-1} beträgt?
Br_2 und N_2 liegen in ihrer stabilsten Form vor und entsprechen somit $\Delta H^0_f = 0$. Wir erhalten mit (8.14)

$$\Delta H^0 = 6\,\Delta H^0_f(HBr(g)) - 2\,\Delta H^0_f(NH_3(g))$$

$$\Delta H^0 = -6 \cdot 30{,}2 \text{ kJ mol}^{-1} - (-2 \cdot 46{,}19) \text{kJ mol}^{-1} = -88{,}82 \text{ kJ mol}^{-1}$$

Enthalpie von Ionenreaktionen: ΔH^0_f-Werte für einzelne Ionen sind nicht bestimmbar, da bei der Lösung stets hydratisierte Kationen und Anionen gemeinsam auftreten. Um Bildungsenthalpien von Ionen in wäßriger Lösung sowie Enthalpien von Ionenreaktionen berechnen zu können, setzt man als „Bezugssystem" ΔH^0_f für 1 mol H_3O^+-Ionen willkürlich gleich Null.

Beispiel:
Experimentell wurde die Bildungsenthalpie für eine verdünnte Lösung von Bromwasserstoff gemäß $HBr(g) + H_2O(l) \longrightarrow H_3O^+(aq) + Br^-(aq)$ zu $-120{,}9$ kJ mol^{-1} bestimmt.

$$-120{,}9 \text{ kJ mol}^{-1} = \Delta H^0_f(H_3O^+(aq)) + \Delta H^0_f(Br^-(aq))$$

Da $\Delta H^0_f(H_3O^+(aq))$ definitionsgemäß = 0 ist, beträgt

$$\Delta H^0_f(Br^-(aq)) = -120{,}9 \text{ kJ mol}^{-1}$$

Bindungsenthalpie: Den Energiebetrag, der zur Aufspaltung einer spezifischen Bindung unter Bildung der neutralen isolierten Produkte führt, nennt man Bindungs-Dissoziationsenergie ΔH_D (kurz Dissoziationsenergie). ΔH_D ist stets positiv, da das Aufbrechen von Bindungen Energie erfordert:

H–H (g) $\longrightarrow$ 2 H(g)	$\Delta H_D = +435$ kJ mol^{-1}
Cl–Cl (g) $\longrightarrow$ 2 Cl(g)	$\Delta H_D = +243$ kJ mol^{-1}
H–Cl (g) $\longrightarrow$ H(g) + Cl(g)	$\Delta H_D = +431$ kJ mol^{-1}
OCO (g) $\longrightarrow$ CO(g) + O(g)	$\Delta H_D = +532$ kJ mol^{-1}

Reagieren die Atome zu den betreffenden Molekülen, werden diese Energien wieder freigesetzt. Für Moleküle, die aus mehr als zwei Atomen bestehen, hat man die mittlere Bindungsenergie ΔH_B eingeführt. ΔH_B bezieht sich auf die Stärke einer speziellen Bindung in einem Molekül. Da die Stärke einer Bindung in einem Molekül von der Struktur des Gesamtmoleküls abhängig ist, hat ΔH_B eines bestimmten Bindungstyps in verschiedenen Molekülen unterschiedliche Werte. Tabellenwerte von ΔH_B stellen darum immer nur Mittelwerte dar. Mit Hilfe mittlerer Bindungsenergien lassen sich ΔH-Werte einer Reaktion abschätzen. ΔH ergibt sich als

Summe aller ΔH_B-Werte, die zum Aufbrechen der Bindungen der Reaktanten erforderlich sind, und der Energiewerte ΔE, die bei der Bildung neuer Bindungen in den Produkten freigesetzt werden:

$$\Delta H = \Delta H_B(\text{Bindungsspaltung}) + \Delta E(\text{Bindungsknüpfung}) \qquad (8.15)$$

Beispiel:
Die vollständige Dissoziation eines H_2O-Moleküls H-O-H (g) $\longrightarrow$ 2 H(g) + O(g) $\Delta H = +926\ kJ\ mol^{-1}$ erfordert die Spaltung zweier H-O-Bindungen. ΔH bezieht sich somit auf die Spaltung von 2 mol H-O-Bindungen. Die Hälfte von ΔH, + 463 kJ mol^{-1}, ist die mittlere Bindungsenergie ΔH_B für 1 mol H-O-Bindung. Die tatsächlichen Werte für eine nacheinander erfolgende Trennung der zwei H-O-Bindungen sind verschieden:

$$HOH\,(g) \longrightarrow H(g) + OH(g) \qquad \Delta H = +501\ kJ\ mol^{-1}$$

$$OH(g) \longrightarrow H(g) + O(g) \qquad \Delta H = +425\ kJ\ mol^{-1}$$

Berechnungen von Reaktionsenthalpien erfolgen stets mit den mittleren Bindungsenergien ΔH_B.

Beispiel:
Berechnung von ΔH für $H_2(g) + Cl_2(g) \longrightarrow 2\ HCl(g)$ aus Bindungsenthalpien.

$$H\text{–}H\,(g) \longrightarrow 2\ H(g) \qquad \Delta H_D = +435\ kJ\ mol^{-1}$$

$$Cl\text{–}Cl(g) \longrightarrow 2\ Cl(g) \qquad \Delta H_D = +243\ kJ\ mol^{-1}$$

$$2\ H(g) + 2\ Cl(g) \longrightarrow 2\ HCl(g) \qquad \Delta E = -2 \cdot 431\ kJ\ mol^{-1}$$

$$\Delta H = 435\ kJ\ mol^{-1} + 243\ kJ\ mol^{-1} + (-2 \cdot 431\ kJ\ mol^{-1}) = -184\ kJ\ mol^{-1}$$

Bei der Knüpfung neuer Bindungen in den Produkten wird mehr Energie frei als für die Spaltung der Bindungen in den Reaktanten verbraucht wird; die Reaktion verläuft unter Energiegewinn.

8.3 Entropie und freie Enthalpie

Der erste Hauptsatz der Thermodynamik sagt nichts darüber aus, ob ein Vorgang freiwillig (spontan) ablaufen wird. Spontane Prozesse verlaufen immer in die Richtung zum Gleichgewicht, sie sind ohne von außen aufgewendete Arbeit nicht wieder rückgängig zu machen. Man bezeichnet sie als irreversibel. Alle freiwilligen Reaktionen sind irreversible Prozesse.

Beispiel:
Wärmeübertragung von einem wärmeren auf einen kälteren Körper, Diffusion zweier Gase ineinander, Ausdehnung eines idealen Gases in ein Vakuum.

Als reversibel gilt ein Prozeß, dessen Richtung sich jederzeit umkehren läßt, ohne daß irgendwelche anderen Veränderungen im System und seiner Umgebung zurückbleiben. Da sich das System bei einer streng reversiblen Reaktion (Zustandsänderung) ständig im Gleichgewichtszustand befinden müßte, stellt ein reversibler Prozeß einen idealisierten Grenzfall dar. Denn um eine Veränderung in einem System zu erreichen, muß es, und sei es noch so gering, aus dem Gleichgewicht gebracht werden. Eine chemische Reaktion läßt sich annähernd reversibel durchführen, wenn das System ständig annähernde Gleichgewichtszustände durchläuft („währendes Gleichgewicht").

Beispiel:
Eine in einer galvanischen Zelle freiwillig ablaufende Redox-Reaktion kann durch Entgegenschalten einer fast gleich großen Fremdspannung so durchgeführt werden, daß nur ein „unendlich schwacher" Strom fließt. Dann läßt sich jederzeit schon durch eine äußerst kleine (differentielle) Erhöhung der Fremdspannung eine Umkehr der Reaktion erreichen. Das chemische System durchläuft ständig annähernde Gleichgewichtszustände, verändert sich also fast reversibel.

maximale Nutzarbeit W_{max}: Die hierbei gegen die Fremdspannung geleistete elektrische Arbeit ist für das betreffende System die maximal mögliche Arbeit. Da sie für praktische Zwecke genutzt werden kann, wird sie als maximale Nutzarbeit W_{max} bezeichnet. Von streng irreversiblen Reaktionen wird keine Nutzarbeit geleistet (Volumenarbeit wird nicht als Nutzarbeit gerechnet). Allgemein gilt:

Die bei irreversibler Zustandsänderung vom System geleistete Arbeit W ist stets kleiner als die bei entsprechender reversibler Prozeßführung gewinnbare maximale Nutzarbeit.

Die maximale Nutzarbeit ist exakt gleich dem Arbeitsbetrag, der bei reversibler Reaktionsführung aufzubringen wäre, um das System wieder in seinen Ausgangszustand zurückzuführen, ohne sonstige Veränderungen zu bewirken.

Entropie S: Für die Beantwortung der Frage, ob ein Prozeß spontan (irreversibel) ablaufen wird, ist eine thermodynamische Funktion von zentraler Bedeutung, die wir Entropie nennen. Die Entropie ist ein Maß für die Unordnung in einem System; je geringer die Ordnung in einem System ist, desto größer ist seine Entropie. Für eine gegebene Substanz ist immer

$$S(\text{fest}) < S(\text{flüssig}) < S(\text{gasförmig})$$

Für jedes abgeschlossene System gilt:

Bei jeder irreversiblen Reaktion vergrößert sich die Entropie. Freiwillig stellt sich immer nur ein Zustand mit geringerer Ordnung ein.

Diese Formulierung stellt eine Aussage des zweiten Hauptsatzes der Thermodynamik dar. Sie ist identisch mit

$$\Delta S_{gesamt} > 0 \qquad (8.16)$$

Dabei ist zu beachten, daß chemische Reaktionen oder physikalische Zustandsänderungen nicht unabhängig von ihrer Umgebung ablaufen und dadurch immer die Gesamtänderung der Entropie

$$\Delta S_{gesamt} = \Delta S_{System} + \Delta S_{Umgebung} \qquad (8.17)$$

betrachtet werden muß. Es können durchaus Reaktionen freiwillig verlaufen, bei denen ΔS_{System} abnimmt, dann muß aber $\Delta S_{Umgebung}$ so zunehmen, daß $\Delta S_{gesamt} > 0$

wird. Die Entropie ist eine Zustandsfunktion und $\Delta S = S_2 - S_1$ somit unabhängig vom Weg zwischen Ausgangs- und Endzustand. Die Entropie ermöglicht keine Aussagen zur Geschwindigkeit spontaner Prozesse, die unter Umständen auch unmeßbar langsam ablaufen können.

Beispiel:
Nach thermodynamischen Berechnungen sollte Kohlenstoff bei 25 °C und Normaldruck mit Sauerstoff zu Kohlendioxid reagieren. Da die Reaktion unmeßbar langsam erfolgt, ist Kohlenstoff an Luft weitestgehend beständig.

freie Enthalpie *G*: ΔS_{gesamt} ist als Maß für die Triebkraft einer Reaktion ungeeignet, weil auch Änderungen der Umgebung zu berücksichtigen sind. Praktischer ist eine Größe, die sich ausschließlich auf Änderungen im System bezieht. Da eine Entropieänderung der Umgebung durch Austausch von Wärme, bedingt durch die Reaktionsenthalpie ΔH, erfolgt, definiert man

$$\Delta S_{Umgebung} = -\Delta H/T \tag{8.18}$$

Wenn man in (8.17) ΔS an Stelle von ΔS_{System} einsetzt, wird

$$\Delta S_{gesamt} = \Delta S - \Delta H/T$$

$$T \cdot \Delta S_{gesamt} = T\Delta S - \Delta H \tag{8.19}$$

Wir definieren eine neue Größe

$$\Delta G = -T \cdot \Delta S_{gesamt} \tag{8.20}$$

als freie Reaktionsenthalpie und erhalten

$$\Delta G = \Delta H - T\Delta S \tag{8.21}$$

Gleichung (8.21) ist eine Grundgleichung der Thermodynamik. ΔG ist die Differenz $G_2 - G_1$ zweier Werte der Zustandsfunktion

$$G = H - TS \tag{8.22}$$

und somit nur durch den End- und Ausgangszustand des Systems festgelegt. Die freie Reaktionsenthalpie entspricht demjenigen Anteil an der Enthalpieänderung ΔH, der maximal zur Arbeitsleistung *frei verfügbar* ist:

$$\Delta G = W_{max} \tag{8.23}$$

Alle Größen in (8.21) beziehen sich nur noch auf Änderungen im System. Nach $\Delta G = -T\,\Delta S_{gesamt}$ gilt für Reaktionen bei konstanter Temperatur und konstantem Druck ohne Ausnahme:

$\Delta G < 0$ Die Reaktion verläuft freiwillig.

$\Delta G = 0$ Die Reaktion befindet sich im Gleichgewicht.

$\Delta G > 0$ Die Reaktion läuft nicht freiwillig ab.

Mit der freien Reaktionsenthalpie werden die beiden entscheidenden Tendenzen berücksichtigt, die uneingeschränkt für jedes System gelten:

1. **Tendenz zur Erreichung eines Energieminimums.**
   Mit ihrem negativen Wert für ΔH tragen exotherme Reaktionen zu einem negativen ΔG-Wert bei.

2. Tendenz zur Erzielung einer maximalen Unordnung.
Ein positiver Wert für ΔS, also eine Zunahme der Unordnung im System, trägt zu einem negativen Wert für ΔG bei (wegen $-T\Delta S$).

Beispiel:
A $N_2O(g) \longrightarrow N_2(g) + 1/2\ O_2(g)$
B $2\ H_2(g) + O_2(g) \longrightarrow 2\ H_2O(l)$
C $C_6H_{12}O_6(aq) \longrightarrow 2\ C_2H_5OH(aq) + 2\ CO_2(g)$
D $Br_2(l) + Cl_2(g) \longrightarrow 2\ BrCl(g)$

Reaktion	ΔH kJ mol^{-1}	$T\Delta S$ kJ mol^{-1}	ΔG kJ mol^{-1}
A	− 81,5	− (+ 22,0)	−103,5
B	−571,7	− (− 97,3)	−473,4
C	− 71,0	− (+157,0)	−228,0
D	+ 29,4	− (+ 31,2)	− 1,8

Exotherme Reaktionen vom Typ A ($\Delta H < 0$) mit einem positiven ΔS-Wert verlaufen immer freiwillig. Bei Reaktionen vom Typ B mit einem großen negativen Wert für ΔH werden ungünstige Entropieänderungen ($\Delta S < 0$) überkompensiert, so daß $\Delta G < 0$ wird. Umgekehrt kann bei Reaktionen vom Typ C und D ein großer positiver ΔS-Wert eine relativ kleine bzw. sogar positive Reaktionsenthalpie überkompensieren, so daß auch endotherme Reaktionen freiwillig ablaufen können.

Aus den Werten für die freie Reaktionsenthalpie kann nicht unmittelbar auf die Vollständigkeit der Reaktionen geschlossen werden, da Gleichgewichtszustände zu beachten sind.

Bei Standardbedingungen ist der Betrag von ΔH erheblich größer als der von $T\Delta S$, exotherme Reaktionen verlaufen unabhängig von der Entropieänderung im System freiwillig. Mit steigender Temperatur nimmt die Bedeutung von $T\Delta S$ für ΔG zu. In der Regel sind ΔH und ΔS relativ unabhängig von der Temperatur. Da aber im $T\Delta S$-Term die Temperatur selbst vorkommt, kann er im Ausdruck für ΔG dominieren. Reaktionen, die bei Standardbedingungen auf Grund von $\Delta H > 0$ nicht ablaufen, erfolgen bei höheren Temperaturen freiwillig, weil $T\Delta S$ Werte annimmt, für die $\Delta G < 0$ wird.

Beispiel:
Für die Reaktion $C(s) + CO_2(g) \longrightarrow 2\ CO(g)$ *gelten:*

Temperatur K	ΔH kJ mol^{-1}	$T\Delta S$ kJ mol^{-1}	ΔG kJ mol^{-1}
298	+172	− (+ 53)	+119
977	+172	− (+172)	0
1273	+172	− (+225)	− 53
1773	+172	− (+314)	−142

freie Standard-Enthalpien: Man unterscheidet zwischen freier Standard-Reaktionsenthalpie ΔG^0 und freier Standard-Bildungsenthalpie ΔG^0_f. ΔG^0 entspricht einer Reaktion, bei der aus Reaktanten im Standardzustand Produkte im

Standardzustand entstehen. ΔG_f^0 für eine Verbindung ist die freie Reaktionsenthalpie, die der Bildung von 1 mol der Verbindung aus den Elementen in ihren Standardzuständen entspricht (siehe ΔH_f^0). ΔG_f^0 ist für Elemente in ihrem Standardzustand gleich Null. Es gilt:

$$\Delta G^0 = \Delta G_f^0(\text{Produkte}) - \Delta G_f^0(\text{Reaktanten}) \qquad (8.24)$$

Beispiel:
Welchen Wert hat ΔG^o *für die Reaktion*

$$C(\text{Graphit}) + CO_2(g) \longrightarrow 2\ CO(g)$$

mit $\Delta G_f^0(CO(g)) = -137{,}3$ *und* $\Delta G_f^0(CO_2(g)) = -394{,}4\ \text{kJ mol}^{-1}$*?*

$$\Delta G^0 = 2\ \Delta G_f^0(CO(g)) - 1\ \Delta G_f^0(CO_2(g)) = -2 \cdot 137{,}3-(-394{,}4)$$

$$\Delta G^0 = +119{,}8\ \text{kJ mol}^{-1}$$

Mit $\Delta G^0 > 0$ *erfolgt bei Standardbedingungen keine Oxidation von Graphit mittels* CO_2*.*

absolute Entropien: Im Gegensatz zur Enthalpie lassen sich absolute Entropiewerte S^0 berechnen. Die Grundlage dafür bildet der dritte Hauptsatz der Thermodynamik:

Die Entropie einer perfekten kristallinen Substanz am absoluten Nullpunkt ist Null.

Absolute Entropien werden aus C_p-Werten berechnet. Die Entropieänderung ΔS einer Substanz bei Übergang von Temperatur T_1 zu Temperatur T_2 ist

$$\Delta S = C_p \cdot \ln (T_2/T_1) \qquad (8.25)$$

Dabei wird C_p als temperaturunabhängig vorausgesetzt. Die absolute Standard-Entropie S^0 ist die Entropie einer Substanz in ihrem Standardzustand (25 °C, 101,3 kPa).

Die Standard-Entropie S^0 eines Elementes ist im Gegensatz zur Standard-Enthalpie und freien Standard-Enthalpie nicht gleich Null.

Die Standard-Reaktionsentropie chemischer Reaktionen ist darum

$$\Delta S^0 = S^0(\text{Produkte}) - S^0(\text{Reaktanten}) \qquad (8.26)$$

und die Standard-Bildungsentropie einer chemischen Verbindung

$$\Delta S_f^0 = S^0(\text{Verbindung}) - S^0(\text{Elemente}) \qquad (8.27)$$

Man beachte, daß die absolute Entropie einer Verbindung nicht gleich der Entropieänderung bei der Bildung der Verbindung aus den Elementen ist.
Um Ionenreaktionen berechnen und Entropien hydratisierter Ionen angeben zu können, setzt man als „Bezugssystem" die Entropie des hydratisierten Protons H_3O^+(aq) gleich Null (Entropien einzelner Ionen lassen sich nicht messen).
Da die Entropie eines idealen Gases nach

$$\Delta S = R \cdot \ln V_2/V_1 \qquad (8.28)$$

vom Volumen abhängig ist, ergibt sich der wichtige Schluß:

Chemische Reaktionen, bei denen die Gasmolzahl zunimmt, verlaufen unter Entropiezunahme.

8.4 Freie Enthalpie und chemisches Gleichgewicht

Die Änderung der freien Enthalpie im Reaktionsverlauf wird mit

$$\Delta G = \Delta G^0 + R\,T \cdot \ln Q \qquad (8.29)$$

berechnet, wobei Q dem Quotienten im MWG-Ausdruck entspricht. Im Gleichgewicht ist $\Delta G = 0$ und wir erhalten für

$$\Delta G^0 = -\,R\,T \cdot \ln K = -2{,}479 \cdot \ln K\,(\text{kJ mol}^{-1}) \qquad (8.30)$$

Mit der Annahme, daß sich ΔH und ΔS mit der Temperatur nicht ändern, läßt sich aus (8.30) die Temperaturabhängigkeit der Gleichgewichtskonstante K ableiten:

$$\ln (K_2/K_1) = \Delta H^0/R\,(1/T_1 - 1/T_2) \qquad (8.31)$$

(Gleichung (8.31) ist die integrierte Form der van't Hoffschen Reaktionsisobaren.) Außer der Berechnung aus Gleichgewichtskonstanten lassen sich ΔG-Werte auch aus den ΔE^0-Werten galvanischer Zellen bestimmen:

$$\Delta G^0 = -\,n \cdot F \cdot \Delta E^0 \qquad (8.32)$$

(Näheres dazu in Kapitel 5.5)

Übungen:

Übung 8.1

In einem Kalorimeter, das 0,850 kg Wasser enthält, werden 2,50 g Glucose (Traubenzucker), $C_6H_{12}O_6$, verbrannt. Dabei wird ein Temperaturanstieg des Wassers von 20,00 auf 26,25 °C beobachtet. Welche Wärmekapazität hat das Kalorimeter?
Reaktion: $C_6H_{12}O_6 \longrightarrow 6\,CO_2(g) + 6\,H_2O(l)$ $\qquad \Delta H = -2820$ kJ mol^{-1}

Man berechnet aus dem ΔH-Wert die Wärmemenge, die der Umsetzung von 2,50 g Glucose entspricht. Mit $M(C_6H_{12}O_6)$ = 180 g mol^{-1} erhält man:

$$Q = -2820\text{ kJ mol}^{-1}(2{,}50\text{ g}/180\text{ g mol}^{-1}) = -39{,}16\text{ kJ}$$

Die freiwerdende Wärme wird sowohl vom Wasser als auch vom Kalorimeter aufgenommen, so daß die Wärmekapazität der Summe

$$C_{gesamt} = C_{Wasser} + C_{Gerät}$$

entspricht. Da die Reaktionswärme nach

$$Q = C_{gesamt}\,(T_2 - T_1)$$

berechnet wird, erhalten wir für

$$C_{gesamt} = 39{,}16\text{ kJ}/6{,}25\text{ K} = 6{,}26\text{ kJ K}^{-1}$$

Die Wärmekapazität des Wassers wird aus seiner Masse und spezifischen Wärmekapazität = 4,184 J g^{-1} K^{-1} ermittelt:

$$C_{Wasser} = 4{,}184\text{ J g}^{-1}\text{K}^{-1} \cdot 850\text{ g} = 3{,}56\text{ kJ K}^{-1}$$

Die Wärmekapazität des Kalorimeters beträgt somit

$$C_{Gerät} = (6{,}26 - 3{,}56)\text{kJ K}^{-1} = 2{,}7\text{ kJ K}^{-1}$$

Übung 8.2

Anwendung der Kopp-Neumannschen Regel. Für das Mineral Chalkopyrit $CuFeS_2$ ist die molare Wärme (molare Wärmekapazität) zu berechnen. Gegeben sind die spezifischen Wärmekapazitäten von Cu = 0,38, Fe = 0,46 und S = 0,71 J g^{-1} K^{-1}.

Für die molare Wärme ergibt sich aus (8.9) als Näherung

$$C_m = c_{sp} \cdot M$$

Wir berechnen zunächst C_m für die einzelnen Elemente:

$$C_m(\mathrm{Cu}) = 0{,}38 \cdot 63{,}54\ \mathrm{J\ g^{-1}\,K^{-1}\,g\ mol^{-1}} = 24{,}14\ \mathrm{J\ mol^{-1}\,K^{-1}}$$

$$C_m(\mathrm{Fe}) = 0{,}46 \cdot 55{,}84\ \mathrm{J\ g^{-1}\,K^{-1}\,g\ mol^{-1}} = 25{,}68\ \mathrm{J\ mol^{-1}\,K^{-1}}$$

$$C_m(\mathrm{S}) = 0{,}71 \cdot 32{,}06\ \mathrm{J\ g^{-1}\,K^{-1}\,g\ mol^{-1}} = 22{,}76\ \mathrm{J\ mol^{-1}\,K^{-1}}$$

Nach der Kopp-Neumannschen Regel folgt daraus für die Molwärme von Chalkopyrit:

$$C_m(\mathrm{CuFeS_2}) = C_m(\mathrm{Cu}) + C_m(\mathrm{Fe}) + 2\ C_m(\mathrm{S})$$

$$C_m(\mathrm{CuFeS_2}) = (24{,}14 + 25{,}68 + 2 \cdot 22{,}76) = 95{,}34\ \mathrm{J\ mol^{-1}\,K^{-1}}$$

Übung 8.3

Anwendung der Dulong-Petitschen Regel. Es sind die spezifische Wärmekapazität und die molare Wärme für den Feldspat $KAlSi_3O_8$ (Orthoklas) mit Hilfe der molaren Wärmekapazitäten (in J mol^{-1} K^{-1}) für K = 29,32, Al = 24,28, Si = 19,94 und O_2 = 14,72 zu bestimmen.

Mit der aus (8.9) folgenden Beziehung $c_{sp} = C_m/M$ wird für jedes Element der Verbindung c_{sp} berechnet:

$$c_{sp}(K) = 29{,}32\ \mathrm{J\ mol^{-1}\,K^{-1}}/39{,}09\ \mathrm{g\ mol^{-1}} = 0{,}75\ \mathrm{J\ g^{-1}\,K^{-1}}$$

Auf analoge Weise berechnet man für die anderen Elemente:

$$c_{sp}(\mathrm{Al}) = 0{,}90\ \mathrm{J\ g^{-1}\,K^{-1}}$$

$$c_{sp}(\mathrm{O_2}) = 0{,}92\ \mathrm{J\ g^{-1}\,K^{-1}}$$

$$c_{sp}(\mathrm{Si}) = 0{,}71\ \mathrm{J\ g^{-1}\,K^{-1}}$$

Aus den c_{sp}-Werten der Elemente und ihren Massenanteilen wird c_{sp} des Minerals nach Gleichung (8.5) bestimmt. Für die Massenanteile erhält man mit $M(\mathrm{KAlSi_3O_8})$ = 278,3 g mol^{-1}:

$$x_i(\mathrm{K}) = M(\mathrm{K})/M(\mathrm{KAlSi_3O_8}) = 39{,}09\ \mathrm{g\ mol^{-1}}/278{,}3\ \mathrm{g\ mol^{-1}} = 0{,}14$$

$$x_i(\mathrm{Al}) = 0{,}097$$

$$x_i(\mathrm{Si}) = 0{,}303$$

$$x_i(\mathrm{O_2}) = 0{,}46$$

Für die spezifische Wärmekapazität des Minerals folgt

$$c_{sp} = (0{,}75 \cdot 0{,}14 + 0{,}90 \cdot 0{,}097 + 0{,}71 \cdot 0{,}303 + 0{,}92 \cdot 0{,}46)\ \mathrm{J\ g^{-1}\,K^{-1}}$$

$$c_{sp} = 0{,}83\ \mathrm{J\ g^{-1}\,K^{-1}}$$

und daraus unter Berücksichtigung der molaren Masse von Feldspat die molare Wärmekapazität (Molwärme):

$$C_m(KAlSi_3O_8) = 0{,}83\ J\ g^{-1}\ K^{-1} \cdot 278{,}3\ g\ mol^{-1} = 231{,}16\ J\ mol^{-1}\ K^{-1}$$

Übung 8.4

Ein Gasgemisch enthält in Volumenprozenten: 38 CO, 46 H_2, 5 CO_2 und 11 N_2. Die molaren Wärmekapazitäten in J mol^{-1} K^{-1} betragen für CO = 29,12; CO_2 = 37,21, H_2 = 28,97 und N_2 = 28,92. Welche Wärmemenge muß einem mol der Mischung zugeführt werden, um ihre Temperatur bei konstantem Druck von 25 auf 80 °C zu erhöhen?

Bei Mischungen gasförmiger Komponenten entspricht der Volumenanteil der Komponenten ihrem Stoffmengenanteil:

$$CO = 0{,}38\ mol,\ H_2 = 0{,}46\ mol,\ CO_2 = 0{,}05\ mol,\ N_2 = 0{,}11\ mol.$$

Die Wärmekapazität C wird mit Gleichung (8.5) berechnet:

$$C_m = (0{,}38 \cdot 29{,}12 + 0{,}46 \cdot 28{,}97 + 0{,}05 \cdot 37{,}21 + 0{,}11 \cdot 28{,}92)\ J\ K^{-1}$$

$$C_m = 29{,}43\ J\ K^{-1}$$

Mit $\Delta T = (80–25)$ °C = 55 °C = 55 K folgt aus Gleichung (8.2)

$$\Delta Q = C \cdot \Delta T = 29{,}43\ J\ K^{-1} \cdot 55\ K = 1618{,}6\ J = 1{,}62\ kJ$$

Übung 8.5

Bei der als Thermitreaktion bezeichneten Umsetzung
$2\ Al(s) + Fe_2O_3(s) \longrightarrow 2\ Fe(s) + Al_2O_3(s) \qquad \Delta H = -848\ kJ\ mol^{-1}$
wurde die freigesetzte Wärme Q zu –658 kJ mol^{-1} bestimmt. Wieviel Gramm Aluminium wurden mit einem Überschuß von Fe_2O_3 zur Reaktion gebracht?

Thermochemische Berechnungen werden wie andere stöchiometrische Berechnungen durchgeführt. Bei der Thermitreaktion entstehen keine gasförmigen Reaktionsprodukte, die gesamte Reaktionsenergie ΔU wird als Wärme Q freigesetzt:

$$\Delta U = Q$$

Wenn mit n = 2 mol Al eine Wärmemenge von –848 kJ mol^{-1} freigesetzt wird, erhält man über einen einfachen Dreisatz

$$x\ mol\ Al = (-658\ kJ\ mol^{-1}/-848\ kJ\ mol^{-1}) \cdot 2\ mol = 1{,}55\ mol$$

Mit $M(Al) = 27\ g\ mol^{-1}$ ergibt sich für die eingesetzte Menge:

$$m(Al) = n(Al) \cdot M(Al) = 1{,}55\ mol \cdot 27\ g\ mol^{-1} = 41{,}85\ g$$

Übung 8.6

Bei der alkoholischen Gärung von Glucose
$C_6H_{12}O_6(s) \longrightarrow 2\ C_2H_5OH(l) + 2\ CO_2(g) \qquad \Delta H = -67\ kJ\ mol^{-1}$
wurden 5 Liter Wein mit 86 g $C_2H_5OH\ l^{-1}$ erhalten. Welche Wärmemenge wurde bei der Gärung freigesetzt?

Aus der Reaktionsgleichung folgt, daß bei der Bildung von 2 mol Alkohol = 92 g C_2H_5OH eine Wärmemenge von 67 kJ entsteht. Da in 5 Liter Wein 430 g C_2H_5OH enthalten sind, wurden

$$Q = -67 \text{ kJ mol}^{-1} \cdot (430 \text{ g}/92 \text{ g mol}^{-1}) = -313{,}1 \text{ kJ}$$

im Verlauf der Gärung freigesetzt.

Übung 8.7

Im offenen Kalorimeter wurde für die Reaktion
$Zn(s) + 2\,H_3O^+(aq) \longrightarrow Zn^{2+}(aq) + H_2(g) + 2\,H_2O(l)$
bei 25 °C und 101,3 kPa eine Wärmemenge Q von −143,1 kJ mol^{-1} *bestimmt. Welchen Wert für Q würde man mit einem geschlossenen Kalorimeter (Bombenkalorimeter) erhalten und welchem Wert entspricht dann Q?*

Im offenen Kalorimeter wird von der Reaktion bei der Bildung von 1 mol H_2 Volumenarbeit $p\,\Delta V$ geleistet. ΔV entspricht dem Volumen, das 1 mol H_2 bei 25 °C einnimmt. Nach dem Gasgesetz

$$V_t = V_o\,T/T_o$$

erhält man mit dem Molvolumen V_o = 22,41 l mol^{-1} bei 0 °C für

$$\Delta V = V_t = 22{,}41 \text{ l mol}^{-1} \cdot 298{,}15 \text{ K}/273{,}15 \text{ K} = 24{,}45 \text{ l mol}^{-1}$$

Daraus folgt für die von der Reaktion geleistete Arbeit:

$$W = 101{,}3 \text{ kPa} \cdot 24{,}45 \text{ l mol}^{-1}$$

$$W = 101{,}3 \cdot 10^3 \text{ N m}^{-2} \cdot 24{,}45 \cdot 10^{-3} \text{ m}^3 \text{ mol}^{-1}$$

$$W = 2{,}5 \cdot 10^3 \text{ N m mol}^{-1} = 2{,}5 \cdot 10^3 \text{ J mol}^{-1} = 2{,}5 \text{ kJ mol}^{-1}$$

Die Gesamtenergie, die bei der Reaktion freigesetzt wird, ist

$$\Delta U = \Delta H - p\,\Delta V = -143{,}1 \text{ kJ mol}^{-1} - 2{,}5 \text{ kJ mol}^{-1} = -145{,}6 \text{ kJ mol}^{-1}$$

Da für ein geschlossenes Kalorimeter $V = const.$ und darum $p\,\Delta V = 0$ ist, wird die gesamte Reaktionsenergie als Wärme freigesetzt:

$$Q = \Delta U = -145{,}6 \text{ kJ mol}^{-1}$$

Übung 8.8

Es ist die Reaktionsenthalpie für die Bildung von Ozon nach $3\,O_2 \longrightarrow 2\,O_3$ *mit Hilfe der Gleichungen*

a) $As_2O_5(s) \longrightarrow As_2O_3(s) + O_2(g)$ $\qquad \Delta H = 260{,}6 \text{ kJ mol}^{-1}$

b) $1{,}5\,As_2O_3(s) + O_3(g) \longrightarrow 1{,}5\,As_2O_5$ $\qquad \Delta H = -533{,}45 \text{ kJ mol}^{-1}$

zu berechnen.

Um die Reaktionsenthalpie mit dem Satz von Hess berechnen zu können, müssen die beiden Gleichungen so umgeformt werden, daß ihre Summe die zu berechnende Reaktion ergibt. Dazu müssen beide Gleichungen in umgekehrter Reaktionsrichtung formuliert und Gleichung a) mit drei sowie Gleichung b) mit zwei multipliziert werden:

$$3\,As_2O_3(s) + 3\,O_2(g) \longrightarrow 3\,As_2O_5(s) \qquad \Delta H = -3 \cdot 260{,}6\ kJ\ mol^{-1}$$

$$3\,As_2O_5(s) \longrightarrow 3\,As_2O_3(s) + 2\,O_3(g) \qquad \Delta H = +2 \cdot 533{,}45\ kJ\ mol^{-1}$$

$$3\,O_2 \longrightarrow 2\,O_3 \qquad \Delta H = 285{,}1\ kJ\ mol^{-1}$$

Für die Bildung von Ozon aus molekularem Sauerstoff muß Energie aufgebracht werden.

Übung 8.9

Es ist ΔH für die Bildung von Ammoniumchlorid gemäß
$NH_3(g) + HCl(g) \longrightarrow NH_4Cl(s)$
zu berechnen. Gegeben sind die Reaktionsenthalpien für die Bildung von:

$$4\,H_2(g) + N_2(g) + Cl_2(g) \longrightarrow 2\,NH_4Cl(s) \qquad \Delta H = -630\ kJ\ mol^{-1}$$

$$3\,H_2(g) + N_2(g) \longrightarrow 2\,NH_3(g) \qquad \Delta H = -92\ kJ\ mol^{-1}$$

$$H_2(g) + Cl_2(g) \longrightarrow 2\,HCl(g) \qquad \Delta H = -184\ kJ\ mol^{-1}$$

Die Gleichungen werden so umgestellt, daß ihre Summe die zu berechnende Reaktion ergibt:

$$4\,H_2(g) + N_2(g) + Cl_2(g) \longrightarrow 2\,NH_4Cl(s) \qquad \Delta H = -630\ kJ\ mol^{-1}$$

$$2\,HCl(g) \longrightarrow H_2(g) + Cl_2(g) \qquad \Delta H = +184\ kJ\ mol^{-1}$$

$$2\,NH_3(g) \longrightarrow 3\,H_2(g) + N_2(g) \qquad \Delta H = +\,92\ kJ\ mol^{-1}$$

$$2\,NH_3(g) + 2\,HCl(g) \longrightarrow 2\,NH_4Cl(s) \qquad \Delta H = -354\ kJ\ mol^{-1}$$

Bei der Bildung von 1 mol NH_4Cl werden 177 kJ Wärme freigesetzt.

Übung 8.10

Es ist ΔH^0 für die Neutralisationsreaktion bei 25 °C zu berechnen, wenn 1 mol NaOH in wäßriger Lösung zu einer Lösung mit 1 mol HCl gegeben wird.

Beide Elektrolyte sind als vollständig dissoziiert anzunehmen. Aus der Reaktionsgleichung geht hervor, daß die Enthalpieänderung nur durch die Bildung von H_2O hervorgerufen wird:

$$H^+(aq) + Cl^-(aq) + Na^+(aq) + OH^-(aq) \longrightarrow H_2O(l) + Na^+(aq) + Cl^-(aq)$$

Mit Gleichung (8.14) erhält man für

$$\Delta H^0 = \Delta H^0_f(H_2O(l)) - [\Delta H^0_f(H_3O^+(aq)) + \Delta H^0_f(OH^-(aq))]$$

Da die Standard-Bildungsenthalpie von H_3O^+ definitionsgemäß gleich Null ist, berechnet man ΔH^0 mit den Tabellenwerten für

$$\Delta H^0_f\,(H_2O(l)) = -285{,}9\ kJ\ mol^{-1} \text{ und } \Delta H^0_f\,(OH^-\,(aq)) = -230\ kJ\ mol^{-1} \text{ zu}$$

$$\Delta H^0 = (-285{,}9 - 0 + 230) kJ\ mol^{-1} = -55{,}9\ kJ\ mol^{-1}$$

Der Wert entspricht der früher als Neutralisationswärme angegebenen Größe $Q = -13{,}36\ kcal\ mol^{-1}$ (4,184 J = 1 cal).

Übung 8.11

Beim Einleiten von $NH_3(g)$ und $HCl(g)$ in Wasser entsteht eine NH_4Cl-Lösung. Es ist die Reaktionsenthalpie ΔH^0 mit Hilfe entsprechender Standard-Bildungsenthalpien zu berechnen.

Nach dem Satz von Hess ist es gleichgültig, auf welchem Weg man von den Ausgangsstoffen zum Endzustand gelangt. Wir lassen zunächst beide Gase im Gaszustand reagieren

$$NH_3(g) + HCl(g) \longrightarrow NH_4Cl(s)$$

und berechnen die Reaktionsenthalpie mit Gleichung (8.14):

$$\Delta H^0 = \Delta H^0_f(NH_4Cl(s)) - [\Delta H^0_f(NH_3(g)) + \Delta H^0_f(HCl(g))]$$

$$\Delta H^0 = -315{,}4 \text{ kJ mol}^{-1} - [-46{,}19 \text{ kJ mol}^{-1} - 92{,}3 \text{ kJ mol}^{-1}]$$

$$\Delta H^0 = -176{,}9 \text{ kJ mol}^{-1}$$

Anschließend wird 1 mol NH_4Cl in Wasser aufgelöst

$$NH_4Cl(s) + H_2O(l) \longrightarrow NH_4^+(aq) + Cl^-(aq)$$

und die Reaktionsenthalpie des Lösevorgangs bestimmt:

$$\Delta H^0 = \Delta H^0_f(NH_4^+(aq)) + \Delta H^0_f(Cl^-(aq)) - \Delta H^0_f(NH_4Cl(s))$$

$$\Delta H^0 = -132{,}8 \text{ kJ mol}^{-1} - 167{,}4 \text{ kJ mol}^{-1} - (-315{,}4 \text{ kJ mol}^{-1})$$

$$\Delta H^0 = +15{,}20 \text{ kJ mol}^{-1}$$

Die Addition beider Gleichungen ergibt die Gesamtreaktion:

$$\begin{array}{llr}
NH_3(g) + HCl(g) & \longrightarrow NH_4Cl(s) & \Delta H^0 = -176{,}91 \text{ kJ mol}^{-1} \\
NH_4Cl(s) + H_2O(l) & \longrightarrow NH_4^+(aq) + Cl^-(aq) & \Delta H^0 = +\ 15{,}20 \text{ kJ mol}^{-1} \\
\hline
NH_3(g) + HCl(g) + H_2O(l) & \longrightarrow NH_4^+(aq) + Cl^-(aq) & \Delta H^0 = -161{,}70 \text{ kJ mol}^{-1}
\end{array}$$

Bei der Herstellung von einem Liter NH_4Cl-Lösung ($c = 1 \text{ mol} \cdot l^{-1}$) wird eine Wärmemenge von 161,7 kJ freigesetzt.

Übung 8.12

Bei Zugabe von NaOH zu einer $MgCl_2$-Lösung fällt $Mg(OH)_2$ aus. Es ist die Standard-Reaktionsenthalpie der Fällungsreaktion zu berechnen.

Bei der Berechnung einer jeden Fällungsreaktion werden nur die Ionen berücksichtigt, die im Fällungsprodukt enthalten sind. Aus der Netto-Ionengleichung für die Fällung

$$Mg^{2+}(aq) + 2\ OH^-(aq) \longrightarrow Mg(OH)_2(s)$$

folgt nach Gleichung (8.14):

$$\Delta H^0 = \Delta H^0_f(Mg(OH)_2(s)) - [\Delta H^0_f(Mg^{2+}(aq)) + 2\ \Delta H^0_f(OH^-(aq))]$$

$$\Delta H^0 = -928{,}8 \text{ kJ mol}^{-1} - [-462 \text{ kJ mol}^{-1} - 2 \cdot 230 \text{ kJ mol}^{-1}]$$

$$\Delta H^0 = -36{,}8 \text{ kJ mol}^{-1}$$

Zwischen dem ΔH-Wert und dem Löslichkeitsprodukt einer Fällung besteht ein Zusammenhang, und zwar derart, daß große negative Werte für ΔH mit kleinen Löslichkeitsprodukten korrelieren. In diesem Beispiel ist die Enthalpieänderung relativ gering und $Mg(OH)_2$ darum noch relativ gut löslich.

Übung 8.13

Bei der Reaktion von SO_2 mit H_2S entsteht gemäß

$SO_2(g) + 2\ H_2S(g) \longrightarrow 3\ S(s) + 2\ H_2O(l)$

rhombischer Schwefel und Wasser. Für ΔH^0 der Reaktion wurden $-234{,}5$ kJ mol^{-1} ermittelt. Es ist die Standard-Bildungsenthalpie ΔH_f^0 $(H_2S(g))$ zu berechnen!

Da rhombischer Schwefel die bei Standard-Bedingungen stabile Modifikation darstellt, ist ΔH_f^0 (S(rhomb.)) = 0 und man erhält

$$\Delta H^0 = 2\ \Delta H_f^0(H_2O(l)) - [2\ \Delta H_f^0(H_2S(g)) + \Delta H_f^0(SO_2(g))]$$

$$-234{,}5\ \text{kJ mol}^{-1} = -2 \cdot 285{,}9\ \text{kJ mol}^{-1} - 2\ \Delta H_f^0(H_2S\ (g)) - 296{,}9\ \text{kJ mol}^{-1}$$

$$\Delta H_f^0(H_2S(g)) = -20{,}2\ \text{kJ mol}^{-1}$$

Übung 8.14

Es soll die Wärmemenge berechnet werden, die für die Zersetzung von 250 g Na_2CO_3 (Soda) bei Standard-Bedingungen aufzuwenden ist. Gegeben ist ΔH^0 für:

$Na_2CO_3(s) + SiO_2(s) \longrightarrow Na_2SiO_3(s) + CO_2(g)$ $\quad \Delta H^0 = +819{,}29$ kJ mol^{-1}

$Na_2O(s) + SiO_2(s) \longrightarrow Na_2SiO_3(s)$ $\quad \Delta H^0 = -243{,}5$ kJ mol^{-1}.

Die Zersetzung von Soda erfolgt nach der Gleichung

$$Na_2CO_3(s) \longrightarrow Na_2O(s) + CO_2(g)$$

Die gegebenen Reaktionen werden so umgestellt, daß ihre Addition die Na_2CO_3-Zersetzung ergibt:

$$Na_2CO_3(s) + SiO_2(s) \longrightarrow Na_2SiO_3(s) + CO_2(g) \qquad \Delta H^0 = 819{,}29\ \text{kJ mol}^{-1}$$

$$Na_2SiO_3(s) \longrightarrow Na_2O(s) + SiO_2(s) \qquad \Delta H^0 = 243{,}50\ \text{kJ mol}^{-1}$$

$$Na_2CO_3(s) \longrightarrow Na_2O(s) + CO_2(s) \qquad \Delta H^0 = 1062{,}8\ \text{kJ mol}^{-1}$$

Mit $M(Na_2CO_3)$ = 106 g mol^{-1} erhält man die erforderliche Wärme:

$$Q = 1062{,}8\ \text{kJ mol}^{-1} \cdot (250\ \text{g}/106\ \text{g mol}^{-1}) = 2506{,}3\ \text{kJ}$$

Übung 8.15

Für die Reaktion $B_2H_6(g) + 3\ O_2(g) \longrightarrow B_2O_3(s) + 3\ H_2O(l)$

sind ΔH^0 und ΔU^0 mit Hilfe von tabellierten Standard-Bildungsenthalpien zu berechnen.

Zunächst wird ΔH^0 aus den ΔH_f^0-Werten nach (8.14) berechnet:

$$\Delta H^0 = \Delta H_f^0(B_2O_3\ (s)) + 3\ \Delta H_f^0(H_2O\ (l)) - \Delta H_f^0(B_2H_6\ (g))$$

$$\Delta H^0 = -1264\ \text{kJ mol}^{-1} + 3(-285{,}9\ \text{kJ mol}^{-1}) - (+31{,}4\ \text{kJ mol}^{-1})$$

$$\Delta H^0 = -2153{,}1\ \text{kJ mol}^{-1}$$

Mit der Differenz $\Delta n = -4$ mol der Molzahlen für die gasförmigen Reaktionsteilnehmer erhält man ΔU^0 aus

$$\Delta H^0 = \Delta U^0 + p\,\Delta V = \Delta U^0 + \Delta\, n\, R\, T = \Delta U^0 - 4\, R\, T$$

$$\Delta U^0 = \Delta H^0 - 4\, R\, T =$$

$$-2153{,}1 \text{ kJ mol}^{-1} - (-4 \cdot 8{,}314 \cdot 10^{-3} \text{ kJ mol}^{-1}\,\text{K}^{-1} \cdot 298{,}1 \text{ K})$$

$$\Delta U^0 = -2143{,}2 \text{ kJ mol}^{-1}$$

Übung 8.16

Mit Hilfe tabellierter Bindungsenthalpien ist ΔH für
$2\, NH_3(g) + 3\, Br_2(g) \longrightarrow N_2(g) + 6\, HBr(g)$
zu berechnen. ΔH(N–H) = 389, ΔH(Br–Br) = 193, ΔH(H–Br) = 364 und ΔH(N-Dreifachbindung) = 941 kJ mol^{-1}

Aus der Reaktionsgleichung folgt, daß 6 (N–H)-Bindungen und 3 (Br–Br)-Bindungen aufzubrechen sind. Für die aufzuwendenden Energiebeträge erhält man:

$$2\, NH_3(g) \longrightarrow 2\, N(g) + 6\, H(g) \qquad \Delta H = 6 \cdot 389 = 2334 \text{ kJ mol}^{-1}$$

$$3\, Br_2(g) \longrightarrow 6\, Br(g) \qquad \Delta H = 3 \cdot 193 = 579 \text{ kJ mol}^{-1}$$

Für die Energiebeträge, die bei der Knüpfung neuer Bindungen frei werden, erhält man:

$$2\, N(g) \longrightarrow N_2(g) \qquad \Delta H = 1 \cdot (-941) = -941 \text{ kJ mol}^{-1}$$

$$6\, H(g) + 6\, Br(g) \longrightarrow 6\, HBr(g) \qquad \Delta H = 6 \cdot (-364) = -2184 \text{ kJ mol}^{-1}$$

Die Addition aller 4 Gleichungen ergibt nach (8.15):

$$\Delta H^0 = +2913 \text{ kJ mol}^{-1} + (-3125 \text{ kJ mol}^{-1}) = -212 \text{ kJ mol}^{-1}$$

Durch die bei der Knüpfung neuer Bindungen frei werdende Energie wird der Energieverbrauch für das Aufbrechen der Bindungen in den Reaktanten überkompensiert.

Übung 8.17

Es ist die Bindungsenergie von Benzen (C_6H_6) aus mittleren Bindungsenthalpien zu berechnen und mit dem Wert zu vergleichen, den man aus den experimentell bestimmten Bildungsenthalpien ΔH_f^0 erhält. Die Differenz der beiden Werte ist zu interpretieren!

Als Bindungsenthalpie von Benzen definieren wir die Energie, die aufzuwenden ist, um alle Bindungen gemäß

$$C_6H_6(g) \longrightarrow 6\, C(g) + 6\, H(g)$$

zu spalten. C_6H_6 wird als Molekül mit den Bindungsverhältnissen

$$3(\text{C=C})\text{-Bindungen} = 3 \cdot 619 = 1857 \text{ kJ mol}^{-1}$$

$$3(\text{C–C})\text{-Bindungen} = 3 \cdot 347 = 1041 \text{ kJ mol}^{-1}$$

$$6(\text{C–H})\text{-Bindungen} = 6 \cdot 414 = 2484 \text{ kJ mol}^{-1}$$

formuliert. Daraus folgt eine Bindungsenthalpie von 5382 kJ mol^{-1}.

Aus den experimentell bestimmten Werten

$\Delta H^0_f(C(g)) = 717 \text{ kJ mol}^{-1}$

$\Delta H^0_f(H(g)) = 217{,}5 \text{ kJ mol}^{-1}$

$\Delta H^0_f(C_6H_6(g)) = 83 \text{ kJ mol}^{-1}$

hingegen folgt eine Bindungsenthalpie von

$\Delta H = 6\,\Delta H^0_f(C(g)) + 6\,\Delta H^0_f(H(g)) - \Delta H^0_f(C_6H_6(g))$

$\Delta H = 4302 \text{ kJ mol}^{-1} + 1305 \text{ kJ mol}^{-1} - 83 \text{ kJ mol}^{-1} = 5524 \text{ kJ mol}^{-1}$

Die Differenz von 142 kJ mol^{-1} zwischen beiden Werten bedeutet, daß Benzen um diesen Wert energieärmer (also stabiler) ist, als aus der Strukturformulierung mit den angegebenen Bindungsverhältnissen zu erwarten wäre. Diese Differenz wird Mesomerieenergie genannt. Benzen ist eine mesomeriestabilisierte Verbindung.

Übung 8.18

Wie groß sind Standard-Reaktionsentropie ΔS^0 und freie Standard-Bildungsenthalpie ΔG^0_f für die Bildung von HgS(s)?

Da sich ΔG^0_f auf die Bildung von einem mol Substanz aus den reinen Elementen bezieht, betrachten wir die Reaktion

$Hg(l) + S((s),\text{rhombisch}) \longrightarrow HgS(s)$

bei 25 °C und berechnen ΔS^o aus den tabellierten absoluten Standard-Entropien S^0:

$\Delta S^0 = S^0(HgS) - S^0(Hg) - S^0(S) = (77{,}8\text{–}77{,}4\text{-}31{,}9) \text{ J mol}^{-1} \text{ K}^{-1}$

$\Delta S^0 = -31{,}5 \text{ J mol}^{-1} \text{ K}^{-1}$

Mit ΔS^0 wird die freie Standard-Bildungsenthalpie berechnet:

$\Delta G^0_f(HgS) = \Delta H^0_f\,(HgS\,(s)) - T\,\Delta S^0$

$\Delta G^0_f(HgS) = -58{,}2 \text{ kJ mol}^{-1} - [298{,}16 \text{ K}(-0{,}0315 \text{ kJ mol}^{-1} \text{ K}^{-1})]$

$\Delta G^0_f(HgS) = -48{,}8 \text{ kJ mol}^{-1}$

Übung 8.19

Welchen Wert hat die absolute Standard-Entropie S^0 für Diamant, wenn folgende Werte ermittelt wurden: ΔH^0_f(Diamant) = 1,89, ΔG^0_f(Diamant) = 2,86 kJ mol^{-1} und S^0(Graphit) = 5,69 J mol^{-1} K^{-1}?

Die Umwandlung von Graphit in Diamant ist nichts anderes als der Übergang der stabilsten Modifikation (Standardzustand) in eine weniger stabile:

$C(\text{Graphit}) \longrightarrow C(\text{Diamant}) \quad \Delta H^0 = 1{,}89 \text{ kJ mol}^{-1}$

Die Standard-Reaktionsenthalpie ΔH^0 ist hier identisch mit der Standard-Bildungsenthalpie ΔH^0_f(Diamant). Für die Berechnung von S^0(Diamant) muß ΔS^0 bekannt sein. Aus

$\Delta G^0_f = \Delta H^0_f - T\,\Delta S^o = 1{,}89 \text{ kJ mol}^{-1} - T\,\Delta S^o$

folgt mit ΔG_f^0(Diamant) = 2,86 kJ mol^{-1} die Gleichung

$$\Delta S^0 = -[\Delta G_f^0(\text{Diamant}) - \Delta H_f^0(\text{Diamant})]/T$$

$$\Delta S^0 = -[2{,}86 \text{ kJ mol}^{-1} - 1{,}89 \text{ kJ mol}^{-1}]/298{,}16 \text{ K} = -3{,}253 \text{ J mol}^{-1} \text{ K}^{-1}$$

Mit ΔS^0 ergibt sich für S^0(Diamant):

$$S^0(\text{Diamant}) = \Delta S^0 + S^0(\text{Graphit}) = (-3{,}253 + 5{,}694) \text{J mol}^{-1} \text{ K}^{-1}$$

$$S^0(\text{Diamant}) = 2{,}44 \text{ J mol}^{-1} \text{ K}^{-1}$$

Das Ergebnis entspricht der vom 2. Hauptsatz der Thermodynamik geforderten Relation S^0(Diamant) < S^0(Graphit), denn die stabilere Modifikation (Graphit) ist immer die mit der größeren Unordnung, also die mit dem größeren S^0-Wert.

Übung 8.20

Wie groß ist die freie Standard-Bildungsenthalpie für das Acetat-Ion, wenn für $\Delta G_f^0(CH_3COOH) = -404$ kJ mol^{-1} ermittelt wurde? $K_s(CH_3COOH) = 1{,}78 \cdot 10^{-5}$ mol l^{-1}

Für thermodynamische Berechnungen formulieren wir das Protolysen-Gleichgewicht der Essigsäure in der vereinfachten Form:

$$CH_3COOH(aq) \leftrightarrows CH_3COO^-(aq) + H^+(aq)$$

Mit dieser Schreibweise werden die Teilchen berücksichtigt, die den Energieumsatz beeinflussen. ΔG^0 erhält man aus

$$\Delta G^0 = -R\,T \ln K = -0{,}008314 \text{ kJ K}^{-1} \text{mol}^{-1} \cdot 298{,}16 \text{ K} \cdot \ln 1{,}78 \cdot 10^{-5}$$

$$\Delta G^0 = 27{,}11 \text{ kJ mol}^{-1}$$

Daraus folgt für $\Delta G_f^0(CH_3COO^-(aq))$ unter Berücksichtigung von $\Delta G_f^0 H^+(aq) = 0$ die Gleichung

$$\Delta G_f^0(CH_3COO^- (aq)) = \Delta G^o + \Delta G_f^0(CH_3COOH (aq))$$

$$\Delta G_f^0(CH_3COO^- (aq)) = 27{,}11 \text{ kJ mol}^{-1} - 404 \text{ kJ mol}^{-1} = -376{,}9 \text{ kJ mol}^{-1}$$

Übung 8.21

Mit Hilfe entsprechender Tabellenwerte für ΔH_f^0 und S^0 ist der Siedepunkt von Methanol zu berechnen und eine eventuelle Abweichung vom gemessenen Wert zu erklären!

Tabellierte Werte für die Verdampfung von Methanol entsprechend

$$CH_3OH(l) \leftrightarrows CH_3OH(g)$$

beziehen sich auf die Standardbedingungen 25 °C und 101,3 kPa. Das System ist im Gleichgewicht, wenn $\Delta G^o = 0$ ist. Die zugehörige Temperatur entspricht dem Siedepunkt von Methanol. Für die Berechnung von T nach

$$\Delta G^0 = \Delta H^0 - T\Delta S^0 = 0$$

$$T \quad = \Delta H^0/\Delta S^0$$

benötigen wir ΔH^0 und ΔS^0 für die CH_3OH-Verdampfung:

$$\Delta H^0 = \Delta H^0_f(CH_3OH(g)) - \Delta H^0_f(CH_3OH(l))$$

$$\Delta H^0 = -201{,}2 \text{ kJ mol}^{-1} - (-238{,}6 \text{ kJ mol}^{-1}) = 37{,}4 \text{ kJ mol}^{-1}$$

$$\Delta S^0 = \Delta S^0(CH_3OH(g)) - \Delta S^0(CH_3OH(l))$$

$$\Delta S^0(CH_3OH(g)) = S^0(CH_3OH(g)) - S^0(\text{C,Graphit}) - 1{,}5\, S^0(H_2) + 1/2\, S^0(O_2)$$

$$\Delta S^0(CH_3OH(g)) = [237{,}7 - (5{,}69 + 1{,}5 \cdot 130{,}6 + 0{,}5 \cdot 205{,}01)] \text{ J mol}^{-1}\text{ K}^{-1}$$

$$\Delta S^0(CH_3OH(g)) = -66{,}405 \text{ J mol}^{-1}\text{ K}^{-1}$$

Mit $S^0(CH_3OH(l)) = 126{,}8 \text{ J mol}^{-1}\text{ K}^{-1}$ erhält man analog für

$$\Delta S^0(CH_3OH(l)) = -177{,}3 \text{ J mol}^{-1}\text{ K}^{-1}$$

und somit für ΔS^0 der Verdampfung:

$$\Delta S^0 = -66{,}4 \text{ J mol}^{-1}\text{K}^{-1} - (-177{,}3 \text{ J mol K})$$

$$\Delta S^0 = 110{,}9 \text{ J mol}^{-1}\text{ K}^{-1} = 0{,}11 \text{ kJ mol}^{-1}\text{ K}^{-1}$$

Für den Siedepunkt von Methanol folgt daraus:

$$T = 37{,}4 \text{ kJ mol}^{-1}/0{,}11 \text{ kJ mol}^{-1}\text{K}^{-1} = 337{,}24 \text{ K} = 64{,}08\ °\text{C}$$

Die Abweichung zum gemessenen Wert von $T = 64{,}96\ °\text{C}$ entsteht durch die Näherung, daß ΔH^0 und ΔS^0 als temperaturunabhängig betrachtet werden.

Übung 8.22

Es ist der Dampfdruck von Iod bei 25 °C zu berechnen wenn $\Delta H^0 = 62{,}63$ kJ mol^{-1} sowie $S^0(I_2(s)) = 116$ und $S^0(I_2(g)) = 261$ J mol^{-1} K^{-1} gegeben sind.

Für die Bestimmung des Dampfdruckes $p(I_2)$ muß K_p für

$$I_2(s) \leftrightarrows I_2(g)$$

bekannt sein. Um K_p nach (8.30) berechnen zu können, benötigt man ΔG^0. Darum wird zunächst die Standard-Reaktionsentropie ermittelt

$$\Delta S^0 = S^0(I_2(g)) - S^0(I_2(s)) = (261 - 116) \text{ J mol}^{-1}\text{ K}^{-1} = 145 \text{ J mol}^{-1}\text{ K}^{-1}$$

und anschließend ΔG^0 bestimmt:

$$\Delta G^0 = \Delta H^0 - T\Delta S^0 = 62{,}63 \text{ kJ mol}^{-1} - (298{,}16 \text{ K} \cdot 0{,}145 \text{ kJ mol}^{-1}\text{ K}^{-1})$$

$$\Delta G^0 = 19 \text{ kJ mol}^{-1}$$

ΔG^0 entspricht zugleich $\Delta G^0_f(I_2(g))$. Wir erhalten für

$$\ln K = -\Delta G^0/R\,T = -19 \text{ kJ mol}^{-1}/2{,}479 \text{ kJ mol}^{-1} = -7{,}66$$

$$K \;= 4{,}69 \cdot 10^{-4}$$

und unter Beachtung von $a = p/101{,}3$ kPa und $K_p = p(I_2)$:

$$K \;= a\,(I_2(g)) = p(I_2)/101{,}3 \text{ kPa}$$

$$K_p = K \cdot 101{,}3 \text{ kPa} = 4{,}75 \cdot 10^{-2} \text{ kPa}$$

Der Dampfdruck von $I_2(s)$ bei 25 °C beträgt $4{,}75 \cdot 10^{-2}$ kPa.

Übung 8.23

Es ist die Gleichgewichtskonstante K_p für die Reaktion $N_2(g) + 3\ H_2(g) \leftrightarrows 2\ NH_3(g)$ bei 25 °C aus den Werten für ΔH^0_f und S^0 der Reaktionsteilnehmer zu berechnen.

Für die Berechnung von K_p wird ΔG^0 aus ΔH^0 und ΔS^0 bestimmt:

$$\Delta H^0 = 2\ \Delta H^0_f(NH_3(g)) = -2 \cdot 46{,}2\ \text{kJ mol}^{-1} = -92{,}4\ \text{kJ mol}^{-1}$$

$$\Delta S^0 = 2\ S^0(NH_3(g)) - 3\ S^0(H_2(g)) - S^0(N_2(g))$$

$$\Delta S^0 = (2 \cdot 192{,}5 - 3 \cdot 130{,}6 - 191{,}5)\ \text{J mol}^{-1}\,\text{K}^{-1} = -198{,}3\ \text{J mol}^{-1}\,\text{K}^{-1}$$

Daraus folgt mit $T = 298{,}16$ K

$$\Delta G^0 = -92{,}4\ \text{kJ mol}^{-1} - [298{,}16\ \text{K} \cdot (-0{,}1983\ \text{kJ mol}^{-1}\,\text{K}^{-1})] = -33{,}3\ \text{kJ mol}^{-1}$$

und für die Gleichgewichtskonstante K:

$$\ln K = -\Delta G^0/R\,T = 33{,}3\ \text{kJ mol}^{-1}/(298{,}16\ K \cdot 0{,}0083\ \text{kJ mol}^{-1}\,\text{K}^{-1}) = 13{,}43$$

$$K\ = 6{,}82 \cdot 10^5$$

Der erhaltene Zahlenwert entspricht der thermodynamischen Gleichgewichtskonstanten K entsprechend

$$K = a^2(NH_3)/(a(N_2) \cdot a^3(H_2)) = 6{,}82 \cdot 10^5$$

und ist nicht identisch mit der Gleichgewichtskonstanten K_p. Erst nach Umrechnung der Aktivitäten a auf Partialdrücke p nach $a = p/101{,}3$ kPa erhält man K_p:

$$[p^2(NH_3)/(101{,}3\ \text{kPa})^2]/[[p^3(H_2)/(101{,}3\ \text{kPa})^3][p(N_2)/101{,}3\ \text{kPa}]] = K$$

$$[p^2(NH_3)/p^3(H_2) \cdot p(N_2)] \cdot [101{,}3\ \text{kPa}]^2 = K$$

$$K_p \cdot (101{,}3\ \text{kPa})^2 = K$$

$$K_p = 6{,}82 \cdot 10^5 \cdot (101{,}3\ \text{kPa})^{-2} = 66{,}46\ \text{kPa}^{-2}$$

Übung 8.24

a) Für die Zersetzung von NH_4Cl ist die Gleichgewichtskonstante K bei = 25 °C aus ΔH^0 und tabellierten Werten für S^0 der Reaktionspartner zu berechnen!

b) Für welche Temperatur ist K = 1?

c) Welcher Gesamtdruck p stellt sich ein, wenn man NH_4Cl in einem evakuierten Gefäß auf diese Temperatur erhitzt?

a) Der Zersetzung entspricht die thermochemische Gleichung

$$NH_4Cl(s) \leftrightarrows NH_3(g) + HCl(g) \qquad \Delta H^0 = 177\ \text{kJ mol}^{-1}$$

Aus ΔH^0 und ΔS^0 wird ΔG^0 berechnet. Für ΔS^0 erhält man mit $S^0(NH_3) = 192{,}5$, $S^0(HCl) = 186{,}7$ und $S^0(NH_4Cl) = 95\ \text{J mol}^{-1}\,\text{K}^{-1}$:

$$\Delta S^0 = S^0(NH_3) + S^0(HCl) - S^0(NH_4Cl) = 284{,}2\ \text{J mol}^{-1}\,\text{K}^{-1}$$

Aus dem Wert für ΔG^0 wird K berechnet:

$$\Delta G^0 = 177\ \text{kJ mol}^{-1} - [298{,}16\ \text{K} \cdot 0{,}284\ \text{kJ mol}^{-1}\,\text{K}^{-1}] = 92{,}3\ \text{kJ mol}^{-1}$$

$$\ln K = -\Delta G^0/R\,T = -92{,}3\ \text{kJ mol}^{-1}/2{,}479\ \text{kJ mol}^{-1}\,\text{K}^{-1} = -37{,}23$$

$$K = 6{,}8 \cdot 10^{-17}$$

Aus K folgt, daß NH_4Cl bei 25 °C thermodynamisch stabil ist.

b) Nach $\Delta G^0 = -R\,T \ln K$ erreicht K den Zahlenwert 1 im Gleichgewichtszustand $\Delta G^0 = 0$. Die Temperatur, für die $\Delta G^0 = 0$ ist, erhält man aus

$$\Delta G^0 = \Delta H^0 - T\Delta S^0 = 0:$$

$$T \;= \Delta H^0/\Delta S^0 = 177 \text{ kJ mol}^{-1}/0{,}284 \text{ kJ mol}^{-1}\text{ K}^{-1} = 623{,}3\ K = 350\ °\text{C}$$

c) Mit $K = 1$ erhält man für K_p bei 350 °C:

$$K = a(NH_3) \cdot a(HCl)$$

$$K = [p(NH_3)/101{,}3 \text{ kPa}] \cdot [p(HCl)/101{,}3 \text{ kPa}]$$

$$K = p(NH_3) \cdot p(HCl) \cdot 1/(101{,}3 \text{ kPa})^2 = K_p \cdot 1/(101{,}3 \text{ kPa})^2$$

$$K_p = K \cdot (101{,}3 \text{ kPa})^2 = 1{,}03 \cdot 10^4 \text{ kPa}^2$$

Den Gesamtdruck p im Gleichgewichtszustand bei 350 °C erhält man unter Beachtung von $p(NH_3) = p(HCl)$ und $K_p = p(NH_3) \cdot p(HCl)$:

$$p(NH_3) = [1{,}03 \cdot 10^4 \text{ kPa}^2]^{1/2} = 101{,}3 \text{ kPa}$$

$$p = p(NH_3) + p(HCl) = 202{,}6 \text{ kPa}$$

Übung 8.25

Die 1. Säurekonstante K_{s1} von gelöstem CO_2 (Kohlensäure) ist aus thermodynamischen Daten zu berechnen:
$\Delta H^0_f(CO_2(aq)) = -413{,}3$, $\Delta H^0_f(HCO_3^-(aq)) = -691{,}6$ kJ mol^{-1},
$S^0(CO_2(aq)) = 115{,}5$, $S^0(HCO_3^-(aq)) = 92{,}9$ J mol^{-1} K^{-1}.
Fehlende Angaben sind Tabellen zu entnehmen.

Für die Berechnung von K_{s1} muß ΔG^0 der 1. Protolysestufe bekannt sein. Darum werden zunächst ΔH^0 und ΔS^0 für das System

$$CO_2(aq) + H_2O(l) \leftrightarrows H^+(aq) + HCO_3^-(aq)$$

berechnet. H_2O ist in diesem Fall nicht nur Lösemittel sondern auch Reaktant, der in die Berechnung eingeht:

$$\Delta H^0 = \Delta H^0_f(HCO_3^-(aq)) - [\Delta H^0_f(CO_2(aq)) + \Delta H^0_f(H_2O(l))]$$

$$\Delta H^0 = -691{,}6 \text{ kJ mol}^{-1} - [-413{,}3 - 285{,}9] \text{ kJ mol}^{-1} = 7{,}6 \text{ kJ mol}^{-1}$$

$$\Delta S^0 = S^0(HCO_3^-(aq)) - [S^0(CO_2(aq)) + S^0(H_2O(l))]$$

$$\Delta S^0 = \;92{,}9 \text{ J mol}^{-1}\text{ K}^{-1} - [115{,}5 + 69{,}96] \text{ J mol}^{-1}\text{ K}^{-1} = -92{,}56 \text{ J mol}^{-1}\text{ K}^{-1}$$

Beachten Sie, daß die Werte für $H^+(aq)$ definitionsgemäß = 0 sind:

$$\Delta G^0 = \Delta H^0 - T\Delta S^0 = 7{,}6 \text{ kJ mol}^{-1} - [298{,}16 \text{ K}(-0{,}0925 \text{ J mol}^{-1}\text{ K}^{-1})]$$

$$\Delta G^0 = 35{,}197 \text{ kJ mol}^{-1}$$

Mit der Näherung Aktivität = Konzentration erhalten wir:

$$\ln K = -\Delta G^0/R\,T = -35{,}197 \text{ kJ mol}^{-1}/2{,}479 \text{ kJ mol}^{-1} = -14{,}198$$

$$K_{s1} = 6{,}81 \cdot 10^{-7} \text{ mol l}^{-1}$$

Übung 8.26

Berechnung von Löslichkeitsprodukten aus thermodynamischen Angaben. Mit Hilfe von Standard-Bildungsenthalpien und absoluten Standard-Entropien soll das Löslichkeitsprodukt für Cu_2S berechnet werden!

Für schwerlösliche Verbindungen entsprechen die Aktivitäten der Ionen weitgehend ihren molaren Konzentrationen, die Gleichgewichtskonstante K entspricht darum dem Löslichkeitsprodukt L:

$$\Delta G^0 = -R\,T \ln K = -R\,T \ln L$$

ΔG^0 für das Fällungsgleichgewicht von Cu_2S

$$Cu_2S(s) \leftrightarrows 2\ Cu^+(aq) + S^{2-}(aq)$$

berechnet man aus den Werten für ΔH^0 und ΔS^0:

$$\Delta H^0 = 2\ \Delta H^0_f(Cu^+(aq)) + \Delta H^0_f(S^{2-}(aq)) - \Delta H^0_f(Cu_2S(s))$$

$$\Delta H^0 = [2 \cdot 51{,}9 + 41{,}8 - (-79{,}5)]\ \text{kJ mol}^{-1}$$

$$\Delta H^0 = 225{,}1\ \text{kJ mol}^{-1}$$

$$\Delta S^0 = 2\ S^0(Cu^+(aq)) + S^0(S^{2-}(aq)) - S^0(Cu_2S(s))$$

$$\Delta S^0 = 2 \cdot (-26{,}4) + 22{,}2 - 120{,}9\ \text{J mol}^{-1}\ \text{K}^{-1}$$

$$\Delta S^0 = -0{,}1515\ \text{kJ mol}^{-1}\ \text{K}^{-1}$$

$$\Delta G^0 = 225{,}1\ \text{kJ mol}^{-1} - [298{,}16\ \text{K} \cdot (-0{,}1515\ \text{kJ mol}^{-1}\ \text{K}^{-1})]$$

$$\Delta G^0 = 270{,}27\ \text{kJ mol}^{-1}$$

Für das Löslichkeitsprodukt $L(Cu_2S)$ folgt daraus der Wert:

$$\ln L(Cu_2S) = -\Delta G^0/R\,T = -270{,}27\ \text{kJ mol}^{-1}/2{,}479\ \text{kJ mol}^{-1} = -109{,}02$$

$$L(Cu_2S) = 4{,}48 \cdot 10^{-48}$$

Übung 8.27

Berechnung komplexerer Gleichgewichte. Es sind die Gleichgewichtskonstante K und die freie Standard-Reaktionsenthalpie ΔG^0 für die Reaktion

$$2\ PbCrO_4(s) + 2\ CH_3COOH(aq) \longrightarrow 2\ Pb^{2+}(aq) + 2\ CH_3COO^-(aq) + Cr_2O_7^{2-}(aq) + H_2O(l)$$

mit Hilfe von $L(PbCrO_4)$, $K_s(CH_3COOH)$ und folgenden ΔG^0_f-Werten (kJ mol^{-1}) zu berechnen: $CrO_4^{2-}(aq) = -7\ 06{,}3$; $Cr_2O_7^{2-}(aq) = -1257{,}3$ und $H_2O(l) = -237{,}19$. Was läßt sich aus den berechneten Werten schließen?

Die Bruttoreaktion wird als Summe der drei Teilreaktionen

a) $2\ PbCrO_4(s) \leftrightarrows 2\ Pb^{2+}(aq) + 2\ CrO_4^{2-}(aq)$

b) $2\ CH_3COOH(aq) \leftrightarrows 2\ H^+(aq) + 2\ CH_3COO^-(aq)$

c) $2\ CrO_4^{2-}(aq) + 2\ H^+(aq) \leftrightarrows Cr_2O_7^{2-}(aq) + H_2O(l)$

aufgefaßt und ihre Gleichgewichtskonstante K_{ges} nach den bekannten Regeln (Kap.2) berechnet. Dazu muß als erstes K für die Reaktion c) bestimmt werden:

$$\Delta G^0 = \Delta G^0_f(Cr_2O_7^{2-}(aq)) + \Delta G^0_f(H_2O(l)) - 2\ \Delta G^0_f(CrO_4^{2-}(aq))$$

$$\Delta G^0 = -81{,}89\ \text{kJ mol}^{-1}$$

$$\ln K = -\Delta G^0/R\,T = 81{,}89\ \text{kJ mol}^{-1}/2{,}479\ \text{kJ mol}^{-1} = 33{,}033$$

$$K = 2{,}22 \cdot 10^{14}$$

Daraus folgt unter Berücksichtigung von $-\log K = pK$ und der Multiplikation der Gleichungen a) und b) mit zwei ($-\log K^2 = 2\,pK$):

a)	$L(PbCrO_4)$	$= 2{,}0 \cdot 10^{-16}$	$2\,pK_L = 31{,}4$
b)	$K_s(CH_3COOH)$	$= 1{,}8 \cdot 10^{-5}$	$2\,pKs = 9{,}50$
c)	K	$= 2{,}2 \cdot 10^{14}$	$pK = -14{,}35$

$pK_{ges} = 2\,pK_L + 2\,pK_s + pK = 26{,}55$

$K_{ges} = 2{,}81 \cdot 10^{-27}$

Umrechnung von ln in lg ergibt für ΔG^0:

$$\Delta G^0 = -R\,T\,\ln K = 2{,}3 \cdot pK \cdot R\,T = 2{,}3 \cdot 2{,}479 \cdot 26{,}55 = +151{,}4 \text{ kJ mol}^{-1}$$

Aus K und ΔG^0 folgt, daß das Gleichgewicht der Reaktion auf der linken Seite liegt, $PbCrO_4$ in essigsaurer Lösung also praktisch unlöslich ist.

Übung 8.28

Berechnung von freien Enthalpien aus EMK-Werten galvanischer Zellen (Elemente).

a) Für die Berechnung der freien Bildungsenthalpie von HCl $\Delta G^0_f(HCl(aq))$ in ideal verdünnter Lösung ist eine geeignete galvanische Zelle zu entwerfen.

b) Aus dem berechneten Wert und $\Delta G^0_f(HCl(g)) = -95{,}27$ ist die freie Lösungsenthalpie für gasförmige Salzsäure zu bestimmen.

a) Geeignet ist eine Zelle, in der die Bruttoreaktion

$$1/2\ H_2 + 1/2\ Cl_2 \longrightarrow H^+(aq) + Cl^-(aq)$$

ablaufen kann. In der sogenannten Chlorknallgas-Zelle

$Pt/H_2(g)/HCl(aq)//Cl^-(aq)/Cl_2(g)/Pt$

ergeben die beiden Halbreaktionen (siehe Kap.5)

$H_2(g)$	$\longrightarrow 2\ H^+(aq)$	$E^0(A) = 0{,}00\ V$
$Cl_2(g) + 2e^-$	$\longrightarrow 2\ Cl^-(aq)$	$E^0(K) = 1{,}3595\ V$
$H_2(g) + Cl_2(g)$	$\longrightarrow 2\ H^+(aq) + 2\ Cl^-(aq)$	$\Delta E^0 = 1{,}3595\ V$

die gewünschte Reaktion mit der freien Reaktionsenthalpie

$$\Delta G^0 = -n\,F\,\Delta E^0 = -2 \cdot 96485 \text{ C mol}^{-1} \cdot 1{,}3595 \text{ V} = -262342 \text{ C V mol}^{-1}$$

$$\Delta G^0 = -262{,}3 \text{ kJ mol}^{-1}$$

Da sich ΔG^0_f-Werte immer auf 1 mol beziehen, beträgt

$$\Delta G^0_f(HCl(aq)) = -131{,}15 \text{ kJ mol}^{-1}$$

b) Die freie Lösungsenthalpie ΔG^0_L für HCl(g) ist gleich ΔG^0 für

$$HCl(g) \longrightarrow HCl(aq)$$

und man erhält folglich:

$$\Delta G^0_L = \Delta G^0_f(HCl(aq)) - \Delta G^0_f(HCl(g))$$

$$\Delta G^0_L = [-131{,}15 - (-95{,}27)] \text{ kJ mol}^{-1} = -35{,}88 \text{ kJ mol}^{-1}$$

Übung 8.29

Berechnung des Löslichkeitsproduktes von Ag_2S aus $\Delta G^0_f(Ag_2S(s)) = -39{,}16$ kJ mol^{-1} und des mit Hilfe von Standardpotentialen geeigneter Redoxpaare zu bestimmenden Wertes $\Delta G^0_f(Ag_2S(aq))$.

Mit galvanischen Zellen lassen sich prinzipiell freie Standard-Bildungsenthalpien hydratisierter Verbindungen bestimmen. Dazu sind zwei Redoxpaare so zu kombinieren, daß die Komponenten der zu berechnenden Verbindung als hydratisierte Ionen die Produkte der Bruttoreaktion (Zellenreaktion) bilden:

$$2\,Ag(s) \longrightarrow 2\,Ag^+(aq) + 2e^- \qquad E^0(A) = 0{,}9791\ V$$

$$S(s) + 2\,e^- \longrightarrow S^{2-}(aq) \qquad E^0(K) = -0{,}4470\ V$$

$$2\,Ag(s) + S(s) \longrightarrow 2\,Ag^+(aq) + S^{2-}(aq) \qquad \Delta E^0 = -1{,}2461\ V$$

Die Bruttoreaktion (Zellenreaktion) entspricht der Bildung einer ideal verdünnten Lösung von Ag_2S, also $Ag_2S(aq)$, aus den Elementen. Da definitionsgemäß ΔG^0_f von Elementen gleich Null ist, entspricht die freie Standard-Reaktionsenthalpie ΔG^0 der Zellenreaktion der freien Standard-Bildungsenthalpie ΔG^0_f einer ideal verdünnten Lösung von Ag_2S:

$$\Delta G^0 = 2\,\Delta G^0_f(Ag^+(aq)) + \Delta G^0_f(S^{2-}(aq)) = \Delta G^0_f(Ag_2S(aq))$$

Daraus folgt:

$$\Delta G^0_f(Ag_2S(aq)) = -n\,F\,\Delta E^0 = -2 \cdot 96485 \cdot (-1{,}2461)\ C\ V\ mol^{-1}$$

$$\Delta G^0_f(Ag_2S(aq)) = 240{,}5\ kJ\ mol^{-1}$$

Da das Löslichkeitsprodukt $L(Ag_2S)$ die Anwendung des MWG auf

$$Ag_2S(s) \leftrightarrows Ag_2S(aq) \leftrightarrows 2\,Ag^+(aq) + S^{2-}(aq)$$

darstellt, entspricht $L(Ag_2S)$ der Gleichgewichtskonstanten des Lösegleichgewichtes. Darum gilt:

$$\Delta G^0 = \Delta G^0_f(Ag_2S(aq)) - \Delta G^0_f(Ag_2S(s)) = [240{,}5-(-39{,}16)]\ kJ\ mol^{-1}$$

$$\Delta G^0 = 279{,}6\ kJ\ mol^{-1}$$

$$\ln K = \ln L(Ag_2S) = -279{,}6\ kJ\ mol^{-1}/2{,}479\ kJ\ mol^{-1} = -112{,}78$$

$$L(Ag_2S) = 1{,}04 \cdot 10^{-49}$$

Übung 8.30

Berechnung von Hydroxid-Fällungen. Aus $\Delta G^0_f(Cd(OH)_2(s)) = -470{,}45$ kJ mol^{-1} und einem geeigneten Standardpotential ΔE^0 ist das Löslichkeitsprodukt von $Cd(OH)_2$ zu bestimmen.

In Analogie zum Ag_2S erhalten wir das Löslichkeitsprodukt unter Berücksichtigung von $L(Cd(OH)_2) = K$ aus ΔG^0 für das Lösegleichgewicht

$$Cd(OH)_2(s) \leftrightarrows Cd^{2+}(aq) + 2\,OH^-(aq)$$

Um ΔG^0 bestimmen zu können, benötigen wir entsprechend

$$\Delta G^0 = \Delta G^0_f(Cd(OH)_2(aq)) - \Delta G^0_f(Cd(OH)_2(s))$$

den Wert $\Delta G^o_f(Cd(OH)_2(aq))$. Mit Hilfe der Spannungsreihe bestimmen wir die Redoxpaare, deren Kombination die Bruttoreaktion

$$Cd(s) + H_2(g) + O_2(g) \longrightarrow Cd^{2+}(aq) + 2\ OH^-(aq)$$

ergibt. Ihr ΔG^0-Wert ist in Analogie zu Übung 8.29 mit dem Wert $\Delta G^0_f(Cd(OH)_2(aq))$ identisch. Die Halbreaktionen

$2\ Cd(s)$	$\longrightarrow 2\ Cd^{2+}(aq) + 4e^-$	$E^0(A) =$	$-0{,}4029$ V
$O_2(g) + 2\ H_2O + 4e^-$	$\longrightarrow 4\ OH^-(aq)$	$E^0(K) =$	$0{,}4010$ V
a) $2\ Cd(s) + O_2(g) + 2\ H_2O$	$\longrightarrow 2\ Cd^{2+}(aq) + 4\ OH^-(aq)$	$\Delta E^0 =$	$0{,}8039$ V
$2\ H_2(g)$	$\longrightarrow 4\ H^+(aq) + 4e^-$	$E^0(A) =$	$0{,}0000$ V
$O_2(g) + 4H^+(aq) + 4e^-$	$\longrightarrow 2\ H_2O$	$E^0(K) =$	$1{,}2290$ V
b) $2\ H_2(g) + O_2(g)$	$\longrightarrow 2\ H_2O$	$\Delta E^0 =$	$1{,}2290$ V

ergeben die Zellenreaktionen a) und b), deren Addition

$2\ Cd(s) + O_2(g) + 2\ H_2O$	$\longrightarrow 2\ Cd^{2+}(aq) + 4\ OH^-(aq)$
$2\ H_2(g) + O_2(g)$	$\longrightarrow 2\ H_2O$
c) $2\ Cd(s) + 2\ H_2(g) + 2\ O_2(g)$	$\longrightarrow 2\ Cd^{2+}(aq) + 4\ OH^-(aq)$

die gewünschte Bruttoreaktion c) ergibt. Aus

$$pK = -\log K = -\Delta E^0 \cdot n/0{,}05916$$

erhalten wir mit ΔE^0 für a) und b) den pK-Wert für c):

$$pK(a) = -54{,}3543$$

$$pK(b) = -83{,}0967$$

$$pK(c) = pK(a) + pK(b) = -137{,}45$$

Da sich ΔG^0_f stets auf 1 mol bezieht, gilt

$$Cd(s) + H_2(g) + O_2(g) \longrightarrow Cd^{2+}(aq) + 2OH^-(aq) \qquad pK = -68{,}725$$

und wir erhalten mit $\ln K = 158{,}24$ (aus $K = 5{,}3 \cdot 10^{68}$):

$$\Delta G^0 = \Delta G^0_f(Cd(OH)_2(aq)) = -2{,}479\ kJ\ mol^{-1} \cdot 158{,}24 = -392{,}3\ kJ\ mol^{-1}$$

Für das Löslichkeitsgleichgewicht folgt daraus:

$$\Delta G^0 = \Delta G^0_f(Cd(OH)_2(aq)) - \Delta G^0_f(Cd(OH)_2(s))$$

$$\Delta G^0 = [-392{,}3 - (-470{,}45)]\ kJ\ mol^{-1} = 78{,}158\ kJ\ mol^{-1}$$

$$\ln K = \ln L(Cd(OH)_2) = -78{,}158\ kJ\ mol^{-1}/2{,}479\ kJ\ mol^{-1} = -31{,}53$$

$$L(Cd(OH)_2) = 2{,}03 \cdot 10^{-14}$$

Übung 8.31

Berechnung von Standardpotentialen aus thermodynamischen Größen. Für das Redoxpaar $I_2/2\,I^-$ soll E^0 aus den folgenden Werten ermittelt werden:

	I_2	I^-	H_2	H^+
ΔH^0_f (kJ mol^{-1})	0	–55,94	0	0
S^0 (J mol^{-1} K^{-1})	116,14	109,37	130,57	0

Da Standardpotentiale E^0 gegen die Normalwasserstoffelektrode $2\,H^+/H_2$ mit $E^0 = 0$ ermittelt werden, entspricht die EMK für

$$I_2(s) + H_2(g) \longrightarrow 2\,H^+(aq) + 2\,I^-(aq)$$

dem Wert für $E^0(I_2/2\,I^-)$. Mit der Entropieänderung

$$\Delta S^0 = 2\,S^0 I^-(aq) - [S^0 H_2(g) + S^0 I_2(s)]$$

$$\Delta S^0 = (2 \cdot 109{,}37 - [130{,}57 + 116{,}14])\ \text{J mol}^{-1}\,\text{K}^{-1} = -27{,}97\ \text{J mol}^{-1}\,\text{K}^{-1}$$

und der analog berechneten Enthalpieänderung

$$\Delta H^0 = -2 \cdot 55{,}94\ \text{kJ mol}^{-1} = -111{,}88\ \text{kJ mol}^{-1}$$

erhalten wir für die freie Standard-Reaktionsenthalpie:

$$\Delta G^0 = \Delta H^0 - T\Delta S^0 = -111{,}88 + (298{,}16 \cdot 0{,}02797) = -103{,}54\ \text{kJ mol}^{-1}$$

Daraus folgt das Standardpotential (dazu auch Kap.5)

$$E^0(I_2/2\,I^-) = -\Delta G^0/n\,F = 103540\ \text{J mol}^{-1}/2 \cdot 96486\ \text{C mol}^{-1}$$

$$E^0(I_2/2\,I^-) = 0{,}5365\ \text{V}$$

Übung 8.32

Berechnung galvanischer Zellen aus thermodynamischen Größen. Für die galvanische Zelle
$Pt/PbO_2(s)/Pb^{2+}(aq)$ // $Br^-(aq)/AgBr(s)/Ag$
sind Standard-EMK und Gleichgewichtskonstante K der Zellenreaktion aus tabellierten Enthalpiewerten zu berechnen sowie ihre Kurzschreibweise zu überprüfen.

Zunächst müssen wir wissen, welche Tabellenwerte erforderlich sind. Dazu werden die aus der Kurzschreibweise der Zelle folgenden Halbreaktionen und die resultierende Zellenreaktion formuliert:

$$Pb^{2+}(aq) + 2\,H_2O \longrightarrow PbO_2(s) + 4\,H^+(aq) + 2\,e^-$$

$$2\,AgBr(s) + 2\,e^- \longrightarrow 2\,Ag(s) + 2\,Br^-(aq)$$

$$Pb^{2+}(aq) + 2\,AgBr(s) + 2\,H_2O \longrightarrow PbO_2(s) + 2\,Ag(s) + 4\,H^+(aq) + 2\,Br^-(aq)$$

Der Zellenreaktion entnehmen wir die für die Berechnung von ΔG^o erforderlichen ΔG^o_f-Werte. Da die Standardpotentiale als unbekannt vorausgesetzt werden, läßt sich die Kurzschreibweise der Zelle, also die Zuordnung der Halbreaktionen als Kathode und Anode, erst bei bekanntem ΔG^0 beurteilen. Die „richtige" Zuordnung muß für die Zellenreaktion $\Delta G^0 < 0$ ergeben. Aus der Bruttogleichung für die Zellenreaktion folgt:

$$\Delta G^0 = 2\,\Delta G^0_f(Br^-(aq)) + \Delta G^0_f(PbO_2(s))$$
$$- [\Delta G^0_f(Pb^{2+}(aq)) + 2\,\Delta G^0_f(AgBr(s)) + 2\,\Delta G^0_f(H_2O(l))]$$

$$\Delta G^0 = [2 \cdot (-102{,}93) + (-212{,}42)]\ \text{kJ mol}^{-1}$$
$$- [-24{,}31\ + 2 \cdot (-96{,}11 + 2 \cdot (-237{,}19)]\ \text{kJ mol}^{-1}$$

$$\Delta G^0 = 272{,}63\ \text{kJ mol}^{-1}$$

Da $\Delta G^0 > 0$ ist, erhalten wir für die Standard-EMK $\Delta E^0 < 0$:

$$\Delta E^0 = -\Delta G^0/n\,F = -272630\ \text{J mol}^{-1}/2 \cdot 96485\ \text{C mol}^{-1}$$

$$\Delta E^0 = -1{,}413\ \text{V}$$

Aus $\Delta G^0 > 0$ und $\Delta E^0 < 0$ folgt, daß die Reaktion nur in umgekehrter Richtung freiwillig abläuft:

$$PbO_2(s) + 4\,H^+(aq) + 2\,Ag(s) + 2\,Br^-(aq) \longrightarrow Pb^{2+}(aq) + 2\,AgBr(s) + 2\,H_2O$$

Dieser Zellenreaktion mit $\Delta G^0 = -272{,}63$ kJ mol^{-1} und $\Delta E^0 = +1{,}413$ V entspricht vereinbarungsgemäß die Kurzschreibweise

$$Ag/AgBr(s)/Br^-(aq)\ //\ Pb^{2+}(aq)/PbO_2(s)/Pt$$

mit links stehender Anode. Für die Gleichgewichtskonstante K der freiwillig erfolgenden Reaktion erhalten wir:

$$\ln K = -\Delta G^0/R\,T = +272{,}63\ \text{kJ mol}^{-1}/2{,}479\ \text{kJ mol}^{-1}$$

$$K = 5{,}78 \cdot 10^{47}$$

Die Reaktion erfolgt quantitativ, wobei die Bildung des AgBr-Niederschlags aus Br^- und den im Reaktionsverlauf gebildeten Ag^+-Ionen die Umsetzung noch begünstigt.

Übung 8.33

Berechnung von Gleichgewichtskonzentrationen. In Cu^{2+}-Salzlösungen stellt sich in Gegenwart von Cu das Gleichgewicht $Cu(s) + Cu^{2+}(aq) \rightleftarrows 2\,Cu^+(aq)$ ein. Es sind die Gleichgewichtskonzentrationen der Ionen in einer $CuSO_4$-Lösung ($c = 0{,}01$ mol · l^{-1}) mit Hilfe ihrer freien Standard-Bildungsenthalpien zu berechnen.
[50,2 kJ mol^{-1} ($Cu^+(aq)$); 64,98k J mol^{-1} ($Cu^{2+}(aq)$)]

Aus der freien Standard-Reaktionsenthalpie

$$\Delta G^0 = 2\,\Delta G^0_f(Cu^+(aq)) - \Delta G^0_f(Cu^{2+}(aq))$$

$$\Delta G^0 = (2 \cdot 50{,}2 - 64{,}98)\ \text{kJ mol}^{-1} = 35{,}42\ \text{kJ mol}^{-1}$$

erhalten wir für die Gleichgewichtskonstante K der Reaktion:

$$\ln K = -\Delta G^0/R\,T = -35{,}42\ \text{kJ mol}^{-1}/2{,}479\ \text{kJ mol}^{-1} = -14{,}28$$

$$K\ \ = 6{,}23 \cdot 10^{-7}$$

Wenn x mol Cu^{2+} reduziert werden, folgt aus dem MWG-Ausdruck

$$c^2(Cu^+)/c(Cu^{2+}) = K$$

die quadratische Gleichung

$$(2x)^2/10^{-2} - x = 6{,}23 \cdot 10^{-7}$$

mit dem chemisch sinnvollen Wert (Konzentration > 0) $3{,}95 \cdot 10^{-5}$. Somit erhalten wir für die Gleichgewichtskonzentrationen:

$$Cu^{+}(aq) = 2 \cdot 3{,}95 \cdot 10^{-5} = 7{,}88 \cdot 10^{-5}\,\text{mol l}^{-1}$$

$$Cu^{2+}(aq) = 10^{-2} - 3{,}95 \cdot 10^{-5} = 9{,}96 \cdot 10^{-3}\,\text{mol l}^{-1}$$

Anders formuliert bestätigen diese Werte, daß Cu^{+}-Ionen sehr leicht in Cu^{2+} und Cu disproportionieren und Cu^{+}-Salzlösungen darum nicht beständig sind.

Übung 8.34

Anwendung der van't-Hoffschen Reaktionsisobare. Es ist der Dampfdruck des Wassers bei 0°C mit Hilfe folgender Standardwerte zu berechnen:

	ΔH^0_f (kJ mol^{-1})	ΔG^0_f (kJ mol^{-1})
$H_2O(l)$	–285,84	–237,19
$H_2O(g)$	–241,83	–228,60

Für den in Frage kommenden Temperaturbereich von 0–25 °C kann ΔH^0 als temperaturunabhängig vorausgesetzt werden. Wir berechnen zunächst für das Gleichgewicht

$$H_2O(l) \leftrightarrows H_2O(g)$$

die Konstante K_2 bei 25 °C aus ΔG^0:

$$\Delta G^0 = \Delta G^0_f(H_2O(g)) - \Delta G^0_f(H_2O(l)) = [-228{,}6 - (-237{,}19)]\ \text{kJ mol}^{-1}$$

$$\ln K_2 = -8{,}59\ \text{kJ mol}^{-1}/2{,}479\ \text{kJ mol}^{-1} = -3{,}465$$

$$K_{p2} = K_2 \cdot 101{,}3\ \text{kPa} = 3{,}12 \cdot 10^{-2} \cdot 101{,}3\ \text{kPa}$$

$$K_{p2} = 3{,}16\ \text{kPa bei 25 °C}$$

Für K_{p1} bei 0 °C erhalten wir mit

$$\Delta H^0 = \Delta H^0_f(H_2O(g)) - \Delta H^0_f(H_2O(l)) = [-241{,}83 - (-285{,}84)]\ \text{kJ mol}^{-1}$$

$$\Delta H^0 = 44{,}1\ \text{kJ mol}^{-1}$$

und $T_1 = 273\ K$ die Gleichungen

$$\ln(3{,}16/K_1) = [44010\ \text{J mol}^{-1}/8{,}31\ \text{J mol}^{-1}\,\text{K}^{-1}][1/273\ \text{K} - 1/298\ \text{K}]$$

$$K_{p1} = [3{,}16/5{,}077]\ \text{kPa} = 0{,}62\ \text{kPa bei 0 °C}$$

Beide Werte stimmen mit tabellierten Daten überein.

Übung 8.35

Näherungsweise Berechnung von Gleichgewichtskonstanten. Mit Hilfe der folgenden Standardwerte ist der Druck von CO_2 beim Erhitzen von $MgCO_3$ auf 540 °C zu berechnen:

	ΔH^0_f (kJ mol^{-1})	S^o (J mol^{-1} K^{-1})
$MgCO_3(s)$	–1112,90	65,70
$MgO(s)$	– 601,24	26,94
$CO_2(g)$	– 393,52	213,69

Für den Temperaturbereich 25 – 550 °C wurde für ΔH^0 ein Mittelwert von 104,5 kJ mol^{-1} bestimmt.

Zunächst wird die Gleichgewichtskonstante K_1 für 25 °C aus den Standardwerten berechnet:

$$\Delta H^0 = \Delta H_f^0(\text{MgO(s)}) + \Delta H_f^0(\text{CO}_2\text{(g)}) - \Delta H_f^0(\text{MgCO}_3\text{(s)})$$

$$\Delta H^0 = 118{,}1 \text{ kJ mol}^{-1}$$

$$\Delta S^0 = S^0(\text{MgO(s)}) + S^0(\text{CO}_2\text{(g)}) - S^0(\text{MgCO}_3\text{(s)})$$

$$\Delta S^0 = 174{,}93 \text{ J mol}^{-1} \text{ K}^{-1} = 0{,}175 \text{ kJ mol}^{-1} \text{ K}^{-1}$$

$$\Delta G^0 = \Delta H^0 - T\Delta S^0 = 118{,}1 \text{ kJ mol}^{-1} - 218 \text{ K} \cdot 0{,}175 \text{ kJ mol}^{-1} \text{ K}^{-1}$$

$$\Delta G^0 = 65{,}94 \text{ kJ mol}^{-1}$$

Mit diesem Wert erhalten wir

$$\ln K_1 = -\Delta G^0/R\,T = -65{,}94 \text{ kJ mol}^{-1}/2{,}479 \text{ kJ mol}^{-1} = -26{,}60$$

und somit für K_2 bei 540 °C die Gleichung

$$\ln K_2 + 26{,}60 = [104500 \text{ J mol}^{-1}/8{,}31 \text{ J mol}^{-1} \text{ K}^{-1}][1/298 \text{ K} - 1/813 \text{ K}]$$

$$\ln K_2 = 0{,}118$$

$$K_2 = 1{,}1254$$

$$K_{p2} = K_2 \cdot 101{,}3 \text{ kPa} = 114 \text{ kPa}$$

Der Wert besagt, daß der CO_2-Partialdruck bei 540 °C den Atmosphärendruck übertrifft, $MgCO_3$ also vollständig dissoziiert. Wenn der betrachtete Temperaturbereich nicht zu groß ist, erhält man recht zuverlässige Ergebnisse auch bei Verwendung eines Mittelwertes für ΔH^0.

Übung 8.36

Reaktionsenthalpie der Hydratbildung.
Bei der Herstellung einer $BaCl_2$-Lösung aus wasserfreiem $BaCl_2$ wurden bei einer Einwaage von 58,8 g 2,47 kJ Wärme frei, bei Verwendung des Hydrats $BaCl_2 \cdot 2\,H_2O$ hingegen 18,52 kJ Wärme verbraucht. Das Volumen beider Lösungen war gleich. Mit welcher Enthalpieänderung ist die Hydratbildung verbunden?

Die Auflösung von $BaCl_2$ läßt sich als Summe von

$$\text{BaCl}_2\text{(s)} + 2\,\text{H}_2\text{O} \longrightarrow \text{BaCl}_2 \cdot 2\,\text{H}_2\text{O(aq)} \qquad \Delta\text{H}_1$$

$$\text{BaCl}_2 \cdot 2\,\text{H}_2\text{O(aq)} + (\text{x}-2)\text{aq} \longrightarrow \text{Ba}^{2+}(\text{aq}_1) + 2\,\text{Cl}^-(\text{aq}_2) \qquad \Delta H_2$$

$$\text{BaCl}_2\text{(s)} + x \cdot \text{aq} \longrightarrow \text{Ba}^{2+}(\text{aq}_1) + 2\,\text{Cl}^-(\text{aq}_2) \qquad \Delta H_3$$

mit $aq_1 + aq_2 = x \cdot aq$ darstellen und ΔH_1 darum mit dem Satz von Hess berechnen:

$$\Delta H_1 = \Delta H_3 - \Delta H_2$$

Für die Lösungsenthalpie ΔH_3 von 1 mol $BaCl_2$ erhält man

$$\Delta H_3 = -2{,}47 \text{ kJ} \cdot 208{,}25 \text{ g mol}^{-1}/58{,}8 \text{ g} = -8{,}756 \text{ kJ mol}^{-1}$$

und somit für die Enthalpie der Hydratbildung:

$$\Delta H_1 = -8{,}75 \text{ kJ mol}^{-1} - 18{,}52 \text{ kJ mol}^{-1} = -27{,}26 \text{ kJ mol}^{-1}$$

Aufgaben:

8.1 Welche Vorstellungen über den atomaren Aufbau der Stoffe bilden die Grundlage der Thermodynamik?

8.2 Was entnehmen Sie der Tatsache, daß keine thermodynamische Gleichung die Zeit als Variable enthält?

8.3 Wie beurteilen Sie die Definition der Wärme als kinetische Energie der kleinsten Teilchen und für welche Stoffe würden Sie diese Formulierung uneingeschränkt verwenden?

8.4 Welche Zustandsgröße eines Systems bestimmt, in welcher Richtung Wärme fließt?

8.5 185 g Blei wurden bei 25 °C 196 J Wärme zugeführt. Welche Temperatur erreicht es, wenn c_{sp}(Pb) = 0,129 J g^{-1} K^{-1} ist?

8.6 Welchen Wert hat die spezifische Wärme von Alkohol, wenn 552,8 J benötigt werden, um 45 g von 25 auf 30 °C zu erwärmen?

8.7 Berechnen Sie die molare Wärmekapazität des Minerals FeAsS nach der Kopp-Neumannschen Regel, wenn c_{sp} der Elemente
Fe = 0,46, As = 0,33 und S = 0,71 J g^{-1} K^{-1} beträgt?

8.8 Die Zusammensetzung von Messing beträgt 60 Massenanteile Kupfer und 40 Massenanteile Zink. Berechnen Sie die spezifische Wärmekapazität der Legierung aus den C_m-Werten
Cu = 24,52 und Zn = 25,44 J mol^{-1} K^{-1}.

8.9 Welchen Wert hat die molare Wärmekapazität C_m eines H_2/N_2 Gemisches mit 80 Vol.-% H_2 und 20 Vol.-% N_2, wenn C_p für H_2 = 24,25 und für N_2 = 29,12 J mol^{-1} K^{-1} beträgt?

8.10 Bei der Verbrennung von Traubenzucker ($C_6H_{12}O_6$) im Kalorimeter mit einer Wassermenge von 0,950 kg und $C_{\text{Gerät}}$ = 2,12 kJ K^{-1} wurde eine Temperaturerhöhung von 4,75 °C beobachtet. Wieviel Gramm $C_6H_{12}O_6$ wurden verbrannt, wenn ΔH der Reaktion = –2820 kJ mol^{-1} beträgt?

8.11 Die Auflösung von Zink in Schwefelsäure
$Zn(s) + H_2SO_4(l) \longrightarrow Zn^{2+}(aq) + SO_4^{2-}(aq) + H_2(g)$
wird im offenen und geschlossenen Gefäß durchgeführt. Wie groß ist der Unterschied zwischen beiden ΔU-Werten?

8.12 Bei der Zersetzung von 25 g NH_4NO_3(s) zu N_2O(g) und H_2O(l) wird eine Wärmemenge von 39,06 kJ frei (bei 25 °C und Normaldruck).
a) Formulieren Sie die thermochemische Gleichung!
b) Wie groß ist die Reaktionsenergie?

8.13 Für ideale Gase ist die Volumenarbeit der allgemeinen Zustandsgleichung zu entnehmen und in den Ausduck für ΔH einzusetzen.

a) Mit dieser Gleichung ist ΔH für die Reaktionen

$4\ NH_3(g) + 3\ O_2(g) \longrightarrow 2\ N_2(g) + 6\ H_2O(g)$

$4\ NH_3(g) + 5\ O_2(g) \longrightarrow 4\ NO(g) + 6\ H_2O(l)$

$CH_3COOH(l) + 2\ O_2(g) \longrightarrow 2\ CO_2(g) + 2\ H_2O(l)$

zu formulieren!

b) Welches der Verhältnisse $/\Delta H/ = /\Delta U/$, $/\Delta H/ > /\Delta U/$ und $/\Delta H/ < /\Delta U/$ gilt für die angegeben Reaktionen?

8.14 Welche von beiden Reaktionen

a) $H_2SO_4(l) + CaCO_3(s) \longrightarrow CaSO_4(s) + H_2O(l) + CO_2(g)$

b) $Mg(s) + 2\ H_3O^+ \longrightarrow Mg^{2+}(aq) + H_2(g) + H_2O(l)$

leistet mehr Volumenarbeit?

8.15 Ergänzen Sie in den Reaktionsgleichungen

a) $H_2(g) + 0{,}5\ O_2(g) \longrightarrow H_2O(\ )$ $\Delta H = -286$ kJ mol^{-1}

b) $H_2(g) + 0{,}5\ O_2(g) \longrightarrow H_2O(\ )$ $\Delta H = -242$ kJ mol^{-1}

die fehlenden Aggregatzustände! Begründung?

8.16 Für die Reaktion

$H_2SO_4(l) + BaCO_3(s) \longrightarrow BaSO_4(s) + H_2O(l) + CO_2(g)$

wurde $\Delta U = -95{,}4$ kJ mol^{-1} bei 20 °C und 101,3 kPa bestimmt.

Welchen Wert hat die Reaktionsenthalpie?

8.17 Bei der Auflösung von $SrCO_3$ in verdünnter Schwefelsäure wird die Volumenarbeit 0,5 kJ mol^{-1} bei 25 °C geleistet. Wieviel Gramm $SrCO_3$ sind gelöst worden?

8.18 Bestimmen Sie die Reaktionsenthalpie für die Bildung von Schwefelkohlenstoff $C(s) + 2\ S(s) \longrightarrow CS_2(l)$ mittels

$CS_2(l) + 3\ O_2(g) \longrightarrow CO_2(g) + 2\ SO_2(g)$ $\Delta H = -1075$ kJ mol^{-1}

$C(s) + O_2(g) \longrightarrow CO_2(g)$ $\Delta H = -393{,}7$ kJ mol^{-1}

$S(s) + O_2(g) \longrightarrow SO_2(g)$ $\Delta H = -296{,}8$ kJ mol^{-1}

8.19 Berechnen Sie ΔH für die Bildung von Benzen aus Graphit C(s) und Wasserstoff gemäß $6\ C(s) + 3\ H_2(g) \longrightarrow C_6H_6(l)$, wenn die Verbrennung von Benzen nach $C_6H_6(l) + 7{,}5\ O_2(g) \longrightarrow 6\ CO_2(g) + 3\ H_2O(l)$ $\Delta H = -3268$ kJ mol^{-1} erfolgt und als Hilfe folgende Reaktionen zur Auswahl stehen:

a) $2\ CO_2(g) \longrightarrow O_2(g) + 2\ CO(g)$ $\Delta H = +564$ kJ mol^{-1}

b) $C(s) + 0{,}5\ O_2(g) \longrightarrow CO(g)$ $\Delta H = -111$ kJ mol^{-1}

c) $H_2(g) + 0{,}5\ O_2(g) \longrightarrow H_2O(l)$ $\Delta H = -286$ kJ mol^{-1}

e) $C(s) + O_2(g) \longrightarrow CO_2(g)$ $\Delta H = -393$ kJ mol^{-1}

8.20 Berechnen Sie ΔH für die Reaktion

$2\ P(s) + 2\ SO_2(g) + 5\ Br_2(l) \longrightarrow 2\ SOBr_2(l) + 2\ POBr_3(s)$

mit Hilfe folgender Reaktionsenthalpien:

a) $PBr_3(l) + 0{,}5O_2(g) \longrightarrow POBr_3(s)$ $\Delta H = -298{,}9$ kJ mol^{-1}

b) $SOBr_2(l) + H_2O(l) \longrightarrow SO_2(g) + 2\ HBr(g)$ $\Delta H = 6{,}2$ kJ mol^{-1}

c) $P(s) + 1{,}5\ Br_2(l) \longrightarrow PBr_3(l)$ $\Delta H = -279{,}4$ kJ mol^{-1}

d) $4\ HBr(g) + O_2(g) \longrightarrow 2\ Br_2(l) + 2\ H_2O(l)$ $\Delta H = -207$ kJ mol^{-1}

8.21 Formulieren Sie für die Standard-Bildungsenthalpien
a) $AgBr(s) = -99{,}50\ kJ\ mol^{-1}$ b) $AgCl(s) = -127\ kJ\ mol^{-1}$
c) $BaCO_3(s) = -1218{,}8\ kJ\ mol^{-1}$ d) $CS_2(l) = +87{,}9\ kJ\ mol^{-1}$
e) $NO_2(g) = +33{,}8\ kJ\ mol^{-1}$ f) $NH_4Cl(s) = -315{,}4\ kJ\ mol^{-1}$
die entsprechenden thermochemischen Gleichungen!

8.22 Können auch Elemente (z.B. Wasserstoff, Sauerstoff, Stickstoff) eine Standard-Bildungsenthalpie ΔH_f^0 haben?

8.23 Berechnen Sie die Standard-Reaktionsenthalpie ΔH° der Thermitreaktion $2\ Al(s) + Fe_2O_3(s) \longrightarrow Al_2O_3(s) + Fe(s)$ wenn bei der Umsetzung 50 g Al_2O_3 entstehen und 415,6 kJ Wärme frei werden!

8.24 Bei der Reduktion von 4,1 g FeO mit CO wurde eine Wärmemenge von 0,63 kJ, beim Verbrennen von 2,8 g CO zu CO_2 eine von 28,29 kJ ermittelt. Berechnen Sie $\Delta H_f^0(FeO)$!

8.25 Berechnen Sie ΔH^0 für die Reaktion in Übung 8.11 mit einem 2. Reaktionsweg: Lösen Sie zunächst beide Gase in Wasser und lassen Sie anschließend die beiden Lösungen miteinander reagieren. Nach dem Satz von Hess sollten die 3 Teilschritte zum gleichen Ergebnis führen (Werte sind entsprechenden Tabellen zu entnehmen).

8.26 Bei der Verbrennung von jeweils 1 mol Ethan, Wasserstoff und Graphit bei Standard-Bedingungen wurden die Werte ΔH^0 $C_2H_6(g) = -1560\ kJ\ mol^{-1}$, ΔH^0 $H_2(g) = -285{,}9\ kJ\ mol^{-1}$ und ΔH° $C_{Graphit} = -393{,}5\ kJ\ mol^{-1}$ bestimmt. Berechnen Sie ΔH^0 für die Bildung von Ethan aus Graphit und Wasserstoff. Verbrennungsprodukte: $CO_2(g)$ und $H_2O(l)$. Mit welchem Wert ist ΔH^0 identisch?

8.27 Bei der Reaktion von Calciumcarbid (CaC_2) mit Wasser entstehen $C_2H_2(g)$ (Ethin, Acetylen) und $Ca(OH)_2$. Berechnen Sie ΔH_f^0 $(Ca(OH)_2(s))$, wenn bei der Umsetzung von 4 g CaC_2 bei 25 °C 7,83 kJ Wärme freigesetzt werden!

8.28 Berechnen Sie mit $\Delta H_f^0(SO_4^{2-}(aq)) = -907{,}5\ kJ\ mol^{-1}$ und
$Ca^{2+}(aq) + SO_4^{2-}(aq) \longrightarrow CaSO_4(s)$ $\Delta H^0 = -15\ kJ\ mol^{-1}$
die Standard-Bildungsenthalpie von hydratisierten Ca^{2+}-Ionen!

8.29 Wie groß ist ΔH^0 für die Fällungsreaktion
$Cu^{2+}(aq) + 2\ NO_3^-(aq) + H_2S(aq) \longrightarrow CuS(s) + 2\ H^+(aq) + 2\ NO_3^-(aq)$?

8.30 Ist die bei 25 °C und Normaldruck ermittelte Reaktionsenthalpie ΔH^0 einer Fällungsreaktion mit der Standard-Bildungsenthalpie ΔH_f^0 des Fällungsproduktes identisch?

8.31 Welche Bedeutung haben Enthalpie ΔH und innere Energie ΔU für eine chemische Reaktion?

8.32 Für $B_2H_6(g) + 6\ H_2O(l) \longrightarrow 2\ H_3BO_3(s) + 6\ H_2(g)$ mit $\Delta U^0 = -505{,}8\ kJ\ mol^{-1}$ sollen ΔH^0 und die Standard-Bildungsenthalpie von B_2H_6 berechnet werden.

8.33 Berechnen Sie ΔH für die Reaktion $2\ NH_3(g) + 3\ Cl_2(g) \longrightarrow N_2(g) + 6\ HCl(g)$ aus tabellierten mittleren Bindungsenthalpien und vergleichen Sie den

Wert mit der aus ΔH_f^0-Werten berechneten Reaktionsenthalpie! Welcher Wert ist zuverlässiger?

8.34 Berechnen Sie die Bildungsenthalpien der Halogenwasserstoffe HF, HCl, HBr und HI mit Hilfe von mittleren Bindungsenthalpien. Für welche Halogenwasserstoffe darf dieser Wert nicht mit dem betreffenden ΔH_f^0-Wert verglichen werden? Begründung?

8.35 Berechnen Sie ΔH für
$H_2C{=}CH_2(g) + H_2(g) \longrightarrow CH_3{-}CH_3(g)$
mit Hilfe von mittleren Bindungsenthalpien!

8.36 Die Hydrogenierung von Propen zu Propan erfolgt nach
$H_2C{=}CH{-}CH_3(g) + H_2(g) \longrightarrow H_3C{-}CH_2{-}CH_3(g)$
Berechnen Sie ΔH mit Hilfe von mittleren Bindungsenthalpien!

8.37 Die Wärmekapazität von 12 g $H_2O(l)$ beträgt bei konstantem Druck 50,24 J K^{-1}. Wie groß sind molare und spezifische Wärmekapazität?

8.38 a) 150 ml einer HCl-Lösung (c = 0,4 mol l^{-1}) werden mit einem Überschuß an NH_3-Lösung in einem Dewar-Gefäß mit einer Wärmekapazität von 1,32 kJ K^{-1} neutralisiert, wobei die Temperatur um 2,36 °C ansteigt. Wie groß ist die Neutralisationsenthalpie?
b) Warum wird ein NH_3-Überschuß verwendet?

8.39 Berechnen Sie die Neutralisationsenthalpie für
$H_2SO_4(aq) + 2\ NaOH(aq) \longrightarrow Na_2SO_4(aq) + 2\ H_2O(l)$
aus den ΔH_f^0-Werten(kJ mol^{-1})
–1382,8(Na_2SO_4), –810,85(H_2SO_4), –426,3(NaOH)
und den Lösungsenthalpien ΔH_L^0(kJ mol^{-1})
–2,092 $Na_2SO_4(aq)$, –74,5 $H_2SO_4(aq)$, –42,26 NaOH(aq)!

8.40 Berechnen Sie die Reaktionsenthalpie für die Umsetzung von Fe^{2+}-Ionen mit MnO_4^- zu Fe^{3+}- und Mn^{2+}-Ionen in stark saurer Lösung bei Standardbedingungen!

8.41 Bestimmen Sie die freie Standard-Bildungsenthalpie von Schwefelhexafluorid mit Hilfe von ΔG^0 = –568,2 kJ mol^{-1} für
$SF_6(g) + 4\ H_2O(l) \longrightarrow H_2SO_4(aq) + 6\ HF(aq)$ und ΔG_f^0(kJ mol^{-1}) für
HF(aq) = –276,5 , $H_2SO_4(aq)$ = –850 und $H_2O(l)$ = –237,2.

8.42 Berechnen Sie die freie Standard-Bildungsenthalpie von Ozon aus folgenden Angaben:
$3\ F_2(g) + O_3(g) \longrightarrow 3\ OF_2(g)$ $\quad \Delta G^0 = -41{,}63$ kJ mol^{-1} und
$\Delta G_f^0(OF_2(g))$ = 40,6 kJ mol^{-1}!

8.43 Entscheiden Sie an Hand von ΔG^0, welche Reaktionen bei Standardbedingungen freiwillig ablaufen sollten:
a) $SO_2(g) + H_2(g) \longrightarrow H_2S(g) + O_2(g)$
b) $SO_2(g) + 3\ H_2(g) \longrightarrow H_2S(g) + 2\ H_2O(g)$
c) $SO_2(g) + 2\ H_2(g) \longrightarrow H_2S(g) + H_2O_2(l)$

8.44 Ist eine Lösung von H_2O_2 unbegrenzt haltbar oder wegen
$2\,H_2O_2(l) \longrightarrow 2\,H_2O(l) + O_2(g)$
thermodynamisch instabil? Welchem Reaktionstyp entspricht die Gleichung?

8.45 Wie groß ist die Gleichgewichtskonstante K für die Reaktion
$A + B \leftrightarrows C + D$ mit $\Delta G^0 = 0$?

8.46 a) Berechnen Sie die Standard-Reaktionsenthalpie für die Dissoziation $N_2O_4(g) \leftrightarrows 2\,NO_2(g)$ aus folgenden Werten:
$\Delta G^0_f(N_2O_4(g)) = 304{,}3$, $\Delta G^0_f(NO_2(g)) = 51{,}8$ kJ mol^{-1},
$S^0(N_2O_4) = 304{,}3$, $S^0(NO_2) = 240{,}5$ J mol^{-1} K.
b) Kann aus dem Ergebnis auf die Beständigkeit von N_2O_4 bei Raumtemperatur geschlossen werden?

8.47 a) Berechnen Sie die Gleichgewichtskonstanten K_p und K_c für die Dissoziation in Aufgabe 8.46!
b) Welchen Schluß ziehen Sie aus dem Vergleich der Gleichgewichtskonstanten mit ΔG^0 der Reaktion?

8.48 a) Bestimmen Sie die Gleichgewichtskonstante für
$2\,SO_2(g) + O_2(g) \leftrightarrows 2\,SO_3(g)$
bei 25 °C mit Hilfe von $\Delta H^0_f(SO_2(g)) = -395$ kJ mol^{-1} und den absoluten Standard-Entropien
$S^0(SO_2) = 248{,}5$, $S^0(O_2) = 205{,}03$ und $S^0(SO_3) = 256{,}2$ J mol^{-1} K^{-1}!
b) Bei welcher Temperatur ist $K = 1$?
c) Warum erfolgt die SO_3-Herstellung bei relativ hoher Temperatur von ~ 500 °C, obwohl das Gleichgewicht bereits bei 25 °C zugunsten von SO_3 liegt?

8.49 a) Berechnen Sie die Verdampfungsenthalpie von Ammoniak mit Hilfe von $\Delta S^0 = 97{,}2$ J mol^{-1} K^{-1} und Spd. = –33,4 °C!
b) Welche Näherung wird bei derartigen Berechnungen vorausgesetzt?

8.50 a) Für den Vorgang $C_6H_{14}(l) \longrightarrow C_6H_{14}(g)$ $\quad \Delta H^0 = 29{,}6$ kJ mol^{-1}
beträgt die Standard-Reaktionsentropie 86,5 J mol^{-1} K.
Bei welcher Temperatur ist $\Delta G^0 = 0$?
b) Mit welcher Größe ist diese Temperatur identisch?

8.51 Begründen Sie, welche von den Relationen $\Delta S^0 > 0$, $\Delta S^0 = 0$ und $\Delta S^0 < 0$ auf die Reaktion $I_2(s) \longrightarrow I_2(g)$ zutrifft!

8.52 Bestimmen Sie $\Delta G^0_f(Fe^{2+}(aq))$ aus dem Löslichkeitsprodukt $L(FeS) = 1{,}33 \cdot 10^{-17}$ mol^2 l^{-2} sowie den Werten $\Delta G^0_f(FeS(s)) = -97{,}57$ kJ mol^{-1} und $\Delta G^0_f(S^{2-}(aq)) = 83{,}7$ kJ mol^{-1}!

8.53 Für die Reaktion $2\,AB_2(g) + B_2(g) \leftrightarrows 2\,AB_3(g)$ ist die Gleichgewichtskonstante K_p bei 25 °C zu berechnen.
$\Delta G^0_f(AB_2(g)) = -276{,}5$; $\Delta G^0_f(AB_3(g)) = -312{,}8$ kJ mol^{-1}

8.54 Bestimmen Sie die freie Standard-Bildungsenthalpie von $SO_3(g)$ mit Hilfe von $\Delta G^0_f(SO_2(g))$ = –300,4 kJ mol^{-1} und der Gleichgewichtskonstanten $3{,}4 \cdot 10^{24}$ $(mol\ l^{-1})^{-1}$ für $2\ SO_2(g) + O_2(g) \leftrightarrows 2\ SO_3(g)$!

8.55 Experimentell wurde der Dampfdruck von Brom zu 28,6 kPa bei 25 °C bestimmt. Berechnen Sie die Verdampfungsenthalpie und die freie Standard-Reaktionsenthalpie für $Br_2(l) \longrightarrow Br_2(g)$!

8.56 Für $PbCO_3$ ist ΔG^0_f = –626,3 kJ mol^{-1}. Berechnen Sie K_p für die thermische Dissoziation $PbCO_3(s) \longrightarrow PbO(s) + CO_2(g)$ bei 25 °C. Bei welcher Temperatur erreicht der Partialdruck von CO_2 Atmosphärendruck (101,3 kPa)?

8.57 Berechnen Sie die Standard-Bildungsenthalpie von hydratisierten CO_3^{2-}-Ionen aus folgenden Angaben:
$HCO_3^-(aq) \leftrightarrows H^+(aq) + CO_3^{2-}(aq)$ $\quad K_{s2} = 4{,}22 \cdot 10^{-11}$ mol l^{-1}
$S^0(HCO_3^-(aq))$ = 92,9 J mol^{-1} K^{-1}; $S^0(CO_3^{2-}(aq))$ = –54,4 J mol^{-1} K^{-1},
$\Delta H^0_f(HCO_3^-(aq))$ = –691,6 kJ mol^{-1}

8.58 Welchen Wert hat die Standard-Reaktionsentropie für
$C_2H_5OH(l) \longrightarrow C_2H_5OH(g)$,
wenn der Siedepunkt 78,3 °C, $\Delta H^0_f(C_2H_5OH(l))$ = –277,65 kJ mol^{-1} und $\Delta H^0_f(C_2H_5OH(g))$ = –235,31 kJ mol^{-1} betragen?

8.59 a) Für die Säure HX gelten die thermodynamischen Daten $\Delta G^0_f(HX(aq))$ = –382,6 und $\Delta G^0_f(X^-(aq))$ = –351,8 kJ mol^{-1}. Berechnen Sie ihre Säurekonstante K_s!
b) Welche Näherung setzen Sie voraus?

8.60 Für viele Flüssigkeiten ist die Verdampfungsentropie mit ca. 80 J mol^{-1} K^{-1} fast gleich groß. Geben Sie eine Erklärung für den relativ hohen Wert von 109 J mol^{-1} K^{-1} für Wasser und Ethanol!

8.61 Fällungsreaktionen verlaufen unter Entropiezunahme, obwohl es dabei zur Bildung eines geordneten Festkörpers aus frei beweglichen Ionen kommt, z.B. $A^{2+}(aq) + B^{2-}(aq) \longrightarrow AB(s)$
Worin liegt die Ursache für die Entropiezunahme?

8.62 Welche der Relationen zwischen maximaler Nutzarbeit W_{max} und Standard-Reaktionsenthalpie ΔH^0 ist richtig:
$W_{max} < \Delta H^0$, $W_{max} > \Delta H^0$, $W_{max} = \Delta H^0$?

8.63 Ist das Lösen von $(NH_4)_2SO_4$ in Wasser mit einer Temperaturzunahme oder -abnahme in der Lösung verbunden? Erfolgt der Lösevorgang freiwillig?

8.64 Wie würden Sie die Standard-Bildungsenthalpie von monoklinem Schwefel experimentell bestimmen?

8.65 Wie läßt sich der Gleichgewichtszustand eines Systems mit der freien Enthalpie G selbst und ihrer Änderung ΔG^0 charakterisieren?

8.66 Berechnen Sie die Säurekonstanten K_{s1}, K_{s2} und K_{s3} der Phosphorsäure bei 25 °C aus folgenden Daten:

	ΔH^0 kJ mol^{-1}	S^0 J mol^{-1} K^{-1}
H_3PO_4(aq)	−1289,5	176,1
$H_2PO_4^-$(aq)	−1302,5	89,1
HPO_4^{2-}(aq)	−1298,7	− 36,0
PO_4^{3-}(aq)	−1284,1	−217,6
H^+(aq)	0	0

Wie sind die negativen S^0-Werte zu erklären, da doch S^0 nach dem 3. Hauptsatz am absoluten Nullpunkt Null ist?

8.67 Welche prinzipiellen Möglichkeiten sehen Sie, Meßwerte für die Berechnung von ΔG^0 zu erhalten, und worin sehen Sie ihre Grenzen?

8.68 Welche der beiden Reaktionen

a) $O_3(g) \longrightarrow 3/2\ O_2(g)$

b) $N_2(g) + 3\ H_2(g) \longrightarrow 2\ NH_3(g)$

ist mit einer Zunahme bzw. Abnahme der Reaktionsentropie verbunden?

8.69 Ist ΔG^0 davon abhängig, ob eine Zustandsänderung reversibel oder irreversibel erfolgt? Für welchen Fall ist $\Delta G^0 = W_{max}$?

8.70 Für die Umwandlung Wasser $\longrightarrow$ Eis ist $\Delta S_{ges} = 0$ bei 0 °C. Läuft der Gefrier- oder Schmelzvorgang freiwillig ab?

8.71 a) Berechnen Sie $\Delta G^0_f(Ag_2S(aq))$ aus dem EMK-Wert einer geeigneten galvanischen Zelle.

b) Wie ist dieser Wert, der ja der Bildung von 1 mol Ag_2S(aq) entspricht, mit der Schwerlöslichkeit von Ag_2S in Übereinstimmung zu bringen?

8.72 Es ist eine Ba^{2+}/Sr^{2+}-Trennung durchzuführen. Dazu werden beide Ionen als Chromat gefällt und das Fällungsgemisch mit Essigsäure behandelt. Zeigen Sie, daß dabei entsprechend der Bruttoreaktion

$2\ MeCrO_4(s) + 2\ H^+(aq) \leftrightarrows 2\ Me^{2+}(aq) + Cr_2O_7^{2-}(aq) + H_2O$

($Me^{2+} = Ba^{2+}$, Sr^{2+}) nur $SrCrO_4$ in Lösung geht!

$\Delta G^0_f(CrO_4^{2-}) = -703{,}6$; $\Delta G^0_f(Cr_2O_7^{2-}) = -1257{,}3$ kJ mol^{-1},

weitere Werte s. Anhang

8.73 Berechnen Sie $L(Al(OH)_3)$ aus der freien Standard-Bildungsenthalpie für Hydrargellit ($Al_2O_3 \cdot 3\ H_2O(s)$) = −2292,4 kJ mol^{-1} sowie den Standard-Potentialen geeigneter Redoxpaare. Es wird vorausgesetzt, daß $Al(OH)_3$ als Hydrargellit ausfällt.

8.74 Berechnen Sie das Löslichkeitsprodukt von AgI aus geeigneten Standard-Potentialen und $\Delta G^0_f(AgI(s)) = -66{,}32$ kJ mol^{-1}

8.75 Berechnen Sie die freie Standard-Bildungsenthalpie für Hg_2^{2+}-Ionen aus folgenden thermodynamischen Größen:

	$Hg_2^{2+}(aq)$	$SO_4^{2-}(aq)$	$Hg_2SO_4(s)$
ΔH_f^0(kJ mol^{-1})	167,4	–907,50	–741,99
ΔG_f^0(kJ mol^{-1})	x	–741,99	–624,29
S^0(J mol^{-1} K^{-1})	74,1	22,60	200,75

8.76 Bestimmen Sie mit dem in 8.75. berechneten Wert das Löslichkeitsprodukt von Hg_2Cl_2 (Tabellenwert $L(Hg_2Cl_2) = 1{,}1 \cdot 10^{-18}$ mol^2 l^{-1}). Erklären Sie eventuelle Abweichungen!

8.77 Berechnen Sie das Standardpotential $E^0(MnO_2/Mn^{2+})$ aus folgenden thermodynamischen Daten:

	$MnO_2(s)$	$Mn^{2+}(aq)$	$H^+(aq)$	$H_2(g)$
ΔH_f^0(kJ mol^{-1})	–520,9	–218,8	0	0
S^0 (J mol^{-1} K^{-1})	53,1	–83,7	0	130,57

8.78 a) Wählen Sie aus folgenden Angaben die für die EMK-Berechnung der Zelle

Pb/ges. $PbSO_4$-Lösung // ges. Hg_2SO_4-Lösung/Hg

erforderlichen Werte aus:

	ΔG_f^o(kJ mol^{-1})	ΔH_f^o(kJ mol^{-1})	S^o(J mol^{-1} K^{-1})
$Hg_2SO_4(aq)$	32,92	1,89	–104,05
$Hg_2SO_4(s)$	–624,29	–741,99	200,75
$PbSO_4$ (aq)	44,94	12,52	–108,76
$PbSO_4$ (s)	–811,24	–918,39	147,30
Pb	0	0	64,79
Hg	0	0	76,03

b) Formulieren Sie die Zellenreaktion!
c) Berechnen Sie die Gleichgewichtskonstante!

8.79 Welche tabellierten Werte werden benötigt, um mit minimalem Aufwand die Standard-EMK der Zelle

Ag/AgBr(s)/Br^-(aq)//Br^-(aq)/Hg_2Br_2(s)/Hg

zu berechnen?

8.80 Bestimmen Sie die Gleichgewichtskonstante K der Reaktion

$Fe^{3+}(aq) + Ag(s) \leftrightarrows Fe^{2+}(aq) + Ag^+(aq)$!

Ist Silber in einer Fe^{3+}-haltigen Lösung beständig?

8.81 a) Berechnen Sie $\Delta G_f^0(Hg_2^{2+}(aq))$ aus folgenden Angaben:

Pt/Fe^{2+}(aq), Fe^{3+}(aq) // Cl^-(aq)/Hg_2Cl_2(s)/Hg

$\Delta E^o = 0{,}017$ V; $\Delta G_f^0(Fe^{2+}(aq)) = -84{,}94$ kJ mol^{-1},

$\Delta G_f^0(Fe^{3+}(aq)) = -10{,}54$ kJ mol^{-1}

b) Geben Sie eine Erklärung für eine eventuelle Abweichung von dem in Aufgabe 8.75. erhaltenen Wert!

8.82 In der qualitativen Analyse läßt sich Bromid durch Oxidation zu elementarem Brom (gelöst in CCl_4) nachweisen.

a) Formulieren Sie die Reaktion mit Cl_2 als Oxidationsmittel und das entsprechende galvanische Element!

b) Berechnen Sie ΔG^0 und die Gleichgewichtskonstante K!

c) Welchen Wert hat die Gleichgewichtskonstante K_p, wenn für die gelösten Stoff a = c = 1 gilt?

$E^0(Cl_2/2Cl^-) = 1{,}3595$ V; $E^0(Br_2/2Br^-) = 1{,}0652$ V

8.83 Berechnen Sie die freie Standard-Bildungsenthalpie und die absolute Standard-Entropie von H_2O_2(l) unter Verwendung folgender Angaben:
$E^0(O_2/2\ H_2O) = 1{,}229$ V; $E^0(H_2O_2/H_2O) = 1{,}776$ V;
$\Delta H^0_f(H_2O_2(l)) = -191{,}76$ kJ mol^{-1}; $S^0(H_2) = 130{,}57$ J mol^{-1} K^{-1} und
$S^0(O_2) = 205{,}03$ J mol^{-1} K^{-1}

8.84 Gegeben sind:
$E^0(Cu^+/Cu) = 0{,}521$ V; $\Delta G^0_f(Cu^+(aq)) = 50{,}2$ kJ mol^{-1} und
$\Delta G^0_f(Cu^{2+}(aq)) = 64{,}98$ kJ mol^{-1}.
Wie groß ist das Standardpotential $E^0(Cu^{2+}/Cu^+)$?

8.85 Welche von beiden möglichen Reaktionen des Ethylalkohols
a) $C_2H_5OH \longrightarrow C_2H_4 + H_2O$
b) $2\ C_2H_5OH \longrightarrow H_5C_2\text{-}O\text{-}C_2H_5 + H_2O$
sollte bei 25 °C freiwillig ablaufen?

8.86 In 500 ml Wasser von 20 °C werden 34 g $NaNO_3$ gelöst. Auf welche Temperatur kühlt sich die Lösung ab, wenn die molare Lösungswärme (also c = 1 mol l^{-1}) 20,95 kJ mol^{-1} und die spezifische Wärme der Lösung 4,18 J g^{-1}K^{-1} beträgt?

8.87 Berechnen Sie die Lösungswärme von Na_2SO_4 in Wasser aus
$Na_2SO_4(s) + 7\ H_2O \longrightarrow Na_2SO_4 \cdot 7\ H_2O(aq)$ $\quad \Delta H = -58{,}25$ kJ mol^{-1} und dem Wärmeverbrauch von 46,50 kJ beim Lösen von 1 mol $Na_2SO_4 \cdot 7\ H_2O(s)$!

8.88 10 kg Eis von –10 °C werden in einem Raum von 20 °C geschmolzen und auf Raumtemperatur gebracht. Zum Schmelzen benötigt Eis 333,5 J g^{-1}, die spezifische Wärme im festen Zustand ist 2,05 J g^{-1} K^{-1} und im flüssigen Zustand 4,184 J g^{-1} K^{-1}. Wie groß ist die Entropiezunahme?

8.89 Für die EMK der galvanischen Kette
$Ag/AgCl(s)/Cl^-(aq)//Ag^+(aq)/Ag$
wurden bei 15 °C 0,5803 V und bei 25 °C 0,5769 V gemessen.

a) Formulieren Sie die Zellenreaktion!

b) Berechnen Sie die Reaktionsenthalpie und die Gleichgewichtskonstante K!

c) Mit welcher Größe ist K identisch?

8.90 Berechnen Sie die Gleichgewichtskonstante K_p für
$CO_2(g) + H_2(g) \leftrightarrows CO(g) + H_2O(g)$
bei 1000 °C. Experimentell wurden $K_p = 0{,}65$ bei 700 °C und $K_p = 1{,}35$ bei 900 °C ermittelt!

8.91 a) Berechnen Sie den Dampfdruck des giftigen Quecksilbers aus folgenden Werten : $S^0(Hg(l)) = 76{,}03\ J\ mol^{-1}\ K^{-1}$, $S^0(Hg(g)) = 174{,}87\ J\ mol^{-1}\ K^{-1}$ und $\Delta H^0_f(Hg(g)) = 61{,}3\ kJ\ mol^{-1}$!

b) Wie groß ist K_c?

c) Wieviel mg Quecksilber wären in 1 m^3 Luft enthalten, wenn man es in offenen Gefäßen aufbewahren würde?

8.92 Für die Zersetzung von BaO_2 in BaO und O_2 ist $K_p = 8{,}7$ kPa bei 945 K und $K_p = 18{,}85$ kPa bei 1010 K. Bei welcher Temperatur erreicht $p(O_2)$ Atmosphärendruck (101,3 kPa)?

8.93 Für die thermische Dissoziation: $CaCO_3(s) \longrightarrow CaO(s) + CO_2(g)$ beträgt $K_p = 22{,}37$ kPa bei 800 °C und $K_p = 101{,}3$ kPa bei 908 °C. Wie groß ist ΔH im betrachteten Temperaturintervall und welchen Wert hat K_p bei 600 °C?

8.94 Bei der Zersetzung von $SrCO_3$ erreicht der CO_2-Partialdruck bei 1268 °C den Normaldruck $p_o = 101{,}3$ kPa. Es ist die thermische Stabilität von $SrCO_3$ zwischen 600 und 700 °C einzuschätzen. Als Näherung wird eine Temperaturunabhängigkeit der tabellierten Standardwerte angenommen.

8.95 In Lösemitteln wie CS_2, C_2H_5OH und C_6H_6, in denen Schwefel als S_8 gelöst wird, findet man bei 25 °C übereinstimmend eine 1,28fache Löslichkeit des monoklinen Schwefels gegenüber dem rhombischen. Berechnen Sie die Änderung der freien Enthalpie, wenn 1 g monokliner Schwefel in rhombischen Schwefel übergeht!

8.96 Für den Dampfdruck des Wassers p über einem Gemisch von $CuCl_2 \cdot H_2O(s)$ und $CuCl_2 \cdot 2\ H_2O(s)$ wurden in Abhängigkeit von der Temperatur folgende Werte ermittelt:

T(°C)	17,9	39,8	60	80
p(kPa)	0,496	2,503	12,159	32,619

a) Berechnen Sie ΔH^0 der Reaktion

$CuCl_2 \cdot 2\ H_2O(s) \longrightarrow CuCl_2 \cdot H_2O(s) + H_2O(g)$

(ΔH wird als temperaturunabhängig angenommen).

b) Wie groß sind ΔG^o und ΔS^o der Reaktion bei 60 °C?

8.97 Bestimmen Sie die Enthalpien der Protolyse von HF(aq) und HCN(aq) entsprechend der Reaktionsgleichung

$HX(aq) \longrightarrow H^+(aq) + X^-(aq)$

mit Hilfe folgender Neutralisationswärmen:

NaOH(aq) + HCl(aq) = $-57{,}53\ kJ\ mol^{-1}$ (ΔH^0_1)

NaOH(aq) + HF(aq) = $-68{,}07\ kJ\ mol^{-1}$ (ΔH^0_2)

NaOH(aq) + HCN(aq) = $-11{,}92\ kJ\ mol^{-1}$ (ΔH^0_3)

8.98 Bei –3 °C hat Eis den Dampfdruck 475,4 Pa, unterkühltes Wasser 489,1 Pa. Wie groß ist ΔG beim Übergang von 1 mol unterkühltes Wasser in Eis bei –3 °C?

8.99 Für das Gleichgewicht $F_2(g) \leftrightarrows 2\,F(g)$ ist $K_p = 2{,}026$ Pa bei 760 K und 403,27 Pa bei 961 K. Wie groß ist die Dissoziations-Enthalpie von Fluor?

8.100 Das Ionenprodukt des Wassers beträgt bei 10 °C $0{,}292 \cdot 10^{-14}$ mol^{-2} l^{-2} und bei 40 °C $2{,}917 \cdot 10^{-14}$ mol^{-2} l^{-2}.
a) Wie groß ist die Enthalpie der Autoprotolyse von Wassers?
b) Wie groß ist das Ionenprodukt des Wassers bei 25 °C?

8.101 Wie groß ist der SO_3-Zersetzungsdruck von $Al_2(SO_4)_3$ bei 25 °C, wenn folgende ΔG^0_f-Werte bestimmt wurden?

	Al_2O_3(s)	SO_3(g)	$Al_2(SO_4)_3$
ΔG^0_f(kJ mol^{-1})	–1581,8	–371,1	–3091,9

8.102 Berechnen Sie die freie Reaktionsenthalpie und die Gleichgewichtskonstante K_p für die Reduktion von Silber(I)-sulfid mit Wasserstoff bei 25 und 750 °C, wenn die Reaktionsenthalpie als temperaturunabhängig angenommen wird und folgende Werte zur Verfügung stehen:

	ΔH^0_f(kJ mol^{-1})	ΔG^0_f(kJ mol^{-1})
Ag_2S(s)	–31,80	–40,25
H_2S(g)	–20,42	–33,28

8.103 Formulieren Sie eine galvanische Zelle für die Bestimmung von ΔG der Reaktion
$Ag(s) + Fe(NO_3)_3(aq) \longrightarrow AgNO_3(aq) + Fe(NO_3)_2(aq)$!

9 Kinetik chemischer Reaktionen

Chemische Reaktionen laufen in der Regel über mehrstufige Mechanismen ab. In der Kinetik wird untersucht, wie die Geschwindigkeiten der Umsetzungen von den Konzentrationen der beteiligten Stoffe, von der Temperatur, dem Druck und von anderen Faktoren abhängen. Die detaillierte Beschreibung einer Reaktion auf der Basis kinetischer Daten nennt man Reaktionsmechanismus. Dabei ist zu beachten, daß nicht immer Gewißheit besteht, inwieweit der reale Ablauf einer Reaktion den im Reaktionsmechanismus zusammengefaßten Vorstellungen entspricht.

9.1 Grundlagen

In einer nur in einer Richtung verlaufenden Reaktion

$$\mathrm{mA + nB \longrightarrow pC + qD}$$

nehmen die Konzentrationen der Stoffe A und B ständig ab und die der Stoffe C und D ständig zu.

Reaktionsgeschwindigkeit *v*: Ein Maß dafür, wie schnell diese Konzentrationsänderungen stattfinden, ist die differentielle Beziehung zwischen der Konzentration c der Reaktionsteilnehmer und der Zeit t:

$$v = -1/\mathrm{m} \cdot \mathrm{d}c(\mathrm{A})/\mathrm{d}t = -1/\mathrm{n} \cdot \mathrm{d}c(\mathrm{B})/\mathrm{d}t \tag{9.1}$$

$$v = +1/\mathrm{p} \cdot \mathrm{d}c(\mathrm{C})/\mathrm{d}t = +1/\mathrm{q} \cdot \mathrm{d}c(\mathrm{D})/\mathrm{d}t \tag{9.2}$$

Bei den meisten Reaktionen ist v zu jedem Zeitpunkt dem Produkt der Konzentrationen der reagierenden Stoffe proportional und darum auch keine Konstante. Da $c(\mathrm{A})$ und $c(\mathrm{B})$ abnehmen, sind $\mathrm{d}c(\mathrm{A})$ und $\mathrm{d}c(\mathrm{B})$ negativ. Durch das negative Vorzeichen vor dem Differential erhält man positive Werte für die Geschwindigkeiten. Sind die Koeffizienten m, n, p und q ungleich eins, stimmen die Zahlenwerte für die Geschwindigkeit der Konzentrationsabnahme von A und B und der Konzentrationszunahme von C und D nicht mehr überein. Darum bezieht man die Bildungs- oder Zerfallsgeschwindigkeit auf eine bestimmte Komponente.

Geschwindigkeitsgesetz: Für jede Reaktion läßt sich eine mathematische Beziehung zwischen der Konzentration der Reaktanten und der Reaktionsgeschwindigkeit angeben, die man Geschwindigkeitsgesetz der Reaktion nennt. So ist z.B. beim Zerfall von

$$2\ \mathrm{N_2O_5(g) \longrightarrow 4\ NO_2(g) + O_2(g)}$$

die Geschwindigkeit des N_2O_5-Zerfalls zu jedem Zeitpunkt der N_2O_5-Konzentration direkt proportional:

$$v(\mathrm{N_2O_5}) = -k \cdot c(\mathrm{N_2O_5})$$

Das Geschwindigkeitsgesetz muß experimentell bestimmt werden, es läßt sich nicht aus der Reaktionsgleichung ableiten. Der Proportionalitätsfaktor in einem Geschwindigkeitsgesetz ist die **Geschwindigkeitskonstante *k*:** Der Zahlenwert von *k* ist von der Temperatur und von der Substanz, auf die sich die Reaktionsgeschwindigkeit bezieht, abhängig. *k* muß experimentell bestimmt werden, ihre Maßeinheit ist von der Reaktionsordnung abhängig.

Reaktionsordnung: Die Summe der Exponenten der Konzentrationen im Geschwindigkeitsgesetz nennt man Reaktionsordnung. Die N_2O_5-Zersetzung z. B. ist eine Reaktion erster Ordnung, da der Exponent von $c(N_2O_5)$ in der Geschwindigkeitsgleichung eins ist. Die Reaktionsordnung kann auch Null sein oder auch nicht ganzzahlige Werte annehmen.

Beispiel:
Für die Zersetzung von Acetaldehyd gemäß

$$CH_3CHO(g) \longrightarrow CH_4(g) + CO(g)$$

wurde das Geschwindigkeitsgesetz

$$v(CH_3CHO) = -k \cdot c^{3/2}(CH_3CHO)$$

ermittelt. Die Reaktionsordnung beträgt demnach 3/2. Bei hohem Druck erfolgt der Zerfall von N_2O an Metalloberflächen nach

$$2\ N_2O(g) \longrightarrow 2\ N_2(g) + O_2(g)$$

entsprechend dem Geschwindigkeitsgesetz

$$v(N_2O) = -k$$

in einer Reaktion nullter Ordnung.

Die Reaktionsordnung läßt sich sowohl für die Gesamtreaktion als auch für die einzelnen Reaktionspartner angeben.

Beispiel:
Für die Bildungsgeschwindigkeit von NO_2 gemäß

$$2\ NO(g) + O_2(g) \longrightarrow 2\ NO_2(g)$$

wurde das Geschwindigkeitsgesetz

$$v(NO_2) = k \cdot c^2(NO) \cdot c(O_2)$$

ermittelt. Die Reaktion ist somit zweiter Ordnung bezüglich NO, erster Ordnung bezüglich O_2 und insgesamt dritter Ordnung.

Chemisch ähnliche Reaktionen können durchaus nach unterschiedlichen Geschwindigkeitsgesetzen ablaufen. Zu beachten ist, daß die Reaktionsordnung nicht immer den Koeffizienten in der Bruttoreaktionsgleichung entspricht. Das betrifft vor allem Reaktionen, die in mehreren Stufen mit verschiedenen Geschwindigkeiten ablaufen.

9.2 Zeitabhängigkeit der Reaktionsgeschwindigkeit

Die Geschwindigkeitsgesetze geben die Abhängigkeit der Reaktionsgeschwindigkeit von der Konzentration der beteiligten Stoffe wieder. Sie lassen sich so umformen, daß man die Konzentrationen in Abhängigkeit von der abgelaufenen Zeit berechnen kann. In den folgenden Gleichungen bedeuten:

$c_o(\mathrm{A})$ = Anfangskonzentration von A zur Zeit $t = 0$,

$c(\mathrm{A})$ = Konzentration von A zur Zeit t,

$t_{1/2}$ = Reaktionszeit, nach der die Hälfte von A umgesetzt ist.

Reaktionen nullter Ordnung: Aus dem Geschwindigkeitsgesetz für Reaktionen nullter Ordnung (A $\longrightarrow$B)

$$v(\mathrm{A}) = \mathrm{d}c(\mathrm{A})/\mathrm{d}t = -k \cdot c_o(\mathrm{A}) = -k \quad (9.3)$$

folgt, daß die Reaktionsgeschwindigkeit unabhängig von der Reaktantenkonzentration ist. Solche Reaktionen sind der Zerfall von Molekülen an Grenzflächen und festen Katalysatoren oder enzymkatalysierte Vorgänge bei Sättigung des Enzyms mit Substrat. Durch Integration erhält man für die Abhängigkeit der Konzentration von der Zeit:

$$c(\mathrm{A}) = -k \cdot t + c_o(\mathrm{A}) \quad (9.4)$$

Durch Einsetzen von $c(\mathrm{A})=1/2c_o(\mathrm{A})$ erhält man die Halbwertszeit:

$$t_{1/2} = c_o(\mathrm{A})/2k \quad (9.5)$$

Die graphische Darstellung von $c(\mathrm{A})$ gegen t ergibt eine Gerade mit dem Anstieg $-k$ und dem Ordinatenabschnitt $c_o(\mathrm{A})$.

Reaktionen erster Ordnung: Aus dem Geschwindigkeitsgesetz

$$v(\mathrm{A}) = \mathrm{d}c(\mathrm{A})/\mathrm{d}t = -k \cdot c(\mathrm{A}) \quad (9.6)$$

erhält man durch Integration

$$\ln c(\mathrm{A}) = -k \cdot t + \ln c_o(\mathrm{A}) \quad (9.7)$$

mit $\ln c_o(\mathrm{A})$ als Integrationskonstante. Umformen in

$$c(\mathrm{A}) = c_o(\mathrm{A}) \cdot e^{-k\,t} \quad (9.8)$$

ergibt die Zeitabhängigkeit der Konzentration. Umstellen von Gleichung (9.7) nach

$$\ln(c(\mathrm{A})/c_o(\mathrm{A})) = -k \cdot t \quad (9.9)$$

und Einsetzen von $c(\mathrm{A}) = 1/2c_o(\mathrm{A})$ ergibt für die Halbwertszeit

$$t_{1/2} = \ln 2/k = 0{,}693/k \quad (9.10)$$

Die Halbwertszeit für eine Reaktion erster Ordnung ist konzentrationsunabhängig. Die graphische Darstellung von $\ln c(\mathrm{A})$ gegen t ergibt eine Gerade mit dem Anstieg $-k$ und dem Ordinatenabschnitt $\ln c_o(\mathrm{A})$.

Reaktionen zweiter Ordnung: Die meisten Umsetzungen verlaufen nach der zweiten Ordnung. Dabei können entweder ein oder zwei Reaktanten vorhanden sein:

$$2\,A \longrightarrow A + B \qquad v(A) = -k \cdot c^2(A)$$

$$A + B \longrightarrow C + D \qquad v(A) = -k \cdot c(A) \cdot c(B)$$

Da für beide Reaktionstypen die prinzipiell gleichen Überlegungen gelten, wird hier nur der erste Typ abgehandelt. Aus

$$v(A) = dc(A)/dt = -k \cdot c^2(A) \qquad (9.11)$$

erhält man durch Integration für die Zeitabhängigkeit der Konzentration

$$1/c(A) = k \cdot t + 1/c_o(A) \qquad (9.12)$$

und daraus durch Einsetzen von $c(A) = 1/2c_o(A)$ für

$$t_{1/2} = 1/k \cdot c_o(A) \qquad (9.13)$$

Die Halbwertszeit für Umsetzungen zweiter Ordnung ist nicht konzentrationsunabhängig. Die graphische Darstellung von $1/c(A)$ gegen t ergibt eine Gerade mit dem Anstieg k und dem Ordinatenabschnitt $1/c_o(A)$.

Reaktionen dritter Ordnung: Da das gleichzeitige Zusammentreffen von drei Teilchen für die Reaktion $A + B + C \longrightarrow D + E$ sehr unwahrscheinlich ist, sind diese Reaktionen selten. Sie werden daher nur für den einfachsten Fall gleicher Anfangskonzentrationen $c_o(A) = c_o(B) = c_o(C)$ besprochen. Für diesen Fall ist

$$v(A) = dc(A)/dt = -k \cdot c^3(A) \qquad (9.14)$$

Aus der integrierten Gleichung

$$k \cdot t = 1/2 \cdot [1/c^2(A) - 1/c_o^2(A)] \qquad (9.15)$$

erhält man für die Halbwertszeit die Beziehung

$$t_{1/2} = 3/2 \cdot 1/[k \cdot c_o^2(A)] \qquad (9.16)$$

Die Halbwertszeit für Reaktionen dritter Ordnung ist somit vom Reziprokwert der 2. Potenz der Anfangskonzentration abhängig.

9.3 Einstufige Reaktionen

Manche Umsetzungen verlaufen ohne Zwischenstufen und ohne Bildung von Zwischenprodukten. Solche Umsetzungen, die in einem Schritt erfolgen, nennt man einstufige Reaktionen. Für ihre Reaktionsordnung ist die Zahl der beteiligten Reaktandenmoleküle entscheidend:

Für einstufige Reaktionen erscheinen die Koeffizienten der Reaktionsgleichung als Exponenten im Geschwindigkeitsgesetz.

Bei der Aufstellung von Reaktionsmechanismen geht man davon aus, daß überhaupt nur drei Arten von Reaktionsschritten auftreten können.

1. **Unimolekulare Reaktionsschritte.** Sie stellen eine Reaktion erster Ordnung dar und treten beim Zerfall oder bei der Umlagerung von energiereichen Molekülen auf:

   $v = k \cdot c(\mathrm{A})$ (A ⟶ Produkte)

2. **Bimolekulare Reaktionsschritte.** Wir unterscheiden die Reaktion zwischen je zwei gleichen Molekülen A und die Reakion zwischen unterschiedlichen Molekülen A und B. Beide Reaktionstypen sind bezüglich der Gesamtreaktion 2. Ordnung:

   $v = k \cdot c^2(\mathrm{A})$ (A + A ⟶ Produkte)

   $v = k \cdot c(\mathrm{A}) \cdot c(\mathrm{B})$ (A + B ⟶ Produkte)

3. **Trimolekulare Reaktionsschritte.** Sie erfordern das gleichzeitige Zusammentreffen von drei Molekülen und sind daher ausgesprochen selten. Es sind drei Reaktionstypen, die bezüglich der Gesamtreaktion dritter Ordnung sind, zu unterscheiden:

   $v = k \cdot c^3(\mathrm{A})$ (3 A ⟶ Produkte)

   $v = k \cdot c^2(\mathrm{A}) \cdot c(\mathrm{B})$ (2 A + B ⟶ Produkte)

   $v = k \cdot c(\mathrm{A}) \cdot c(\mathrm{B}) \cdot c(\mathrm{C})$ (A + B + C ⟶ Produkte)

Viererstöße sind so unwahrscheinlich, daß viermolekulare Reaktionsschritte bei der Aufstellung eines Reaktionsmechanismus nicht berücksichtigt werden. Die Summe der Gleichungen für die Einzelschritte ergibt die Gesamtreaktion, wobei der langsamste Einzelschritt die Reaktionsgeschwindigkeit bestimmt.

9.4 Temperaturabhängigkeit der Reaktionsgeschwindigkeit

Die Geschwindigkeit einer Reaktion A + B ⟶ C ist proportional zur Zahl der Kollisionen zwischen den Molekülen A und B. Im allgemeinen führt nur ein geringer Bruchteil der stattfindenden Kollisionen tatsächlich zur Reaktion. Das liegt daran, daß die Summe der Bewegungsenergien der Moleküle für eine effektive Kollision einen Mindestwert übersteigen muß. Darum nimmt auch die Geschwindigkeit bei allen chemischen Reaktionen mit steigender Temperatur zu. Mit der Temperatur erhöht sich die Zahl der energiereicheren Moleküle und damit die Zahl der effektiven Kollisionen ganz erheblich. Man nimmt an, daß dabei kurzzeitig ein aktivierter Komplex (Übergangszustand) gebildet wird, der anschließend in die Reaktionsprodukte zerfällt.

Die Differenz zwischen den potentiellen Energien der Reaktanten und des aktivierten Komplexes nennt man Aktivierungsenergie E_a.

Je geringer die Aktivierungsenergie, desto größer ist die Reaktionsgeschwindigkeit. Die Gesamtenergie der Moleküle bleibt bei jeder Kollision zwar gleich, aber kinetische und potentielle Energie können ineinander umgewandelt werden. Bei einer effektiven Kollision wird ein Teil der kinetischen Energie der schnelleren (energiereicheren) Moleküle dazu verwendet, die Aktivierungsenergie für die Bildung des aktivierten Komplexes bereitzustellen.

Die Aktivierungsenergie ist die Energiebarriere zwischen den Reaktanten und den Reaktionsprodukten, die von einer chemischen Reaktion zu überwinden ist.

Ihre Bestimmung erfolgt aus der Temperaturabhängigkeit der Geschwindigkeitskonstanten (Arrhenius-Gleichung):

$$k = A \cdot e^{-Ea/R\,T} \tag{9.17}$$

A ist eine für die jeweilige Reaktion charakteristische Konstante. Die Arrhenius-Gleichung ist als eine gute Näherung aufzufassen. Bei mehrstufigen Reaktionen sind A und E_a im allgemeinen aus den Werten der Einzelschritte zusammengesetzt. Logarithmieren ergibt

$$\ln k = \ln A - E_a/R \cdot 1/T \tag{9.18}$$

und man erhält bei der Darstellung von $\ln k$ gegen $1/T$ eine Gerade mit dem Anstieg $-E_a/R$ und dem Ordinatenabschnitt $\ln A$. Sind die Geschwindigkeitskonstanten k_1 und k_2 bei den Temperaturen T_1 und T_2 bekannt, können A und E_a aus

$$\ln(k_2/k_1) = E_a/R \cdot (1/T_1 - 1/T_2) \tag{9.19}$$

$$E_a = [R \cdot T_1\,T_2/T_2 - T_1] \cdot \ln(k_2/k_1) \tag{9.20}$$

berechnet werden.

Übungen:

Übung 9.1

Bei der Untersuchung der Reaktion

$$2\,AB(g) + B_2(g) \longrightarrow 2\,AB_2(g)$$

wurden in Abhängigkeit von den Anfangskonzentrationen in mol l^{-1} *folgende Anfangsgeschwindigkeiten* $v(AB_2)$ *in mol* $l^{-1}\,s^{-1}$ *für die Bildung von* AB_2 *ermittelt:*

Versuch	$c(AB)$	$c(B_2)$	$v(AB_2)$
1	$2 \cdot 10^{-2}$	$2 \cdot 10^{-2}$	$6 \cdot 10^{-5}$
2	$2 \cdot 10^{-2}$	$4 \cdot 10^{-2}$	$12 \cdot 10^{-5}$
3	$2 \cdot 10^{-2}$	$6 \cdot 10^{-2}$	$18 \cdot 10^{-5}$
4	$4 \cdot 10^{-2}$	$6 \cdot 10^{-2}$	$72 \cdot 10^{-5}$
5	$6 \cdot 10^{-2}$	$6 \cdot 10^{-2}$	$162 \cdot 10^{-5}$

Wie lautet das Geschwindigkeitsgesetz der Reaktion und welchen Wert hat ihre Gleichgewichtskonstante?

Man geht von der allgemeinen Form des Geschwindigkeitsgesetzes

$v(AB_2) = k \cdot c^x(AB) \cdot c^y(B_2)$

aus und bestimmt die Exponenten x und y aus den experimentellen Werten. Mit den Werten aus Versuch 4 und 5 folgen:

$162 \cdot 10^{-5}\,mol\,l^{-1}\,s^{-1} = k \cdot (6 \cdot 10^{-2})^x \cdot (6 \cdot 10^{-2})^y\,mol^2\,l^{-2}$

$72 \cdot 10^{-5}\,mol\,l^{-1}\,s^{-1} = k \cdot (4 \cdot 10^{-2})^x \cdot (6 \cdot 10^{-2})^y\,mol^2\,l^{-2}$

Man dividiert Gleichung 1 durch Gleichung 2 und erhält

$(6/4)^x = 2{,}25$

$x = \log 2{,}25/\log 1{,}5 = 2$

Aus den Werten der Versuche 2 und 3 erhält man y:

$18 \cdot 10^{-5}\,mol\,l^{-1}\,s^{-1} = k \cdot (2 \cdot 10^{-2})^x \cdot (6 \cdot 10^{-2})^y\,mol^2\,l^{-2}$

$12 \cdot 10^{-5}\,mol\,l^{-1}\,s^{-1} = k \cdot (2 \cdot 10^{-2})^x \cdot (4 \cdot 10^{-2})^y\,mol^2\,l^{-2}$

$y = \log 1{,}5/\log 1{,}5 = 1$

Aus dem Geschwindigkeitsgesetz

$v(AB_2) = k \cdot c^2(AB) \cdot c(B_2)$

folgt, daß die Bildung von AB_2 einer Reaktion dritter Ordnung entspricht. Die Geschwindigkeitskonstante kann nun mit den Werten irgendeines der Versuche berechnet werden. Aus Versuch 1 folgt

$6 \cdot 10^{-5}\,mol\,l^{-1}\,s^{-1} = k \cdot (2 \cdot 10^{-2}\,mol\,l^{-1})^2 \cdot (2 \cdot 10^{-2}\,mol\,l^{-1})$

$k = 7{,}5\,l^2\,mol^{-2}\,s^{-1}$

Übung 9.2

Der Zerfall von N_2O_5 in NO_2 und O_2 wurde bei 45 °C mit einer Anfangskonzentration $c_o(N_2O_5) = 0{,}045\,mol\,l^{-1}$ untersucht. Nach 15, 30 und 45 Minuten wurden N_2O_5-Konzentrationen von 0,03815, 0,03235 bzw. 0,02743 mol l^{-1} gemessen.

a) Es ist zu prüfen, ob der N_2O_5-Zerfall eine Reaktion erster Ordnung ist. Wie groß ist die Geschwindigkeitskonstante k?

b) Nach welcher Zeit haben sich 90 % von N_2O_5 zersetzt?

c) Wie groß ist die Halbwertszeit der Zersetzung bei 45 °C?

a) Entspricht der N_2O_5-Zerfall erster Ordnung, erhält man *k* aus der umgestellten Gleichung (9.9):

$k = 1/t \cdot \ln(c_o(A)/c(A))$

Mit den experimentell ermittelten Werten folgt für *k*:

$k = 1/15\,min \cdot \ln(0{,}045\,mol\,l^{-1}/0{,}03815\,mol\,l^{-1}) = 1{,}1 \cdot 10^{-2}\,min^{-1}$

$k = 1/30\,min \cdot \ln(0{,}045\,mol\,l^{-1}/0{,}03235\,mol\,l^{-1}) = 1{,}1 \cdot 10^{-2}\,min^{-1}$

$k = 1/45\,min \cdot \ln(0{,}045\,mol\,l^{-1}/0{,}02743\,mol\,l^{-1}) = 1{,}1 \cdot 10^{-2}\,min^{-1}$

Da sich für alle Zeiten der gleiche Wert *k* ergibt, ist der N_2O_5-Zerfall von erster Ordnung.

b) Wenn sich 90 % N_2O_5 zersetzt haben, ist die Konzentration auf 1/10 des ursprünglichen Wertes gesunken:

$$t = 1/k \cdot \ln(c_o(A)/c(A))$$

$$t = 1/1{,}1 \cdot 10^{-2}\,\text{min}^{-1} \cdot \ln(0{,}045\ \text{mol l}^{-1}/0{,}0045\ \text{mol l}^{-1}) = 209\ \text{min}$$

c) Die Halbwertszeit ergibt sich nach Gleichung (9.10) zu

$$t_{1/2} = \ln 2/k = 0{,}693/1{,}1 \cdot 10^{-2}\,\text{min}^{-1} = 63\ \text{min}$$

Übung 9.3

Die Oxidation von Stickstoff gemäß

$$2\,NO(g) + O_2(g) \longrightarrow 2\,NO_2(g)$$

ist eine Reaktion dritter Ordnung, deren Reaktionsgeschwindigkeit
$v = k \cdot c^2(NO) \cdot c(O_2)$
u.a. von dem zur Verfügung stehenden Luftvolumen abhängig ist. Für 150 Liter NO ist das Luftvolumen unter Normalbedingungen zu berechnen, für das die Oxidation zu NO_2 mit maximaler Geschwindigkeit erfolgt. Der O_2-Gehalt der Luft beträgt 21 %.

Für die Oxidation von 150 Liter NO werden x Liter Luft mit 0,21 x Liter O_2 benötigt. Da das Gesamtvolumen der Gasmischung dann (150 + x) Liter beträgt, erhält man für die Partialdrücke:

$$p(NO) = (150/150 + x) \cdot p_{(ges)}$$

$$p(O_2) = (0{,}21\,x/150 + x) \cdot p_{(ges)}$$

Ersetzt man in dem Geschwindigkeitsgesetz die Konzentrationen durch die Partialdrücke, folgt

$$v = k \cdot (150 \cdot p_{(ges)}/150 + x)^2 \cdot (0{,}21\,x \cdot p_{(ges)}/150 + x)$$

$$v = 4725\,k\,x\,p^3_{(ges)}/(150 + x)^3$$

Um das Volumen zu bestimmen, für das v ein Maximum aufweist, muß die 1. Ableitung der Geschwindigkeit nach dem Volumen x gebildet und gleich Null gesetzt werden:

$$dv/dx = [4725\,k\,p^3_{(ges)} \cdot (150 + x)^3 - 4725\,k\,x\,p^3_{(ges)} \cdot 3(150 + x)^2]/(150 + x)^6$$

$$dv/dx = 0 = 4725\,k\,p^3_{(ges)} \cdot (150 + x)^2 \cdot [150 + x - 3\,x] = 0$$

Da ein Produkt nur Null sein kann, wenn wenigstens ein Faktor Null ist, erhält man

$$150 + x - 3\,x = 0$$

$$x = 75$$

(Weder $p_{(ges)}$ noch $150 + x$ können Null sein, da ja Druck und Volumen > 0 sein müssen.) Die maximale Reaktionsgeschwindigkeit wird mit einem Gemisch aus 150 l NO und 75 l Luft erreicht.

Übung 9.4

Die Reaktion $2\,N_2O(g) \longrightarrow 2\,N_2(g) + O_2(g)$ verläuft nach zweiter Ordnung und hat bei 650 °C eine auf die Konzentration bezogene Geschwindigkeitskonstante von $k_c = 3{,}74 \cdot 10^{-3}\ l\ mol^{-1}\,s^{-1}$. Es ist die auf den Partialdruck bezogene Konstante k_p zu berechnen.

Die Geschwindigkeitsgleichung mit der Maßeinheit Konzentration

$-1/2 \cdot dc(N_2O)/dt = k_c \cdot c^2(N_2O)$

wird mit der aus dem allgemeinen Gasgesetz folgenden Beziehung

$c(N_2O) = p(N_2O)/R\,T$

in das Geschwindigkeitsgesetz mit dp/dt umgeformt:

$-1/2 \cdot d(p(N_2O)/R\,T)/dt = (k_c/(R\,T)^2) \cdot p^2(N_2O) = k_p \cdot p^2(N_2O)$

$-1/2 \cdot dp(N_2O)/dt = (k_c/R\,T) \cdot p^2(N_2O) = k_p \cdot p^2(N_2O)$

Daraus folgt die Beziehung

$k_p = k_c/R\,T = 3{,}74 \cdot 10^{-3}\,l\,mol^{-1}\,s^{-1}/8{,}314\,kPa\,l\,mol^{-1}\,K^{-1} \cdot 923{,}16\,K$

$k_p = 4{,}87 \cdot 10^{-7}\,kPa^{-1}\,s^{-1}$

Übung 9.5

Die Umwandlung von Para- in Orthowasserstoff wurde bei 650 °C und verschiedenen Anfangsdrücken gemessen und die folgenden Relationen für die Anfangsgeschwindigkeiten festgestellt:

Versuch	$p_o(p\text{-}H_2)$ *kPa*	*Anfangsgeschwindigkeit*
1	13	v_1
2	26	$v_2 = 2{,}83\,v_1$
3	52	$v_3 = 8{,}00\,v_1$
4	104	$v_4 = 22{,}63\,v_1$

Es ist die Reaktionsordnung zu bestimmen und ein möglicher Reaktionsablauf anzugeben.

Wir gehen von einer allgemeinen Gleichung

$v(o\text{–}H_2) = k \cdot p^x(p\text{–}H_2)$

aus und erhalten mit den Werten der Versuche 1 und 2

$v_1 = k \cdot p^x(13\,k\,Pa)$

$v_2 = 2{,}83\,v_1 = k \cdot p^x(26\,k\,Pa)$

Wir dividieren Gleichung 1 durch Gleichung 2

$1/2{,}83 = (1/2)^x$

und erhalten für die Reaktionsordnung:

$x = \ln 0{,}3533/\ln 0{,}5 = 1{,}5$

Um zu überprüfen, ob die Reaktionsordnung mit zunehmendem Anfangsdruck eventuell ganzzahlig wird, berechnen wir x noch mit den Werten der Versuche 3 und 4

$v_3 = 8{,}00\,v_1 = k \cdot p^x(52\,k\,Pa)$

$v_4 = 22{,}63\,v_1 = k \cdot p^x(104\,k\,Pa)$

und erhalten aus $x = \ln 0{,}3535/\ln 0{,}5 = 1{,}5$ den gleichen Wert. Geht man davon aus, daß die Umwandlung über atomaren Wasserstoff entsprechend

$H + p\text{–}H_2 \longrightarrow o\text{–}H_2 + H$

erfolgt, ist der Einfluß des Gleichgewichts

$$p\text{-}H_2 \leftrightarrows 2\,H$$

mit der Gleichgewichtskonstanten

$$K_p = p^2(H)/p(p\text{-}H_2)$$

zu berücksichtigen. Die Bildung von o–H_2 erfolgt demnach entsprechend dem Geschwindigkeitsgesetz

$$v(o\text{–}H_2) = k \cdot p(p\text{–}H_2) \cdot p(H)$$

Einsetzen des umgeformten MWG-Quotienten

$$p(H) = (K_p \cdot p(p\text{–}H_2))^{1/2}$$

ergibt für die Reaktionsgeschwindigkeit die Gleichung:

$$v(o\text{–}H_2) = k \cdot p(p\text{–}H_2) \cdot (p\,(p\text{–}H_2))^{1/2} \cdot K_p^{\ 1/2} = k \cdot p^{3/2}(p\text{–}H_2) \cdot K_p^{\ 1/2}$$

Da das Produkt $k \cdot K_p^{\ 1/2}$ ebenfalls eine Konstante k^* ist, erhält man das bereits aus den Meßwerten berechnete Geschwindigkeitsgesetz

$$v(o\text{–}H_2) = k^* \cdot p^{1,5}(p\text{–}H_2)$$

mit der Reaktionsordnung $x = 1{,}5$.
Durch die Ableitung über den Reaktionsmechanismus wird verständlich, weshalb die Reaktionsordnung nicht ganzzahlig ist.

Übung 9.6

Arsenwasserstoff zerfällt nach erster Ordnung gemäß

$$2\,AsH_3(g) \longrightarrow 2\,As(s) + 3\,H_2(g)$$

Wieviel Liter Wasserstoff liegen bei 25 °C und 107,4 kPa vor, wenn 3 mol AsH_3 45 min bei einer Temperatur behandelt werden, bei der die Gleichgewichtskonstante $k = 1{,}75 \cdot 10^{-3}\,min^{-1}$ beträgt?

Da der AsH_3-Zerfall erster Ordnung ist, wird der nach 45 min unzersetzte Anteil nach Gleichung (9.8) berechnet:

$$c(A) = c_0(A) \cdot e^{-k\,t} \qquad (-k\,t = -1{,}75 \cdot 10^{-3}\,\text{min}^{-1} \cdot 45\,\text{min})$$

$$c(A) = 2{,}773\ \text{mol}$$

Somit beträgt der in Arsen und Wasserstoff zerfallene Anteil

$$(3 - 2{,}773)\ \text{mol} = 0{,}227\ \text{mol}$$

und man erhält aus der Stöchiometrie des Zerfalls

$$n(H_2) = 3/2 \cdot n(AsH_3) = 1{,}5 \cdot 0{,}227\ \text{mol} = 0{,}341\ \text{mol}$$

Das entspricht für die angegebenen Bedingungen

$$V(H_2) = n\,R\,T/p = 0{,}341\ \text{mol} \cdot 8{,}314\ \text{kPa l mol}^{-1}\text{K}^{-1} \cdot 298{,}16\ \text{K}/107{,}4\ \text{kPa}$$

$$V(H_2) = 7{,}87\ \text{Liter}$$

In 45 min wurden 7,87 Liter Wasserstoff gebildet.

Übung 9.7

Aufstellung eines mehrstufigen Reaktionsmechanismus für die Umsetzung von Methylalkohol (CH_3OH) mit einer Bromwasserstoff-Lösung auf der Basis kinetischer Untersuchungen.

Aus den experimentell bestimmten Werten für die Reaktion

$$CH_3OH + H^+ + Br^- \longrightarrow CH_3Br + H_2O$$

folgt das Geschwindigkeitsgesetz

$$v = k \cdot c(CH_3OH) \cdot c(H^+) \cdot c(Br^-)$$

Da die Exponenten im Geschwindigkeitsgesetz den betreffenden Koeffizienten der Reaktionsgleichung entsprechen, wäre eine Umsetzung als dreimolekularer Reaktionsschritt naheliegend. Da Dreierstöße aber sehr unwahrscheinlich sind, diskutiert man eine stufenweise Reaktion unter Umgehung von Dreierstößen. Im ersten Schritt nimmt man die Bildung eines Zwischenproduktes

$$CH_3OH + H^+ \longrightarrow CH_3OH_2^+$$

an, das mit der Reaktionsgeschwindigkeit

$$v_1 = k_1 \cdot c(CH_3OH) \cdot c(H^+)$$

gebildet wird. Das Zwischenprodukt kann wieder nach

$$CH_3OH_2^+ \longrightarrow CH_3OH + H^+$$

mit der Reaktionsgeschwindigkeit

$$v_2 = k_2 \cdot c(CH_3OH_2^+)$$

zerfallen oder mit Bromidanionen gemäß

$$CH_3OH_2^+ + Br^- \longrightarrow CH_3Br + H_2O$$

mit der Reaktionsgeschwindigkeit

$$v_3 = k_3 \cdot c(CH_3OH_2^+) \cdot c(Br^-)$$

zum Reaktionsprodukt reagieren. Da der dritte Schritt sehr viel langsamer als die beiden anderen erfolgt, bestimmt er die Geschwindigkeit der Reaktion. Darum gilt:

$$v = v_3 = k_3 \cdot c(CH_3OH_2^+) \cdot c(Br^-)$$

Um die unbekannte Konzentration des Zwischenproduktes zu eliminieren, wird angenommen, daß sich seine Konzentration nach einer bestimmten Zeit auf einen konstanten Wert einstellt. Das bedeutet, das Zwischenprodukt entsteht so schnell wie es verbraucht wird. Da es mit der Geschwindigkeit v_1 entsteht und in den Schritten 2 und 3 mit den Geschwindigkeiten v_2 und v_3 verbraucht wird, muß

$$v_1 = v_2 + v_3$$

gelten, und wir können darum die Beziehung

$$v_1 = k_2 \cdot c(CH_3OH_2^+) + k_3 \cdot c(CH_3OH_2^+) \cdot c(Br^-)$$

formulieren. Da Stufe 3 wesentlich langsamer als Stufe 2 abläuft, ist $k_3 << k_2$ und wir können das k_3-Glied vernachlässigen:

$$v_1 = k_1 \cdot c(CH_3OH) \cdot c(H^+) = k_2 \cdot c(CH_3OH_2^+)$$

Umstellen nach $c(CH_3OH_2^+)$ ergibt

$$c(CH_3OH_2^+) = k_1/k_2 \cdot c(CH_3OH) \cdot c(H^+)$$

Einsetzen dieser Beziehung in die Gleichung für die dritte Stufe führt zu

$$v = v_3 = k_1 k_3/k_2 \cdot c(CH_3OH) \cdot c(H^+) \cdot c(Br^-) = k \cdot c(CH_3OH) \cdot c(H^+) \cdot c(Br^-)$$

Da Produkte und Quotienten aus Konstanten wieder Konstanten ergeben, setzen wir

$$k = k_1 \cdot k_3/k_2$$

und erhalten das aus experimentellen Daten abgeleitete Geschwindigkeitsgesetz. Der Vorteil dieses mit Hilfe von Hypothesen aufgestellten Reaktionsmechanismus besteht darin, daß man das experimentell gesicherte Geschwindigkeitsgesetz ohne die sehr unwahrscheinlichen Dreierstöße erklären kann.

Übung 9.8

Bei der thermischen Zersetzung von N_2O gemäß

$$2\ N_2O(g) \longrightarrow 2\ N_2(g) + O_2(g)$$

bei konstantem Volumen wurde die Druckzunahme in Abhängigkeit von der Zeit gemessen. Bei einem Anfangsdruck von $p_o(N_2O) = 68$ kPa wurden die Werte erhalten:

t(s)	*0*	*25*	*50*	*75*
p(kPa)	*68,00*	*72,13*	*76,53*	*79,46*

Nach welcher Ordnung erfolgt die thermische Zersetzung und wie groß ist die Geschwindigkeitskonstante?

Die Reaktionsordnung bestimmt man aus der Konzentrationsänderung in Abhängigkeit von der Reaktionszeit. Die Änderung der N_2O-Konzentration folgt aus der gemessenen Druckänderung. Dazu muß der Anteil des N_2O-Partialdrucks am Gesamtdruck bestimmt werden. Der Gesamtdruck setzt sich aus der Druckabnahme durch Zerfall von N_2O und Druckzunahme durch Bildung von N_2 und O_2 zusammen. Aus der Zerfallsgleichung folgt, daß bei einer Abnahme von $p(N_2O)$ um x kPa der Gesamtdruck um 1,5 x kPa zunimmt:

$$(p_o(N_2O) - x) + 1{,}5\ x = p_{(ges)} = p_o(N_2O) + \Delta p; \quad x = 2 \cdot \Delta p$$

Die Druckabnahme von N_2O entspricht somit dem doppelten Wert der gemessenen Druckzunahme:

t(s)	$p_{(ges)}$	Δp	$p(N_2O) = p_o(N_2O) - 2\Delta p$
0	68,00	–	68,00
25	72,13	4,93	58,14
50	76,53	8,53	50,94
75	79,46	11,46	45,08

Wir nehmen an, daß der Zerfall eine Reaktion zweiter Ordnung darstellt und setzen die Werte in Gleichung (9.12) ein:

$$k = 1/25\ \text{s} \cdot (1/58{,}14\ \text{kPa} - 1/68\ \text{kPa}) = 9{,}95 \cdot 10^{-5}\ \text{kPa}^{-1}\,\text{s}^{-1}$$

$$k = 1/50\ \text{s} \cdot (1/50{,}94\ \text{kPa} - 1/68\ \text{kPa}) = 9{,}85 \cdot 10^{-5}\ \text{kPa}^{-1}\,\text{s}^{-1}$$

$$k = 1/75\ \text{s} \cdot (1/45{,}08\ \text{kPa} - 1/68\ \text{kPa}) = 9{,}96 \cdot 10^{-5}\ \text{kPa}^{-1}\,\text{s}^{-1}$$

k ist im Rahmen der Meßgenauigkeit konstant, womit die Annahme einer zweiten Ordnung bestätigt wird.

Übung 9.9

Wie groß ist die Aktivierungsenergie für die nach zweiter Ordnung ablaufende Verseifung von Essigsäureethylester in alkalischer Lösung gemäß

$$CH_3COOC_2H_5 + OH^- \longrightarrow CH_3COO^- + C_2H_5OH$$

mit $k_1 = 0{,}13\ l\ mol^{-1}\,s^{-1}$ bei 20 °C und $k_2 = 0{,}31\ l\ mol^{-1}\,s^{-1}$ bei 30 °C? Wie groß ist k bei 45 °C und welchen Wert hat die Konstante A?

Nach Gleichung (9.20) erhält man für

$$E_a = 8{,}314\ \text{J mol}^{-1}\,\text{K}^{-1} \cdot 293\ \text{K} \cdot 303\ \text{K}/(303 - 293)\text{K} \cdot \ln(0{,}31/0{,}13)$$

$$E_a = 64144\ \text{J mol}^{-1} = 64{,}14\ \text{kJ mol}^{-1}$$

Bezeichnet man die Konstante bei 45 °C mit k_3, erhält man mit der umgestellten Gleichung (9.19):

$$\ln(k_3/0{,}13\ \text{l mol}^{-1}\,\text{s}^{-1}) = 6{,}414 \cdot 10^4\ \text{J mol}^{-1}/8{,}31\ \text{J mol}^{-1}\,\text{K}^{-1}(1/293 - 1/318)\ \text{K}^{-1}$$

$$\ln(k_3/0{,}13\ \text{l mol}^{-1}\,\text{s}^{-1}) = 2{,}07$$

$$k_3 = 0{,}13\ \text{l mol}^{-1}\,\text{s}^{-1} \cdot e^{2{,}07} = 1{,}03\ \text{l mol}^{-1}\,\text{s}^{-1}$$

Die Konstante A berechnet man durch Einsetzen der Werte für 20 °C in die umgeformte Gleichung (9.17)

$$A = k_1/e^{-Ea/R\,T1} = k_1 \cdot e^{Ea/R\,T1}$$

und erhält mit der Schreibweise $e^{\text{Quotient}} = ex(\text{Quotient})$:

$$A = 0{,}13\ \text{l mol}^{-1}\,\text{s}^{-1} \cdot \text{ex}(64144\ \text{J mol}^{-1}/8{,}31\ \text{J mol}^{-1}\,\text{K}^{-1} \cdot 293\ \text{K})$$

$$A = 3{,}6 \cdot 10^{10}\ \text{l mol}^{-1}\,\text{s}^{-1}$$

Übung 9.10

Die Hydrolyse von Essigsäuremethylester mit einem Überschuß Wasser in Gegenwart von Säure

$$CH_3COOCH_3 + n\ H_2O \longrightarrow CH_3COOH + CH_3OH + (n - 1)H_2O$$

erfordert eine Aktivierungsenergie von 83,75 kJ mol^{-1} im Temperaturbereich 20 °C bis 50 °C. Um welchen Faktor steigt die Hydrolysegeschwindigkeit, wenn die Temperatur um 25 °C erhöht wird?

Bezeichnet man die Konstante bei 20 °C mit k_1 und bei 45 °C mit k_2, gilt für den gesuchten Faktor x

$$k_2 = x\,k_1$$

und man erhält aus Gleichung (9.19) die Beziehung

$$\ln(k_2/k_1) = \ln(x\,k_1/k_1) = \ln x = E_a(T_2 - T_1)/R\,T_1\,T_2$$

Daraus erhält man für x:

$$\ln x = 83750\ \text{J mol}^{-1}(318\ \text{K} - 293\ \text{K})/8{,}31\ \text{J mol}^{-1}\,\text{K}^{-1} \cdot 293\ \text{K} \cdot 318\ \text{K}$$

$$x = 14{,}94$$

Im betrachteten Temperaturintervall nimmt die Hydrolysegeschwindigkeit um das 15-fache zu.

Übung 9.11

Bei der Untersuchung einer Reaktion

$$A(g) + C(g) \longrightarrow D(g)$$

wurden folgende Beobachtungen gemacht:

1. *Im Reaktionsablauf entsteht aus A ein Zwischenprodukt B, das mit C zu D reagiert.*
2. *Zwischenprodukt B kann wieder in A zerfallen.*
3. *Bei hohen Drücken im Ausgangsgemisch verläuft die Reaktion nach erster und bei niedrigen Drücken nach zweiter Ordnung.*

Es ist eine Geschwindigkeitsgleichung für die Umsetzung von A abzuleiten, die sich mit den Beobachtungen vereinbaren läßt.

Den Beobachtungen entspricht eine Reaktion in 3 Schritten:

$$\text{A} \longrightarrow \text{B} \quad (k_1)$$

$$\text{B} \longrightarrow \text{A} \quad (k_2)$$

$$\text{B} + \text{C} \longrightarrow \text{D} \quad (k_3)$$

Die Bruttoreaktionsgeschwindigkeit -dp(A)/dt ergibt sich aus den ersten zwei Schritten als Differenz aus Hin- und Rückreaktion:

$$-\text{d}p(\text{A})/\text{d}t = v_1 - v_2 = k_1\,p(\text{A}) - k_2\,p(\text{B})$$

Um den Partialdruck des Zwischenproduktes zu eliminieren, wird angenommen, daß sich der Partialdruck von B nach kurzer Zeit auf einen konstanten Wert einstellt, B also so schnell entsteht wie es verbraucht wird. Da die Bildung durch

$$\text{d}p(\text{B})/\text{d}t = v_1 = k_1\,p(\text{A})$$

und der Verbrauch durch

$$-\text{d}p(\text{B})/\text{d}t = v_2 = k_2\,p(\text{B})$$

und (aufgrund des 3. Schrittes)

$$-\text{d}p(\text{B})/\text{d}t = v_3 = k_3\,p(\text{B})\,p(\text{C})$$

wiedergegeben wird, erhält man wegen

$$v_1 = v_2 + v_3$$

als Beziehung für den Partialdruck von B:

$$k_1\,p(\text{A}) = k_2\,p(\text{B}) + k_3\,p(\text{B})\,p(\text{C})$$

$$p(\text{B}) = k_1 p(\text{A})/(k_2 + k_3\,p(\text{C}))$$

Einsetzen von p(B) in die Geschwindigkeitsgleichung ergibt:

$$-\mathrm{d}p(\mathrm{A})/\mathrm{d}t = (k_2 + k_3 p(\mathrm{C}))\, k_1\, p(\mathrm{A}) - k_2 k_1 p(\mathrm{A})/k_2 + k_3 p(\mathrm{C})$$

$$-dp(\mathrm{A})/dt = k_1\, k_3\, p(\mathrm{A})p(\mathrm{C})/k_2 + k_3 p(\mathrm{C})$$

Bei hohen Drücken im Ausgangsgemisch ist

$$k_3\, p(\mathrm{C}) >> k_2$$

und man erhält die Näherung

$$-\mathrm{d}p(\mathrm{A})/\mathrm{d}t = k_1\, p(\mathrm{A})$$

Sie entspricht dem Befund, daß die Reaktion bei hohen Drücken nach erster Ordnung erfolgt. Bei niedrigen Drücken ergibt sich wegen

$$k_3\, p(\mathrm{C}) << k_2$$

in Übereinstimmung mit dem experimentellen Ergebnis die Gleichung für eine Reaktion zweiter Ordnung:

$$-\mathrm{d}p(\mathrm{A})/\mathrm{d}t = (k_1\, k_3/k_2) \cdot p(\mathrm{A})p(\mathrm{C}) = k \cdot p(\mathrm{A})p(\mathrm{C})$$

Aufgaben:

9.1 Worin besteht der Unterschied zwischen der Molekularität und der Ordnung einer Reaktion?

9.2 Bei welchen Reaktionen ist die Halbwertszeit von besonderer Bedeutung?

9.3 Erklärt man mit dem Reaktionsmechanismus das Geschwindigkeitsgesetz oder mit dem Geschwindigkeitsgesetz den Reaktionsmechanismus?

9.4 Reaktionsmechanismen können aus einem oder mehreren Schritten (Stufen) bestehen. Durch welche Angabe wird die Reaktionsordnung der einzelnen Schritte eindeutig festgelegt?

9.5 Um die Geschwindigkeitskonstante k einer Reaktion A + B ⟶ C + D zu bestimmen, tragen Sie folgende Werte gegeneinander auf:
a) c(A) gegen t,
b) ln$c$(A) gegen t,
c) 1/c(A) gegen t.
Dabei erhalten Sie für die graphische Darstellung b) eine Gerade. Nach welcher Ordnung verläuft die Reaktion und nach welchen zwei Möglichkeiten können Sie k bestimmen?

9.6 Bestimmen Sie die Reaktionsordnung für die Umsetzungen

a) $2\,N_2O_5(g) \longrightarrow 4\,NO_2(g) + O_2(g)$ $\quad v(N_2O_5) = -k \cdot c(N_2O_5)$

b) $NO_2(g) + 2\,HCl(g) \longrightarrow NO(g) + H_2O(g) + Cl_2(g)$ $\quad v(NO_2) = -k \cdot c(NO_2) \cdot c(HCl)$

c) $2\,NO(g) + 2\,H_2(g) \longrightarrow N_2(g) + 2\,H_2O(g)$ $\quad v(N_2) = k \cdot c^2(NO) \cdot c(H_2)$

Was ist bei den Reaktionen b) und c) zu beachten?

9.7 Für eine Reaktion $2\,AB + B_2 \longrightarrow 2\,AB_2$ wurde $k = 9{,}74 \cdot 10^{-4}\,\mathrm{min}^{-1}$ bei 30 °C bestimmt. Wie groß ist die Halbwertszeit?

9.8 Für die allgemeine Reaktion A $\longrightarrow$ B + C soll das allgemeine Geschwindigkeitsgesetz $v(A) = -k \cdot c^x(A)$ gelten. In welchen Maßeinheiten ist die Geschwindigkeitskonstante anzugeben und wie groß ist die Reaktionsgeschwindigkeit, wenn die Reaktion
a) nach der nullten,
b) nach der ersten,
c) nach der zweiten,
d) nach der dritten Ordnung
abläuft und der Zahlenwert von k = 0,05 und die Konzentration von A gleich $c(A)$ = 0,075 mol l^{-1} beträgt? Die Zeit t ist in Sekunden einzusetzen.

9.9 Für eine Reaktion 2 $A_2B_5(g) \longrightarrow$ 4 $AB_2(g)$ + $B_2(g)$ betragen der Zahlenwert von $k = 9{,}16 \cdot 10^{-2}$ und die Halbwertszeit 7,56 min bei 50 °C. Welche Reaktionsordnung liegt vor?

9.10 Ergibt sich aus der Beobachtung, daß eine streng bimolekulare Reaktion auch immer eine Reaktion zweiter Ordnung ist, die Aussage, daß eine Reaktion zweiter Ordnung bimolekular sein muß?

9.11 Für eine Reaktion, bei der A und B zu C reagieren, wurden folgende Werte ermittelt:

$c(A)$/mol l^{-1}	$c(B)$mol l^{-1}	$v(C)$/mol $l^{-1}s^{-1}$
0,04	0,04	$0{,}6 \cdot 10^{-3}$
0,08	0,08	$2{,}4 \cdot 10^{-3}$
0,08	0,12	$5{,}4 \cdot 10^{-3}$

a) Formulieren Sie das Geschwindigkeitsgesetz der Reaktion!
b) Wie groß ist die Geschwindigkeitskonstante?

9.12 Die thermische Zersetzung von Acetaldehyd

$CH_3CHO(g) \longrightarrow CH_4(g) + CO(g)$

erfolgt bei 450 °C nach der zweiten Ordnung mit einer auf den Druck bezogenen Geschwindigkeitskonstante $k_p = 9{,}48 \cdot 10^{-8}$ kPa^{-1} s^{-1}. Berechnen Sie die auf die Konzentration bezogene Geschwindigkeitskonstante k_c!

9.13 $HgCl_2$ und $Na_2C_2O_4$ reagieren in wäßriger Lösung gemäß

2 $HgCl_2(aq) + C_2O_4^{2-}(aq) \longrightarrow 2\ CO_2(g) + 2\ Cl^-(aq) + Hg_2Cl_2(s)$

miteinander. Durch Bestimmung des gefällten Hg_2Cl_2 bei verschiedenen Anfangskonzentrationen c_o wurden die Anfangsgeschwindigkeiten $v(Hg_2Cl_2)$ bei 45 °C gefunden:

Versuch	c_o(mol l^{-1})		v(mol l^{-1} min^{-1})
	$HgCl_2$	$Na_2C_2O_4$	
1	0,0418	0,101	$2{,}6 \cdot 10^3$
2	0,0418	0,202	$10{,}5 \cdot 10^3$
3	0,0209	0,202	$5{,}3 \cdot 10^3$

Bestimmen Sie die Ordnung der Reaktion bezüglich $HgCl_2$ und $Na_2C_2O_4$. Von welcher Ordnung ist die Gesamtreaktion?

9.14 Ist ein Reaktionsmechanismus immer nur eine Hypothese?

9.15 Gibt es Reaktionen, deren Geschwindigkeit von der Temperatur unabhängig ist?

9.16 Für eine Reaktion A + B ⟶ C + D wurde *c*(A) in Abhängigkeit von *t* ermittelt. Wie bestimmen Sie daraus die Ordnung der Reaktion?

9.17 Für eine Reaktion AB(g) ⟶ A(g) + B(g) wurden bei verschiedenen Anfangsdrücken p_A(AB) die Halbwertszeiten

p_A(AB)	kPa	90	75	50	25
$t_{1/2}$	min	6	8	13	22

festgestellt. Welche Reaktionsordnung würden Sie sofort (ohne Rechnung) ausschließen?

9.18 Welche von den beiden thermischen Zersetzungen

a) $2\ NH_3(g) \longrightarrow N_2(g) + 3\ H_2(g)$ $\quad k = 10^{-2}$ mol l^{-1} s^{-1}

b) $COCl_2(g) \longrightarrow CO(g) + Cl_2(g)$ $\quad k = 10^{-3}$ mol l^{-1} s^{-1}

entspricht einer Reaktion zweiter Ordnung und welche Zersetzung erfolgt an einer festen Phasengrenze, also z.B. an der Oberfläche eines Katalysators?

9.19 Worin unterscheiden sich Reaktionsgeschwindigkeit *v* und Geschwindigkeitskonstante *k* bezüglich ihrer Abhängigkeit von Temperatur, Konzentration und Natur der reagierenden Stoffe?

9.20 Beim thermischen Zerfall von Dimethylether gemäß

$CH_3–O–CH_3(g) \longrightarrow CH_4(g) + CO(g) + H_2(g)$

wurden folgende Druckzunahmen des Gasgemisches in Abhängigkeit von der Zeit festgestellt:

30 min $\Delta p_1 = 46{,}50$ kPa

40 min $\Delta p_2 = 57{,}90$ kPa

60 min $\Delta p_3 = 75{,}20$ kPa

Der Anfangsdruck des Ethers betrug p_A = 60 kPa. Bestimmen Sie die Reaktionsordnung und die Geschwindigkeitskonstante des Zerfalls!

9.21 Die thermische Zersetzung einer Substanz *A* mit der Anfangskonzentration c_o(A) ergab:

t(min)	0	12	24	36	48
c(A)	c_o(A)	0,5 c_o(A)	0,25 c_o(A)	0,125 c_o(A)	

a) Ergänzen Sie *c*(*A*) für 48 min!
b) Nach welcher Ordnung erfolgt die Zersetzung?
c) Wieviel von *A* liegt noch nach 240 min vor?

9.22 Die Verseifung des Propionsäuremethylesters in alkalischer Lösung gemäß

$$C_2H_5COOCH_3 + OH^- \longrightarrow C_2H_5COO^- + CH_3OH$$

erfolgt als Reaktion zweiter Ordnung. Bei einer Anfangskonzentration von je 0,03 mol l^{-1} Ester und Lauge beträgt die Esterkonzentration nach 45 min 4,62 mol l^{-1}. Berechnen Sie die Geschwindigkeitskonstante der Verseifung!

9.23 a) Bei der katalytischen Zersetzung von H_2O_2 zu Sauerstoff und Wasser wurden folgende Werte bestimmt:

Zeit/(min)	$c(H_2O_2)$/mol l^{-1}
5	14,43
10	9,92
15	6,82

Die Anfangskonzentration betrug 21 mol l^{-1}. Nach welcher Reaktionsordnung zerfällt H_2O_2?

b) Nach welcher Zeit sind 99,99 % von H_2O_2 katalytisch zersetzt?

9.24 Zu den ersten grundlegenden kinetischen Untersuchungen gehören die Arbeiten von Bodenstein über Bildung und Zerfall von Iodwasserstoff. Die Zersetzung gemäß

$$2\ HI(g) \longrightarrow H_2(g) + I_2(g)$$

wurde als Reaktion zweiter Ordnung mit einer Geschwindigkeitskonstante $k = 3{,}05 \cdot 10^{-2}$ l $mol^{-1}\,min^{-1}$ bei 450 °C nachgewiesen.

a) Welchen Wert hat c(HI) nach 15 min Zerfall bei 410 °C?

b) Wie lange muß HI bei 410 °C gehalten werden, damit noch $6{,}25 \cdot 10^{-2}$ mol l^{-1} vorliegen?

c) Welche Halbwertszeit ergibt sich für den HI-Zerfall?
Die Anfangskonzentration beträgt $c_o(HI) = 0{,}48$ mol l^{-1}.

9.25 Für die Bildung von NO_2 gemäß

$$2\ NO(g) + O_2(g) \longrightarrow 2\ NO_2(g)$$

folgt das Geschwindigkeitsgesetz $v = k \cdot c^2(NO) \cdot c(O_2)$ aus der Bestimmung der Anfangsgeschwindigkeit $v(NO_2)$ für verschiedene Anfangskonzentrationen $c_o(NO)$ und $c_o(O_2)$.

a) Vergleichen Sie die Anfangsgeschwindigkeit v_1 in einem Gemisch von 0,04 mol NO und 0,04 mol O_2 mit der Reaktionsgeschwindigkeit v, wenn 50 % des NO verbraucht sind!

b) Vergleichen Sie v_1 mit v, wenn 50 % O_2 verbraucht sind!

9.26 Nach welcher Reaktionsordnung zerfällt N_2O_5 in N_2O_4 und O_2, wenn bei einem Anfangsdruck $p_o(N_2O_5) = 38{,}01$ kPa nach 50 min $p_1 = 44{,}33$ kPa und nach 100 min $p_2 = 48{,}555$ kPa gemessen werden? Welchen Wert hat k?

9.27 N_2O zerfällt bei ca. 1000 °C in die Elemente. Welchen Gesamtdruck hat das Gasgemisch und wie groß ist der Partialdruck von N_2O nach 2 min, wenn $k = 1{,}45 \cdot 10^{-4}\,\text{kPa}^{-1}\text{s}^{-1}$ und $p_o(N_2O) = 75{,}55$ kPa betragen?

9.28 Sulfurylchlorid zersetzt sich bei höherer Temperatur nach erster Ordnung gemäß

$SO_2Cl_2(g) \longrightarrow SO_2(g) + Cl_2(g)$

Welche prozentuale Zusammensetzung hat das Gasgemisch nach 180 min, wenn $t_{1/2} = 8{,}35$ Stunden beträgt?

9.29 Die ungesättigte Dicarbonsäure HOOC–CH=CH–COOH existiert in zwei stereoisomeren Formen als Maleinsäure(*Z*) und Fumarsäure(*E*). Die Umlagerung von Maleinsäure in Fumarsäure erfolgt bei höherer Temperatur oder UV-Bestrahlung. In welchem Verhältnis stehen die beiden Isomere zueinander, wenn man 10 g Maleinsäure 75 min einer UV-Bestrahlung aussetzt und $k = 8{,}50 \cdot 10^{-3}\,\text{min}^{-1}$ beträgt?

9.30 Bei einer Reaktion A + B $\longrightarrow$ C + D sind nach der Zeit *t* die folgenden Umsätze *u* in Prozent eingetreten:

t(min)	5,2	13,54	38,7
u(%)	22,5	48,50	85,0

Weisen Sie nach, daß die Reaktion nach erster Ordnung abläuft und berechnen Sie *k*! (Der Umsatz entspricht $u = (c_o(A) - c(A))/c_o(A)$!)

9.31 Die Zersetzung von NO ergab bei 760 °C folgende Halbwertszeiten bei verschiedenen Anfangsdrücken p_o(NO):

p_o (kPa)	6,98	18,49	38,57	47,88
$t_{1/2}$ (s)	860	370	166	132

Bestimmen Sie die Ordnung der Reaktion!

9.32 a) Bestimmen Sie die Geschwindigkeitskonstante k_D für die Dissoziation von H_2O gemäß (vereinfachte Gleichung)

$H_2O \longrightarrow H^+ + OH^-$

aus der Geschwindigkeitskonstanten $k_B = 1{,}3 \cdot 10^{11}\,\text{l mol}^{-1}\,\text{s}^{-1}$ für die Neutralisationsreaktion gemäß

$H^+ + OH^- \longrightarrow H_2O$

und dem Ionenprodukt $K_W = 10^{-14}\,\text{mol}^2\,\text{l}^{-2}$ des Wassers. Alle Angaben gelten für 25°C.

b) Wie groß ist die Halbwertszeit für die Neutralisation einer 10^{-3} molaren Säure HX mit einer 10^{-3} molaren Base BOH?

c) Nach welcher Zeit ist die Neutralisation beendet?

9.33 Was läßt sich dem Faktor $e^{-Ea/RT}$ in der Arrhenius-Gleichung bei einer einstufigen Reaktion entnehmen?

9.34 Ist die Maßeinheit für die Konstante A in der Arrhenius-Gleichung von der Reaktionsordnung abhängig oder ist sie für jeden Reaktionstyp gleich?

9.35 Welchen qualitativen Zusammenhang zwischen einer kleinen Temperaturänderung und der Änderung von k entnehmen Sie aus der Arrhenius-Gleichung?

9.36 a) Für eine Reaktion 2 AB(g) $\longrightarrow$ 2 A(g) + B_2(g) betragen $k_1 = 2{,}8 \cdot 10^{-8}$ l mol^{-1} s^{-1} bei 275 K und $k_2 = 4{,}65 \cdot 10^{-4}$ l mol^{-1} s^{-1} bei 375 K. Berechnen Sie die Geschwindigkeitskonstante bei 475 K!
b) Welchen Schluß ziehen Sie aus dem Vergleich der k-Werte bezüglich des Temperatureffektes?

9.37 Die Aktivierungsenergie einer Esterverseifung beträgt im Temperaturintervall 25 °C – 55 °C 70,688 kJ mol^{-1}. Um welchen Faktor nimmt die Verseifungsgeschwindigkeit zu, wenn die Temperatur um 30 °C erhöht wird?

9.38 Die Inversion von Rohrzucker im Überschuß Wasser in saurer Lösung gemäß

Rohrzucker + Wasser $\longrightarrow$ Fructose + Glucose

ist formal eine Reaktion erster Ordnung (pseudomolekular). Wie groß ist die Halbwertszeit bei 20 °C und wieviel % Rohrzucker sind bei 50 °C in 30 min umgesetzt, wenn die Reaktion in 1-N HCl-Lösung eine Aktivierungsenergie von 102,1 kJ mol^{-1} benötigt und $k = 2{,}68 \cdot 10^{-3}$ min^{-1} bei 20 °C beträgt?

9.39 Bei der thermischen Zersetzung von N_2O_5 (erste Ordnung) wurden folgende Partialdrücke bei 65 °C gefunden:

$p(N_2O_5)$ = 55,50 kPa nach 0 min

$p(N_2O_5)$ = 7,35 kPa nach 20 min

Wie groß ist die Aktivierungsenergie des N_2O_5-Zerfalls, wenn $k = 3{,}12 \cdot 10^{-3}$ min^{-1} bei 30 °C beträgt?

9.40 Für die Zersetzung A $\longrightarrow$ B + C erhöht sich die Geschwindigkeit um das 10-fache, wenn die Temperatur von 35 °C auf 45 °C erhöht wird. Welchen Wert hat E_a?

9.41 a) Gegeben sind die Reaktionen zweiter Ordnung

$A_1 + B_1 \longrightarrow C_1 + D_1 \quad E_{a1} = 55$ kJ mol^{-1}

$A_2 + B_2 \longrightarrow C_2 + D_2 \quad E_{a2} = 252$ kJ mol^{-1}

mit $k_1 = 2{,}75 \cdot 10^{-8}$ l mol^{-1} s^{-1} und $k_2 = 9{,}98 \cdot 10^{-7}$ l mol^{-1} s^{-1}

bei jeweils 300 K. Wie wirkt sich eine Temperaturerhöhung um 10 °C auf die Reaktionsgeschwindigkeiten aus?
b) Verallgemeinern Sie das in a) erhaltene Ergebnis!

9.42 Eine Reaktion ist bei 150 °C in 1,65 min und bei 180 °C in 0,45 min zu 50 % abgelaufen. Welche Aktivierungsenergie benötigt die Reaktion?

9.43 Für eine Reaktion dritter Ordnung

$2\ AB(g) + B_2(g) \longrightarrow 2\ AB_2(g)$

wurde das Geschwindigkeitsgesetz $v = k \cdot c^2(AB) \cdot c(B_2)$ gefunden. Folgende Reaktionsschritte werden angenommen:

$AB + B_2$	$\longrightarrow AB_3$	(k_1)	schnell
AB_3	$\longrightarrow AB + B_2$	(k_2)	schnell
$AB_3 + AB$	$\longrightarrow 2\ AB_2$	(k_3)	sehr langsam

Zeigen Sie, wie dieser Reaktionsmechanismus unter der Annahme, daß sich $c(AB_3)$ nach kurzer Zeit auf einen konstanten Wert einstellt, zum Geschwindigkeitsgesetz führt!

9.44 Für die Reaktion $2\ ICl + H_2 \longrightarrow I_2 + 2\ HCl$ wurde das Geschwindigkeitsgesetz

$-d(H_2)/dt = k \cdot c(ICl) \cdot c(H_2)$

ermittelt. Schlagen Sie einen zweistufigen Reaktionsmechanismus für die Umsetzung vor!

9.45 Geben Sie einen Reaktionsmechanismus für die Umsetzung

$2\ NO(g) + 2\ H_2(g) \longrightarrow N_2(g) + 2\ H_2O(g)$

mit dem Geschwindigkeitsgesetz

$d(N_2)/dt = k \cdot c^2(NO) \cdot c(H_2)$

an, der aus einem langsamen und einem schnellen Reaktionsschritt besteht!

9.46 In einem bestimmten Temperaturintervall erfolgt die thermische Zersetzung gemäß

$2\ N_2O_5(g) \longrightarrow 4\ NO_2(g) + O_2(g)$

als Reaktion erster Ordnung: $-dc(N_2O_5)/dt = k \cdot c(N_2O_5)$

Zeigen Sie, daß sich aus folgendem Reaktionsmechanismus das Geschwindigkeitsgesetz ableiten läßt:

N_2O_5	$\longrightarrow NO_2 + NO_3$	(k_1)	schnell
$NO_2 + NO_3$	$\longrightarrow N_2O_5$	(k_2)	schnell
$NO_2 + NO_3$	$\longrightarrow NO + NO_2 + O_2$	(k_3)	sehr langsam
$NO + N_2O_5$	$\longrightarrow 3\ NO_2$	(k_4)	sehr schnell

Anhang

Lösungen zu den Aufgaben

1 Chemisches Rechnen – Stöchiometrie

1.1 a) 12 u, b) 18 u

1.2 Aufgrund ihrer gleichen chemischen Eigenschaften

1.3 $1\ g = 6{,}022 \cdot 10^{23}\ u$

1.4 a) 98,08 u, b) 98,08, c) 98,08 g mol^{-1}

1.5 Identische Zahlenwerte

1.6 Jede Substanz besteht aus einer so großen Zahl von Atomen, daß der statistische Mittelwert immer erfüllt ist.

1.7 $^{35}Cl = 0{,}7577 \cdot 34{,}969\ u = 26{,}496\ u$
$^{37}Cl = 0{,}2423 \cdot 36{,}966\ u = 8{,}957\ u$
mittlere Masse von Cl = 35,453 u

1.8 Gesetz der multiplen Proportionen

1.9 $x_1 + x_2 = 1$
$107{,}868\ u = 106{,}906\ u \cdot x_1 + 108{,}906\ u \cdot (1 - x_1)$
$x_1 = 0{,}5187 = 51{,}87\ \%\ ^{107}Ag$
$x_2 = 0{,}4813 = 48{,}13\ \%\ ^{109}Ag$

1.10 $w(Mn) = 34{,}76\ \%$

1.11 $w(Mn) \cdot 65\ \% = 0{,}3476 \cdot 65\ \% = 22{,}59\ \%$

1.12 a) $n(P) = m(P)/M(P) = 43{,}6\ g/31\ g\ mol^{-1} = 1{,}41\ mol$
$n(O) = m(O)/M(O) = 56{,}4\ g/16\ g\ mol^{-1} = 3{,}53\ mol$
1,41 mol/1,41 = 1,00 mol Phosphor
3,53 mol/1,41 = 2,50 mol Sauerstoff
Empirische Formel folgt aus Multiplikation mit 2 = P_2O_5 mit der molaren Masse = 142 g · mol^{-1}.
b) Aus der tatsächlichen molaren Masse folgt $(P_2O_5) \cdot 2 = P_4O_{10}$

1.13 a) CH_2O, b) Na_4SiO_4, c) CH_2, d) I_2O_5, e) KPO_3, f) FeC_4O_4

1.14 a) C_6H_6, b) Mn_2O_7, c) S_8, d) $C_6N_3H_6$

1.15 $n(P_4O_{10}) = 150\ g/284\ g\ mol^{-1} = 0{,}528\ mol$
$0{,}528\ mol\ P_4O_{10} = 2{,}11\ mol\ P + 5{,}28\ mol\ O$
$m(P) = n(P) \cdot M(P) = 2{,}11\ mol \cdot 31\ g\ mol^{-1} = 65{,}49\ g$
$m(O) = n(O) \cdot M(O) = 5{,}28\ mol \cdot 16\ g\ mol^{-1} = 84{,}48\ g$

1.16 91,4 g/107,87 g mol^{-1} = 0,8473 mol Ag
8,6 g/63,55 g mol^{-1} = 0,1353 mol Cu
6,26 Silberatome pro 1 Kupferatom

1.17 $A_r(X)$ = 58,9382 (Kobalt)

1.18 a) 0,0264 g, b) 0,3995 g

1.19 1) a) $n(O_2)$ = 1,56 mol, $9{,}41 \cdot 10^{23}$ Moleküle
b) $n(H_2O_2)$ = 1,47 mol, $8{,}85 \cdot 10^{23}$ Moleküle
c) $n(H_3PO_4)$ = 0,51 mol, $3{,}07 \cdot 10^{23}$ Moleküle
d) $n(CCl_4)$ = 0,326 mol, $1{,}96 \cdot 10^{23}$ Moleküle
2) a) $1{,}88 \cdot 10^{24}$, b) $3{,}54 \cdot 10^{24}$, c) $2{,}45 \cdot 10^{24}$, d) $9{,}80 \cdot 10^{23}$

1.20 81,8 % C, 6,11 % H und 12,1 % O, daraus folgt:
6,816 mol C : 6,06 mol H : 0,7562 mol O
9 C : 8 H : 1 O = C_9H_8O

1.21 M(Häm)/M(Fe) = m(Häm) · 4 n(Fe)/n(Häm) · m(Fe)
M(Häm) = 100 g · 4 mol · 55,85 g mol^{-1}/1 mol · 0,342 g
M(Häm) = $6{,}53 \cdot 10^4$ g mol^{-1}

1.22 n(N) = 5,518 g/14 g mol^{-1} = 0,3941 mol
n(X) = 94,482 g/M(X) = 1,1823 mol
M(X) = 79,9 g mol^{-1}; $A_r(X)$ = 79,9; X = Brom,
NX_3 = NBr_3

1.23 Für $C_xH_yN_z$ ist x : y : z = 0,254 mol : 0,2963 mol : 0,0426 mol;
also x : y : z = 6 : 7 : 1 = C_6H_7N

1.24 a) Nichtstöchiometrische (nichtdaltonide) Verbindung
b) Gesetz der konstanten Proportionen

1.25 n(K) = 0,9481 mol, n(Fe) = 0,2368 mol, n(CN) = 1,4219 mol,
$n(H_2O)$ = 0,7105 mol. Division durch 0,2368 mol ergibt das einfachste ganzzahlige Verhältnis und somit für
$x = 4$, $y = 1$, $z = 6$, $u = 3$, daraus folgt $K_4[Fe(CN)_6] \cdot 3\ H_2O$

1.26 $3\ CaO \cdot Al_2O_3 \cdot 3\ SiO_2 = Ca_3Al_2Si_6O_{12}$

1.27 a) n(K) = 0,2 mol, n(Cr) = 0,2 mol, $n(SO_4^{2-})$ = 0,4 mol,
$n(H_2O)$ = 2,403 mol. Aus der Division durch 0,2 mol folgt die empirische Formel $KCr(SO_4)_2 \cdot 12\ H_2O$
b) Aus der empirischen Formel folgt eine molare Masse von 499,2 g mol^{-1}. Da die experimentell bestimmte dem zweifachen Wert entspricht, erhält man die Verbindung
$K_2Cr_2(SO_4)_4 \cdot 24\ H_2O = K_2SO_4 \cdot Cr_2(SO_4)_3 \cdot 24\ H_2O$ = Chromalaun.

1.28 55,49 % SiO_2

1.29 75 g Gemisch enthalten 15 g PbO und 60 g Pb_3O_4.
60 g Pb_3O_4 (2 PbO · PbO_2) entsprechen 39,06 g PbO,
m(PbO) = 15 g + 39,06 g = 54,06 g

1.30 a) 56,87 %, b) 27,56 %, c) 12,68 %

1.31 a) 21,81 % Mg, 27,83 % P, 50,36 % O,
b) 22,09 % Na, 0,97 % H, 30,81 % S, 46,13 % O,
c) 20,0 % C, 26,64 % O, 46,65 % N, 6,71 % H

1.32 a) 16,92 % K_2O, 18,32 % Al_2O_3, 64,76 % SiO_2,
1 K_2O · 1 Al_2O_3 · 6 SiO_2
b) 69,24 % CuO, 25,54 % CO_2, 5,23 % H_2O,
3 CuO · 2 CO_2 · H_2O
c) 9,69 % CaO, 17,62 % Al_2O_3, 57,12 % SiO_2, 15,57 % H_2O,
2 CaO · 2 Al_2O_3 · 11 SiO_2 · 10 H_2O

1.33 92,97 %

1.34 $(NH_4)_2SO_4 + 2\ NaOH \longrightarrow Na_2SO_4 + 2\ H_2O + 2\ NH_3$
$m(NH_3)$ = 30,93 g, davon 97 % = 30 g

1.35 $m(FeCl_3 \cdot 6\ H_2O)$ = 60,47 g, davon 94 % = 56,84 g

1.36 48,72 g Cr_2O_3

1.37 $C_2H_5OH + CH_3COOH \longrightarrow CH_3COOC_2H_5 + H_2O$
$n(C_2H_5OH)$ = 2,93 mol
$n(CH_3COOH)$ = 2,50 mol
n(Ester) = 2,045 mol, begrenzend wirkt CH_3COOH
Theoretische Ausbeute: 2,500 mol Ester
Praktische Ausbeute: 2,045 mol Ester = 81,8 %

1.38 $5/2 n(KMnO_4) = n(MnO_2)$
$m(KMnO_4) = 2\ m(MnO_2) \cdot M(KMnO_4)/5\ M(MnO_2)$
$m(KMnO_4) = 2 \cdot 100\ g \cdot 158{,}04\ g\ mol^{-1}/5 \cdot 86{,}94\ g\ mol^{-1} = 72{,}71\ g$

1.39 100 t 96%ige H_2SO_4 entsprechen 96 t 100%ige H_2SO_4 pro Tag
= 4 t H_2SO_4 pro Stunde. 4 t H_2SO_4 enthalten
$m(S) = M(S) \cdot m(H_2SO_4)/M(H_2SO_4) = 32{,}06\ g \cdot 4 \cdot 10^6\ g/98{,}06\ g\ mol^{-1}$
$m(S) = 1{,}30777 \cdot 10^6\ g = 1{,}30777\ t$
Da die Bildung von SO_3 mit 5 % Verlust erfolgt, müssen 105 % der berechneten Masse von Schwefel bereitgestellt werden:
$m(S) = 1{,}3731\ t$
Da 100 t FeS_2 35 t Schwefel enthalten, müssen 3,923 t stündlich umgesetzt werden.

1.40 $NH_3 + 3\ F_2 \longrightarrow NF_3 + 3\ HF$
$n(NH_3) = 6{,}65\ g/17\ g\ mol^{-1} = 0{,}39\ mol$,
$n(F_2) = 23{,}25\ g/38\ g\ mol^{-1} = 0{,}61\ mol$,
begrenzender Reaktant:
$n(NH_3)/1\ mol = 0{,}39 > n(F_2)/3\ mol = 0{,}204$,
F_2 wirkt begrenzend, damit ist
$n(NF_3) = 0{,}204 \cdot 1\ mol = 0{,}204\ mol$ und
$m(NF_3) = n(NF_3) \cdot M(NF_3) = 0{,}204\ mol \cdot 71\ g\ mol^{-1} = 14{,}48\ g$

1.41 a) $n(Fe)/3\ mol = 6{,}2\ mol/3\ mol = 2{,}06$
$n(H_2O)/4\ mol = 7{,}75\ mol/4\ mol = 1{,}94$
H_2O wirkt begrenzend, $n(H_2) = 1{,}94 \cdot 4\ mol = 7{,}76\ mol\ H_2$

b) Fe-Überschuß = 0,38 mol

1.42 Mit $n(CO_2) : n(CaCO_3) = 1 : 1$ folgt
$m(CaCO_3) = M(CaCO_3) \cdot m(CO_2)/M(CO_2)$
$m(CaCO_3) = 3{,}093\ g = 25{,}78\ \%$

1.43 14,98 kg $TiCl_4$

1.44 $3\ FeSO_4 + 2\ Na_3PO_4 + 8\ H_2O \longrightarrow Fe_3(PO_4)_2 \cdot 8\ H_2O + 3\ Na_2SO_4$
$n(FeSO_4) : n(Fe_3(PO_4)_2 \cdot 8\ H_2O) = 3 : 1$
110,124 g Niederschlag

1.45 $Cr_2O_3 + 3\ C + 3\ Cl_2 \longrightarrow 2\ CrCl_3 + 3\ CO$
$n(Cr_2O_3) : n(CrCl_3) = 1 : 2$
195,37 g $CrCl_3$

1.46 $n(Ca_3(PO_4)_2) : n(P_4) = 2 : 1$, unter Beachtung von
$n = m/M$ folgt $m(P_4) = 10\ kg \cdot 123{,}9\ g\ mol^{-1}/2 \cdot 310{,}18\ g\ mol^{-1} = 1{,}997\ kg$

1.47 Es werden x Teile NaCl und y Teile KBr gesucht:
x g (NaCl) + y g (KBr) = 0,2749 g = s
Silberhalogenid-Auswaage : a = 0,5583 g
(AgCl/NaCl) x + (AgBr/KBr) s – (AgBr/KBr) x = a
Einsetzen der Molmassen für die in Klammern stehenden Verbindungen ergibt
x = 0,1428 g. Daraus folgt
NaCl = 0,1428 g = 51,94 %
KBr = 0,1320 g = 48,06 %

1.48 a) $3\ SiO_2 + 12\ HF \longrightarrow 3\ SiF_4 + 6\ H_2O$
$3\ SiF_4 + 2\ H_2O \longrightarrow 2\ H_2SiF_6 + SiO_2$

$3\ SiO_2 + 12\ HF \longrightarrow 2\ H_2SiF_6 + 4\ H_2O + SiO_2$

b) Unter Beachtung von a) folgt
$3 \cdot M(SiO_2)/2 \cdot M(BaSiF_6) = m(SiO_2)/m(BaSiF_6)$
$m(SiO_2) = 3 \cdot 60{,}09\ g\ mol^{-1} \cdot 2{,}995\ g/2 \cdot 279{,}41\ g\ mol^{-1}$
$m(SiO_2) = 0{,}9661\ g$

1.49 2 mol Mohrsches Salz sind 1 mol Fe_2O_3 äquivalent, also
$m(Fe_2O_3) = m(\text{Salz}) \cdot M(Fe_2O_3)/2 \cdot M(\text{Salz})$
$m(Fe_2O_3) = 0{,}75\ g \cdot 159{,}7\ g\ mol^{-1}/2 \cdot 391{,}85\ g\ mol^{-1} = 0{,}1528\ g$

1.50 $n(FeSO_4 \cdot x\ H_2O)/n(Fe_2O_3) = 2 : 1$
$M(FeSO_4 \cdot x\ H_2O) = m(FeSO_4 \cdot x\ H_2O) \cdot M(Fe_2O_3)/2\ m(Fe_2O_3)$
$M(FeSO_4 \cdot x\ H_2O) = 375\ mg \cdot 159{,}7\ mg\ mmol^{-1}/204{,}6\ mg$
$M(FeSO_4 \cdot x\ H_2O) = 292{,}7\ mg\ mmol^{-1}$
$M(FeSO_4) = 151{,}91\ g\ mol^{-1}$
$x\ mol\ (H_2O) = (292{,}7 - 151{,}91)\ g = 140{,}79\ g$
$x = 140{,}79\ g/18\ g\ mol^{-1} = 7{,}82\ mol$
Die Verbindung entspricht der Formel $FeSO_4 \cdot 7{,}82\ H_2O$ mit 48,1 % Wasser

1.51 $m(H_3BO_3) = 4 \cdot M(H_3BO_3) \cdot m(Na_2B_4O_7 \cdot 10\ H_2O)/M(Na_2B_4O_7 \cdot 10\ H_2O)$
$m(H_3BO_3) = 4 \cdot 61{,}81\ g\ mol^{-1} \cdot 9{,}455\ g/381{,}22\ g\ mol^{-1} = 6{,}13\ g$

1.52 $m(C_2H_5OH) = 4 \cdot M(C_2H_5OH) \cdot m(C_{12}H_{22}O_{11})/M(C_{12}H_{22}O_{11})$
$m(C_2H_5OH)$ = 2690 g reiner Alkohol bei 100%iger Ausbeute,
$m(C_2H_5OH)$ = 2555,5 g reiner Alkohol bei 95%iger Ausbeute,
das entspricht 2,662 kg 96%igem Alkohol

1.53 Die Molalität *b* bezieht sich auf die Masse, die Stoffmengenkonzentration *c* auf das Volumen. Volumina sind temperaturabhängig, eine Temperaturerhöhung z.B. ergibt eine Volumenzunahme und darum eine Abnahme von *c*, während die Molalität *b* konstant bleibt.

1.54 $n(KOH) = 0{,}125\ mol\ l^{-1} \cdot 0{,}75\ l = 0{,}0937\ mol$
$m(KOH) = 0{,}0937\ mol \cdot 56{,}1\ g\ mol^{-1} = 5{,}259\ g$

1.55 $0{,}2566\ mol\ l^{-1}$

1.56 a) $X = Na_2SO_4$
$b(X) = w(X)/M(X) \cdot [1 - w(X)]$
$b(X) = 0{,}025/0{,}142\ kg\ mol^{-1}\ [1 - 0{,}025]$
$b(X) = 0{,}018\ mol\ kg^{-1}$.
b) $X = KCl$
$w(X) = b(X) \cdot M(X)/1 + b(X)\ M(X) =$
$1{,}75\ mol\ kg^{-1} \cdot 0{,}0745\ kg\ mol^{-1}/$
$1 + 1{,}75\ mol\ kg^{-1} \cdot 0{,}0745\ kg\ mol^{-1}$
$w(X) = 0{,}1153 = 11{,}53\ \%$

1.57 $x(A) = n(A)/n(A) + n(B) = w(A) : M(A)/[w(A) : M(A)] + [w(B) : M(B)]$

1.58 2,94 % Blei, 6,66 % Zink, 4,98 % Zinn

1.59 $c(Cl^-) = 0{,}55\ mol\ l^{-1}$

1.60 $0{,}32 = CO_2$, $0{,}50 = H_2O$, $0{,}08 = CO$, $0{,}03 = N_2$, $0{,}07 = NH_3$

1.61 38 Volumenanteile Ethylalkohol entfallen auf 100 Volumenanteile Weinbrand.

1.62 $n(HNO_3) = 2\,n(N_2O_5) = 2 \cdot m(N_2O_5)/M(N_2O_5) = 2 \cdot 104{,}5\ g/108\ g\ mol^{-1}$
$n(HNO_3) = 1{,}935\ mol$
$c(HNO_3) = 1{,}935\ mol\ l^{-1}$
$m(HNO_3) = n(HNO_3) \cdot M(HNO_3) = 1{,}935\ mol \cdot 63\ g\ mol^{-1} = 121{,}91\ g$
In 1061 g Lösung sind 121,91 g HNO_3 = 11,49 %

1.63 $m(H_3PO_4$-Lösung$) = 1311\ g$,
g H_3PO_4 in 1311 g Lösung = 46,5 % · 1311 g/100 % = 609,6 g
$n(H_3PO_4) = 609{,}6\ g/98\ g\ mol^{-1} = 6{,}22\ mol$,
$c(H_3PO_4) = 6{,}22\ mol\ l^{-1}$

1.64 $c(H_2SO_4) = 0{,}107\ mol\ l^{-1}$

1.65 x Teile $CaCO_3$ und y Teile $MgCO_3$, $s = 0{,}6444$ g,
Einwaage-Glührückstand = 0,6444 g – 0,3307 g = 0,3136 g
= CO_2-Gehalt der Probe,
$(CO_2/CaCO_3) \cdot x + (CO_2/MgCO_3) \cdot s - (CO_2/MgCO_3) \cdot x = 0{,}3136$ g,
Einsetzen der molaren Massen für die in Klammern stehenden Verbindungen ergibt
0,4396 x + 0,3363 g – 0,5219 x = 0,3136 g
x = 0,2758 g
$CaCO_3$ = 0,2758 g = 42,79 %
$MgCO_3$ = 0,3685 g = 57,18 %

1.66 708,6 mg

1.67 $n(ZnSO_4) = 2\,n(Zn_2P_2O_7)$
$m(ZnSO_4) = 2\,m(ZnP_2O_7) \cdot M(ZnSO_4)/M(Zn_2P_2O_7)$
$m(ZnSO_4) = 2 \cdot 0{,}9642\ g \cdot 161{,}44\ g\ mol^{-1}/304{,}7\ g\ mol\ l^{-1}$
$m(ZnSO_4) = 1{,}0217\ g$
Bezogen auf 4,5 g Lösung = 22,7%.

1.68 a) $c(HNO_3) = w(HNO_3) \cdot \rho(HNO_3)/M(HNO_3)$
$c(HNO_3) = 0{,}192 \cdot 1110\ g\ l^{-1}/63\ g\ mol\ l^{-1}$
$c(HNO_3) = 3{,}38\ mol\ l^{-1}$
b) $w(NaOH) = c(NaOH) \cdot M(NaOH)/\rho\,(NaOH) = 0{,}164 = 16{,}4\%$

1.69 a) $c = c^*/M = 6{,}5\ g\ l^{-1}/329{,}15\ g\ mol^{-1} = 0{,}0197\ mol\ l^{-1}$
b) $c^* = M \cdot c = 368{,}25\ g\ mol^{-1} \cdot 0\ 15\ mol\ l^{-1} = 55{,}24\ g\ l^{-1}$

1.70 a) $b(X) = n(X)/m(LM)$
$m(LM) = m(L) - m(X)$
$b(X) = n(X)/m(L) - m(X)$
$m(L) = d(L)\,V(L)$
$b(X) = n(X)/d(L)\,V(L) - m(X)$
$m(X) = n(X)\,M(X)$
$n(X) = c(X)\,V(L)$
$b(X) = c(X)\,V(L)/d(L)\,V(L) - n(X)\,M(X)$
$b(X) = c(X)\,V(L)/d(L)\,V(L) - c(X)\,V(L)\,M(X)$
$b(X) = c(X)/d(L) - c(X)\,M(X)$

b) Die Dichte ρ (L) ist in kg l^{-1} und die molare Masse M(X) in kg mol^{-1} einzusetzen.

1.71 $1 - w(X)/w(X) = 1/b(X)M(X)$
$w(X) = b(X)M(X)/1 + b(X)M(X)$

1.72 a) An wasserfreiem Salz wurde hinzugefügt:
$m(Na_2SO_4) = 85\ g \cdot 142{,}04\ g\ mol^{-1}/322{,}2\ g\ mol^{-1} = 37{,}47\ g$
Da 8,56 g ungelöst bleiben, enthält die Lösung
28,91 g Na_2SO_4; H_2O hat um das Hydratwasser zugenommen:
$m(\text{Hydrat-}H_2O) = 10 \cdot 18\ g\ mol^{-1} \cdot 85\ g/322\ g\ mol^{-1} = 47{,}48\ g$
$m(H_2O) = 125\ g + 47{,}5\ g = 172{,}5\ g$
$m(\text{Lösung}) = 172{,}5\ g\ H_2O + 28{,}91\ g\ Na_2SO_4 = 201{,}4\ g$
Da sich die Löslichkeit L auf 100 g Lösung bezieht, ist
$L = 28{,}91\ g \cdot 100\ g/201{,}4\ g = 14{,}35\ g\ Na_2SO_4$
Die Löslichkeit beträgt 14,35 g Na_2SO_4 in 100 g Lösung.
b) 14,35%ig
c) $n = 14{,}35\ g/142{,}04\ g\ mol^{-1} = 0{,}1\ mol$
In 1150 g Lösung = 1 Liter Lösung sind 1,15 mol gelöst:
$c(Na_2SO_4) = 1{,}15\ mol\ l^{-1}$

1.73 346,2 ml

1.74 $n(K_2CO_3) = m(K_2CO_3)/M(K_2CO_3) = m(\text{Lösung}) \cdot w(K_2CO_3)/M(K_2CO_3)$
$n(K_2CO_3) = d \cdot V(\text{Lösung}) \cdot w(K_2CO_3)/M(K_2CO_3)$
$n(K_2CO_3) = 1{,}239\ g\ ml^{-1} \cdot 1000\ ml \cdot 0{,}26/138{,}2\ g\ mol^{-1}$
$n(K_2CO_3) = 2{,}33\ mol$
$c(K_2CO_3) = 2{,}33\ mol\ l^{-1}$

1.75 $m(CuSO_4) = m(\text{Lösung}) \cdot w(CuSO_4)$
$m(\text{Lösung}) = m(H_2O) + m(CuSO_4)$
$m(CuSO_4) = m(H_2O) \cdot w(CuSO_4)/1 - w(CuSO_4)$
$m(CuSO_4) = 550\ g \cdot 0{,}14/0{,}86 = 89{,}53\ g$

1.76 Nach (1.23) ist $400\ g \cdot 0{,}35 = 0{,}20 \cdot m_M$
$m_M = 700\ g$
$m_2 = m_M - m_1 = 700\ g - 400\ g = 300\ g$

1.77 $0{,}10\ mmol\ ml^{-1} \cdot V_1 + 0{,}35\ mmol\ ml^{-1}(450\ ml - V_1) = 450\ ml \cdot 0{,}20\ mmol\ ml^{-1}$
$V_1 = 268\ ml\ c(H_2SO_4) = 0{,}1\ mol\ l^{-1}$
$V_2 = 182\ ml\ c(H_2SO_4) = 0{,}35\ mol\ l^{-1}$

1.78 Nach (1.23) ist $0{,}28 \cdot m_1 = 0{,}05 \cdot 300\ g$
$m_1 = 53{,}57\ g$
$V_1 = m_1/\rho = 53{,}57\ g/0{,}93\ g\ ml^{-1} = 57{,}60\ ml$

1.79 Eine 10%ige H_2SO_4 entspricht $c(H_2SO_4) = 1{,}091\ mol\ l^{-1}$.
$0{,}98\ mol\ l^{-1} \cdot 3\ l + 1{,}091\ mol\ l^{-1}(V_M - 3\ l) = 1\ mol\ l^{-1} \cdot V_M$
$V_M = 3{,}659\ l$
$V_2 = V_M - 3\ l = 0{,}659\ l = 659\ ml$
Es sind 659 ml 10%ige H_2SO_4 erforderlich.

1.80 $700\ g \cdot 0{,}36 + 250\ g \cdot 0{,}15 = 950\ g \cdot w_M$

$w_M = 0{,}3047$

Destilliert werden 950 g einer 30,47%igen HCl-Lösung. Bezeichnet man mit w_1 und m_1 die Dampfphase und mit w_2 und m_2 das azeotrope Gemisch, gilt

$w_2 \cdot m_2 = w_M \cdot m_M - w_1\, m_1$

$0{,}202 \cdot m_2 = 0{,}3047 \cdot 950\ g - 1 \cdot m_1$

(da nur HCl entweicht, ist $w_1 = 1$)

$0{,}202 \cdot (950\ g - m_1) = 0{,}3047 \cdot 950\ g - m_1$

$m_1 = 122{,}26\ g$

Bis zum Erreichen des Azeotrops entweichen 122,26 g HCl.

1.81 $0{,}15 \cdot 800\ g + 0{,}012 \cdot m_2 = 0{,}08 \cdot (800\ g + m_2)$

$m_2 = 823{,}5\ g$

Es sind 823,5 g 1,2%ige NaCl-Lösung erforderlich.

1.82 $100\ g \cdot 0{,}30 + 0{,}95 \cdot m_2 = 0{,}35(100\ g + m_2)$

$m_2 = 8{,}33\ g$

1.83 8,4 g K = 0,2148 mol K

Daraus entstehen 0,2148 mol KOH = 12,052 g KOH

Unter Vernachlässigung des entweichenden Wasserstoffs beim Auflösen von K entsprechend:

$K + H_2O \longrightarrow KOH + 1/2\ H_2\uparrow$

erhält man: KOH-Lösung ist 3,39%ig.

1.84 $n(H_2SO_4) \ = n/2(NaOH) = 1/2 \cdot 21{,}34\ ml \cdot 0{,}1\ mmol\ l^{-1} = 1{,}067\ mmol$

$c(H_2SO_4) \ = 1{,}067\ mol\ l^{-1}$

$m(H_2SO_4) \ = 104{,}63\ g$

$m(\text{Lösung}) = \rho \cdot V(\text{Lösung}) = 1{,}84\ g\ ml^{-1} \cdot 61{,}6\ ml = 113{,}34\ g$

Die unverdünnte Lösung enthält 92,3 % H_2SO_4.

1.85 $2\ NaOH + H_2C_2O_4 \longrightarrow Na_2C_2O_4 + 2\ H_2O$

$n(H_2C_2O_4 \cdot 2\ H_2O) = 0{,}1\ g/126\ g\ mol^{-1} = 7{,}9365 \cdot 10^{-4}\ mol$

$n_1(NaOH) = 2\ n(H_2C_2O_4 \cdot 2\ H_2O) = 1{,}5873 \cdot 10^{-3}\ mol$

$c_1(NaOH) = 1{,}5873 \cdot 10^{-3}\ mol/0{,}029\ l = 5{,}4734 \cdot 10^{-2}\ mol\ l^{-1}$

$c_2(NaOH) = 2\ c_1(NaOH) = 0{,}1095\ mol\ l^{-1}$

$5{,}4734 \cdot 10^{-2}\ mol\ l^{-1} \cdot V_1 + 0{,}1095\ mol\ l^{-1}(1\ l - V_1) = 0{,}1\ mol\ l^{-1} \cdot 1\ l$

$V_1 = 173{,}56$ ml Lösung 1

$V_2 = 826{,}44$ ml Lösung 2

1.86 a) $n(NaOH) = n(HCl) = 0{,}1\ mmol\ ml^{-1} \cdot 25{,}94\ ml = 2{,}594\ mmol$

$c(NaOH) = 2{,}594\ mmol/25\ ml = 0{,}1038\ mmol\ ml^{-1} = 0{,}1038\ mol\ l^{-1}$

$0{,}1038\ mol\ l^{-1} \cdot 0{,}975\ l = 0{,}1\ mol\ l^{-1} \cdot V_M$

$V_M = 1{,}012\ l$

$V(H_2O) = V_M - 0{,}975\ l = 0{,}037\ l$

$V(H_2O) = 37\ ml$

b) Wäre das feste Hydroxid rein, müßte mit
$n(\text{NaOH}) = 5{,}625\ \text{g}/40\ \text{g mol}^{-1} = 0{,}1406\ \text{mol}$ für
$c(\text{NaOH}) = 0{,}1406\ \text{mol l}^{-1}$
gefunden werden. Der aus der Titration folgende Wert $0{,}1038\ \text{mol l}^{-1}$ entspricht 73,4 % des theoretischen Wertes.
Der NaOH-Gehalt im festen Hydroxid beträgt 73,8 %.

1.87 a) $0{,}75\ \text{mmol ml}^{-1} \cdot 100\ \text{ml}/18\ \text{mmol ml}^{-1} = 4{,}16\ \text{ml}$
b) $2\ \text{l} \cdot 2{,}5\ \text{mol l}^{-1}/14{,}5\ \text{mol l}^{-1} = 344{,}8\ \text{ml}$
c) $0{,}05\ \text{l} \cdot 5\ \text{mol l}^{-1}/12\ \text{mol l}^{-1} = 20{,}83\ \text{ml}$

1.88 Die Konzentration der Ausgangslösung entspricht c_1, also
$8\ \text{mol l}^{-1} \cdot V_1 = 2{,}5\ \text{mol l}^{-1} \cdot 0{,}75\ \text{l}$
$V_1 = 0{,}234\ \text{l} = 234\ \text{ml}$

1.89 a) $c(\text{FeSO}_4) = 0{,}3\ \text{mol l}^{-1} = m(\text{FeSO}_4)/M(\text{FeSO}_4) \cdot 0{,}25\ \text{l}$
$m(\text{FeSO}_4) = 11{,}39\ \text{g}$
b) Durch Lösen von $\text{FeSO}_4 \cdot 7\ \text{H}_2\text{O}$ erhöht sich die Wassermenge um den Anteil von Hydratwasser:
$\text{m(Hydrat-H}_2\text{O)} = 7 \cdot 18\ \text{g mol}^{-1} \cdot 11{,}39\ \text{g}/278\ \text{g mol}^{-1} = 5{,}16\ \text{g}$
Die Wassermenge erhöht sich auf (250 + 5,16) g = 255,16 g
11,39 g $\text{FeSO}_4 \cdot 7\ \text{H}_2\text{O}$ enthalten (11,39 – 5,16) g =
6,22 g FeSO_4 = 0,041 mol, daraus ergibt sich
$c(\text{FeSO}_4) = 0{,}041\ \text{mol}/0{,}255\ \text{l} = 0{,}16\ \text{mol l}^{-1}$

1.90 $\text{NaCl(aq)} + \text{AgNO}_3\text{(aq)} \longrightarrow \text{AgCl(s)} + \text{NaNO}_3\text{(aq)}$
$m(\text{NaCl}) = m(\text{AgCl}) \cdot M(\text{NaCl})/M(\text{AgCl})$
$m(\text{NaCl}) = 326{,}5\ \text{mg} \cdot 58{,}44\ \text{mg mmol}^{-1}/143{,}31\ \text{mg mmol}^{-1}$
$m(\text{NaCl}) = 133{,}14\ \text{mg}$
In 100 g Lösung sind 1,77 g NaCl enthalten = 1,77%

1.91 $\text{NH}_4\text{NO}_2 \longrightarrow 2\ \text{H}_2\text{O} + \text{N}_2$
$m(\text{N}_2) = 17{,}5\ \text{g}$
Der Gewichtsverlust beträgt 17,5 g.

1.92 9,591 g

1.93 $m(\text{KI}) = 26{,}16\ \text{g}$
$m(\text{MnO}_2) =$ 6,85 g 100%iges MnO_2 = 7,61 g 90%iges MnO_2
$m(\text{H}_2\text{SO}_4)$ = 15,45 g 100%ige H_2SO_4 = 32,18 g 48%ige H_2SO_4

1.94 $n(\text{S}) = 1{,}56\ \text{g}/32{,}06\ \text{g mol}^{-1} = 0{,}04865\ \text{mol}$
Da Na_2SO_3 und S im Verhältnis 1 : 1 reagieren, werden auch 0,04865 mol Na_2SO_3 benötigt, darum gilt
$V = 0{,}04865\ \text{mol}/0{,}50\ \text{mol l}^{-1} = 0{,}09731\ \text{l} = 97{,}31\ \text{ml}$ Lösung

1.95 $n(\text{I}_2) = 1{,}465\ \text{g}/253{,}8\ \text{g mol}^{-1} = 0{,}00577\ \text{mol}$
$n(\text{Na}_2\text{S}_2\text{O}_3) = 2\ n(\text{I}_2) = 0{,}01154\ \text{mol}$
$V(\text{Na}_2\text{S}_2\text{O}_3\text{-Lösung}) = 0{,}01154\ \text{mol}/0{,}125\ \text{mol l}^{-1} = 92{,}35\ \text{ml}$

1.96 $n(NaOH) = 8{,}75$ mmol
$n(H_2C_2O_4) = n/2(NaOH) = 4{,}375$ mmol
$c(H_2C_2O_4) = 4{,}375$ mmol/50 ml = 0,0875 mmol ml^{-1} = 0,0875 mol l^{-1}

1.97 $n(CaO) = n(C_2O_4^{2-}) = 5/2 \cdot n(KMnO_4) = 5/2 \cdot 0{,}02$ mmol $ml^{-1} \cdot 10$ ml
$n(CaO) = 0{,}5$ mmol
$m(CaO) = 4 \cdot 0{,}5$ mmol $\cdot$ 56,08 mg $mmol^{-1}$ = 112,16 mg

1.98 $n(H_2C_2O_4) = 5/2 \cdot n(KMnO_4) = 5/2 \cdot 0{,}02$ mmol $ml^{-1} \cdot 20$ ml
$n(H_2C_2O_4) = 1$ mmol
$m(H_2C_2O_4) = 90$ mg
Die Differenz von 10 mg ist Kristallwasser. Daraus folgt
$n(H_2O)$ = 10 mg/18 mg $mmol^{-1}$ = 0,555 mmol und somit
$n(H_2C_2O_4 \cdot 2\,H_2O)$ = 0,555 mmol/2 = 0,2777 mmol
100 mg Gemisch = 72,23 % $H_2C_2O_4$ + 27,77 % $H_2C_2O_4 \cdot 2\,H_2O$

1.99 $n(Fe^{2+}) = 5\,n(MnO_4^-) = 5 \cdot 0{,}02$ mmol $ml^{-1} \cdot 25$ ml = 2,5 mmol
$m(Fe^{2+}) = 139{,}63$ mg
$m(Fe^{2+})/m$(Fe-gesamt) = 1/3
m(Fe-gesamt) = 418,88 mg
$m(Fe^{3+}) = 279{,}24$ mg
100 ml enthalten 279,26 mg Fe^{2+} und 558,5 mg Fe^{3+}.

1.100 0,728 %

1.101 $Sn^{2+} + I_2 \longrightarrow Sn^{4+} + 2\,I^-$
3,55 % Zinn

1.102 $5\,Fe^{2+} + MnO_4^- + 8\,H^+ \longrightarrow 5\,Fe^{3+} + Mn^{2+} + 4\,H_2O$
$n(Fe^{2+}) = 5\,n(MnO_4^-) = 5\,c(MnO_4^-) \cdot V(MnO_4^-)$
Da $n(Fe^{2+}) = n$(reine Substanz) und $n = m/M$ ist, erhält
man mit M(reine Substanz) = 392,15 g mol^{-1} den Wert:
m(reine Substanz) = 5 $\cdot$ 392,15 g $mol^{-1} \cdot$ 0,1 mol $l^{-1} \cdot$ 0,025 l
m(reine Substanz) = 4,9 g
98 % reine Substanz

1.103 $m(Na_2CO_3) + m(K_2CO_3) = 0{,}4$ g
$n(CO_3^{2-}) = n/2(H^+) = c/2 \cdot (HCl) \cdot V(HCl) = 0{,}0033$ mol = 0,198 g
Da für beide Stoffe $n(CO_3^{2-})/n$(Verbindung) = 1 ist, gilt
$[CO_3^{2-}/Na_2CO_3] \cdot m(Na_2CO_3) + [CO_3^{2-}/K_2CO_3] \cdot m(K_2CO_3) = 0{,}198$ g
Einsetzen der molaren Massen für die in Klammern stehenden Verbindungen ergibt unter Beachtung von
$m(K_2CO_3) = 0{,}4$ g $- m(Na_2CO_3)$
$m(Na_2CO_3) = 0{,}1848$ g = 46,2 %
$m(K_2CO_3) = 0{,}2152$ g = 53,8 %

1.104 0,0876 mol l^{-1}

1.105 a) $n(Na_3AsO_3) = 3\,n(KBrO_3) = 3\,c(KBrO_3) \cdot V(KBrO_3)$
Für $KBrO_3 \longrightarrow KBr$ ist $z = 6$, $c(KBrO_3) = 0{,}0167$ mol l^{-1}
$n(AsO_3^{3-}) = 3 \cdot 0{,}0167$ mol $l^{-1} \cdot 0{,}01475$ l $= 7{,}39 \cdot 10^{-4}$ mol
$m(Na_3AsO_3) = 7{,}39 \cdot 10^{-4}$ mol $\cdot$ 191,89 g mol^{-1} = 0,1418 g
$m(As) = M(As) \cdot m(Na_3AsO_3)/M(Na_3AsO_3) = 0{,}05536$ g
As = 1,11 %

b) Überschüssige BrO_3^--Ionen reagieren mit den nach Erreichen des Äquivalenzpunktes vorhandenen Br^--Ionen in einer Symproportionierungsreaktion gemäß
$BrO_3^- + 5\,Br^- + 6\,H^+ \longrightarrow 3\,Br_2 + 3\,H_2O$
zu elementarem Brom, das zugesetztes Methylorange bromiert und dadurch in eine farblose Verbindung überführt. Die Bildung der farblosen Lösung zeigt den Äquivalenzpunkt an.

1.106 a) $n(NaOH) = n(HCl) = c(HCl) \cdot V(HCl) = 0{,}1$ mol $l^{-1} \cdot 0{,}01092$ l
$n(NaOH) = 1{,}092 \cdot 10^{-3}$ mol
$m(NaOH) = 1{,}092 \cdot 10^{-3}$ mol $\cdot$ 40 g $mol^{-1} = 4{,}368 \cdot 10^{-2}$ g
Für Na_2CO_3 wurden 32,16 ml - 10,92 ml = 21,24 ml verbraucht, darum ist
$n(Na_2CO_3) = n/2(HCl) = 1/2 \cdot 0{,}1$ mol $l^{-1} \cdot 0{,}02124$ l
$n(Na_2CO_3) = 1{,}062 \cdot 10^{-3}$ mol
$m(Na_2CO_3) = 1{,}062 \cdot 10^{-3}$ mol $\cdot$ 105,98 g mol^{-1} = 0,1125 g
$m(Na_2CO_3) : m(NaOH) = 2{,}58 : 1$

b) Mit $\rho = 1$ g ml^{-1} sind 20 g = 100 %, darum ist
$w(Na_2CO_3) = 0{,}5625$ %
$w(NaOH) = 0{,}2184$ %

1.107 2270,13 kPa (22,4 atm)

1.108 $n(Fe_2O_3) = 1550$ g/159,6 g mol^{-1} = 9,7 mol
$n(CO) = 3\,n(Fe_2O_3) = 3 \cdot 9{,}7$ mol = 29,13 mol
$V(CO) = V_m \cdot n(CO) = 22{,}41$ l $mol^{-1} \cdot 29{,}13$ mol = 652,9 Liter

1.109 $n = p\,V/R\,T = 924$ kPa $\cdot$ 1,5 l/8,31 kPa l $mol^{-1} K^{-1} \cdot 983{,}16$ K
$n = 0{,}17$ mol

1.110 $n(CO_2) = n(SrCO_3) = 0{,}0255$ mol
$V(CO_2) = 0{,}0255$ mol $\cdot$ 8,31 kPa l $mol^{-1} K^{-1} \cdot 298{,}16$ K/101,31 kPa
$V(CO_2) = 0{,}624$ Liter

1.111 $m(Cl_2) = 1{,}8$ g

1.112 $\rho = m/V = p\,M/R\,T$
$\rho = 186$ kPa $\cdot$ 70,9 g mol^{-1}/8,31 kPa l $mol^{-1} K^{-1} \cdot 308{,}16$ K = 5,15 g l^{-1}

1.113 $p = (m/V) \cdot R\,T/M$
$p = 1$ g $l^{-1} \cdot 8{,}31$ kPa l $mol^{-1} K^{-1}$ 258,16 K/4 g mol^{-1}
$p = 536$ kPa

1.114 Nach Avogadro verhalten sich die Stoffmengen (Koeffizienten der Reaktionsgleichung) wie die Volumina:
$V(H_2O) = 1{,}50 \cdot V(NO) = 67{,}50$ l
$V(O_2) \;\; = 1{,}25 \cdot V(NO) = 56{,}25$ l
$V(NH_3) = 1{,}00 \cdot V(NO) = 45{,}00$ l

1.115 Die Dichte erhält man aus der Beziehung $\rho = M/V_m$:
$\rho(CH_4) \;\; = 16$ g mol^{-1}/22,41 l mol^{-1} = 0,714 g l^{-1}
$\rho(C_2H_6) = 30$ g mol^{-1}/22,41 l mol^{-1} = 1,340 g l^{-1}
$\rho(C_3H_8) = 44$ g mol^{-1}/22,41 l mol^{-1} = 1,960 g l^{-1}

1.116 $n(SO_2) = 13 \cdot 10^{-3}$ g/64,06 g mol^{-1} = $2 \cdot 10^{-4}$ mol
Das entspricht $2 \cdot 10^{-7}$ mol SO_2 pro 1 Liter Luft,
$p = n\,R\,T/V = 4{,}95 \cdot 10^{-4}$ kPa ($4{,}5 \cdot 10^{-6}$ atm)

1.117 $V_2 = p_1\,V_1\,T_1/T_1\,p_2$
$V_2 = 118{,}6$ kPa · 0,75 l · 308,16 K/273,16 K · 101,31 kPa
$V_2 = 0{,}99$ Liter

1.118 reines CaC_2: $n(CaC_2) = n(C_2H_2) = 23{,}41$ mol
$m(C_2H_2) = 23{,}41$ mol · 26 g mol^{-1} = 608,6 g
techn. CaC_2: $m(C_2H_2) = p \cdot V(C_2H_2) \cdot M(C_2H_2)/R \cdot T = 525{,}98$ g
Mit 608,6 g C_2H_2 = 100 % erhält man 86,5 % CaC_2-Gehalt.

1.119 Das trockene Gas hat den Partialdruck
$p_1 = 96{,}5$ kPa – 3,166 kPa = 93,33 kPa
$V_2 = p_1\,V_1\,T_2/T_1\,p_2$
$V_2 = 168{,}5$ ml · 93,33 kPa · 273,16 K/298,16 K · 101,31 kPa
$V_2 = 142{,}2$ ml

1.120 $m(N_2) = 16{,}48$ kg

1.121 $n(K_2Cr_2O_7) \;= n/3(Cl_2)$
$n(Cl_2) \qquad\;\; = p\,V/R\,T = 0{,}61$ mol
$n(K_2Cr_2O_7) \;= 0{,}2044$ mol
$m(K_2Cr_2O_7) = 0{,}2044$ mol · 294,2 g mol^{-1} = 60,13 g

1.122 $p(CO_2)/p = 40{,}5$ kPa/101,31 kPa = 2/5 = $n(CO_2)/n(CO_2) + n(CO)$
$m(CO_2) \;= 2$ mol · 44 g mol^{-1} = 88 g
$m(CO) \;\;= 3$ mol · 28 g mol^{-1} = 84 g
Der CO-Gehalt beträgt 48,85 %.

1.123 $m(CO_2) = 4{,}33$ g
$m(MgCO_3) + m(CaCO_3) = 8{,}75$ g
Analog zu Übung 1.15 erhält man
$m(MgCO_3) = 5{,}9649$ g = 68,17 %
$m(CaCO_3) \;= 2{,}7851$ g = 31,83 %

1.124 Nach 3 $O_2 \longrightarrow$ 2 O_3 ist die Ozonbildung mit einer Volumenabnahme verbunden, die einen Druckabfall hervorruft. Geht man von V = 102 l O_2 aus, nimmt das O_2/O_3-Gemisch nach der Reaktion V = 100,8 l ein. Der Druckabfall um 1,2 kPa (Volumenabnahme um 1,2 l) besagt gemäß Reaktionsgleichung, daß 3 · 1,2 Liter O_2 zu 2 · 1,2 Liter O_3 reagiert haben. Mit 2,4 Liter O_3 ist
$V_A(O_3)$ = 2,4 l/100,8 l = 0,0238 = 2,38 %

1.125 $m(H_2) = p\,V\,M/R\,T$ = 2,5351 g
$[M(H_2)/M(Mg)]m(Mg) + 3/2[M(H_2)/M(Al)]m(Al)$ = 2,5351 g
$m(Mg) + m(Al)$ = 25 g
$m(Al)$ = 16,52 g = 66,08 %

1.126 a) $n(C_xH_y)$ = 141,63 ml/22,41 ml mmol^{-1} = 6,32 mmol
$n(O_2)$ = 1487,13 ml/22,41 ml mmol^{-1} = 66,36 mmol
$n(CO_2)$ = 991,4 ml/22,41 ml mmol^{-1} = 44,24 mmol
$n(H_2O)$ = 796,32 mg/18 mg mmol^{-1} = 44,24 mmol
Division durch 6,32 mmol ergibt
1 C_xH_y + 10,5 $O_2 \longrightarrow$ 7 CO_2 + 7 H_2O
Multiplikation mit 2 führt zur Ganzzahligkeit:
2 C_xH_y + 21 $O_2 \longrightarrow$ 14 CO_2 + 14 H_2O
Daraus folgt x = 7 und y = 14, also $C_xH_y = C_7H_{14}$:
b) 2 C_7H_{14} + 21 $O_2 \longrightarrow$ 14 CO_2 + 14 H_2O

1.127 a) $n(X_2) = V/V_m$ = 310 ml/22,41 ml mmol^{-1} = 13,833 mmol
Aus $n(NaX_3) : n(X_2)$ = 2 : 3 folgt
$n(NaX_3)$ = 2/3 · 13,833 mmol = 9,222 mmol
$M(NaX_3) = m(NaX_3)/n(NaX_3)$ = 600 mg/9,222 mmol
$M(NaX_3)$ = 65,06 mg mmol^{-1}
$M(X)$ = 1/3[$M(NaX_3)$ - $M(Na)$] = 1/3[65,06 – 22,98] mg mmol^{-1}
$M(X)$ = 14,02
X = Stickstoff
b) 2 $NaN_3(s) \longrightarrow$ 2 Na(s) + 3 $N_2(g)$

1.128 n(Gase) = $p\,V/R\,T$ = 0,01573 mol
$n(NaHCO_3) = n(H_2O) + n(CO_2) = n$(Gase)
$m(NaHCO_3) = n(NaHCO_3) \cdot M(NaHCO_3)$ = 0,01573 mol ·83,98 g mol^{-1}
$m(NaHCO_3)$ = 1,32 g

2 Das chemische Gleichgewicht

2.1 Ausgangs- und Endstoffe liegen nebeneinander vor, Konzentrationsverhältnisse ändern sich nicht mehr, das Gleichgewicht ist nur temperaturabhängig

2.2 Ja, Temperaturerhöhung, Katalysatoren

2.3 Konzentrationen reiner kondensierter Phasen sind in K enthalten und werden nicht im Gleichgewichtsquotienten angegeben (Aktivitäten werden vereinbarungsgemäß 1 gesetzt).

2.4 Keine Änderung, da K_c konzentrationsunabhängig ist

2.5 $K_b = 1/K_z$

2.6 K_c ist nur temperaturabhängig, A hingegen ist von der Temperatur und von der Konzentration abhängig.

2.7 Katalysatoren beeinflussen nur die Geschwindigkeit der Gleichgewichtseinstellung, Temperaturänderungen darüber hinaus auch die Gleichgewichtslage.

2.8 Nein, entscheidend ist, ob die Reaktion exo- oder endotherm ist. Bei exothermen Reaktionen würde sich gleichzeitig die Gleichgewichtslage zugunsten der Ausgangsstoffe A und B verändern.

2.9 Die Reaktionsgeschwindigkeit ist von der Zahl der Zusammenstöße der H_2- und N_2-Moleküle und somit von ihrer Konzentration abhängig. Sie nimmt aufgrund des Verbrauchs der Ausgangsstoffe ständig ab. Darum wird, um eine höhere Durchsatzgeschwindigkeit durch den Syntheseofen zu erreichen, das Synthesegas mit ca. 15 % NH_3 dem Kreisprozeß entnommen, obwohl > 20% NH_3 möglich wären.

2.10 Umwandlung von Eis in Wasser, weil Wasser ein kleineres Volumen als Eis beansprucht (Prinzip vom kleinsten Zwang), Eisbildung ist exotherm

2.11 a) Keinen Einfluß ($\Delta n = 0$),
b) Erhöhung der NO_2-Ausbeute ($\Delta n = -1$)

2.12 Endothermer Vorgang

2.13 Da endotherme Reaktion, führt Temperaturerhöhung zu höheren und Temperaturverringerung zu geringeren NO-Ausbeuten.

2.14 Ja, $m + n = o + p$, Reaktion erfolgt ohne Molzahländerung

2.15 Kein Unterschied, Gleichgewichtszustand ist unabhängig davon, ob A und B oder C und D die Ausgangsstoffe sind.

2.16 a) Hohe Temperatur, Druckänderung ohne Einfluß, N_2-Überschuß (Luft als billigstes Ausgangsgemisch enthält $N_2 : O_2 = 4 : 1$),
b) niedrige Temperatur, Druckerhöhung, Sauerstoffüberschuß (O_2 der Luft steht billig zur Verfügung),
c) niedrige Temperatur, Druckerhöhung. Da beide Ausgangsstoffe hergestellt werden müssen, ist Überschuß an Ausgangskomponenten unwirtschaftlich.

2.17 CO_2 wird laufend aus dem Gleichgewicht entfernt.

2.18 a) $c^4(NO) \cdot c^6(H_2O)/c^4(NH_3) \cdot c^5(O_2) = K_c$
b) $c(CS_2) \cdot c^4(H_2)/ c^2(H_2S) \cdot c(CH_4) = K_c$
c) $c^4(H_2O)/c^4(H_2) = K_c$
d) $1/c(CO_2) = K_c$
e) $c(CO_2) = K_c$

2.19 a) $p^4(NO) \cdot p^6(H_2O)/p^4(NH_3) \cdot p^5(O_2) = K_p$ $K_p = K_c R T$
b) $p(CS_2) \cdot p^4(H_2)/p^2(H_2S) \cdot p(CH_4) = K_p$ $K_p = K_c(R T)^2$
c) $p^4(H_2O)/p^4(H_2) = K_p$ $K_p = K_c$
d) $1/p(CO_2) = K_p$ $K_p = K_c(R T)^{-1}$
e) $p(CO_2) = K_p$ $K_p = K_c R T$

2.20 a) Rechte Seite, b) rechte Seite, c) ohne Einfluß, d) linke Seite, e) rechte Seite

2.21 a) Da keine Molzahländerung der gasförmigen Komponenten eintritt, ist Druckerhöhung ohne Einfluß
b) Eisenüberschuß ist ohne Einfluß

2.22 Indem eine Komponente aus dem Gleichgewicht entfernt wird, zum Beispiel H_3O^+ durch Basenzugabe oder Br^- durch Fällung als schwerlösliches AgBr.

2.23 Da H_2-Bildung exotherm ist, sind niedrigere Temperaturen günstiger, bei denen allerdings die Reaktionsgeschwindigkeit abnimmt.

2.24 $BeCO_3$ ist unter CO_2-Atmosphäre aufzubewahren.

2.25 Die Stabilität nimmt mit größer werdendem Kationenradius zu.

2.26 $c(H_2) = 3 - x$, $c(I_2) = 1 - x$, $c(HI) = 2\,x$,
$4\,x^2/(1 - x)(3 - x) = 50{,}4$
$x = 0{,}966$,
HI = 1,932 mol, H_2 = 2,034 mol, I_2 = 0,034 mol

2.27 Da K_p dimensionslos ist, folgt aus $m + n = o + p$, daß keine Druckänderung eintritt.

2.28 a) endotherm;
b) Gleichgewicht zugunsten der linken Seite;
c) nichts;
d) Gleichgewicht zugunsten der rechten Seite.

2.29 $p(H_2) = 18{,}08$ k Pa

2.30 $K_p = (71{,}6)^2\ kPa^2 \cdot 35{,}8\ kPa = 1{,}83 \cdot 10^5\ kPa^3$

2.31 Gleichung a) mit 2 multiplizieren (K_1^2), Gleichung b) in umgekehrter Reaktionsrichtung formulieren($1/K_2$), Gleichung c) unverändert lassen. Addition ergibt:

$2\,NH_3 + 2\,HCl \leftrightarrows 2\,NH_4Cl$
$K_c^2 = K_1^2 \cdot K_3 \cdot 1/K_2$
$K_c = K_1 \cdot (K_3/K_2)^{1/2}$

2.32 Keine

2.33 $K_c = K_p/(R\,T)^{-2} = 8{,}87 \cdot 10^{-16}\,Pa^{-2} \cdot (8{,}314\ kPa\ l\ mol^{-1}\,K^{-1} \cdot 773\ K)^2$
$K_c = 3{,}66 \cdot 10^{-2}\ mol^{-2}\,l^2$ (Umrechnung kPa in Pa beachten)

2.34 Reaktion ohne Molzahländerung, also
$(100 - x)^2/(x^2/4) = 958$
$x = 6{,}07$
93,93 % HI unzersetzt

2.35 $K_c = 4$

2.36 $x^2/(4 - x)(1 - x) = 4$, chemisch sinnvoll nur $x = 0{,}926$ mol
Ausbeute = 92,6 %

2.37 $K_c = 31{,}50^2/18{,}50^2 = 2{,}899$

2.38 $(31{,}5 - x)^2/(18{,}5 + x)^2 = 0{,}75$
$x = 8{,}29$
CO = 26,79 %, H_2O = 26,79 %, H_2 = 23,21 %, CO_2 = 23,21 %
Vergleich mit Aufgabe 2.37. zeigt, daß eine Temperaturerhöhung eine Begünstigung der Ausgangsstoffe CO + H_2O bewirkt, also eine exotherme Reaktion.

2.39 Ausgangsgemisch = 25 l N_2 und 75 l H_2. Im Gleichgewicht:
$1(25 - 25 \cdot 0{,}445)\,l\ N_2 = 13{,}875\ l\ N_2$
$3(25 - 25 \cdot 0{,}445)\,l\ H_2 = 41{,}625\ l\ H_2$
$(2 \cdot 25 \cdot 0{,}445)\,l\ NH_3 = 22{,}250\ l\ NH_3$
Gesamtvolumen = 77,75 l
$p_i = v_i \cdot p(ges)/v(ges)$
$p(N_2) = 8{,}56 \cdot 10^6\ Pa$
$p(H_2) = 25{,}7 \cdot 10^6\ Pa$
$p(NH_3) = 13{,}7 \cdot 10^6\ Pa$

2.40 $x^2 = (70 - x)(30 - x)$
$c(A) = 4{,}9\ mol\ l^{-1}$, $c(B) = 0{,}9\ mol\ l^{-1}$,
$c(C) = 2{,}1\ mol\ l^{-1}$, $c(D) = 2{,}1\ mol\ l^{-1}$

2.41 $K_c = 2{,}48 \cdot 10^{-5}$

2.42 $K_p = K_c(R\,T) = 3{,}27 \cdot 10^{-9}$ kPa

2.43 $K_p = 1/3{,}27 \cdot 10^{-9}\ kPa = 3 \cdot 10^8$ kPa

2.44 $x^2/(n_o - x)^2 = 4$
$x(CO) = (2/3) \cdot n_o$

2.45 $x/0{,}075 - x = 0{,}415$
$Fe = 55{,}85\ g\ mol^{-1} \cdot 0{,}022\ mol = 1{,}23\ g$

2.46 $c(I_2) = 0{,}1\ mol\ l^{-1}$

2.47 $Q = 800\ l\ mol^{-1}$
$Q > K_c$
SO_3-Zerfall

2.48 $p(CO) = 446{,}5\ kPa$

2.49 $K_p = 36{,}6\ kPa \cdot (73{,}2\ kPa)^2 = 1{,}96 \cdot 10^5\ kPa^3$

2.50 $p(O_2) = 21{,}27\ kPa < K_p$, nein

2.51 48,95 g $CaCO_3$ (0,4842 mol), 0,86 g CaO (0,01526 mol)

2.52 Für neu eingestelltes Gleichgewicht gilt:
$(2{,}5 - x)(1{,}5 - x)/(6 + x) = 0{,}125$
$x = 0{,}94$
$c(COCl_2) = 6{,}94\ mol\ l^{-1}$
$c(CO) = 1{,}56\ mol\ l^{-1}$
$c(Cl_2) = 0{,}56\ mol\ l^{-1}$

2.53 12,5 mol H_2, 12,5 mol I_2, $K_c = 36$

2.54 Der gegebene K_p-Wert bezieht sich, erkennbar an der Dimension kPa, auf die Dissoziation von PCl_5, darum gilt
$(x - 101{,}3)^2/4 \cdot 101{,}3 = 187{,}4$
$x = 376{,}86$
$p(Cl_2/PCl_3\text{-Mischung}) = 376{,}86\ k\ Pa$

2.55 $p(Cl_2) = p(PCl_3) = 50{,}27\ k\ Pa$
$p(PCl_5) = 102{,}06\ kPa$

2.56 $FeO(s) + CO(g) \leftrightarrows Fe(s) + CO_2(g)$
$x/(22 - x) = 0{,}441$
$CO = 15{,}27\ \%$, $CO_2 = 6{,}73\ \%$, $N_2 = 78\ \%$

2.57 Ja, denn 10 % H_2O entsprechen $p_1(H_2O) = 10{,}13\ kPa$, aus K_p folgt Gleichgewichtsdruck $p_2(H_2O) = 4{,}11\ kPa$, da $p_2 < p_1$, ist die Bildung von $CuSO_4 \cdot 3\ H_2O(s)$ bevorzugt.

2.58 $K_{p1} = 1{,}57 \cdot 10^5\ kPa^{-1}$
$K_{p2} = 5{,}98 \cdot 10^{-3}\ kPa^{-1}$

2.59 $K_{p3} = K_{p2}/K_{p1}$

2.60 a) $p(H_2) = p(I_2) = A \cdot p_o$
$p(HI) = 2(1 - A)p_o$
$K_p = A^2/4(1 - A)^2$ und
$A = [2(K_p)^{1/2}]/[1 + 2(K_p)^{1/2}]$

b) Druckunabhängig, da keine Volumenänderung

c) $A = 0{,}22$

2.61 Mit dem Ausgangsdruck p_o von NH_3 erhält man:

$p(N_2) = (1/2) \cdot A \cdot p_o$

$p(H_2) = (3/2) \cdot A \cdot p_o$

$p(NH_3) = (1 - A)p_o$

$p = (1 + A)p_o$

$K_p = p^{1/2}(N_2) \cdot p^{3/2}(H_2)/p(NH_3) = [3 \cdot 3^{1/2}/4] \cdot [A^2/1 - A^2]p$

$A = [1 + (3 \cdot 3^{1/2}/4) \cdot (p/K_p)]^{-1/2}$

$k = (3 \cdot 3^{1/2}/4\ K_p) = 1{,}66 \cdot 10^{-2}\ kPa^{-1}$ bei 400°C

2.62 $p(SO_2) = 2\ A \cdot p_o$

$p(O_2) = A \cdot p_o$

$p(SO_3) = 2(1 - A)p_o$

daraus ergibt sich $p = (2 + A)p_o$ und somit

$K_p = [4\ A^3/4(1 - A)^2]p_o = [A^3/(1 - A)^2(2 + A)]p$

2.63 Die Partialdrücke entsprechen den Volumenanteilen:

$K_p = [(100 - 35) : 2 \cdot (100 - 35) : 2]/35 = 30{,}17$ kPa

2.64 K ist hier unabhängig vom Konzentrationsmaß, so daß an Stelle der Molzahlen die Volumina eingesetzt werden. Aus (100 – 2 x) % HI entstehen je x % der Elemente:

$K = x^2/(100 - 2\ x)^2$

$x = 11{,}02$

$H_2 = I_2 = 11{,}02$ %

$HI = 77{,}96$ %

2.65 Wegen $\Delta n = 0$ bleibt p(ges) konstant, Zunahme p(HI) = Abnahme $[p(H_2) + p(I_2)]$,

$[(375 - x)(65 - x)]/(95 + 2\ x)^2 = 0{,}0158$

$x = 49{,}23$

$p(H_2) = 325{,}7$ kPa, $p(I_2) = 15{,}76$ kPa, $p(HI) = 193{,}5$ kPa

2.66 Mit dem Gesamtdruck p folgt aus

$p(X) = (2\ A/1 + A)p$ und

$p(X_2) = (1 - A/1 + A)p$ die Gleichung $K_p = (4\ A^2/1 - A^2)p$

2.67 Mit Ausgangsmolzahl n_o gilt:

$n(SO_3) = n_o(1 - A)$

$n(SO_2) = n_o A$

$n(O_2) = n_o A/2$,

$n(ges) = n_o(1 + A/2)$, aus

$n(O_2)/n(ges) = n_o(A/2)/n_o(1 + A/2) = p(O_2)/p(ges)$ erhält man

$A/A + 2 = 26/480$

$A = 0{,}114$

2.68 Mit N Iodmolekülen vor dem Zerfall gilt im Gleichgewicht:
$(1 - A)N$ undissoziiert,
AN I_2 dissoziiert in 2 AN Iodatome,
undissoziiert: $p(I_2)/p(ges) = n(I_2)/n(ges) = 1 - A/1 + A$
$p(I_2) = (0{,}49/1{,}51) \cdot 101{,}3$ kPa = 32,87 kPa
dissoziiert: $p(I) = (2\,A/1 + A) \cdot p(ges) = (1{,}02/1{,}51) \cdot 101{,}3$
$p(I) = 68{,}42$ k Pa

2.69 Werden die beiden Systeme
$2\,H_2O \leftrightarrows 2\,H_2 + O_2$ und
$2\,CO_2 \leftrightarrows 2\,CO + O_2$ zusammengebracht, ist $c(O_2)$ im Gleichgewicht für beide Reaktionen gleich. Daraus folgt:
$c(O_2) = K(H_2O)c^2(H_2O)/c^2(H_2) = K(CO_2)c^2(CO_2)/c^2(CO)$
$c(CO_2)c(H_2)/c(H_2O)c(CO) = [K(H_2O)/K(CO_2)]^{1/2} = K_c$

2.70 % Cl_2 = % H_2O, für die Ausgangsstoffe verbleiben (100 – 43,6) % mit HCl : O_2 = 4:1 erhält man
56,4 % · 0,8 = 45,12 % HCl und
56,4 % · 0,2 = 11,28 % O_2
$p_i = [\% : 100]p(ges)$ ergibt
$p(HCl) = 275{,}23$ kPa,
$p(O_2) = 68{,}8$ kPa
$p(Cl_2) = p(H_2O) = 132{,}98$ kPa und somit
$K_p = (132{,}98)^4/(275{,}23)^4 \cdot 68{,}8 = 7{,}94 \cdot 10^{-4}$ kPa^{-1}

2.71 $K_p = K_{p1}^{\,2}/K_{p2} = 15{,}6$

2.72 $A = (7{,}2 \cdot 10^{-4}/2 \cdot 0{,}05) \cdot [(1 + 4 \cdot 0{,}05/7{,}2 \cdot 10^{-4})^{1/2} - 1] = 0{,}113$
11,3 % von HNO_2 sind protolysiert

2.73 $K = K_{s1} \cdot K_{s2} = 7{,}28 \cdot 10^{-10}$. Da $4 \cdot 0{,}01/7{,}28 \cdot 10^{-10}$ sehr groß ist, wird A näherungsweise nach Übung 2.20 berechnet:
$A = [7{,}28 \cdot 10^{-10}/2 \cdot 10^{-2}] \cdot [4 \cdot 10^{-2}/7{,}28 \cdot 10^{-10}]^{1/2} = 2{,}7 \cdot 10^{-4}$
$A = 0{,}027$ %

2.74 a) $K_c(H_2O) = A^2 \cdot c(H_2O)$
b) $K_c(H_2O) = (1{,}34 \cdot 10^{-9})^2 \cdot 55{,}5$ mol l^{-1} = $1 \cdot 10^{-16}$ mol l^{-1}

3 Eigenschaften von Lösungen

3.1 Keine, bestimmend ist die Anzahl der freibeweglichen Teilchen in der Lösung.

3.2 $b = 1{,}1559$ mol kg^{-1} = 0,289 mol/250 g, 52 g Traubenzucker

3.3 Nach (3.2) ist $b = 6{,}45$ mol kg^{-1}, mit $M = 62$ g mol^{-1} folgt
400 g/kg H_2O = 600 g $C_2H_4(OH)_2$ für 1,5 kg H_2O

3.4 a) Bei idealen Lösungen stimmt der berechnete mit dem gemessenen Dampfdruck überein. Nach (3.9) ist $p_L = 53$ kPa, also höher als der gemessene Wert. Es liegt folglich keine ideale Lösung vor.

b) Aus der negativen Abweichung vom Raoultschen Gesetz folgt, daß sich Aceton- und Chloroformmoleküle stärker anziehen, als die Moleküle der Komponenten untereinander.

3.5 $b = 1{,}289$ mol kg^{-1}, mit M(Phenol) = 94 g mol^{-1} folgt: 121,16 g Phenol + 1000 g Benzen = 1121,16 g Lösung. 965 g entsprechen 1 l Lösung mit 1,11 mol Phenol, $c = 1{,}11$ mol l^{-1} bzw. $c = 10{,}8$ %

3.6 $b = 0{,}5384$ mol kg^{-1} = 9,69 g H_2O/kg = 9,69 g H_2O/1009,7 g Lösung = 0,96 g/100 g Lösung = 0,96 %

3.7 M(I) = 5,02 K kg mol^{-1} · 3,053 g · 1000 g kg^{-1}/0,95 K · 63,8 g
M(I) = 252,8 g mol^{-1}
Mit der relativen Atommasse von Iod = 126,9 folgt:
252,8/126,9 = 2 Atome/Molekül. Iod liegt in CCl_4 als I_2 vor.

3.8 $x(C_7H_{16}) = 0{,}625$ und x(X) = 0,375. Aus (3.9) folgt p^o(X) = 56 kPa,
X = Pentan

3.9 $p_L = x(X) \cdot p^o(X)$, x(X) = 12,82/12,82 + 1,5 = 0,895
$p_L = 0{,}895 \cdot 14{,}3$ kPa = 12,8 kPa, $\Delta p = 1{,}5$ kPa

3.10 $x(C_5H_{12}) = 0{,}22$ und $x(C_7H_{16}) = 0{,}77$
Nach (3.9): $p_L = 0{,}22 \cdot 56{,}4$ kPa + $0{,}77 \cdot 4{,}73$ kPa = 16,05 kPa

3.11 $b = n(C_{12}H_{10})/m(C_6H_6)$ = 0,0165 mol/0,065 kg = 0,254 mol kg^{-1}
$\Delta T_g = 5{,}12$ K kg mol^{-1} · 0,254 mol kg^{-1} = 1,30 K
$\Delta T_s = 2{,}53$ K kg mol^{-1} · 0,254 mol kg^{-1} = 0,643 K
Gefrierpunkt = (5,5 – 1,3)°C, Siedepunkt = (80,1 + 0,643)°C

3.12 a) $n(CH_3OH)$ = 0,828 mol; $n(C_2H_5OH)$ = 0,19 mol; $x(CH_3OH)$ = 0,813
$x(C_2H_5OH)$ = 0,187; p_L = 48,06 kPa

b) Mit x(B) = 1 – x(A) wird aus (3.9):
37,6 kPa = x(A) · 52,4 kPa + [1 – x(A)] · 29,2 kPa,
x(A) = 0,362

3.13 Nach der in Übung 3.4 abgeleiteten Gleichung ist
M(X) = 1,86 K kg mol^{-1} · 58,9 g · 1 000 g kg^{-1}/250 g · 1,28 K
M(X) = 342 g mol^{-1}
X = Rohrzucker

3.14 $b = 1{,}403$ mol kg^{-1}. Das entspricht 0,1052 mol pro 75 g H_2O. Da 0,1052 mol 18,5 g Vitamin C entsprechen, ist $M = 176$ g mol^{-1}.

3.15 M(S) = 2,4 K kg mol^{-1} · 3,315 g · 1000 g kg^{-1}/0,137 K · 225 g
M(S) = 258,1 g mol^{-1}
Aus der relativen Atommasse folgt, daß ein Schwefelmolekül 258,1/32,1 = 8 Schwefelatome enthält.

3.16 $x(\text{KW}) = \Delta p/p^o(\text{CCl}_4) = 0{,}049$
$\Delta p/p^o(\text{CCl}_4) = [m(\text{KW})/M(\text{KW})]/[m(\text{CCl}_4)/M(\text{CCl}_4)] + [m(\text{KW})/M(\text{KW})]$
$0{,}0414 \text{ mol} \cdot M(\text{KW}) + 0{,}588 \text{ g} = 12 \text{ g}$
$M(\text{KW}) = 11{,}41 \text{ g}/0{,}0414 \text{ mol} = 276 \text{ g mol}^{-1}$

3.17 $M(X) = 90 \text{ g mol}^{-1}$

3.18 Herabgesetzte Ionenbeweglichkeit, nicht, wie früher angenommen, verminderter Dissoziationsgrad

3.19 a) 3, b) 3, c) 4, d) 2

3.20 $i = 1$ (keine interionischen Wechselwirkungen)

3.21 Da schwache Elektrolyte nur zu einem Bruchteil dissoziieren, zeigen ihre *i*-Werte die größeren Abweichungen.

3.22 Beim $MgSO_4$ sind die Ionen doppelt geladen und die interionischen Wechselwirkungen entsprechend stärker als beim NaCl.

3.23 Da ΔT_g nur von der Zahl der gelösten Teilchen abhängt:
a) 0,0368 °C, b) 0,0552 °C, c) 0,092 °C

3.24 $P = (0{,}0421/0{,}041) - 1 = 2{,}68 \cdot 10^{-2}$; 2,68 % HX sind dissoziiert

3.25 $\Delta T_{g,p} = 0{,}187$ °C

3.26 Da aus dem berechneten Wert $\Delta T_g = 0{,}1395$ K der gemessene Gefrierpunkt folgt, liegt ein Nichtelektrolyt vor.

3.27 $b = 1{,}083 \text{ mol kg}^{-1}$; $\Delta T_g = 3{,}3$ K; Gefrierpunkt = –3,3 °C

3.28 a) Aus der Einwaage folgen die Werte:

	$b(\text{mol kg}^{-1})$	$\Delta T_g(\text{K})$
KCl	0,440	0,818
Na_2SO_4	0,232	0,432
$K_3[Fe(CN)_6]$	0,100	0,186

Die Lösung enthält $K_3[Fe(CN)_6]$.
b) $i = 3{,}76$
c) Ja, nur $K_3[Fe(CN)_6]$ ergibt eine farbige Lösung.

3.29 Aus $b = 0{,}284 \text{ mol kg}^{-1}$ erhält man
$i = 1{,}415 \text{ K}/1{,}86 \text{ K kg mol}^{-1} \cdot 0{,}284 \text{ mol kg}^{-1} = 2{,}68$

3.30 a) 100,134 °C; b) 100,051 °C

3.31 Mit $c(\text{mol l}^{-1}) = m[\text{g}] \cdot 1000 \text{ ml l}^{-1}/M[\text{g mol}^{-1}] \cdot V[\text{ml}]$ ergibt (3.19):
a) 119,6 kPa; b) 186,1 kPa; c) 276,3 kPa

3.32 Nach (3.11) erhält man $p^* = 102{,}35$ kPa

3.33 Die gelösten Makromoleküle sind von einer Hydrathülle umgeben, binden also H_2O-Moleküle. Darum ist der Stoffmengenanteil des als Lösemittel verfügbaren Wassers geringer, als aus Daten für die Herstellung der Lösung berechnet. Mit zunehmender Verdünnung wird dieser Effekt geringer.

3.34 a) $b = 0{,}56\ \text{K}/1{,}86\ \text{K kg mol}^{-1} = 0{,}2956\ \text{mol kg}^{-1} \cong 0{,}2956\ \text{mol l}^{-1}$
$p^* = 0{,}2956\ \text{mol l}^{-1} \cdot 8{,}31\ \text{kPa l mol}^{-1}\text{K}^{-1} \cdot 310\ \text{K} = 761{,}65\ \text{kPa}$
b) Nach Übung (3.11) erhält man $h = 77{,}6$ Meter

3.35 a) Die Löslichkeit entspricht der maximalen Stoffmenge, die sich in einer Menge Lösemittel lösen läßt, für H_2O ist 1000 g = 1000 ml = 1 l.
b) Aus (3.11) folgt $m = 39{,}1$ g/1 l H_2O und $c = 0{,}0108\ \text{mol l}^{-1}$.

3.36 a) Semipermeabilität, rote Blutkörperchen sind Zellen mit semipermeablen Wänden.
b) 1. Die H_2O-Konzentration von Wasser ist höher als die in den Zellen, H_2O strömt entsprechend seinem Konzentrationsgefälle in das Innere der Zellen, die Zellen blähen sich auf und platzen.
2. Das Konzentrationsgefälle verläuft umgekehrt, Wasser wandert aus der Zelle in die konzentrierte Zuckerlösung, die Zellen schrumpfen.

3.37 Mit $M = 180\ \text{g mol}^{-1}$ ergibt (3.12):
$m = p^* \cdot M \cdot V/R \cdot T$
$m = 761{,}05\ \text{kPa} \cdot 180\ \text{g mol}^{-1}\ 1\ \text{l}/8{,}31\ \text{kPa l mol}^{-1}\text{K}^{-1} \cdot 309{,}6\ \text{K}$
$m = 53{,}28$ g
$c = 53{,}28\ \text{g l}^{-1} = 0{,}296\ \text{mol l}^{-1}$

3.38 $p_1^*(\text{A}) = c_1 \cdot R \cdot T$ und $p_2^*(\text{B}) = i \cdot c_2 \cdot R \cdot T$
Isotonisch bedeutet $p_1^*(\text{A}) = p_2^*(B)$ und darum $i = c_1/c_2$

3.39 a) $c(C_{12}H_{22}O_{11}) = 0{,}38\ \text{mol l}^{-1}$, aus $p^*(C_{12}H_{22}O_{11}) = c_1 \cdot R \cdot T$ und $p^*(K_4[Fe(CN)_6]) = i \cdot c_2 \cdot R \cdot T$ folgt $i = 3{,}80$
b) $c(K^+) + c([Fe(CN)_6]^{4-}) = 0{,}38\ \text{mol l}^{-1}$ (wirksame Teilchen)
Aus $c(K^+) = 4 \cdot c([Fe(CN)_6]^{4-})$ folgt
$5\,c([Fe(CN)_6]^{4-}) = 0{,}38\ \text{mol l}^{-1}$ und darum
$c([Fe(CN)_6]^{4-}) = 0{,}076\ \text{mol l}^{-1}$, $c(K^+) = 0{,}304\ \text{mol l}^{-1}$

3.40 In diesem Fall ist Molalität = Stoffmengenkonzentration = $1{,}45\ \text{mol l}^{-1}$
$p^* = 35{,}3$ kPa

3.41 In Lösungen starker Elektrolyte wirken starke elektrostatische Kräfte, die die Ionenbeweglichkeit merklich vermindern. Die Ionen können sich nicht unabhängig voneinander bewegen.

3.42 1 l Lösung = 1075 g Lösung, $m(H_3PO_4) = 220{,}5$ g
m(Lösemittel) = (1075 – 220,5) g = 854,5 g; $b = 2{,}63$ mol kg^{-1}
Nach (3.3): $\Delta T_s = 0{,}512$ K kg mol^{-1} · 2,63 mol kg^{-1} = 1,348 K
Nach (3.16) mit $A_{Ion} = 2$ (1. Protolysestufe) ist
$\Delta T_{s,P} = 1{,}348 \text{ K} \cdot [1 + (2-1) \cdot 0{,}08] = 1{,}456 \text{ K}$
Siedepunkt = (100 + 1,456) °C = 101,456 °C

3.43 $p^* = h \cdot d \cdot g$ (siehe Übung 3.11)
$p^* = 0{,}0063 \text{ m} \cdot 10^3 \text{ kg m}^{-3} \cdot 9{,}81 \text{ m s}^{-2} = 61{,}8 \text{ Pa}$
$c(\text{AgCl}) = p^*/i \cdot R \cdot T$
$c(\text{AgCl}) = 0{,}0618 \text{ kPa}/2 \cdot 8{,}31 \text{ kPa l mol}^{-1}\text{K}^{-1} \cdot 298 \text{ K}$
$c(\text{AgCl}) = 1{,}25 \cdot 10^{-5} \text{ mol l}^{-1}$
$c(\text{AgCl}) = c(\text{Ag}^+) = c(\text{Cl}^-)$
$L(\text{AgCl}) = c(\text{Ag}^+) \cdot c(\text{Cl}^-)$
$L(\text{AgCl}) = (1{,}25 \cdot 10^{-5} \text{ mol l}^{-1})^2 = 1{,}56 \cdot 10^{-10} \text{ mol}^2 \text{ l}^{-2}$

3.44 $c(\text{AgBr}) = [L(\text{AgBr})]^{1/2} = 7{,}1 \cdot 10^{-7} \text{ mol l}^{-1}$. Nach (3.19) ist $p^* = 3{,}516 \cdot 10^{-3}$ kPa, das entspricht einer Wassersäule (siehe 3.43.) von 0,036 cm. Schwerlösliche Verbindungen ergeben so geringe Effekte, daß keine gut ablesbaren Meßwerte erhalten werden. Für die Bestimmung von Löslichkeitsprodukten ist die Methode daher ungeeignet.

3.45 In der Bereitstellung wirklich semipermeabler Membranen.

3.46 a) $M(\text{NaPO}_3) = 102$ g mol^{-1}, aus (3.12) folgt $M = 81{,}6$ g mol^{-1}.
Das entspricht 4/5 der kleinstmöglichen molare Masse. Die vierfache molare Masse der kleinstmöglichen Baueinheit des Phosphats ergibt 5 mol osmotisch wirksame Teilchen:
$(\text{NaPO}_3)_4 \mathrel{\hat{=}} \text{Na}_4\text{P}_4\text{O}_{12} \longrightarrow 4 \text{ Na}^+ + \text{P}_4\text{O}_{12}^{4-}$
b) $0{,}1 \text{ mol Na}_4\text{P}_4\text{O}_{12} \longrightarrow 0{,}4 \text{ mol Na}^+ + 0{,}1 \text{ mol P}_4\text{O}_{12}^{4-}$
1 l Lösung enthält 0,5 mol osmotisch wirksame Teilchen.

3.47 a) Nach (3.12) ist $p^* = 247{,}64$ kPa und aus (3.14) folgt:
$A_{Ion} \cdot P = (p^*_P/c\,R\,T) - 1 + P$
$0{,}12 \cdot A_{Ion} = 1{,}12 - 1 + 0{,}12$
$A_{Ion} = 2$ entspricht der 1. Stufe. Würde die 2. Protolysenstufe ablaufen, würde man $A_{Ion} > 2$ erhalten.
b) mit $A_{Ion} = 4$ ergibt (3.14) $p^*_p = 336{,}79$ kPa

3.48 $M = 6{,}25 \text{ g} \cdot 8{,}31 \text{ kPa l mol}^{-1}\text{K}^{-1} \cdot 298 \text{ K}/0{,}88 \text{ kPa} \cdot 0{,}1 \text{ l}$
$M = 175879 \text{ g mol}^{-1}$
Mit $M(\text{C}_3\text{H}_3\text{N}) = 53$ g mol^{-1} folgt 175879 g mol^{-1}/53 g mol^{-1} = 3318
Die gelösten Makromoleküle bestehen durchschnittlich aus 3318 Monomeren.

3.49 Sie darf sich am Siedepunkt nicht zersetzen.

3.50 Verhältnisformel: $(\text{CH}_2\text{O})_n$ mit $M = 30$ g mol^{-1} für $n = 1$.
Aus (3.12) folgt $M = 180$ g mol^{-1} und somit als Summenformel: $\text{C}_6\text{H}_{12}\text{O}_6$ = Traubenzucker

3.51 1000 g Lösung = 80 g $SrCl_2$(= 0,505 mol) + 920 g H_2O
b = 3 · 0,505 mol/0,92 kg = 1,645 mol kg^{-1}
ΔT_s = 0,843 K und darum: Siedepunkt = 100,843 °C

3.52 c(KCl) = 0,235 mol l^{-1}; $c(SrCl_2)$ = 0,163 mol l^{-1} und somit:
osmotisch wirksam = (0,235 · 2 + 0,163 · 3) mol l^{-1} = 0,958 mol l^{-1}
Nach (3.12) ist p^* = 2373 kPa

3.53 Na_2SO_4 = 4,25 · 0,75 g = 3,187 g
$K_3[Fe(CN)_6]$ = 4,25 · 0,25 g = 1,062 g
Daraus folgt die Anzahl der Mole in 1 kg Wasser:
Na_2SO_4 = 0,234 mol kg^{-1} und $K_3[Fe(CN)_6]$ = 0,0337 mol kg^{-1}
b = (3 · 0,234 + 4 · 0,0337) mol kg^{-1} = 0,837 mol kg^{-1}
ΔT_g = 1,556 K Gefrierpunkt: –1,556 °C

3.54 $c_1(C_6H_{12}O_6)$ = 0,4 mol l^{-1}; $c_2(K_4[Fe(CN)_6])$ = 0,103 mol l^{-1}
Isotonisch bedeutet $c_1 R T = i\, c_2 R T$, als $i = c_1/c_2 = 3{,}88$

3.55 a) b(Harnstoff) = 1 mol kg^{-1}, b(Rohrzucker) = 0,175 mol kg^{-1}, Gefrierpunkte: –0,33 °C (Zuckerlösung), –1,86 °C (Harnstofflösung)
b) Am Gefrierpunkt der Zuckerlösung nimmt die Konzentration von flüssigem Wasser ($c(H_2O)$) aufgrund der Eisbildung ab. Das bedeutet, daß Molalität und Gefrierpunktserniedrigung zunehmen und schließlich die Werte der Harnstofflösung erreichen. Der Anteil des noch flüssigen Wassers in der Zuckerlösung bei –1,86°C ergibt sich darum aus
$b = n$(Zucker) · 1000 g $kg^{-1}/m(H_2O)$:$m(H_2O)$ = 0,0175 mol · 1000 g kg^{-1}/1 mol kg^{-1} = 17,5 g
m(Eis) = 100 g – 17,5 g = 82,5 g

3.56 Gleicher Siedepunkt bedeutet, daß beide Lösungen 0,5 mol wirksame Teilchen enthalten, so daß für die $H_2C_2O_4$-Lösung aus (3.13) folgt:
0,5 = 0,25 · [1 + (3 – 1) · P], P = 0,5

4 Säure-Base-Reaktionen

4.1 Aus $s_1 + b_2 \rightleftarrows s_2 + b_1$ folgen 4 Protolyte. Der schwächere Protolyt ist die beständigere Form.

4.2 Entscheidend ist die Protonenaffinität der beiden Basen b_1 und b_2, die in Konkurrenz um die Bindung des Protons treten. Die stärkere Base bindet das Proton, wobei die schwächere Base aus der stärkeren Säure zwangsläufig frei wird.

4.3 H_2O, NH_2^-, CO_3^{2-}, OH^-, H^-, N_2H_4, NH_3

4.4

	s_1	s_2	b_1	b_2
a)	HSO_4^-	HCN	SO_4^{2-}	CN^-
b)	H_3O^+	H_2S	H_2O	HS^-
c)	$H_2PO_4^-$	HCO_3^-	HPO_4^{2-}	CO_3^{2-}
d)	HPO_4^{2-}	$H_2PO_4^-$	PO_4^{3-}	HPO_4^{2-}
e)	C_2H_5OH	$C_2H_5OH_2^+$	$C_2H_5O^-$	C_2H_5OH
f)	HF	$C_2H_5OH_2^+$	F^-	C_2H_5OH
g)	H_2O	H_2	OH^-	H^-

4.5 a) $HF + NH_3 \rightleftarrows NH_4^+ + F^-$
b) $N^{3-} + H_2O \rightleftarrows OH^- + HN^{2-}$
c) $HCO_3^- + H_3O^+ \rightleftarrows H_2CO_3 + H_2O$
d) $O^{2-} + H_2O \rightleftarrows OH^- + OH^-$
e) $HSO_3^- + NH_3 \rightleftarrows NH_4^+ + SO_3^{2-}$
f) $HOCl + OH^- \rightleftarrows OCl^- + H_2O$

4.6 NH_4^+ als die korrespondierende Säure zu NH_3.

4.7 $NH_4Cl + NaNH_2 \longrightarrow NaCl + 2\ NH_3$
Da die Säure NH_4^+ mit der Base NH_2^- gemäß
$NH_4^+ + NH_2^- \longrightarrow 2\ NH_3$
in Umkehrung der Autoprotolyse von NH_3 reagiert, stellt die Reaktion eine Neutralisation dar.

4.8 (sehr starke Säure) $H_3O^+ \rightleftarrows H^+ + H_2O$ (sehr schwache Base)
(sehr schwache Säure)$H_2O \rightleftarrows H^+ + OH^-$ (sehr starke Base)
Der schwächere Protolyt H_2O ist in beiden Gleichgewichten die beständigere Form.

4.9 Relative Eigenschaft, denn die Stärke einer Säure hängt von der Basizität, die Stärke einer Base von der Acidität des Lösungsmittels ab.

4.10 HF_2^- als die korrespondierende Base zu HF.

4.11 $NH_3 + H^- \longrightarrow H_2 + NH_2^-$
H^- ist stärker basisch als NH_2^-.

4.12 Ja, zum Beispiel NH_3 und CH_3COOH.

4.13 Nein, da beide Basen stärker als OH^- sind, würden sie beide auf die Basenstärke von OH^- nivelliert werden.

4.14 SO_3, P_2O_5, Na_2O und CaO werden als nichtprotonenhaltige Verbindungen vom Brönsted-Konzept nicht erfaßt.

4.15 Neutralsäuren: H_2S,
Kationensäuren: $[Fe(H_2O)_6]^{3+}$, $N_2H_5^+$, $[Al(H_2O)_4(OH)_2]^+$,
Anionensäuren: HCO_3^-, HPO_4^{2-},
Neutralbasen: N_2H_4, NH_3,
Kationenbasen: $[Al(H_2O)_4(OH)_2]^+$,
Anionenbasen: HCO_3^-, CN^-, PO_4^{3-}, HPO_4, P^{3-}, Br^-, NH_2^-, OH^-

Es fehlt die deutliche Hervorhebung des amphoteren Charakters einiger Teilchen, also Ampholyte $[Al(H_2O)_4(OH)_2]^+$, HCO_3^-, HPO_4^{2-}.

4.16 Brönsted-Konzept erfaßt nur protonenhaltige Lösungsmittel.
a) und b) = nein, c) und d) = ja.

4.17 Die Autoprotolyse-Konstante K_a für beliebige protonenhaltige Lösemittel wird für das Lösemittel Wasser mit K_w bezeichnet.

4.18 OH^-

4.19 Ja, als Basen wirken O^{2-} und H^-.

4.20 SO_3, Ni^{2+}, H^+, S

4.21 Ein Chloratom von jedem $AlCl_3$-Molekül stellt dem Aluminiumatom des anderen Moleküls ein Elektronenpaar zur Verfügung.

4.22 Arrhenius: Säuredissoziation
Lewis: nucleophile Verdrängungsreaktion
Brönsted: Säure-Base-Reaktion

4.23 Lewis-Konzept

4.24 Lewis: Verdrängung der schwächeren Base H_2O durch die stärkere Base NH_3.

4.25 Weil in wäßriger Lösung keine freien Protonen, sondern nur H_3O^+-Ionen existieren können, deren Bildung als $H^+ + H_2O \longrightarrow H_3O^+$ zu formulieren ist.

4.26 Der Energieaufwand ist um so größer, je größer die negative Ladung der konjugierten Base ist. Beispiel H_3PO_4: Das erste Proton wird vom neutralen Teilchen H_3PO_4 abgespalten, was den geringsten Energieaufwand erfordert. Das zweite Proton muß vom negativ geladenen $H_2PO_4^-$ abgetrennt werden, was aufgrund der gegenseitigen Anziehung entgegengesetzter Ladungen mehr Energie erfordert. Am schwierigsten ist daher die Ablösung des dritten Protons vom doppelt negativ geladenen HPO_4^{2-}-Ion.

4.27 $c(NH_3) \cdot c(H_3O^+)/c(NH_4^+) = K_s$
$c(NH_4^+) \cdot c(OH^-)/c(NH_3) = K_b$

4.28 $c(H^+) : c(S^{2-})$ ist erheblich größer als 2:1, da H_2S überwiegend in der 1. Stufe $H_2S \rightleftarrows HS^- + H^+$ protolysiert und nur ein Bruchteil von HS^- weiter zu S^{2-} reagiert.

4.29 Den pK_b-Wert erhält man aufgrund der Beziehung
$pK_b + pK_s = pK_w$ aus $pK_b = pK_w - pK_s$

4.30 $H_2O(s_1) \rightleftarrows H^+ + OH^-(b_1)$
$H^+ + O^{2-}(b_2) \rightleftarrows OH^-(s_2)$

$H_2O(s_1) + O^{2-}(b_2) \rightleftarrows 2\ OH^-(s_2+b_1)$
$pK_b(O^{2-}) = -10$

4.31 $c(NH_3) = 0{,}31$ mol l

4.32 $1{,}5 \cdot 10^9$ OH^--Ionen

4.33 $pK_b(H_2O) = 15{,}74$; $pK_b(OH^-) = -1{,}74$

4.34 Mit der Näherung $c(H^+) = (K_s \cdot C_s)^{1/2}$ erhält man pH = 8. Das würde bedeuten, daß eine schwache Säure bei Verdünnung eine basische Lösung ergibt! In diesem Fall muß mit der exakten Gleichung
$c(H^+) = (K_s \cdot C_s + K_w)^{1/2}$
gerechnet werden, mit der man pH = 6,99 erhält.

4.35 Als vertretbare Näherung ist nur die erste Stufe zu berücksichtigen: pH = 5,62

4.36 $HS^- \rightleftarrows H^+ + S^{2-}$
$c(H^+) \cdot c(S^{2-})/c(HS^-) = Ks_2$, Näherung: $c(H^+) = c(HS^-)$
$c(S^{2-}) = Ks_2$

4.37

P [%]	0,5	5	50	99	99,9
C_o[mol l^{-1}]	0,1	$9{,}5 \cdot 10^{-4}$	$5 \cdot 10^{-6}$	$2{,}6 \cdot 10^{-8}$	$2{,}5 \cdot 10^{-9}$

a) Der Protolysengrad nimmt mit steigender Verdünnung zu.
b) Bei unendlicher Verdünnung ist $P = 1$.
c) $2{,}51 \cdot 10^{-6}$ mol l^{-1}

4.38 $K_b = 1{,}59 \cdot 10^{-4}$ mol l^{-1}

4.39 $K_s(HA) = 1{,}01 \cdot 10^{-5}$ mol l^{-1}
$K_s(HB) = 4{,}91 \cdot 10^{-5}$ mol l^{-1}
HB ist stärker

4.40 94 %

4.41 $c(S^{2-}) = 4{,}4 \cdot 10^{-20}$ mol l^{-1}; $c(HS^-) = 2{,}2 \cdot 10^{-7}$ mol l^{-1}

4.42 $c(OH^-) = 10^{-14}$ mol l^{-1}

4.43 Hydrolyse ist kein besonderer Reaktionstyp, sondern die Protolyse einer Kationensäure bzw. Anionenbase.

4.44 Da eine Spaltung von Atombindungen durch Wasser erfolgt, liegt eine Hydrolyse vor.

4.45 Sie müssen Ionen enthalten, von denen entweder das Kation oder das Anion ein verhältnismäßig starker Protolyt ist.

4.46 Da der Protolysegrad *P* von der Konzentration der zu protolysierenden Substanz abhängig ist, eignet er sich nicht für den direkten Vergleich der Säure/Basen-Stärke verschiedener Protolyte.

4.47 Der Protolysengrad bezieht sich auf die gesamte Stoffmenge (Totalkonzentration C_o) des Protolyten. In der Protolysenkonstanten hingegen wird nur der nichtprotolysierte Teil von C_o berücksichtigt.

4.48 Die molare Löslichkeit von $Na_3PO_4 \cdot 2\,H_2O$, denn die für die Herstellung einer Lösung mit pH = 14 erforderliche Menge muß sich ja auch lösen lassen.

4.49 $c(S^{2-}) = 1{,}1 \cdot 10^{-21}\,mol^3\,l^{-3} \cdot 0{,}1/c^2(H_3O^+)$

pH :	2	5	7	9	10
$c(S^{2-})$:	$1{,}1 \cdot 10^{-18}$	$1{,}1 \cdot 10^{-11}$	$1{,}1 \cdot 10^{-7}$	$1{,}1 \cdot 10^{-3}$	0,01

Da H_3O^+- bzw. OH^--Ionen aus einer anderen Quelle als dem H_2S selbst zugesetzt wurden, gilt $c(S^{2-}) = K_{s_2}$ nicht mehr.

4.50 neutral: $NaNO_3$,
sauer: NH_4Cl, NH_4NO_3, $FeBr_2$,
basisch: KCN, $Ba(CH_3COOH)_2$, $NaNO_2$, Na_2CO_3.
neutral: Na^+ und NO_3^- als äußerst schwache Protolyte ergeben keine Reaktion mit Wasser.
sauer: NH_4^+ und Fe^{2+} als relativ starke Protolyte reagieren als Kationensäuren gemäß $s^+ + H_2O \rightleftarrows b + H_3O^+$
basisch: CN^-, CH_3COO^-, NO_2^- und CO_3^{2-} als relativ starke Anionenbasen reagieren gemäß $b^- + H_2O \rightleftarrows s + OH^-$

4.51 Der Säuregrad einer Salzlösung ist abhängig vom K_s- und K_b-Wert der Ionen des betreffenden Salzes. Er ist um so größer, je kleiner die Säure- und Basenkonstante der Ionen ist.

4.52 pK_s:
a) $H_3P_2O_7^- \rightleftarrows H_2P_2O_7^{2-} + H^+$
d) $H_2PO_4^- \rightleftarrows HPO_4^{2-} + H^+$
e) $HSO_4^- \rightleftarrows SO_4^{2-} + H^+$
f) $[Fe(H_2O)_6]^{3+} \rightleftarrows [Fe(H_2O)_5OH]^{2+} + H^+$
g) $HCO_3^- \rightleftarrows CO_3^{2-} + H^+$
h) $H_2O \rightleftarrows OH^- + H^+$
l) $NH_3OH^+ \rightleftarrows NH_2OH + H^+$

pK_b:
b) $H_3P_2O_7^- + H^+ \rightleftarrows H_4P_2O_7$
c) $H_2PO_4^- + H^+ \rightleftarrows H_3PO_4$
i) $PO_4^{3-} + H^+ \rightleftarrows HPO_4^{2-}$
j) $CN^- + H^+ \rightleftarrows HCN$
k) $NH_2OH + H^+ \rightleftarrows NH_3OH^+$

4.53 Die pK_b-Werte entsprechen dem Ausmaß der Protolysen
$PO_4^{3-} + H_2O \rightleftarrows HPO_4^{2-} + OH^-$
$CN^- + H_2O \rightleftarrows HCN + OH^-$
Der kleinere pK_b-Wert der Phosphat-Ionen besagt, daß ihr Protolysengleichgewicht stärker als das der Cyanid-Ionen auf der rechten Seite

liegt, die PO_4^{3-}-Lösung also mehr OH^--Ionen als die CN^--Lösung enthält. Das kommt auch im Vergleich der entsprechenden pK_s-Werte zum Ausdruck:
$pK_s(HCN) = 9{,}40 < pK_s(HPO_4^{2-}) = 12{,}32$

4.54 $K_s(HCN) = 3{,}8 \cdot 10^{-10}\ mol\ l^{-1}$

4.55 $c = 0{,}01$ mol/l

4.56 CO_3^{2-}, $pK_b = 3{,}68$

4.57 $K_{b1} = K_w/K_{s2} = 10^{-14}/6{,}4 \cdot 10^{-5} = 1{,}5 \cdot 10^{-10}$
$K_{b2} = K_w/K_{s1} = 10^{-14}/5{,}9 \cdot 10^{-2} = 1{,}7 \cdot 10^{-13}$, pH > 7, also basisch

4.58 $PO_4^{3-} + H_2O \rightleftarrows HPO_4^{2-} + OH^-$ (A)
$CH_3COO^- + H_2O \rightleftarrows CH_3COOH + OH^-$ (B)
Da PO_4^{3-} eine stärkere Base als CH_3COO^- ist, liegt (A) mehr als (B) zugunsten der rechten Seite, die Phosphat-Lösung reagiert basischer.

4.59 Eine starke Base drängt die Protolyse zurück und vermindert den Protolysengrad.

4.60 $V = 5{,}14$ Liter.

4.61 pH = 4,92

4.62 pH = 10,94

4.63 $m = V \cdot K_w \cdot K_s(HPO_4^{2-}) \cdot M(Na_3PO_4 \cdot 2\ H_2O)/c^2(H_3O^+)$
$(l\ mol^2\ l^{-2}\ mol\ l^{-1}\ g\ mol^{-1} / l^2\ mol^{-2} = g)$
$m(g) = 2 \cdot 10^{-25}/c^2(H_3O^+)$

pH :	11	11,5	12	12,5
m(g):	$2 \cdot 10^{-3}$	$2 \cdot 10^{-2}$	$2 \cdot 10^{-1}$	2

4.64 Der pH-Wert ist abhängig davon, ob der saure Charakter des Kations oder der basische des Anions überwiegt.

4.65 Das CN^--Ion ist stärker basisch als das NH_4^+-Ion sauer ist, der Wert für $K_b(NH_3)$ ist größer als der für $K_s(HCN)$.

4.66 pH = 8,2

4.67 $7{,}5 \cdot 10^{-5}$

4.68 $K_s = K_w \cdot c(HCOO^-)/c^2(OH^-) = 10^{-14} \cdot 10^{-1}/7{,}94 \cdot 10^{-12} = 1{,}26 \cdot 10^{-4}$
$pK_s = 3{,}9$; $P = [K_w/K_s \cdot C_o(b)]^{1/2} = [10^{-14}/1{,}26 \cdot 10^{-4} \cdot 0{,}1]^{1/2}$
$P = 2{,}8 \cdot 10^{-5}$

4.69 $7{,}5 \cdot 10^{-3}$ %

4.70 Berücksichtigt wurde nur die Reaktion
$NH_2^- + H_2O \rightleftarrows NH_3 + OH^-$
Der Einfluß von $NH_3 + H_2O \rightleftarrows NH_4^+ + OH^-$
auf den pH-Wert darf vernachlässigt werden.

4.71 pH = 9,32

4.72 $H_2S + OH^- \rightleftarrows HS^- + H_2O$
pH = 20,96/2 = 10,48

4.73 1,06 g Na_2CO_3

4.74 $pKs = 2,2$

4.75 $c^2(OH^-)/c(CH_3COO^-) = K_b = K_w/K_s$
$c(OH^-) = 1,41 \cdot 10^{-5}$ mol l^{-1}
$c(CH_3COO^-) = 0,36$ mol l^{-1}, [Näherung: $C_o(CH_3COO^-) = c(CH_3COO^-)$]

4.76 pH = 1/2 pK_s – 1/2 log $C_o(s)$ = 2,04
$c(H_3O^+) = 9,05 \cdot 10^{-3}$ mol l^{-1}
$P = 9,05 \cdot 10^{-3}/0,45 = 2 \cdot 10^{-2}$
2 % sind protolysiert.

4.77 Da beide Lösungen die gleiche Stoffmengenkonzentration haben, ist die Basenstärke identisch, wenn die Produkte aus Volumen und Protolysengrad gleich sind:
$V(NH_3) \cdot P(NH_3) = V(NaOH) \cdot P(NaOH)$
$V(NH_3) = 0,1 \text{ l} \cdot 0,98/0,0105$
$V(NH_3) = 9,33$ Liter

4.78 $2\ HCO_3^- \rightleftarrows CO_3^{2-} + H_2CO_3$
pH = 1/2(6,37 + 10,32) = 8,34 ; alkalische Reaktion

4.79 $2\ HC_2O_4^- \rightleftarrows C_2O_4^{2-} + H_2C_2O_4$
pH = 1/2(1,23 + 4,19) = 2,71

4.80 Pufferlösung. $HCO_3^- + H_2O \rightleftarrows CO_3^{2-} + H_3O^+$
0,105 mol K_2CO_3/500 ml = 0,21 mol l^{-1}
$4,8 \cdot 10^{-11} = 3,16 \cdot 10^{-10} \cdot 0,21/c(HCO_3^-)$
$c(HCO_3^-) = 1,38$ mol l^{-1}, $n(KHCO_3) = 0,69$ mol
$m(KHCO_3) = 69,24$ g

4.81 Säurezugabe verschiebt das Gleichgewicht
$H_2PO_4^- + H_2O \rightleftarrows H_3O^+ + HPO_4^{2-}$ nach links.
$K_s = c(H_3O^+) \cdot [0,25 - x(H_3O^+)]/[0,20 + x(H_3O^+)]$
$6,2 \cdot 10^{-8}/10^{-7} = 0,62 = 0,25 - x(H_3O^+)/0,20 + x(H_3O^+)$
$x(H_3O^+) = 7,77 \cdot 10^{-2}$ mol l^{-1}
$V(HCl\ (c = 8 \text{ mol } l^{-1})) = 9,7$ ml

4.82 $C_2H_5NH_2 + HCl \rightleftarrows [C_2H_5NH_3]^+ + Cl^-$ (Pufferlösung)
$c(PS) = 0{,}03\ mol\ l^{-1}\ (C_2H_5NH_3)^+$
$c(PB) = (0{,}50 - 0{,}03) mol\ l^{-1}\ C_2H_5NH_2$
$pH = 14 - 3{,}48 - \log 0{,}03 + \log 0{,}47\ (pK_s = 14 - pK_b)$
$pH = 11{,}71$

4.83 $c(HPO_4^{2-})/c(H_2PO_4^-) = K_s/c(H_3O^+) = 6{,}2 \cdot 10^{-8}/3{,}16 \cdot 10^{-7}$
$c(HPO_4^{2-}) = 6{,}86 \cdot 10^{-2}\ mol\ l^{-1}$

4.84 a) $pH = 1/2(pKs_1 + pKs_2)$ für Ampholytlösungen,
b) ja, im isoelektrischen Punkt.

4.85 $HCO_3^- + H_2O \rightleftarrows H_3O^+ + CO_3^{2-}$
Ausgangslösung: $pH = pK_s = 10{,}32$
a) $c(HCO_3^-) = (0{,}1 + 0{,}01)\ mol\ l^{-1}$, $c(CO_3^{2-}) = (0{,}1 - 0{,}01)\ mol\ l^{-1}$
$c(H_3O^+) = 5{,}86 \cdot 10^{-11}\ mol\ l^{-1}$, $pH = 10{,}23$
pH-Änderung von 10,32 auf 10,23 (Pufferlösung) und von 7 auf 2 (Wasser).
b) $c(HCO_3^-) = 0{,}2\ mol\ l^{-1}$, $c(CO_3^{2-}) = 0$ (Näherung!)
pH = 5,86 (nach Gleichung 4.14) (Wasser von 7 auf 1)
c) $c(H_3O^+) = K_s \cdot 0{,}9/0{,}11$
pH = 10,40 (Wasser von 7 auf 12)
d) $c(HCO_3^-) = 0$ (Näherung), $c(CO_3^{2-}) = 0{,}2\ mol\ l^{-1}$
pH = 11,46 (nach Gleichung 4.18) (Wasser von 7 auf 13)

4.86 $H_2PO_4^-$; HPO_4^{2-}

4.87 Der pH-Wert von Ampholytlösungen ist näherungsweise konzentrationsunabhängig.

4.88 Säure-Base-Disproportionierung >> Protolyse mit Wasser

4.89 Das Ampholytverhalten des Salzes ergibt sich aus dem Protolytverhalten seines Kations und Anions:
Säureverhalten: $NH_4^+ \rightleftarrows NH_3 + H^+$ $Ks_1(NH_4^+) = 10^{-9{,}25}$
Baseverhalten: $CH_3COO^- + H^+ \rightleftarrows CH_3COOH$ $Ks_2(CH_3COOH) = 10^{-4{,}75}$
pH = 7

4.90 $Ks_2 = 4{,}8 \cdot 10^{-11}\ mol\ l^{-1}$

4.91 pH = 8,3

4.92

Säure-Base-Disproportionierung:	Protolysen:
$HCO_3^- \rightleftarrows CO_3^{2-} + H^+$	$HCO_3^- + H_2O \rightleftarrows CO_3^{2-} + H_3O^+$
$HCO_3^- + H^+ \rightleftarrows CO_2 + H_2O$	$HCO_3^- + H_2O \rightleftarrows CO_2 + H_2O + OH^-$

$2HCO_3^- \rightleftarrows CO_3^{2-} + CO_2 + H_2O$
Isoelektrischer Punkt: Das Ausmaß der Disproportionierung ist größer als das der Protolysen.

4.93 $H_3PO_4 + 2\ OH^- \longrightarrow HPO_4^- + 2\ H_2O$
pH = 1/2(12 + 7,2) = 9,6

4.94 a) $H_3PO_4 + OH^- \longrightarrow H_2PO_4^- + H_2O$
Pufferlösung: 50 mmol H_3PO_4 + 50 mmol $H_2PO_4^-$
pH = pK_s = 2,12
b) $H_2PO_4^- + OH^- \longrightarrow HPO_4^{2-} + H_2O$
Pufferlösung: 80 mmol $H_2PO_4^-$ + 20 mmol HPO_4^{2-}
pH = 6,59
c) $H_3PO_4 + 2\ OH^- \longrightarrow HPO_4^{2-} + 2\ H_2O$
Ampholytlösung: 100 mmol HPO_4^{2-}
pH = 1/2(12 + 7,2) = 9,6
d) $H_3PO_4 + 3\ OH^- \longrightarrow PO_4^{3-} + 3\ H_2O$
Phosphatlösung: 100 mmol PO_4^{3-}
$c(PO_4^{3-})$ = 0,1 mol/0,4 l = 0,25 mol l^{-1}
pH = 1/2(pK_s + pK_w + log C_o(b))
pH = 1/2(12 + 14 - 0,6) = 13,3

4.95 Voraussetzung für eine Pufferwirkung ist, daß die Basenkonzentration wesentlich größer ist als im Gleichgewichtszustand des Säuregleichgewichts $NH_4^+ \rightleftarrows NH_3 + H^+$

4.96 Prinzipiell ja, allerdings nur bei sehr kleinem pH-Wert.

4.97 Für pH = pK_s

4.98 Gegenüber H_3O^+, wenn alles NH_3 verbraucht ist, gegenüber OH^-, wenn keine NH_4^+-Ionen mehr vorhanden sind.

4.99 pK_s > 7

4.100 Der pH-Wert ist weitgehend unabhängig von der Konzentration der Pufferlösung, solange das Konzentrationsverhältnis c(PS)/c(PB) konstant bleibt.

4.101 Sie stellen Puffersysteme am Pufferschwerpunkt dar. Ihre Pufferkapazität entspricht dem maximal möglichen Wert.

4.102 $H_2PO_4^- + OH^- \rightleftarrows HPO_4^{2-} + H_2O$

4.103 25,64 g NaOH

4.104 pH = 3,8

4.105 pH = 1,75: PB/PS = 1/1000, wirksam bei Basenzugabe
pH = 4,75: PB/PS = 1/1, wirksam bei H^+- und OH^--Zugabe
pH = 7,75: PB/PS = 1000/1, wirksam bei Säurezugabe

4.106 a) pH = 3,40 , b) pH = 3,55

4.107 K_s(HX) = 6,3 · 10^{-5} mol^{-1}

4.108 $c(PB)/c(PS) = 1{,}78$

4.109 225 g

4.110 Im Gleichgewicht ist keine Reaktionsrichtung bevorzugt.

4.111

$$\begin{array}{llll} H_2S & \rightleftarrows HS^- + H^+ & pK_{s1} = 6{,}92 \\ NH_3 + H^+ & \rightleftarrows NH_4^+ & pK_{s2} = 9{,}26 \\ \hline H_2S + NH_3 & \rightleftarrows NH_4^+ + HS^- & pK_g = -2{,}34 \end{array}$$

$$\begin{array}{llll} HS^- & \rightleftarrows S^{2-} + H^+ & pK_{s1} = 13{,}0 \\ H^+ + NH_3 & \rightleftarrows NH_4^+ & pK_{s2} = 9{,}26 \\ \hline HS^- + NH_3 & \rightleftarrows NH_4^+ + S^{2-} & pK_g = +3{,}74 \end{array}$$

Das Gleichgewicht liegt nur für die erste Stufe zugunsten der rechten Seite, so daß überwiegend SH^--Ionen vorliegen.

4.112 pK_{s1} und pK_{s2} folgen aus Übung 4.5. Zur Berechnung von K_g siehe auch 4.2.4.4.:

$$\begin{array}{lll} H_3O^+(s_1) + H_2O(b_2) \rightleftarrows H_2O(b_1) + H_3O^+(s_2) & pK_{s1} = -1{,}74 \\ H_3O^+(s_2) + OH^-(b_1) \rightleftarrows H_2O(s_1) + H_2O(b_2) & pK_{s2} = 15{,}74 \\ \hline H_3O^+ + OH^- \longrightarrow 2\,H_2O & pK_g = -17{,}48 \end{array}$$

$c^2(H_2O)/c(H_3O^+) \cdot c(OH^-) = K_g$

$K_g = (55{,}5 \text{ mol l}^{-1})^2/10^{-14} \text{ mol}^2 \text{ l}^{-2} = 3 \cdot 10^{17}$

K_g ist die Gleichgewichtskonstante der Neutralisationsreaktion, die vollständig zugunsten von undissoziiertem H_2O abläuft.

4.113 $K = 234$, CH_3COOH ist die stärkere Säure.

4.114

$$\begin{array}{llll} H_2CO_3 & \rightleftarrows HCO_3^- + H^+ & pK_{s1} = 6{,}52 \\ H^+ + NH_3 & \rightleftarrows NH_4^+ & pK_{s2} = 9{,}26 \\ \hline H_2CO_3 + NH_3 & \rightleftarrows NH_4^+ + HCO_3^- & pK_g = -2{,}74 \end{array}$$

$$\begin{array}{llll} HCO_3^- & \rightleftarrows CO_3^{2-} + H^+ & pK_{s1} = 10{,}40 \\ H^+ + NH_3 & \rightleftarrows NH_4^+ & pK_{s2} = 9{,}26 \\ \hline HCO_3^- + NH_3 & \rightleftarrows NH_4^+ + CO_3^{2-} & pK_g = +1{,}16 \end{array}$$

Die Reaktion verläuft nur in der ersten Stufe zugunsten der rechten Seite. In der zweiten Stufe liegt das Gleichgewicht auf der linken Seite, so daß $c(HCO_3^-)$ erheblich größer ist als $c(CO_3^{2-})$.

5 Reduktions-Oxidations-Reaktionen

5.1 Als Oxidationsmittel müßten Li, Na und K selbst reduziert werden und die Anionen Li^-, Na^- und K^- bilden. Alkalimetalle sind aber stets elektropositiv.

5.2 Bei Redoxpaaren erfolgt die Korrespondenz über Elektronen, bei Säure-Base-Paaren über Protonen. Die Partner konjugierter Redoxpaare haben unterschiedliche, die konjugierter Säure-Base-Paare gleiche Oxidationszahlen.

5.3 Die Kopplung zweier konjugierter Redoxpaare.

5.4 Fluor als das elektronegativste Element nimmt stets nur Elektronen auf und bildet somit immer nur die reduzierte Form F^-. Als Reduktionsmittel müßte es jedoch in die oxidierte Form übergehen.

5.5 Für eine Reaktion muß ein Redoxpaar als Elektronendonator und ein Redoxpaar als Elektronenakzeptor wirken.

5.6 Im ClO_4^- liegt Cl bereits in der höchstmöglichen OZ vor, so daß ClO_4^--Ionen nicht mehr in eine höhere OZ übergehen können.

5.7 Die OZ nimmt um 2 zu.

5.8 Beides, da H_2O_2 redoxamphoter ist und in Abhängigkeit vom Reaktionspartner gemäß
$H_2O_2 \rightleftarrows 2\,H^+ + O_2 + 2\,e^-$ als Reduktionsmittel oder nach
$H_2O_2 + 2\,H^+ + 2\,e^- \rightleftarrows 2\,H_2O$ als Oxidationsmittel reagiert.

5.9 $Mg \longrightarrow Mg^{2+} + 2\,e^-$ (Oxidation)
$Cl_2 + 2\,e^- \longrightarrow 2\,Cl^-$ (Reduktion)

5.10 OM: Cl_2, Fe^{3+}, MnO_4^-, $S_2O_8^{2-}$, I_2, NO_3^-, MnO_4^{2-},
RM: NO_2^-, Sn, MnO_4^{2-}

5.11 +3 +2 0 −1 +2 +4
$H_2C_2O_4$, C_2H_5OH, C, C_2H_2, CO, HCO_3^-

5.12 +3 +3 −2 +3 +4 +3 +6
Bi, Sb, N, B, Si, Al, Mn.

5.13 +3
Co

5.14 +4 +1 +3
Pt, Kation = 2+; Ag, Anion = 3−; Co, Kation = 1+;
+3 +3 +2
Cr, Kation = 1+; Cr, Anion = 1−; Cu, Kation = 2+;
+3
Cr, Anion = 3−

5.15 a) OZ nimmt ab, b) OZ nimmt zu.

5.16 a) $2\,H^+ + 2\,e^- \rightleftarrows H_2$,

b) $2\ O^{2-} + 4\ e^- \rightleftarrows O_2$,
c) $Fe \rightleftarrows Fe^{2+} + 2\ e^-$ und $Fe \rightleftarrows Fe^{3+} + 3\ e^-$,
d) $Cr^{2+} + 2\ e^- \rightleftarrows Cr$ und $Cr^{2+} \rightleftarrows Cr^{3+} + e^-$

5.17 $\overset{+1}{Cl}$, $\overset{-2}{O}$

5.18 Im NO_3^--Anion hat Stickstoff die OZ = +5.

5.19 Im $S_2O_8^{2-}$-Anion liegt eine Peroxogruppe –O–O– vor, in der beide Sauerstoffatome die OZ = –1 haben.

5.20 Ja

5.21 Daß dieses Oxidationsmittel unter Aufnahme von 5 Elektronen in seine reduzierte Form übergeht.

5.22 Nein, wenn ein Teilchen bereits die seiner Gruppennummer entsprechende höchstmögliche OZ hat, kann es nur noch als Oxidationsmittel wirken.

5.23 Ja, bei der Disproportionierung und Synproportionierung.

5.24 Es wurde ein oxidierendes Redoxpaar hinzugegeben, da die O_2-Bildung aus H_2O_2 eine Oxidation darstellt.

5.25 a) Ja.
b) Ja, in einer Hg(1)-Salzlösung kann es auch bei Zugabe eines Oxidationsmittels aufgrund der Disproportionierung $2\ Hg_2^{2+} \rightleftarrows 2\ Hg + 2\ Hg^{2+}$ zur Bildung von metallischem Quecksilber kommen.

5.26 OZ = –1/2

5.27 Nein, die höchstmögliche OZ entspricht der Gruppennummer im PSE, also +7.

5.28 Nein, siehe 5.27

5.29 $[CuCl_4(H_2O)]^{2-}$

5.30 2 $C_2O_4^{2-}$-Liganden

5.31 Nein, bei der Bestimmung der OZ bekommt der elektronegativere Partner allein die Bindungselektronen, daher auch positive und negative OZ.

5.32 a) $2\ BiCl_3 + 3\ SnCl_2 \longrightarrow 6\ Bi + 3\ SnCl_4$
b) $2\ H_2S + H_2SO_3 \longrightarrow 3\ S + 3\ H_2O$
c) $H_3AsO_4 + 2\ I^- + 2\ H^+ \longrightarrow I_2 + H_3AsO_3 + H_2O$

d) $2\ BrO_3^- + 10\ Br^- + 12\ H^+ \longrightarrow 6\ Br_2 + 6\ H_2O$
Die Reaktionen b) und d) sind Synproportionierungen.

5.33 Reaktionsprodukte / Ausgangsstoffe

Reaktionsprodukte	Ausgangsstoffe
a) ClO^-, Cl^-	Cl_2
b) MnO_4^-, MnO_2	MnO_4^{2-}
c) O_2, H_2O	H_2O_2
d) ClO_3^-, Cl^-	Cl_2

a) $Cl_2 + H_2O \rightleftarrows ClO^- + Cl^- + 2\ H^+$
b) $3\ MnO_4^{2-} + 4\ H^+ \rightleftarrows 2\ MnO_4^- + MnO_2(s) + 2\ H_2O$
c) $2\ H_2O_2 \rightleftarrows 2\ H_2O + O_2$
d) $3\ Cl_2 + 6\ OH^- \rightleftarrows ClO_3^- + 5\ Cl^- + 3\ H_2O$
Alle Reaktionen sind Disproportionierungen.

5.34

	Ox.-Mittel	Red.-Mittel	ox. Teilchen	red. Teilchen
a)	HNO_3	Cu_2S	SO_4^{2-}	NO
b)	NO_2^-	Co^{2+}	Co^{3+}	NO
c)	$K_2Cr_2O_7$	H_2S	S	Cr^{3+}

5.35 a) $Si + H_2O + 2\ OH^- \rightleftarrows SiO_3^{2-} + 2\ H_2$
b) $3\ H_2O_2 + 2\ Cr(OH)_3 + 4\ OH^- \rightleftarrows 2\ CrO_4^{2-} + 8\ H_2O$
c) $3\ As_2S_3 + 5\ HClO_3 + 9\ H_2O \rightleftarrows 6\ H_3AsO_4 + 9\ S + 5\ HCl$
d) $F_2 + H_2O \rightleftarrows 2\ F^- + 2\ H^+ + 1/2\ O_2$

5.36 Hg^{2+}-Ionen und metallisches Quecksilber;
$Hg + Hg^{2+} \rightleftarrows Hg_2^{2+}$, Synproportionierung

5.37 Die Gleichung entspricht keiner Redox-Reaktion sondern einer Säure-Base-Reaktion (Neutralisation).

5.38 a) Null.
b) reduzierte Form ist der Sauerstoff im H_2O mit der OZ = –2,
oxidierte Form ist der Sauerstoff im O_3 mit der OZ = 0.

5.39 a) Oxidationsmittel, b) Reduktionsmittel

5.40 Da es sich um eine Oxidation handelt, nimmt man das stärkere Oxidationsmittel Cl_2. I_2 wäre wenig wirksam, da die Standardpotentiale $E°(I_2/I^-)$ und $MnO_4^-/MnO_4^{2-})$ annähernd gleich sind.

5.41 $E°(Cu^{2+}/Cu^+)$ für $Cu^{2+} + e^- \longrightarrow Cu^+$ erhält man aus den freien Reaktionsenthalpien der beiden Halbreaktionen

$Cu^{2+} + 2\ e^- \longrightarrow Cu$	$E° = +0{,}337$	$\Delta G° = -n\ F\Delta E° = -0{,}674$ FV
$Cu \longrightarrow Cu^+ + e^-$	$E° = -0{,}521$	$\Delta G° = -n\ F\Delta E° = +0{,}521$ FV
$Cu^{2+} + e^- \longrightarrow Cu^+$		$= -0{,}153$ FV

$E°(Cu^{2+}/Cu^+) = -\Delta G°/n$ FV $= +0{,}153\ F/1F = +0{,}153$ V
Zu beachten ist, daß die 2. Halbreaktion in umgekehrter Richtung angegeben und somit auch $E°$ mit umgekehrtem Vorzeichen berücksichtigt werden muß.

5.42 Da $E^\circ(MnO_4^-/MnO_2)$ = 1,70 V ist, können alle Redoxpaare mit $E^\circ > 1{,}70$ V eingesetzt werden.

5.43 Die Spannung zwischen den Elektroden einer galvanischen Kette, die gleich der Differenz der Elektrodenpotentiale zwischen dem positiveren und dem negativeren Redoxpaar ist.

5.44 a) Stromfluß von Fe^{2+}/Fe zu 2 H^+/H_2 und H_2-Entwicklung,
b) und c) Stromfluß von der Normalwasserstoffelektrode zu den betreffenden Metallelektroden und Bildung von H^+ aus H_2.

5.45 Mangan hat ein stärkeres Bestreben als Eisen, Ionen in Lösung zu schicken.

5.46 Nein, denn das würde eine Messung im atomaren Bereich erfordern.

5.47 Für eine freiwillig verlaufende Reaktion muß $\Delta E^\circ = E^\circ$(Kathode) – E°(Anode) > 0 sein. E°(Kathode) ist die Normalwasserstoffelektrode mit $E^\circ = 0$, E°(Anode) bilden die Metalle mit $Me \longrightarrow Me^{x+} + x\,e^-$. Daraus folgt: $\Delta E^\circ = 0 - (-3{,}045 ..... -0{,}126) > 0$.
Mit den Metallen von Cu bis Au erhält man: $\Delta E^\circ = 0 - (+0{,}337 ..... +1{,}690) < 0$.

5.48 Standard-EMK ΔE°, $E^\circ(Ni^{2+}/Ni) = -0{,}25$ V.

5.49 Daß sie nach anfänglicher Reaktion keine schwerlösliche Oxidschicht bilden (Passivierung), die eine weitere Reaktion unmöglich macht.

5.50 Die Standardpotentiale beziehen sich auf eine Wasserstoffelektrode, deren potentialbildendes Gleichgewicht $2\,e^- + 2\,H^+ \rightleftarrows H_2$ sich in einer Lösung $c(H^+) = 1$ mol l^{-1} einstellt. Die H^+-Konzentration in reinem Wasser ist aber mit 10^{-7} mol l^{-1} wesentlich geringer und entspricht einer Wasserstoffelektrode mit dem Potential

$$E = E^\circ + 0{,}059/2 \log c^2(H^+) = 0 + 0{,}0295 \log (10^{-7})^2 = -0{,}41 \text{ V}.$$

Nur Metalle mit $E^\circ < -0{,}41$ V können sich in Wasser unter H_2-Entwicklung lösen. Bei Al, Zn und Fe entsteht dabei nach

$$M + n\,H_2O \longrightarrow M(OH)_n + n/2\,H_2$$

eine schwerlösliche Hydroxidschicht, die eine weitere Auflösung verhindert (s. 5.49.). Diese Korrosionsbeständigkeit wird in basischer Lösung aufgehoben, weil die Hydroxide unter Komplexbildung aufgelöst werden.

5.51

$$Zn + 4\,OH^- \rightleftarrows [Zn(OH)_4]^{2-} + 2\,e^- \quad / \cdot 3$$
$$NO_2^- + 5\,H_2O + 6\,e^- \rightleftarrows NH_3 + 7\,OH^-$$

$$3\,Zn + 12\,OH^- + NO_2^- + 5\,H_2O \rightleftarrows 3\,[Zn(OH)_4]^{2-} + NH_3 + 7\,OH^-$$
$$3\,Zn + KNO_2 + 5\,KOH + 5\,H_2O \rightleftarrows 3\,K_2[Zn(OH)_4] + NH_3$$

5.52 Da absolute Potentiale nicht meßbar sind, werden Potentialdifferenzen bestimmt, für die ein Bezugselement als willkürlich festgelegter Nullpunkt erforderlich ist.

5.53 Eine Platin-Elektrode, da sie sich völlig indifferent verhält.

5.54 Ja. In diesem Fall entspräche die Konzentration der Lösung genau dem angestrebten Gleichgewicht zwischen Elektrode und Lösung.

5.55 Mit Hilfe der elektrochemischen Spannungsreihe werden Anode und Kathode bestimmt. Da der Elektronenfluß von der Anode zur Kathode erfolgt, fließt der Strom somit vom Redoxpaar mit dem negativeren zum Redoxpaar mit dem positiveren Standardpotential.

5.56 $E°(2\ H^+/H_2) = 0$ gilt ausschließlich für eine H^+- Ionenkonzentration = 1 mol l^{-1}, $E(2\ H^+/H_2)$ ist das Potential einer Wasserstoffelektrode bei beliebigem pH-Wert.

5.57 Ja.

5.58
a) $H_2O_2 + 2\ Ag^+ \longrightarrow 2\ Ag + O_2 + 2\ H^+$ $\Delta E° > 0$, Reaktion
b) $H_2SO_3 + 2\ H_2S \longrightarrow 3\ S + 3\ H_2O$ $\Delta E° > 0$, Reaktion
c) $H_2O_2 + Cu^{2+} \longrightarrow Cu + O_2 + 2\ H^+$ $\Delta E° < 0$, keine Reaktion

5.59
a) $\Delta E° = 0{,}304$ V, Stromfluß von Fe zu Sn
b) $\Delta E° = 1{,}099$ V, Stromfluß von Zn zu Cu
c) $\Delta E° = 1{,}619$ V, Stromfluß von Mg zu Cr

5.60 $E°(U^{3+}/U) = -1{,}743$ V

5.61

c(mol l^{-1})	E(V)
a) $1{,}2 \cdot 10^{-4}$	$-0{,}556$
b) $1{,}2 \cdot 10^{-3}$	$-0{,}526$
c) $1{,}2 \cdot 10^{-2}$	$-0{,}496$
d) $1{,}2 \cdot 10^{-1}$	$-0{,}467$

Die reduzierende Wirkung des Redoxpaares Fe^{2+}/Fe nimmt mit abnehmender Fe^{2+}-Konzentration zu. Eine verdünnte Eisen(II)-Salzlösung wirkt also stärker reduzierend als eine konzentriertere Lösung.

5.62

$c(H^+)$	E(V)
a) 1,2	+0,0047
b) $1{,}2 \cdot 10^{-2}$	$-0{,}113$
c) $1{,}2 \cdot 10^{-4}$	$-0{,}230$

Die reduzierende Wirkung einer Wasserstoffelektrode nimmt mit abnehmender H^+-Konzentration zu. Will man eine Verbindung mit H_2 reduzieren, sollte die Reaktion also nicht in starksaurer Lösung durchgeführt werden.

5.63 $L(Hg_2Cl_2) = 3{,}98 \cdot 10^{-18}\ mol^3l^{-3}$

5.64 pH = 2,79

5.65 pH = –1,17

5.66 $K = 3{,}77 \cdot 10^{74}\ (mol\ l^{-1})^{-21}$

5.67 Bei Verwendung einer gesättigten KCl-Lösung, da die Löslichkeit von KCl und damit auch die Cl^--Konzentration zunimmt.

5.68 Die Verwendung von schwerlöslichen Salzen, da deren Ionenkonzentration mit dem Löslichkeitsprodukt festgelegt ist, also eine konstante Konzentration garantiert wird.

5.69 a) $5\ C_2O_4^{2-} + 2\ MnO_4^- + 16\ H^+ \rightleftarrows 10\ CO_2 + 2\ Mn^{2+} + 8\ H_2O$
b) $3\ H_2O_2 + 2\ Cr(OH)_3 + 4\ OH^- \rightleftarrows 2\ CrO_4^{2-} + 8\ H_2O$
c) $3\ As_2S_3 + 5\ HClO_3 + 9\ H_2O \rightleftarrows 6\ H_3AsO_4 + 9\ S + 5\ HCl$
d) $5\ NO_2^- + 2\ MnO_4^- + 6\ H^+ \rightleftarrows 5\ NO_3^- + 2\ Mn^{2+} + 3\ H_2O$
e) $H_2O_2 + 2\ H^+ + 2\ e^- \rightleftarrows 2\ H_2O$
a) $\Delta E = \Delta E° - 0{,}059/n \cdot \log\ [c^2(Mn^{2+})(p(CO_2)/101{,}3)/c^5(C_2O_4^{2-})\ c^2(MnO_4^-)c^{16}(H^+)]$
b) $\Delta E = \Delta E° - 0{,}059/n \cdot \log\ [c^2(CrO_4^{2-})/c^3(H_2O_2)c^4(OH^-)]$
c) $\Delta E = \Delta E° - 0{,}059/n \cdot \log\ [c^6(H_3AsO_4)c^5(HCl)/c^5(HClO_4)]$
d) $\Delta E = \Delta E° - 0{,}059/n \cdot \log\ [c^5(NO_3^-)c^2(Mn^{2+})/c^5(NO_2^-)c^2(MnO_4^-)c^6(H^+)]$
e) $\Delta E = \Delta E° - 0{,}059/n \cdot \log\ [1/c(H_2O_2)c^2(H^+)]$

5.70 $Mg + Ni^{2+} \longrightarrow Mg^{2+} + Ni$, $\Delta E = 2{,}156$ V, Pluspol = Ni^{2+}/Ni.

5.71 Null

5.72 Das Bestreben der reagierenden Redoxpaare, ihre Potentialdifferenz auszugleichen. Je größer die Differenz der Standardpotentiale, um so größer ist die Triebkraft der Reaktion und die Vollständigkeit ihres Umsatzes.

5.73 a) Tl^{3+}
b) $K = 4{,}76\ mol^3\ l^{-3}$

5.74 a) $\Delta E° = -0{,}18 < 0$, keine Reaktion
b) $\Delta E° = +0{,}46 > 0$, Reaktion
c) $\Delta E° = +0{,}31 > 0$, Reaktion
d) $\Delta E° = +0{,}12 > 0$, Reaktion

5.75 $E°(Eu^{2+}/Eu) = -3{,}396$ V, keine Disproportionierung,
$Eu + H^+ \longrightarrow Eu^{2+}$

5.76 a)

$$\begin{array}{lcl} H_2 \rightleftarrows 2^+ + 2\,e^- \mid \cdot 2 & & E^\circ(A) = 0 \\ O_2 + 4\,H^+ + 4\,e^- \rightleftarrows 2\,H_2O & & E^\circ(K) = 1{,}23 \\ \hline 2\,H_2 + O_2 \rightleftarrows 2\,H_2O & & \Delta E^\circ = 1{,}23 \end{array}$$

b) $Pt(s)/H_2(g)/H^+ // O_2(g)/Pt(s)$

c) $\Delta G^\circ = -n \cdot F \cdot \Delta E^\circ = -4 \cdot 96485\ C\ mol^{-1} \cdot 1{,}23\ V = -474{,}7\ kJ\ mol^{-1}$

5.77 a) $\Delta E^\circ = -0{,}0037\ V < 0$ Standardbedingungen: $Cd/Cd^{2+}(1\ mol\ l^{-1}) // Co^{2+}(1\ mol\ l^{-1})/Co$ da $\Delta E^\circ < 0$ ist: $Co/Co^{2+}(10^{-4}\ mol\ l^{-1}) // Cd^{2+}(2{,}5\ mol\ l^{-1})/Cd$ $\Delta E^\circ < 0$ bedeutet, daß die Reaktion in umgekehrter Richtung abläuft – Umpolung der Zelle.
b) $\Delta E^\circ = -0{,}0064\ V < 0$ Standardbedingungen: $Ga/Ga^{3+}(1\ mol\ l^{-1}) // Fe^{2+}(1\ mol\ l^{-1})/Fe$ da $\Delta E^\circ < 0$ ist: $Fe/Fe^{2+}(10^{-3} mol\ l^{-1}) // Ga^{3+}(2{,}25\ mol\ l^{-1})/Ga$ (Umpolung der Zelle siehe a)).

5.78 $c(Ba^{2+}) = 1{,}6059\ mol\ l^{-1}$
$c(Sr^{2+}) = 0{,}3940\ mol\ l^{-1}$

5.79

ΔE° [V]	$A^{3+} + B \rightleftarrows A + B^{3+}$	[mol l^{-1}]		$A^{2+} + B \rightleftarrows A + B^{2+}$	[mol l^{-1}]	
	K	$c(A^{3+})$	$c(B^{3+})$	K	$c(A^{2+})$	$c(B^{2+})$
0,01	3,22	0,474	1,526	2,18	0,63	1,37
0,10	$1{,}2 \cdot 10^5$	$1{,}6 \cdot 10^{-5}$	1,9999	$2{,}45 \cdot 10^3$	$8 \cdot 10^{-4}$	1,999
0,15	$4{,}23 \cdot 10^7$	~0	~2	$1{,}20 \cdot 10^5$	$1{,}6 \cdot 10^{-5}$	1,9999
0,20	$1{,}47 \cdot 10^{10}$	~0	~2	$6{,}02 \cdot 10^6$	~0	~2

ΔE° [V]	$A^+ + B \rightleftarrows A + B^+$	[mol l^{-1}]	
	K	$c(A^+)$	$c(B^+)$
0,01	1,47	0,81	1,19
0,10	49,53	0,04	1,96
0,15	$3{,}48 \cdot 10^2$	0,005	1,995
0,20	$2{,}45 \cdot 10^3$	0,0008	1,9992

a) Mit zunehmender Potentialdifferenz liegt das Gleichgewicht zugunsten der Reaktionsprodukte (rechte Seite).
b) Bei gleicher Potentialdifferenz nimmt das Ausmaß der Reaktion mit der Ladung der Reaktanten zu.

5.80 Nein, nach $0{,}33 = 0{,}66 - 0{,}059/2 \cdot \log c[(Hg_2{}^{2+})/c(Hg^{2+})]$ müßte $c(Hg^{2+}) = 7{,}24 \cdot 10^{12}\ mol\ l^{-1}$ betragen.

5.81 a) ΔE 1,82 V b) $\Delta E = 1{,}85$ V
c) ΔE 1,88 V d) $\Delta E = 1{,}94$ V
Die EMK der Zelle nimmt mit abnehmender Ionenkonzentration in ihren Halbzellen zu. Dabei bewirkt eine Konzentrationsabnahme an der Katho-

de (oxidierendes Paar $Cl_2/2\ Cl^-$) eine stärkere EMK-Zunahme als eine Konzentrationsabnahme an der Anode (reduzierendes Paar Cd^{2+}/Cd).

5.82 a) $\Delta E = 0{,}169$ V
b) Von der Halbzelle geringerer zur Halbzelle höherer Cl^--Konzentration.
c) $\log c_2 = \log c_1 + 6{,}3$

5.83 Für die Halbreaktion $M^{n+} + n\ e^- \longrightarrow M$ ergibt die Nernstsche Gleichung für ein beliebiges Metall M:

$E = E^0 + 0{,}059/n \log c(M^{n+})$.

Daraus folgt, daß mit abnehmendem $c(M^{n+})$ das Reduktionsvermögen zunimmt. Dabei gilt für die gleiche Konzentrationsabnahme von $c(M^{n+})$ die Relation: $M^+ > M^{2+} > M^{3+}$.

5.84 $\Delta H = -233{,}5$ kJ mol^{-1}

5.85 $\Delta G° = -717{,}84$ kJ mol^{-1}, $Q = T \cdot \Delta S = -50{,}16$ kJ mol^{-1}
Tabellierte Werte beziehen sich auf die Bildung von festem $MgCl_2$ bei Standardbedingungen. In der Zelle liegen jedoch $Mg^{2+}(aq)$ und $2\ Cl^-(aq)$ vor.

5.86 Q(revers.) = $T\Delta S = +7{,}87$ kJ mol^{-1}. Da $T\Delta S > 0$ ist, muß die Unordnung des Systems zunehmen.

5.87 $Pt/O_2(g)/H_2O_2(aq)//O_2(g)/Pt$
$\Delta G° = -210{,}9$ kJ mol^{-1}, $c(H_2O_2) = 2{,}96 \cdot 10^{-19}$ mol l^{-1}

5.88 Nein, denn bereits für $\Delta E = 0$ müßte entsprechend der Gleichung $0 = 2{,}7 - 0{,}0295 \cdot \log [c(Mg^{2+})/c(Cu^{2+})]$ das Konzentrationsverhältnis $c(Mg^{2+})/c(Cu^{2+}) > 3{,}35 \cdot 10^{91}$ sein. Nur bei galvanischen Elementen mit kleinen $\Delta E°$-Werten kann dieser Effekt eintreten.

5.89 pH = 2,018

6 Löse- und Fällungsreaktionen

6.1 exotherm: $CaCl_2$, $CuSO_4$,
endotherm: $CaCl_2 \cdot 6\ H_2O$, $CuSO_4 \cdot 5\ H_2O$

6.2 $PbCl_2(aq) + Na_2CrO_4(aq) \longrightarrow PbCrO_4(s) + 2\ NaCl(aq)$
$Pb^{2+}(aq) + 2\ Cl^-(aq) + 2\ Na^+(aq) + CrO_4^{2-}(aq) \longrightarrow$

$PbCrO_4(s) + 2\ Na^+(aq) + 2\ Cl^-(aq)$
$Pb^{2+} + CrO_4^{2-} \longrightarrow PbCrO_4(s)$

6.3 Impfkristall in die Lösung geben

6.4 Da schwerlösliche Verbindungen mit sehr verdünnten Lösungen im Gleichgewicht stehen, ist $a = c$ gerechtfertigt.

6.5 Löslichkeit = Konzentration der gesättigten Lösung im Gleichgewicht mit ihrem Bodenkörper.

6.6

$L(Bi_2S_3)$	$= c^2(Bi^{3+})$	$\cdot\ c^3(S^{2-})$	$mol^5\ l^{-5}$
$L(Ca_3(PO_4)_2)$	$= c^3(Ca^{2+})$	$\cdot\ c^2(PO_4^{3-})$	$mol^5\ l^{-5}$
$L(MgNH_4PO_4)$	$= c(Mg^{2+})$	$\cdot\ c(NH_4^+) \cdot c(PO_4^{3-})$	$mol^3\ l^{-3}$
$L(CaC_2O_4)$	$= c(Ca^{2+})$	$\cdot\ c(C_2O_4^{2-})$	$mol^2\ l^{-2}$
$L(Ag_2C_2O_4)$	$= c^2(Ag^+)$	$\cdot\ c(C_2O_4^{2-})$	$mol^3\ l^{-3}$
$L(K_2PtCl_6)$	$= c^2(K^+)$	$\cdot\ c(PtCl_6^{2-})$	$mol^3\ l^{-3}$
$L(BaCrO_4)$	$= c(Ba^{2+})$	$\cdot\ c(CrO_4^{2-})$	$mol^2\ l^{-2}$

6.7 $Hg_2Cl_2 \rightleftarrows Hg_2^{2+} + 2\ Cl^-;\ L = c(Hg_2^{2+}) \cdot c^2(Cl^-)\ mol^3\ l^{-3}$
$Hg_2CO_3 \rightleftarrows Hg_2^{2+} + CO_3^{2-};\ L = c(Hg_2^{2+}) \cdot c(CO_3^{2-})\ mol^2\ l^{-2}$
$HgS \rightleftarrows Hg^{2+} + S^{2-};\ L = c(Hg^{2+}) \cdot c(S^{2-})\ mol^2\ l^{-2}$

a) Hg in der Oxidationsstufe +1 liegt in wäßriger Lösung als dimeres Hg_2^{2+}-Ion vor.
b) Hg_2CO_3 und HgS, da sie als Salze des 1:1-Typs dissoziieren.
c) $c(Hg_2Cl_2) = 6{,}05 \cdot 10^{-7}$; $c(Hg_2CO_3) = 9{,}5 \cdot 10^{-9}$; $c(HgS) = 1{,}2 \cdot 10^{-27}$

6.8 $KClO_4$, $SrSO_4$, $AgIO_3$, $BaCO_3$, $BaCrO_4$, AgSCN. Alle Verbindungen lassen sich unmittelbar vergleichen (1:1-Typ).

6.9 HgS, Ag_2S, Bi_2S_3, $Pb_3(PO_4)_2$, $Co(OH)_2$, $Sn(OH)_2$, $Al(OH)_3$ und $PbCO_3$
a) $PbCO_3$ – HgS, $Al(OH)_3$ – $Co(OH)_3$, Bi_2S_3 – $Pb_3(PO_4)_2$, Ag_2S – $Sn(OH)_2$
b) Bei den Verbindungen mit mehr als 3 Komponenten aufgrund von stufenweiser Dissoziation.

6.10 $c(PO_4^{3-}) = 4{,}95 \cdot 10^{-7}\ mol\ l^{-1}$; $c(Sr^{2+}) = 7{,}42 \cdot 10^{-7}\ mol\ l^{-1}$

6.11 $L(Ag_2SO_4) = 1{,}2 \cdot 10^{-5}\ mol^3\ l^{-3}$

6.12 $L(A_3(BO_4)_2) = 6 \cdot 10^{-39}\ mol^5\ l^{-5}$

6.13 Ja!

6.14 $Sn(OH)_2$

6.15 $1{,}8 \cdot 10^{-4}$ mg Silber

6.16 $< 5 \cdot 10^{-8}\ mol\ l^{-1}$

6.17 $c(Mn^{2+}) = 2 \cdot 10^{-9}\ mol\ l^{-1}$

6.18 $> 9{,}15 \cdot 10^{-11}$ g NaOH ergibt Fällung von $Fe(OH)_3$

6.19 114,5 Liter

6.20 a) $L(Mn(OH)_2) = 2 \cdot 10^{-13}$ mol³ l⁻³
b) Ja.
c) Vorausgesetzt wurde $c(OH^-) = 2\ c(Mn(OH)_2)$, was eine vollständige Dissoziation in 1 mol Mn^{2+} und 2 mol OH^- voraussetzt. Bei stufenweiser Dissoziation liegt auch $[Mn(OH)]^+$ vor, und der so berechnete *L*-Wert wäre kleiner als der tatsächlichen Löslichkeit entspricht. Die Übereinstimmung des berechneten mit tabellierten *L*-Werten läßt auf vollständige Dissoziation schließen.

6.21 pH = 5,02

6.22 pH = 11,47

6.23 $c(Ni^{2+}) = 10^{-4}$ molar

6.24 $c(H^+) = K_w \cdot [c(M^{3+})/L(M(OH)_3)]^{1/3}$

6.25 $1{,}867 \cdot 10^6$ Liter

6.26 Hydratationsenthalpie nimmt vom Be^{2+} zum Ba^{2+} ab

6.27 Ja. Das CO_2 der Luft löst sich in den Niederschlägen, die dann als saure Lösung mit Kalkgestein reagieren. HCO_3^- geht in Lösung:
$CaCO_3(s) + CO_2 + H_2O \longrightarrow Ca^{2+}(aq) + 2\ HCO_3^-(aq)$
Hydrogencarbonate der Erdalkalimetalle sind löslich!

6.28 $Fe^{3+} + 3\ OH^- \rightleftarrows Fe(OH)_3$
$Ca^{2+} + C_2O_4^{2-} \rightleftarrows CaC_2O_4$
$Hg_2^{2+} + CrO_4^{2-} \rightleftarrows Hg_2CrO_4$

6.29 Nein, die Konzentration wird zwar immer geringer, bleibt aber stets > 0.

6.30 $L = 27\ a^4/l^4 \cdot M^4$

6.31 $L(PbSO_4) = 1{,}3 \cdot 10^{-8}$ mol² l⁻²

6.32 a) 0,06 mg Strontium/1000 ml Lösung
b) $L = 10^{-31}$ mol⁵ l⁻⁵

6.33 Es wären $c(SO_4^{2-}) = 1{,}3 \cdot 10^{-8}/1{,}98 \cdot 10^{-11} = 656{,}5$ mol SO_4^{2-} l⁻¹ erforderlich. $PbSO_4$ kann nicht gefällt werden.

6.34 $c(A^+) = c(B^-)$

6.35 $c(Ag^+) \cdot c(Cl^-) = 3{,}3 \cdot 10^{-4} \cdot 6{,}6 \cdot 10^{-6} = 2{,}2 \cdot 10^{-9}$ mol² l⁻² > $L(AgCl)$
AgCl fällt aus.

6.36 a) $c(Mg^{2+}) = 0{,}1001\ mol\ l^{-1}$; $c(CO_3^{2-}) = 9{,}99 \cdot 10^{-5}\ mol\ l^{-1}$
b) $c(Ni^{2+}) = 0{,}100001\ mol\ l^{-1}$; $c(CO_3^{2-}) = 1{,}39 \cdot 10^{-6}\ mol\ l^{-1}$
c) $c(Cd^{2+}) = 0{,}10\ mol\ l^{-1}$; $c(CO_3^{2-}) = 5{,}10 \cdot 10^{-11}\ mol\ l^{-1}$
$c(Cl^-) = 0{,}2\ mol\ l^{-1}$ für a) bis c)
d) In reinem Wasser beträgt die Löslichkeit für
$c(MgCO_3) = 3{,}10 \cdot 10^{-3}\ mol\ l^{-1}$
$c(NiCO_3) = 3{,}70 \cdot 10^{-4}\ mol\ l^{-1}$
$c(CdCO_3) = 2{,}28 \cdot 10^{-6}\ mol\ l^{-1}$
Da in a) bis c) $c(CO_3^{2-})$ der Löslichkeit der betreffenden Carbonate in den Chloridlösungen entspricht, ist die Löslichkeit in reinem Wasser um den Faktor a) 31, b) 266 und c) 44705 größer.
e) Je geringer die Löslichkeit, desto stärker ist die Löslichkeitsbeeinflussung.

6.37 $c(F^-) = 8{,}93 \cdot 10^{-5}\ mol\ l^{-1}$

6.38 $c(NH_3) = 0{,}22\ mol\ l^{-1}$

6.39 $c(Sr^{2+}) = 3{,}73 \cdot 10^{-6}\ mol\ l^{-1}$

6.40 $c(NaBr) = 3{,}8 \cdot 10^{-8}\ mol\ l^{-1}$

6.41 $c(Na^+) = 0{,}20\ mol\ l^{-1}$; $c(Ba^{2+}) = 1{,}9 \cdot 10^{-7}\ mol\ l^{-1}$
$c(Cl^-) = 0{,}18\ mol\ l^{-1}$; $c(C_2O_4^{2-}) = 0{,}0775\ mol\ l^{-1}$

6.42 pH = 7,60

6.43 $c(Ba^{2+}) \cdot c^2(F^-) = 3{,}9 \cdot 10^{-8} < L(BaF_2)$, keine Fällung

6.44 $c^3(Sr^{2+}) \cdot c^2(PO_4^{3-}) = 5{,}27 \cdot 10^{-19} \gg L(Sr_3(PO_4)_2)$, Fällung

6.45 $c(NH_4^+)$ müßte 63 mol l^{-1} sein. Derartige Konzentrationen lassen sich nicht erreichen. Fällung kann so nicht verhindert werden.

6.46 $c(Ag^+) = 1{,}3 \cdot 10^{-5}\ mol\ l^{-1}$

6.47 Ja, z.B. Komplexbildung: AgCl(aq) löst sich in HCl aufgrund der Bildung von $[AgCl_2]^-$; $Al(OH)_3 + OH^- \longrightarrow [Al(OH)_4]^-$

6.48 $c(Br^-) = 5 \cdot 10^{-8}\ mol\ l^{-1}$

6.49 $c(PO_4^{3-}) = 6{,}6 \cdot 10^{8} \cdot c(I^-)$

6.50 Nein, denn AgCl ist besser löslich als AgBr.

6.51 Eine vollständige Umwandlung erfolgt nur in AgBr.

6.52 Ag_3PO_4, Ag_2CrO_4, Ag_2CO_3 und $Ag_2C_2O_4$ fast gleichzeitig, Ag_2SO_4

6.53 130 ml

6.54 a) 11,1 %, b) 3,68 %

6.55 $L(CuCl) = 8{,}1 \cdot 10^{-7}\ mol^2\ l^{-2}$

6.56 HCl(aq) wirkt als gleichioniger Zusatz.

6.57 Ausfällung von Na_2SO_4 durch gleichionigen Zusatz H_2SO_4.

6.58 $L(A_3(PO_4)_2) = 10^{-31}\ mol^5\ l^{-5}$

6.59 1,28 %

6.60 a) 0,02 %, b) 0,2 %

6.61 $c(AB) = [L(AB)]^{1/2}$, $c(AB) = m/[M \cdot V]$, $m/M \cdot V = [L(AB)]^{1/2}$
$m = [L(AB)]^{1/2} \cdot M \cdot V$,
gelöstes AB in Prozent = $m \cdot 100/m_o = [L(AB)]^{1/2} \cdot M \cdot V \cdot 100/m_o$

6.62 $c(AB_2) = [L(AB_2)/4\ f_a(A^{2+}) \cdot f^2(B^-)]^{1/3}$

6.63 Sie ist 1,74 mal größer als in reinem Wasser.

6.64 Kein Unterschied, f nur Funktion der Ionenstärke und der Ladung von Ag^+.

6.65 a) $1{,}51 \cdot 10^{-5}\ mol\ l^{-1}$; b) $1{,}72 \cdot 10^{-4}\ mol\ l^{-1}$,
c) $2{,}43 \cdot 10^{-4}\ mol\ l^{-1}$
Die Löslichkeit nimmt mit steigendem Gehalt an Fremdelektrolyt zu.

6.66 Der Einfluß ist annähernd gleich, da beide Stoffe 2,2-wertige Verbindungen darstellen.

6.67 a) Gleiche Menge. Der Fremdelektrolyt liegt in gleicher Konzentration vor und entspricht in beiden Fällen einem 1:1 Elektrolyten.
b) Wasser, da $Na_2C_2O_4$ gleichioniger Zusatz ist,
c) KNO_3, da Fremdelektrolyt mit höherer Konzentration,
d) NaCl, da $Pb(NO_3)_2$ gleichioniger Zusatz ist,
e) HNO_3 als fremdioniger Zusatz.

6.68 Großer Unterschied in den Löslichkeitsprodukten, keine Bildung fester Lösungen.

6.69 Keine Trennung, da Löslichkeitsprodukte annähernd gleich sind.

6.70 4,94 % Ba^{2+}-Ionen sind noch in Lösung, die Trennung ist unvollständig.

6.71 $c(A_1^{2+}) = c^2(A_2^+) \cdot [L((A_1)_3B_2)/L^2((A_2)_3B)]^{1/3}$

6.72 $MgC_2O_4(s) + Pb(NO_3)_2 \longrightarrow PbC_2O_4(s) + Mg(NO_3)_2$

6.73 $Ag_2C_2O_4$ und BaC_2O_4 haben eine annähernd gleiche Löslichkeit, so daß keine der beiden Umsetzungen vollständig erfolgt.

6.74 $c(A_mB_n) = 1/n \cdot [L(A_mB_n)/c^m(A^{n+})]^{1/n}$

6.75 a) $CaCO_3(s) \rightleftarrows Ca^{2+}(aq) + CO_3^{2-}(aq)$
$CO_3^{2-} + H_3O^+ \longrightarrow HCO_3^- + H_2O$
$HCO_3^- + H_3O^+ \longrightarrow H_2CO_3 + H_2O$
$H_2CO_3 \longrightarrow H_2O + CO_2$ (flüchtig!)
b) Herabsetzung der Löslichkeit.

6.76 Oxidation von Ni^{2+} durch Luftsauerstoff zu Ni^{3+}, das in HCl unlösliches Ni_2S_3 bildet. Niederschlag von Ni_2S_3.

6.77 $4{,}1 \cdot 10^{-5}$ % gehen in Lösung.

6.78 $c(Zn^{2+}) = 22{,}4$ mol Zn^{2+}/250 ml Lösung. Diese praktisch nicht zu realisierende Konzentration besagt, daß sich Niederschläge von $Zn(OH)_2$ bei pH < 7 leicht lösen lassen.

6.79 $c(Mn^{2+}) = 0{,}69$ mol Mn^{2+}/3,5 ml Pufferlösung. $Mn(OH)_2$ geht vollständig in Lösung.

6.80 0,879 g

6.81 $c(Mg^{2+}) = 0{,}89 \text{ mol l}^{-1}$

6.82 217 mg

6.83 Da $c(OH^-) = K_b \cdot c(NH_3)/c(NH_4^+)$ gilt, wirkt die mit der Fällung (Verbrauch von OH^-) verbundene NH_4^+-Bildung einer weiteren OH^--Zunahme entgegen, selbst wenn der NH_3-Verbrauch durch NH_3-Zugabe kompensiert wird.

6.84 Ist NH_4^+ bereits vorhanden, wird mit NH_3 gemäß
$NH_3 + H_2O \rightleftarrows NH_4^+ + OH^-$
die OH^--Konzentration, die zur Überschreitung von $L(Me(OH)_n)$ nötig ist, nicht mehr erreicht.

6.85 $L(M(OH)_2) = c(M^{2+}) \cdot c^2(OH^-) = c(M^{2+}) \cdot K_w^2/c^2(H^+)$
Mit $c(H^+) = K_s(NH_4^+) \cdot c(NH_4^+)/c(NH_3)$ (Puffergleichung)
und $K_w/K_s = K_b$ erhält man:
$c(M^{2+}) = c(M(OH)_2) = [L(M(OH)_2)/K_b^2(NH_3)] \cdot c^2(NH_4^+)/c^2(NH_3)$
Mit $K_b(NH_3) = 1{,}8 \cdot 10^{-5} \text{ mol l}^{-1}$ folgt
$c(M(OH)_2) = [L(M(OH)_2)/3{,}25 \cdot 10^{-10}] \cdot c^2(PS)/c^2(PB)$

6.86 a) $1{,}43 \text{ mol l}^{-1}$
b) pH = 7,1

6.87 $c(KOH) > 2{,}46 \cdot 10^{-12} \text{ mol l}^{-1}$

6.88 Die Löslichkeit bezieht sich auf den Gleichgewichtszustand, also auf die Konzentrationsverhältnisse nach Abschluß der Fällung. In einigen Fällen kann das besser lösliche Sulfid durchaus mit der Ausfällung beginnen (siehe Aufgabe 6.89.).

6.89 a) $c(Bi_2S_3) = 1{,}71 \cdot 10^{-15}$ mol l^{-1}; $c(PbS) = 8{,}36 \cdot 10^{-15}$ mol l^{-1}
PbS ist etwas besser löslich.
b) Die Fällung beginnt, wenn $c(S^{2-})$ für PbS den Wert $7 \cdot 10^{-28}$ mol l^{-1} und für Bi_2S_3 den Wert $5{,}43 \cdot 10^{-24}$ mol l^{-1} überschreitet. Der Beginn der PbS-Ausfällung erfolgt bereits bei einer etwa 8000mal geringeren S^{2-}-Konzentration.
c) In diesem Fall beginnt das leichter lösliche Sulfid zuerst mit der Ausfällung.

6.90 a) $c(Pb^{2+}) = 2{,}3 \cdot 10^{-6}$ mol l^{-1}
b) $c(Pb^{2+}) = 1{,}0 \cdot 10^{-7}$ mol l^{-1}

6.91 87,7 % gehen in Lösung

6.92 pH = 3,53

6.93 pH = –0,75

6.94 $AgCl(s) + KBr(aq) \longrightarrow AgBr(s) + KCl(aq)$

6.95 Abscheidung von metallischem Silber und Auflösung des Eisennagels. Die im Lösegleichgewicht
$AgCl(s) \rightleftarrows Ag^+(aq) + Cl^-(aq)$
vorhandenen Ag^+-Ionen reagieren gemäß
$2\,Ag^+(aq) + Fe(s) \longrightarrow 2\,Ag(s) + Fe^{2+}(aq)$
und müssen zwecks Einhaltung der Gleichgewichtsbedingungen ständig aus dem Bodenkörper nachgeliefert werden, was zu seiner Auflösung führt.

6.96 a) Nein, Cu^{2+} und Pb^{2+} lassen sich nur gemeinsam als Sulfid fällen und von Fe^{2+} trennen. Für die Cu/Pb-Trennung berechnet man einen Wert $c(H^+) = 1{,}5 \cdot 10^5$ mol l^{-1}(!), der sich in der Praxis nicht realisieren läßt.
b) Bei pH = 4,56 (und kleiner) fallen CuS und PbS quantitativ aus.

7 Komplexbildungs- und Zerfallsreaktionen

7.1 a) 0, b) +3, c) +3, d) +3(Kation), +2(Anion), e) +3, f) 0, g) +2

7.2 a) Tetracarbonylnickel(0)
b) Hexammincobalt(III)-hexanitrocobaltat(II)
c) Chlorobis(ethylendiamin)thiocyanatocobald(III)-chlorid
d) Pentamminnitronickel(III)-chlorid

e) Pentamminnitritonickel(III)-chlorid
f) Tetramminplatin(II)-hexachloroplatinat(IV)
g) Tetrammindichloroplatin(IV)-tetrachloroplatinat(II)

7.3 a) $[Co(en)_2(H_2O)_2]Br_3$
b) $K_4[Ni(CN)_4]$
c) $K_2[Ni(CN)_4]$
d) $[Pt(NH_3)_3Cl_3][Pt(NH_3)Cl_3]$
e) $[Co(NO)(CO)_3]$
f) $[Co(NH_3)_4(H_2O)Cl]Cl_2$

7.4 a) $(NH_4)_2[Fe(H_2O)Cl_5]$ Diammonium-aquapentachloroferrat(III)
b) $[Ni(H_2O)_6]_4[Ni(ONO)_6]_3$ Hexamminnickel(III)-hexanitritoniccolat(II)
c) $[Cr(NH_3)_4(NCS)_2][Cr(NH_3)_2(NCS)_4]$ Tetrammindithiocyanatochrom(III)-diammintetrathiocyanatochromat(III)

7.5 $A = [Pt(NH_3)_3Cl_3]Cl$ $B = [Pt(NH_3)_6]Cl_4$
$C = [Pt(NH_3)_2Cl_4]$ $D = [Pt(NH_3)_4Cl_2]Cl_2$
$E = [Pt(NH_3)_5Cl]Cl_3$

7.6 a) $A = [Co(en)_2(H_2O)Cl]Cl_2 \cdot H_2O$
$B = [Co(en)_2(H_2O)_2]Cl_3$
b) Aquochlorobis(ethylendiamin)cobalt(III)-chlorid-Monohydrat
Diaquobis(ethylendiamin)cobalt(III)-chlorid
c) Hydratisomerie

7.7 a) $A = [Ni(NH_3)_5NO_3]SO_4$
$B = [Ni(NH_3)_5SO_4]NO_3$
b) Ionisationsisomerie

7.8 a) $[Ir(NH_3)_5(NO_2)]Cl_2$, b) $[Co(en)_2(NCS)Cl]Cl$, c) $K_2[Ni(NC)_4]$

7.9 Ja, ein Ligand wirkt als Lewis-Base und ein Zentralatom als Lewis-Säure.

7.10 Cu^+(28 e^-) erreicht durch Bindung von 4 CN^--Liganden (4 · 2 e^-) die Elektronenzahl von Kr(36 e^-), Cu^{2+} mit 35 e^- nicht.

7.11 Im $[Co(NH_3)_6]^{3+}$ erreicht das Zentralion Co^{3+} die Elektronenkonfiguration von Kr, im $[Co(NH_3)_6]^{2+}$ wird sie vom Co^{2+} mit 37 e^- überschritten. Der Co^{3+}-Komplex ist beständiger.

7.12 Wegen $NH_4^+ + H_2O \rightleftarrows NH_3 + H_3O^+$ enthält die Lösung Ammoniak, der mit Ag^+ den Komplex $[Ag(NH_3)_2]^+$ bildet und dadurch $c(Ag^+)$ so stark verringert, daß das Ionenprodukt $c(Ag^+) \cdot c(Cl^-)$ kleiner wird als das Löslichkeitsprodukt von AgCl. Darum geht soviel AgCl in Lösung, bis $L(AgCl)$ erreicht wird. Das Löslichkeitsprodukt von AgBr und AgI ist so gering, daß dieser Effekt nicht eintreten kann.

7.13 Den Ionen fehlen 8 e^- zur Konfiguration des nächsten Edelgases, die sie durch Bindung von 4 Liganden erreichen.

7.14 a) Koordinativ gebundene H_2O-Moleküle sind fester gebunden als Kristallwasser. Man ermittelt den Gewichtsverlust über ein Trockenmittel. Aus der Leitfähigkeit folgt, ob 2, 3 oder 4 Ionen pro Formeleinheit vorliegen. Bestimmung der AgCl-Menge, die bei $AgNO_3$-Zugabe ausfällt.

b) Hydratisomere

7.15 a) $[Co(NH_3)_5SO_4]Br$ und $[Co(NH_3)_5Br]SO_4$

b) Liegt die erste Verbindung vor, muß bei Zugabe von $AgNO_3$ AgBr ausfallen und bei Zugabe von $BaCl_2$ darf kein $BaSO_4$-Niederschlag entstehen. Liegt die zweite Verbindung vor, bleibt die AgBr-Fällung aus, während ein $BaSO_4$-Niederschlag beobachtet wird.

c) Ionisationsisomere

7.16 $[Ag(CN)_2]^- \rightleftarrows Ag^+ + 2\ CN^-$

$c(Ag^+) = 10^{-21}\ mol^2\ l^{-2} \cdot 0{,}05\ mol\ l^{-1}/(0{,}1\ mol\ l^{-1})^2$

$c(Ag^+) = 5 \cdot 10^{-21}\ mol\ l^{-1}$

7.17 Aus dem Vergleich der pK_D-Werte für

$[Ag(SO_3)_2]^{3-} \rightleftarrows [Ag(SO_3)]^- + SO_3^{2-}$

$[Ag(SO_3)]^- \rightleftarrows Ag^+ + SO_3^{2-}$

folgt, daß die Lösung in der 2. Stufe vernachlässigt werden darf. Man erhält darum $c^2[Ag(SO_3)]^- = K_{D1} \cdot C_o$

$c[Ag(SO_3)]^- = 2{,}26 \cdot 10^{-2}\ mol\ l^{-1}$

7.18 a) $c(Ag^+) = K_{D2} = 4{,}57 \cdot 10^{-6}\ mol\ l^{-1}$

b) Da K_{D2} mehr als 2 Zehnerpotenzen kleiner ist als K_{D1}, ist $c(Ag^+) = K_{D2}$ eine gute Näherung, so daß $c(Ag^+)$ von der Komplexkonzentration nahezu unabhängig ist und annähernd konstant bleibt.

7.19 a) Die Bruttoreaktion entspricht:

$[Ag(NH_3)_2]^+ \rightleftarrows Ag^+ + 2\ NH_3 \qquad K_D$

$2\ NH_3 + 2\ H_3O^+ \rightleftarrows 2\ NH_4^+ + 2\ H_2O \qquad (1/K_s)^2$

$[Ag(NH_3)_2]^+ + 2\ H_3O^+ \rightleftarrows Ag^+ + 2\ NH_4^+ + 2\ H_2O$

Die Gleichgewichtskonstante der Bruttoreaktion ist

$K = K_D \cdot (1/K_s)^2 = 6 \cdot 10^{-8}\ mol^2\ l^{-2} \cdot (1/5{,}62 \cdot 10^{-10}\ mol\ l^{-1})^2$

$K = 1{,}9 \cdot 10^{11}$

$c(H_3O^+)$ folgt aus ihrem MWG-Qutienten:

$c^2(H_3O^+) = c(Ag^+) \cdot c^2(NH_4^+)/[c[Ag(NH_3)_2]^+ \cdot K]$

$c(H_3O^+) = 2{,}29 \cdot 10^{-9}\ mol\ l^{-1}$, pH = 8,64

b) Da NH_3 und NH_4^+ vorliegen, stellt die Lösung ein Puffersystem dar und es gilt:

$pH = pK_s + p(NH_4^+) - p(NH_3)$

$p(NH_3) = 9{,}25 + 0 - 8{,}64 = 0{,}61$

$c(NH_3) = 2{,}45 \cdot 10^{-1}\ mol\ l^{-1}$

7.20 a) $c(Ag^+) = K_D \cdot c[Ag(NH_3)_2]^+/c^2(NH_3)$

$K_D = K_{D1} \cdot K_{D2} = 6{,}75 \cdot 10^{-8}\ mol^2\ l^{-2}$

$c[Ag(NH_3)_2]^+ = C_o[Ag(NH_3)_2]^+$

Um $c(Ag^+)$ berechnen zu können, muß zunächst $c(NH_3)$ bestimmt werden. Mit $c_1(NH_3)$ = Anteil aus der ersten und $c_2(NH_3)$ = Anteil aus der zweiten Zerfallsstufe gilt:

$c(NH_3) = c_1(NH_3) + c_2(NH_3)$

$c_1^2(NH_3) = K_{D1} \cdot C_o(\text{Komplex})$

$c_1(NH_3) = 3{,}27 \cdot 10^{-3}\ \text{mol l}^{-1}$

Mit $c[Ag(NH_3)]^+ = c_1(NH_3) = [K_{D1} \cdot C_o(\text{Komplex})]^{1/2}$ ist:

$c_2^2(NH_3) = K_{D2} \cdot [K_{D1} \cdot C_o(\text{Komplex})]^{1/2}$

$c_2(NH_3) = 1{,}436 \cdot 10^{-3}\ \text{mol l}^{-1}$

$c(NH_3) = 4{,}71 \cdot 10^{-3}\ \text{mol l}^{-1}$

$c(Ag^+) = 6{,}75 \cdot 10^{-8}\ \text{mol}^2\ \text{l}^{-2} \cdot 0{,}1\ \text{mol l}^{-1}/(4{,}71 \cdot 10^{-3}\ \text{mol l}^{-1})^2$

$c(Ag^+) = 3{,}047 \cdot 10^{-4}\ \text{mol l}^{-1}$

b) $c(Ag^+) = 6{,}75 \cdot 10^{-8}\ \text{mol}^2\ \text{l}^{-2} \cdot 0{,}1\ \text{mol l}^{-1}/(3{,}27 \cdot 10^{-3}\ \text{mol l}^{-1})^2$

$c(Ag^+) = 6{,}31 \cdot 10^{-4}\ \text{mol l}^{-1}$

c) Der unter b) berechnete Wert ist doppelt so groß. Haben die Zerfallskonstanten für die einzelnen Stufen vergleichbare Werte, dürfen ihre Anteile an der Ligandenkonzentration nicht vernachlässigt werden.

7.21 Näherung: Konzentration der Komplexionen = C_o

$c^2(Fe^{3+}) = K_D \cdot c[Fe(HPO_4)]^+$

$c(Fe^{3+}) = 1{,}94 \cdot 10^{-6}\ \text{mol l}^{-1}$

7.22

$AgI(s) \rightleftarrows Ag^+ + I^- \quad pL = 16{,}07$

$Ag^+ + 2\,CN^- \rightleftarrows [Ag(CN)_2]^- \quad pK_B = -21$

$AgI(s) + 2\,CN^- \rightleftarrows [Ag(CN)_2]^- + I^- \quad pK = pL - pK_B$

Löslichkeit von AgI = $c(I^-) = c[Ag(CN)_2]^-$

$c^2(I^-) = K \cdot c^2(CN^-) = L(AgI) \cdot K_B \cdot c^2(CN^-) = 8{,}5 \cdot 10^{-2}\ \text{mol}^2\ \text{l}^{-2}$

$c(I^-) = 0{,}2915\ \text{mol l}^{-1}$

$m = c \cdot V \cdot M = 0{,}2915\ \text{mmol ml}^{-1} \cdot 150\ \text{ml} \cdot 234{,}8\ \text{mg mmol}^{-1} =$

$m = 10266\ \text{mg}$

Es lösen sich 10,26 g AgI.

7.23 $c^4(CN^-) = 1{,}4 \cdot 10^{-17}\ \text{mol}^4\ \text{l}^{-4} \cdot 0{,}02\ \text{mol l}^{-1}/10^{-15}\ \text{mol l}^{-1}$

$c(CN^-) = 0{,}129\ \text{mol l}^{-1} = 0{,}096\ \text{mol}/750\ \text{ml}$

$m(KCN) = 6{,}298\ \text{g}$

Es sind mehr als 6,3 g KCN in 750 ml Lösung zu geben.

7.24 Für 400 ml Lösung gelten:

$c(Hg^{2+}) = 0{,}01\ \text{mol l}^{-1}$

$c(I^-) = 3{,}68 \cdot 10^{-2}\ \text{mol KI}/400\ \text{ml} = 0{,}092\ \text{mol l}^{-1}$

Von 0,092 mol l^{-1} I^- werden 0,04 mol l^{-1} für die Komplexbildung verbraucht. Daraus folgt:

$c(Hg^{2+}) = K \cdot c(HgI_4^{2-})/(0{,}052\ \text{mol l}^{-1})^4$

$c(Hg^{2+}) = 5{,}3 \cdot 10^{-31}\ \text{mol}^4\ \text{l}^{-4} \cdot 0{,}01\ \text{mol l}^{-1}/(0{,}052\ \text{mol l}^{-1})^4$

$c(Hg^{2+}) = 7{,}25 \cdot 10^{-28}\ \text{mol l}^{-1}$

7.25 a) $c(Ag^+) = 0{,}15\ \text{mol l}^{-1}/5{,}55 \cdot 10^{18}\ \text{l}^2\ \text{mol}^{-1} \cdot (0{,}15\ \text{mol l}^{-1})^2$

$c(Ag^+) = 1{,}2 \cdot 10^{-18}\ \text{mol l}^{-1}$

(Näherung: Der aus dem Komplexzerfall stammende CN^--Anteil wird vernachlässigt.)
b) Mit $c(CN^-) = 2\ c(Ag^+)$ erhält man:
$c^3(Ag^+) = c[Ag(CN)_2]^-/4 \cdot K_B = 6{,}75 \cdot 10^{-21}\ mol^3\ l^{-3}$
$c(Ag^+) = 1{,}9 \cdot 10^{-7}\ mol\ l^{-1}$

7.26 $Ag_2CrO_4(s) \rightleftarrows 2\ Ag^+(aq) + CrO_4^{2-}(aq) \quad L(Ag_2CrO_4)$
$2\ Ag^+(aq) + 4\ CN^-(aq) \rightleftarrows 2\ [Ag(CN)_2]^- \quad K_B^2$

$Ag_2CrO_4(s) + 4\ CN^-(aq) \rightleftarrows 2\ [Ag(CN)_2]^-(aq) + CrO_4^{2-}(aq)$
$K = K_B^2 \cdot L = 5{,}85 \cdot 10^{25}\ l\ mol^{-1}$

7.27 mit $c(CN^-) = 1\ mol\ l^{-1}$ ist $c(Ag^+)/c[Ag(CN)_2]^- = 10^{-21}$
1 ml $AgNO_3$ in 100 ml Lösung entspricht $c(Ag^+) = 10^{-2}\ mol\ l^{-1}$.
Somit kann $c[Ag(CN)_2]^-$ höchstens $10^{-2}\ mol\ l^{-1}$ sein. Also
$c(Ag^+) = 10^{-21} \cdot 10^{-2}\ mol\ l^{-1} = 10^{-23}\ mol\ l^{-1}$. Mit $c(HCl) = 1\ mol\ l^{-1}$
erhält man $c(Ag^+) \cdot c(Cl^-) = 10^{-23}\ mol^2\ l^{-2} << L(AgCl)$.
Da das Löslichkeitsprodukt nicht erreicht wird, bildet sich kein AgCl-Niederschlag.

7.28 $Zn \rightleftarrows Zn^{2+} + 2\ e^- \quad E^o(A) = -0{,}76\ V$
$[Zn(CN)_4]^{2-} + 2\ e^- \rightleftarrows Zn + 4\ CN^- \quad E^o(K) = -1{,}26\ V$

$[Zn(CN)_4]^{2-} \rightleftarrows Zn^{2+} + 4\ CN^- \quad \Delta E^o = -0{,}50\ V$
$\log K_D = -0{,}50\ V \cdot 2/0{,}059\ V = -16{,}90$
$K_D = 1{,}25 \cdot 10^{-17}$

7.29 $[Al(OH)_4]^- + 3\ e^- \rightleftarrows Al + 4\ OH^- \quad E^o(K) = x\ V$
$Al \rightleftarrows Al^{3+} + 3\ e^- \quad E^o(A) = -1{,}662\ V$

$[Al(OH)_4]^- \rightleftarrows Al^{3+} + 4\ OH^- \quad \Delta E^o = x - (-1{,}662\ V)$
ΔE^o wird aus der Gleichgewichtskonstanten bestimmt:
$\Delta E^o = \log K_D \cdot 0{,}059\ V/n = -0{,}668\ V$
$-0{,}668\ V = x + 1{,}662\ V$
$x = -2{,}33\ V$. Das Standardpotential beträgt: $E^o[Al(OH)_4^-/Al] = -2{,}33\ V$

7.30 Unter Verwendung der Näherung $c(Cl^-) = 1\ mol\ l^{-1}$, die aufgrund des großen Cl^--Überschusses gerechtfertigt ist, erhält man aus dem MWG der einzelnen Stufen:
$c(CdCl^+) = K_1 \cdot c(Cd^{2+})$
$c(CdCl_2) = K_2 \cdot c(CdCl^+) = K_2[K_1 \cdot c(Cd^{2+})]$
$c(CdCl_3^-) = K_3 \cdot c(CdCl_2) = K_3[K_1 K_2 \cdot c(Cd^{2+})]$
$c(CdCl_4^{2-}) = K_4 \cdot c(CdCl_3^-) = K_4[K_1 K_2 K_3 \cdot c(Cd^{2+})]$
Die Summe aller Cadmium-Teilchen beträgt $0{,}01\ mol\ l^{-1}$:
$c(Cd^{2+}) + c(Cd^{2+})\ [K_1 + K_1 K_2 + K_1 K_2 K_3 + K_1 K_2 K_3 K_4] = 0{,}01$
$463{,}82\ c(Cd^{2+}) = 0{,}01\ mol\ l^{-1}$
$c(Cd^{2+}) = 2{,}156 \cdot 10^{-5}\ mol\ l^{-1}$
Einsetzen in obige Gleichungen ergibt:
$c(CdCl^+) = 4{,}53 \cdot 10^{-4}\ mol\ l^{-1}$

$c(CdCl_2) = 3{,}58 \cdot 10^{-3}$ mol l^{-1}
$c(CdCl_3^-) = 4{,}40 \cdot 10^{-3}$ mol l^{-1}
$c(CdCl_4^{2-}) = 1{,}54 \cdot 10^{-3}$ mol l^{-1}

7.31 $4\ [Co(NH_3)_6]^{2+} - \rightleftarrows 4\ [Co(NH_3)_6]^{3+} + 4\ e^-$ $\quad E^o(A) = 0{,}11$ V
$O_2 + 4\ H^+ + 4\ e^- \rightleftarrows 2\ H_2O$ $\quad E^o(K) = 1{,}23$ V

$4\ [Co(NH_3)_6]^{2+} + O_2 + 4\ H^+ \rightleftarrows 4\ [Co(NH_3)_6]^{3+} + 2\ H_2O$
Bezogen auf die Bildung von 2 mol Komplex und 1 mol H_2O ist
$\log K = 1{,}12 \text{ V} \cdot 2/0{,}059 \text{ V} = 37{,}96$
$K = 9{,}25 \cdot 10^{37}$

7.32 a) $c(OH^-) = 10^{-11}$ mol l^{-1}
$c[Hg(OH)^+] = 2 \cdot 10^{10}\ (\text{mol l}^{-1})^{-1} \cdot 10^{-11} \text{ mol l}^{-1} \cdot c(Hg^{2+})$
$c[Hg(OH)^+] = 0{,}2 \cdot c(Hg^{2+})$
$c[Hg(OH)_2] = 2{,}5 \cdot 10^{11}\ (\text{mol l}^{-1})^{-1} \cdot 10^{-11} \text{ mol l}^{-1} \cdot c[Hg(OH)^+]$
$c[Hg(OH)_2] = 2{,}5\ c[Hg(OH)^+] = 2{,}5\ [0{,}2 \cdot c(Hg^{2+})]$
$c(Hg^{2+}) + c[Hg(OH)^+] + c(Hg(OH)_2] = 10^{-4}$ mol l^{-1}
$c(Hg^{2+}) + 0{,}2\ c(Hg^{2+}) + 0{,}5\ c(Hg^{2+}) = 10^{-4}$ mol l^{-1}
$c(Hg^{2+}) = 5{,}88 \cdot 10^{-5}$ mol l^{-1}
$c[Hg(OH)^+] = 1{,}18 \cdot 10^{-5}$ mol l^{-1}
$c[Hg(OH)_2] = 2{,}94 \cdot 10^{-5}$ mol/l
b) $c(Hg^{2+}) = 58{,}80$ %
$c[Hg(OH)^+] = 11{,}76$ %
$c[Hg(OH)_2] = 29{,}41$ %
Selbst in sauren Lösungen beträgt der Anteil von Hg^{2+}-Ionen am Hg-Gesamtgehalt weniger als 60 %.

7.33 Fällungsreaktion bei wenig Zugabe von Na_2SO_3:
$Ag^+(aq) + SO_3^{2-}(aq) \rightleftarrows Ag_2SO_3(s)$
Komplexbildung bei Zugabe von Na_2SO_3-Überschuß:
$Ag_2SO_3(s) + 3\ SO_3^{2-}(aq) \rightleftarrows 2\ [Ag(SO_3)_2]^{3-}(aq)$
Redoxreaktion der Komplexbestandteile bei Erwärmen:
$2\ Ag^+(aq) + SO_3^{2-}(aq) + H_2O \rightleftarrows 2\ Ag(s) + SO_4^{2-}(aq) + 2\ H^+(aq)$
Säure-Base-Reaktion aufgrund der gebildeten H^+-Ionen:
$SO_3^{2-}(aq) + 2\ H^+(aq) \rightleftarrows H_2SO_3(aq) \rightleftarrows H_2O + SO_2(g)$
In der Wärme entweicht SO_2 (Geruch!), so daß das Gleichgewicht zugunsten der rechten Seite liegt.

7.34 Auflösung erfolgt, wenn der Komplex so stabil ist, daß die Konzentration der mit ihm im Gleichgewicht stehenden freien Ionen kleiner ist, als die aus ihrem Löslichkeitsprodukt folgende Sättigungskonzentration über dem Bodenkörper.

7.35 $[Ni(CN)_4]^{2-} \rightleftarrows Ni^{2+} + 4\ CN^-$ $\quad pK_D = -15{,}5$
$2\ Ag^+ + 4\ CN^- \rightleftarrows 2\ [Ag(CN)_2]^-$ $\quad 2\ pK_B = 42{,}2$

$[Ni(CN)_4]^{2-} + 2\ Ag^+ \rightleftarrows Ni^{2+} + 2\ [Ag(CN)_2]^-$ $\quad pK = 26{,}7$
$K = 5 \cdot 10^{26}$

7.36 Die Bildung des Amminkomplexes erfordert eine hohe NH_3-Konzentration, so daß es aufgrung der Protolyse $NH_3 + H_2O \rightleftarrows NH_4^+ + OH^-$ zur Bildung von schwerlöslichem $Fe(OH)_3$ kommt.

7.37 Wegen der Säurestärke der hydratisierten Ionen dieser Metalle liegt das Säure-Base-Gleichgewicht
$[M(H_2O)_6]^{3+} + NH_3 \rightleftarrows [M(H_2O)_5OH]^{2+} + NH_4^+$
weitgehend zugunsten der rechten Seite, so daß die Säure-Base-Reaktion den Ligandenaustausch überwiegt.

7.38 Da Be^{2+} im Vergleich zu den anderen Erdalkali-Kationen besonders klein ist, wirkt es auf Anionen (Liganden) stark polarisierend und hat eine große Tendenz zur Knüpfung kovalenter Bindungen, die die Stabilität der Komplexe bewirken.

7.39 C kann maximal vier Atombindungen eingehen, bei den anderen Elementen können jedoch d-Orbitale in Anspruch genommen und darum mehr als vier Atombindungen ausgebildet werden.

7.40

$$Cu_2S(s) \rightleftarrows 2\,Cu^+ + S^{2-} \qquad L = 5 \cdot 10^{-48}$$
$$2\,Cu^+ + 8\,CN^- \rightleftarrows 2\,[Cu(CN)_4]^{3-} \qquad K_B = 6{,}31 \cdot 10^{20}$$

$$Cu_2S(s) + 8\,CN^- \rightleftarrows 2\,[Cu(CN)_4]^{3-} + S^{2-}$$
$$K = L \cdot K_B = 3{,}15 \cdot 10^{-27} (mol^5\,l^{-5})^{-1}$$

Das Gleichgewicht liegt praktisch vollständig zugunsten der linken Seite, so daß keine Auflösung von Cu_2S erfolgt.

7.41

$$Ag(s) \rightleftarrows Ag^+ + e^- \qquad / \cdot 4$$
$$2\,H_2O + O_2 + 4\,e^- \rightleftarrows 4\,OH^- \qquad / \cdot 1$$
$$Ag^+ + 2\,CN^- \rightleftarrows [Ag(CN)_2]^- \qquad / \cdot 4$$

$$4\,Ag + 8\,CN^- + 2\,H_2O + O_2 \rightleftarrows 4\,[Ag(CN)_2]^- + 4\,OH^-$$

Die Ursache für die Oxidation durch Luftsauerstoff ist die enorme Herabsetzung des Potentials des Ag^+/Ag-Redoxpaares durch die verringerte Ag^+-Konzentration infolge der Komplexbildung (dazu auch Übung 7.11).

8 Thermodynamik chemischer Reaktionen

8.1 Die Thermodynamik ist unabhängig von Modellvorstellungen.

8.2 Daß sie keine Aussagen zur Reaktionsgeschwindigkeit und zu der für das Erreichen von Gleichgewichtszustände erforderlichen Zeit zuläßt.

8.3 Danach wäre Wärme nur Translationsenergie der Teilchen, was nur für einatomige Gase zutrifft. Wärme ist die gesamte thermische Energie, die als Translations-, Schwingungs- und Rotationsenergie gespeichert ist.

8.4 Temperatur

8.5 $T = 33{,}2\,°C$

8.6 $C_{sp} = 552{,}8$ J/45 g 5 K = 2,457 J $g^{-1} K^{-1}$

8.7 $C_m = 73{,}2$ J $mol^{-1} K^{-1}$

8.8 $C_{sp} = (0{,}386 \cdot 0{,}6 + 0{,}389 \cdot 0{,}4)$ J $g^{-1} K^{-1} = 0{,}387$ J $g^{-1} K^{-1}$

8.9 $C_m = (0{,}8 \cdot 24{,}25 + 0{,}2 \cdot 29{,}12)$ J $mol^{-1} K^{-1} = 25{,}22$ J $mol^{-1} K^{-1}$

8.10 $Q = C_{gesamt} \cdot \Delta T = (6{,}09 \cdot 4{,}75) = 28{,}95$ kJ mol^{-1}
$x(C_6H_{12}O_6) = (28{,}95 \cdot 180/2820) = 1{,}85$ g

8.11 ΔU ist gleich, verschieden sind die Wärmemengen Q

8.12 a) $NH_4NO_3(s) \longrightarrow N_2O(g) + 2\,H_2O(l)$ $\Delta H = -125$ kJ mol^{-1}
b) $W = 8{,}314$ J K^{-1} $mol^{-1} \cdot 298$ K = 2,48 kJ mol^{-1}
$\Delta U = (-125 - 2{,}48)$ kJ $mol^{-1} = -127{,}48$ kJ mol^{-1}

8.13 a) $\Delta H = \Delta U + \Delta n\, R\, T$
a) $\Delta n = +1$, $\Delta H = \Delta U + 1\, R\, T$ b) $|\Delta H| < |\Delta U|$
a) $\Delta n = -5$, $\Delta H = \Delta U - 5\, R\, T$ b) $|\Delta H| > |\Delta U|$
a) $\Delta n = 0$, $\Delta H = \Delta U$ b) $|\Delta H| = |\Delta U|$

8.14 W ist für beide Reaktionen gleich (Bildung von jeweils 1 mol Gas)

8.15 A) $H_2O(l)$, B) $H_2O(g)$. Mit flüssigem Wasser als Reaktionsprodukt wird zusätzlich die Wärme frei, die benötigt wird, um 1 mol $H_2O(l)$ in 1 mol $H_2O(g)$ bei Standardbedingungen (25 °C) zu überführen.

8.16 $\Delta H = (-95{,}4 + 2{,}437)$ kJ $mol^{-1} = -92{,}96$ kJ mol^{-1}

8.17 29,5 g $SrCO_3$

8.18 $CO_2 + 2\,SO_2 \longrightarrow CS_2 + 3\,O_2$ $\Delta H = +1075$ kJ mol^{-1}
$C + O_2 \longrightarrow CO_2$ $\Delta H = -393{,}7$ kJ mol^{-1}
$2\,S + 2\,O_2 \longrightarrow 2\,SO_2$ $\Delta H = -2 \cdot 296{,}8$ kJ mol^{-1}
$\Delta H = 87{,}5$ kJ mol^{-1}

8.19 d) mal 6 c) mal 3 a) umdrehen:
$\Delta H = (3268 - 858 - 2361)$ kJ $mol^{-1} = +49$ kJ mol^{-1}

8.20 $\Delta H = (-2 \cdot 298{,}9 - 2 \cdot 6{,}2 - 2 \cdot 279{,}4 + 1 \cdot 207)$ kJ $mol^{-1} = -962$ kJ mol^{-1}

8.21 a) $Ag(s) + 1/2\,Br_2(l) \longrightarrow AgBr(s)$ $\Delta H^\circ_f = -99{,}50$ kJ mol^{-1}
b) $Ag(s) + 1/2\,Cl_2(g) \longrightarrow AgCl(s)$ $\Delta H^\circ_f = -127{,}0$ kJ mol^{-1}

c) $Ba(s) + C(Graphit) + 0,5\ O_2(g) \longrightarrow BaCO_3(s)$ $\Delta H^\circ_f = -1218,8$ kJ mol^{-1}
d) $C(Graphit) + 2\ S(s) \longrightarrow CS_2(l)$ $\Delta H^\circ_f = +87,9$ kJ mol^{-1}
e) $1/2\ N_2(g) + O_2(g) \longrightarrow NO_2(g)$ $\Delta H^\circ_f = +33,8$ kJ mol^{-1}
f) $1/2\ N_2(g) + 2\ H_2(g) + 1/2\ Cl_2\ (g) \longrightarrow NH_4Cl(s)$ $\Delta H^\circ_f = -315,4$ kJ mol^{-1}

8.22 Ja, $\Delta H^\circ_f = 0$ bezieht sich auf die bei Standardbedingungen stabile Form, also auf H_2, O_2, N_2. Für H, O und N werden darum ΔH°_f-Werte angegeben.

8.23 $\Delta H^\circ = -847,6$ kJ mol^{-1}

8.24

$Fe(s) + CO_2(g) \longrightarrow FeO(s) + CO(g)$ $\Delta H^\circ = 11,1$ kJ mol^{-1}
$CO(g) + 1/2\ O_2(g) \longrightarrow CO_2(g)$ $\Delta H^\circ = -282,9$ kJ mol^{-1}

$Fe(s) + 1/2\ O_2(g) \longrightarrow FeO(s)$ $\Delta H^\circ = -271,8$ kJ mol^{-1}

8.25

$NH_3(g) + H_2O(l) \longrightarrow NH_4^+(aq) + OH^-(aq)$
$\Delta H^\circ_1 = -132,8 - 230 - (-46,19 - 285,9) = -30,71$ kJ mol^{-1}
$HCl(g) + H_2O(l) \longrightarrow H^+(aq) + Cl^-(aq)$
$\Delta H^\circ_2 = -167,4 + 92,3 = -75,10$ kJ mol^{-1}
$H^+(aq) + OH^-(aq) \longrightarrow H_2O(l)$
$\Delta H^\circ_3 = -55,90$ kJ mol^{-1}
$\Delta H^\circ = \Delta H^\circ_1 + \Delta H^\circ_2 + \Delta H^\circ_3 = -161,71$ kJ mol^{-1}

8.26

$2\ CO_2(g) + 3\ H_2O(l) \longrightarrow C_2H_6(g) + 3,5\ O_2(g)$ $\Delta H^\circ = +1560$ kJ mol^{-1}
$3\ H_2(g) + 1,5\ O_2(g) \longrightarrow 3\ H_2O(g)$ $\Delta H^\circ = -3 \cdot 285,9$ kJ mol^{-1}
$2\ C(Graph.) + 2\ O_2(g) \longrightarrow 2\ CO_2(g)$ $\Delta H^\circ = -2 \cdot 393,5$ kJ mol^{-1}

$2\ C(Graphit) + 3\ H_2(g) \longrightarrow C_2H_6(g)$ $\Delta H^\circ = -84,7$ kJ mol^{-1}
ΔH° ist zugleich $\Delta H^\circ_f(C_2H_6(g))$.

8.27 $\Delta H^\circ = \Delta H^\circ_f(Ca(OH)_2(s)) + \Delta H^\circ_f(C_2H_6(g)) - [\Delta H^\circ_f(CaC_2(s)) + 2\ \Delta H^\circ_f(H_2O(l))]$
$\Delta H^\circ_f(Ca(OH)_2(s)) = -125,2 - 226,7 - 62,8 - 571,8 = -986,5$ kJ mol^{-1}

8.28 $\Delta H^\circ_f(Ca^{2+}(aq)) = -542,7$ kJ mol^{-1}

8.29 $\Delta H^\circ = -48,5 - [64,4 + 41,8] = -154,7$ kJ mol^{-1}

8.30 Nein, ΔH°_f bezieht sich auf die Bildung einer Verbindung aus den Elementen.

8.31 ΔU entspricht der insgesamt mit der Umgebung ausgetauschten Reaktionsenergie, der dabei als Wärme ausgetauschte Anteil entspricht ΔH.

8.32 Mit $\Delta H^\circ = -493,4$ kJ mol^{-1} folgt $\Delta H^\circ_f(B_2H_6\ (g)) = 31,4$ kJ mol^{-1}

8.33 ΔH aus Bindungsenthalpien = -464 kJ mol^{-1}, ΔH aus ΔH°_f-Werten = $-461,4$ kJ mol^{-1}. Aus Bindungsenthalpien berechnete Werte sind als Näherungswerte aufzufassen.

8.34 ΔH^o_f(kJ mol^{-1}) = $\Delta H^o/2$ = –270 (HF), –92 (HCl),
ΔH (kJ mol^{-1}) = –100 (HBr), –8 (HI)
Brom und Iod wurden nicht in ihren Standardzuständen eingesetzt, da sich Berechnungen mit Bindungsenthalpien auf gasförmige Reaktionspartner beziehen (ΔH = mol Formelumsatz, also 2 mol HBr bzw. HI).

8.35 ΔH = –121 kJ mol^{-1}
Bindungsspaltung = +2710 kJ mol^{-1}
Bindungsknüpfung = –2831 kJ mol^{-1}

8.36 –121 kJ mol^{-1}

8.37 75,36 J mol^{-1} K^{-1}
4,18 J g^{-1} K^{-1}

8.38 a) ΔH^o = –3,12 kJ/0,06 mol = –51,92 kJ mol^{-1};
b) um die Protolyse von NH_4^+ zu verhindern

8.39 ΔH^o = –67,15 kJ mol^{-1}

8.40 ΔH^o = –649,9 kJ mol^{-1}

8.41 $\Delta G^o_f(SF_6\ (g))$ = –992 kJ mol^{-1}

8.42 163,43 kJ mol^{-1}

8.43 a) 267,4 kJ mol^{-1}
b) –207 kJ mol^{-1}
c) 147,4 kJ mol^{-1}
Reaktion b) erfolgt freiwillig

8.44 ΔG^o = –234,4 kJ mol^{-1}, instabil, Disproportionierung

8.45 $K = 1$

8.46 a) ΔH^o = 57 kJ mol^{-1};
b) nein, die Gleichgewichtslage folgt nur aus den ΔG^o-Werten

8.47 a) K = 0,1764
$K_p = K \cdot 101{,}3$ kPa = 17,87 kPa
$K_c = 7{,}21 \cdot 10^{-3}$ mol l^{-1}
b) Aus K_p und K_c folgt, daß N_2O_4 dissoziiert, obwohl $\Delta G^o > 0$ ist. $\Delta G^o > 0$ besagt, daß das Gleichgewicht zugunsten der Ausgangsstoffe liegt, die Reaktion bis zur Erreichung dieses Gleichgewichtes natürlich ablaufen muß.

8.48 a) $K = 2{,}58 \cdot 10^{24}$
b) T = 1031 K = 758,5 °C
c) Das System ist bei 25 °C thermodynamisch instabil, aber kinetisch stabil. Temperaturerhöhung begünstigt den SO_3-Zerfall und somit eine Abnahme von K.

8.49 a) $\Delta H^o = 23{,}3$ kJ mol^{-1}
b) Temperaturunabhängigkeit von ΔH und ΔS

8.50 a) 69 °C
b) Siedepunkt

8.51 $\Delta S^o > 0$, da der Übergang fest $\longrightarrow$ gasförmig die Unordnung erhöht.

8.52 Aus $\Delta G^o = 96{,}33$ kJ mol^{-1} folgt $\Delta G^o_f(Fe^{2+}(aq)) = -84{,}94$ kJ mol^{-1}

8.53 $K = 5{,}23 \cdot 10^{12}$
$K_p = K/101{,}3$ kPa $= 5{,}16 \cdot 10^{10}$ kPa^{-1}

8.54 $\Delta G^o_f(SO_3(g)) = -370{,}4$ kJ mol^{-1}

8.55 $K_p = 28{,}6$ kPa
$K = K_p/101{,}3$ kPa $= 0{,}282$, dann $\Delta G^o = 3{,}135$ kJ mol^{-1},
daraus $\Delta H^o = 30{,}87$ kJ mol^{-1}

8.56 $K = 2{,}5 \cdot 10^{-8}$; $K_p = K \cdot 101{,}3$ kPa $= 2{,}53 \cdot 10^{-6}$ kPa;
$T = \Delta H/\Delta S$ $(\Delta G = 0!)$
$T = 88{,}6$ kJ $mol^{-1}/0{,}1521$ kJ mol^{-1} $K^{-1} = 582{,}5$ K (309 °C)

8.57 Aus K_{s2} folgt $\Delta G^o = 59{,}22$ kJ mol^{-1}; $\Delta S^o = -147{,}3$ J mol^{-1} K^{-1}, dann
$\Delta H^o = 15{,}3$ kJ mol^{-1}; $\Delta H^o_f(CO_3^{2-}(aq)) = -676{,}3$ kJ mol^{-1}

8.58 Für die Temperatur des Siedepunktes ist $\Delta G^o = 0$ und somit
$\Delta S^o = \Delta H^o/T = 42{,}34$ kJ $mol^{-1}/351{,}46$ K $= 121{,}33$ J mol^{-1} K^{-1}

8.59 a) $K = K_s = 4{,}02 \cdot 10^{-6}$ mol l^{-1};
b) Aktivität ~ Konzentration

8.60 Einfluß der Wasserstoffbrücken, die eine höhere Ordnung bewirkt, als in flüssigen Phasen gewöhnlich üblich ist.

8.61 Bei der Fällung wird die Hydrathülle der Ionen abgebaut und das vorher geordnete Wasser frei beweglich. Die Unordnung des Gesamtsystems nimmt darum zu.

8.62 $W_{max} < \Delta H^o$

8.63 $\Delta H^o = +6{,}2$ kJ mol^{-1}; $T\Delta S^o = 6{,}74$ kJ mol^{-1}; $\Delta G^o = -0{,}54$ kJ mol^{-1}
Da $\Delta H^o > 0$, erfolgt Abkühlung der Lösung, da $\Delta G^o < 0$, verläuft dieser endotherme Vorgang freiwillig.

8.64 Bestimmung der Verbrennungsenthalpie von rhombischem und monoklinem Schwefel mittels Kalorimeter. Die Differenz entspricht ΔH^o_f(S, monoklin).

8.65 G = Minimum, $\Delta G = 0$

8.66 $K_{s1} = 5{,}41 \cdot 10^{-3}$ mol l^{-1} ($\Delta G^o_1 = 12{,}94$ kJ mol^{-1})
$K_{s2} = 6{,}31 \cdot 10^{-8}$ mol l^{-1} ($\Delta G^o_2 = 41{,}10$ kJ mol^{-1})
$K_{s3} = 0{,}90 \cdot 10^{-12}$ mol l^{-1} ($\Delta G^o_3 = 68{,}74$ kJ mol^{-1})

8.67 1. Aus ΔH^o und ΔS^o.
2. Aus der Gleichgewichtskonstanten K.
3. Aus der EMK galvanischer Zellen.

8.68 Reaktionen, in denen die Gasmolzahl zunimmt, verlaufen unter Entropiezunahme.
a) Entropiezunahme ($\Delta V = +0{,}5$),
b) Entropieabnahme ($\Delta V = -2$)

8.69 ΔG als Zustandsfunktion ist nur vom Ausgangs- und Endzustand abhängig, aber nicht vom Weg der Zustandsänderung, also auch nicht davon, ob sie reversibel oder irreversibel erfolgt. Allerdings ist nur bei reversiblem Reaktionsverlauf $\Delta G^o = W_{max}$. Reaktionsbedingungen für ΔG^o-Messungen darum: reversibel, isotherm, isobar

8.70 Keiner der beiden Vorgänge läuft freiwillig ab, da mit $\Delta S = 0$ der Gleichgewichtszustand vorliegt.

8.71 a) Zelle:
$$2\,Ag(s) \longrightarrow 2\,Ag^+(aq) + 2\,e^- \qquad E^o(A) = 0{,}7991\ V$$
$$S(s) + 2\,e^- \longrightarrow S^{2-}(aq) \qquad E^o(K) = -0{,}447\ V$$
$$2\,Ag(s) + S(s) \longrightarrow Ag_2S(aq) \qquad \Delta E^o = -1{,}2461\ V$$
Aus ΔE^o folgt $\Delta G^o = \Delta G^o_f\,(Ag_2\,S(aq)) = 240{,}5$ kJ mol^{-1}.
b) ΔG^o_f-Werte von Elektrolytlösungen sind auf ideal verdünnte Lösungen ($c \longrightarrow 0$) als Bezugssystem normiert. Darum besteht kein Widerspruch zwischen $\Delta G^o_f(Ag_2S(aq))$ und der Schwerlöslichkeit von Ag_2S.

8.72 Bruttoreaktion besteht aus 2 Teilreaktionen:
a) $2\,MCrO_4(s) \rightleftarrows 2\,M^{2+}(aq) + 2\,CrO_4^{2-}(aq)$
b) $2\,CrO_4^{2-}(aq) + 2\,H^+(aq) \rightleftarrows Cr_2O_7^{2-}(aq) + 2\,H_2O$

$BaCrO_4$:		$SrCrO_4$:	
p$Ka = 2$ pK_L =	20,14	p$Ka = 2$ pK_L =	8,9
pKb =	−14,35	pKb =	−14,35
pK_{ges} =	4,79	pK_{ges} =	−5,45
K =	$1{,}6 \cdot 10^{-6}$	K =	$2{,}8 \cdot 10^{5}$

8.73
$$4\,Al(s) \longrightarrow 4\,Al^{3+}(aq) + 12\,e^-$$
$$3\,O_2(g) + 6\,H_2O + 12\,e^- \longrightarrow 12\,OH^-(aq)$$
a) $4\,Al(s) + 3\,O_2(g) + 6\,H_2O \longrightarrow 4\,Al^{3+}(aq) + 12\,OH^-(aq)$
$\Delta E^o = 2{,}065$ V, daraus p$K_a = -418{,}96$
b) $6\,H_2(g) + 3\,O_2(g) \longrightarrow 6\,H_2O$
$\Delta E^o = 1{,}229$ V, daraus p$K_b = -249{,}29$
Aus a) + b) folgt
c) $4\,Al(s) + 6\,H_2(g) + 6\,O_2(g) \longrightarrow 4\,Al^{3+}(aq) + 12\,OH^-(aq)$
pK_c = pK_a + p$K_b = -668{,}25$

Bezogen auf 1 mol $Al(OH)_3$:
$pK = -668{,}25/4 = -167{,}06 = -\lg K$, daraus $\ln K = 384{,}67$,
daraus $\Delta G^o = -953{,}6$ kJ mol^{-1} = $\Delta G^o_f(Al(OH)_3(aq))$
Für $Al(OH)_3(s) \longrightarrow Al(OH)_3(aq)$ erhält man:
$\Delta G^o = \Delta G^o_f(Al(OH)_3(aq)) - \Delta G^o_f(Al_2O_3 \cdot 3\,H_2O)/2 = Al(OH)_3(s)$
$\Delta G^o = 192{,}6$ kJ mol^{-1}, daraus $\ln K = \ln L(Al(OH)_3) = -77{,}69$,
$L(Al(OH)_3) = 1{,}81 \cdot 10^{-34}$

8.74 $2\,Ag(s) \longrightarrow 2\,Ag^+(aq) + 2\,e^-$ $\qquad E^o(A) = 0{,}7991$ V
$I_2(s) + 2\,e^- \longrightarrow 2\,I^-(aq)$ $\qquad E^o(K) = 0{,}5355$ V

$2\,Ag(s) + I_2(s) \longrightarrow 2\,Ag^+(aq) + 2\,I^-(aq)$ $\qquad \Delta E^o = -0{,}2636$ V
Daraus folgt $\Delta G^o = 50{,}86$ kJ mol^{-1} und
$\Delta G^o/2 = \Delta G^o_f(AgI(aq)) = 25{,}43$ kJ mol^{-1} sowie für
$\Delta G^o_f(AgI(aq)) - \Delta G^o_f(AgI(s)) = 91{,}75$ kJ mol^{-1}
$\ln L(AgI) = -91{,}75$ kJ mol^{-1}/2,479 kJ mol^{-1} = $-37{,}01$
$L(AgI) = 8{,}42 \cdot 10^{-17}$

8.75 $\Delta G^o_f(Hg_2^{2+}(aq)) = 150{,}61$ kJ mol^{-1}

8.76 $Hg_2Cl_2(s) \rightleftarrows Hg_2^{2+}(aq) + 2\,Cl^-(aq)$
$\Delta G^o = 98{,}79$ kJ mol^{-1}
$K = 4{,}93 \cdot 10^{-18}$

8.77 $MnO_2(s) + 2\,H^+(aq) + H_2(g) \longrightarrow Mn^{2+}(aq) + 2\,H_2O$ folgt aus:
$MnO_2(s) + 4\,H^+(aq) + 2\,e^- \longrightarrow Mn^{2+}(aq) + 2\,H_2O$
$H_2(g) \longrightarrow 2\,H^+(aq) + 2\,e^-$
1.) $\Delta S^o = -127{,}45$ J mol^{-1} K^{-1}
2.) $\Delta H^o = -269{,}7$ kJ mol^{-1}
3.) $\Delta G^o = -231{,}69$ kJ mol^{-1}
4.) $E^o(MnO_2/Mn^{2+}) = 1{,}20$ V

8.78 a) $Hg_2SO_4(s) + Pb(s) \longrightarrow PbSO_4(s) + 2\,Hg(l)$
b) $\Delta G^o = \Delta G^o_f(PbSO_4(s)) - \Delta G^o_f(Hg_2SO_4(s)) = -186{,}95$ kJ mol^{-1}
$\Delta E^o = 0{,}968$ V
c) $K = 5{,}64 \cdot 10^{32}$

8.79 Zellenreaktion: $2\,Ag(s) + Hg_2Br_2(s) \longrightarrow 2\,AgBr(s) + 2\,Hg(l)$
$\Delta G^o_f(Hg_2Br_2(s))$; $\Delta G^o_f(AgBr(s))$; [ΔE^o unabhängig von $c(Br^-)$]

8.80 a) $\Delta G^o = 2{,}71$ kJ mol^{-1}, daraus folgt
$\Delta E^o = -0{,}02808$ V, aus
$\Delta E^o = E^o(K) - E^o(A) = E^o(Fe^{3+}/Fe^{2+}) - 0{,}7991$ V folgen:
$E^o(Fe^{3+}/Fe^{2+}) = 0{,}771$ V
$K = 0{,}335$
b) Die Reduktion ist unvollständig, das Gleichgewicht liegt auf der Seite der Fe^{3+}-Ionen. Ag ist als Reduktionsmittel ungeeignet.

8.81 a) $\Delta G^o = -3{,}28$ kJ mol^{-1} für die Zellenreakton:

$2\,Fe^{2+}(aq) + Hg_2^{2+}(aq) \longrightarrow 2\,Fe^{3+}(aq) + 2\,Hg(l)$
$\Delta G_f^o(Hg_2^{2+}(aq)) = 152{,}08\ kJ\ mol^{-1}$

b) Streng genommen ist auf $c \longrightarrow 0$ zu extrapolieren, denn gerade für Elektrolytlösungen gilt die ideal verdünnte Lösung als Standardzustand. In 8.75. ist der Wert mit solchen Standardangaben berechnet worden. Der Vergleich beider Werte zeigt eine relativ gute Übereinstimmung.

8.82 a) $Cl_2(g) + 2\,Br^-(aq) \longrightarrow 2\,Cl^-(aq) + Br_2(l)$
$Pt/Br_2(l)/Br^-(aq)\ //\ Cl^-(aq)/Cl_2(g)/Pt$
b) $\Delta E^o = 0{,}2943\ V$; $\Delta G^o = -56{,}80\ kJ\ mol^{-1}$; $K = 8{,}89 \cdot 10^9$
c) $K_p = K/p_o = K/101{,}3\ kPa = 8{,}77 \cdot 10^7\ kPa^{-1}$

8.83 Addition der beiden Halbreaktionen
a) $O_2(g) + 2\,H^+(aq) + 2\,e^- \longrightarrow H_2O_2(l)$
b) $H_2(g) \longrightarrow 2\,H^+(aq) + 2\,e^-$

$H_2(g) + O_2(g) \longrightarrow H_2O_2(l)$
ergibt die gesuchte Bruttoreaktion. E^o-Berechnung für die Halbreaktion a) :

	E^o (V)	$\Delta G^o = -n\,F\,E^o$
$O_2(g) + 4\,H^+(aq) + 4\,e^- \longrightarrow 2\,H_2O$	1,229	$-4 \cdot 1{,}229\ V\,F$
$2\,H_2O \longrightarrow H_2O_2 + 2\,H^+(aq) + 2\,e^-$	−1,776	$+2 \cdot 1{,}776\ V\,F$
$O_2(g) + 2\,H^+(aq) + 2\,e^- \longrightarrow H_2O_2$		$-\ 1{,}364\ V\,F$

$E^o = -\Delta G^o/n\,F = +1{,}364\ VF/2\,F = 0{,}682\ V$
Mit diesem Wert für a) ergibt sich für die Bruttoreaktion
$\Delta E^o = E^o(K) - E^o(A) = 0{,}682\ V - 0\ V = 0{,}68\ V$ und für
$\Delta G^o = -n\,F\,\Delta E^o = -131{,}6\ kJ\ mol^{-1}$. Aus ΔG^o und ΔH^o folgt
$\Delta S^o = -0{,}2017\ kJ\ mol^{-1}\ K^{-1}$. Schließlich $S^o(H_2O_2(l))$ aus
$\Delta S^o = S^o(H_2O_2\,(l)) - [S^o(H_2(g)) + S^o(O_2(g))]$
$S^o(H_2O_2(l)) = 133{,}82\ J\ mol^{-1}\,K^{-1}$

8.84 Halbreaktionen: $Cu \longrightarrow Cu^+(aq) + e^-$ $E^o(A) = 0{,}521\ V$
$Cu^{2+}(aq) + e^- \longrightarrow Cu(s)$ $E^o(K) = x\ V$
Bruttoreaktion: $Cu(s) + Cu^{2+}(aq) \longrightarrow 2\,Cu^+(aq)$
$\Delta G^o = 35{,}42\ kJ\ mol^{-1}$, daraus $\Delta E^o = -0{,}3671\ V$ und somit
$E^o(Cu^{2+}/Cu^+) = E^o(K) = -0{,}3671\ V + 0{,}521\ V = 0{,}1538\ V$

8.85 a) $\Delta G > 0$,
b) $\Delta G < 0$,
Reaktion b) verläuft freiwillig

8.86 Bezogen auf 1 l Lösung = 2 · 34 g/85 g mol^{-1} = 0,8 mol $NaNO_3$, $W = 0{,}8$ mol $\cdot$ 20,95 kJ mol^{-1} = 16,76 kJ. Diese Wärmemenge wird der Lösung entzogen! Aus $W = c \cdot \Delta T$ folgt: $\Delta T = 16760\ J/(500 + 34)\ g \cdot 4{,}18\ J\ g^{-1}K^{-1}$ = 7,5 K. Somit Abkühlung auf (20 – 7,5) °C = 12,5 °C.

8.87 $Na_2SO_4 + 7\,H_2O \longrightarrow Na_2SO_4 \cdot 7\,H_2O$ $\Delta H = -58{,}25\ \mathrm{kJ\ mol^{-1}}$
$Na_2SO_4 \cdot 7\,H_2O + (x-7)aq \rightarrow 2\,Na^+(aq_1) + SO_4^{2-}(aq_2)$ $\Delta H = 46{,}50\ \mathrm{kJ\ mol^{-1}}$

$Na_2SO_4 + x \cdot aq \longrightarrow 2\,Na^+(aq_1) + SO_4^{2-}(aq_2)$ $\Delta H = -11{,}75\ \mathrm{kJ\ mol^{-1}}$
($2\,aq_1 + aq_2 = x \cdot aq$). Mit einer Lösungswärme von $-11{,}75\ \mathrm{kJ\ mol^{-1}}$ ist die Auflösung von Na_2SO_4 ein exothermer Vorgang.

8.88 Die Entropieänderung des Gesamtvorgangs ΔS ist gleich der Summe der Entropieänderungen der Einzelschritte:
ΔS_1 = zugeführte Wärme bis zum Schmelzpunkt des Eises =
$10000\ \mathrm{g} \cdot 2{,}05\ \mathrm{J\ g^{-1}\ K^{-1}} \cdot \ln(273\ \mathrm{K}/263\ \mathrm{K}) = 0{,}764\ \mathrm{kJ\ K^{-1}}$
ΔS_2 = zugeführte Wärme für den Schmelzvorgang =
$333{,}5\ \mathrm{J\ g^{-1}} \cdot 10000\ \mathrm{g}/273\ \mathrm{K} = 12{,}21\ \mathrm{kJ\ K^{-1}}$
ΔS_3 = zugeführte Wärme zum Erreichen der Raumtemperatur =
$10000\ \mathrm{g} \cdot 4{,}184\ \mathrm{J\ g^{-1}\ K^{-1}} \cdot \ln(293\ \mathrm{K}/273\ \mathrm{K}) = 2{,}95\ \mathrm{kJ\ K^{-1}}$
$\Delta S = 15{,}93\ \mathrm{kJ\ K^{-1}}$

8.89 a) $Ag^+(aq) + Cl^-(aq) \longrightarrow AgCl(s)$
b) $\Delta E/\Delta T = -3{,}4 \cdot 10^{-4}\ \mathrm{V\ K^{-1}}$, eingesetzt in
$\Delta H^o = -1 \cdot 96485\ \mathrm{C\ mol^{-1}}\,(0{,}5769\ \mathrm{V} + 3{,}4 \cdot 10^{-4}\ \mathrm{V\ K^{-1}} \cdot 298\ \mathrm{K})$
$\Delta H^o = -65{,}44\ \mathrm{kJ\ mol^{-1}}$, aus $\log K = n \cdot \Delta E^o/0{,}05916$ folgt mit den entsprechenden E^o-Werten:
$K = 5{,}64 \cdot 10^9$
c) K entspricht dem reziprokem Wert von L(AgCl), bzw.
$L(\mathrm{AgCl}) = 1/K = 1{,}77 \cdot 10^{-10}$

8.90 Mit den gegebenen K_p-Werten ergibt sich $\Delta H = 34{,}7\ \mathrm{kJ\ mol^{-1}}$,
$\ln(K_2/1{,}35) = 34700\ \mathrm{J\ mol^{-1}}/8{,}314\ \mathrm{J\ K^{-1}\ mol^{-1}}(1/1173\ \mathrm{K} - 1/1273\ \mathrm{K})$
$K_2 = 1{,}785$

8.91 a) ΔG^o aus ΔH^o($61{,}3\ \mathrm{kJ\ mol^{-1}}$) und ΔS^o($98{,}84\ \mathrm{J\ mol^{-1}\ K^{-1}}$) ergibt
$= 31{,}83\ \mathrm{kJ\ mol^{-1}}$, daraus $K = 2{,}65 \cdot 10^{-6}$,
$K_p = 2{,}68 \cdot 10^{-4}\ \mathrm{kPa}$
b) $K_c = K_p/R\,T = 2{,}68 \cdot 10^{-4}\ \mathrm{kPa}/298\ \mathrm{K} \cdot 8{,}314\ \mathrm{kPa\ l\ mol^{-1}\ K^{-1}}$
$K_c = 1{,}084 \cdot 10^{-7}\ \mathrm{mol\ l^{-1}} = 1{,}084 \cdot 10^{-4}\ \mathrm{mol\ m^{-3}}$.
c) Mit M(Hg) = $200{,}6\ \mathrm{g\ mol^{-1}}$ erhält man 21,74 mg Quecksilber in 1 $\mathrm{m^3}$ Luft.
Folgerung: Hg ist stets verschlossen aufzubewahren!

8.92 $\Delta H = \ln(18{,}85\ \mathrm{kPa}/8{,}7\ \mathrm{kPa}) \cdot 8{,}314\ \mathrm{J\ mol^{-1}\ K^{-1}}/(1/945\ \mathrm{K} - 1/1010\ \mathrm{K})$
$\Delta H = 94{,}4\ \mathrm{kJ\ mol^{-1}}$. Mit diesem Wert Berechnung von T_2:
$\ln(101{,}3/18{,}85) = 94400/8{,}314\ (1/1010 - 1/T_2)$
$T_2 = 1187$, K = 914 °C

8.93 $\Delta H = 147{,}3\ \mathrm{kJ\ mol^{-1}}$, mit diesem Wert folgt $K_p = 0{,}51\ \mathrm{kPa}$.
Folgerung: $CaCO_3$ ist bei 600 °C thermisch stabil.

8.94 Aus ΔH_f^o wird $\Delta H^o = 234{,}5\ \mathrm{kJ\ mol^{-1}}$ berechnet. Für eine erste Näherung genügt es, mit diesem Wert K_{p1} für 700 °C zu berechnen: $K_{p1} = 2{,}3 \cdot 10^{-3}$ kPa. $SrCO_3$ ist im betrachteten Temperaturbereich stabil.

8.95 $c(S_8, \text{monoklin})/c(S_8, \text{rhombisch}) = K = 1{,}28$
$\Delta G^o = -R\,T \ln 1{,}28 = -611{,}31$ J mol^{-1} (bezogen auf S_8!),
$\Delta G = -611{,}31$ J mol^{-1}/256,48 g mol^{-1} = $-2{,}38$ J g^{-1}

8.96 a) $\Delta H^o = 56{,}33$ kJ mol^{-1},
b) $\Delta G^o = 5{,}87$ kJ mol^{-1}, $\Delta S^o = 151{,}5$J K^{-1} mol^{-1}

8.97 $Cl^-(aq) + Na^+(aq) + H_2O(l) \longrightarrow Na^+(aq) + OH^-(aq) + H^+(aq) + Cl^-(aq)$
$Na^+(aq) + OH^-(aq) + HF(aq) \longrightarrow H_2O(l) + Na^+(aq) + F^-(aq)$

$Cl^-(aq) + HF(aq) \longrightarrow H^+(aq) + F^-(aq) + Cl^-(aq)$
Da vollständige Protolyse vorausgesetzt wird:
$HF(aq) \longrightarrow H^+(aq) + F^-(aq)$
$\Delta H = +57{,}53$ kJ mol^{-1} – 68,07 kJ mol^{-1} = $-10{,}54$ kJ mol^{-1}
Analog für HCN = +45,60 kJ mol^{-1}

8.98 $H_2O(\text{Dampf}) \longrightarrow H_2O(\text{Eis})$ $K_1 = 1/p_1(H_2O) = 1/475{,}4$ Pa
$H_2O(\text{flüssig}) \longrightarrow H_2O(\text{Dampf})$ $K_2 = p_2(H_2O) = 489{,}1$ Pa

---

$H_2O(\text{flüssig}) \longrightarrow H_2O(\text{Eis})$ $K = K_1\,K_2 = p_2/p_1$
$K = 1{,}0288$, $\Delta G = -0{,}0637$ kJ mol^{-1}

8.99 159,9 kJ mol^{-1}

8.100 a) 56,5 kJ mol^{-1}, b) $0{,}98 \cdot 10^{-14}$ mol^2 l^{-2}

8.101 $K = a^3(SO_3) = p^3(SO_3)/101{,}3^3 = 3{,}25 \cdot 10^{-70}$ (folgt aus ΔG^0)
$K_p = 101{,}3$ Pa $\cdot$ [$3{,}25 \cdot 10^{-70}$ Pa]$^{1/3}$ = $6{,}96 \cdot 10^{-22}$ kPa

8.102 $\Delta G^o(25\ °C) = +6{,}97$ kJ mol^{-1}, $K_p(25\ °C) = 6{,}01 \cdot 10^{-2}$
$\Delta G^o(750\ °C) = -3{,}78$ kJ mol^{-1}, $K_p(750\ °C) = 1{,}56$

8.103 Pt/$Fe(NO_3)_2$(aq),$Fe(NO_3)_3$(aq) // $AgNO_3$(aq)/Ag

9 Kinetik chemischer Reaktionen

9.1 Die Molekularität entspricht der Zahl der Teilchen, die an einer Reaktion unter gleichzeitiger Wechselwirkung beteilig sind. Sie ist darum stets ganzzahlig. Die Reaktionsordnung wird durch die mathematische Form des Geschwindigkeitsgesetzes bestimmt. Sie ist die Summe der Konzentrationsexponenten und muß nicht ganzzahlig sein.

9.2 Bei radioaktiven Prozessen.

9.3 Da das Geschwindigkeitsgesetz experimentell ermittelt wird, dient der durch Überlegungen aufgestellte Reaktionsmechanismus zur Erklärung.

9.4 Durch die Zahl der beteiligten Moleküle. Ihre Zahl bestimmt die Ordnung eines Reaktionsschrittes.

9.5 1.) Aus dem Geradenanstieg in b), der $-k$ entspricht.
2.) Durch Berechnung nach (9.9), da aus b) die erste Ordnung folgt.

9.6 a) 1. Ordnung, da Exponent von $c(N_2O_5) = 1$ ist.
b) 1. Ordnung bezüglich NO_2, 1. Ordnung bezüglich HCl, insgesamt 2. Ordnung.
c) 2. Ordnung bezüglich NO, 1. Ordnung bezüglich H_2, insgesamt 3. Ordnung.
Bei Reaktionen vom Typ b) und c) ist stets anzugeben, auf welchen Stoff man sich bezieht.

9.7 Aus der Maßeinheit von k folgt 1. Ordnung:
$t_{1/2} = \ln 2/k = 0{,}693/9{,}74 \cdot 10^{-4}\,\text{min}^{-1} = 711{,}5\,\text{min}$

9.8 a) Aus (9.4) folgt:
$k = 1/t \cdot [c_o(A) - c(A)] = 1/s \cdot \text{mol l}^{-1} = \text{mol l}^{-1}\,\text{s}^{-1}$
$v(A) = -k = -0{,}05\,\text{mol l}^{-1}\text{s}^{-1}$
b) Aus (9.9) folgt:
$k = 1/t \cdot \ln[c_o(A)/c(A)] = 1/s \cdot \ln\,[\text{mol l}^{-1}/\text{mol l}^{-1}] = \text{s}^{-1}$
$v(A) = -k \cdot c(A) = -0{,}05\,\text{s}^{-1} \cdot 0{,}075\,\text{mol l}^{-1} = -0{,}00375\,\text{mol l}^{-1}\,\text{s}^{-1}$
c) Aus (9.12) folgt:
$k = 1/t \cdot [1/c(A) - 1/c_o(A)] = 1/\text{s} \cdot 1/\text{mol l}^{-1} = \text{l mol}^{-1}\,\text{s}^{-1}$
$v(A) = -k \cdot c^2(A) = -0{,}05\text{l mol}^{-1}\,\text{s}^{-1} \cdot (0{,}075\,\text{mol l}^{-1})^2$
$v(A) = -0{,}00028\,\text{mol l}^{-1}\,\text{s}^{-1}$
d) Aus (9.15) folgt:
$k = 1/2\,t \cdot [1/c^2(A) - 1/c_o^{\,2}(A)] = 1/\text{s} \cdot (1/\text{mol}^2\,\text{l}^{-2}) = \text{l}^2\,\text{mol}^{-2}\,\text{s}^{-1}$
$v(A) = -k \cdot c^3(A) = -0{,}05\,\text{l}^2\,\text{mol}^{-2}\,\text{s}^{-1} \cdot (0{,}075\,\text{mol l}^{-1})^3$
$v(A) = -2{,}1 \cdot 10^{-5}\,\text{mol l}^{-1}\,\text{s}^{-1}$

9.9 Die gegebenen Werten erfüllen (9.10):
$t_{1/2} \cdot k = \ln 2 = 7{,}56\,\text{min} \cdot 9{,}16 \cdot 10^{-2}\,\text{min}^{-1} = 0{,}693$
darum 1. Ordnung.

9.10 Während eine bimolekulare Reaktion immer 2. Ordnung ist, ist eine Reaktion 2. Ordnung nicht unbedingt bimolekular. Das liegt darin, daß eine Bruttoreaktionsgleichung nichts über den Mechanismus der Reaktion, also über Zwischenstufen und Zwischenprodukte aussagt. So ist z.B.
$H_2O_2 + 2\,I^- + 2\,H_3O^+ \longrightarrow I_2 + 4\,H_2O$
eine Reaktion zweiter Ordnung, obwohl 5 Teilchen gleichzeitig kollidieren sollten. Da die Reaktion gemäß
$H_2O_2 + I^- \longrightarrow H_2O + IO^-$
$IO^- + 2\,H_3O^+ + I^- \longrightarrow 3\,H_2O + I_2$
in 2 Schritten erfolgt und der 1. Schritt sehr langsam abläuft, bestimmt er den Gesamtablauf und damit die Ordnung der Reaktion.

9.11 $v(C) = k \cdot c^x(A) \cdot c^y(A)$
Einsetzen der Werte von Versuch 2 und 3, dann Division Gleichung 3 durch Gleichung 2:
$5{,}4/2{,}4 = (0{,}12/0{,}08)^y$
$y = 2$
Einsetzen von y = 2 in das Geschwindigkeitsgesetz, Division Gleichung 3 durch Gleichung 2:
$2{,}25 = 1^x \cdot (1{,}5)^2$
$x = 0$
$v(C) = k \cdot c^2(B)$
$k = 0{,}6 \cdot 10^{-3}\ \text{mol l}^{-1}\ \text{s}^{-1}/(0{,}04\ \text{mol l}^{-1})^2 = 0{,}375\ \text{l mol}^{-1}\ \text{s}^{-1}$

9.12 Abkürzung: Acetaldehyd = Ald
$-dp(\text{Ald})/dt = k_p \cdot p^2(\text{Ald})$
$p(\text{Ald}) = c(\text{Ald}) \cdot R\,T$
$d(c(\text{Ald}) \cdot R\,T)/dt = k_p \cdot (R\,T)^2 \cdot c^2(\text{Ald}) = k_c \cdot c^2(\text{Ald})$
$dc(\text{Ald})/dt = k_p \cdot R\,T \cdot c^2(\text{Ald}) = k_c \cdot c^2(\text{Ald})$
$k_c = k_p \cdot R\,T = 9{,}48 \cdot 10^{-8}\ \text{kPa}^{-1}\ \text{s}^{-1} \cdot 8{,}314\ \text{kPa l mol}^{-1}\ \text{K}^{-1} \cdot 723\ \text{K}$
$k_c = 5{,}7 \cdot 10^{-4}\ \text{l mol}^{-1}\ \text{s}^{-1}$

9.13 Aus Versuch 1 und 2 folgt:
$2{,}6 \cdot 10^3 = k \cdot c^x(0{,}0418) \cdot c^y(0{,}101)$
$10{,}4 \cdot 10^3 = k \cdot c^x(0{,}0418) \cdot c^y(0{,}202)$
$y = \ln 0{,}25/\ln 0{,}5 = 2$
Aus Versuch 2 und 3 folgt:
$10{,}4 \cdot 10^3 = k \cdot c^x(0{,}0418) \cdot c^y(0{,}202)$
$5{,}3 \cdot 10^3 = k \cdot c^x(0{,}0209) \cdot c^y(0{,}202)$
$x = \ln 1{,}98/\ln 2 = 1$
$v(Hg_2Cl_2) = k \cdot c(HgCl_2) \cdot c^2(Na_2C_2O_4)$
$HgCl_2$ = 1. Ordnung, $Na_2C_2O_4$ = 2. Ordnung, insgesamt = 3. Ordnung.

9.14 Ja, da das tatsächliche Reaktionsgeschehen nicht beobachtet werden kann.

9.15 Ja, die Zerfallsgeschwindgkeit aller radioaktiven Stoffe.

9.16 Es wird eine Reaktionsordnung vorgegeben und nach der dieser Ordnung entsprechenden Formel *k* berechnet. Erhält man für alle Zeiten den gleichen *k*-Wert, ist die angenommene Ordnung zutreffend.

9.17 1. Ordnung, da bei diesen Reaktionen die Halbwertszeit konzentrationsunabhängig ist.

9.18 Aus der Maßeinheit für *k* folgt a) als nullte und b) als zweite Ordnung. a) als Reaktion nullter Ordnung erfolgt an der Oberfläche eines Katalysators.

9.19 *v* ist von Konzentration, Temperatur und Natur der reagierenden Teilchen abhängig, *k* hingegen nur von der Temperatur und der Natur der Teilchen.

9.20 Aus der Reaktionsgleichung folgt, daß der Abnahme p(Ether) um x kPa eine Zunahme des Gesamtdruckes um 3 x kPa entspricht. Darum gilt:

$(p_A - x) + 3x = p_A + \Delta p$

$x = \Delta p/2$

Für die Druckabnahme erhält man:

30 min $x_1 = 23{,}25$ kPa $p(\text{Ether}) = 36{,}75$ kPa
40 min $x_2 = 28{,}93$ kPa $p(\text{Ether}) = 31{,}05$ kPa
60 min $x_3 = 37{,}60$ kPa $p(\text{Ether}) = 22{,}40$ kPa

1. Ordnung angenommen, ergibt für k:

$k = 1/30\ \text{min} \cdot \ln(60\ \text{kPa}/36{,}75\ \text{kPa}) = 1{,}63 \cdot 10^{-2}\ \text{min}^{-1}$

$k = 1/40\ \text{min} \cdot \ln(60\ \text{kPa}/31{,}05\ \text{kPa}) = 1{,}64 \cdot 10^{-2}\ \text{min}^{-1}$

$k = 1/60\ \text{min} \cdot \ln(60\ \text{kPa}/22{,}40\ \text{kPa}) = 1{,}64 \cdot 10^{-2}\ \text{min}^{-1}$

Aus der Konstanz von k folgt 1. Ordnung.

9.21 a)

t(min)	0	12	24	36	48
	0	$t_{1/2}$	$2\ t_{1/2}$	$3\ t_{1/2}$	$4\ t_{1/2}$
c(A)	c_o(A)	1/2 c_o(A)	1/4 c_o(A)	1/8 c_o(A)	1/16 c_o(A)

b) Diese regelmäßige Konzentrationsabnahme ist nur für Reaktionen erster Ordnung kennzeichnend.

c) 240 min bedeutet $20 \cdot t_{1/2}$, also (siehe Tabelle)

$1/2^{20} \cdot c_o(A) = 9{,}5 \cdot 10^{-5}\ c_o(A)$

9.22 $k = 1/45\ \text{min} \cdot (10^3/4{,}62 - 10^2/3)\ \text{l mol}^{-1} = 4{,}069\ \text{l mol}^{-1}\ \text{min}^{-1}$

9.23 a) Annahme: Zersetzung nach erster Ordnung.

$k = 1/5\ \text{min} \cdot \ln(21\ \text{mol l}^{-1}/14{,}43\ \text{mol l}^{-1}) = 0{,}075\ \text{min}^{-1}$

$k = 1/10\ \text{min} \cdot \ln(21\ \text{mol l}^{-1}/9{,}92\ \text{mol l}^{-1}) = 0{,}075\ \text{min}^{-1}$

$k = 1/15\ \text{min} \cdot \ln(21\ \text{mol l}^{-1}/6{,}82\ \text{mol l}^{-1}) = 0{,}075\ \text{min}^{-1}$

Ergebnis: Annahme zutreffend, da k konstant ist.

b) Es sind noch 0,01 % vorhanden:

$t = 1/0{,}075\ \text{min}^{-1} \cdot \ln(21\ \text{mol l}^{-1}/0{,}0021\ \text{mol l}^{-1}) = 122{,}8\ \text{min}$

9.24 a) $1/c(\text{HI}) = 3{,}05 \cdot 10^{-2}\ \text{l mol}^{-1}\ \text{min}^{-1} \cdot 15\ \text{min} + 1/0{,}48\ \text{mol l}^{-1}$

$c(\text{HI}) = 0{,}394\ \text{mol l}^{-1}$

b) $t = 1/3{,}05 \cdot 10^{-2}\ \text{l mol}^{-1}\ \text{min}^{-1} \cdot [1/0{,}0625 - 1/0{,}48]\ \text{l mol}^{-1}$

$t = 456{,}4\ \text{min}$

c) $t_{1/2} = 1/3{,}05 \cdot 10^{-2}\ \text{l mol}^{-1}\ \text{min}^{-1} \cdot 0{,}48\ \text{mol l}^{-1}$

$t_{1/2} = 68{,}3\ \text{min}$

9.25 a) $v_1 = k \cdot (0{,}04)^2 \cdot (0{,}04)\ \text{mol}^3\ \text{l}^{-3} = 6{,}4 \cdot 10^{-5}\ k \cdot \text{mol}^3\ \text{l}^{-3}$

Wenn 50 % verbraucht sind, haben 0,02 mol NO mit 0,01 mol O_2 reagiert:

$v = k \cdot (0{,}02)^2 \cdot (0{,}03)\ \text{mol}^3\ 1^{-3} = 1{,}2 \cdot 10^{-5}\ k\ \text{mol}^3\ \text{l}^{-3}$

$v/v_1 = 1{,}2/6{,}4 = 0{,}1875$

$v = 0{,}1875\ v_1$

b) Wenn 50% O_2 verbraucht sind, haben 0,02 mol O_2 mit 0,04 mol NO reagiert, die Reaktion ist beendet, $v = 0$.

9.26 Nimmt $p(N_2O_5)$ bei der Zersetzung um x kPa ab, nimmt p(ges) um 1,5 x kPa zu:

$(p_o(N_2O_5) - x) + 1{,}5\,x = p(\text{ges}) = p_o(N_2O_5) + \Delta p$

$x = 2\,\Delta p$

t(min)	p(ges) kPa	Δp kPa	$p(N_2O_5) = p_o - 2\,\Delta p$
0	38,010	–	–
50	44,330	6,320	25,37
100	48,555	10,545	16,92

Annahme: Reaktion 1.Ordnung. Daraus folgt:

$k = 1/50\ \text{min} \cdot \ln(38{,}01\ \text{kPa}/25{,}37\ \text{kPa}) = 8{,}08 \cdot 10^{-3}\ \text{min}^{-1}$

$k = 1/100\ \text{min} \cdot \ln(38{,}01\ \text{kPa}/16{,}92\ \text{kPa}) = 8{,}09 \cdot 10^{-3}\ \text{min}^{-1}$

Ergebnis: Annahme zutreffend, k ist konstant

9.27 Die Reaktionsordnung folgt aus der Maßeinheit von k, wenn mol^{-1} durch kPa^{-1} ersetzt wird. Da 2. Ordnung vorliegt, erhält man:

$1/p(N_2O) = 1{,}45 \cdot 10^{-4}\,\text{kPa}^{-1}\text{s}^{-1} \cdot 120\ \text{s} + 1/75{,}55\ \text{kPa}$

$p(N_2O) = 32{,}64\ \text{kPa}$

Abnahme von $p(N_2O)$ um $x = (75{,}55 - 32{,}64)\ \text{kPa} = 42{,}91\ \text{kPa}$

entspricht Zunahme von p(ges) um 1,5 x:

$(p(N_2O) - x) + 1{,}5\,x = p_o(N_2O) + \Delta p = p(\text{ges})$

$p(\text{ges}) = (75{,}55 - 42{,}91 + 64{,}36)\ \text{kPa} = 97\ \text{kPa}$

9.28 Man geht von 1mol SO_2Cl_2 aus (k enthält keine Konzentrationsangaben):

$k = 0{,}693/t_{1/2} = 0{,}693/8{,}35\ \text{h} = 8{,}3 \cdot 10^{-2}\,\text{h}^{-1}$

$\ln n(A) = -8{,}3 \cdot 10^{-2}\,\text{h}^{-1} \cdot 3\ \text{h} + \ln 1$

n(A) = unumgesetzt = 0,78 mol, zerfallen sind 0,22 mol.

Das Gemisch enthält mit 1,22 mol Teilchen = 100 %:

0,78 mol SO_2Cl_2 = 63,930 %

0,22 mol SO_2 = 18,035 %

0,22 mol Cl_2 = 18,035 %

9.29 Aus Maßeinheit von k folgt 1. Ordnung. Mit m = Masse ist

$\ln m(A) = -8{,}5 \cdot 10^{-3}\,\text{min}^{-1} \cdot 75\ \text{min} + \ln 10$

Maleinsäure = m(A) = 5,286 g = 52,86 %

Fumarsäure = 10 g – 5,286 g = 4,714 g = 47,14 %

9.30 Ist die Reaktion 1.Ordnung, müssen die nach

$k = 1/t \cdot \ln(c_o(A)/c(A))$ berechneten k-Werte gleich sein.

$c_o(A)$ und $c(A)$ werden durch den Umsatz u substituiert.

Aus $u = c_o(A) - c(A)/c_o(A)$ folgt:

$c(A) = c_o(A) - u\,c_o(A) = c_o(A)(1 - u)$

$k = 1/t \cdot \ln(c_o(A)/c_o(A)(1 - u)) = 1/t \cdot \ln[1/1 - u]$

t(min)	$\ln(1/1 - u)$	$k(\text{min}^{-1})$
5,20	0,2548	$4{,}9 \cdot 10^{-2}$
13,54	0,6636	$4{,}9 \cdot 10^{-2}$
38,70	1,8971	$4{,}9 \cdot 10^{-2}$

9.31 Aus der Konzentrationsabhängigkeit der Halbwertszeit folgt, daß die 1.Ordnung entfällt. Die Prüfung auf eine Reaktion 2.Ordnung erfolgt durch Berechnung von k nach
$k = 1/(t_{1/2} \cdot c_o(\text{A}))$
$k = 1/860\ \text{s} \cdot 6{,}98\ \text{kPa} = 1{,}66 \cdot 10^{-4}\ \text{kPa}^{-1}\,\text{s}^{-1}$
$k = 1/370\ \text{s} \cdot 18{,}49\ \text{kPa} = 1{,}46 \cdot 10^{-4}\ \text{kPa}^{-1}\,\text{s}^{-1}$
$k = 1/166\ \text{s} \cdot 38{,}57\ \text{kPa} = 1{,}56 \cdot 10^{-4}\ \text{kPa}^{-1}\,\text{s}^{-1}$
$k = 1/132\ \text{s} \cdot 47{,}88\ \text{kPa} = 1{,}58 \cdot 10^{-4}\ \text{kPa}^{-1}\,\text{s}^{-1}$
Da k innerhalb der Meßgenauigkeit konstant ist, wird die 2. Ordnung bestätigt.

9.32 a) Da in reinem H_2O bei konstanter Temperatur konstante Konzentrationen vorliegen, muß die Bildungsgeschwindigkeit
$v_B(H_2O) = dc(H_2O)/dt = k_B \cdot c(H^+) \cdot c(OH^-)$
gleich der Dissoziationsgeschwindigkeit
$v_D(H_2O) = -dc(H_2O)/dt = k_D \cdot c(H_2O)$
sein. Daraus folgt:
$k_B \cdot c(H^+) \cdot c(OH^-) = k_B \cdot K_W = k_D \cdot c(H_2O)$
$k_D = k_B K_W / c(H_2O) =$
$k_D = 1{,}3 \cdot 10^{11}\ \text{l mol}^{-1}\,\text{s}^{-1} \cdot 10^{-14}\ \text{mol}^2\,\text{l}^{-2}/55{,}55\text{mol l}^{-1}$
$k_D = 2{,}34 \cdot 10^{-5}\ \text{s}^{-1}$

b) Aus der Maßeinheit von k folgt bereits 2. Ordnung:
$t_{1/2} = 1/(10^{-3}\ \text{mol l}^{-1} \cdot 1{,}3 \cdot 10^{11}\ \text{l mol}^{-1}\,\text{s}^{-1}) = 7{,}69 \cdot 10^{-9}\ \text{s}$

c) Die Neutralisation ist beendet, wenn
$c(H^+) = c(OH^-) = 10^{-7}\ \text{mol l}^{-1}$ erreicht ist:
$t = (1/10^{-7} - 1/10^{-3})\ \text{l mol}^{-1} \cdot 1/1{,}3 \cdot 10^{11}\ \text{l mol}^{-1}\,\text{s}^{-1}$
$t = 7{,}69 \cdot 10^{-5}\ \text{s}$

9.33 $e^{-Ea/R\,T}$ entspricht dem Bruchteil der Moleküle, deren Energie groß genug ist, um die Aktivierungsenergie (Energiebarriere) zu überwinden.

9.34 Die Maßeinheit von A ist für die Reaktionsordnung charakteristisch. Da $E_a/R\,T$ dimensionslos ist, gilt bezüglich der Maßeinheit $A = k$.

9.35 Da k exponentiell von T abhängt, bewirken kleine Änderungen von T große Änderungen von k.

9.36 a) $E_a = 83297\ \text{J mol}^{-1}$
$k(475\text{K}) = 4{,}65 \cdot 10^{-4}\ \text{l mol}^{-1}\,\text{s}^{-1} \cdot e^{5{,}63} = 0{,}1292\ \text{l mol}^{-1}\,\text{s}^{-1}$

b) Aus dem Vergleich
$k(375\ \text{K})/k(275\ \text{K}) = 16607$ und $k(475\ \text{K})/k(375\ \text{K}) = 275$
folgt, daß der Temperatureffekt bei niedrigeren Temperaturen sehr viel größer ist. So bewirkt ein Erhöhung um 100 °C von 275 K auf 375 K eine 16607-fache Geschwindigkeitserhöhung, eine von 375 K auf 475 K nur eine 275-fache.

9.37 Mit Faktor x und $k_2 = x\,k_1$ erhält man:
$\ln x = 70688\ \text{J mol}^{-1} \cdot 30\ K/8{,}31\ \text{J mol}^{-1}\,\text{K}^{-1} \cdot 298\ \text{K} \cdot 328\ \text{K} = 2{,}61$
$x = 13{,}6$
Die Verseifungsgeschwindigkeit steigt um das 13,6-fache.

9.38 $t_{1/2} = 0{,}693/2{,}68 \cdot 10^{-3}\,\text{min}^{-1} = 258{,}58\,\text{min}$

$k(50\,°\text{C}) = 2{,}68 \cdot 10^{-3}\,\text{min}^{-1} \cdot e^{3{,}895} = 0{,}1317\,\text{min}^{-1}$

$x = e^{-kt} \cdot 100\,\text{g} = 1{,}92\,\text{g}$

Umgesetzt wurden (100 – 1,92) g = 98,08 g = 98,08 %

Andere Berechnungsmöglichkeit:

Mit Umsatz = u erhält man aus (9.9):

$k \cdot t = \ln[1/1 - u]$

$u = 1 - 1{,}92 \cdot 10^{-2} = 0{,}9808 = 98{,}08\,\%$

9.39 $k(65°\text{C}) = (1/20\,\text{min}) \cdot \ln(55{,}50\,\text{kPa}/7{,}35\,\text{kPa}) = 0{,}1011\,\text{min}^{-1}$

$E_a = 8{,}31\,\text{J mol}^{-1} \cdot 303\,\text{K} \cdot 338\,\text{K}/65\,\text{K} \cdot$
$\ln(0{,}1011\,\text{min}^{-1}/0{,}00312\,\text{min}^{-1})$

$E_a = 45{,}54\,\text{kJ mol}^{-1}$

9.40 $E_a = (R \cdot T_1\,T_2/T_2 - T_1) \cdot \ln(10k_1/k_1) = 187{,}4\,\text{kJ mol}^{-1}$

9.41 a) Für $E_a = 55\,\text{kJ mol}^{-1}$ erhält man:

$\ln[k(310\,\text{K})/2{,}75 \cdot 10^{-8}\,\text{l mol}^{-1}\text{s}^{-1}] =$
$55000\,\text{J mol}^{-1}/8{,}31\,\text{J mol}^{-1}\text{K}^{-1} \cdot [1/300\,\text{K} - 1/310\,\text{K}]$

$k(310\,\text{K}) = 2{,}75 \cdot 10^{-8}\,\text{l mol}^{-1}\text{s}^{-1} \cdot e^{0{,}75} = 5{,}6 \cdot 10^{-8}\,\text{l mol}^{-1}\text{s}^{-1}$

Aus dem Quotienten $k(310\,\text{K})/k(300\,\text{K}) = 2{,}03$
folgt eine Geschwindigkeitserhöhung um das 2-fache.

Für $E_a = 252\,\text{kJ mol}^{-1}$ erhält man analog:

$k(310\,\text{K}) = 9{,}98 \cdot 10^{-7}\,\text{l mol}^{-1}\text{s}^{-1} \cdot e^{3{,}26} = 2{,}6 \cdot 10^{-5}\,\text{l mol}^{-1}\text{s}^{-1}$

Aus dem Quotienten $k(310\,\text{K})/k(300\,\text{K}) = 26$
folgt eine Geschwindigkeitserhöhung um das 26-fache.

b) Eine Temperaturerhöhung ergibt bei Reaktionen mit hoher Aktivierungsenergie eine besonders starke Zunahme der Reaktionsgeschwindigkeit.

9.42 $k(423\,\text{K}) = 0{,}693/1{,}65\,\text{min} = 0{,}42\,\text{min}^{-1}$

$k(453\,\text{K}) = 0{,}693/0{,}45\,\text{min} = 1{,}54\,\text{min}^{-1}$

$E_a = 68{,}96\,\text{kJ mol}^{-1}$

9.43 Mit AB_3-Bildung = AB_3-Zerfall erhält man:

$k_1\,c(AB)\,c(B_2) = k_2\,c(AB_3) + k_3\,c(AB_3)\,c(AB)$

Da $k_3 << k_2$ ist, wird das letzte Glied vernachlässigt:

$c(AB_3) = (k_1/k_2)\,c(AB)\,c(B_2)$

Einsetzen dieser Beziehung in den geschwindigkeitsbestimmenden 3. Schritt ergibt:

$v = v_3 = k_3\,c(AB_3)\,c(AB)$

$v = (k_3\,k_1/k_2)\,c(AB)\,c(B_2)\,c(AB)$

$v = k \cdot c^2(AB)\,c(B_2)$

9.44 $ICl + H_2 \longrightarrow HCl + HI$ sehr langsam

$ICl + HI \longrightarrow I_2 + HCl$ sehr schnell

9.45 $2\,NO + H_2 \longrightarrow H_2O + N_2O$ sehr langsam
$N_2O + H_2 \longrightarrow H_2O + N_2$ sehr schnell
(Bei diesen beiden Aufgaben läßt sich das Geschwindigkeitsgesetz für die beiden langsamen Schritte ohne Konzentrationen der Zwischenprodukte formulieren!)

9.46 $-dc(N_2O_5)/dt = k_1\,c(N_2O_5) + k_4\,c(N_2O_5)\,c(NO) - k_2\,c(NO_2)\,c(NO_3)$
Aus NO-Bildung gleich NO-Zerfall folgt:
$k_3\,c(NO_2)\,c(NO_3) = k_4\,c(NO)\,c(N_2O_5)$
Aus NO_3-Bildung gleich NO_3-Zerfall folgt:
$k_1\,c(N_2O_5) = k_2\,c(NO_2)\,c(NO_3) + k_3\,c(NO_2)\,c(NO_3)$
Mit $k_3 \ll k_2$ erhält man: $c(NO_3) = k_1/k_2 \cdot c(N_2O_5)/c(NO_2)$
Gleichung 2 in Gleichung 1 eingesetzt ergibt:
$-dc(N_2O_5)/dt = k_1\,c(N_2O_5) + (k_3 - k_2)\,c(NO_2)\,c(NO_3)$
Für $c(NO_3)$ wird Gleichung 4 eingesetzt:
$-dc(N_2O_5)/dt = k_1\,c(N_2O_5) + [(k_3\,k_1 - k_2\,k_1)/k_2]\,c(N_2O_5)$
$-dc(N_2O_5)/dt = [(k_2\,k_1 + k_3\,k_1 - k_2\,k_1)/k_2] \cdot c(N_2O_5)$
$-dc(N_2O_5)/dt = (k_1\,k_3/k_2) \cdot c(N_2O_5) = k \cdot c(N_2O_5)$

Relative Atommassen der Elemente

	Symbol	Ordnungszahl	relative Atommasse		Symbol	Ordnungszahl	relative Atommasse
Actinium	**Ac**	89	227,027	Molybdän	**Mo**	42	95,840
Aluminium	**Al**	13	26,981	Natrium	**Na**	11	22,989
Americium	**Am**	95	243	Neodym	**Nd**	60	144,240
Antimon	**Sb**	51	121,75	Neon	**Ne**	10	20,179
Argon	**Ar**	18	39,948	Neptunium	**Np**	93	237,048
Arsen	**As**	33	74,921	Nickel	**Ni**	28	58,690
Astat	**At**	85	210	Niob	**Nb**	41	92,906
Barium	**Ba**	56	137,33	Nobelium	**No**	102	259
Berkelium	**Bk**	97	247	Osmium	**Os**	76	190,200
Beryllium	**Be**	4	9,012	Palladium	**Pd**	46	106,420
Bismut	**Bi**	83	208,980	Phosphor	**P**	15	30,973
Blei	**Pb**	82	207,19	Platin	**Pt**	78	195,080
Bor	**B**	5	10,811	Plutonium	**Pu**	94	244
Brom	**Br**	35	79,904	Polonium	**Po**	84	210
Cadmium	**Cd**	48	112,41	Praseodym	**Pr**	59	140,907
Caesium	**Cs**	55	132,905	Promethium	**Pm**	61	145
Calcium	**Ca**	20	40,078	Protactinium	**Pa**	91	231,035
Californium	**Cf**	98	251	Quecksilber	**Hg**	80	200,59
Cer	**Ce**	58	140,12	Radium	**Ra**	88	226,025
Chlor	**Cl**	17	35,453	Radon	**Rn**	86	222
Chrom	**Cr**	24	51,996	Rhenium	**Re**	75	186,207
Cobalt	**Co**	27	58,933	Rhodium	**Rh**	45	102,905
Curium	**Cm**	96	247	Rubidium	**Rb**	37	85,467
Dysprosium	**Dy**	66	162,50	Ruthenium	**Ru**	44	101,070
Einsteinium	**Es**	99	252	Samarium	**Sm**	62	150,360
Eisen	**Fe**	26	55,847	Sauerstoff	**O**	8	15,999
Erbium	**Er**	68	167,26	Scandium	**Sc**	21	44,955
Europium	**Eu**	63	151,96	Schwefel	**S**	16	32,060
Fermium	**Fm**	100	257	Selen	**Se**	43	78,960
Fluor	**F**	9	18,998	Silber	**Ag**	47	107,868
Francium	**Fr**	87	223	Silicium	**Si**	14	28,085
Gadolinium	**Gd**	64	157,25	Stickstoff	**N**	7	14,006
Gallium	**Ga**	31	69,723	Strontium	**Sr**	38	87,620
Germanium	**Ge**	32	72,590	Tantal	**Ta**	73	180,947
Gold	**Au**	79	196,966	Technetium	**Tc**	43	98
Hafnium	**Hf**	72	178,49	Tellur	**Te**	52	127,600
Helium	**He**	2	4,002	Terbium	**Tb**	65	158,925
Holmium	**Ho**	67	164,930	Thallium	**Tl**	81	204,383
Indium	**In**	49	114,820	Thorium	**Th**	90	232,038
Iod	**I**	53	126,904	Thulium	**Tm**	69	168,934
Iridium	**Ir**	77	192,220	Titan	**Ti**	22	47,880
Kalium	**K**	19	39,098	Uran	**U**	92	238,029
Kohlenstoff	**C**	6	12,011	Vanadium	**V**	23	50,941
Krypton	**Kr**	36	83,800	Wasserstoff	**H**	1	1,008
Kupfer	**Cu**	29	63,546	Wolfram	**W**	74	183,850
Lanthan	**La**	57	138,905	Xenon	**Xe**	54	131,290
Lawrencium	**Lr**	103	260	Ytterbium	**Yb**	70	173,040
Lithium	**Li**	3	6,941	Yttrium	**Y**	39	88,905
Lutetium	**Lu**	71	174,967	Zink	**Zn**	30	65,380
Magnesium	**Mg**	12	24,305	Zinn	**Sn**	50	118,690
Mangan	**Mn**	25	54,938	Zirkonium	**Zr**	40	91,224
Mendelevium	**Md**	101	258				

Wichtige Naturkonstanten

Konstante	Symbol	Zahlenwert	Konstante	Symbol	Zahlenwert
Avogadrokonstante	N_A	$6{,}022 \cdot 10^{23}$ mol^{-1}	Boltzmannkonstante	k	$1{,}38 \cdot 10^{-23}$ J · K^{-1}
Elementarladung	e	$1{,}602 \cdot 10^{-19}$ C	Faradaykonstante	F	$9{,}648 \cdot 10^{4}$ C · mol^{-1}
Ideale Gaskonstante	R	8,314 J · mol^{-1} · K^{-1} 8,314 kPa · l · mol^{-1} · K^{-1}	molares Volumen eines idealen Gases (0°C)	V_o	22,413 l · mol^{-1}
Normaldruck (1 atm)	p_o	1,013 bar 101,3 kPa	Nullpunkt der Celsiusskala	T_o	273,16 K

Löslichkeitsprodukte

	Verbindung	L		Verbindung	L
Bromide:	$AgBr$	$5{,}0 \cdot 10^{-13}$	Iodide:	AgI	$8{,}5 \cdot 10^{-17}$
	Hg_2Br_2	$1{,}3 \cdot 10^{-22}$		Hg_2I_2	$4{,}5 \cdot 10^{-29}$
	$PbBr_2$	$4{,}6 \cdot 10^{-6}$		PbI_2	$8{,}3 \cdot 10^{-9}$
Carbonate:	Ag_2CO_3	$8{,}2 \cdot 10^{-12}$	Oxalate:	$Ag_2C_2O_4$	$1{,}1 \cdot 10^{-11}$
	$BaCO_3$	$1{,}6 \cdot 10^{-9}$		PbC_2O_4	$8{,}3 \cdot 10^{-12}$
	$CaCO_3$	$4{,}7 \cdot 10^{-9}$		SrC_2O_4	$5{,}6 \cdot 10^{-8}$
	$CdCO_3$	$5{,}2 \cdot 10^{-12}$	Phosphate:	Ag_3PO_4	$1{,}8 \cdot 10^{-18}$
	$FeCO_3$	$2{,}1 \cdot 10^{-11}$		$Ca_3(PO_4)_2$	$1{,}3 \cdot 10^{-32}$
	$NiCO_3$	$1{,}4 \cdot 10^{-7}$		$Pb_3(PO_4)_2$	$1{,}0 \cdot 10^{-54}$
	$PbCO_3$	$1{,}5 \cdot 10^{-15}$		$Sr_3(PO_4)_2$	$1{,}0 \cdot 10^{-31}$
	$SrCO_3$	$7{,}0 \cdot 10^{-10}$	Sulfate:	$BaSO_4$	$1{,}5 \cdot 10^{-9}$
Chloride:	$AgCl$	$1{,}7 \cdot 10^{-10}$		$CaSO_4$	$2{,}4 \cdot 10^{-5}$
	Hg_2Cl_2	$1{,}1 \cdot 10^{-18}$		$SrSO_4$	$7{,}6 \cdot 10^{-7}$
	$PbCl_2$	$1{,}6 \cdot 10^{-5}$	Sulfide:	As_2S_3	$5{,}0 \cdot 10^{-26}$
Chromate:	Ag_2CrO_4	$1{,}9 \cdot 10^{-12}$		Bi_2S_3	$1{,}6 \cdot 10^{-72}$
	$BaCrO_4$	$8{,}5 \cdot 10^{-11}$		CdS	$1{,}0 \cdot 10^{-26}$
	$PbCrO_4$	$2{,}0 \cdot 10^{-16}$		CuS	$8{,}0 \cdot 10^{-37}$
	$SrCrO_4$	$3{,}6 \cdot 10^{-5}$		HgS	$1{,}6 \cdot 10^{-54}$
Fluoride:	CaF_2	$3{,}9 \cdot 10^{-11}$		Hg_2S	$1{,}0 \cdot 10^{-47}$
	PbF_2	$4{,}0 \cdot 10^{-8}$		MnS	$7{,}0 \cdot 10^{-16}$
	SrF_2	$7{,}9 \cdot 10^{-10}$		NiS	$3{,}0 \cdot 10^{-21}$
Hydroxide:	$AgOH$	$2{,}0 \cdot 10^{-8}$		PbS	$7{,}0 \cdot 10^{-29}$
	$Al(OH)_3$	$5{,}0 \cdot 10^{-33}$		ZnS	$2{,}5 \cdot 10^{-22}$
	$Ca(OH)_2$	$1{,}3 \cdot 10^{-6}$			
	$Cu(OH)_2$	$1{,}6 \cdot 10^{-19}$			
	$Fe(OH)_2$	$1{,}8 \cdot 10^{-15}$			
	$Fe(OH)_3$	$6{,}0 \cdot 10^{-38}$			
	$Mg(OH)_2$	$8{,}9 \cdot 10^{-12}$			
	$Mn(OH)_2$	$2{,}0 \cdot 10^{-13}$			
	$Ni(OH)_2$	$1{,}6 \cdot 10^{-16}$			

Gleichgewichtskonstanten bei 25°C

Protolysekonstanten

Säure	Konjugierte Base	K_S	Säure	Konjugierte Base	K_S
HCN	CN^-	$4{,}00 \cdot 10^{-10}$	$CO_2 + H_2O$	HCO_3^-	$4{,}20 \cdot 10^{-7}$
$HCOOH$	$HCOO^-$	$1{,}80 \cdot 10^{-4}$	HCO_3^-	CO_3^{2-}	$4{,}80 \cdot 10^{-11}$
$HClO_2$	ClO_2^-	$1{,}10 \cdot 10^{-2}$			
CH_3COOH	CH_3COO^-	$1{,}80 \cdot 10^{-5}$	$H_2C_2O_4$	$HC_2O_4^-$	$5{,}90 \cdot 10^{-2}$
HF	F^-	$6{,}70 \cdot 10^{-4}$	$HC_2O_4^-$	$C_2O_4^{2-}$	$6{,}40 \cdot 10^{-5}$
HNO_2	NO_2^-	$4{,}50 \cdot 10^{-4}$			
$[Fe(H_2O)_6]^{3+}$	$[Fe(H_2O)_5OH]^{2+}$	$6{,}00 \cdot 10^{-3}$	H_3PO_4	$H_2PO_4^-$	$7{,}50 \cdot 10^{-3}$
$[Al(H_2O)_6]^{3+}$	$[Al(H_2O)_5OH]^{2+}$	$1{,}20 \cdot 10^{-5}$	$H_2PO_4^-$	HPO_4^{2-}	$6{,}20 \cdot 10^{-8}$
NH_4^+	NH_3	$6{,}16 \cdot 10^{-10}$	HPO_4^{2-}	PO_4^{3-}	$1{,}00 \cdot 10^{-12}$
H_3AsO_4	$H_2AsO_4^-$	$2{,}50 \cdot 10^{-4}$			
$H_2AsO_4^-$	$HAsO_4^{2-}$	$5{,}60 \cdot 10^{-8}$	$SO_2 + H_2O$	HSO_3^-	$1{,}30 \cdot 10^{-2}$
$HAsO_4^{2-}$	AsO_4^{3-}	$3{,}00 \cdot 10^{-13}$	HSO_3^-	SO_3^{2-}	$5{,}60 \cdot 10^{-8}$
H_3BO_3	$H_2BO_3^-$	$5{,}75 \cdot 10^{-4}$			
$H_2BO_3^-$	HBO_3^{2-}	$1{,}82 \cdot 10^{-13}$	H_2S	HS^-	$1{,}10 \cdot 10^{-7}$
HBO_3^{2-}	BO_3^{3-}	$1{,}99 \cdot 10^{-14}$	HS^-	S^{2-}	$1{,}00 \cdot 10^{-14}$

Dissoziationsenergien (für zweiatomige Moleküle) und mittlere Bindungsenthalpien (für mehratomige Moleküle) im gasförmigen Zustand

Bindung	ΔH_D [kJ mol^{-1}]	Bindung	ΔH_D [kJ mol^{-1}]
Br–Br	193	H–I	297
C–C	347	I–I	151
C=C	619	N–Cl	201
(C–C)-Dreifachbindung	812	N–H	389
C–Cl	326	N–N	159
C–F	485	N=N	418
C–H	414	(N–N)-Dreifachbindung	941
C–N	293	O–Cl	205
C=N	616	O–F	184
(C–N)-Dreifachbindung	879	O–H	463
C–O	335	O–O	138
C=O	707	O_2	494
Cl–Cl	243	P–Cl	326
F–F	155	P–H	318
H–Br	364	S–Cl	276
H–Cl	431	S–H	339
H–F	565	S–S	213
H–H	435		

Standardpotentiale in Volt bei 25 °C

Halbreaktion	Saure Lösung	$E°$
$Li^+ + e^-$	$\rightleftarrows Li$	−3,045
$K^+ + e^-$	$\rightleftarrows K$	−2,925
$Rb^+ + e^-$	$\rightleftarrows Rb$	−2,925
$Cs^+ + e^-$	$\rightleftarrows Cs$	−2,923
$Ba^{2+} + 2\,e^-$	$\rightleftarrows Ba$	−2,906
$Sr^{2+} + 2\,e^-$	$\rightleftarrows Sr$	−2,888
$Ca^{2+} + 2\,e^-$	$\rightleftarrows Ca$	−2,866
$Na^+ + e^-$	$\rightleftarrows Na$	−2,714
$Ce^{3+} + 3\,e^-$	$\rightleftarrows Ce$	−2,483
$Mg^{2+} + 2\,e^-$	$\rightleftarrows Mg$	−2,363
$Be^{2+} + 2\,e^-$	$\rightleftarrows Be$	−1,847
$Al^{3+} + 3\,e^-$	$\rightleftarrows Al$	−1,662
$Mn^{2+} + 2\,e^-$	$\rightleftarrows Mn$	−1,180
$Zn^{2+} + 2\,e^-$	$\rightleftarrows Zn$	−0,763
$Cr^{3+} + 3\,e^-$	$\rightleftarrows Cr$	−0,408
$Ga^{3+} + 3\,e^-$	$\rightleftarrows Ga$	−0,529
$Fe^{2+} + 2\,e^-$	$\rightleftarrows Fe$	−0,440
$Cr^{3+} + 3\,e^-$	$\rightleftarrows Cr^{2+}$	−0,408
$Cd^{2+} + 2\,e^-$	$\rightleftarrows Cd$	−0,403
$Tl^+ + e^-$	$\rightleftarrows Tl$	−0,336
$Co^{2+} + 2\,e^-$	$\rightleftarrows Co$	−0,277
$Ni^{2+} + 2\,e^-$	$\rightleftarrows Ni$	−0,250
$Sn^{2+} + 2\,e^-$	$\rightleftarrows Sn$	−0,136
$Pb^{2+} + 2\,e^-$	$\rightleftarrows Pb$	−0,126
$2\,AgBr + 2\,e^-$	$\rightleftarrows 2\,Ag + 2\,Br^-$	−0,094
$2\,H^+ + 2\,e^-$	$\rightleftarrows H_2$	0,000
$S + 2\,H^+ + 2\,e^-$	$\rightleftarrows H_2S$	+0,142
$Sn^{4+} + 2\,e^-$	$\rightleftarrows Sn^{2+}$	+0,150
$AgCl + e^-$	$\rightleftarrows Ag + Cl^-$	+0,222
$Cu^{2+} + 2\,e^-$	$\rightleftarrows Cu$	+0,337
$Co^{3+} + 3\,e^-$	$\rightleftarrows Co$	+0,400
$Cu^+ + e^-$	$\rightleftarrows Cu$	+0,520
$I_2 + 2\,e^-$	$\rightleftarrows 2\,I^-$	+0,535
$MnO_4^- + e^-$	$\rightleftarrows MnO_4^{2-}$	+0,564
$O_2 + 2\,H^+ + 2\,e^-$	$\rightleftarrows H_2O_2$	+0,682

Halbreaktion	Saure Lösung	$E°$
$Tl^{3+} + 3\,e^-$	$\rightleftarrows Tl$	+0,720
$Fe^{3+} + e^-$	$\rightleftarrows Fe^{2+}$	+0,771
$Hg_2^{2+} + 2\,e^-$	$\rightleftarrows 2\,Hg$	+0,788
$Ag^+ + e^-$	$\rightleftarrows Ag$	+0,799
$Hg^{2+} + 2\,e^-$	$\rightleftarrows Hg$	+0,854
$2\,Hg^{2+} + 2\,e^-$	$\rightleftarrows Hg_2^{2+}$	+0,920
$NO_3^- + 4\,H^+ + 3\,e^-$	$\rightleftarrows NO + 2\,H_2O$	+0,960
$Br_2 + 2\,e^-$	$\rightleftarrows 2\,Br^-$	+1,065
$O_2 + 4\,H^+ + 4\,e^-$	$\rightleftarrows 2\,H_2O$	+1,229
$MnO_2 + 4\,H^+ + 2\,e^-$	$\rightleftarrows Mn^{2+} + 2\,H_2O$	+1,230
$Tl^{3+} + 2\,e^-$	$\rightleftarrows Tl^+$	+1,250
$Cr_2O_7^{2-} + 14\,H^+ + 6\,e^-$	$\rightleftarrows 2Cr^{3+} + 7H_2O$	+1,330
$Cl_2 + 2\,e^-$	$\rightleftarrows 2\,Cl^-$	+1,356
$Au^{3+} + 3\,e^-$	$\rightleftarrows Au$	+1,495
$MnO_4^- + 8\,H^+ + 5\,e^-$	$\rightleftarrows Mn^{2+} + 4\,H_2O$	+1,510
$Ce^{4+} + e^-$	$\rightleftarrows Ce^{3+}$	+1,610
$Au^+ + e^-$	$\rightleftarrows Au$	+1,691
$MnO_4^- + 4\,H^+ + 3\,e^-$	$\rightleftarrows MnO_2 + 2\,H_2O$	+1,695
$H_2O_2 + 2\,H^+ + 2\,e^-$	$\rightleftarrows 2\,H_2O$	+1,776
$Co^{3+} + e^-$	$\rightleftarrows Co^{2+}$	+1,808
$O_3 + 2\,H^+ + 2\,e^-$	$\rightleftarrows O_2 + H_2O$	+2,070
$F_2 + 2\,e^-$	$\rightleftarrows 2\,F^-$	+2,870

	Basische Lösung	
$Al(OH)_4^- + 3\,e^-$	$\rightleftarrows Al + 4\,OH^-$	−2,330
$Zn(OH)_4^{2-} + 2\,e^-$	$\rightleftarrows Zn + 4\,OH^-$	−1,215
$Fe(OH)_2 + 2\,e^-$	$\rightleftarrows Fe + 2\,OH^-$	−0,877
$2\,H_2O + 2\,e^-$	$\rightleftarrows H_2 + 2\,OH^-$	−0,828
$S + 2\,e^-$	$\rightleftarrows S^{2-}$	−0,447
$CrO_4^{2-} + 4\,H_2O + 3\,e^-$	$\rightleftarrows Cr(OH)_3 + 5OH^-$	−0,130
$O_2 + 2\,H_2O + 4\,e^-$	$\rightleftarrows 4\,OH^-$	+0,401
$NiO_2 + 2\,H_2O + 2\,e^-$	$\rightleftarrows Ni(OH)_2 + 2OH^-$	+0,490
$HO_2^- + H_2O + 2\,e^-$	$\rightleftarrows 3\,OH^-$	+0,878

Komplexzerfallskonstanten

Gleichgewicht		K_D
$[Ag(CN)_2]^-$	$\rightleftarrows Ag^+ + 2\,CN^-$	$1,8 \cdot 10^{-19}$
$[Ag(NH_3)_2]'$	$\rightleftarrows Ag(NH_3)^+ + NH_3$	$1,4 \cdot 10^{-4}$
$Ag(NH_3)^+$	$\rightleftarrows Ag^+ + NH_3$	$4,3 \cdot 10^{-4}$
$[Au(CN)_2]^-$	$\rightleftarrows Au^+ + 2\,CN^-$	$1,0 \cdot 10^{-28}$
$[Co(NH_3)_6]^{3+}$	$\rightleftarrows Co^{3+} + 6\,NH_3$	$1,0 \cdot 10^{-34}$
HgI_4^{2-}	$\rightleftarrows Hg^{2+} + 4\,I^-$	$5,3 \cdot 10^{-31}$
$[Ni(CN)_4]^{2-}$	$\rightleftarrows Ni^{2+} + 4\,CN^-$	$3,2 \cdot 10^{-16}$
$[Zn(NH_3)_4]^{2+}$	$\rightleftarrows Zn^{2+} + 4\,NH_3$	$3,4 \cdot 10^{-10}$

Gleichgewicht		K_D
$[Ag(S_2O_3)_2]^{3-}$	$\rightleftarrows Ag(S_2O_3)^- + S_2O_3^{2-}$	$2,30 \cdot 10^{-5}$
$Ag(S_2O_3)^-$	$\rightleftarrows Ag^+ + S_2O_3^{2-}$	$1,50 \cdot 10^{-9}$
$[Al(OH)_4]^-$	$\rightleftarrows Al^{3+} + 4\,OH^-$	$1,40 \cdot 10^{-34}$
$[Zn(CN)_4]^{2-}$	$\rightleftarrows [Zn(CN)_3]^- + CN^-$	$1,00 \cdot 10^{-4}$
$[Zn(CN)_4]^{2-}$	$\rightleftarrows Zn^{2+} + 4\,CN^-$	$1,26 \cdot 10^{-19}$
$[Fe(HPO_4)]^+$	$\rightleftarrows Fe^{3+} + HPO_4^{2-}$	$3,98 \cdot 10^{-10}$
$[Fe(CN)_6]^{4-}$	$\rightleftarrows Fe^{2+} + 6\,CN^-$	10^{-35}
$[Fe(CN)_6]^{3-}$	$\rightleftarrows Fe^{3+} + 6\,CN^-$	10^{-42}

Thermodynamische Daten bei 25 °C

Substanz		ΔH_f° kJ mol^{-1}	ΔG_f° kJ mol^{-1}	S° J mol^{-1} K^{-1}	Substanz		ΔH_f° kJ mol^{-1}	ΔG_f° J mol^{-1}	S° J mol^{-1} K^{-1}
AgBr	(s)	− 99,50	− 96,11	107,11	HF	(g)	− 272,55	−274,64	173,67
AgI	(s)	− 62,38	− 66,32	114,20	Hg	(g)	61,30	31,84	174,87
Ag_2S(A)	(s)	− 31,80	− 40,25	145,60	HgS(rot)	(s)	− 58,16	− 49,20	77,80
Ag_2S(B)	(s)	− 29,33	− 39,16	150,20	Hg_2SO_4	(s)	− 741,99	−624,29	200,75
Ba^{2+}	(aq)	− 538,36	− 561,28	12,60	Hg_2Br_2	(s)	− 204,18	−178,68	218,75
Br_2	(g)	30,91	3,13	245,38	Hg_2^{2+}	(aq)	167,40	74,10	
Br_2	(l)	0	0	152,08	HCO_3^-	(aq)	− 691,11	−587,06	95,00
Br^-	(aq)	− 120,92	− 102,93	80,71	H_2S	(g)	− 20,42	− 33,28	205,65
B_2H_6	(g)	41,00	91,80	233,09	I_2	(g)	62,44	19,38	260,58
B_2O_3	(s)	−1270,40	−1191,21	53,85	I^-	(aq)	− 55,94	− 51,67	109,37
C(Graphit)		0	0	5,69	Mg^{2+}	(aq)	− 461,96	−455,97	−118,00
C(Diamant)		1,90	2,88	2,45	$MgCO_3$	(s)	−1112,90	−129,30	65,70
CO	(g)	− 110,53	− 137,16	197,54	MgO	(s)	− 601,24	−568,96	26,94
CO_2	(g)	− 393,52	− 394,40	213,60	$Mg(OH)_2$	(s)	− 924,66	−833,70	63,14
CO_2	(aq)	− 413,30		115,50	Mn^{2+}	(aq)	− 218,80	−223,40	− 83,70
CO_3^{2-}	(aq)	− 676,26	− 528,10	−53,10	MnO_4^-	(aq)	− 518,40	−425,10	190,00
CH_3COO^-	(aq)		− 376,90		MnO_2	(s)	− 520,90	−466,10	53,10
CH_3OH	(g)	− 201,17	− 161,88	237,65	NH_3	(g)	− 45,90	− 16,38	192,60
CH_3OH	(l)	− 238,57	− 166,23	126,78	NH_4Cl	(s)	− 315,39	−203,89	94,60
C_2H_5OH	(g)	− 335,31	− 168,62	282,00	NO_2	(g)	33,10	51,24	239,92
C_2H_5OH	(l)	− 277,65	− 174,77	160,47	N_2O_4	(g)	9,08	97,72	304,28
CH_3COOH	(aq)		− 404,00		Na_2SO_4	(aq)	−1382,80		
C_6H_6	(g)	82,93	129,66	269,20	NaOH	(aq)	− 426,30		
$Cd(OH)_2$	(s)	− 557,56	− 470,45	95,40	O_2	(g)	0	0	205,03
CrO_4^{2-}	(aq)	− 863,20	− 706,30	38,50	O_3	(g)	142,67	163,16	238,82
$Cr_2O_7^{2-}$	(aq)	−1460,60	−1257,30	213,80	OH^-	(aq)	−229,95	−157,32	− 10,54
Cu^+	(aq)	51,90	50,20	−26,40	OF_2	(g)		40,60	
Cu^{2+}	(aq)	64,39	64,98	−98,70	Pb^{2+}	(aq)	1,63	− 24,31	21,34
Cu_2S	(s)	− 79,50	− 86,20	120,90	$PbCO_3$	(s)	−700,00	−626,30	131,00
Fe^{2+}	(aq)	− 87,90	− 84,94	−113,40	$PbSO_4$	(s)	−918,39	−811,24	147,30
Fe^{3+}	(aq)	− 47,70	− 10,54	−293,30	S(rhomb.)	(s)	0	0	31,93
FeS	(s)	− 95,06	− 97,57	67,40	S(monokl.)	(s)	0,30	0,10	32,55
H_2O	(l)	− 285,84	− 237,19	69,94	S^{2-}	(aq)	41,80	83,70	22,20
H_2O	(g)	− 241,83	− 228,60	188,72	SO_4^{2-}	(aq)	−907,50	−741,99	17,20
HBr	(g)	− 36,44	− 53,49	198,59	SO_2	(g)	−296,84	−300,16	248,10
HCl	(g)	− 92,31	− 95,30	186,79	SO_3	(g)	−395,76	−371,07	256,66
HCl	(aq)		− 131,15		Sr^{2+}	(aq)	−545,51	−557,94	− 39,30
H_2SO_4	(aq)	− 810,85							
HF	(aq)		− 276,48						

Sachregister

abgeschlossenes System 244
absolute Atommasse 2
absolute Entropie 252
absoluter Nullpunkt 252
Abweichung, negative 74
–, positive 74
Acetatpuffer-Lösung 105
aktivierter Komplex 289
Aktivierungsenergie 289 f.
Aktivität 50
Aktivitätsquotient 50
Allgemeines Gasgesetz 11
Ammoniumchlorid-Lösung 102
Ampholyt 95
Ampholytlösung 103 f.
Analyse, volumetrische 10
Analysenlösung 10
analytischer Faktor 6
Anionensäure 96
Äquivalentkonzentration 7 f.
Äquivalentmasse 7
Äquivalenzpunkt 10
Arrhenius-Konzept 93 f.
atomare Masseneinheit 2
Atommasse, absolute 2
–, relative 1 f.
Atommasseneinheit 2
Atomtheorie der Materie 1
Ausbeute 8
Ausgangsstoff 47
Autoprotolyse 95, 103
Autoprotolysen-Gleichgewicht 96
Avogadro-Konstante 2
Avogadrosches Gesetz 11

Base 93 ff.
–, schwache 97, 100
–, starke 99
Basenstärke 97
Basenverhalten 103
basische Lösung 99
begrenzender Reaktant 8
bimolekularer Reaktionsschritt 289
Bindungsisomerie 227
Bindungsknüpfung 248
Bindungsspaltung 248
Bodenkörper/gesättigte Lösung 181
Boyle-Mariottesches Gesetz 11
Brönsted-Konzept 94
Bruttoreaktion 46

Chelat-Komplex 180, 224
chemische Formel 3
chemische Reaktion 5, 187
chemisches Gleichgewicht 45, 253
chemisches Rechnen 1 ff.

Daltonsches Gesetz 13
Dampfdruck 73 f.
Daniell-Element 149
Dichte 10
Dipol-Wechselwirkung 72
Disproportionierung 139
Dissoziation 93
Druck 11
Druckänderung 48

EDTA 224
einstufige Reaktion 288
Einzelreaktion 46
elektrochemische Spannungsreihe 142
Elektrode 1. Art 142
Elektrode 2. Art 142
Elektrodenpotential 141
Elektrolyt, schwacher 75
–, starker 75
Elektrolytlösung 75
elektromotorische Kraft 141
Elektronendefizit 225
Elektronendruck 141
Elektronenlücke 94
Elektronenpaar-Akzeptor 94
Elektronenpaar-Donator 94
18-Elektronen-Regel 224
Elektroneutralitätsbedingung 101
Elementsymbol 3
EMK 141
EMK-Messung 147
empirische Formel 3
endotherme Lösereaktion 73
Endprodukt 47
Energie, innere 246
–, thermische 244
Energiebarriere 290
Energieminimum 250
Energieumsetzung 244 ff.
Enthalpie, freie 248, 250, 253
Entropie 248 ff.
–, absolute 252
Enzym 93
Ethylendiammintetraacetat 224
exotherme Lösereaktion 73
exotherme Reaktion 250

Faktor, analytischer 6
–, stöchiometrischer 6
–, van't Hoffscher 76
Fällung, fraktionierte 186
Fällungsgleichgewicht 186
–, überlagertes 185 f.
Fällungsreaktion 180 ff.
Faraday-Konstante 147
Formel 3
–, chemische 3
–, empirische 3
Formelindex 3
fraktionierte Fällung 186
freie Enthalpie 248, 250, 253
freie Reaktionsenthalpie 143
freie Standardenthalpie 251
Fremdelektrolyt 184
fremdioniger Zusatz 184
Fugazität 50
Fugazitätskoeffizient 50

galvanische Zelle 141
Gasgemisch 13
Gasgesetz 11
–, allgemeines 11
Gaskomponente 13
Gaskonstante, ideale 12
Gasmolzahl 252
Gasreaktion 47
gesättigte Lösung 71
geschlossenes System 244
Geschwindigkeitsgesetz 285
Geschwindigkeitskonstante 286
Gesetz der konstanten Proportionen 1
Gesetz der multiplen Proportionen 1
Gesetz von der Erhaltung der Masse 1

Gesetz, Avogadrosches 11
–, Boyle-Mariottesches 11
–, Daltonsches 13
–, Raoultsches 73 f.
Gitterenergie 72, 180
Gleichgewicht, chemisches 45, 253
–, heterogenes 48
Gleichgewichtskonstante 45ff., 137
Gleichgewichtskonzentration 99
Gleichgewichtszustand 45, 251
gleichioniger Zusatz 183
Gleichung, Nernstsche 144
–, thermochemische 246
Größe, thermodynamische 147

Halbzelle 141
1. Hauptsatz der Thermodynamik 248
2. Hauptsatz der Thermodynamik 249
heterogenes Gleichgewicht 48
Hydratation 72
Hydratationsenthalpie 180
Hydratationswasser 73
Hydrathülle 72
Hydrationsenthalpie 72
Hydratisomerie 227
Hydrolyse-Reaktion 93
Hydroxidion 93

ideale Gaskonstante 12
ideale Lösung 71
ideale Mischphase 49
Impfkristall 71
innere Energie 246
Ionenprodukt 98, 182
Ionenreaktion 247
Ionenstärke 184
Ionisationsisomerie 226
irreversible Reaktion 249
isoelektrischer Punkt 104
Isomerie 226
Isotopengemisch 1

Katalysator 45
Kationensäure 96
Kieselsäure 103
Kinetik 285
Komplex 224
–, aktivierter 289
–, mehrzähniger 224
Komplexbildungskonstante 228
Komplexbildungsreaktion 224 ff.
Komplexgleichgewicht 228 f.
Komplexstabilität 227
Komplexverbindung 138, 224
Komplexzerfallskonstante 228
Kondensations-Reaktion 93
konjugiertes Redoxpaar 136
konjugiertes Säure-Base-Paar 95
Konstitutionsisomerie 226
Konzentration 6
Konzentrationsabhängigkeit 143
Konzentrationsänderung 49
Konzentrationsausgleich 74
Konzentrationskette 144 f.
Koordinationsisomerie 227
Koordinationspolyeder 225
Koordinationssphäre 227
Koordinationszahl 224 ff.
Kraft, elektromotorische 141
Kristallwasser 73

Le Chateliersches Prinzip 48
Lewis-Konzept 94
Ligand 224 ff.
Ligandenaustausch 228
lineare Struktur 225
Lösemittel 71, 98
–, polares 72
Lösereaktion 71
–, endotherme 73
–, exotherme 73
Löslichkeit 71
–, molare 145, 182
Löslichkeitserhöhung 185
Löslichkeitsprodukt 145, 180 ff.
Lösung 71
–, basische 99
–, gesättigte 71
–, ideale 71
–, neutrale 99
–, nichtideale 71
–, saure 99
Lösungsenthalpie 72
Lösungsgleichgewicht 181, 183 ff.

Masse, molare 2, 7
Massenanteil 4, 6
Masseneinheit, atomare 2
Massenerhaltung 101
Massenverhältnis 5
Massenwirkungsgesetz 45 ff.
Massenwirkungsgesetzgültigkeit 49
Maßanalyse 10
Maßlösung 10
maximale Nutzarbeit 249
maximale Unordnung 251
mehrzähniger Komplex 224
Membran, semipermeable 75
Metallhydroxid 93
Mischphase, ideale 49
Mischung 9
Mol 2
Molalität 6, 8
molare Formelmasse 2
molare Löslichkeit 145, 182
molare Masse 2, 7
molare Wärme 245
Molekularformel 3, 4
Molekülmasse, relative 2
Molenbruch 7
MWG 45 ff., 101, 181

Natriumacetat-Lösung 102
negative Abweichung 74
Nernstsche Gleichung 144
Netto-Ionen-Gleichung 181
neutrale Lösung 99
Neutralisation 96
Neutralsäure 96
nichtideale Lösung 71
Nichtmetalloxid 93
Niederschlag 183
nivellierender Effekt 98
Nomenklatur 226
Normallösung 10
Normalwasserstoffelektrode 142
Nuclid 1
Nullpunkt, absoluter 252
Nutzarbeit, maximale 249

offenes System 244
oktaedrische Struktur 225
Osmose 74
Oxidation 5
Oxidationskraft 146
Oxidationsmittel 136 ff.
Oxidationszahl 136 ff.
Oxoniumion 95

Partialdruck 13, 50, 144
Periodensystem 138
Permanganat 139 f.
pH-Wert 98 ff.
Phosphorsäure 46
pK_s-Wert 106
polare Verbindung 71
polares Lösemittel 72
positive Abweichung 74
Prinzip vom kleinsten Zwang 48
Prinzip, Le Chateliersches 48
Produktmenge 8
Proportionalitätsfaktor 74
Protolyse 95, 100

Protolysen-Gleichgewicht 98, 101
Protolysengrad 103
Protolysenstufe 99
protolytische Reaktion 106
Proton 94
Protonenakzeptor 95
Protonendonator 95
Protonenübertragungsreaktion 95
Prozeßführung, reversible 249
PS-Anteil 105
Puffer 93
Pufferbase 105
Pufferlösung 105
Puffersäure 105 f.
Pufferschwerpunkt 105
Pufferwirkung 106
Punkt, isoelektrischer 104

quadratisch-planare Struktur 225
quantitative Stoffmengenbestimmung 10

Raoultsches Gesetz 73 f.
Reaktant, begrenzender 8
Reaktion dritter Ordnung 288
Reaktion erster Ordnung 287
Reaktion nullter Ordnung 287
Reaktion zweiter Ordnung 288
Reaktion, chemische 5, 187
–, einstufige 288
–, exotherme 250
–, irreversible 249
–, protolytische 106
–, reversible 45
Reaktionsedukt 46
Reaktionsenergie 136, 245
Reaktionsenthalpie 245
–, freie 143
Reaktionsgeschwindigkeit 285 ff.
Reaktionsordnung 286
Reaktionspartner 5
Reaktionsquotient 46
Reaktionsschritt, bimolekularer 289
–, trimolekularer 289
–, unimolekularer 289
Rechnen, chemisches 1 ff.
Redoxamphoterie 137
Redoxgleichung 138 ff.
Redoxpaar, konjugiertes 136
Redoxpotential 140
Redoxreaktion 136 ff.
Reduktions-Oxidations-Reaktion 136 ff.
Reduktionsmittel 136 ff.
Regel von Dulong-Petit 245
Regel von Kopp-Neumann 245
relative Atommasse 1 f.
relative Molekülmasse 2
reversible Prozeßführung 249
reversible Reaktion 45

Salz, schwerlösliches 184
–, wasserfreies 73
Salzlösung 102
Sättigungsgrenze 71
Satz von Hess 246
Säure 93 ff.
–, schwache 97, 100
–, starke 99
Säure-Base-Disproportionierung 103
Säure-Base-Reaktion 93 ff.
Säurekonstante 102
Säurestärke 97
Säureverhalten 103
saure Lösung 99
schwache Base 97, 100
schwache Säure 97, 100
schwacher Elektrolyt 75
schwerlösliches Salz 184
semipermeable Membran 75
Silberchlorid-Fällung 186
Solvatation 72
Standard-Bildungsenthalpie 148, 246
Standard-EMK 141
Standard-Reaktionsenthalpie 246
Standardbedingung 11, 148
Standardelektrodenpotential 142
Standardenthalpie, freie 251
Standardpotential 142
starke Base 99
starke Säure 99
starker Elektrolyt 75
Stöchiometrie 1 ff.
stöchiometrischer Faktor 6, 181
Stoffmenge 2
Stoffmengenanteil 7
Stoffmengenbestimmung, quantitative 10
Stoffmengenkonzentration 7 ff.
Stoffmengenverhältnis 3, 5
Struktur, lineare 225
–, oktaedrische 225
–, quadratisch-planare 225
–, tetraedrische 225
Summenformel 4
Synproportionierung 139 f.
System 244
–, abgeschlossenes 2424
–, geschlossenes 244
–, offenes 244

Temperatur 11, 45
Temperaturänderung 49
Tetrachlorkohlenstoff 72
tetraedrische Struktur 225
thermodynamische Größe 147
thermische Energie 244
Thermochemie 244
thermochemische Gleichung 246
Thermodynamik 244 ff.
Titrand 10
Titration 10
Titrator 10
trimolekularer Reaktionsschritt 289

überlagertes Fällungsgleichgewicht 185 f.
unimolekularer Reaktionsschritt 289
Unordnung, maximale 251
unpolare Verbindung 71

van't Hoffscher Faktor 76
Verbindung, polare 71
–, unpolare 71
Verdrängungsreaktion 94
Verdünnung 9
Volumen 11
Volumenanteil 7, 13
volumetrische Analyse 10

Wärmemenge 148
Wärme 244 ff.
–, molare 245
Wärmeaustausch 245
Wärmekapazität 245
Wärmemenge 244 ff.
wasserfreies Salz 73
Wasserstoffelektrode 142

Zeitabhängigkeit 287
Zelle, galvanische 141
Zentralatom 224 ff.
Zerfallsreaktion 224
Zusatz, fremdioniger 184
–, gleichioniger 183
Zustandsfunktion 244
Zweistoffsystem 74

Periodensystem der Elemente

Ordnungszahl (Protonenzahl): 12 — Atommasse in u (gerundeter Wert): 24.31 — Elementsymbol: **Mg** — Elementname: Magnesium

- Metalle
- Halbmetalle
- Nichtmetalle
- * radioaktive Elemente

PERIODE	Hauptgruppen I	Hauptgruppen II	Nebengruppen III	Nebengruppen IV	Nebengruppen V	Nebengruppen VI	Nebengruppen VII	Nebengruppen VIII	Nebengruppen VIII	Nebengruppen VIII	Nebengruppen I	Nebengruppen II	Hauptgruppen III	Hauptgruppen IV	Hauptgruppen V	Hauptgruppen VI	Hauptgruppen VII	Hauptgruppen VIII
1.	1 **H** 1.01 Wasserstoff																	2 **He** 4.00 Helium
2.	3 **Li** 6.94 Lithium	4 **Be** 9.01 Beryllium											5 **B** 10.81 Bor	6 **C** 12.01 Kohlenstoff	7 **N** 14.01 Stickstoff	8 **O** 16.00 Sauerstoff	9 **F** 19.00 Fluor	10 **Ne** 20.18 Neon
3.	11 **Na** 22.99 Natrium	12 **Mg** 24.31 Magnesium											13 **Al** 26.98 Aluminium	14 **Si** 28.09 Silicium	15 **P** 30.97 Phosphor	16 **S** 32.06 Schwefel	17 **Cl** 35.45 Chlor	18 **Ar** 39.95 Argon
4.	19 **K** 39.10 Kalium	20 **Ca** 40.08 Calcium	21 **Sc** 44.96 Scandium	22 **Ti** 47.88 Titan	23 **V** 50.94 Vanadium	24 **Cr** 52.00 Chrom	25 **Mn** 54.94 Mangan	26 **Fe** 55.85 Eisen	27 **Co** 58.93 Cobalt	28 **Ni** 58.70 Nickel	29 **Cu** 63.55 Kupfer	30 **Zn** 65.38 Zink	31 **Ga** 69.72 Gallium	32 **Ge** 72.59 Germanium	33 **As** 74.92 Arsen	34 **Se** 78.96 Selen	35 **Br** 79.90 Brom	36 **Kr** 83.80 Krypton
5.	37 **Rb** 85.47 Rubidium	38 **Sr** 87.62 Strontium	39 **Y** 88.91 Yttrium	40 **Zr** 91.22 Zirconium	41 **Nb** 92.91 Niob	42 **Mo** 95.94 Molybdän	43 **Tc*** (98) Technetium	44 **Ru** 101.07 Ruthenium	45 **Rh** 102.91 Rhodium	46 **Pd** 106.42 Palladium	47 **Ag** 107.87 Silber	48 **Cd** 112.41 Cadmium	49 **In** 114.82 Indium	50 **Sn** 118.69 Zinn	51 **Sb** 121.75 Antimon	52 **Te** 127.60 Tellur	53 **I** 126.90 Iod	54 **Xe** 131.29 Xenon
6.	55 **Cs** 132.91 Caesium	56 **Ba** 137.33 Barium	57–71 **Lanthanoide**	72 **Hf** 178.49 Hafnium	73 **Ta** 180.95 Tantal	74 **W** 183.85 Wolfram	75 **Re** 186.21 Rhenium	76 **Os** 190.20 Osmium	77 **Ir** 192.22 Iridium	78 **Pt** 195.08 Platin	79 **Au** 196.97 Gold	80 **Hg** 200.59 Quecksilber	81 **Tl** 204.38 Thallium	82 **Pb** 207.20 Blei	83 **Bi** 208.98 Bismut	84 **Po*** (209) Polonium	85 **At*** (210) Astat	86 **Rn*** (222) Radon
7.	87 **Fr*** (223) Francium	88 **Ra*** 226.03 Radium	89–103 **Actinoide**	104 **Ku*** (261) Kurtschatovium	105 **Ha*** (262) Hahnium	106 **Sg*** (263) Seaborgium	107 **Ns*** (262) Nielsbohrium	108 **Hs*** (265) Hassium	109 **Mt*** (266) Meitnerium	110	111	112						

Lanthanoide	57 **La** 138.91 Lanthan	58 **Ce** 140.12 Cer	59 **Pr** 140.91 Praseodym	60 **Nd** 144.24 Neodym	61 **Pm*** (145) Promethium	62 **Sm** 150.36 Samarium	63 **Eu** 151.96 Europium	64 **Gd** 157.25 Gadolinium	65 **Tb** 158.93 Terbium	66 **Dy** 162.50 Dysprosium	67 **Ho** 164.93 Holmium	68 **Er** 167.26 Erbium	69 **Tm** 168.93 Thulium	70 **Yb** 173.04 Ytterbium	71 **Lu** 174.97 Lutetium
Actinoide	89 **Ac*** (227) Actinium	90 **Th*** 232.04 Thorium	91 **Pa*** 231.04 Protactinium	92 **U*** 238.03 Uran	93 **Np*** 237.05 Neptunium	94 **Pu*** (244) Plutonium	95 **Am*** (243) Americium	96 **Cm*** (247) Curium	97 **Bk*** (247) Berkelium	98 **Cf*** (251) Californium	99 **Es*** (254) Einsteinium	100 **Fm*** (257) Fermium	101 **Md*** (258) Mendelevium	102 **No*** (259) Nobelium	103 **Lr*** (260) Lawrencium

987 654 321